カラーでみる 動物看護師の仕事

出迎え

診察の準備ができたら診察室のドアを開け、飼い主さんをお迎えします。

動物看護師の仕事って、どんなことをするんでしょう? 病気になった動物の面倒をみたり、獣医師の手伝いをしたり、それからほかには……? 動物病院で働く動物看護師の実際の仕事内容をみてみましょう!

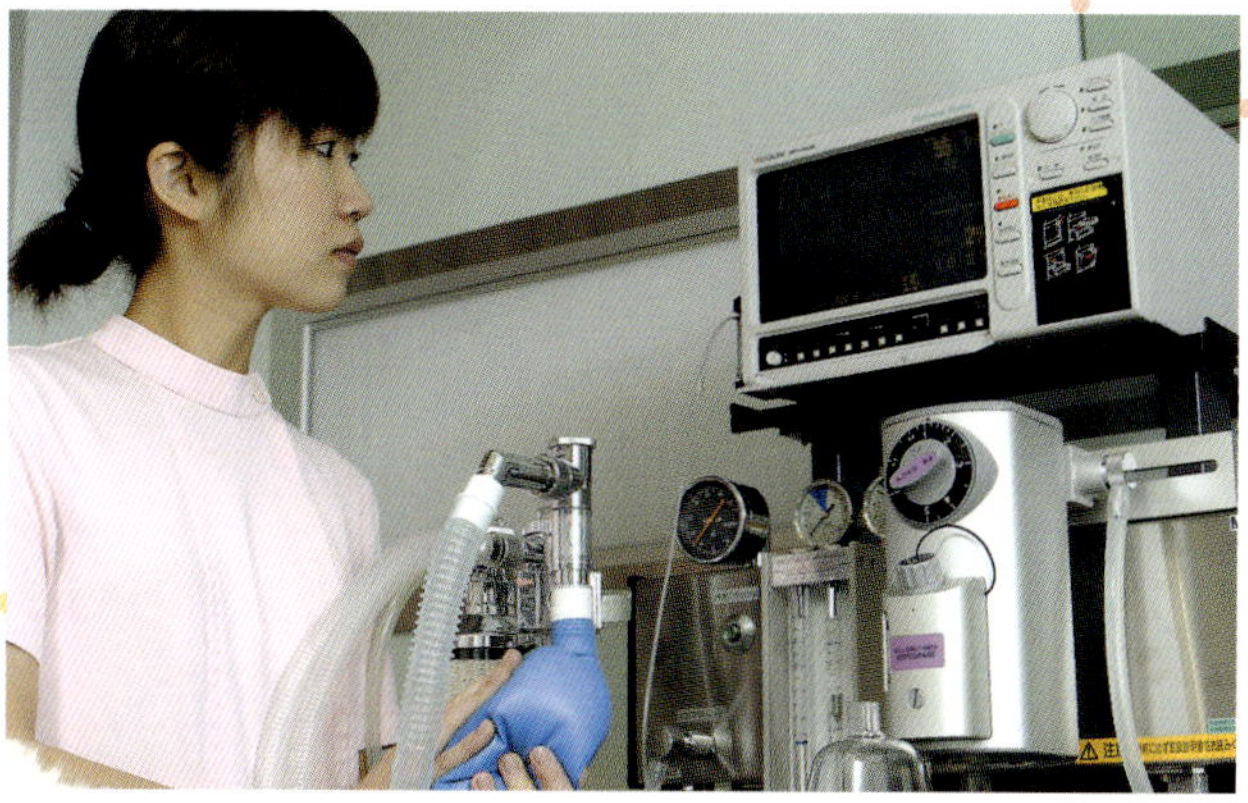

モニタリング

手術中は、呼吸や心電図などの麻酔モニターを常にチェック。小さな変化も見逃しません!

散歩

お散歩バッグを持って、入院中や預かり中の動物のお散歩に。事故に気をつけて。

掃除

たくさんの動物たちが出入りする動物病院。清潔な環境づくりが大切です。

洗濯

洗濯物によっては洗う前に消毒したり、意外と奥が深いんです！

受付

受付は病院の顔！　飼い主さんとお話しするときは笑顔を忘れずにね。

入院動物の世話

今日の調子はどうかな？入院動物には特に愛情を込めて接してあげよう。

保定

動物に負担をかけないように、また、獣医師が処置しやすいように正確に押さえること。大型犬の保定は体全体を使うのがコツ！

診察室の準備

診察の後片づけを終えたら、次の患者のために必要なものを手早く準備します。

在庫管理

薬やフードなどの在庫をチェックします。なくなる前に発注しなきゃ。

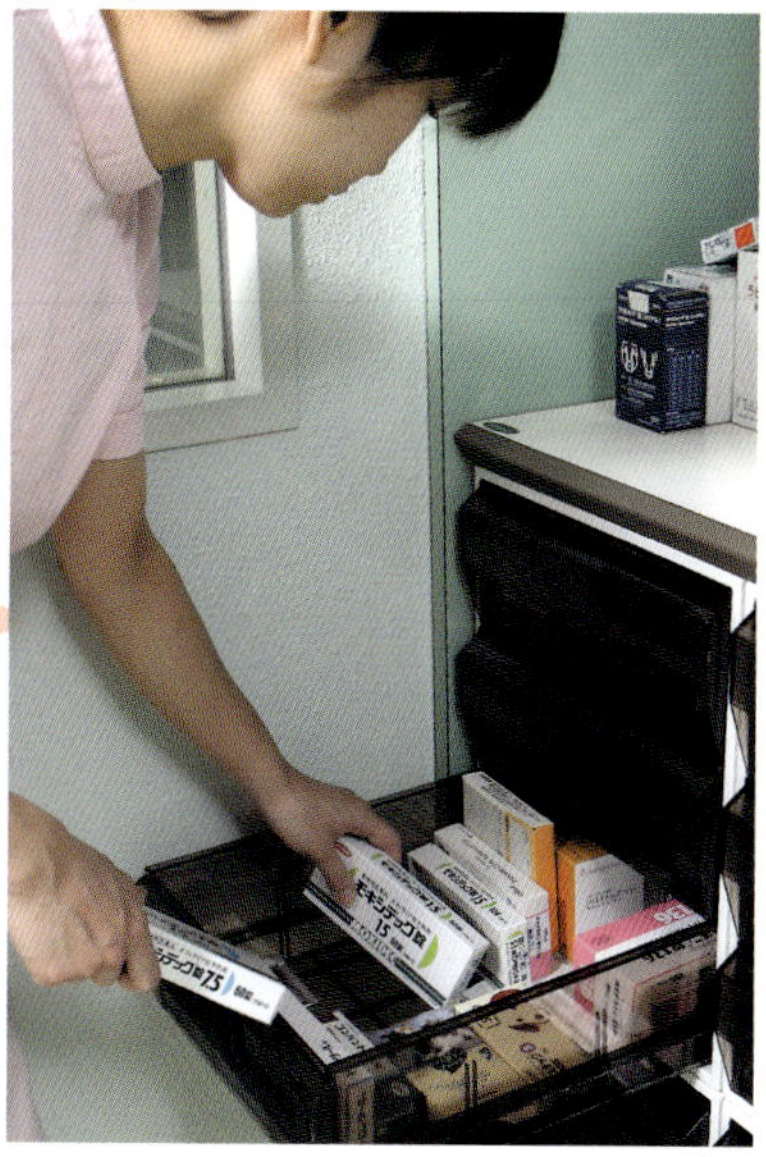

ミーティング

スタッフ全員でのミーティング。連絡事項や予定の確認をするので、メモの用意を。

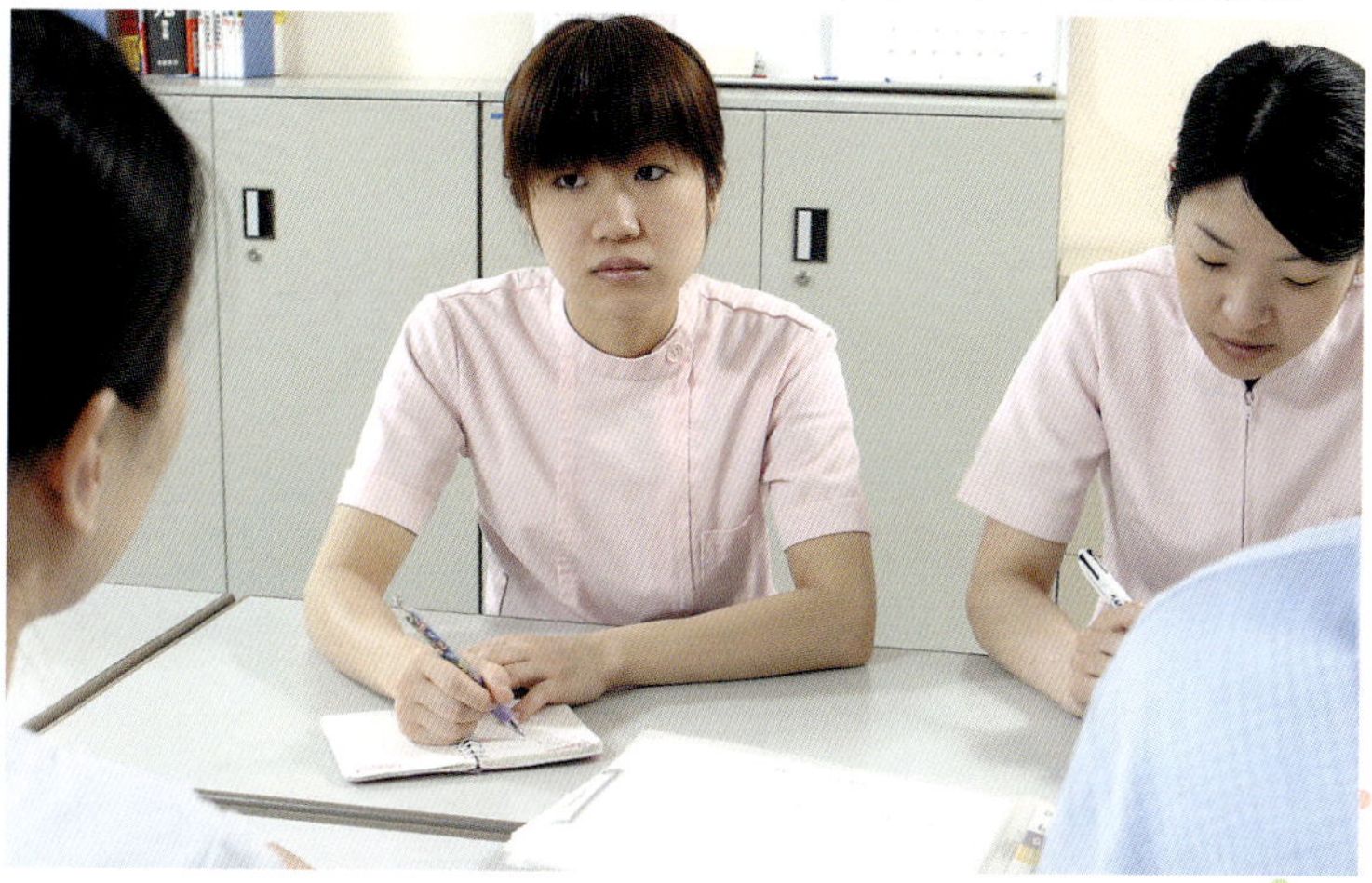

滅菌

滅菌前と滅菌後ではインジケーターの色が変わります!

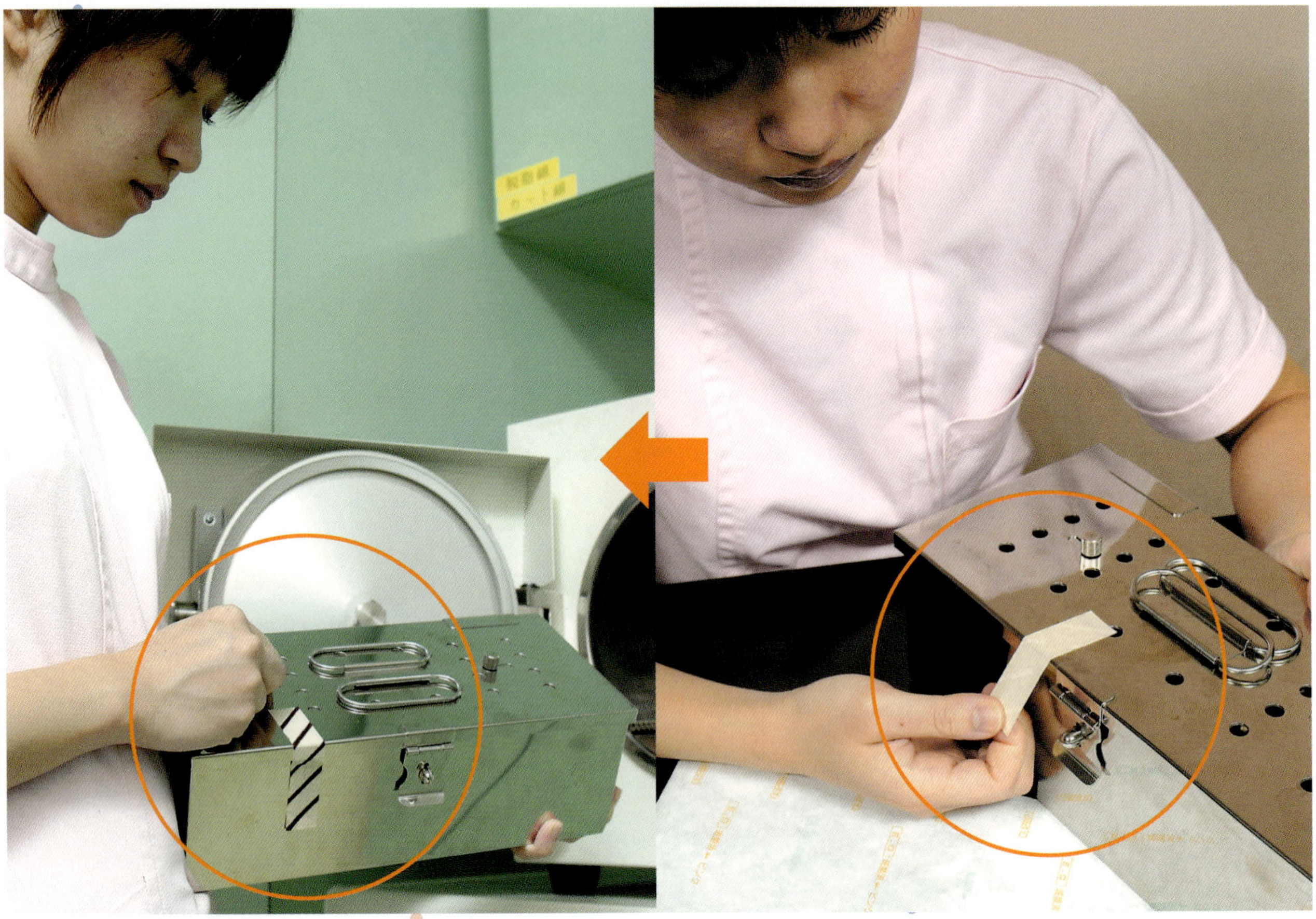

尿検査

尿検査に使うウロペーパー。尿をたらした後、容器に印刷された色見本と見くらべます。

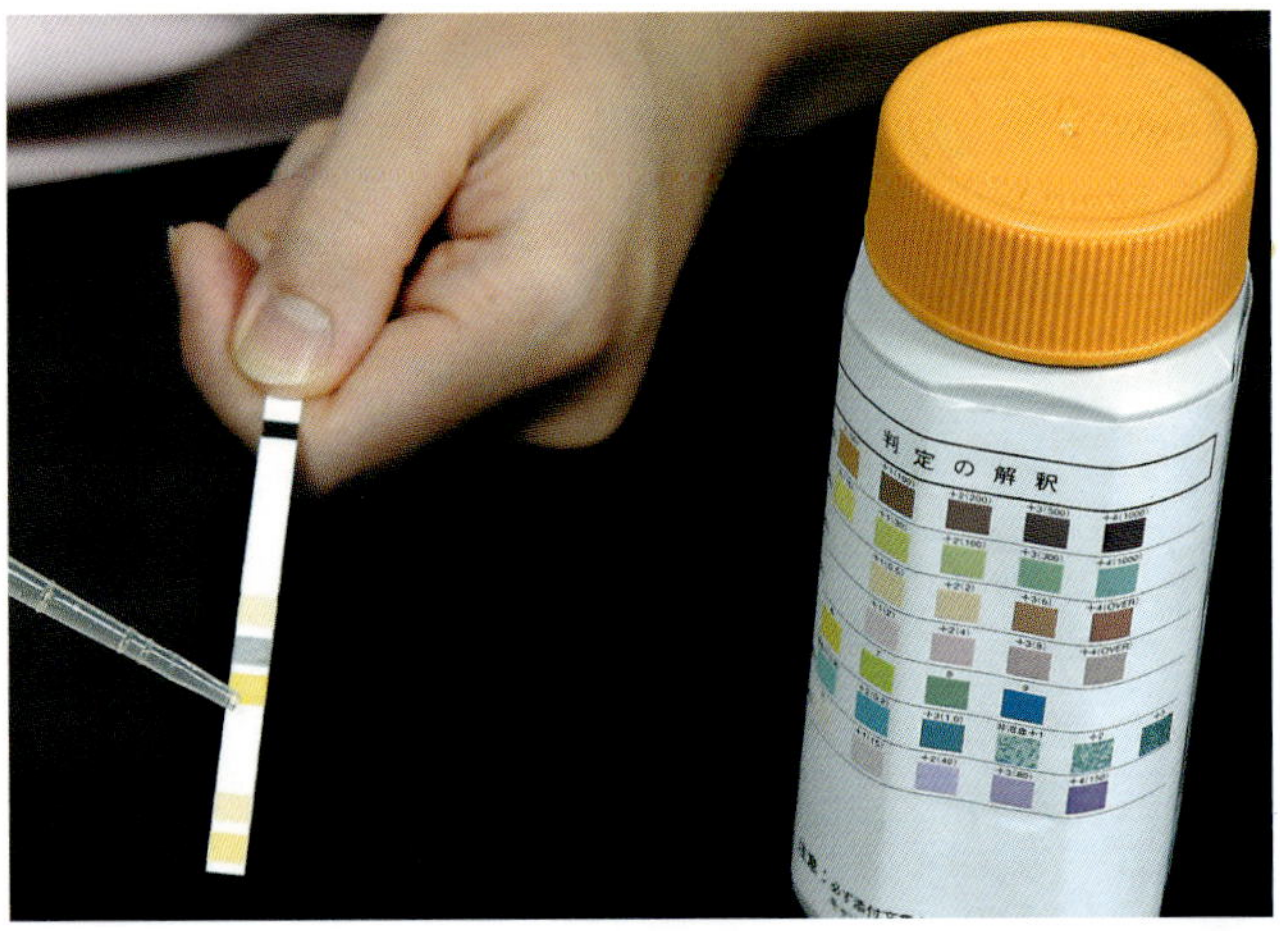

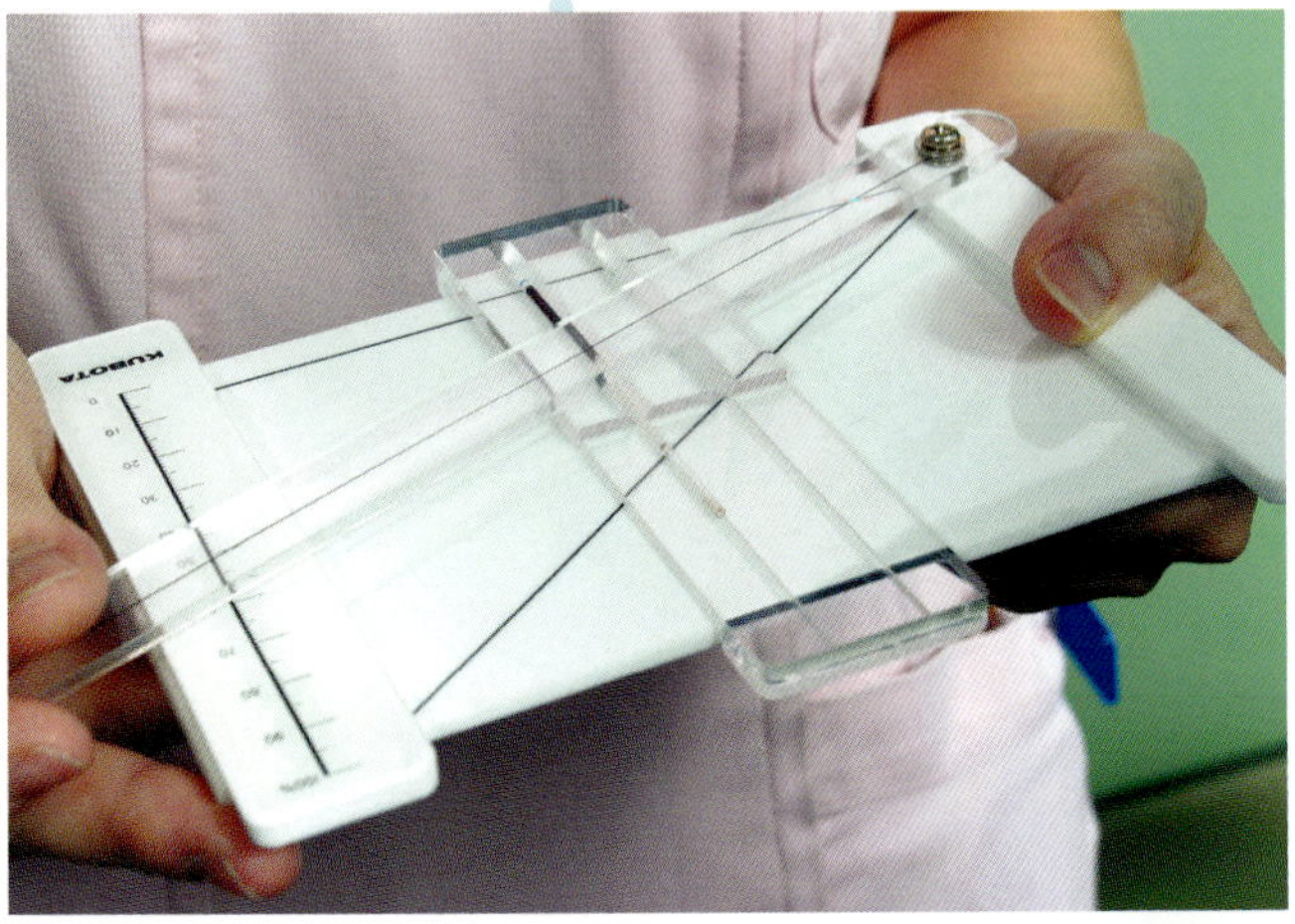

血液検査

赤血球容積（PCV）を調べるときに使う測定板。数値をきちんと読んで、カルテに記入すること。

心電図

クリップをつけるときは、色と位置を確認しながら間違いのないように注意！

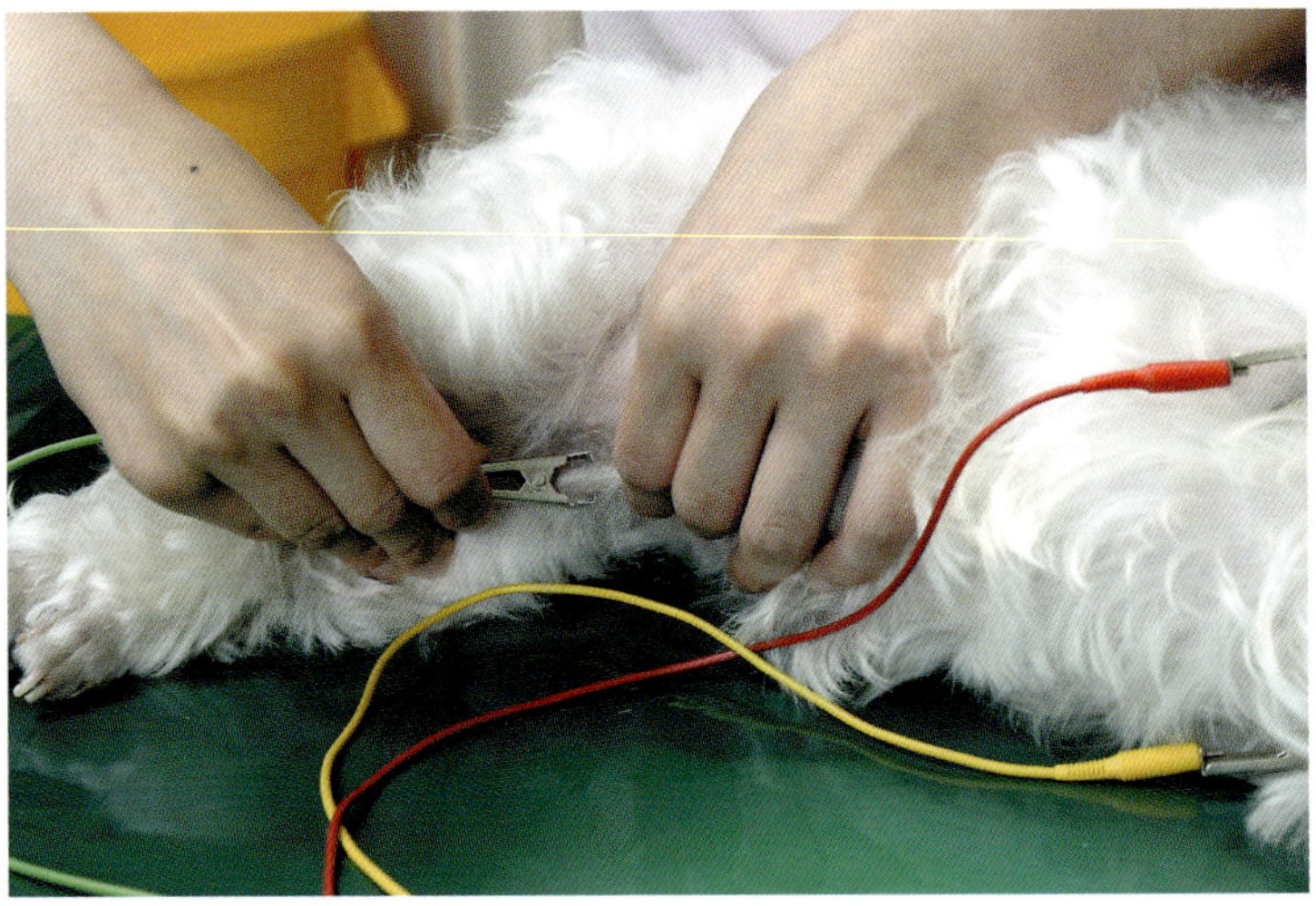

撮影／北原 薫
協力／中央動物専門学校

写真でわかる

動物看護師実践マニュアル

監修／山村穂積

ペットライフ社

まえがき

本書は、実際に動物看護師が行っている1日の基本的な仕事の内容に則してつくりました。仕事の心がまえをはじめ、動物や飼い主との接し方、機器の名称や扱い方のポイント、看護の知識・技術などを写真に解説を加え、わかりやすく説明しています。モデルは現役の動物看護師が務めました。もちろん、動物病院の現場では本書で紹介しきれなかった仕事もあると思いますが、動物看護師を目指す方、動物看護師として働いている方の参考になれば幸いです。

なぜ動物看護師が必要なのか

近年、動物看護師は動物病院に欠かせない存在になってきました。動物の飼い方や飼う人の意識の変化に伴って、動物病院に求められるものも大きく変わってきたからです。現在、犬や猫を飼う人々は、単なる「番犬」や「ネズミ捕り」としてではなく「家族の一員」として彼らと生活をともにしています。そのため、動物たちが受ける医療やサービスには人間と同じクオリティが求められていますし、動物病院の役割も病気の予防や栄養管理、しつけについてのアドバイスまで幅広いものとなってきています。さらに、動物医療技術の進歩・発展により、動物病院で行われる検査は細分化し、がんをはじめ10～20年前ならば手の施しようがなかった病気に対する治療もごく一般的に行われるようになりました。

こうした時代の変化によってどんどん大きくなってきた社会的要求に、獣医師だけで応えることはもはや不可能です。動物看護師のサポートなしには、動物病院は成り立たないといっても過言ではないでしょう。

動物看護師の仕事とは

みなさんは、動物看護師が持っている可能性について考えたことがありますか?

「看護」という言葉は、看護る（みまもる）という意味です。「看」は手と目を組み合わせること、「護」は弱き者をかばいまもることを意味します。つまり、動物看護師の仕事とは、動物

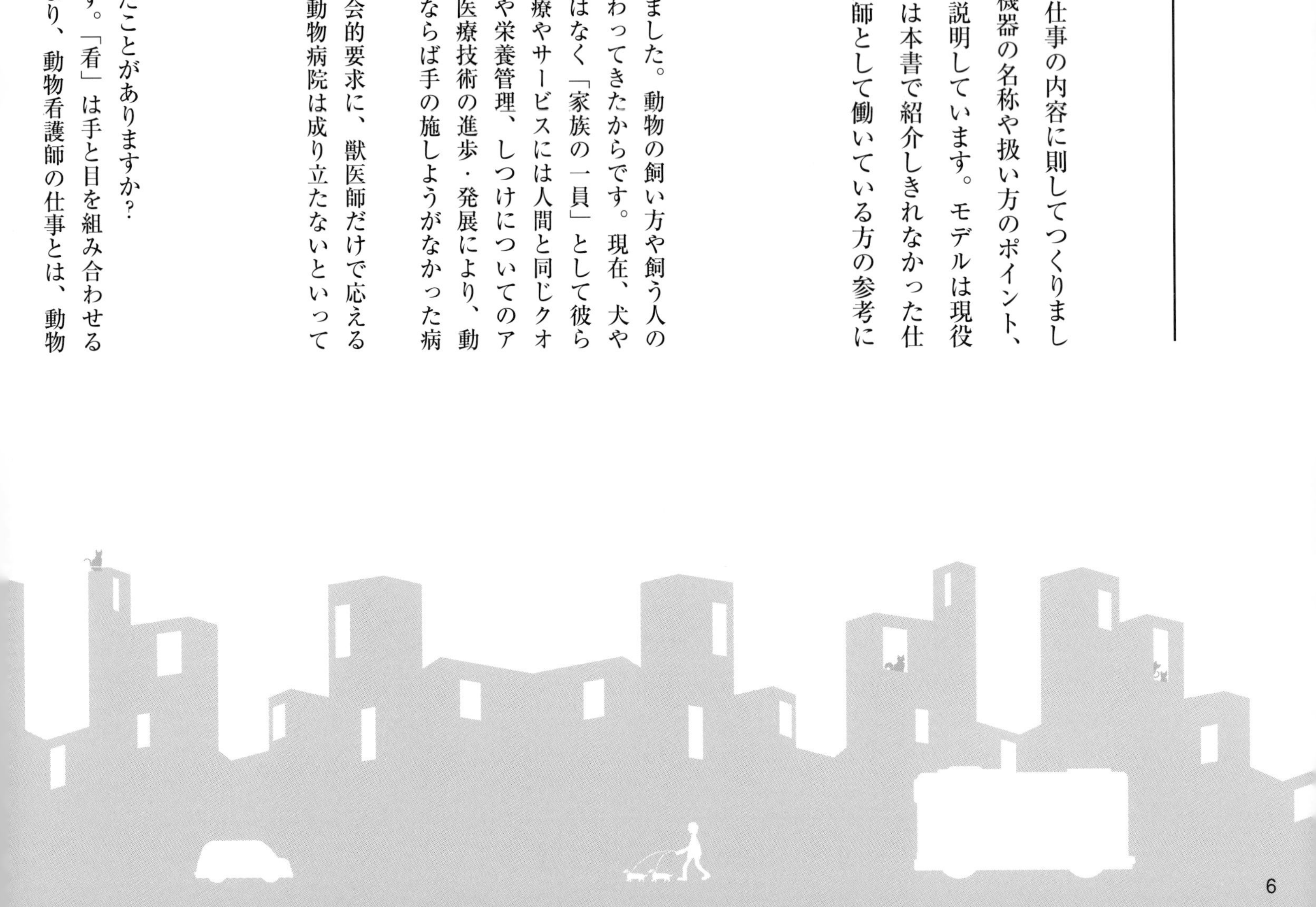

病院に訪れる患者を温かな手と目で癒すことなのです。

毎日の仕事の中で、病気やけがで苦しんでいる動物、老齢になり痴呆になってしまった動物、腰が抜けて一生歩けなくなってしまった動物などのケアに汗をかき、妊娠や出産に立ち会うなどの場面では喜びを感じることでしょう。また、動物たちのよき仲間、友だち、そして家族同様に接する楽しさもあるでしょう。しかし、ときには精一杯手を尽くしても回復させられない病気や動物の死など、想像を絶する場面に出くわすこともあるはずです。動物が大好きで動物看護師を目指す人がほとんどですが、動物看護師には何よりも、重病の動物たちのわずかな変化をとらえるための真剣なまなざしが求められます。ほかにも、多くの治療やそれに伴う検査を動物が受けやすくなるように知恵を絞る、獣医師の指示をしっかり受けて間違いなく遂行する、生きた専門知識を培うなど、意欲と努力が必要な仕事だと思います。

また、看護以外にも、飼い方指導、栄養相談、受付業務や事務処理、退院後のケアといった部分も動物看護師の活躍の場となるでしょうし、動物を亡くした飼い主のケアや動物のストレス解消など、心のケアの部分でも動物看護師は実に多くの可能性を持っているのです。

明日をになう動物看護師へ一言

私たち動物医療にかかわる者は「動物病院に人が訪れるのは、動物の病気を治してほしいからだけではない。愛する動物が元気で長生きできるように、またいつまでもともに暮らしたいと願っているからである」ということを念頭に置いて、仕事に取り組まなければなりません。そして、動物病院が時代の変化に対応していくためには、動物看護師のサポートが不可欠だということをどうか忘れないでください。

心身ともに健康で、笑顔の耐えないタフな動物看護師を目指してください。

監修者　**山村穂積**

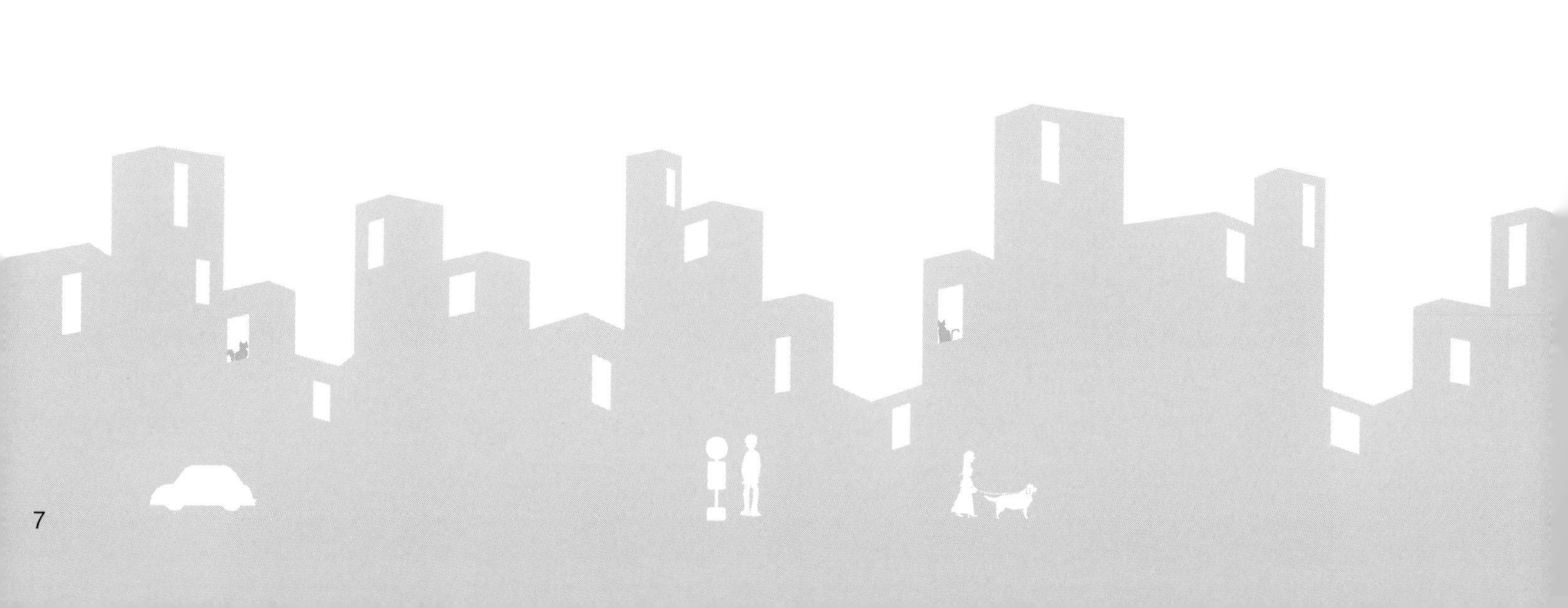

写真でわかる 動物看護師実践マニュアル

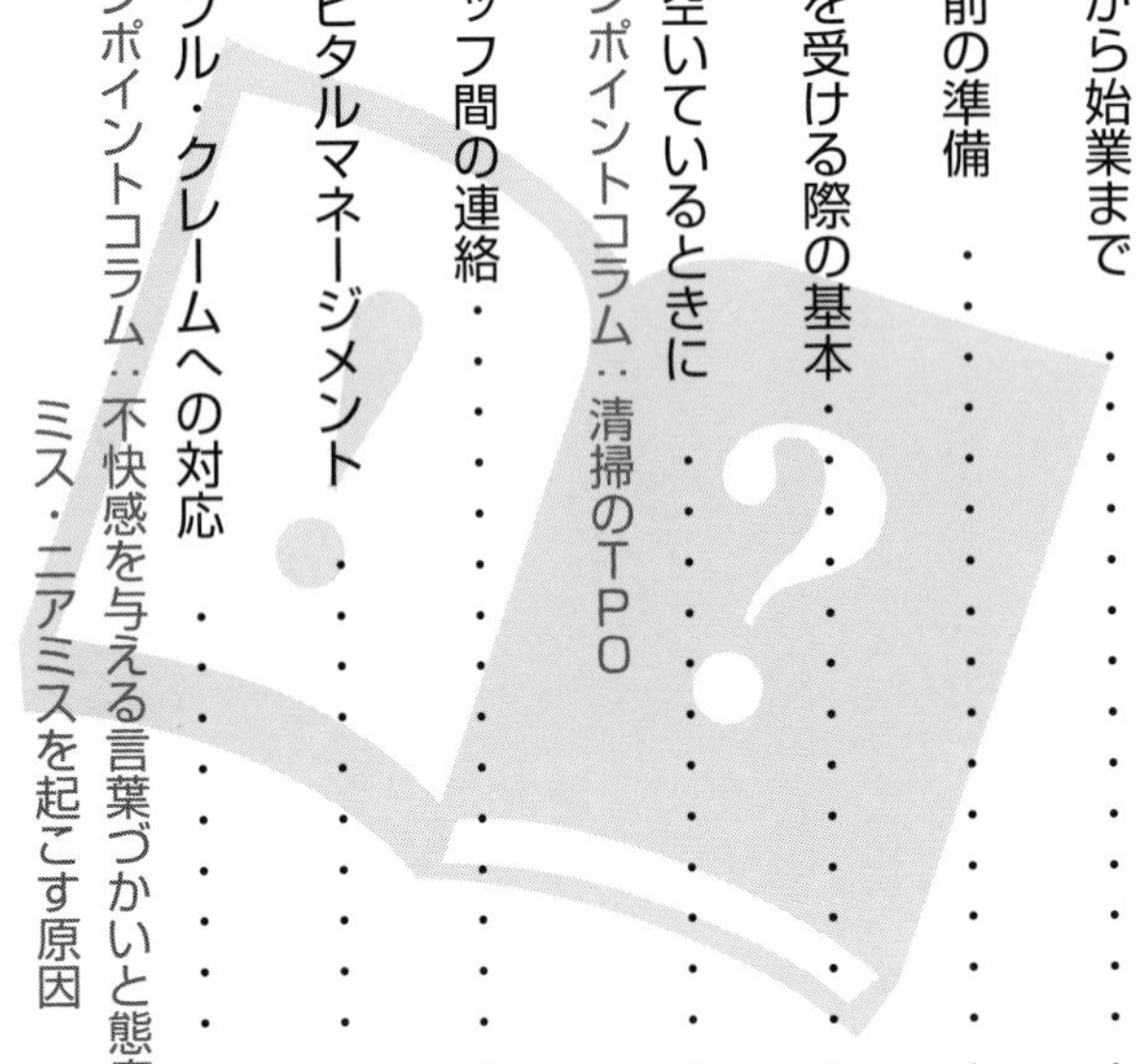

Contents

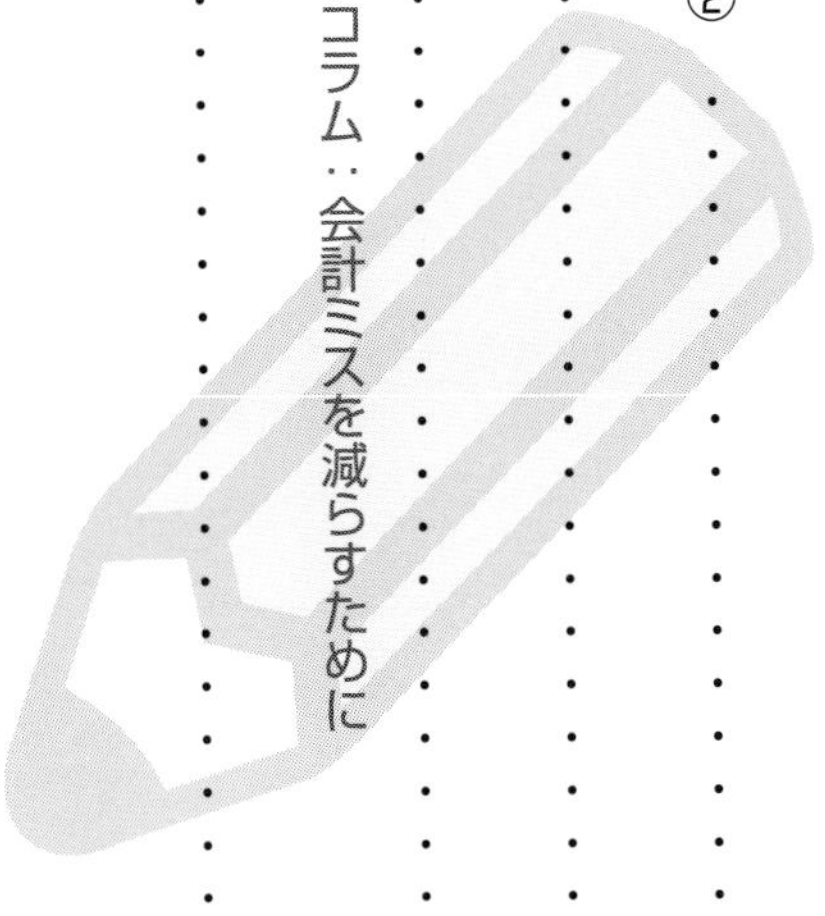

Ⅳ 裏方系の仕事

コラム

本書の使い方

本書は、動物看護師の専門学校へ通う学生のみなさん、動物病院で動物看護師として働きはじめたみなさんのための本です。仕事内容の紹介はもちろん、現場で必要とされる心がまえや諸注意も盛り込んであります。また、動物病院に勤務する上での基礎知識、実際に使用する器具などの紹介、動物やその飼い主さんへの接し方、最低限知っておきたい獣医学的知識なども収録してあります。仕事をしていく中で疑問が湧いてきたり不安に思ったりすることがあったら、この本を見返してみてください。きっと何かのヒントが得られるはずですよ！

写真のページ

①大きな見出し
そのページで扱う内容を大まかに紹介しています。

②小さな見出し
そのコマで扱っている内容を一言でまとめています。

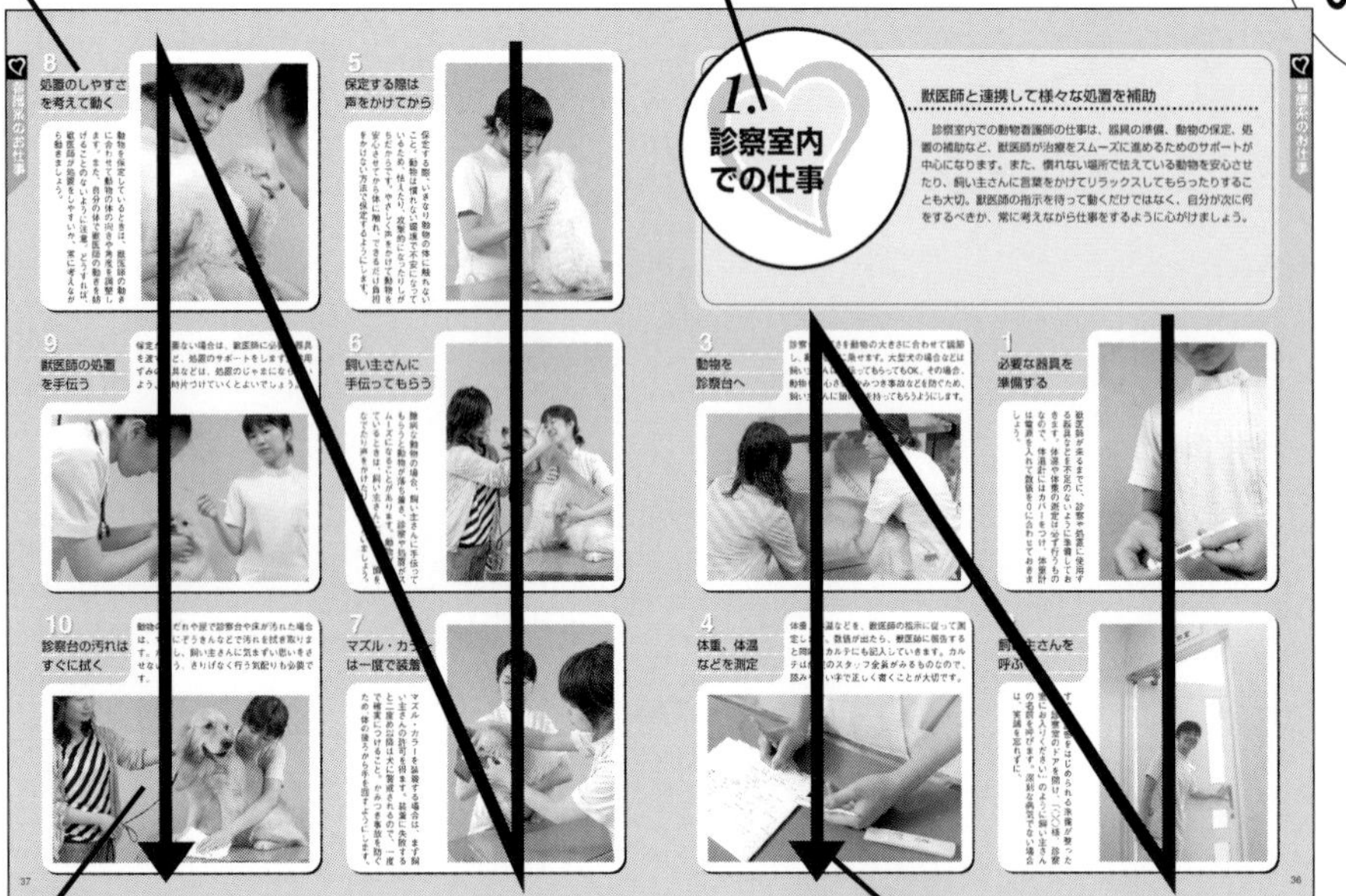

③大きな写真
現役の動物看護師のお仕事の流れを写真で追っていきます。

ページの流れは、どのページもいちばん右上のコマからはじまり下方向へ、次に左上から下方向へと続きます。

文章のページ

用語集
写真のページに出てくる専門用語などの難しい言葉については、可能な限り本文中に説明を加えましたが、説明しきれなかったものは巻末の用語集で説明しています。器具名や薬品名、処置、病状などに関する用語を五十音順に並べてあります。

Q&A集
実際の動物病院で、飼い主さんによく聞かれることをQ&A形式でまとめています。動物の食事やしつけ、病気の予防、不妊・去勢手術についてなど、基本的な獣医学的知識も含めて確認できます。

I

仕事の一般知識

1. 動物看護師の心がまえ

信頼される動物看護師になるために

動物看護師の仕事は、獣医師のサポートや動物の世話だけでなく、受付や会計、掃除、備品の発注など、多岐にわたります。

はじめは覚えることの多さに戸惑うこともあるかもしれませんが、いつも初心を忘れずに、動物からも飼い主さんからも獣医師からも信頼される動物看護師を目指してがんばりましょう！

1 動物看護師の使命

動物看護師の使命は、動物を愛し、動物の生命を預かり、動物の権利を守り、動物に楽しく幸福を感じさせてあげることです。このことを心にとめて、仕事に取り組みましょう。

2 動物看護師に求められる資質

①健康であること。ひとりで大型犬を診察台に持ち上げる場合もあるので、体力も必要です。②精神的にタフであること。動物が治療の甲斐なく亡くなることもあります。③笑顔を絶やさないこと。特に飼い主さんに対しては、いつも笑顔を心がけて。

3 向上心を忘れず積極的に

仕事は与えられたものをこなすだけでなく、先を考えて自ら行動しましょう。また、常に向上することを念頭に置いて、自ら進んで調べる、質問する、こまめにメモを取るなど積極的な姿勢を忘れずに。

4 獣医師と動物の架け橋に

動物にとっての獣医師は、会うたびに注射をしたり痛いところを触ったりする「怖い人」、「嫌な人」、「敵」なのです。それに対して動物看護師は動物にとって「味方」となりうる存在ですから、常に動物と1対1の信頼関係を築けるよう心がけましょう。

5
信頼関係で病状を回復させる

動物にとって、入院していつもと違う環境にいることは大きなストレスになりますが、動物看護師との信頼関係があれば不必要に緊張せずにすみ、それによって回復力が高まることもあります。入院動物には極力声をかけたりして、安心感を与えてあげましょう。

6
獣医師に頼りにされる存在に

診療において獣医師が動物看護師に求めていることは、自分の目が届ききらないところに気づいて、それをきちんと知らせてくれることです。動物の様子の変化などを鋭く観察し、獣医師に正しく報告できるようになりましょう。

7
仕事のレベルアップを図る

必要なときに必要なことができるように、動物医療に関する正しい知識と看護や検査などの技術の習得に努めましょう。可能な限り動物の苦痛を軽減させるために、まずは動物の的確な扱い方を覚えることからはじめましょう。

8
動物看護師は病院の顔

ほとんどの動物病院では、飼い主さんにはじめに応対するのは動物看護師です。初診の飼い主さんにとっては、受付や電話での最初の応対が病院の第一印象になりますので、服装や身だしなみ、言葉づかいや表情、態度など、信用を得られるように努力しましょう。

9
獣医師と飼い主さんの架け橋に

飼い主さんと獣医師との間を取り持つのも動物看護師の大切な仕事です。ふだんから飼い主さんとの会話を大切にしていると、遠慮がちな方が獣医師にいえなかったことをいってくれるといったこともあります。

10
心のケアも仕事のうち

病気を治すことだけが動物病院の仕事ではありません。動物はみな飼い主さんにとって大切な家族であることを忘れずに、やさしい心と愛情を持って、動物と飼い主さんの心のケアに気を配りましょう。

2. 出勤から始業まで

始業時間までに仕事開始の準備を

1日の仕事は出勤からはじまります。スムーズに仕事に取りかかれるよう、遅くとも決められた出勤時刻の15分前には病院につくようにします。万が一、交通機関のトラブルなどで遅刻しそうになった場合は、できるだけ早く病院に連絡し、遅刻の理由や到着予定時刻を伝えます。

病院についたら身支度などの準備をすばやくすませ、始業時刻には仕事を開始します。

1 出勤は余裕を持って

決められた「始業時刻」は仕事をはじめる時刻のこと。出勤する時刻のことではありません。始業時刻までには着替えなどをすませて仕事をはじめる準備を整えておけるよう、時間の余裕を持って出勤しましょう。特に新人は早めの出勤を心がけます。

2 病院前はいつもきれいに

出勤する際、病院の前にごみなどが落ちているのに気づいたら、すぐに拾っておきます。たとえ病院が出したごみではなくても、周囲が散らかっていると、病院のイメージダウンにつながります。

3 ドアの開け閉めは慎重に

ドアを開けるときは、まず細めに開けて中に動物がいないのを確認してから大きく開きます。病院内の動物はケージに入っているはず、などの油断は禁物です。逃げ出しなどの事故はいつ起こるかわからないので、常に慎重に。

4 元気な声であいさつを

病院のスタッフと顔を合わせたら、「おはようございます」とあいさつをします。あいさつは、病院内の雰囲気づくりの基本。毎日会うのだから、スタッフ同士だから、などとおろそかにせず、自分から明るくハキハキと声をかけましょう。

5 制服に着替える

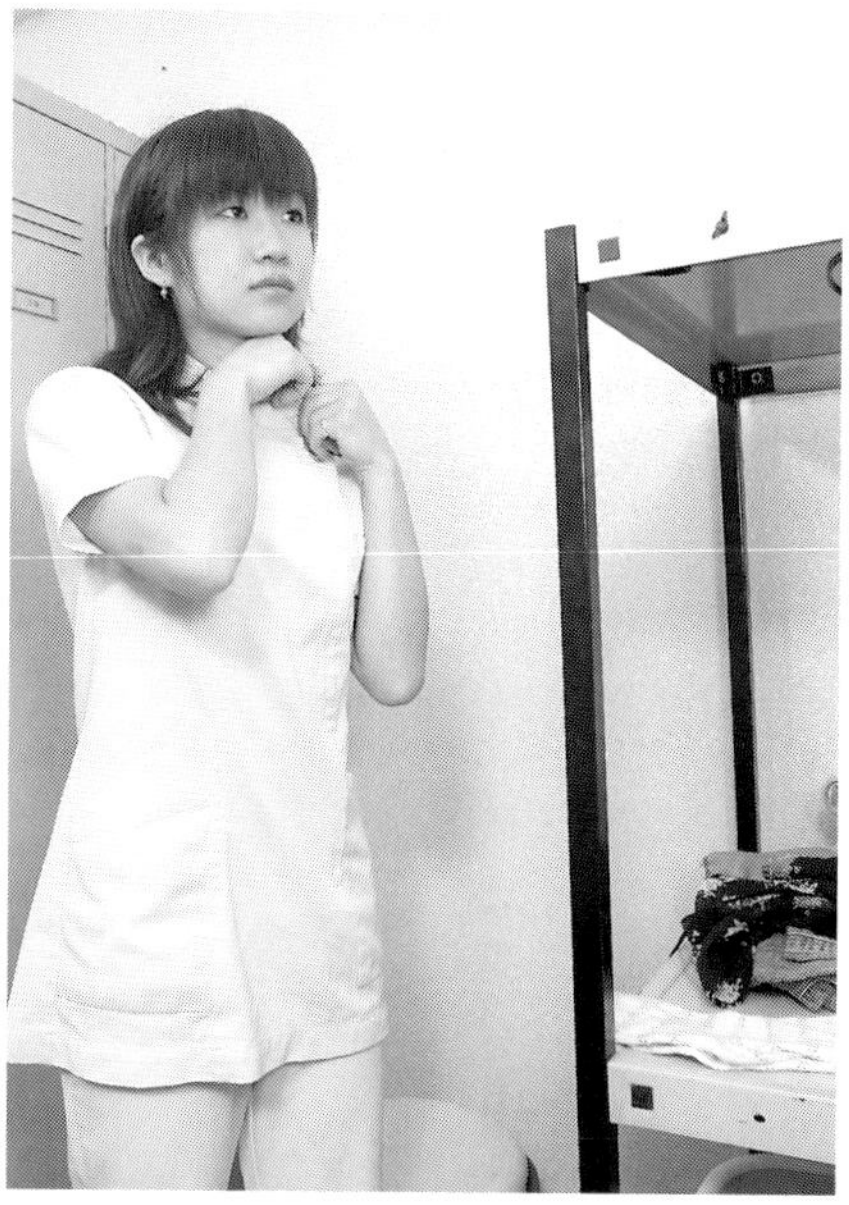

更衣室で、決められた制服に着替えます。制服は常に清潔できちんとした状態に保つこと。動物を連れてくる飼い主さんに応対することを考え、だらしない印象を与えることのないよう、十分に注意します。

6 髪をまとめる

作業のじゃまになったり、飼い主さんに不快感を与えたりすることのないよう、髪を整えます。髪が長い場合や、顔にかかって気になる場合は、ゴムやピンでまとめるなどした方がよいでしょう。また、香りの強い整髪料や香水をつけてはいけません。

7 アクセサリー類を外す

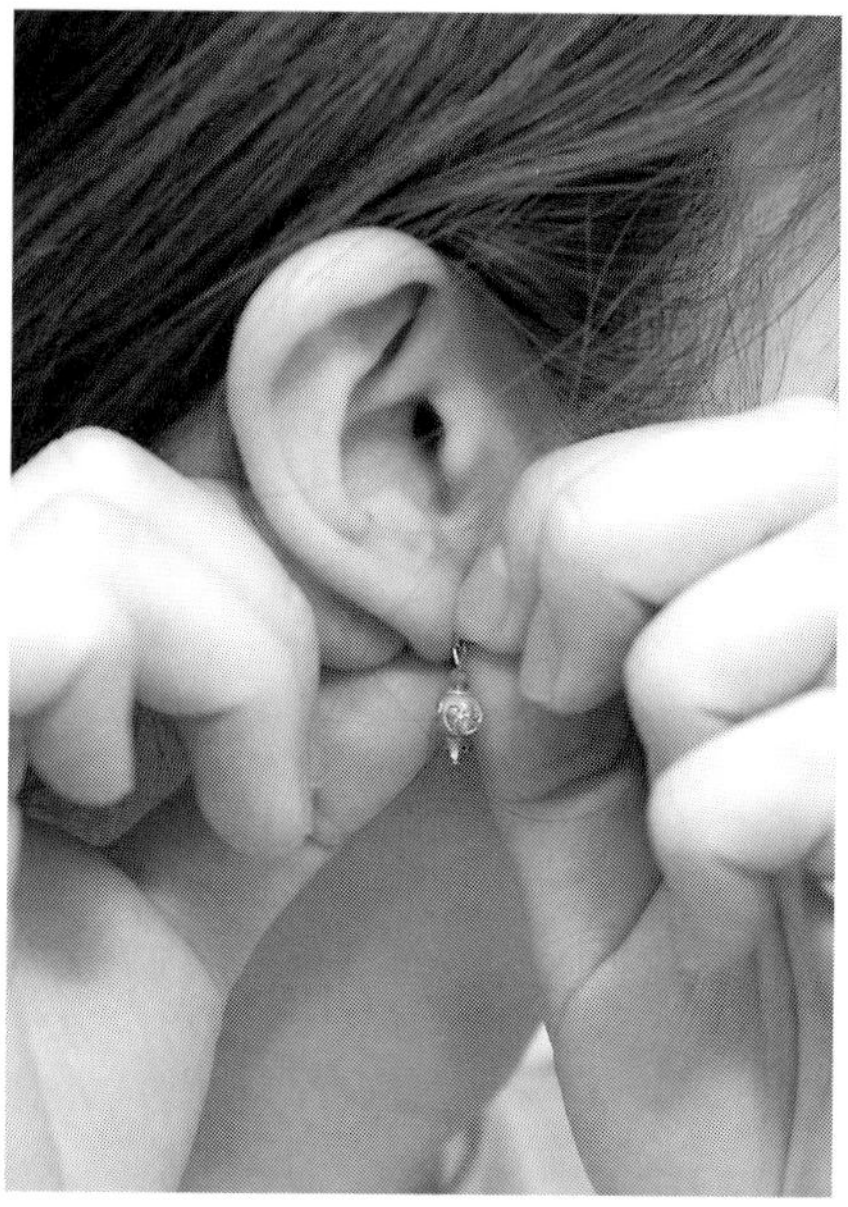

指輪、ネックレスなどのアクセサリー類はすべて外します。ピアスも、大きなものやぶら下がるタイプのものは外します。作業中は、動物と非常に近い距離で接するため、足先や爪、毛などが引っかかって事故やけがにつながる可能性があるためです。

8 爪をチェックする

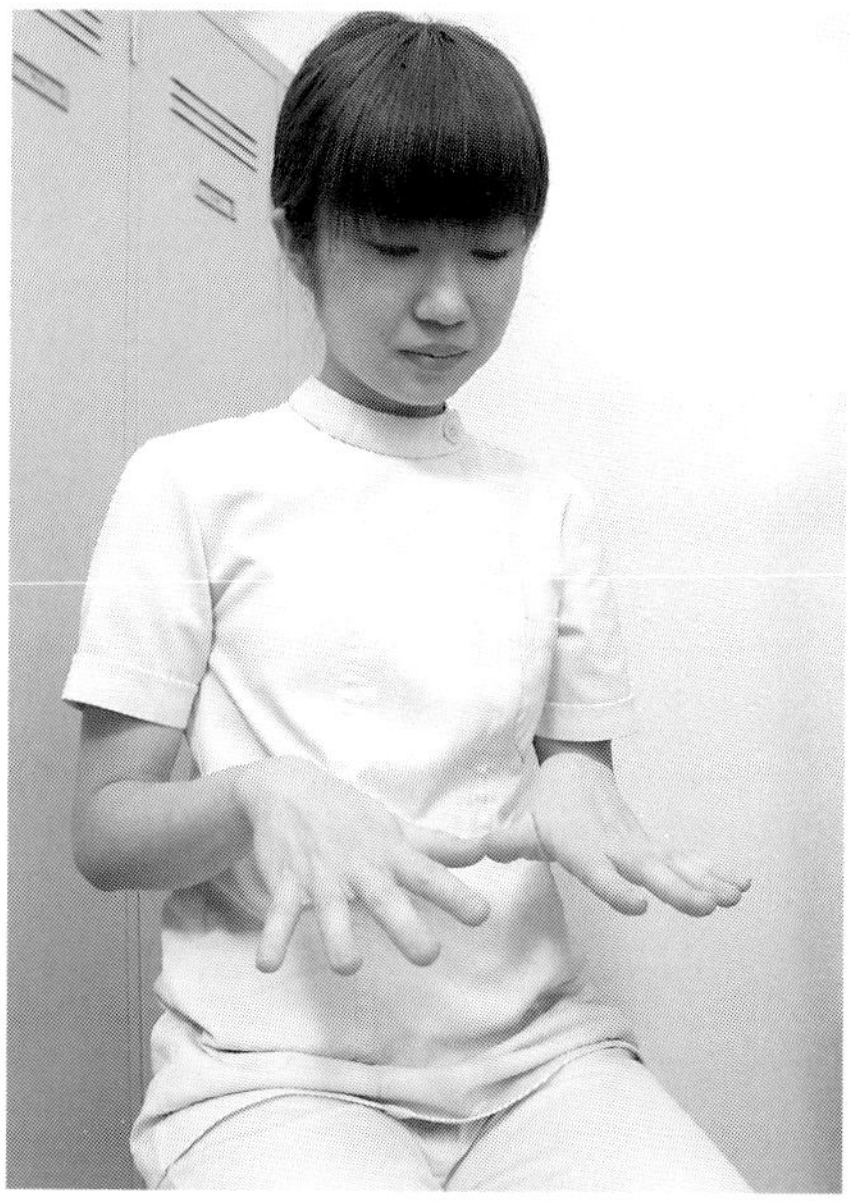

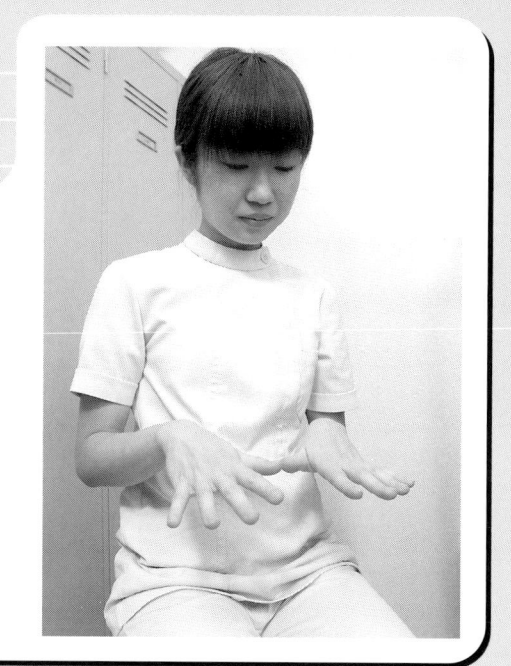

爪の状態をチェックします。動物の体に直接触れるので、爪は常に短かめに切り、角を取るようにきちんとやすりをかけておくのが基本です。マニキュアはつけないこと。

9 靴を履き替える

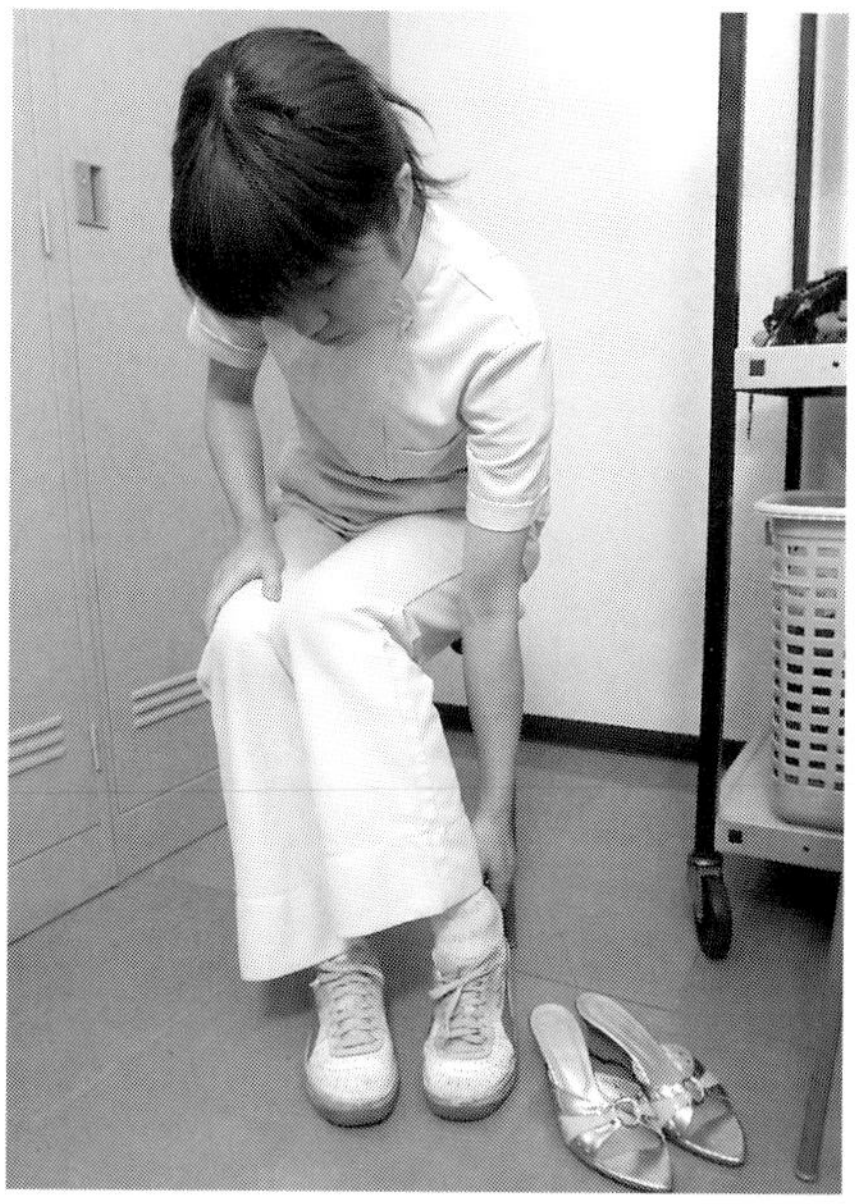

病院内では、決められた靴または動きやすい靴に履き替えます。歩き回ることが多いほか、犬舎の掃除など水を使う仕事も多いので、スニーカーがよいでしょう。色は、制服に合わせて白や淡い色のものを選びましょう。汚れたらこまめに洗い、常に清潔にしておきます。

10 筆記用具などの準備

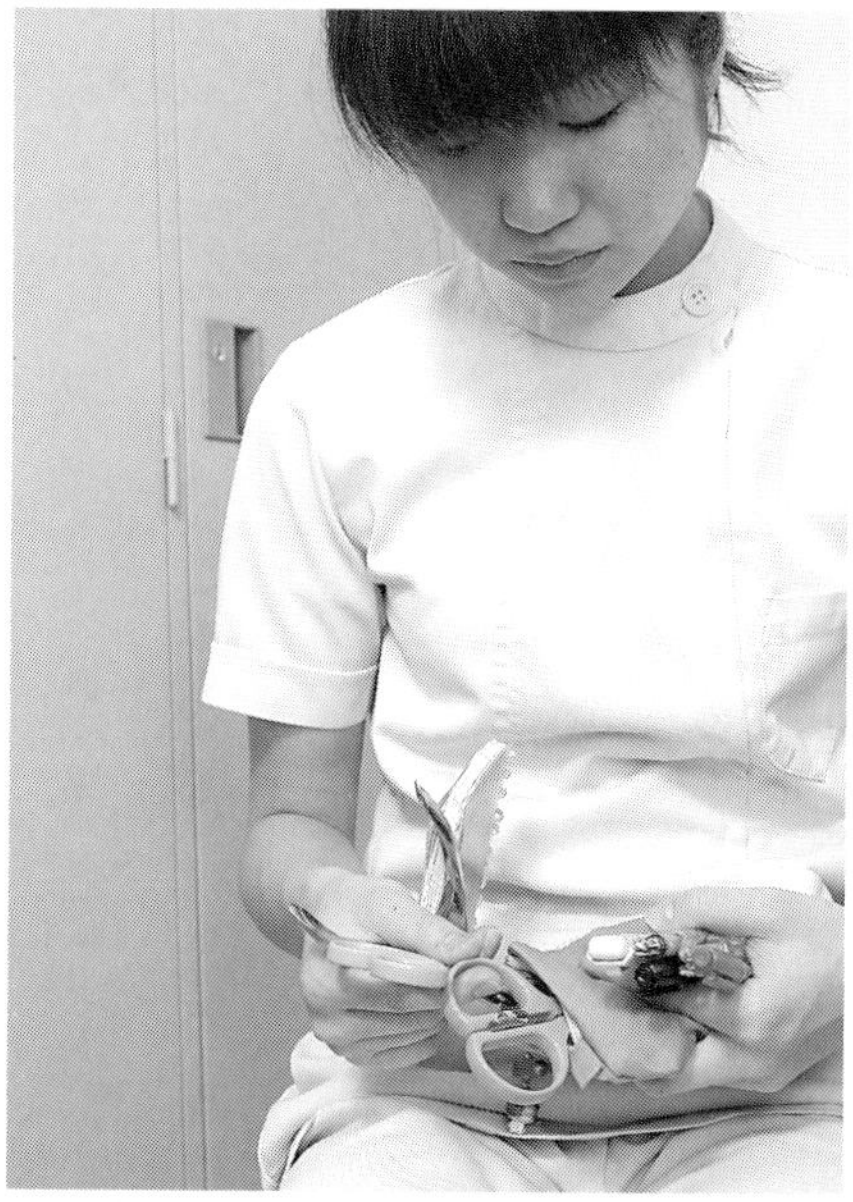

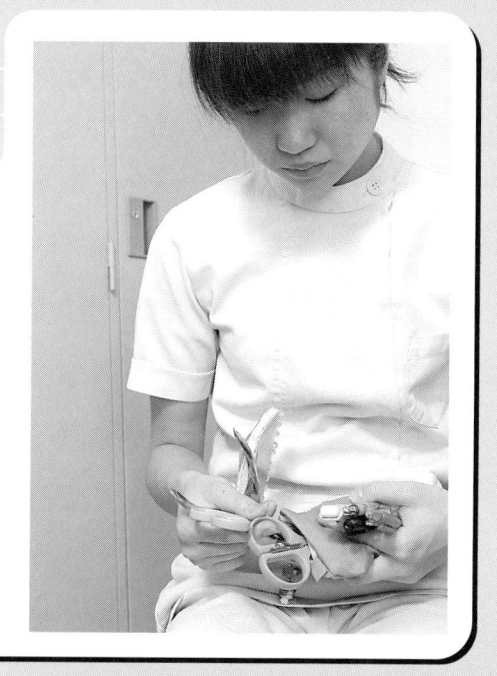

各色のボールペンやサインペン、メモ帳のほか、体温計、爪切り、はさみなど個人で持ち歩く器具がそろっていることを確認します。制服のポケットなど、すぐ出せるところに入れておきます。

11 共有スペースの整とん

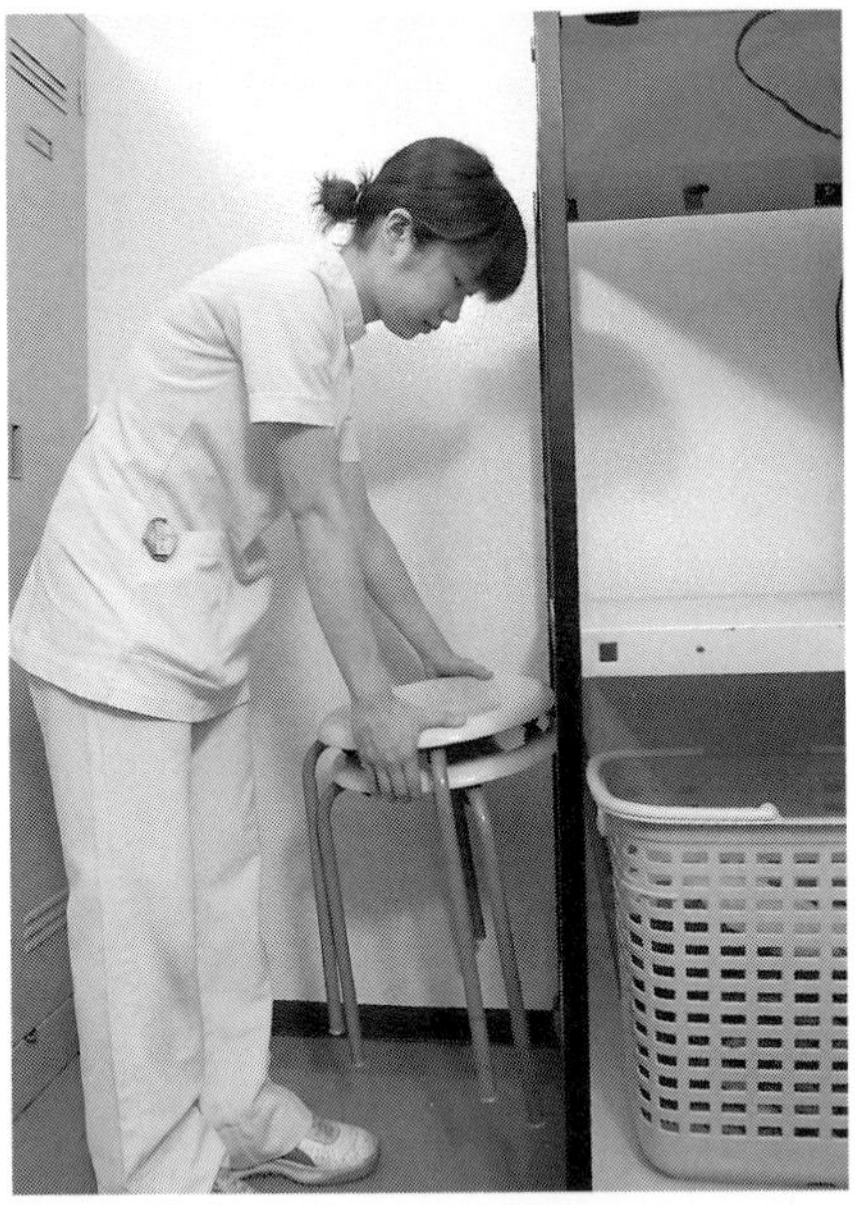

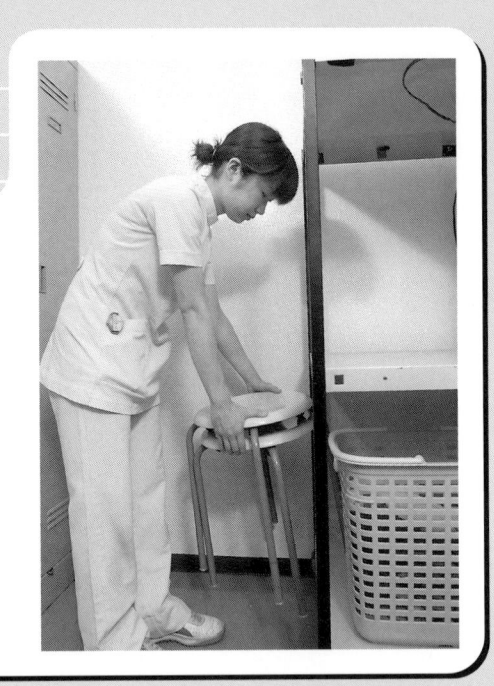

更衣室や休憩室など、スタッフが使うスペースも、常に整理整頓を心がけます。スタッフ全員が気持ちよく使えるよう、毎日の着替えの際など気がついたときにこまめに整とんを。

12 タイムカードを押す

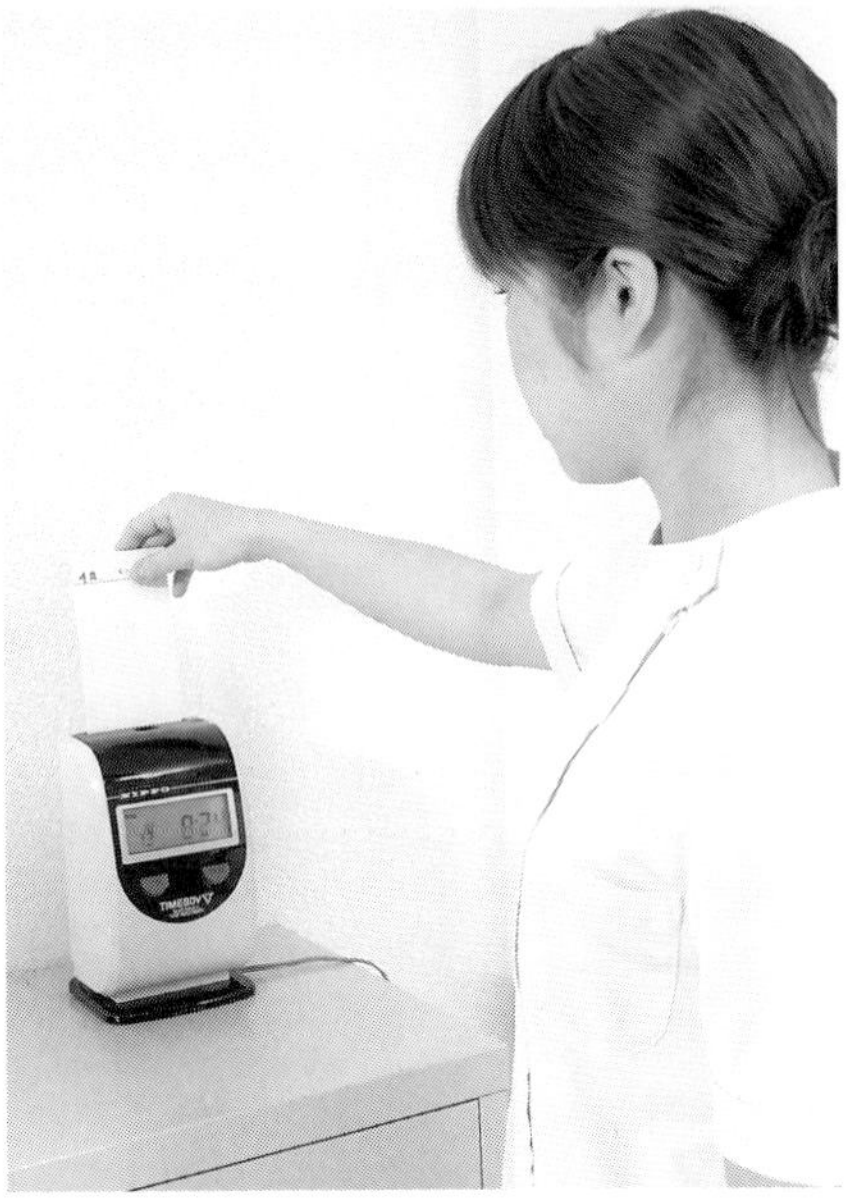

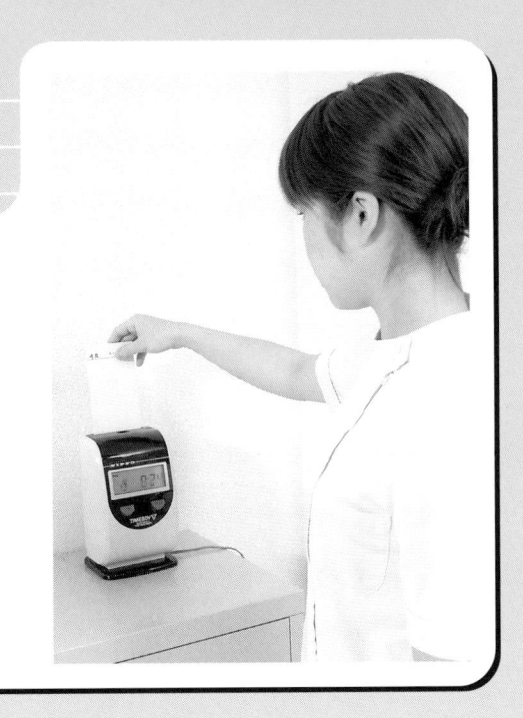

身支度をすませてから、タイムカードを押します。タイムカードはそれぞれの勤務時間を管理するものなので、出退勤の際忘れずに押すこと。自分のカードは、カードホルダーなどの決められた位置に戻します。

13 照明や機器類の電源を入れる

院内の照明のほか、パソコン、X線フィルムの自動現像機、血液検査の機械などの電源を入れます。医療機器の中には、電源を入れてから使える状態になるまでしばらく時間がかかるものもあるので、診療開始前には必ず電源を入れるようにします。

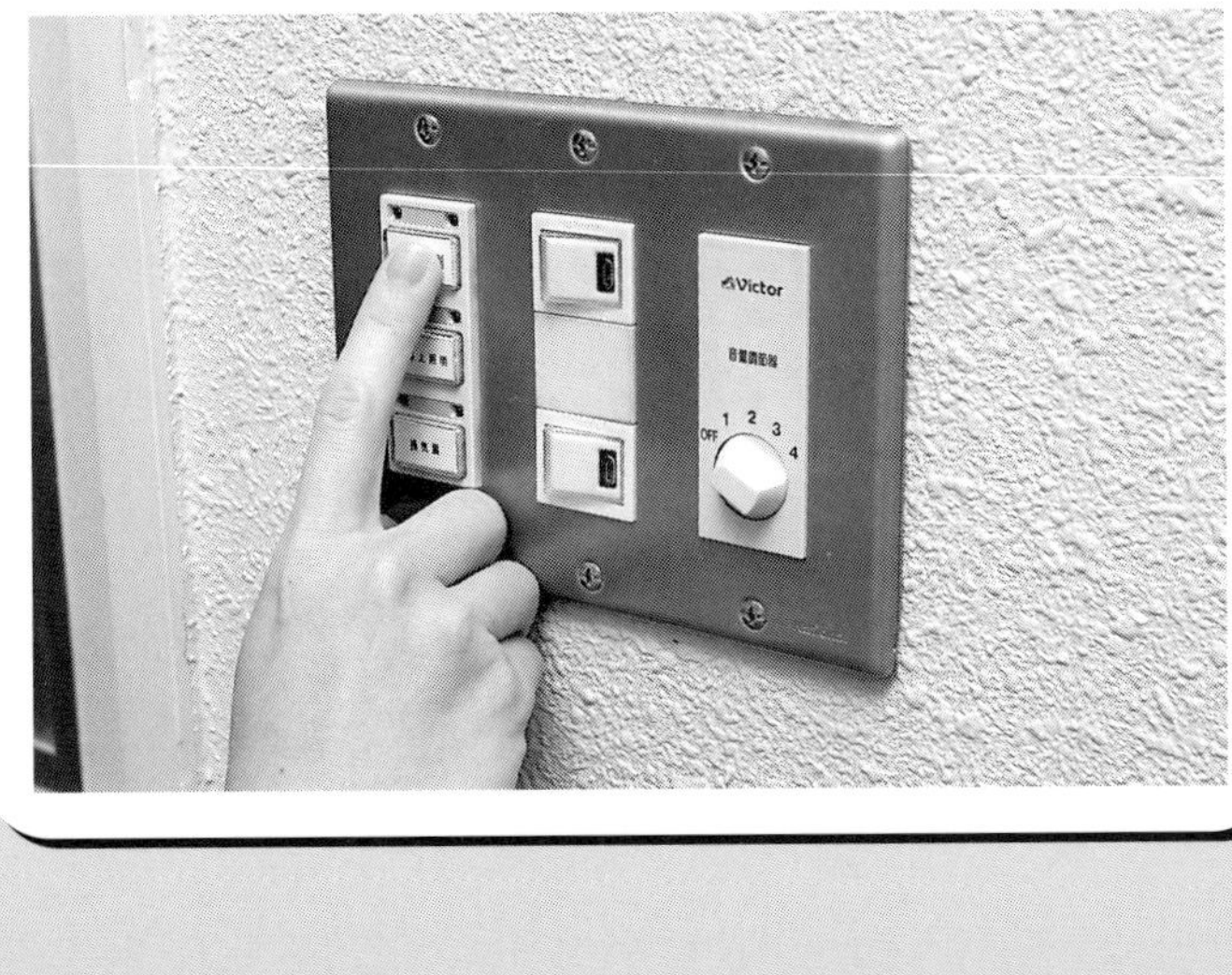

14 院内の汚れや臭気のチェック

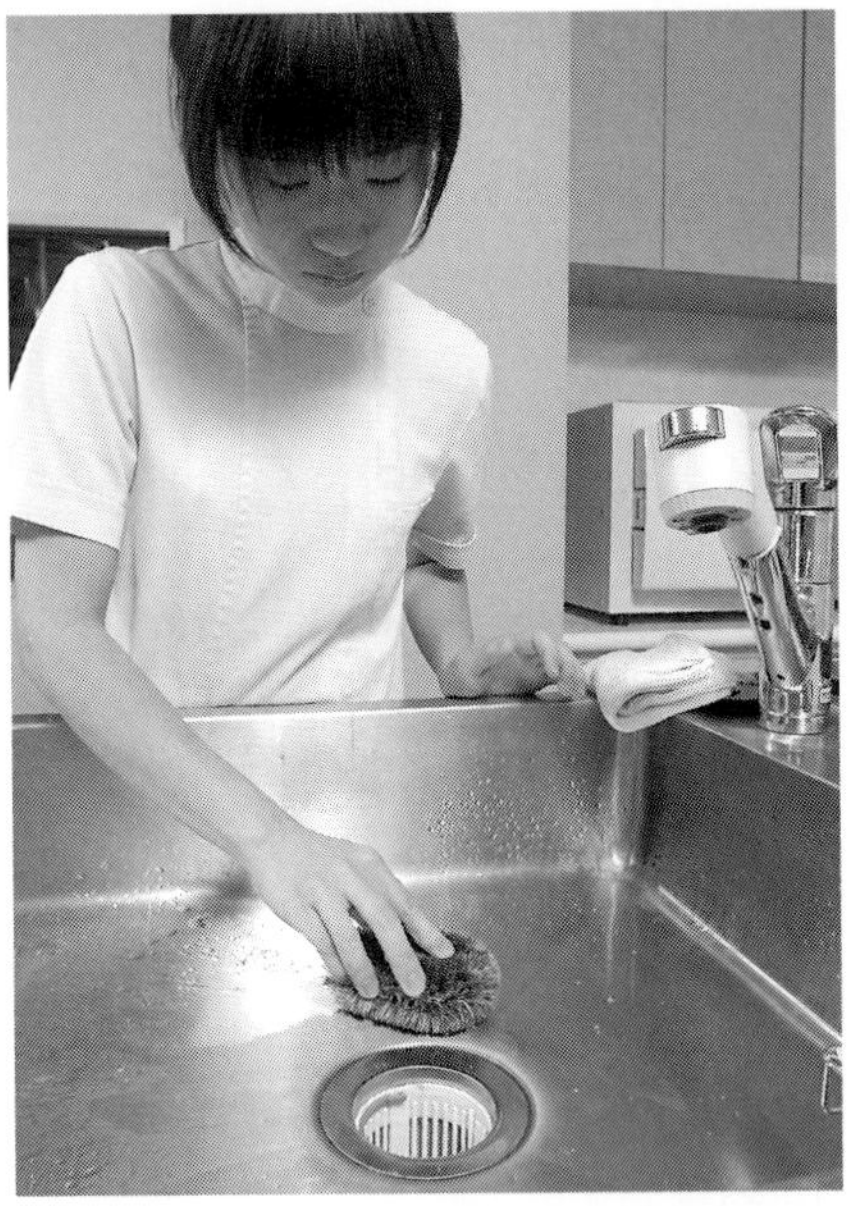

ごみ箱や排水口など、臭いが気になるところがあったら、汚れていないかどうかを確認。汚れていたらすぐに洗います。排水口には水あかなどもつきやすいので、たまったごみを捨てるほか、定期的に専用の洗剤で掃除をするとよいでしょう。

15 院内・院外の植物の手入れ

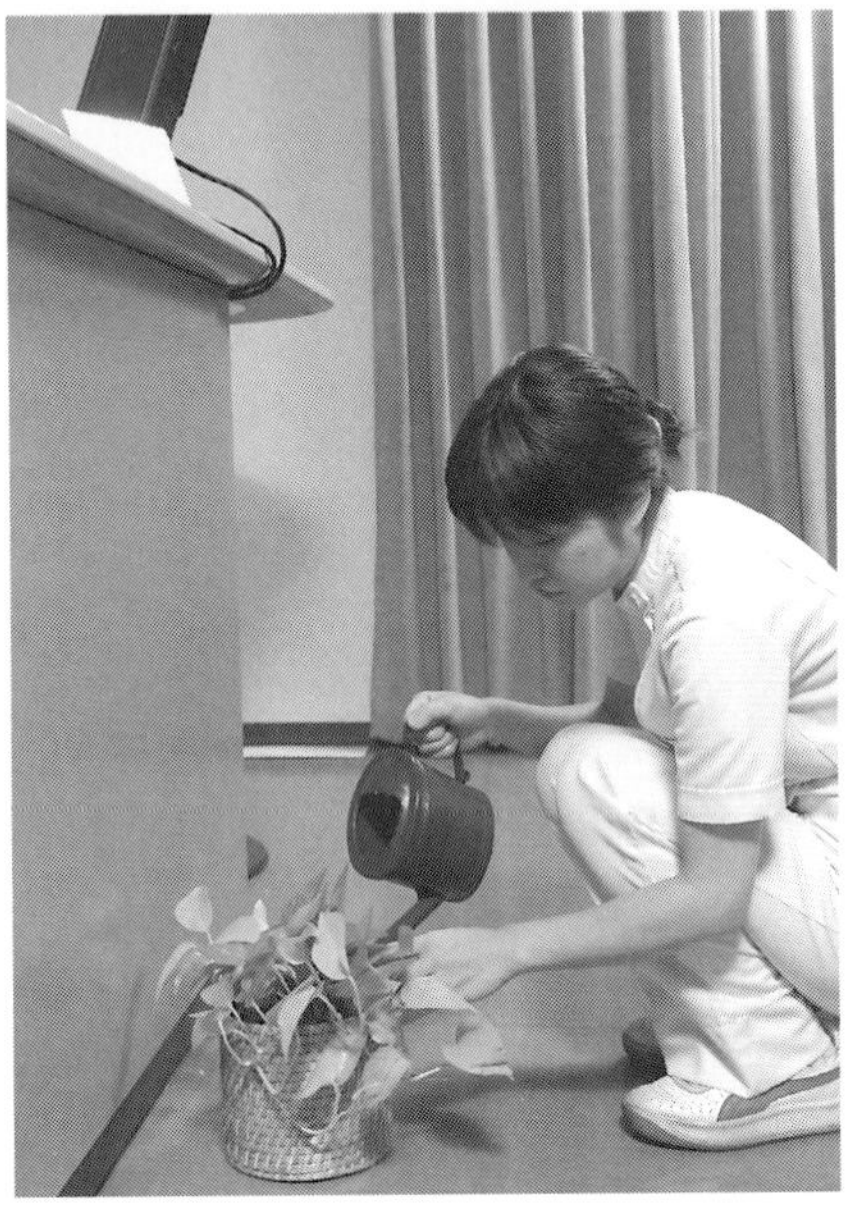

病院の入り口付近や待合室に飾ってある植物に水をやるなどの手入れをします。また、周囲に枯れ葉などが落ちていたら拾っておきます。病院を訪れる飼い主さんの気持ちを和ませるよう、植物は生き生きとした状態を保つようにします。

16 入院動物の状態を確認

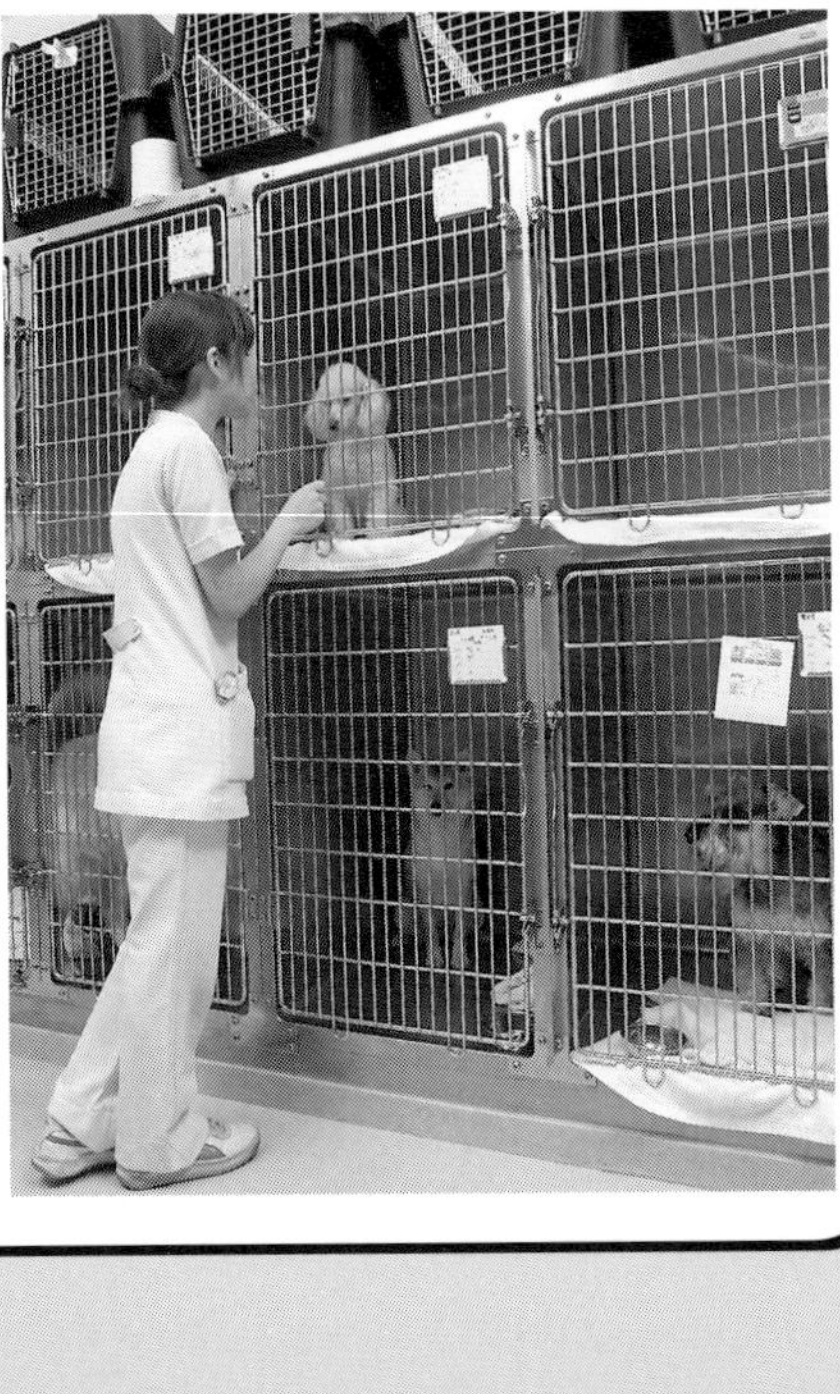

入院・預かり中の動物の状態を、1頭ずつ確認していきます。手術後の動物や容態の悪いものは、特に念入りに。ほかのスタッフと協力・分担して、ケージの清掃や運動、食事など日常の世話を行います。

ケース スタディ 1

接客トラブル回避術

こんなとき、どうする？

動物看護師として仕事をはじめると、思いがけないトラブルに出会うことも意外と多いはずです。どんなトラブルでも勤務している病院の方針に従って処理するのが基本ですが、判断に迷う状況での対処例をケーススタディで紹介します。

ケース1 診察時間外に飼い主さんが来た

朝、通勤してきたら、病院の前で飼い主さんが待っていました。そのまま待ってもらうことにして通り過ぎる？　それとも声をかけて病院に入ってもらう？

対処法

基本的には診察時間内に再度来てもらえるようにお願いしますが、まずはあいさつをし、「診察時間は○時からですが、どうなさいましたか？」などと事情を聞いてみましょう。

急患などの場合は、すぐに獣医師に連絡して指示を仰ぎます。連絡が取れたら、その結果（例外的に診察をする、時間外料金が必要、診察ができないなど）を必ず飼い主さんに伝えます。

順番待ちの方ならば、診察時間まで待っていただくことを説明します。待合室にお通しする場合は、必ず椅子をすすめてから朝の開院準備に取りかかるようにします。車で来院された場合は、携帯電話の番号を聞いておき車の中で待機してもらう（順番になったら携帯電話に連絡することも伝えます）方法もあります。

また、まれに今朝の分の処方食がないという飼い主さんもいますが、そういった場合は1食分を小分けにしてあげるのも、サービスの一環としてよいでしょう。

ケース2 待合室で犬を放す飼い主さんがいたら？

待合室で犬を放したり、リード（引き綱）を長く延ばしたままにする方がいます。何といって注意すればいい？

対処法

犬を放していると、飼い主どうしのもめごとの原因になったり、何かの拍子に外へ飛び出してしまったり、雄犬の場合はオシッコをして回ることもあり、病院にとっても飼い主さん（動物）にとってもよいことはありません。待合室には「待合室では犬のリードは短くして、放さないようにしてください」という張り紙をしておきます。

また、飼い主さんに注意する場合は「ほかの子に危害を加えられ、○○ちゃん（この子）がけがをするとかわいそうなので、引き綱を短くお願いします」、「お膝の上かケージの中の方が安全ですので入れておいてください」、「乱暴なワンちゃんのそばに行ってしまうかもしれないので」など、その飼い主さんや犬を責めるのではなく〝犬が危ない目に遭うかもしれない〟というニュアンスのいい方をします。また、待合室にほかの動物がいない場合は「放しておくと、診察のときも落ち着きがなくなってしまいますので」と説明しましょう。

3. 開院前の準備

院内の清掃・整とんと診療の準備

前日の診療終了後に院内はていねいに掃除をしてあるので、開院前の掃除は手早くすませます。病院内は清潔・安全であることが基本です。だらしない印象を与えないため、床や棚などの拭き掃除だけでなく、待合室の椅子や雑誌の整とん、病院前の道路の清掃なども忘れずに。院内の掃除をすませたら、診察室や検査室の備品や機器類をすぐに使える状態に整え、診察開始時刻を待ちます。

1 病院内の換気をする

掃除をする際は、窓を開けたり換気扇を回したりして、病院内の換気を行います。新鮮な空気を室内に入れることは、室内にこもった臭いを消すのにも役立つので、寒い時期でも必ず行いましょう。

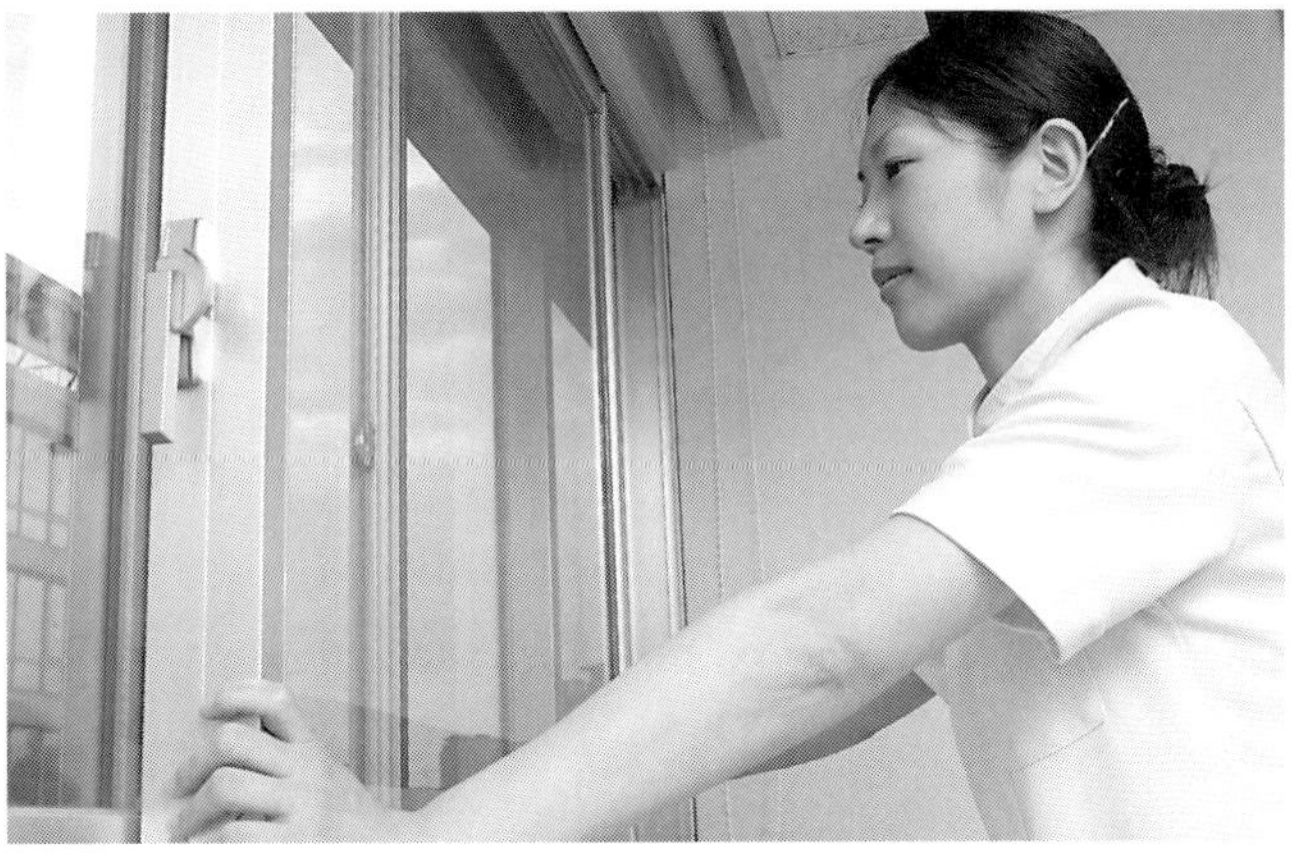

2 順序よく掃除機をかける

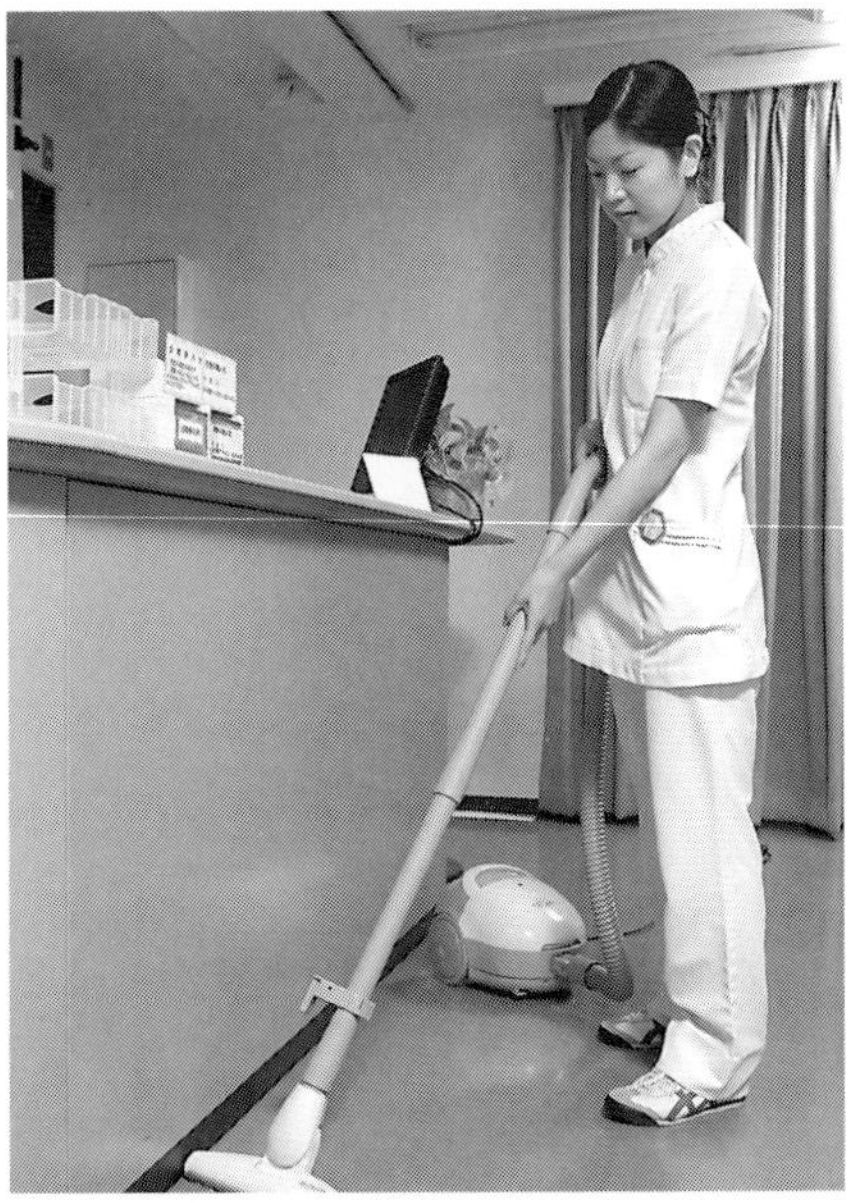

床に掃除機をかけていきます。待合室や受付など、飼い主さんが来院したら掃除がしにくくなるところから優先的に行います。診察開始時刻より早く来院する飼い主さんもいるので、朝の掃除は手分けして効率よく進めます。

3 床掃除用の消毒液をつくる

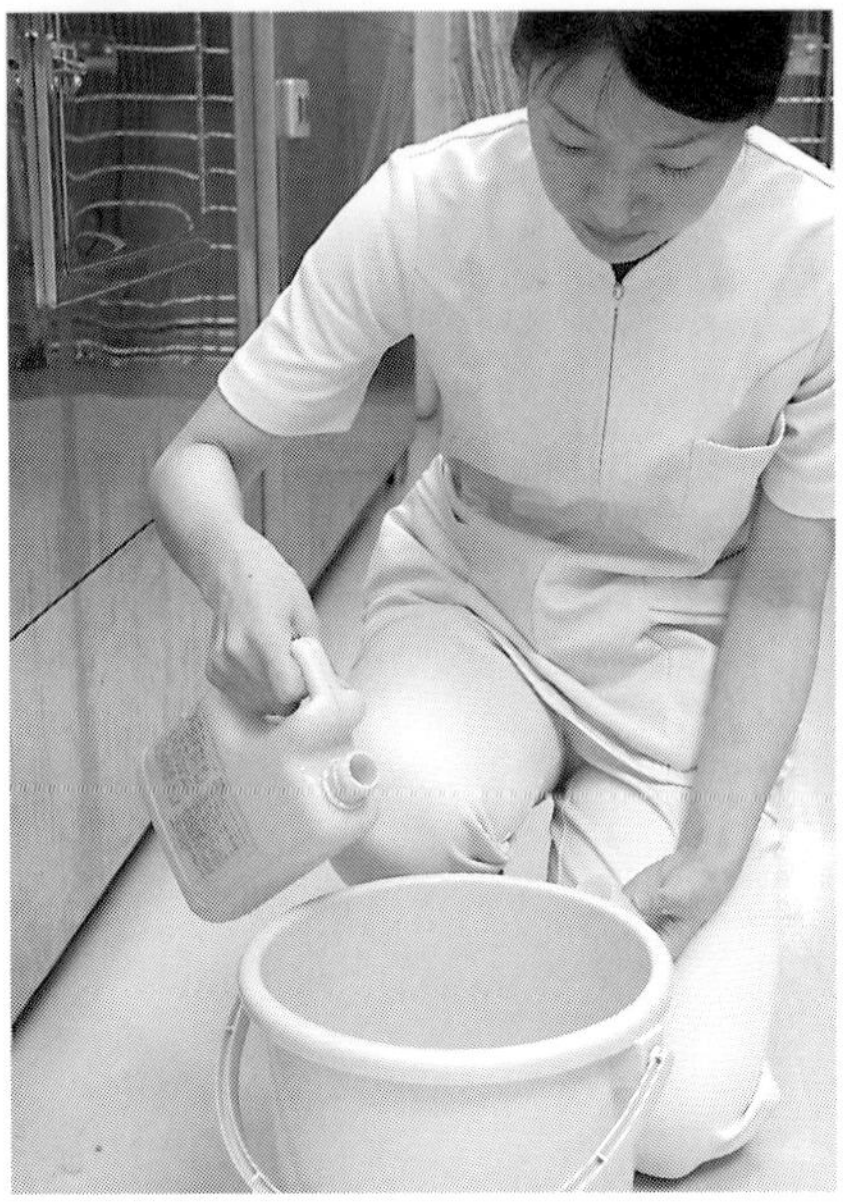

バケツに床掃除のための消毒液をつくります。使用する薬剤は病院によって様々ですが、殺菌力の高い塩素系の消毒薬などを一定の濃度に薄めて使うことが多いようです。塩素系の消毒液は皮膚を傷めるので、原液が手などにつかないように注意します。

4 モップで床を拭く

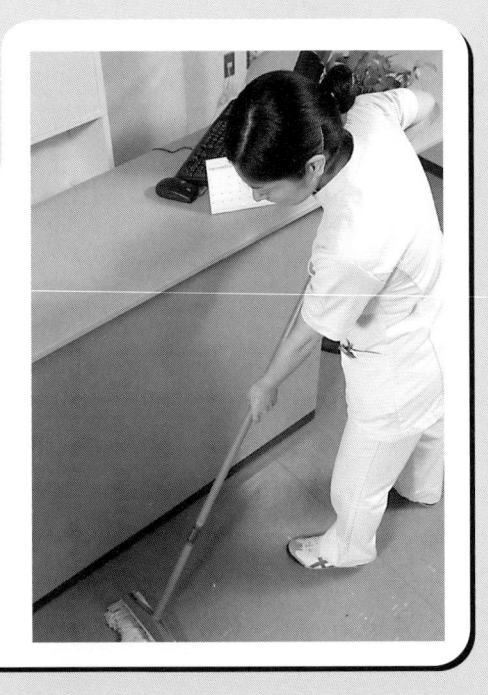

消毒液に浸して絞ったモップやぞうきんで、床を拭き掃除します。室内のすみずみまで、ていねいに拭くこと。椅子やごみ箱の下、部屋のコーナーの部分などもきれいに拭いておきましょう。

5 ぞうきんで棚や机などを拭く

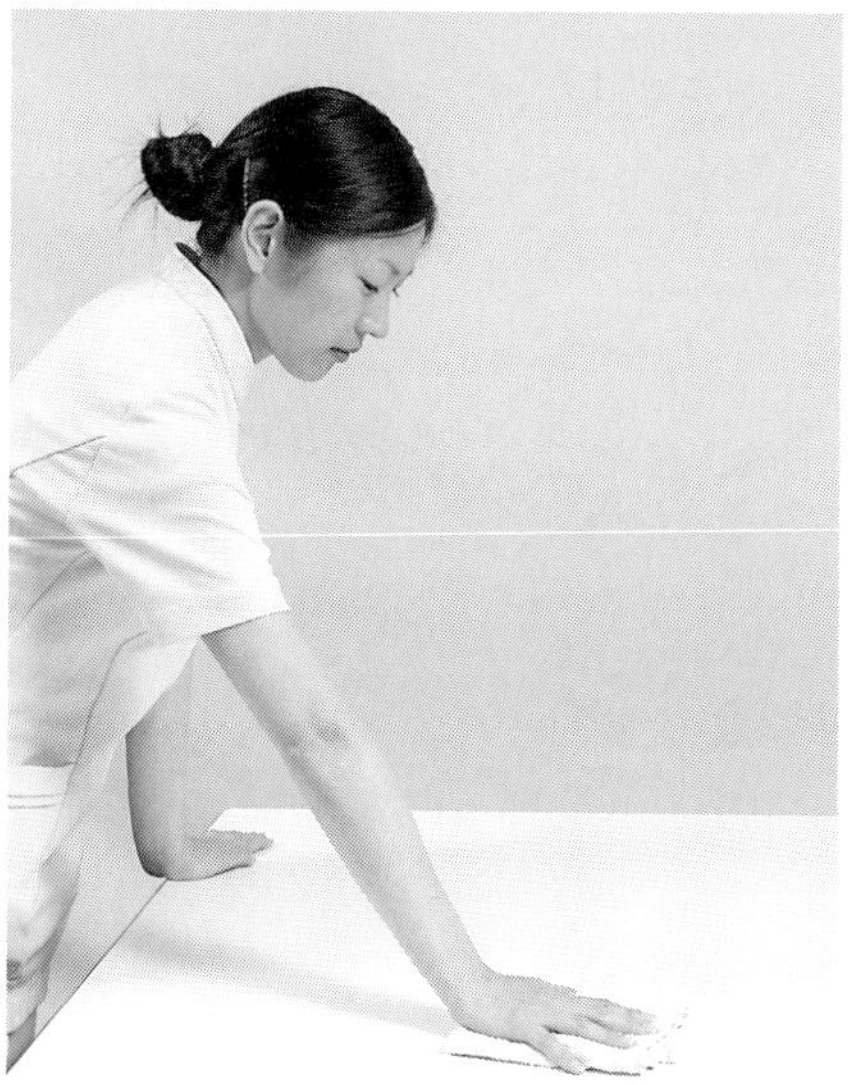

室内の棚や机、受付のカウンターなどを水拭きします。多くの飼い主さんや動物が触れる部分は、消毒液で拭いておくと安心です。みえにくい棚の奥の方まできちんと拭いておくこと。

6 病院の外の掃除をする

病院の入り口や、入り口に続く道路も掃除をしておきます。大きなごみは拾い、土ぼこりや毛くずなどはほうきなどで掃き集めて取り除きます。病院の看板などの状態もチェックしておきます。

7 待合室の椅子をきちんと直す

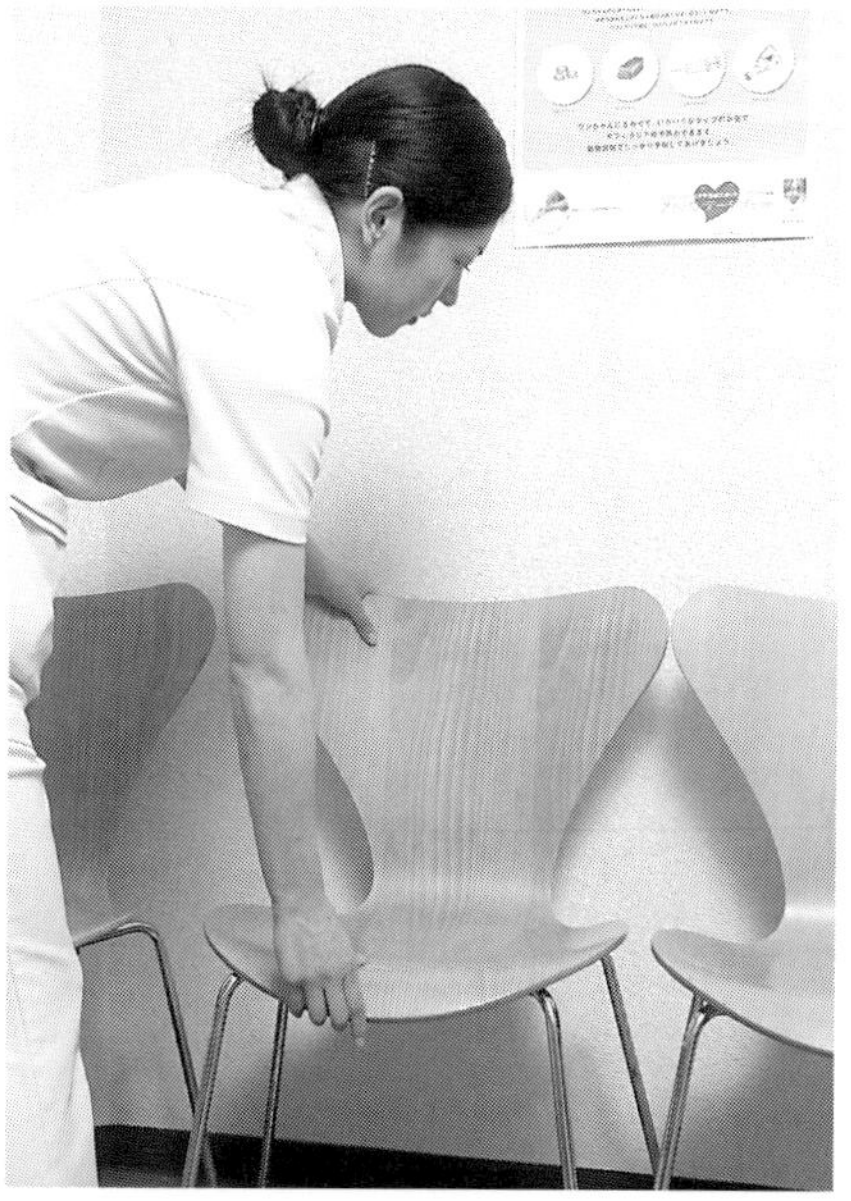

待合室の椅子をきちんと並べ直し、シートが汚れているものはぞうきんできれいに拭いておきます。飼い主さんに診察の待ち時間を気分よく過ごしてもらうためにも、室内の整とんは大切です。

8 雨の日は傘立てを出しておく

雨が降っているとき、または降り出しそうなときは、入り口の近くの使いやすい場所に傘立てを出しておきます。診察時間中は、定期的に傘立てをチェックし、乱雑になっていたら整とんを。

9 人目に触れるものは特にきれいに

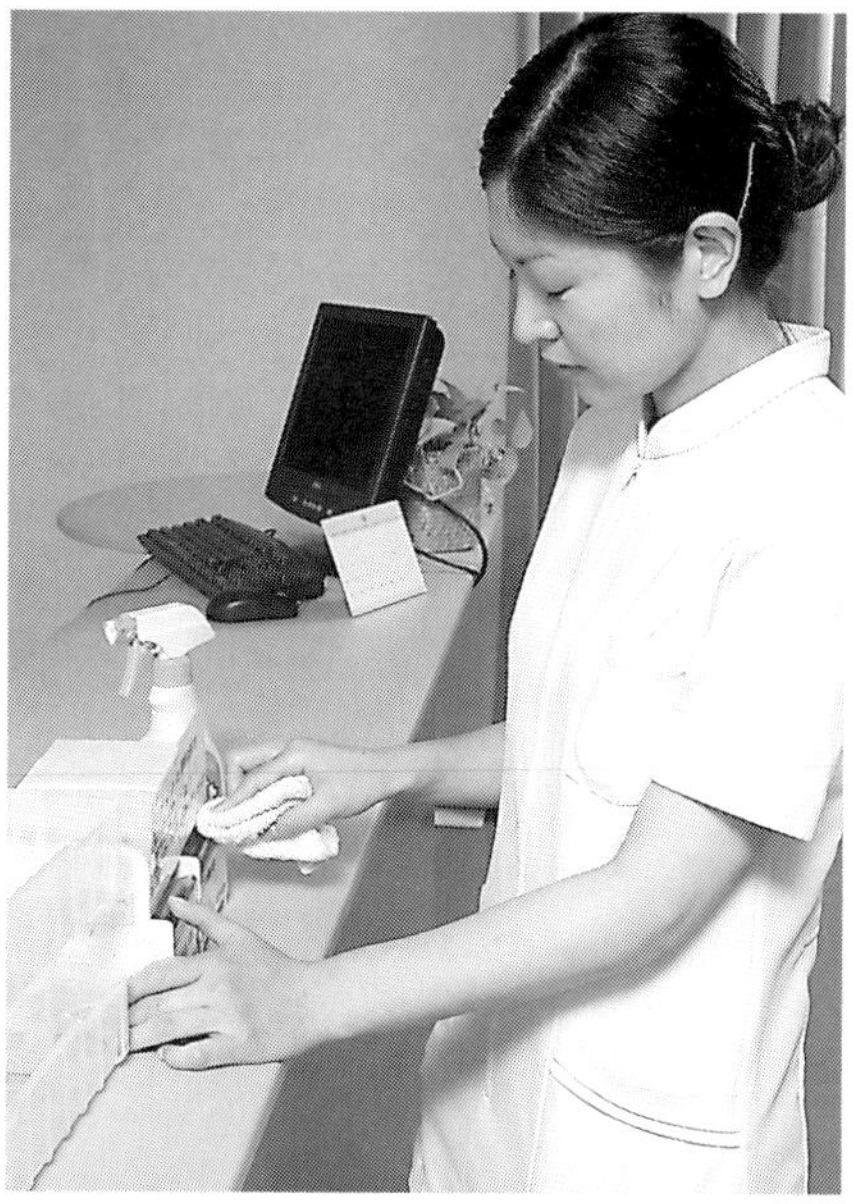

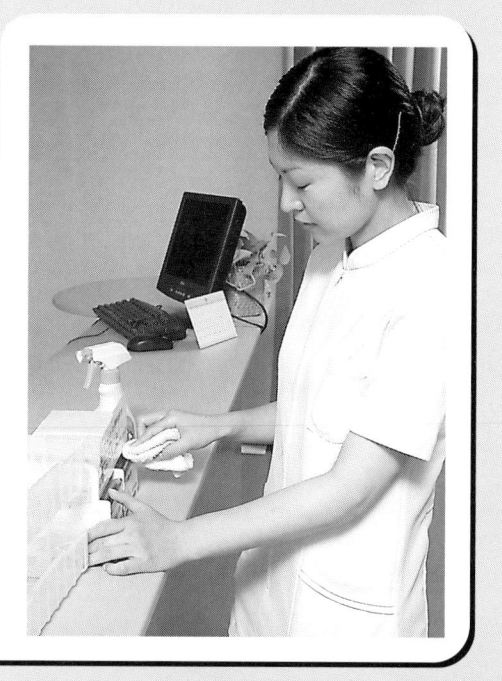

人目に触れやすい受付周りや入り口の扉、窓などは、常に汚れのない状態にしておきます。ガラスの部分はガラスクリーナーなどで、内側と外側から拭き掃除を。たくさんの人が触れる小物なども、指紋などの汚れが残らないよう、こまめに拭いておきます。

10 パンフレットや雑誌を整とんする

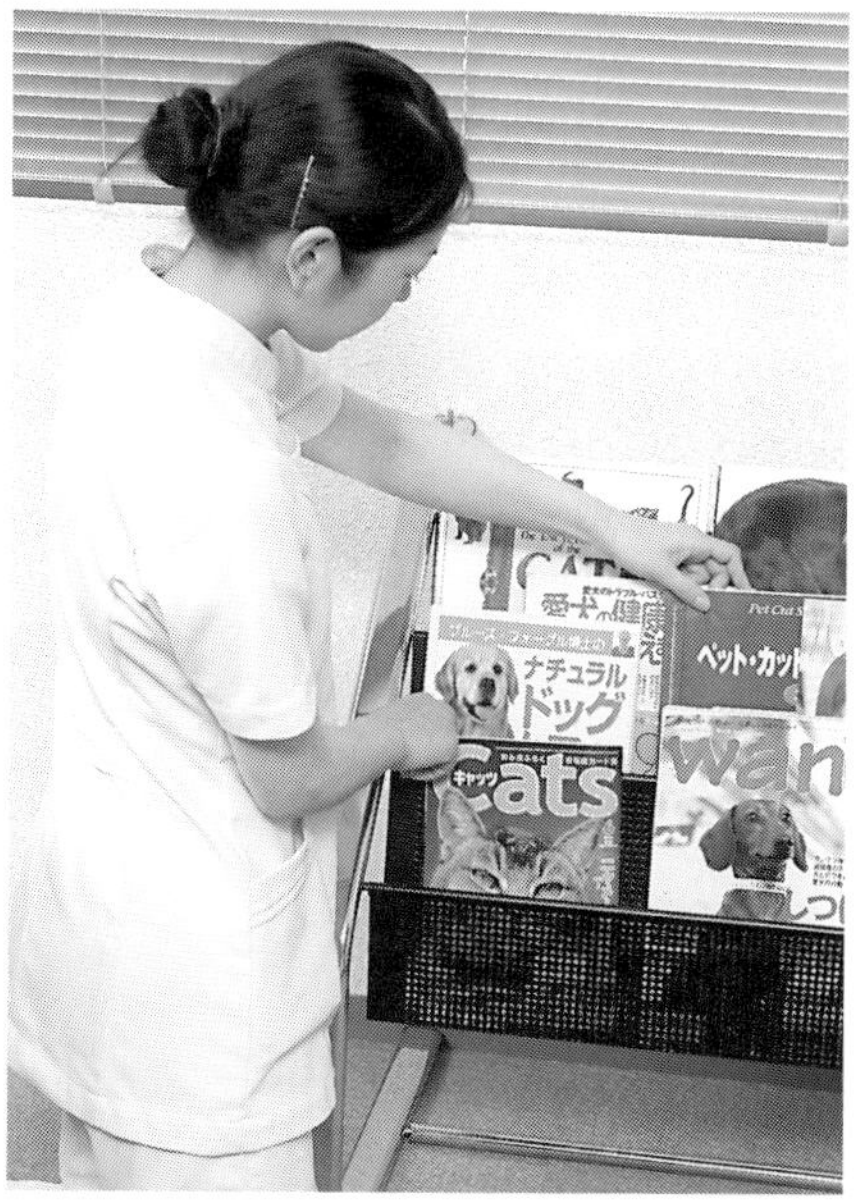

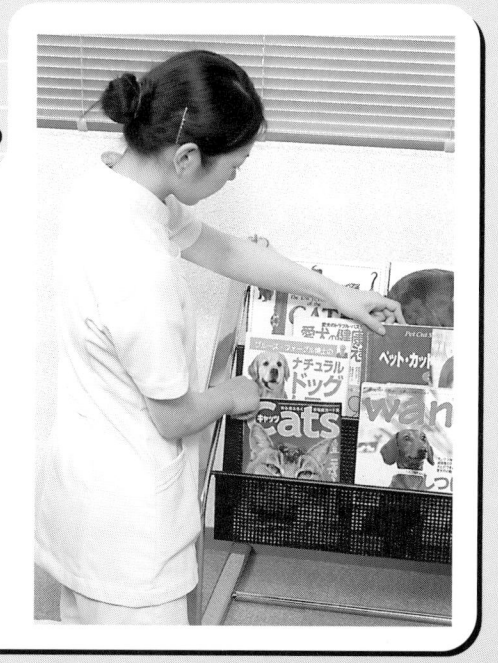

待合室のマガジンラックに入れてある雑誌類や、受付の周りに置かれたパンフレットなどを整とんします。細かい部分ですが、乱雑に置かれていると、だらしない印象につながります。

11 トイレ掃除をする

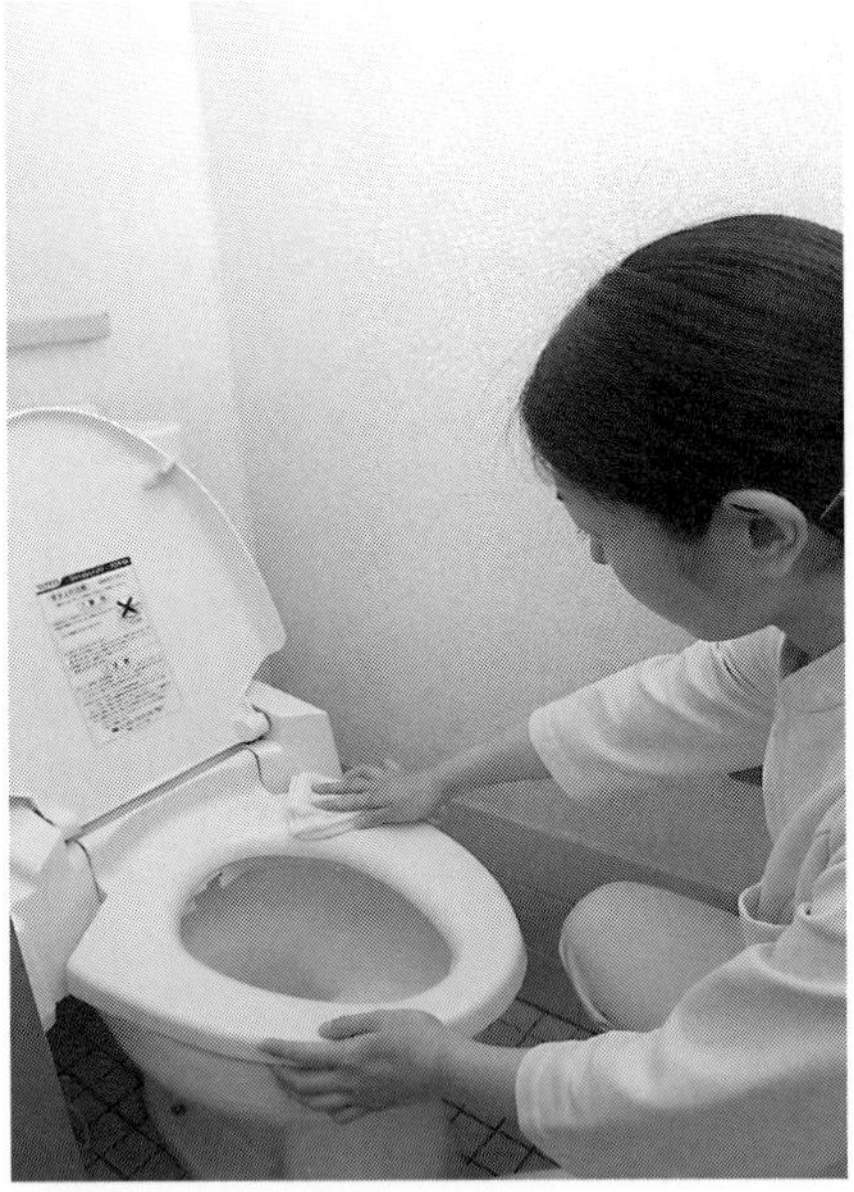

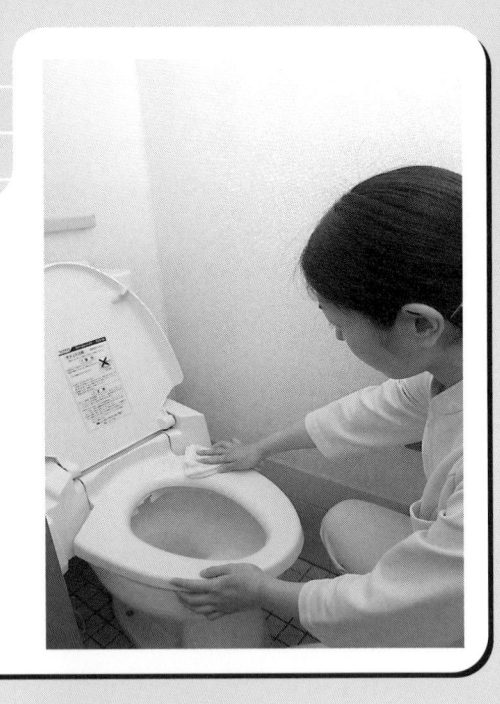

飼い主さんが気持ちよく利用できるよう、すみずみまで掃除をしておきます。診察時間中もこまめにチェックし、ごみ捨てや清掃、トイレットペーパーの補充などに気を配りましょう。

12 パソコンを起動する

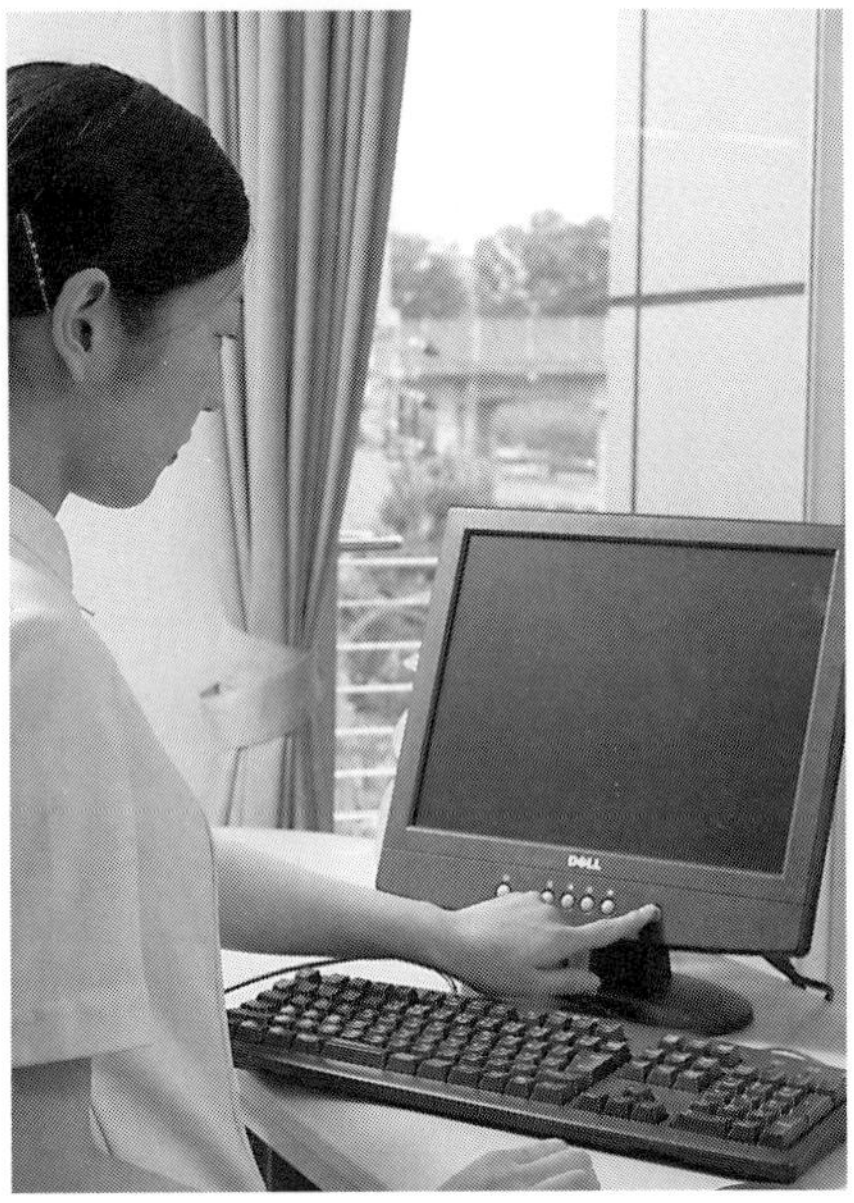

カルテや会計の管理をするコンピューターを起動します。使える状態になるまでに少し時間がかかるので、その分の時間を計算に入れて早めに起動しておきます。レジの中に、病院で決められた額のつり銭を用意します。

13 受付の準備をする

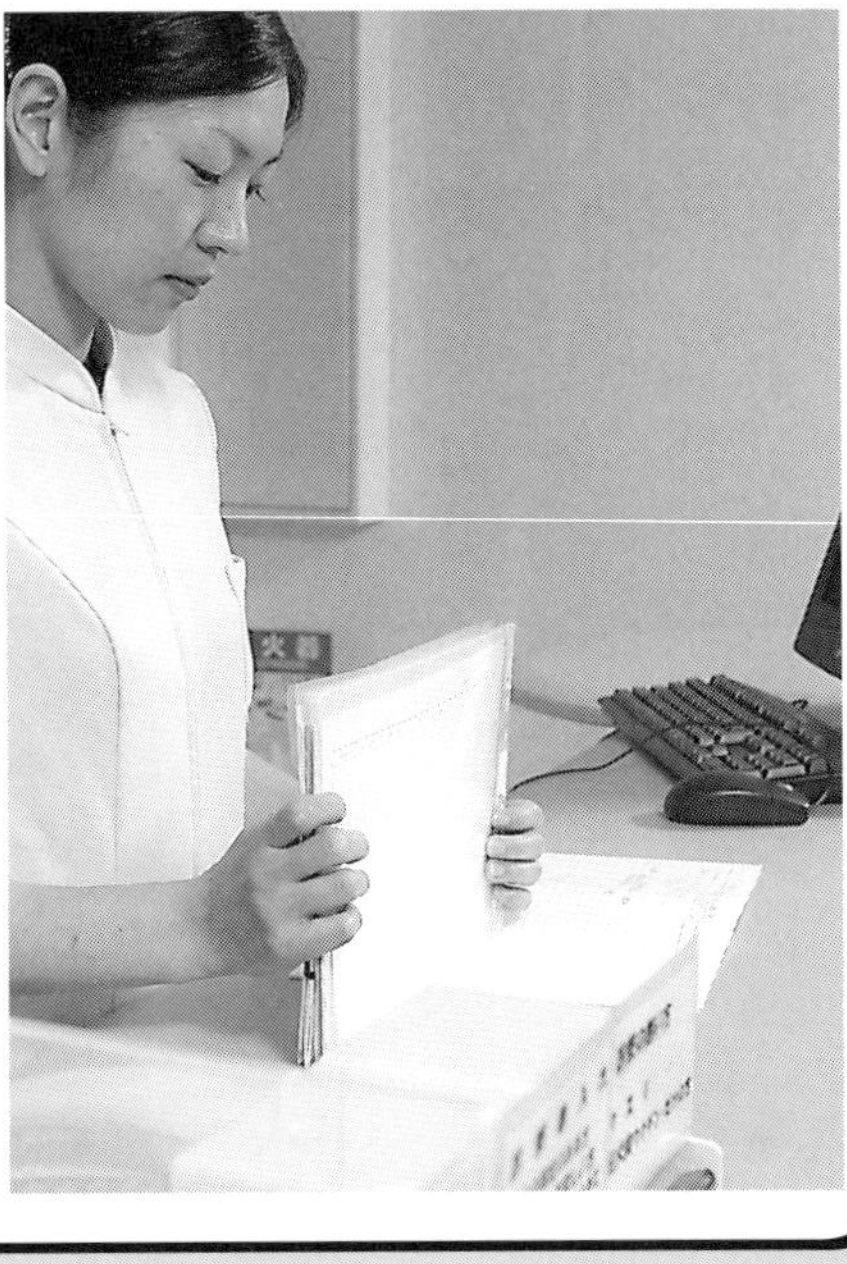

病院内のカレンダーなどで今日の予定を確認します。すでに診察の予定が決まっているものがあれば、その分のカルテを出しておきます。受付のカウンターの上などを最終チェックし、きちんと整とんします。

14 診察室の清掃と整とん

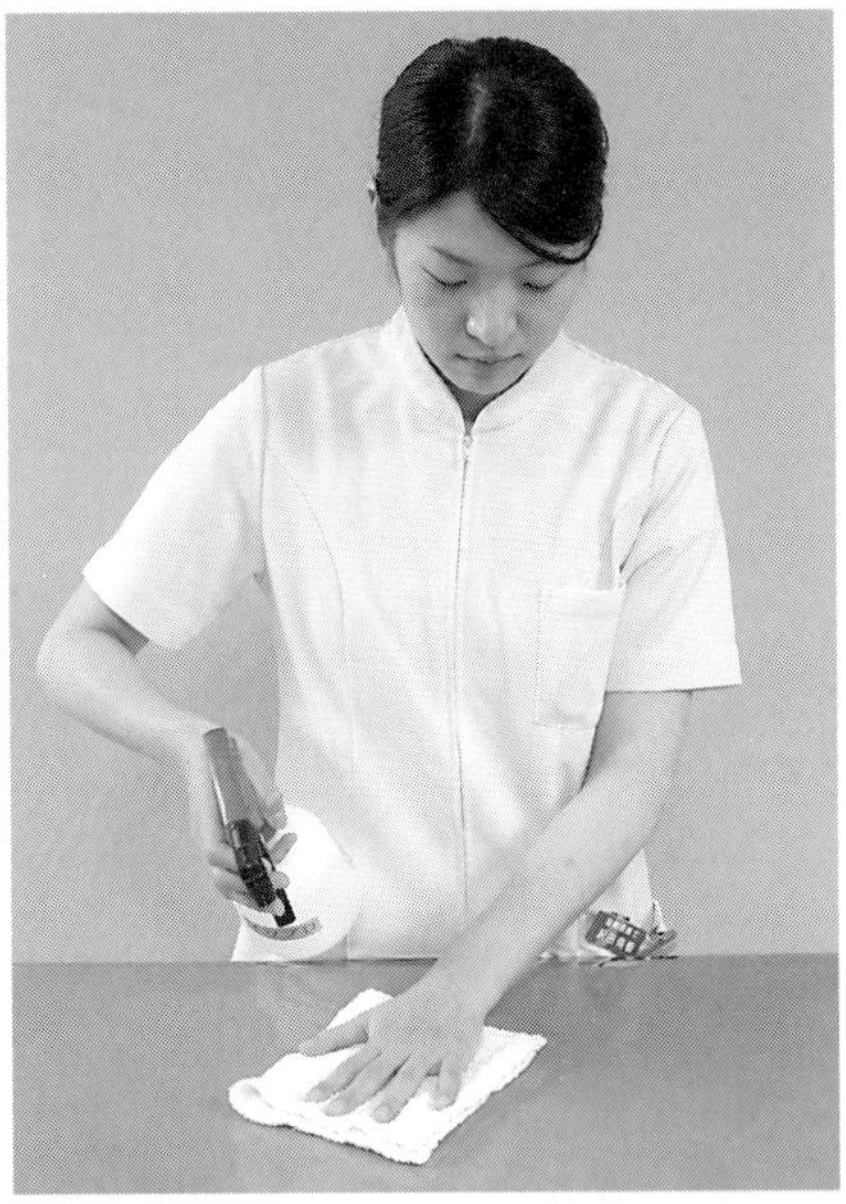

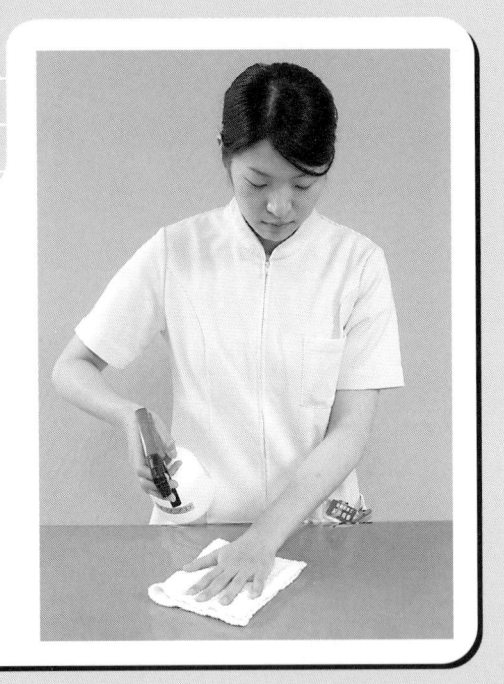

診察室内の棚や机を水拭きし、診察台や床は消毒液を使って拭きます。また、診察室に常備しておくタオルなどが十分にあるかどうかを確認し、不足している場合は補充します。

15 消耗品の確認と補充

シリンジ、注射針、注射薬、体温計のカバーなどが十分にあるかどうか確認し、不足している場合は補充します。備品を補充する際は、獣医師の使いやすさを考えて、正しい向きにきちんとそろえておくこと。

16 消毒薬の確認と補充

オキシドール、イソジン、アルコール、塩素系の消毒薬など、診察室に常備しておく消毒薬の残量を確認し、不足している場合は補充します。

17
器具類の確認と補充

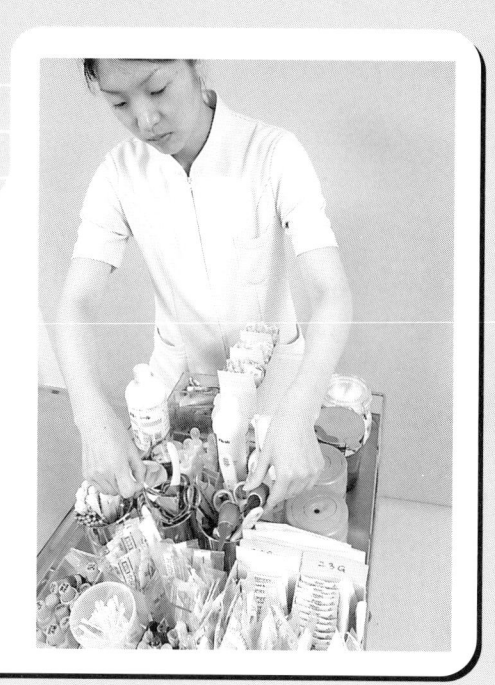

耳鏡、鉗子、ピンセット、はさみなど、診察室に常備しておく器具がそろっているかどうか確認します。汚れているものがあれば手早く洗い、水気を拭いて乾かしておきます。

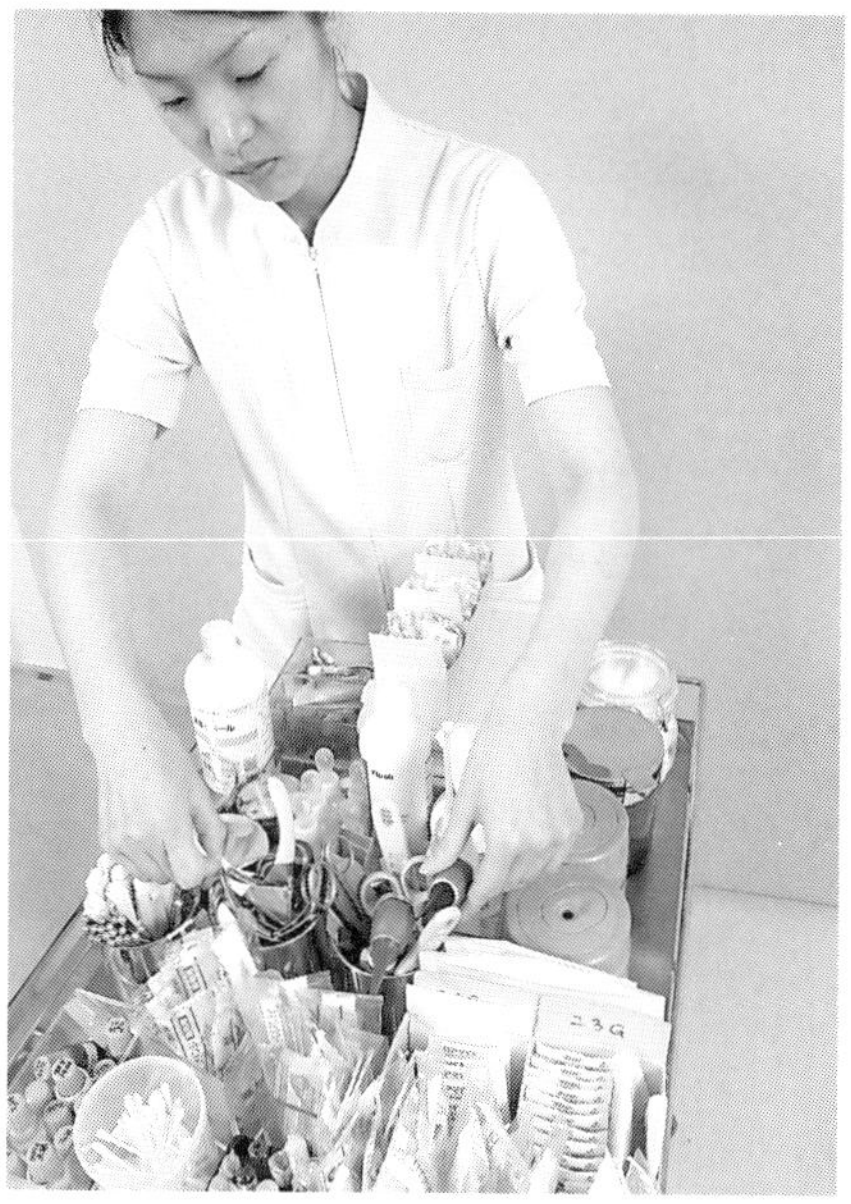

18
検査室の準備をする

CBC測定機やドライケム（血液生化学検査の機械）など各種検査機器の電源が入っているかを確認します。また、CBCの希釈液、洗浄液、溶血剤の量を確認し、少なければ補充しておきます。

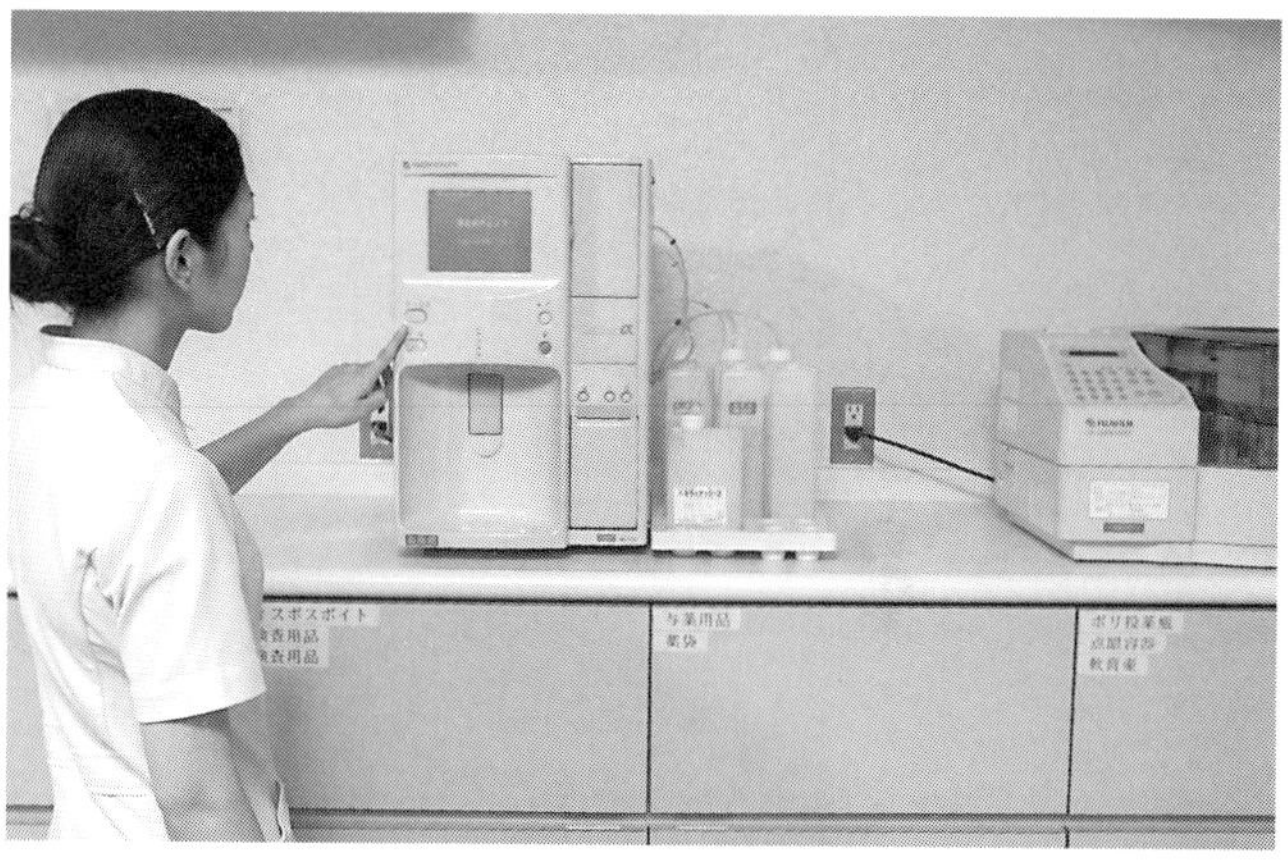

19
検査機器の準備

検査機器の状態をひとつずつ確認し、すぐに使える状態にしておきます。屈折計には蒸留水をたらし、0点合わせをします。顕微鏡（電気がつくか、レンズが汚れていないか）や遠心分離機（前日の検体が残っていないか）なども忘れずに。

20
ごみ箱を確認し、ごみ捨てをする

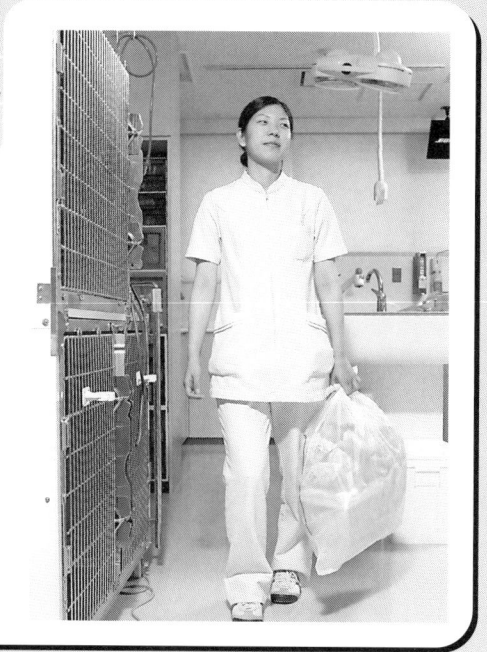

病院内のごみ箱の中をチェックし、ごみがたまっていたら正しい方法で処理します。特に飼い主さんの目に触れやすい待合室や受付の周り、診察室などのごみ箱は常にきれいな状態にしておきましょう。

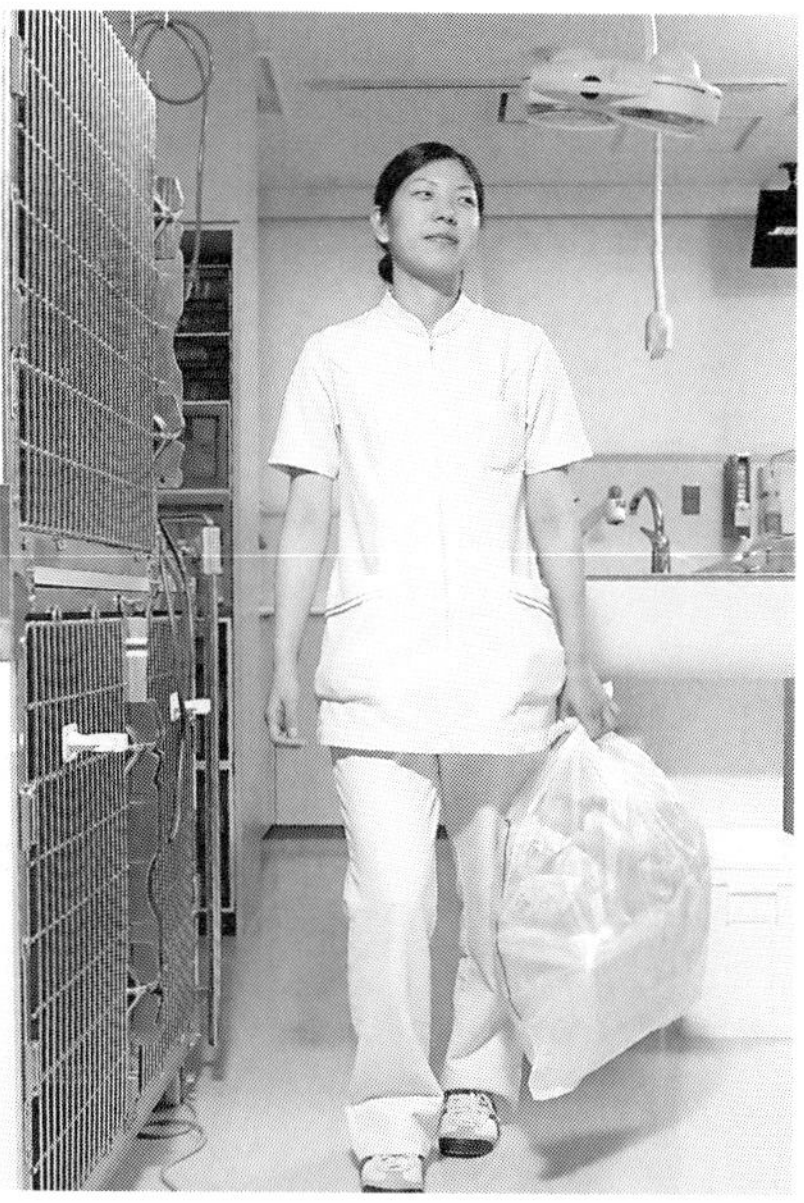

21
病院全体を最終チェック

入り口の内外、待合室、受付、診察室、トイレなど、病院全体の様子をチェックします。常に清潔できちんと整とんされた状態を保つことが、病院のイメージアップにもつながります。

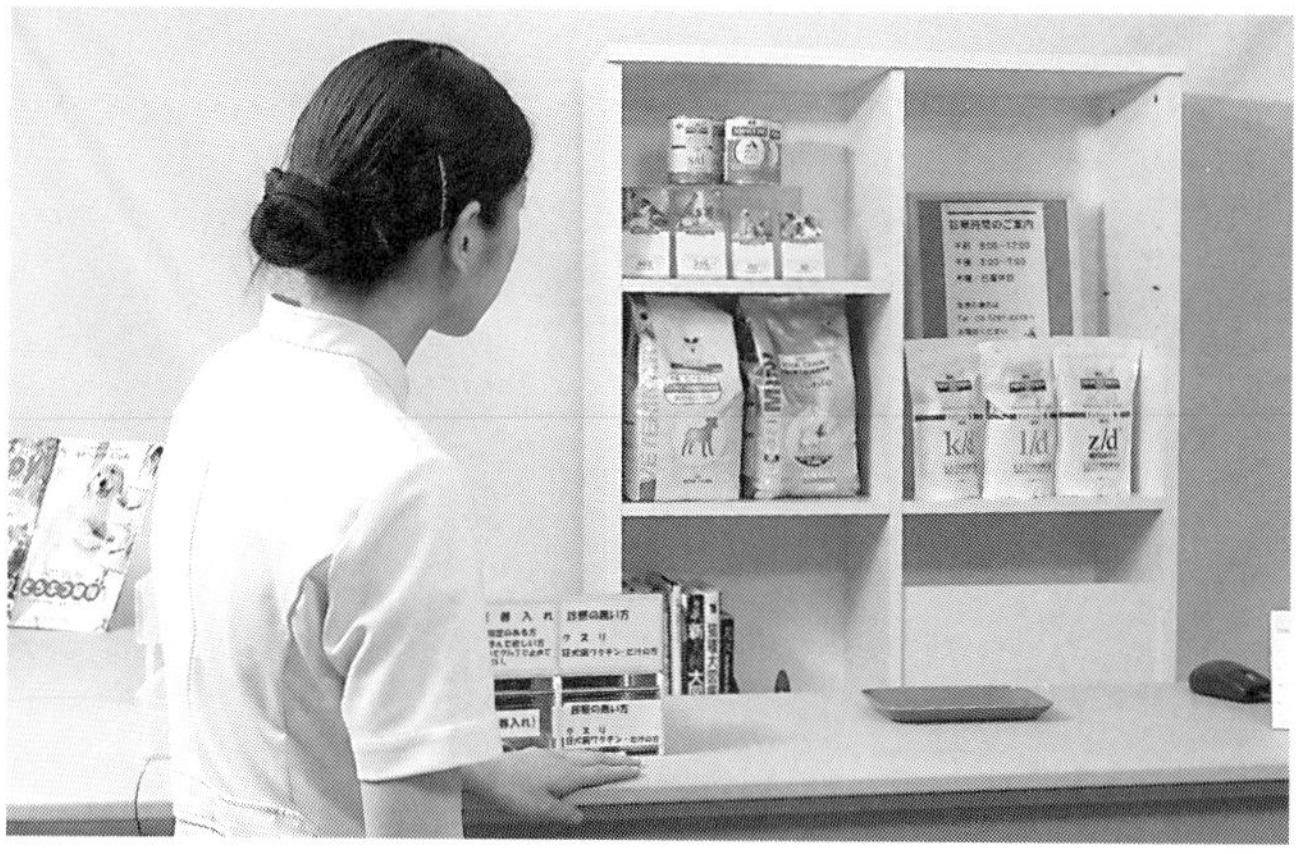

22
リラックスできる環境を整える

病院の決まりに従って、待合室にBGMやビデオを流したり、芳香剤を準備したりします。来院する飼い主さんは緊張していることが多いので、できるだけリラックスできる環境づくりが大切です。

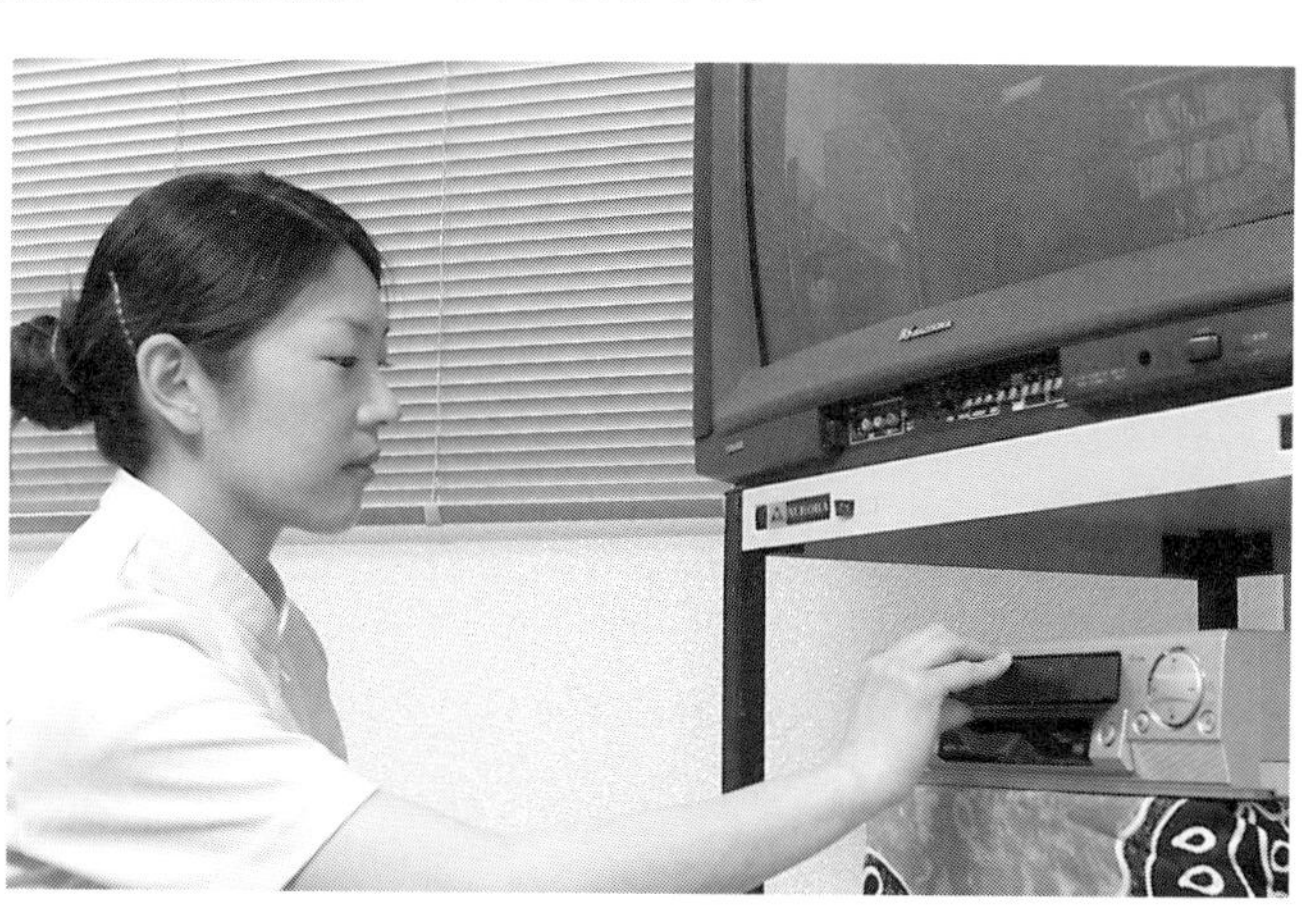

4. 指示を受ける際の基本

要点をきちんと理解し、確認する

新人の場合、獣医師からの直接の指示より、先輩看護師からの指示を受けて仕事をすることが多くなります。その場合、大切なのは指示を理解することと、きちんと報告をすること。仕事中、わからないことはそのままにせず、遠慮なく質問しましょう。また、教えてもらったことはメモを取るなどして、1日も早く覚える努力を。仕事を終えたら、「終わりました」の報告も忘れてはいけません。

1 呼ばれたらまず返事

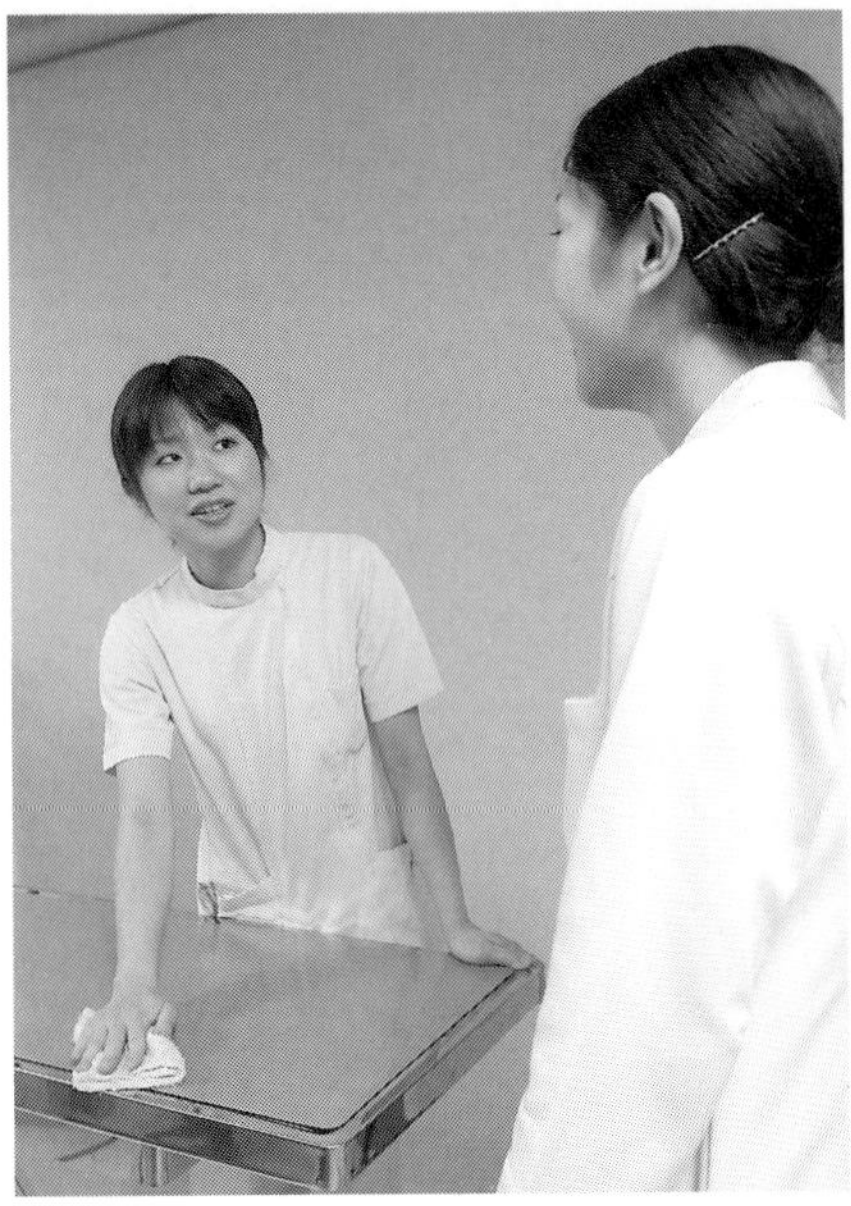

先輩看護師や獣医師などに呼ばれたら、すぐに「はい」と返事をして、呼んだ人のところへ行きましょう。飼い主さんとの話し中と電話中は例外ですが、ほかの作業をしている場合でも、まずは返事を。忙しいからといって黙って無視してはいけません。

2 指示を聞きメモを取る

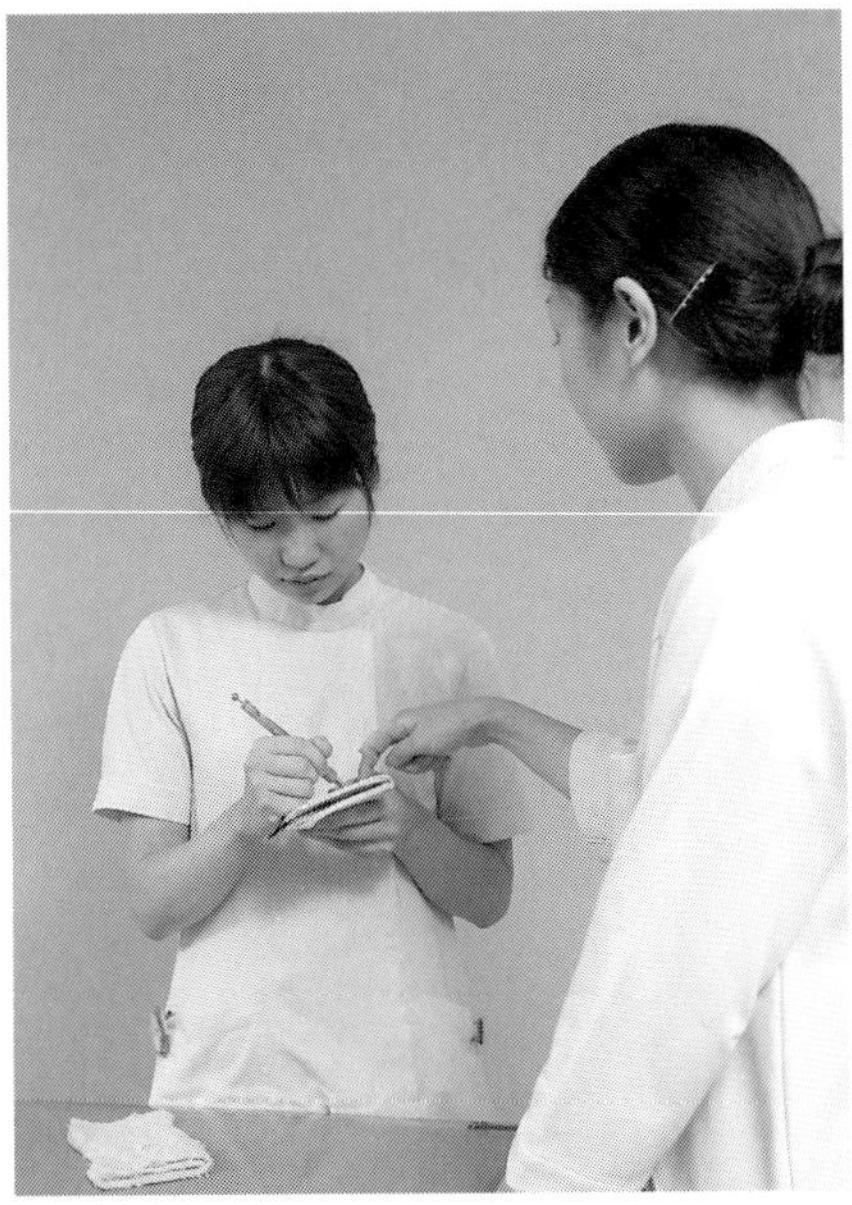

相手の指示をきちんと聞き、必要なところはメモを取っておきます。指示を聞くときは「はい」、「わかりました」など、あいづちを打つことも大切。黙って聞いていたのでは、理解していることが相手に伝わりません。

3 疑問点はその場で質問

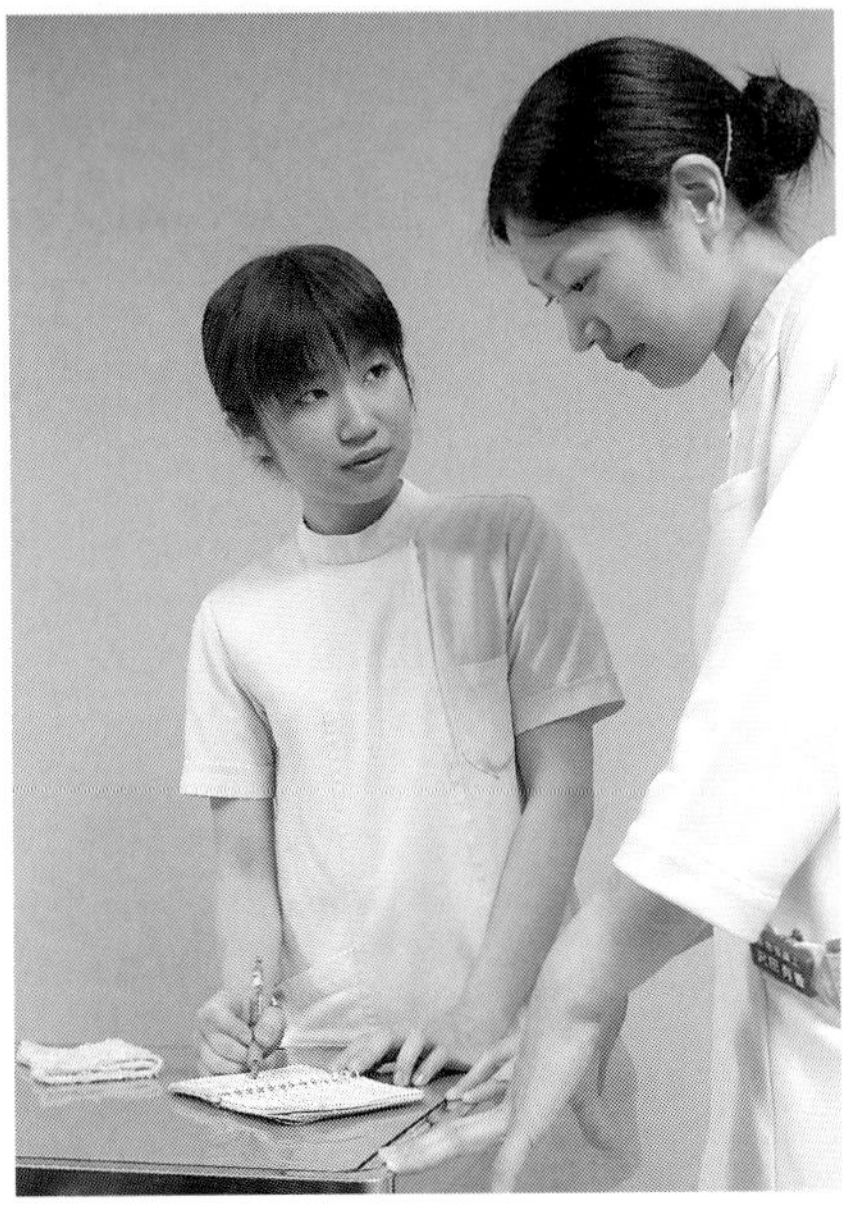

指示されたことでわからない点や疑問点があったら、指示を最後まで聞いてから、まとめて質問します。あやふやなままにせず、必ず確認すること。わかったふりをすることが、重大なミスにつながるケースもあるからです。

4 内容を確認する

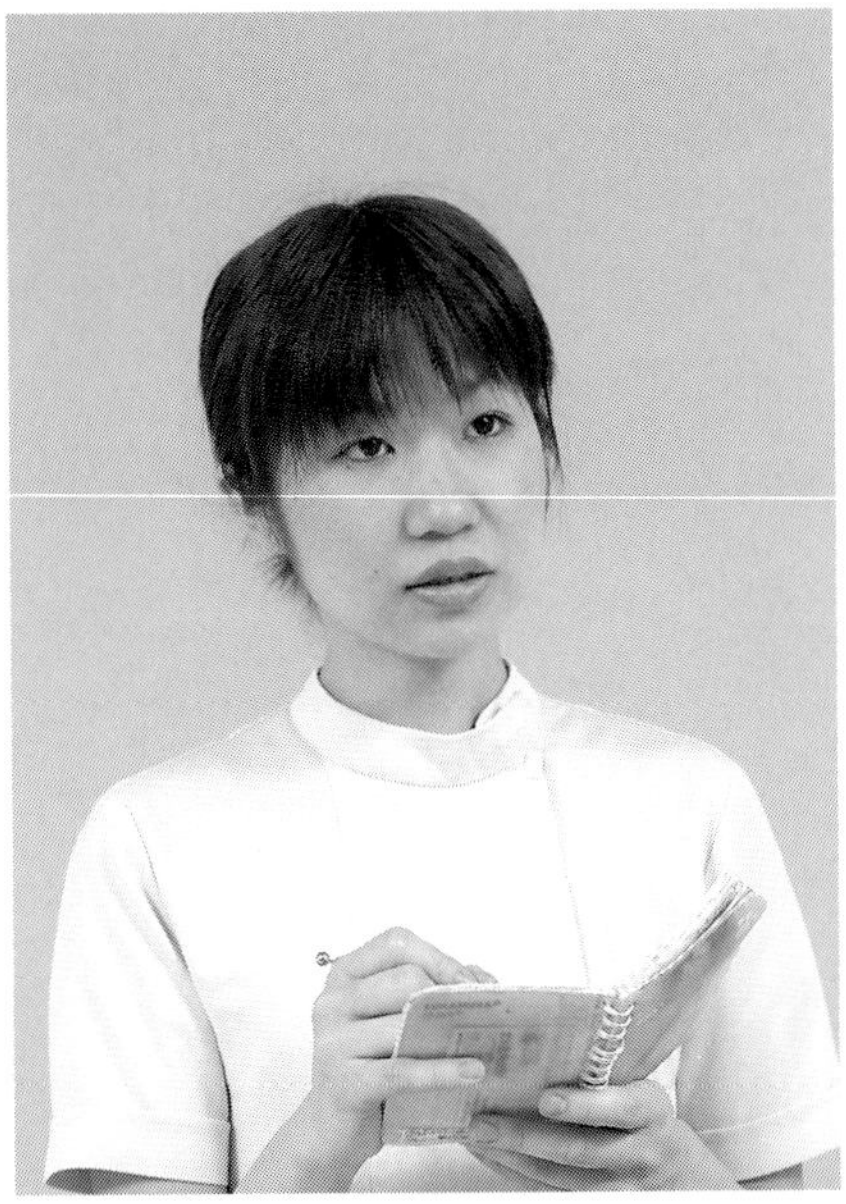

メモをみながら指示を復唱し、仕事の内容を確認します。要点を簡潔にまとめて具体的に述べ、相手に再確認してもらうこと。優先順位のほか、数量、薬品や人の名前などには特に注意し、間違いのないようにしましょう。

5 必要事項はカルテに記入

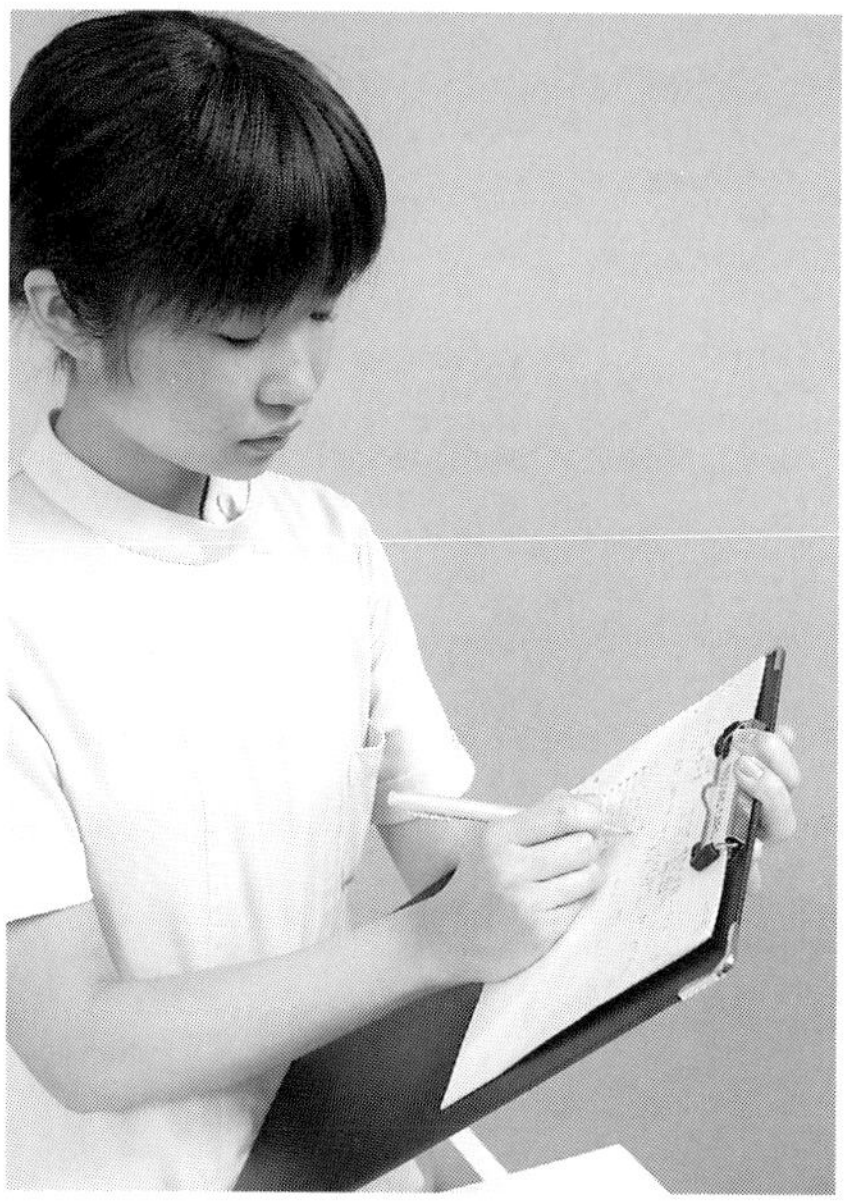

受けた指示の中に、カルテに記入しておくべきことがあったら、指示を聞きながら自分のメモに控え、その後すぐにカルテに書き写します。「後で書こう」などと思っていると忘れてしまったり、細部の記憶が薄れたりするので、すぐに書くことが大切です。

6 わからないことは相談する

作業を進める中でわからないことがあったら、手が空いている先輩看護師などに相談します。知らないことを勝手に判断したり、ごまかしたりしないこと。また、ひとりで解決しようと、いつまでも時間をかけるのもよくありません。

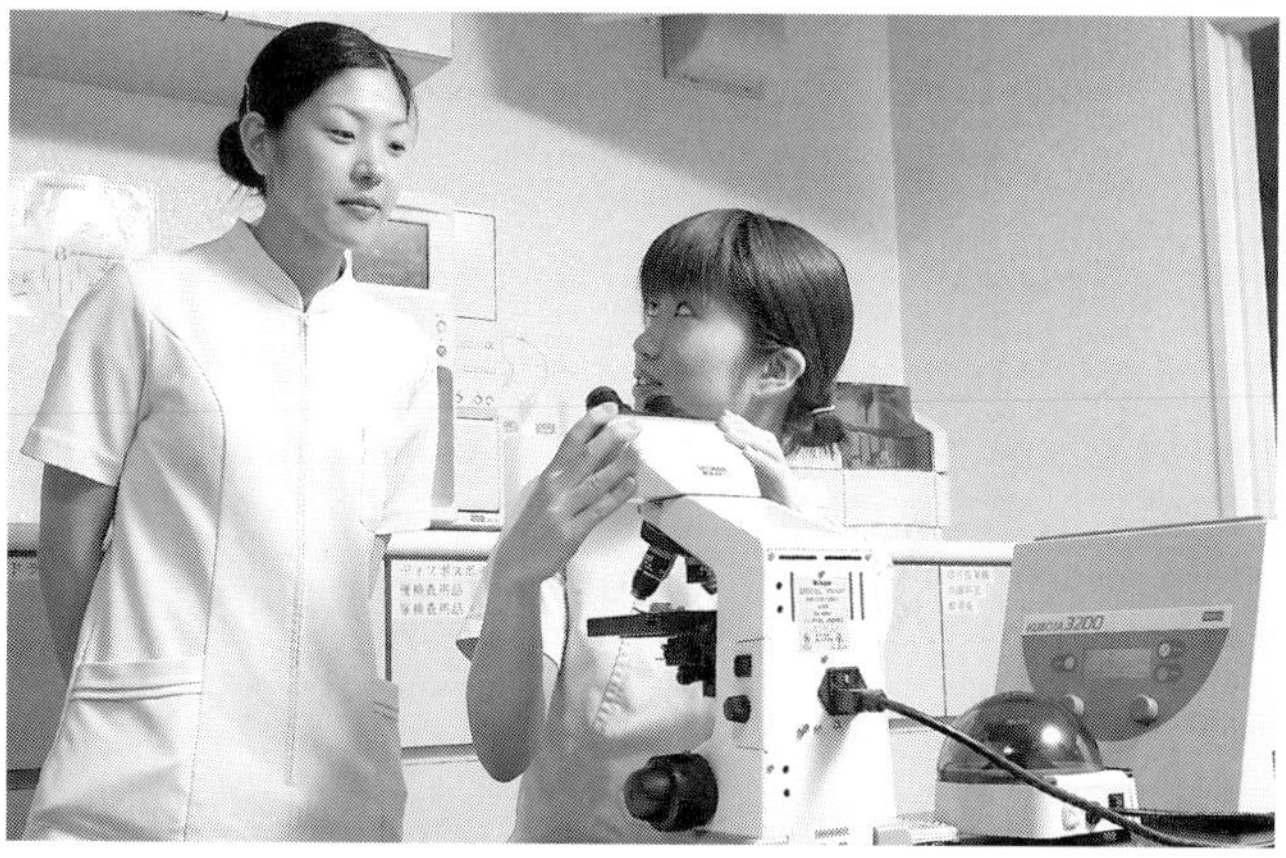

7 自分の考えをまとめる

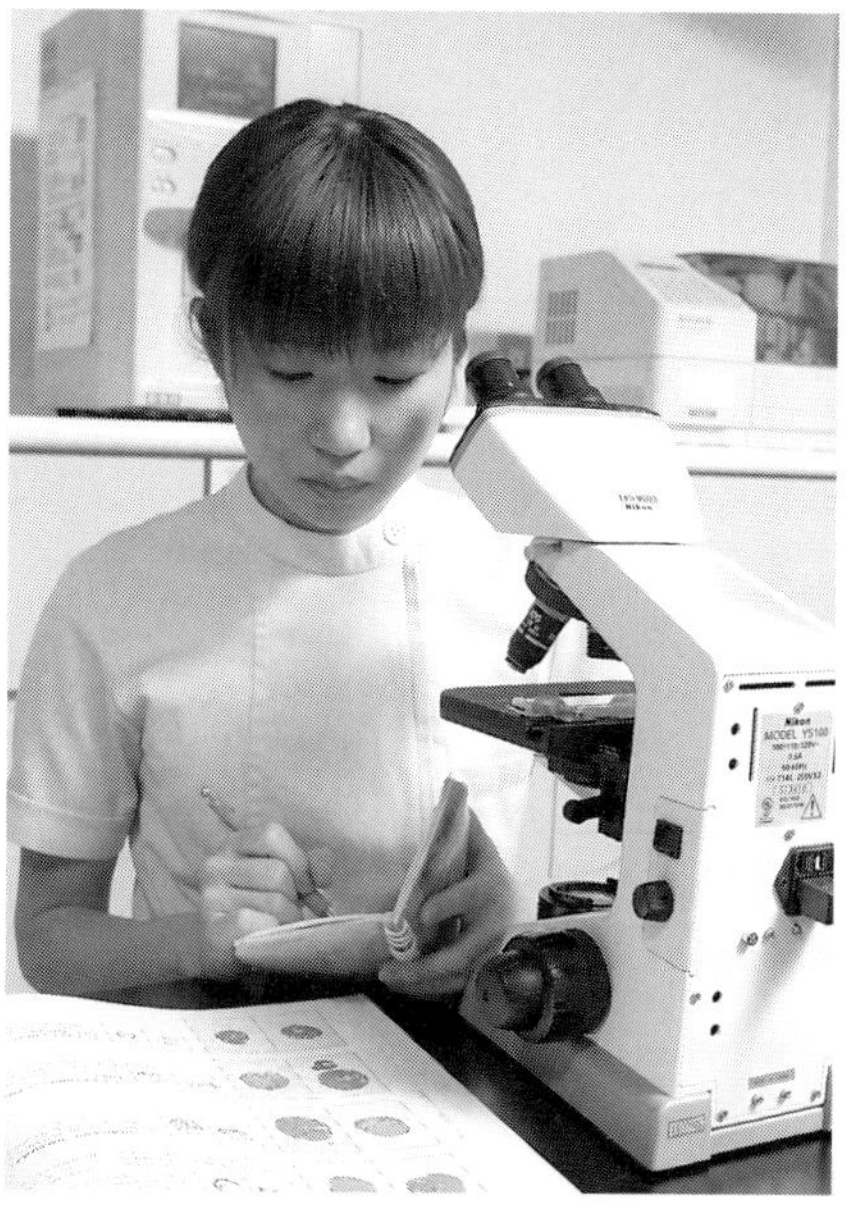

誰かに相談する場合は、まず自分の考えを整理しておくことが大切。わからない点、判断に迷う点などをメモにまとめておき、必要なことを具体的に質問するようにしましょう。

8 作業の優先順位を確認する

作業に長い時間がかかる場合などは、途中でいったん中間報告をします。その段階でもっと優先順位の高い仕事がないかどうかを確認し、別の仕事がある場合は先輩看護師などの指示に従って、何を優先するかを決めます。

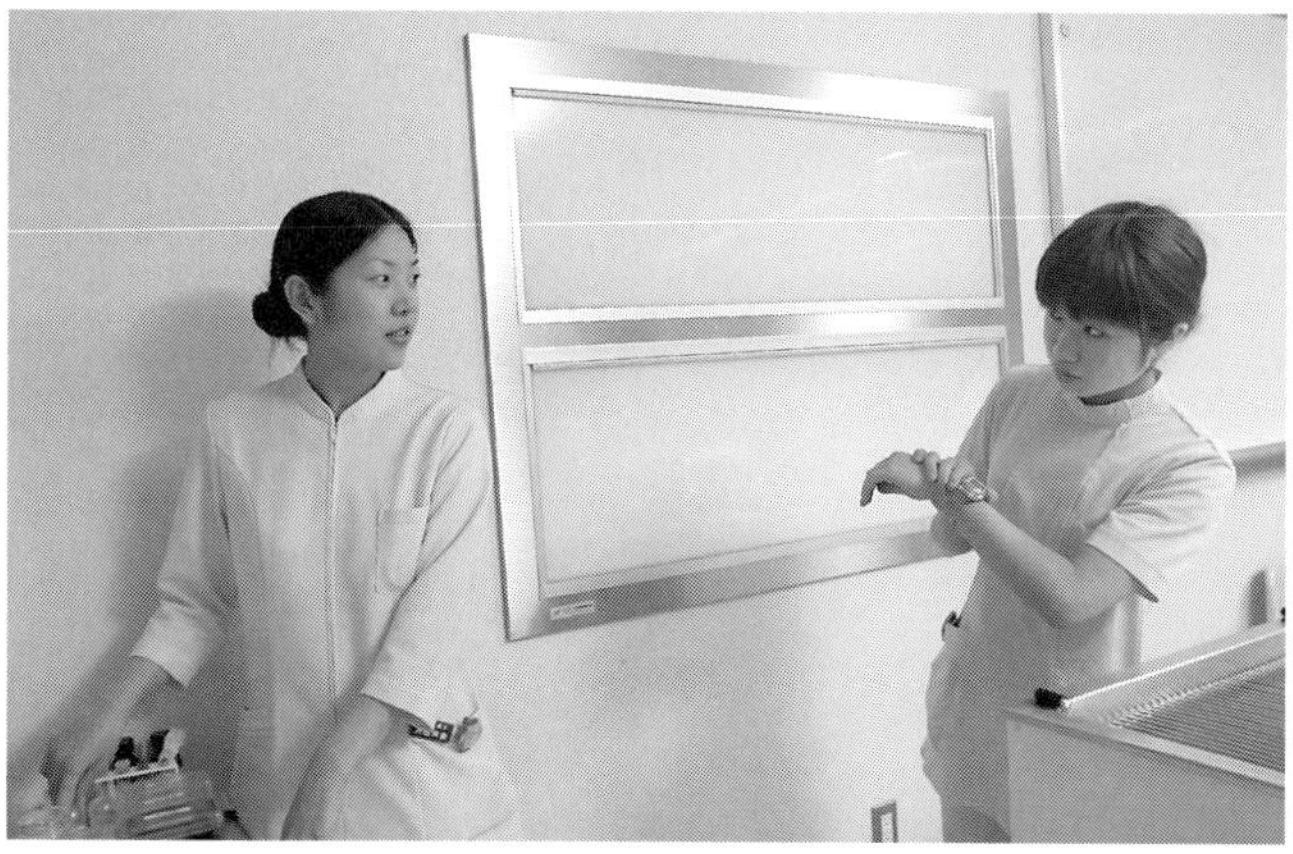

9 必要な場合は補助を求める

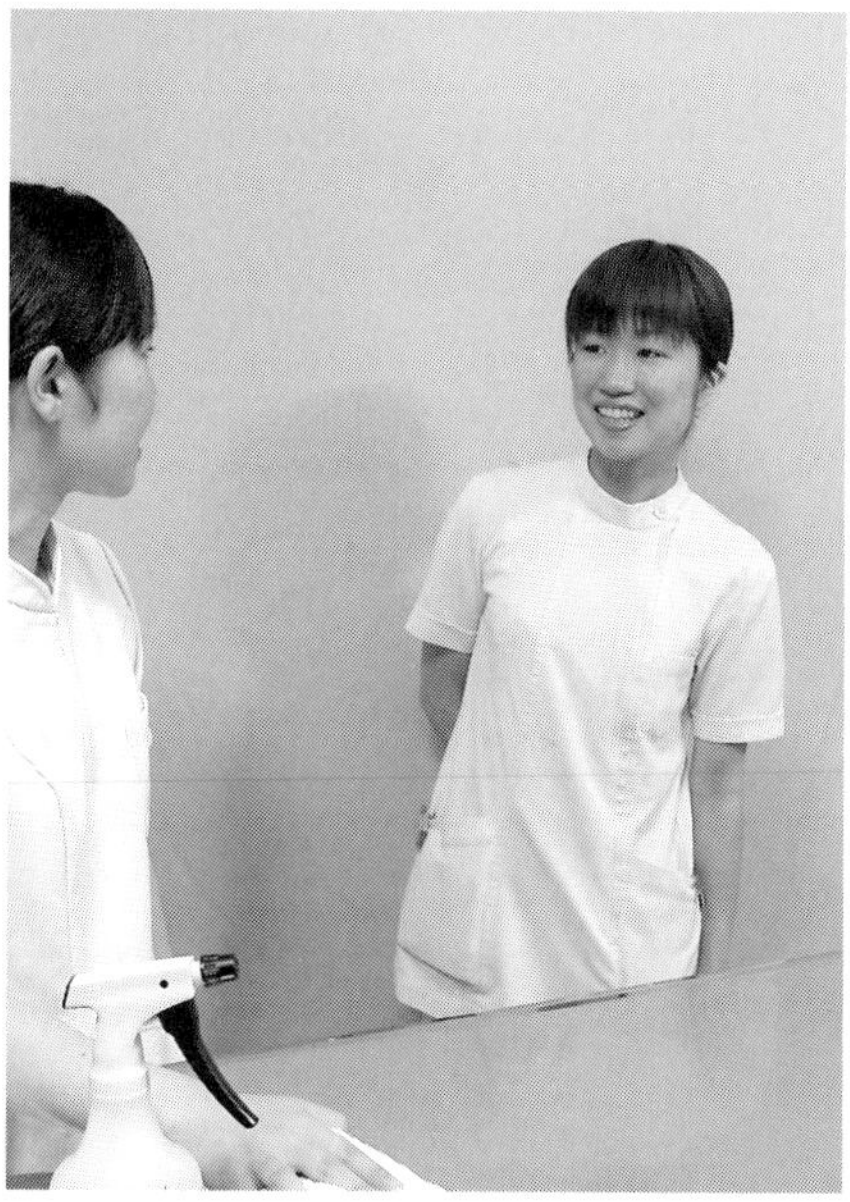

暴れる動物の世話や力のいる作業など、ひとりではやりにくい仕事をするときは、他の動物看護師に声をかけて手伝ってもらいましょう。ひとりでやろうと無理をすると、動物に負担をかけたり、能率が悪くなったりすることもあります。

10 報告は指示を出した人に

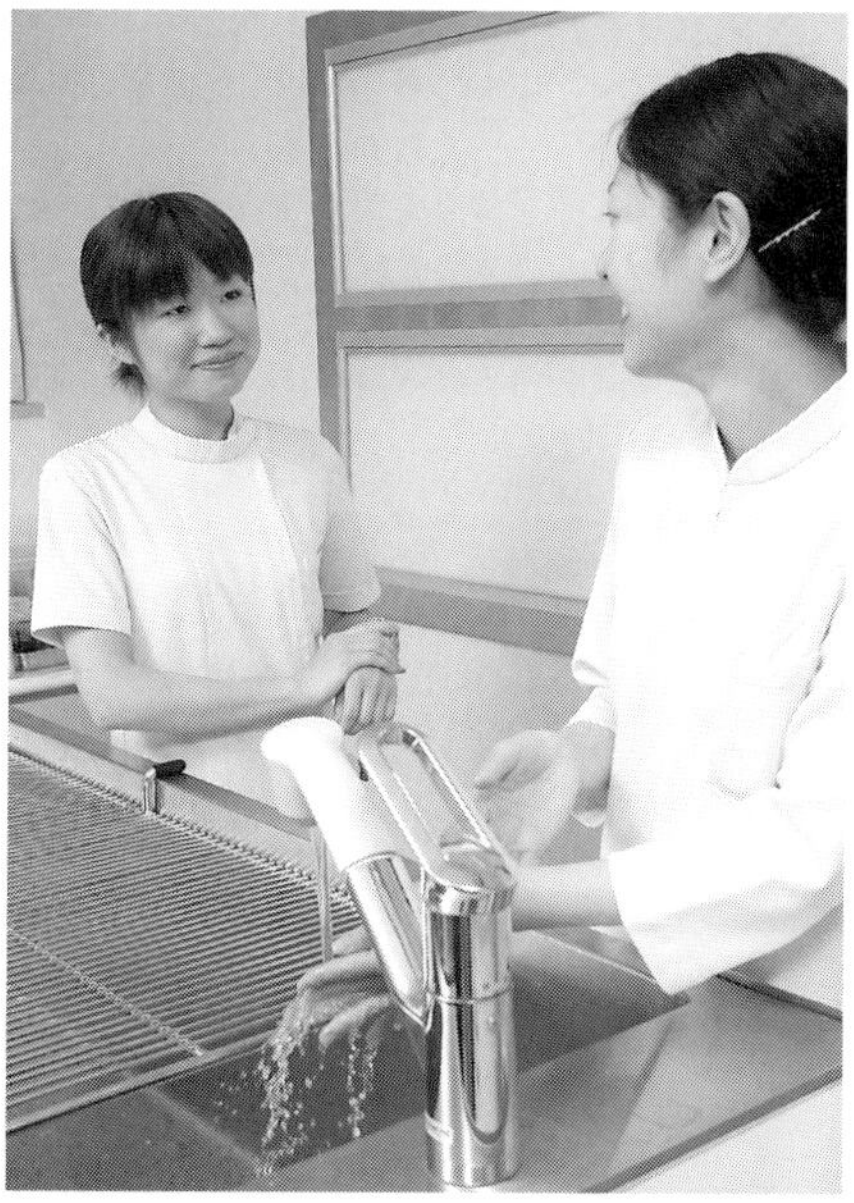

指示された仕事が終わったら、「入院室の清掃が終わりました」のように、完了の報告をします。報告は、必ずその指示を出した人に直接行うこと。どんな小さな仕事でも、やり終えたら必ず報告する習慣をつけましょう。

5. 手が空いているときに

自分から積極的に仕事を探す

新人のうちは病院内の仕事の流れがよくわからないため、手が空いてしまうことがあります。次に何をするべきか迷ったら、先輩看護師に「何かお手伝いしましょうか？」と声をかけてみましょう。院内の整とんや入院室の掃除など、できることはいろいろあります。また、ときには先輩看護師の仕事ぶりをじっくり観察することも大切。みているだけで学べることもたくさんあるからです。

1 先輩看護師の仕事をみる

技術を身につける第一歩は、先輩看護師の仕事をよくみること。いろいろな先輩の仕事ぶりを観察し、学ぶべきことをできるだけ吸収しましょう。同時に、仕事の流れを知るためには、獣医師の仕事もよくみておくことが大切です。

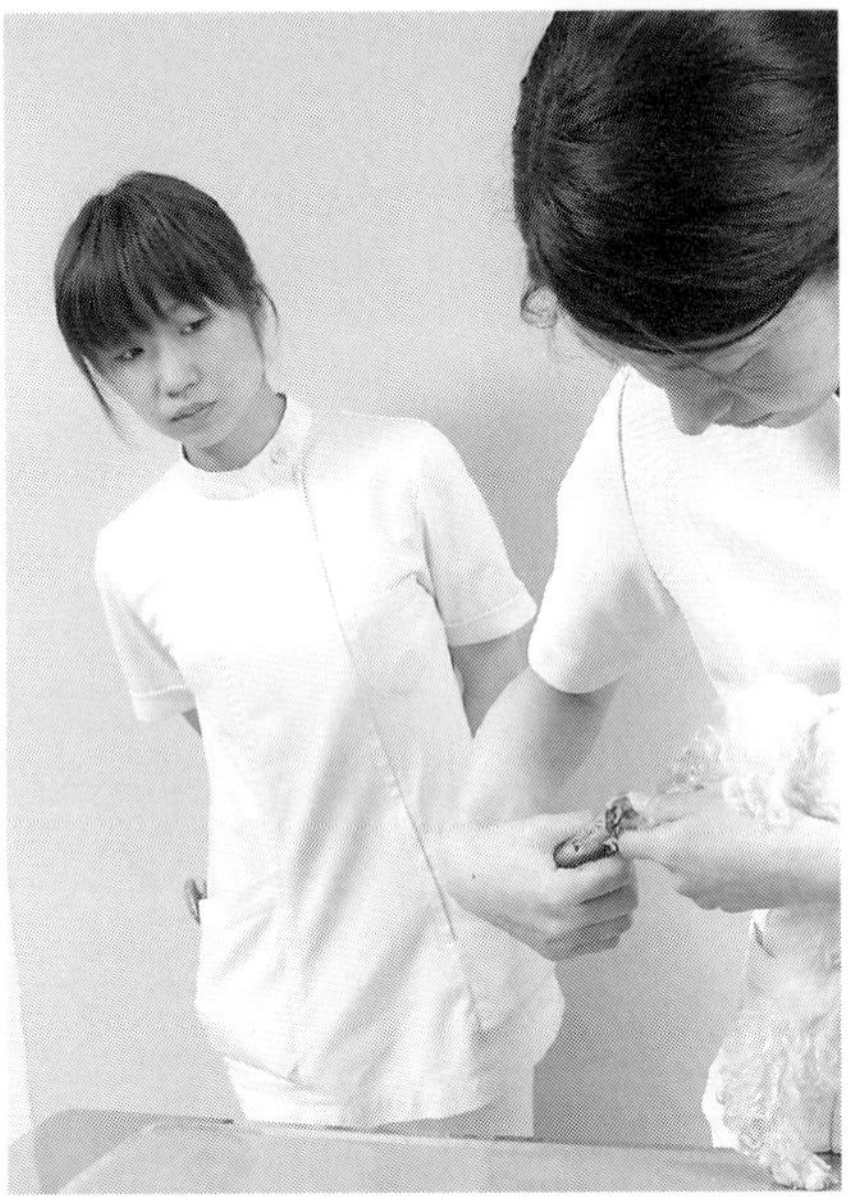

2 積極的に手伝いをする

手が空いているときは先輩看護師や獣医師の仕事の状況をよく観察し、自分にもできそうなことがあれば「お手伝いしましょうか？」などと声をかけて作業の補助などをしましょう。作業の指示を待つだけでなく、積極的に取り組む姿勢も必要です。

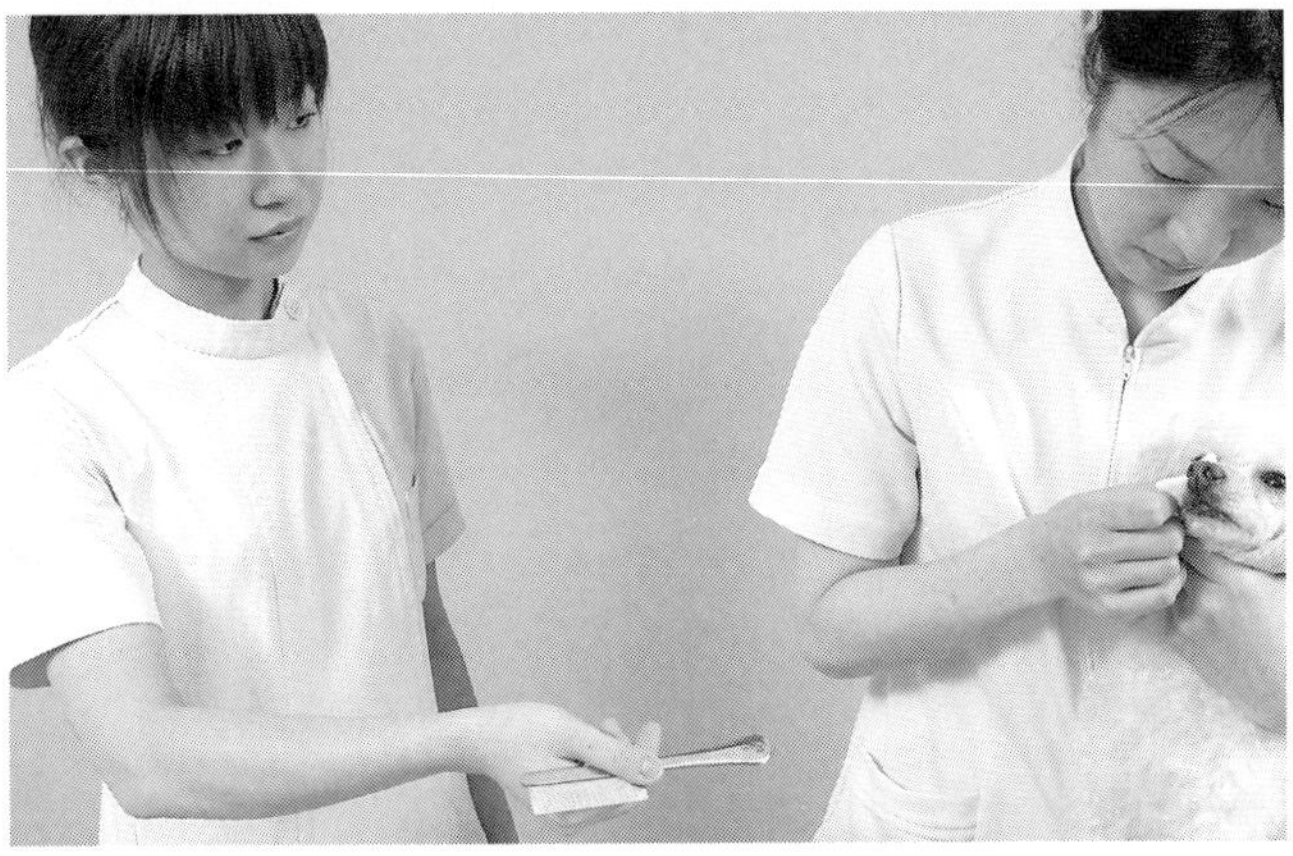

3 状況に応じて質問する

先輩看護師や獣医師の仕事をみているとき、質問したいことがあったらメモをしておきます。作業の区切りがついたときなどを見計らって「少しよろしいですか？」などと声をかけ、質問してみましょう。教わったことは、忘れないように必ずメモを取っておきます。

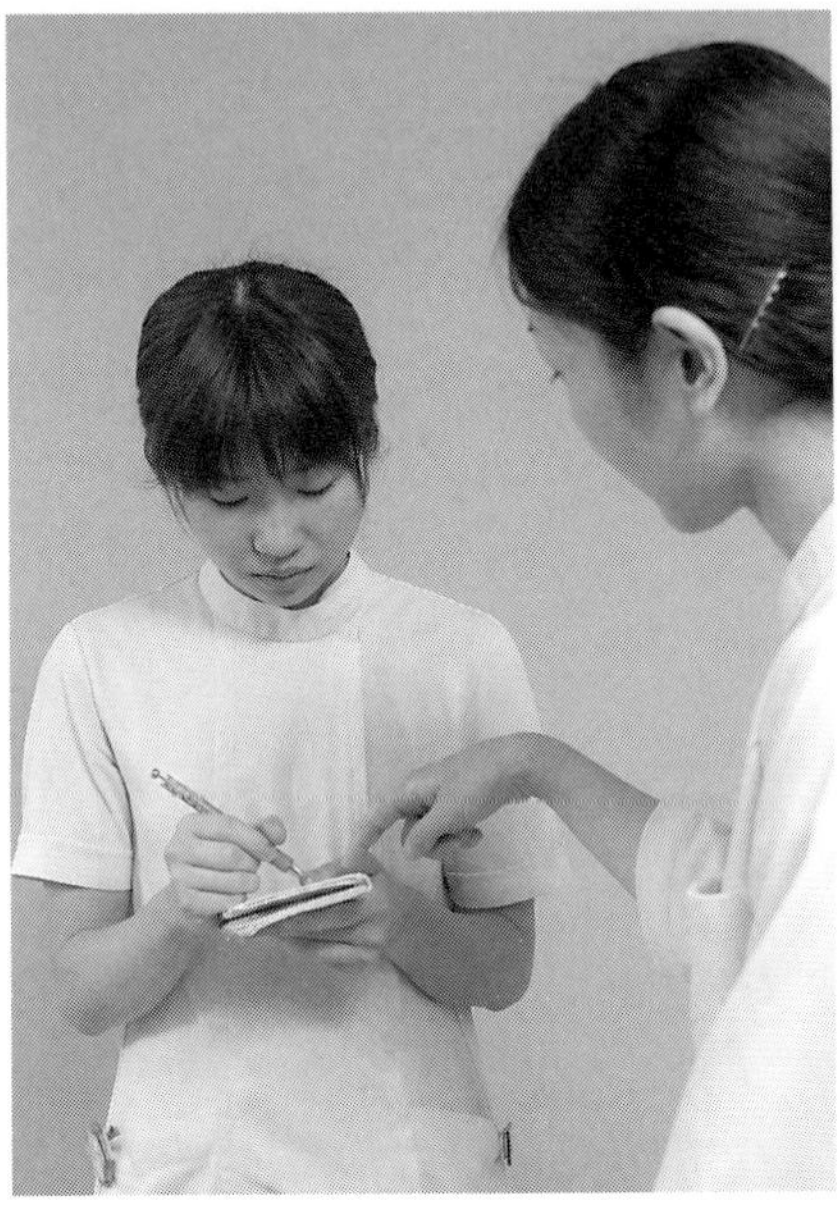

4 病院内は常に整理整とん

病院内は、常に清潔で整とんされた状態にしておきます。自分で使ったものは自分で片づけるのが基本ですが、散らかっているものや汚れた場所に気づいたら、すぐに片づけや掃除をしましょう。特にスタッフ全員が使う検査機器などは、次の人がすぐに使える状態にしておくことが大切です。

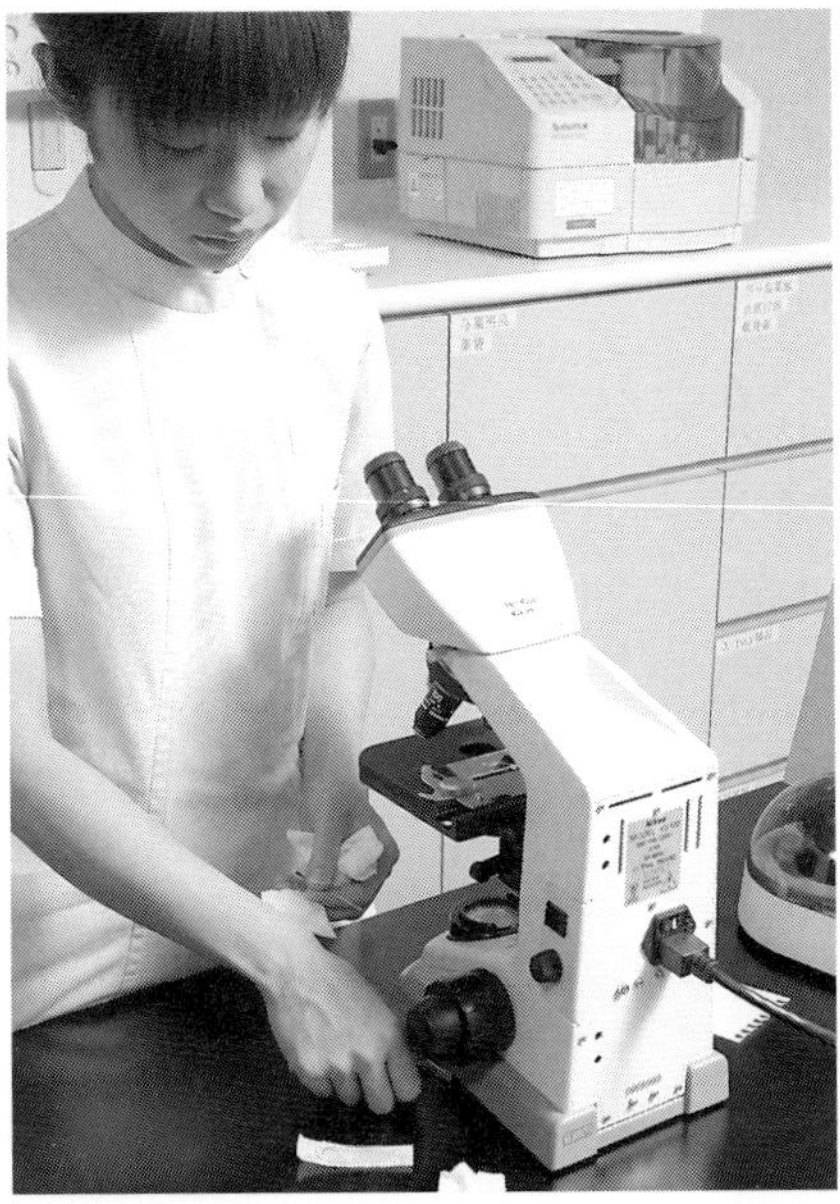

5 備品の補充や在庫のチェック

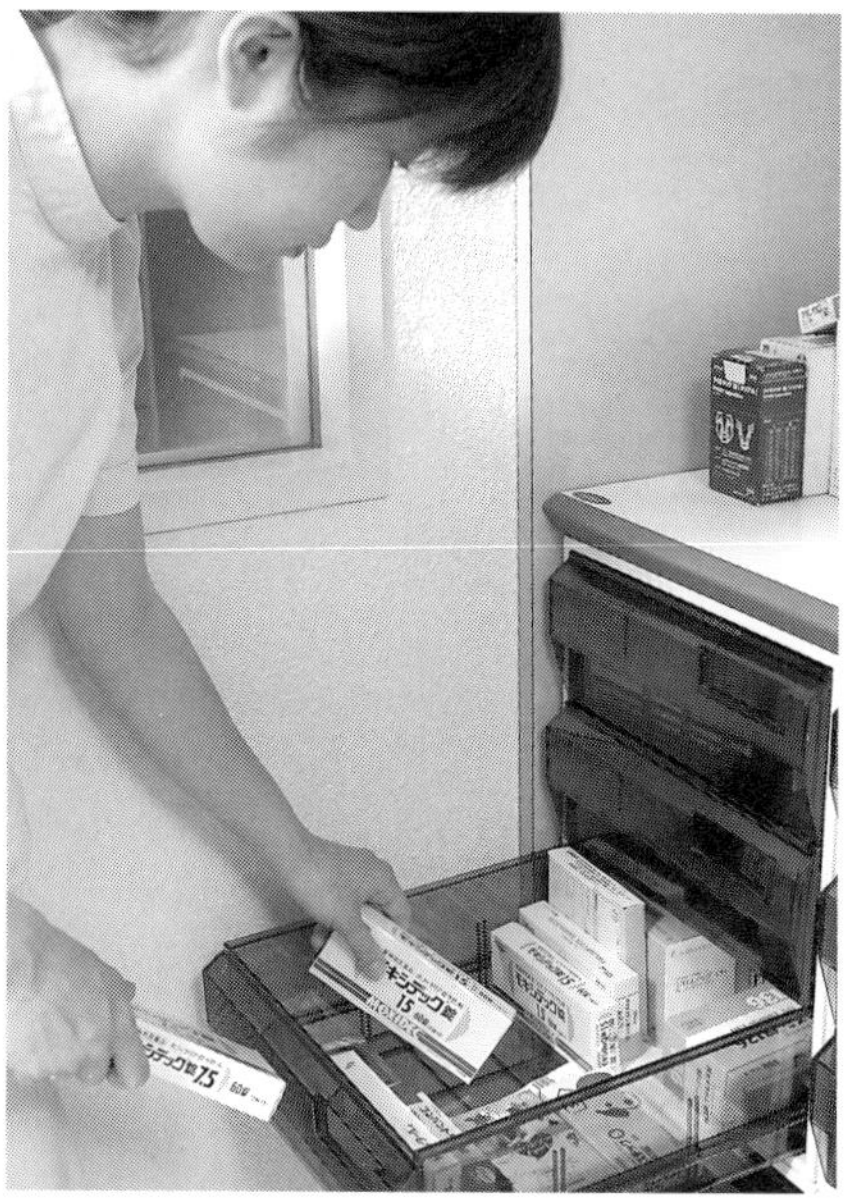

病院内の備品（特に毎日使う消耗品）は、在庫をこまめに確認し、不足しているときは補充します。新たに発注が必要な場合は、病院の決まりに従って、発注ノートに記入する、発注管理者に報告するなどの作業をします。

6 入院動物の様子をみる

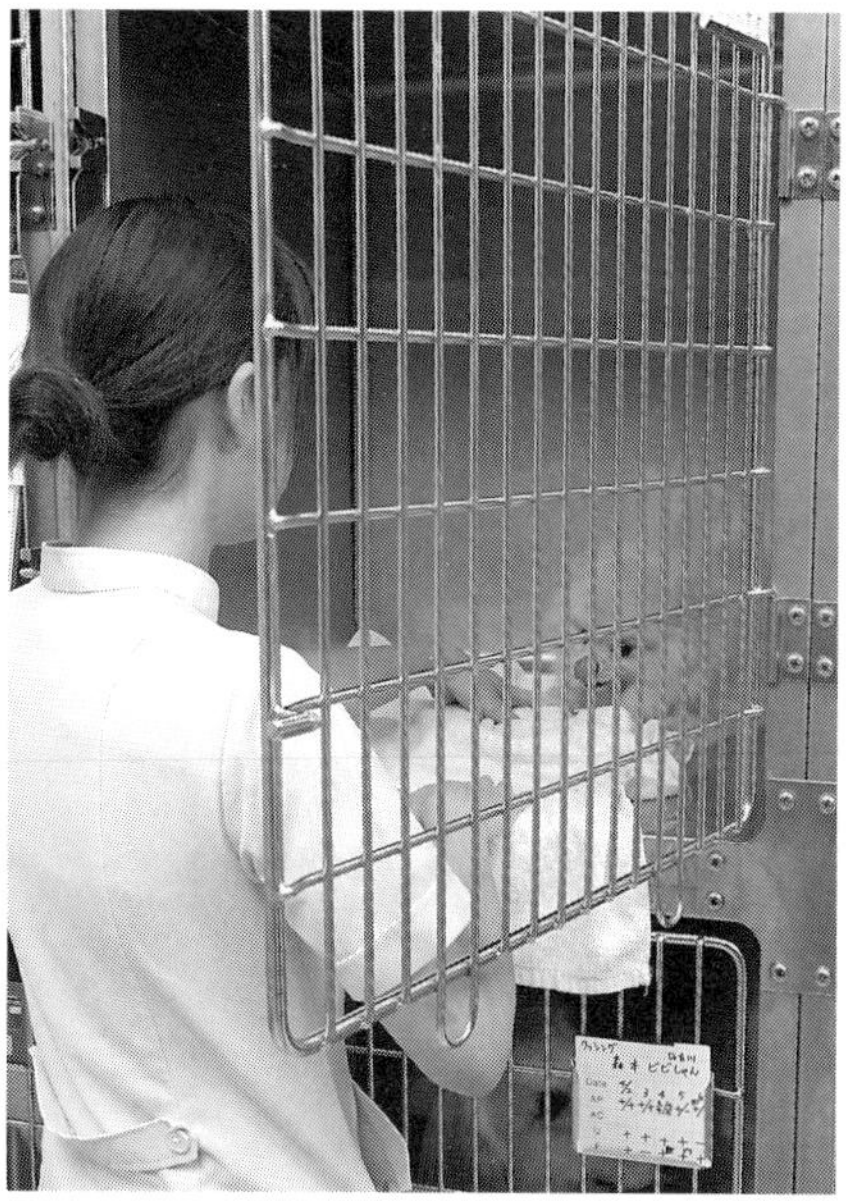

入院動物の状態は、できるだけこまめに確認します。排尿、排便しているのに気づいたらすぐに処理し、ケージ内を清掃・消毒しておきます。動物の異常に気づいた場合は、すぐに先輩看護師や担当獣医師に報告しましょう。

7 器具などを滅菌しておく

ガス滅菌は、パッケージを開封しなければ数カ月滅菌状態が保たれるので、滅菌ずみのものをストックしておくことができます。ガス滅菌は時間がかかるので、空き時間を利用して少しずつ準備しておき、ある程度の量がたまってから滅菌を開始するとよいでしょう。

8 先輩看護師の指示を仰ぐ

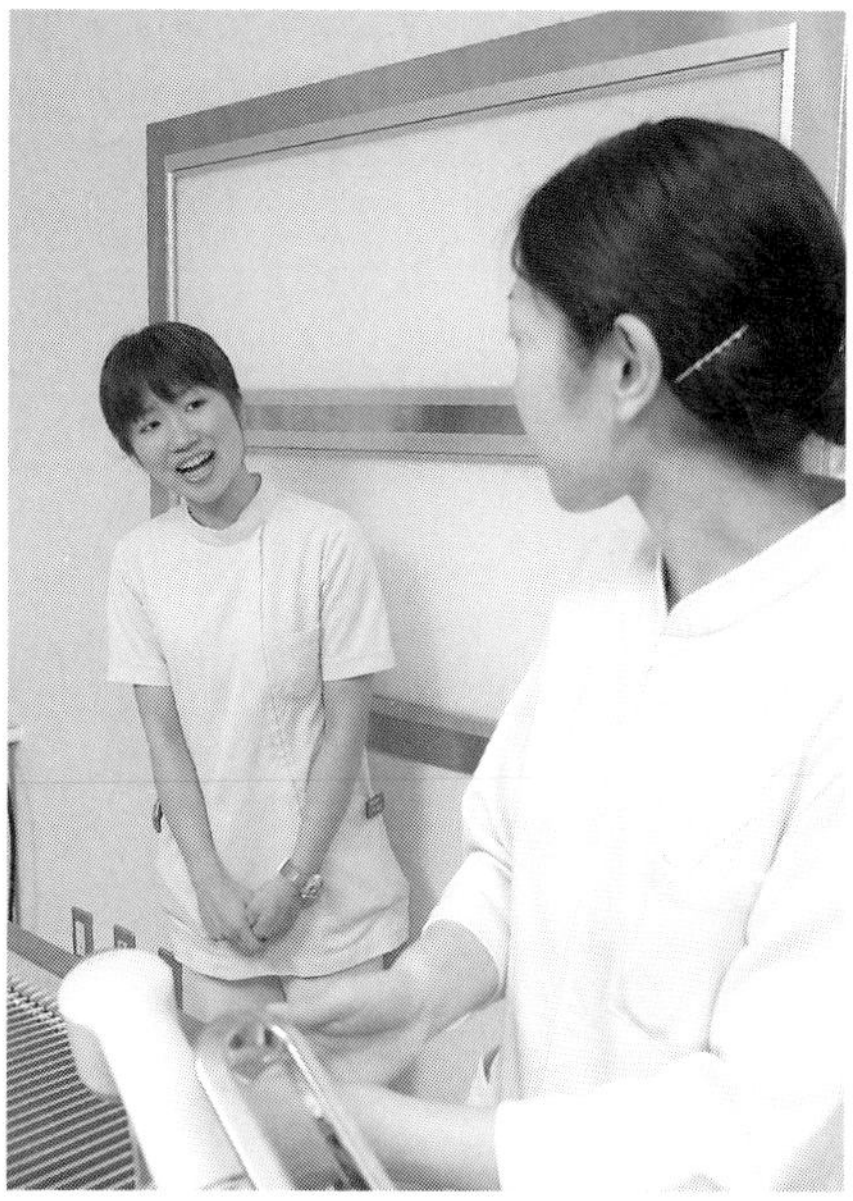

指示された仕事が終わり、次に何をしたらよいかわからないときは、先輩看護師に「何かお手伝いできることはありませんか？」などと声をかけてみます。何もいわれないからとボーッとしていることのないようにしましょう。

ワンポイントコラム

清掃のTPO

手が空いたときはまず、院内を清潔に保つよう心がけたいものです。こまめな清掃によって病院の印象もよくなり、感染症の危険を避けることができるからです。ただし、診療時間中に待合室や診察室に掃除機をかける場合は注意が必要です。

もちろん、診察中でも汚れたらすぐに掃除をするのが基本ですが、なるべく飼い主さんや動物に不快感を与えないための心配りを忘れてはいけません。飼い主さんの多くは、病気の動物を連れてきて不安な気持ちを抱えているはずですし、掃除機の音が苦手な動物も多いので、作業をはじめる前に必ず「掃除機をかけたいのですが、よろしいでしょうか？」、「この子はびっくりしませんか？」などと聞いてみましょう。

飼い主さんの了承を得られたら手早く掃除をすませ、さいごに「お騒がせして申し訳ありませんでした」など、一言添えるようにします。

6. スタッフ間の連絡

病院内のルールに従って確実に

病院の仕事をスムーズに進めるためには、スタッフ間の連絡を確実に行う必要があります。毎日のミーティングで口頭による引き継ぎや連絡をするほか、院内の掲示板やノートなどを上手に使って、必要な情報が全員に行き渡るようにしておきましょう。また、連絡のための掲示物には内容を確認後にサインをする、といったルールをつくり、スタッフ全員でそれを守っていくことも大切です。

1 ミーティングで仕事の担当を確認

その日の仕事は、毎日のミーティングなどで確認します。通常の診療以外に予期せぬ出来事が発生した場合、そのことについての相談や報告をするべき責任者は誰なのかも把握しておきます。

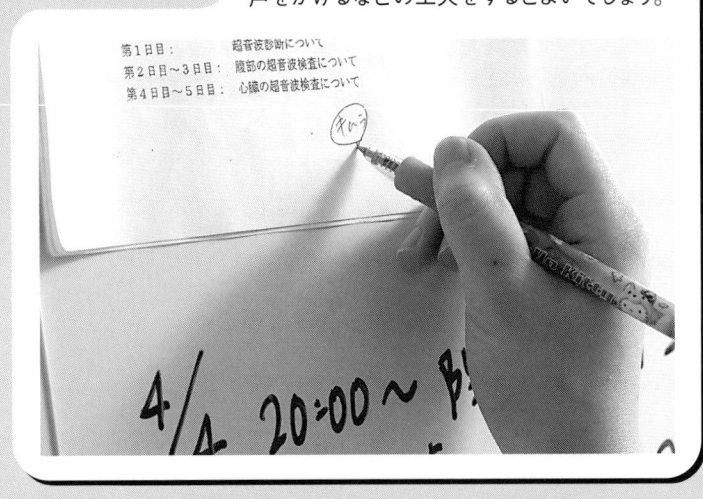

2 全員で共有する情報は掲示する

スタッフ全員が知っておくべき情報は、ホワイトボードに書き込んだり、掲示板に張り出したりするなどしておきます。スタッフは、ホワイトボードや掲示物を毎日欠かさずチェックするようにします。

3 連絡事項には記入者名も添える

ホワイトボードに連絡事項を書いておく場合、必要事項のほか、記入日と記入者名を添えることも忘れずに。記入日は古い情報との混乱を避けるため、記入者名はスタッフからの質問などを受けつける窓口をはっきりさせるために必要です。

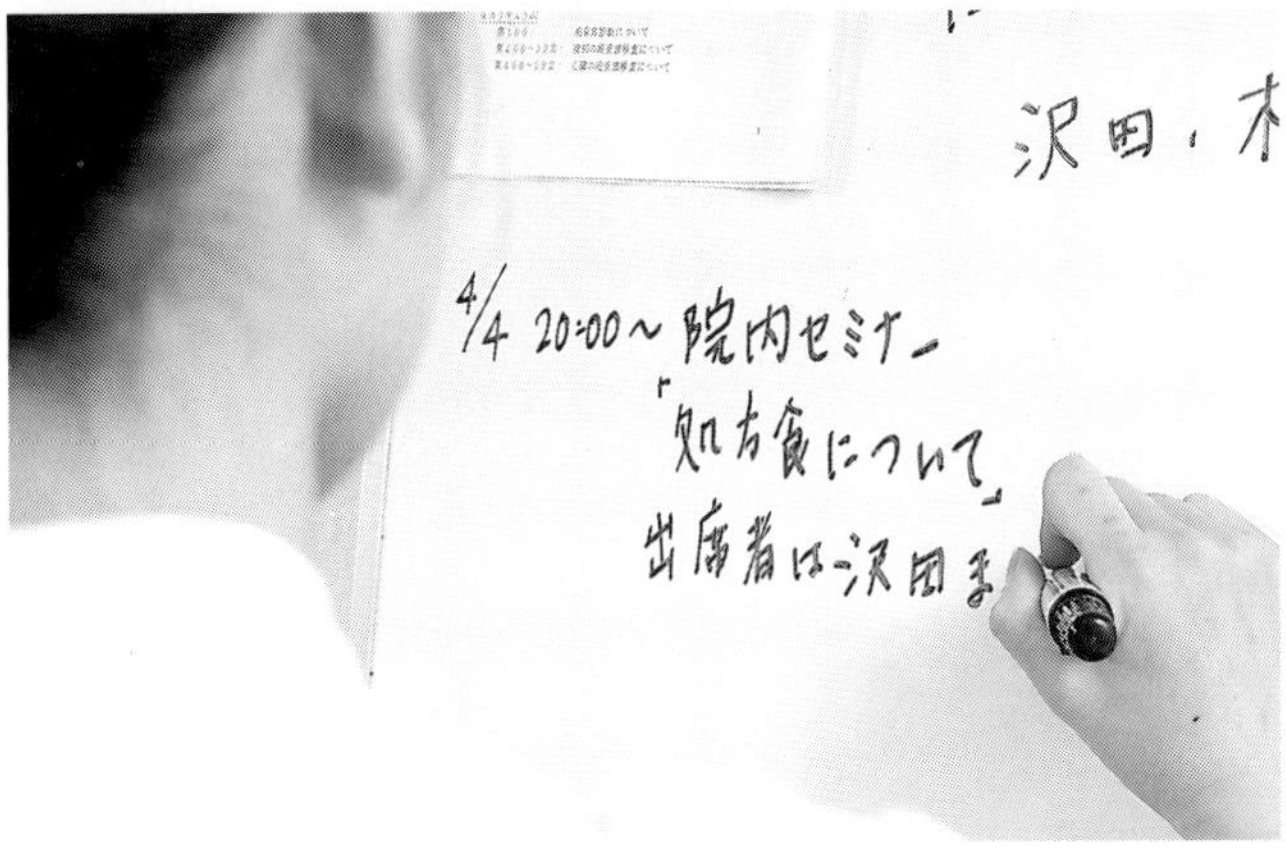

4 情報を確認したらサインする

スタッフ全員がみておくべき情報に関しては、内容を確認したらサインをするなどの決まりをつくっておきます。担当者は掲示物を外す前にサインを確認し、サインのないスタッフには声をかけるなどの工夫をするとよいでしょう。

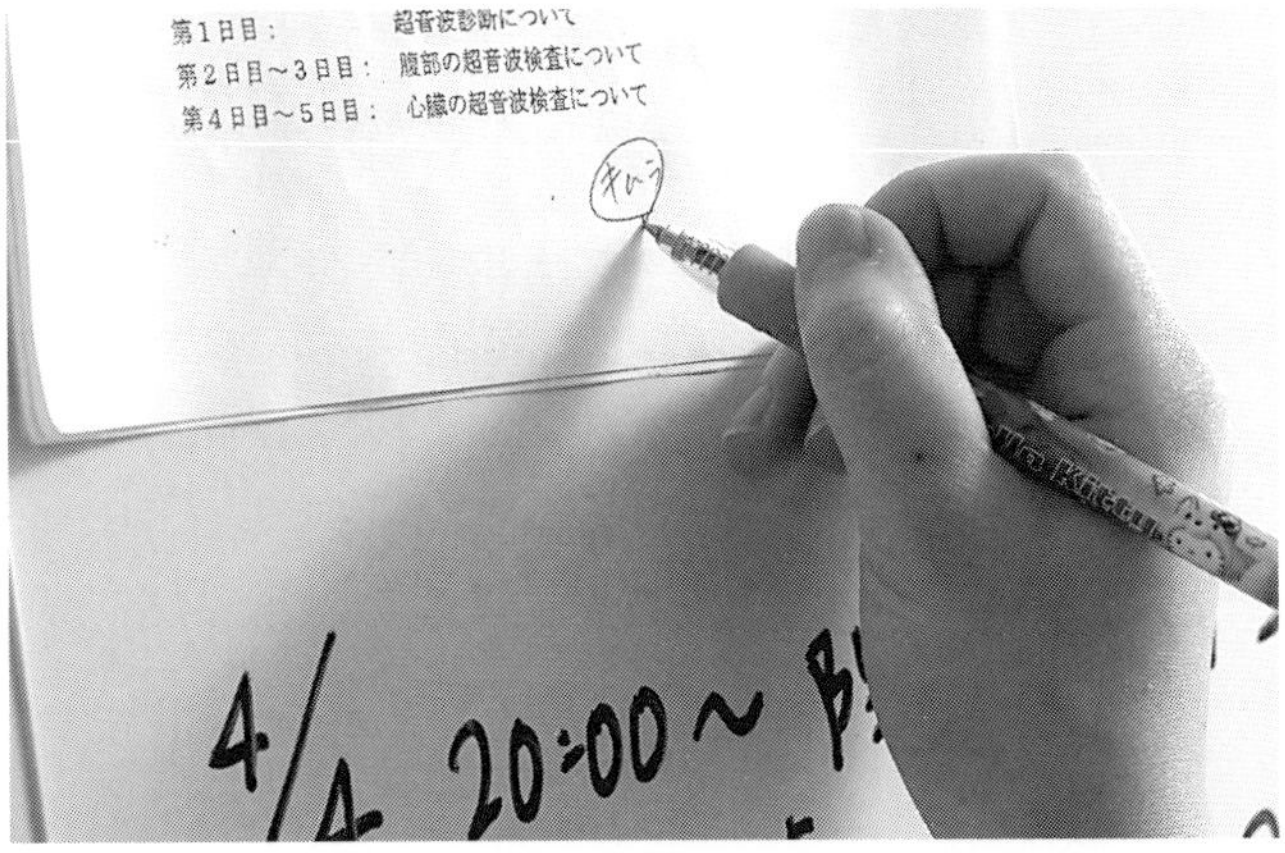

5 院内の予定は全員がわかるようにする

休診日など病院全体のスケジュールは、決められたカレンダーなどに記入し、全員がわかるようにしておきます。このようなカレンダーはスタッフの目につきやすいところに掲示し、それぞれがこまめにチェックするようにします。

6 獣医師のスケジュールを把握する

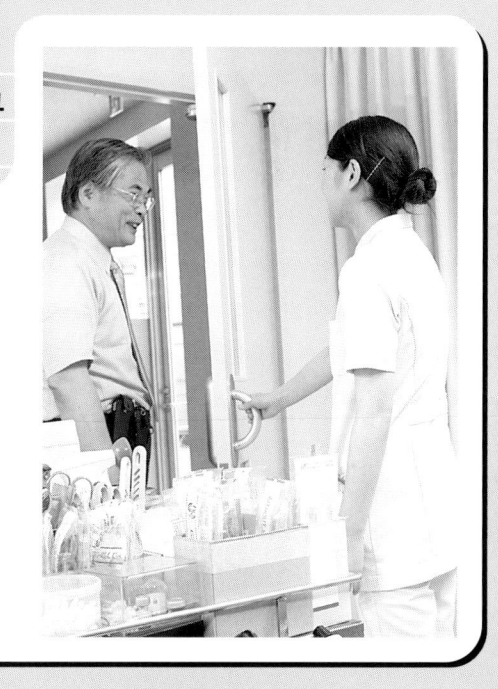

獣医師の休みの日や出勤時間が変則的な場合、外出が多い場合などは、きちんとスケジュールを把握しておきます。飼い主さんに聞かれたとき、あわてずに答えられるようにしましょう。

7 備品の発注は院内のルールに従って

病院の備品の発注は、在庫の不足や発注のダブリが起こらないよう、ルールを決めておきます。発注の担当者を決めるほか、発注ノートなどに在庫や発注の状況を記入しておき、スタッフ全員がわかるようにしておくとよいでしょう。

8 連絡の伝達は確実に

連絡の伝達方法についてのルールをつくったら、それを継続していきます。慣れてきたからといってやり方を勝手に変えたりしないこと。スタッフ全員が確実に情報を手に入れられるよう、新人にも、連絡のルールをすぐに説明するようにします。

9 口頭での連絡はメモに残す

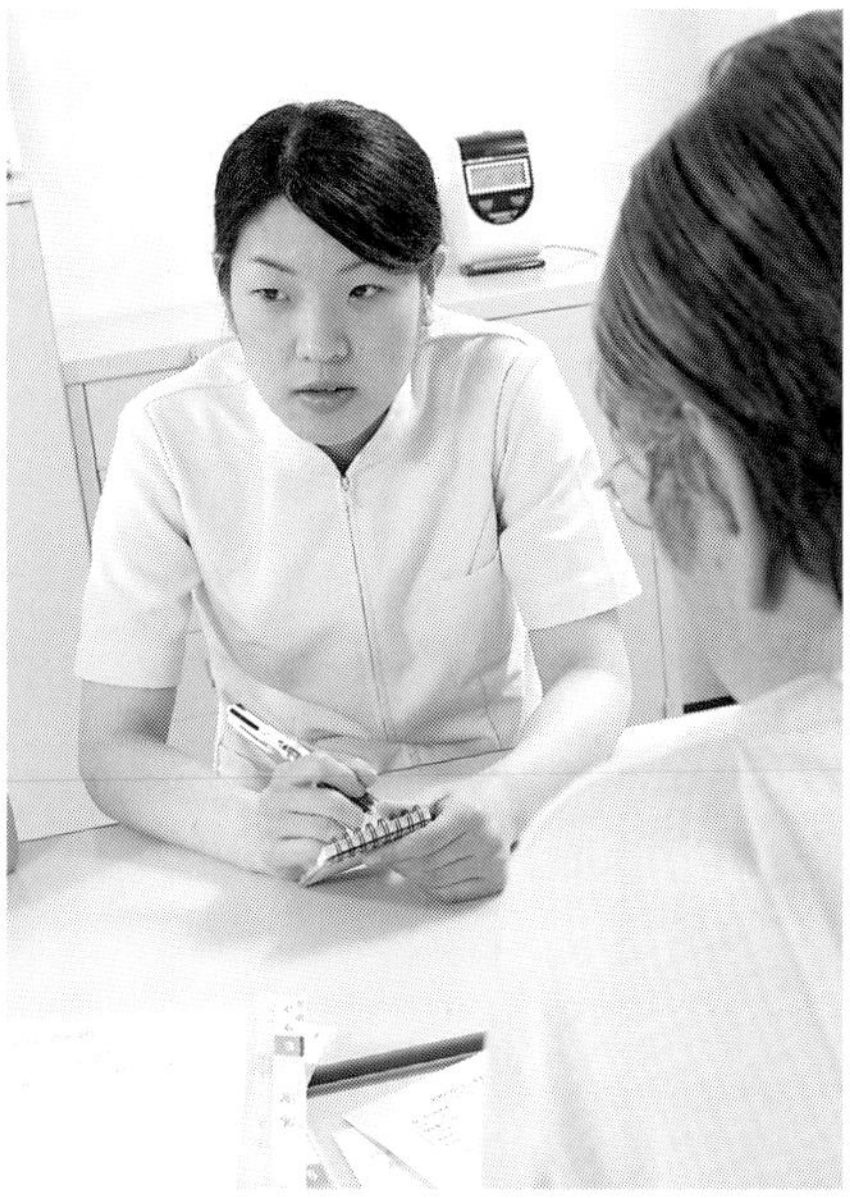

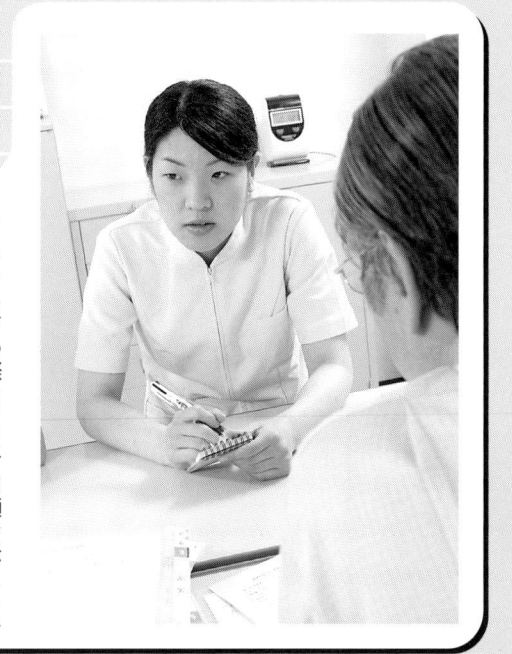

ミーティングの際などに、口頭で伝えられたことは、自分用のノートなどにメモしておきます。新人のうちは、自分の仕事以外についてもできるだけ詳しく記録しておくこと。後でノートやメモを見直すと、仕事の流れをつかむのに役立ちます。

10 カルテへの記入はこまめに

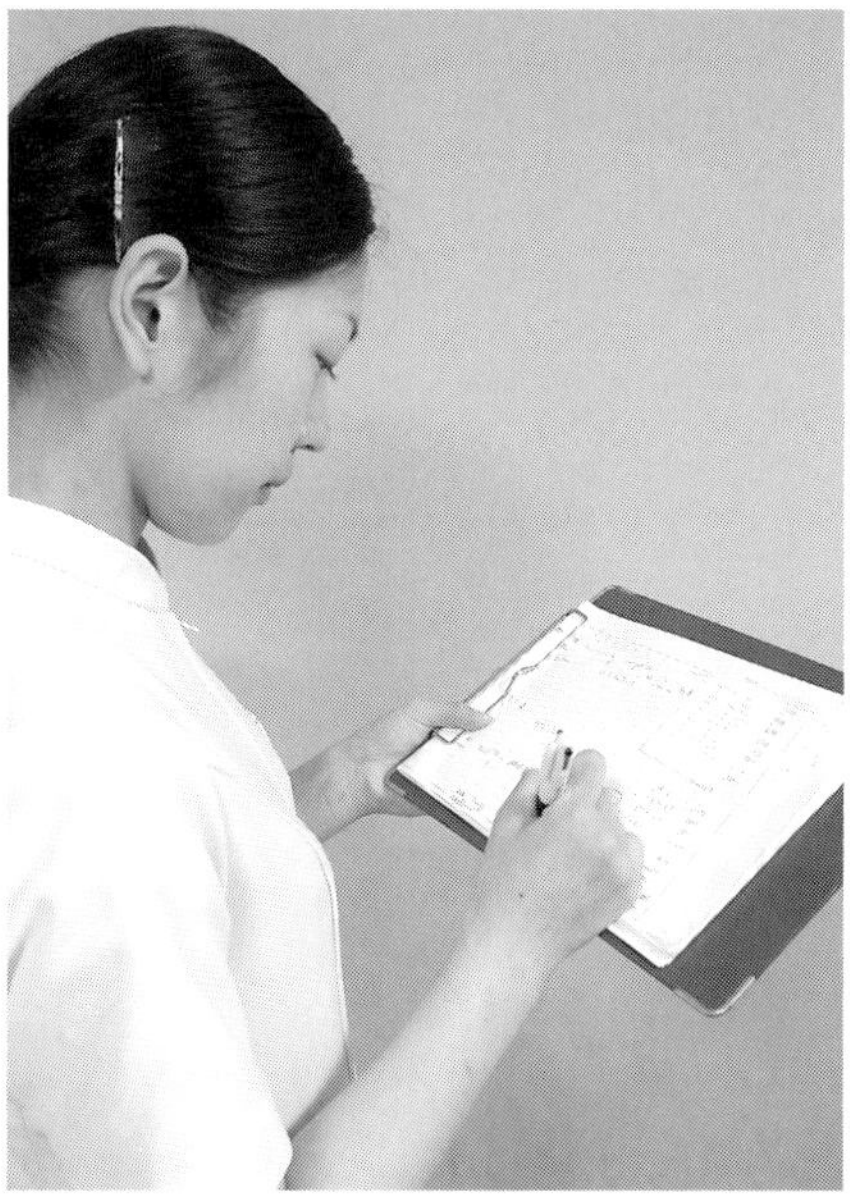

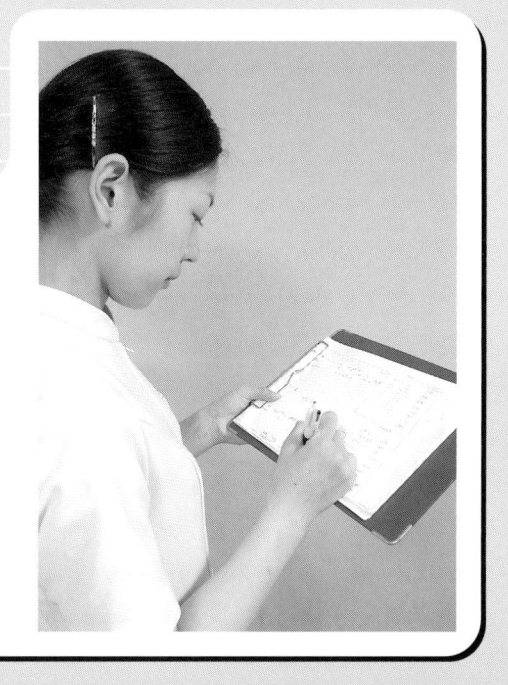

記入もれを防ぐため、カルテへの必要事項の記入はこまめに行います。後でまとめて記入しよう、などと思っていると忘れてしまいがちなので、面倒がらずにそのつど記入していく習慣をつけましょう。

7. ホスピタルマネージメント

よりよい病院づくりをめざして

動物看護師の仕事に慣れてきたら、さらにステップアップを目指して新しい知識の吸収や病院の仕事の効率化などに取り組んでいきましょう。興味がある分野に関する勉強会の企画や仕事のマニュアルづくりなど、自分にできることから少しずつ、積極的に挑戦する姿勢が大切です。先輩看護師や獣医師と相談しながら、飼い主さんの啓蒙活動などにも力を入れていきましょう。

1 飼い主さんの啓蒙に取り組む

ペットに関する正しい知識を身につけてもらうため、飼い主さんの啓蒙活動には力を入れていきます。待合室にポスターを張ったりすることも、大切な啓蒙活動のひとつです。

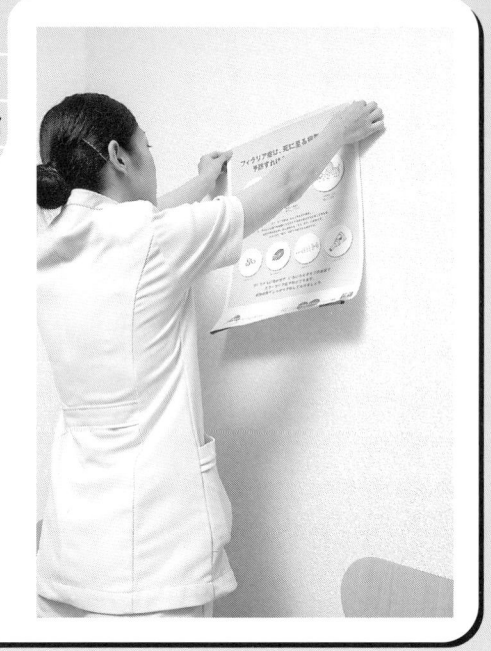

2 仕事の効率化を図る

動物看護師の毎日の仕事を、効率よくスムーズに進める方法を考えます。先輩看護師や獣医師と相談しながら、新人のためのマニュアルづくりなどを進めるのもよい方法です。

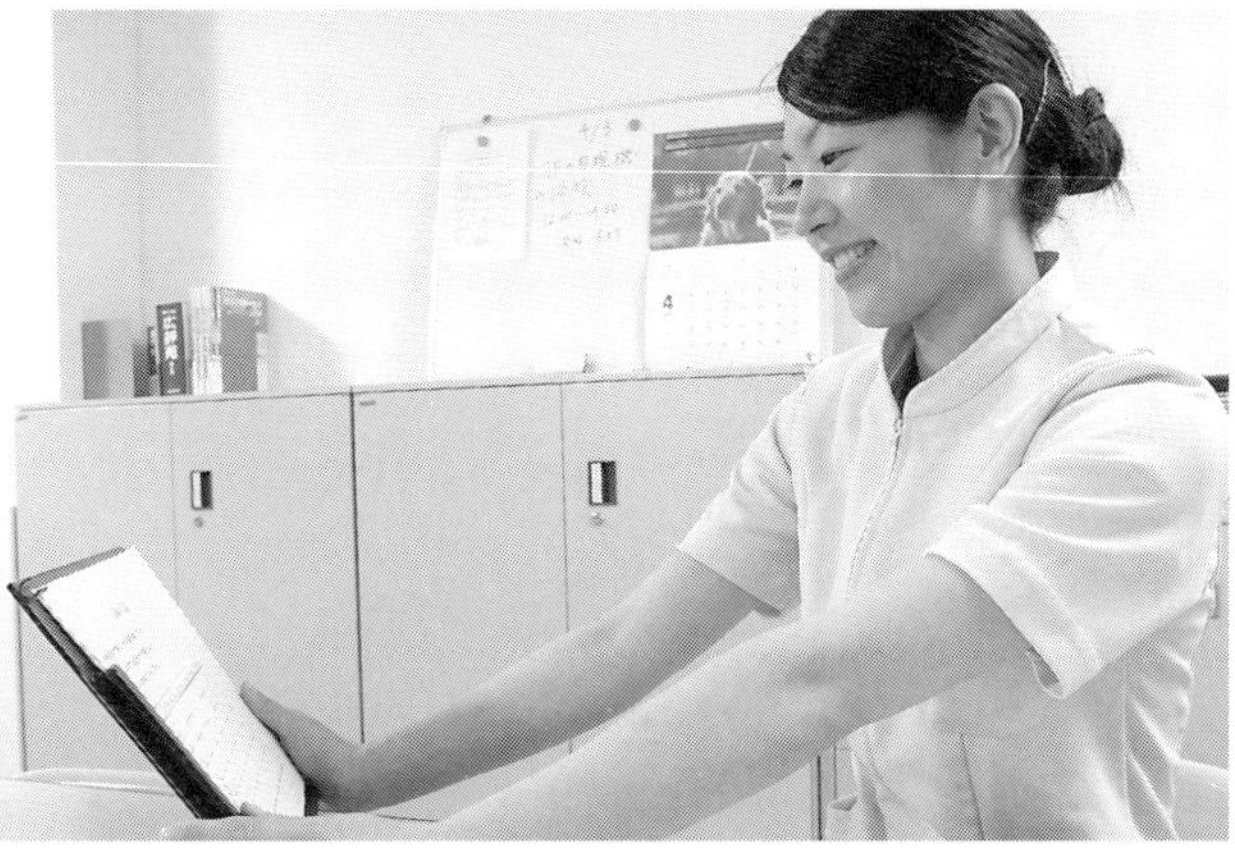

3 勉強会を企画する

新しい知識を吸収し、動物看護師としての能力やそれぞれの仕事の質をアップするためには、日々の勉強が欠かせません。自分たちが学びたいことがあれば、院長などに相談しながら、病院内で勉強会を行ってみましょう。

4 様々な仕事を積極的に

ダイレクトメールや掲示用ポスターを利用した飼い主さんの啓蒙活動、病院内で使われている報告書や集計表の改善など、病院の質の向上と毎日の仕事を効率よく行うための工夫や努力を欠かさないようにします。

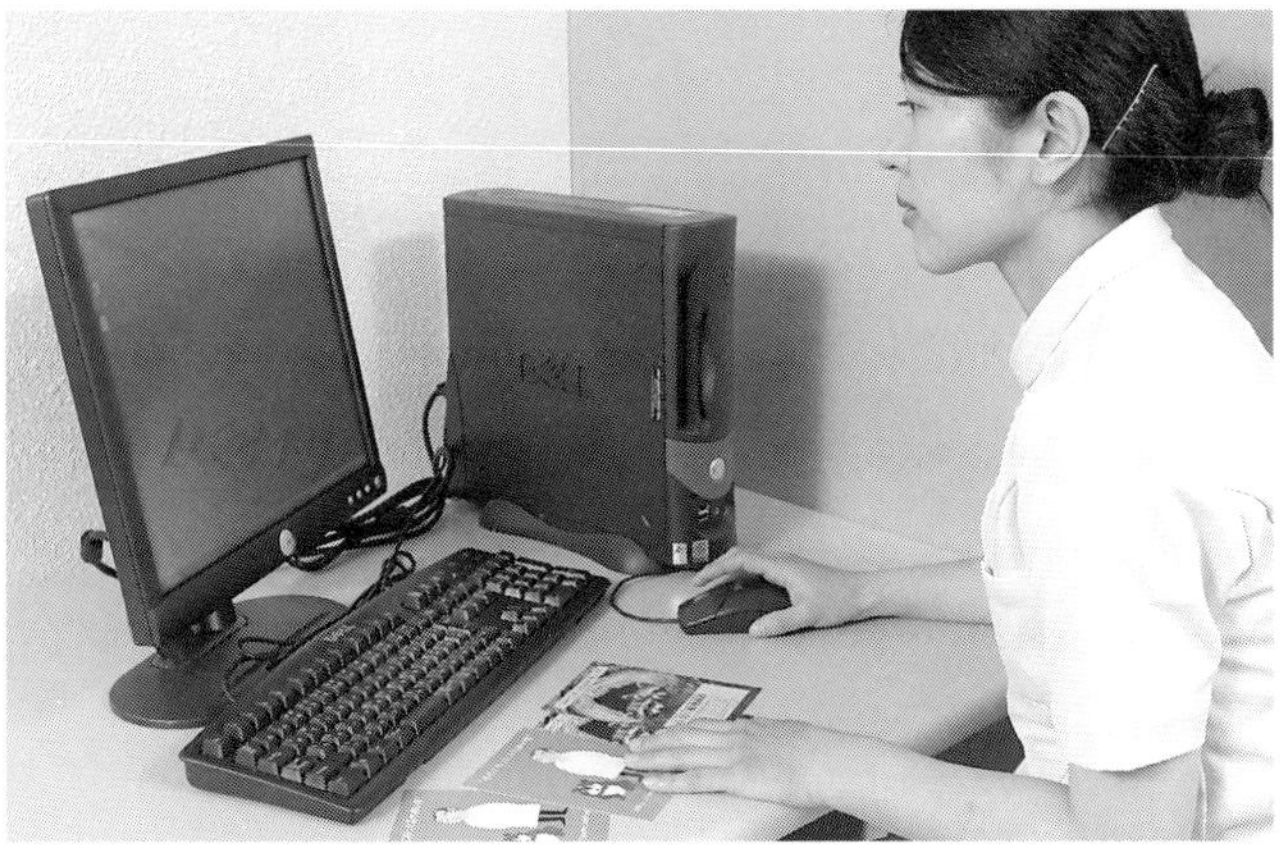

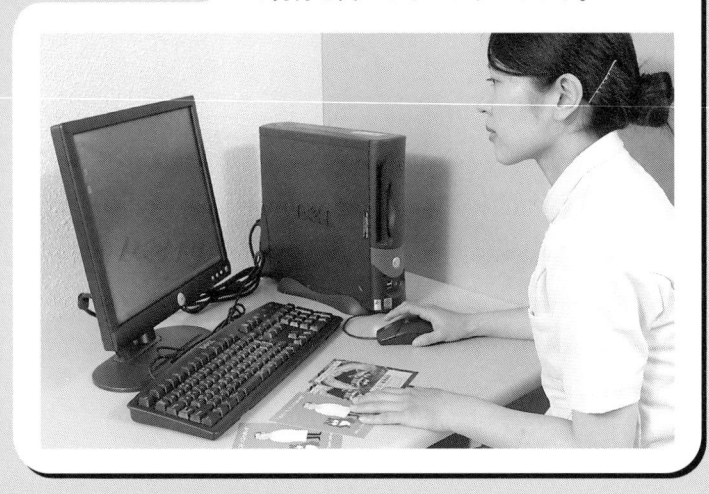

8. トラブル・クレームへの対応

報告・連絡・相談でミスを防止

飼い主さんからのクレームに対応する場合は、まず相手にいいたいことを全部いわせるのが基本。話の要点をきちんと把握した上で「説明不足だったようで、申し訳ありません」など謝罪の言葉を述べ、気持ちをしずめてもらいます。問題点や間違った点がはっきりしている場合は担当者が対応しますが、飼い主さん側の主張が理不尽な場合などには責任者に取り次ぐようにします。

1 ミス、ニアミスを予防する

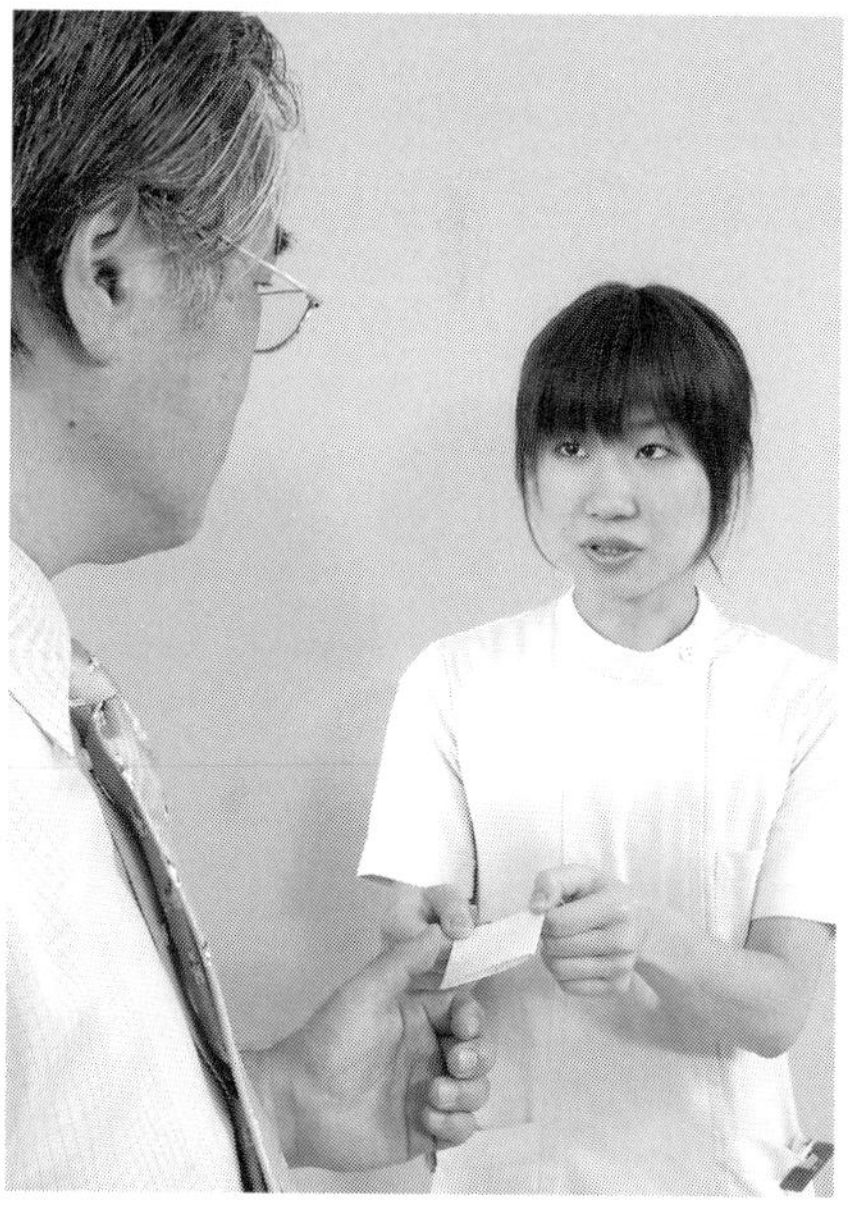

毎日の仕事には、ミスやニアミスを起こさない、という心がまえで取り組みます。日頃から、先輩看護師や獣医師へのホウレンソウ（報告・連絡・相談）を徹底し、ミスを防ぐようにします。

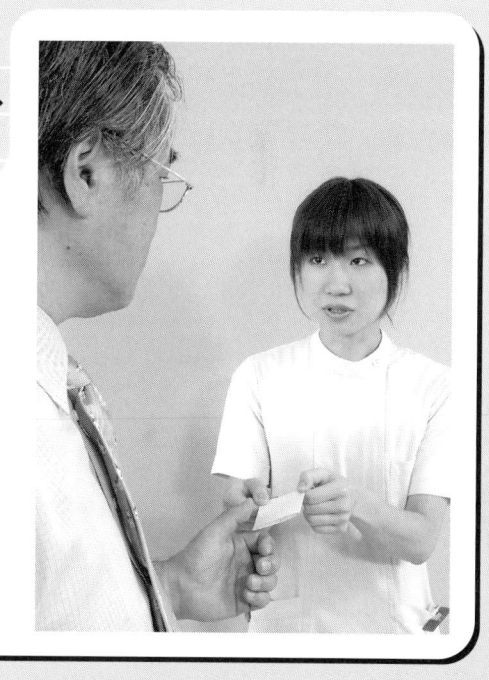

2 ミスをしたらすぐに報告

仕事中にミスをしたら、すぐに先輩看護師や獣医師に報告し、指示に従ってミスの処理をします。これぐらい大丈夫、などと勝手に判断しないこと。どんなに小さなミスもそのままにしない姿勢が大切です。

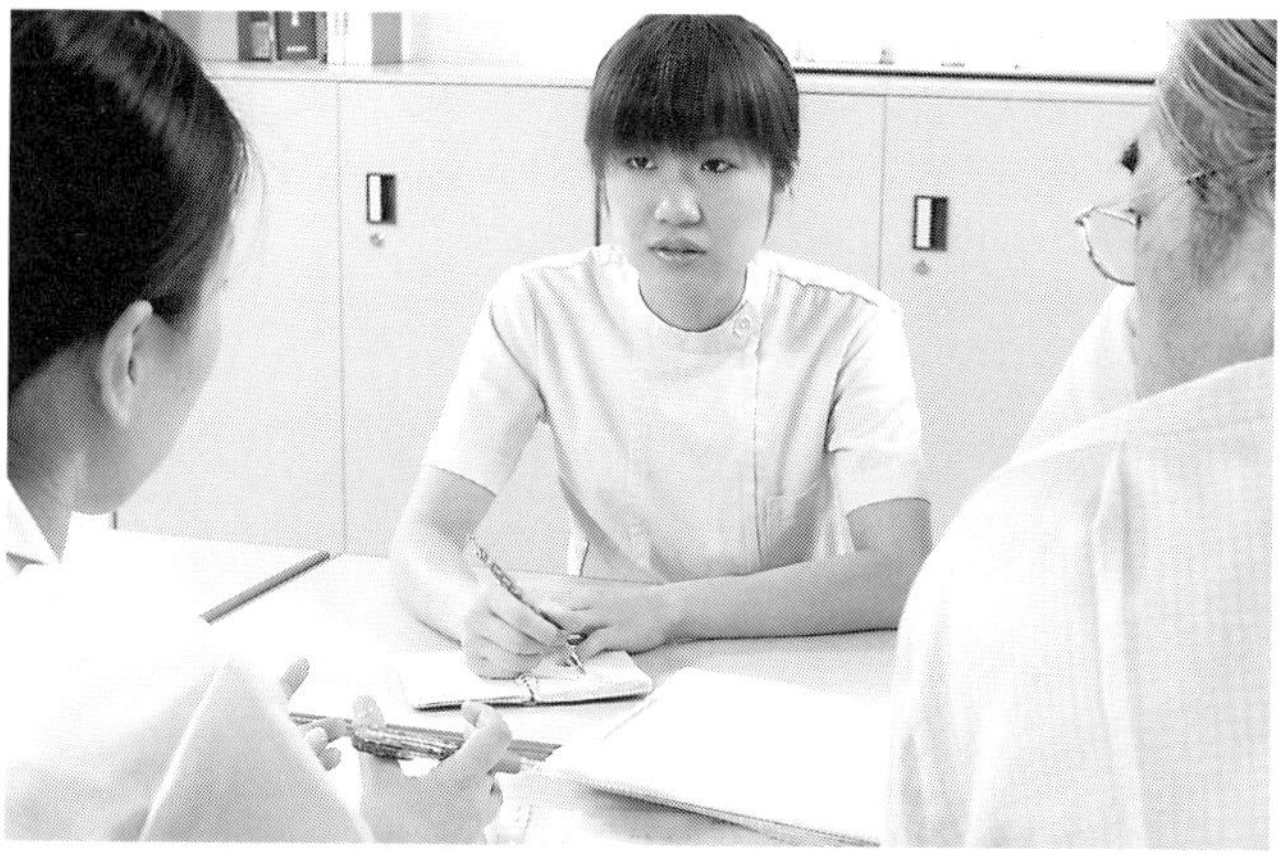

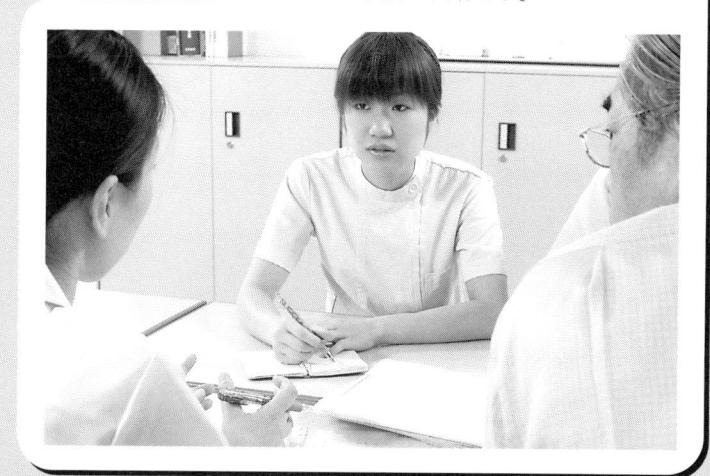

3 クレームはスタッフ全員に知らせる

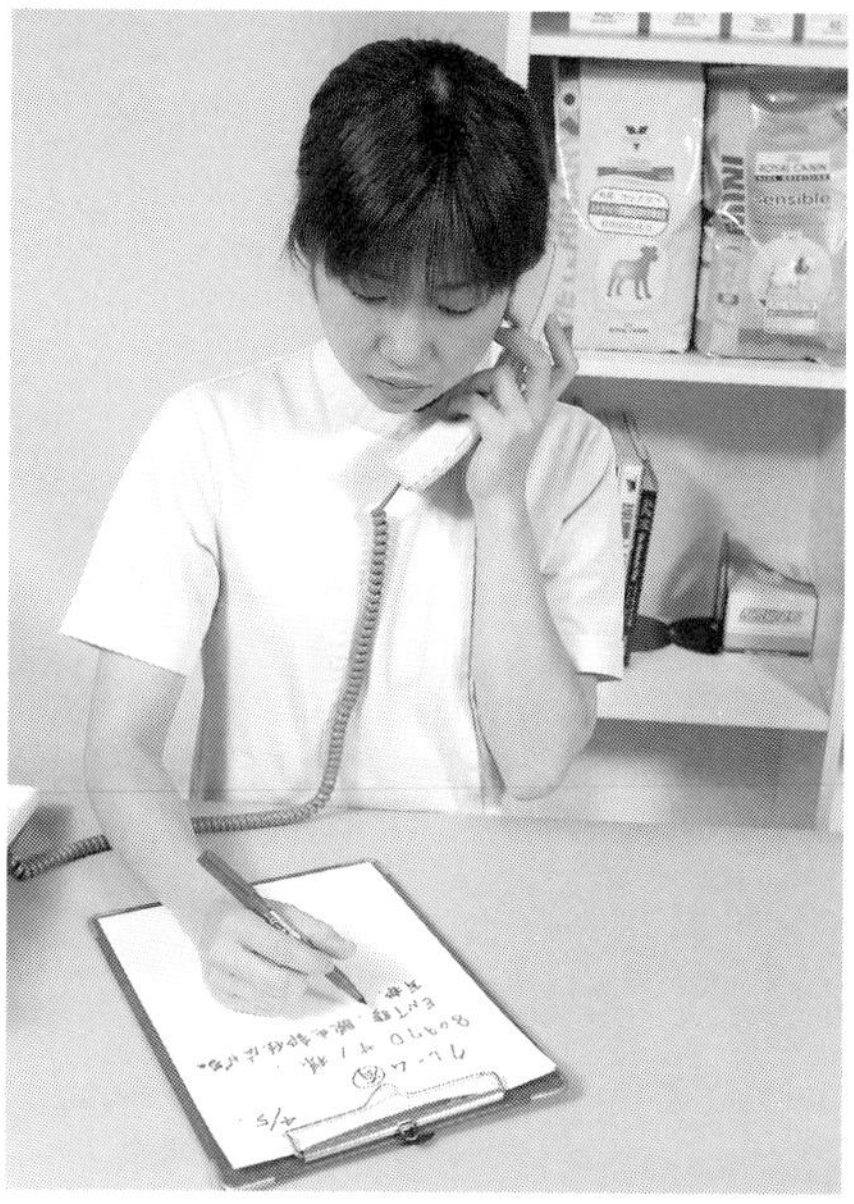

飼い主さんからのクレームを受けた場合、小さな問題なら担当者が対応します。クレームの内容はメモにまとめてホワイトボードなどに掲示し、スタッフ全員が内容を把握し、改善の努力をするようにします。

4 大きなミスは責任者の指示を仰ぐ

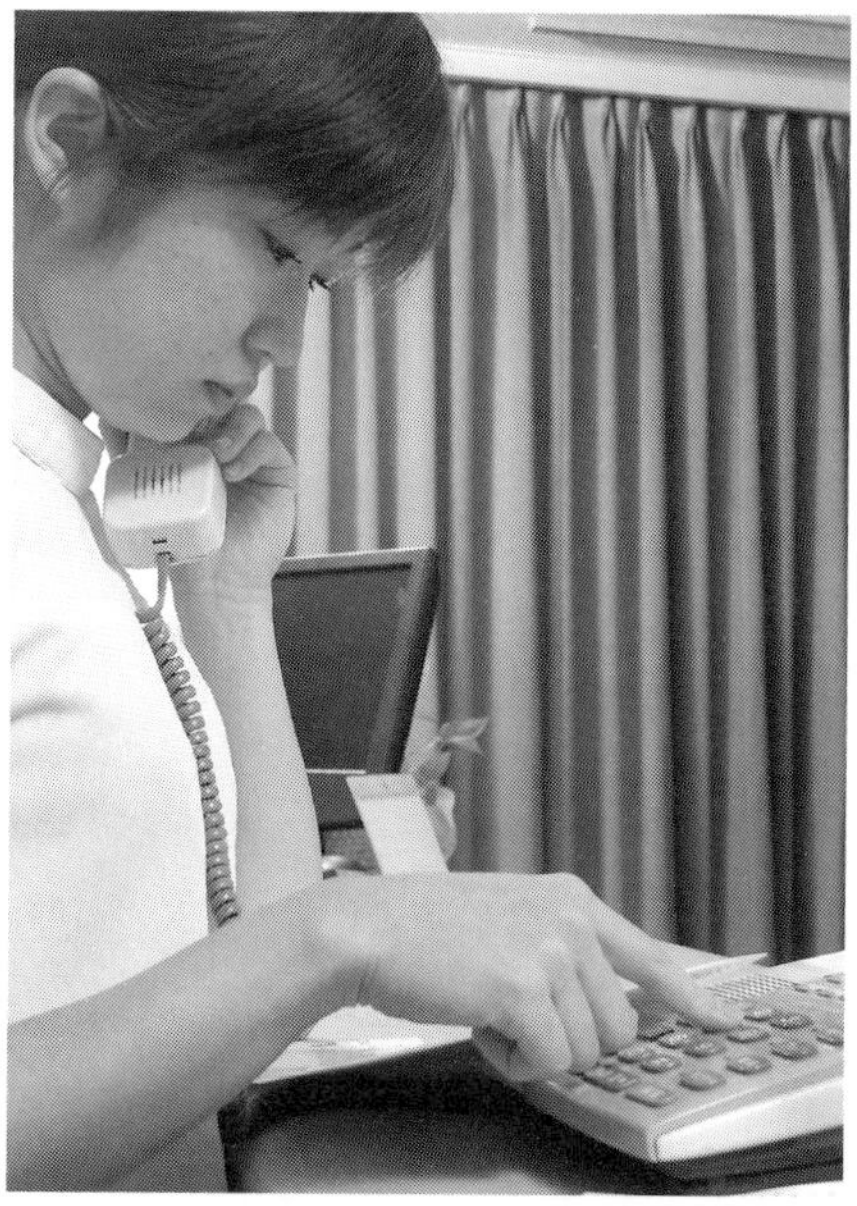

クレームの内容が大きな問題だった場合は、すぐ病院の責任者に報告し、その指示に従って飼い主さんへの連絡や謝罪を行います。電話連絡をする場合は、必要事項をメモなどにまとめておき、事実を正確に、具体的に伝える努力をします。

5 小さなミスでも隠さない

ちょっと深爪をした、など小さなミスの場合は、飼い主さんがお迎えに来たときなどに報告します。いわなければわからないから、などと隠しておいてはいけません。事実をきちんと説明し、自分のミスに関しては誠意を持って謝罪します。

6 クレームは内容をきちんと聞く

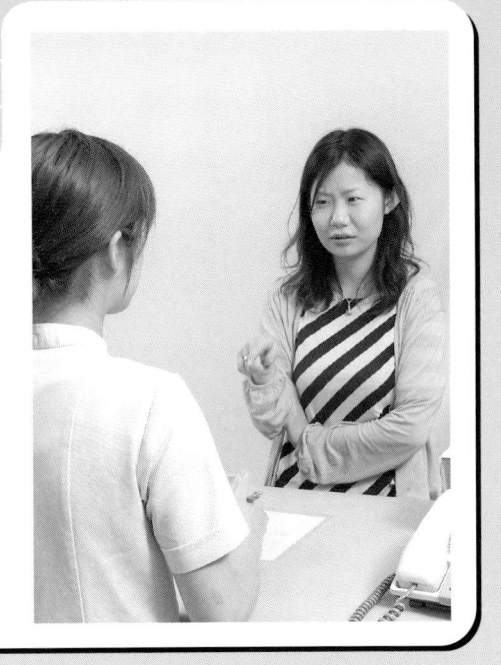

飼い主さんのクレームは、途中でさえぎったりせず最後まで聞くこと。いいたいことを全部いってもらい、何に対して苦情を述べているのか、正しく理解することが大切です。

7 必要ならメモを取る

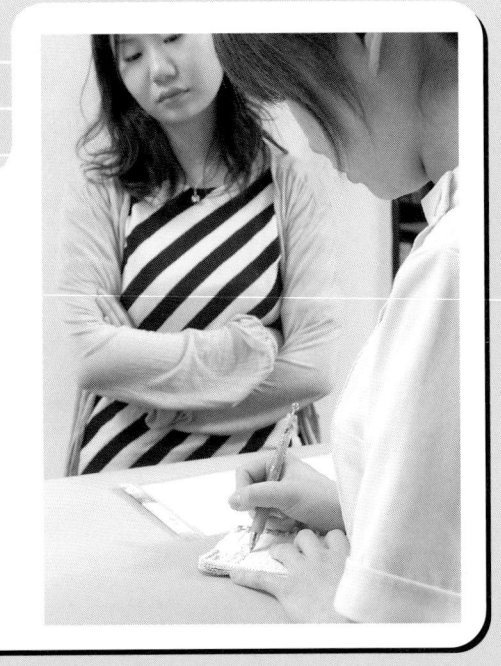

話が込み入っている場合や、自分以外の担当者に引き継ぐ必要がある場合、話を聞きながら要点をメモしておいてもよいでしょう。

8 事実確認と説明をする

「説明不足で申し訳ありませんでした」など、謝罪の言葉を述べてから、落ち着いて必要な説明をします。ただし、このときの謝罪は相手の言い分を認めるのではなく、相手に不愉快な思いをさせたことを詫びるもの。誤解のないよう、言葉を選ぶ必要があります。

9 担当者に取り次ぐ

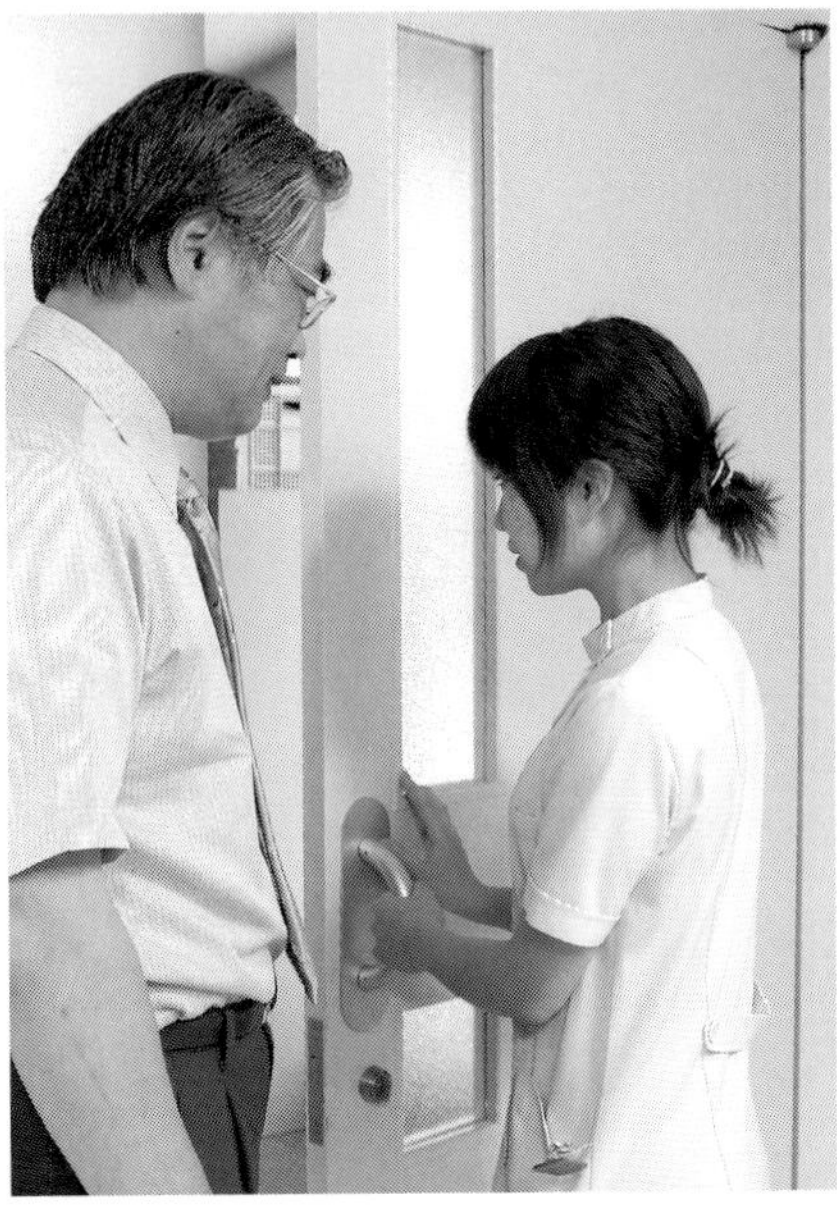

自分以外のスタッフに取り次ぐときは、クレームの内容や飼い主さんの様子を手短に伝えておきます。このときの話は人に聞こえないようにすること。「少しよろしいですか」などと声をかけ、人目の届かないところへ移動して話をしましょう。

10 診療にかかわるクレームは獣医師へ

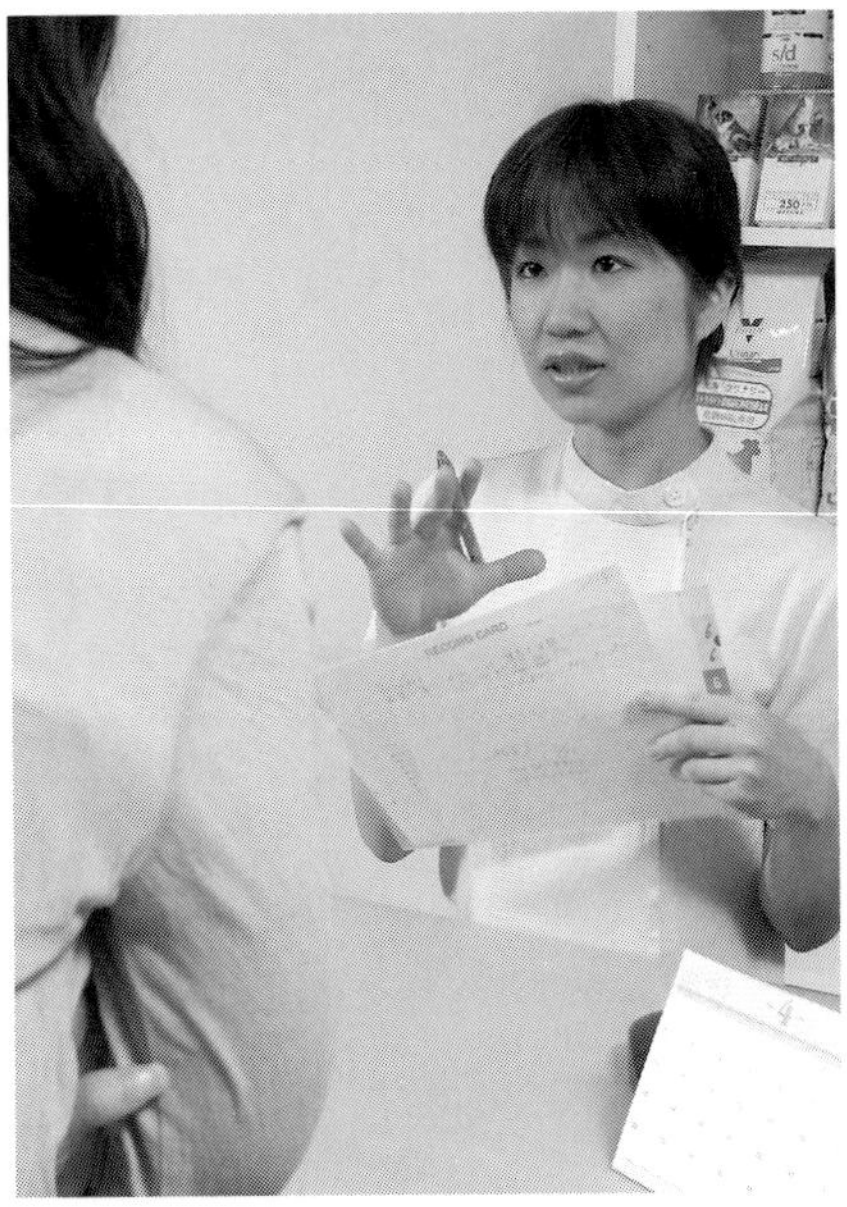

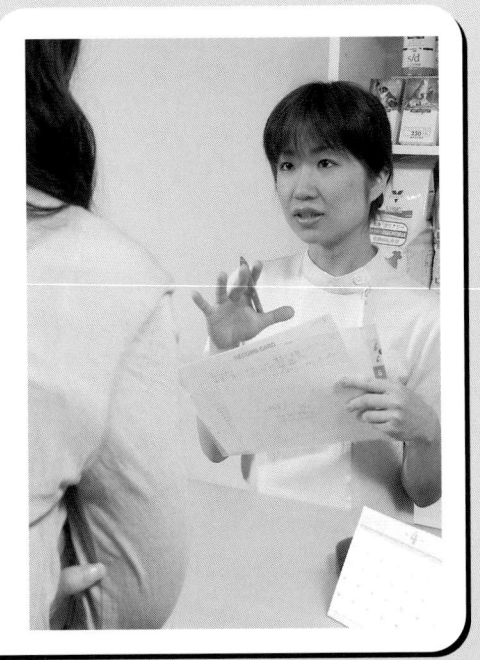

クレームの内容が診療にかかわるものだった場合は、「担当医（または院長）を呼んでまいりますので、少々お待ちください」などと断り、担当獣医師や院長などに取り次ぎます。

11 必要な処理と謝罪

場合によっては責任者に指示を仰ぎ、適切な説明や謝罪を行います。ここでいい加減な対応をすると、後日、さらに大きなトラブルを招く可能性もあるので注意が必要です。

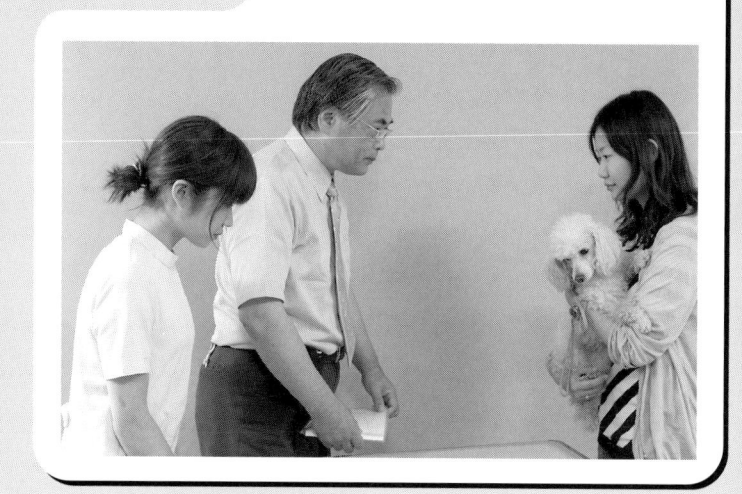

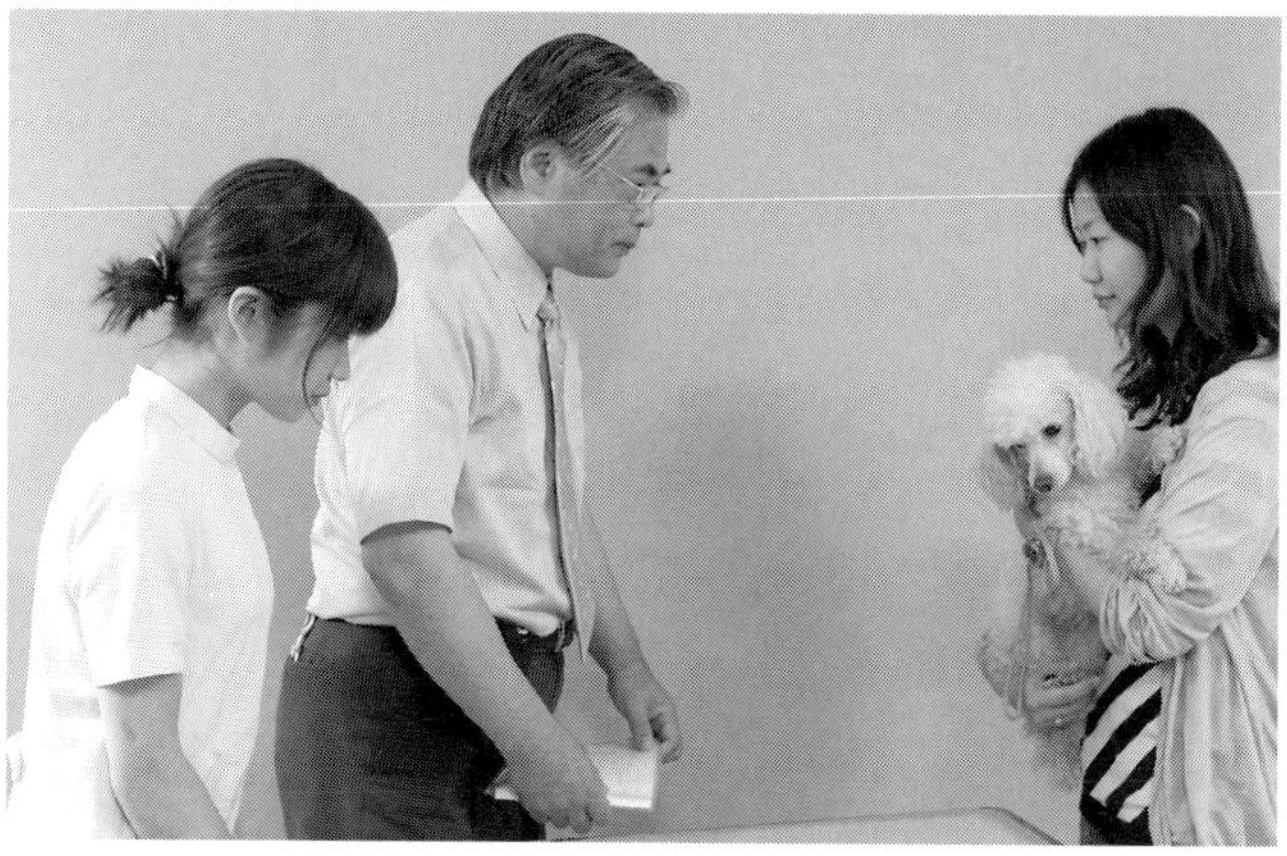

12 アフターフォローを忘れずに

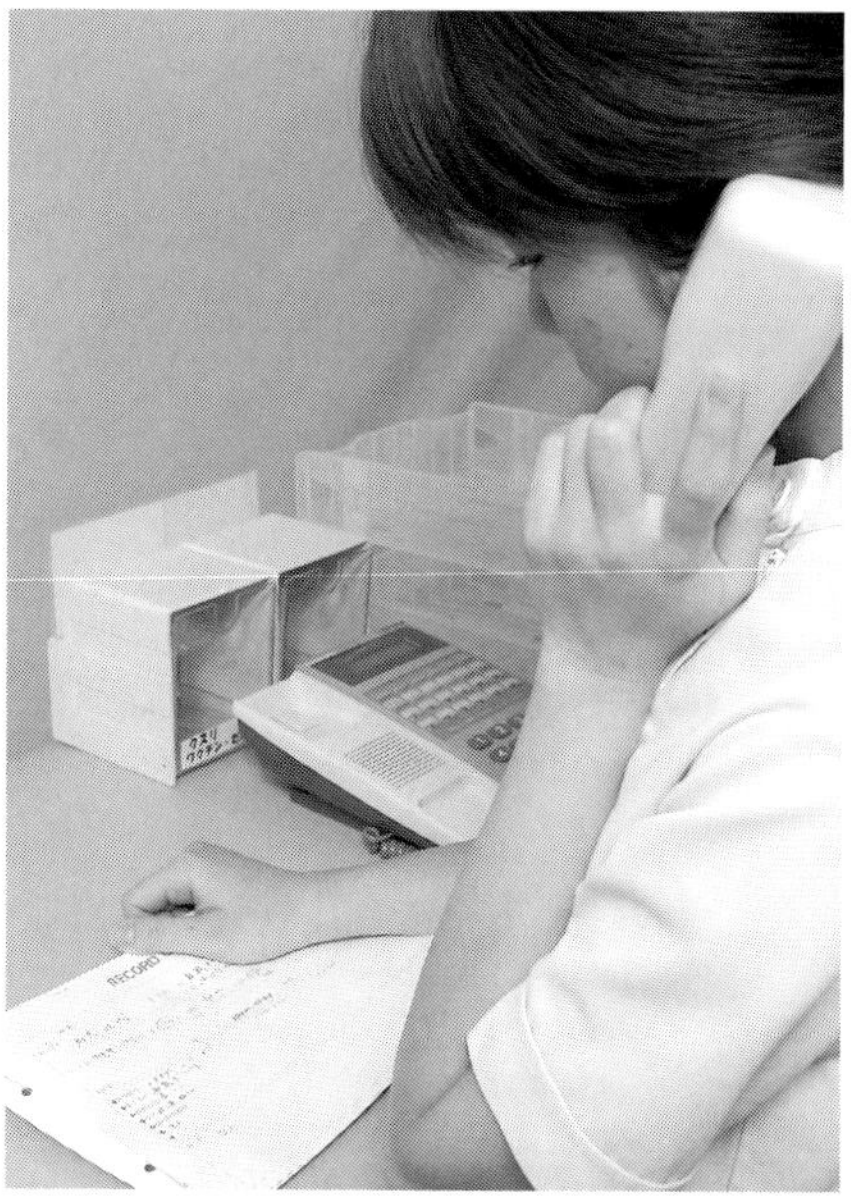

必要に応じて、後日確認の電話などを入れます。クレームをつけてきた飼い主さんに納得してもらえるよう、誠意のある対応を心がけます。アフターフォローが必要か、またその時期や方法については、責任者に相談し、その指示に従いましょう。

ワンポイントコラム

不快感を与える言葉づかいと態度

なにげない言葉や態度が飼い主さんに不快感を与えていることがあります。改めて、自分の接客態度をチェックしてみましょう。

●注意したい言葉づかい……………………………

①「できません」、「ありません」など否定的な表現
→よほど無理なことでなければ、「検討します」、「相談します」という方がベター。断る場合でも「できかねます」といいましょう。

②「一応」、「たぶん」、「とりあえず」など、いいかげんな印象を与える表現

③「そのうち」、「だいたい」などあいまいな表現
→わからないことがあったら、これらの言葉を使う前に「確認してまいります」と断り、確認する習慣を。

④「～はおわかりですよね？」など、押しつけがましい表現

⑤専門用語の多用
飼い主さんとの会話では「オペ」→「手術」など、一般の人にもわかる言葉にいい換えます。内部でのいい方に慣れきってしまってはダメ。

●注意したいしぐさや態度……………………………

①髪を触る、鉛筆を回す、爪をかむなど、無意識のくせ
→常に人にみられているという意識を持って、改善を。同僚同士で指摘し合うのもよいでしょう。

②不愉快な顔をする
→特に相手に背を向けたときにしてしまいがちなので、注意しましょう！

③舌打ちをする

④上目づかいや横目で睨むようにみる

⑤キョロキョロする、相手の顔をみない

⑥「はいはい」など、二度繰り返して返事をする
→クレームをいわれたら、まず心を込めて謝ることが大切。それによって相手の態度も柔らかくなります。

ミス・ニアミスを起こす原因

ミス・ニアミスを防ぐためには、仕事に対する適度な緊張感を持つことが大切です。以下にあげたミスが起こる原因を確認して、気持ちを引き締めましょう。

①うっかりしている・忘れる・見逃すといった**「注意力不足」**
②気の早さ・勘違いといった**「落ち着きのなさ」**
③見落とし・チラッとみるだけといった**「確認不足」**
④うろ覚えなことを大丈夫だろうと判断する**「いいかげんさ」**
⑤この程度ならかまわないとルールを無視する**「身勝手さ」**
⑥作業中にほかのことを考えている・何も考えていない**「集中力不足」**
⑦判断の遅れにより、さらに事態を悪化させる**「鈍感さ」**
⑧予期せぬ出来事に対応できない**「応用力不足」**
⑨適切な指示・作業基準がなく、何でも作業者にまかせっぱなしにする**「管理・統制不足」**※病院全体の問題として
⑩わざと犯すミスは犯罪です！

9. 閉院から退社まで

1日の締めくくりと、翌日の仕事の準備

診療が終わる1時間前ぐらいを目安に、できるところから院内の掃除をはじめます。ただし、院内にいる飼い主さんに閉院の準備をしている雰囲気が伝わらないように注意。飼い主さんにはみえない部屋から、静かに行います。翌朝、診療前の清掃を手早くすませるためにも、診療終了後の清掃はていねいにしておきましょう。帰宅する前には、翌日の予定の確認も忘れないようにします。

1 床に掃除機をかける

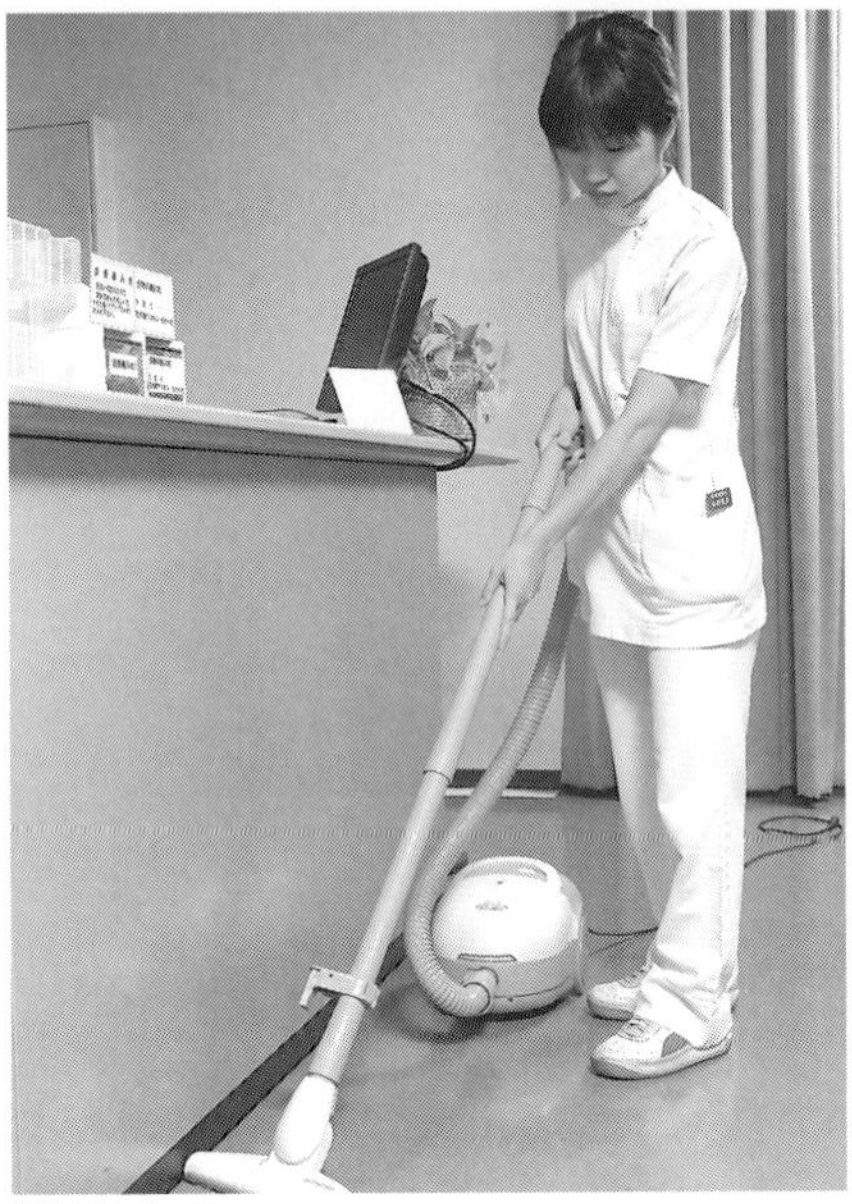

飼い主さんのいないところから掃除をはじめます。待合室や診察室にいる飼い主さんに掃除をしている雰囲気が伝わらないよう、掃除機をかける前に必ずドアを閉めて、視線や音を遮るようにします。

2 モップで床を拭く

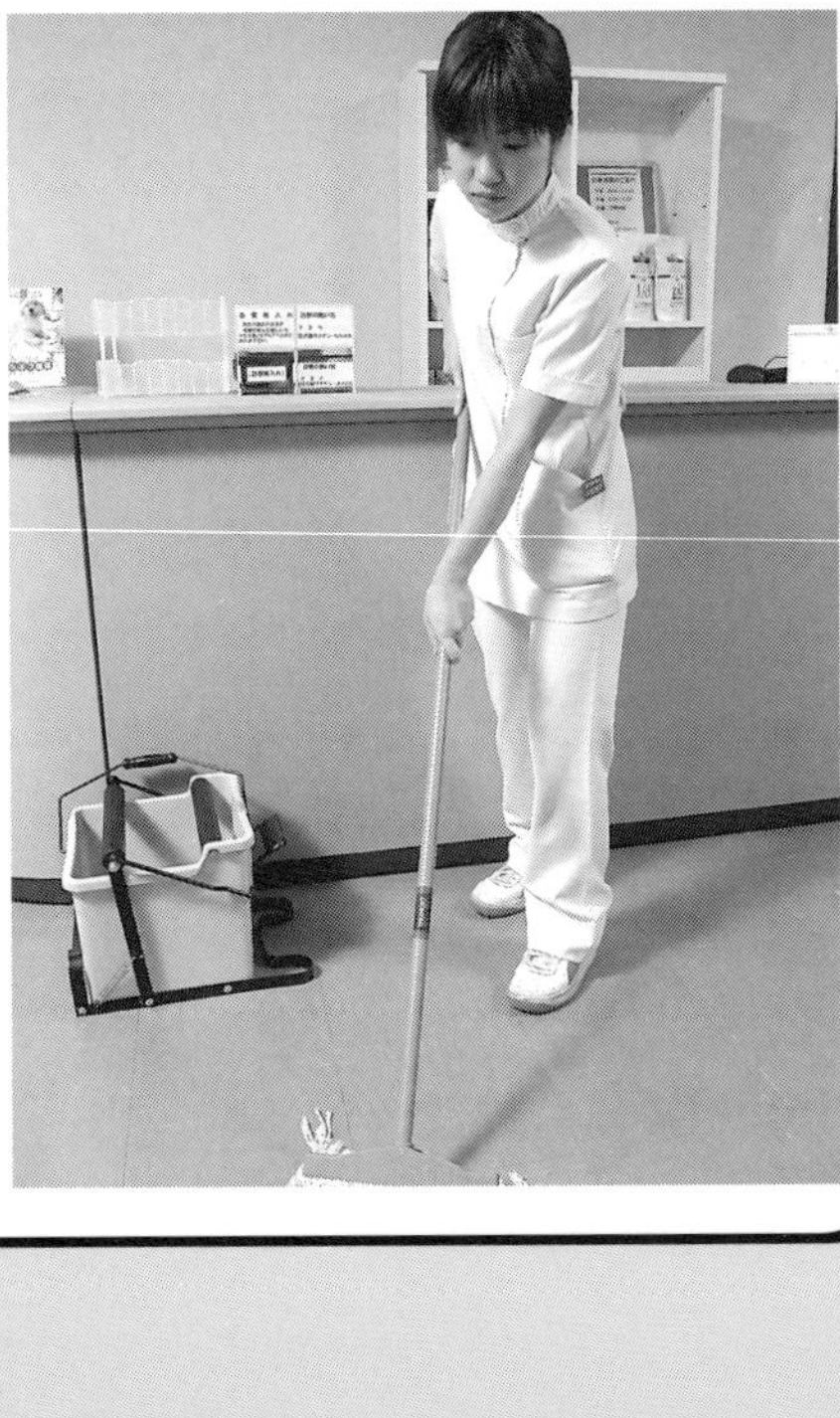

掃除機をかけた後、消毒液に浸したモップやぞうきんですみずみまで拭き掃除をします。特に、たくさんの動物が利用する待合室や診察室などは、床も汚れやすいので、念入りに拭いておきます。

3 目の届きにくいところもていねいに

部屋のコーナーや窓の桟の間など毛くずやほこりのたまりやすいところや、無影灯の上など高い位置にあるために目が届きにくいところは、日頃から意識していねいに拭き掃除をするようにします。

4 入院動物の様子をチェック

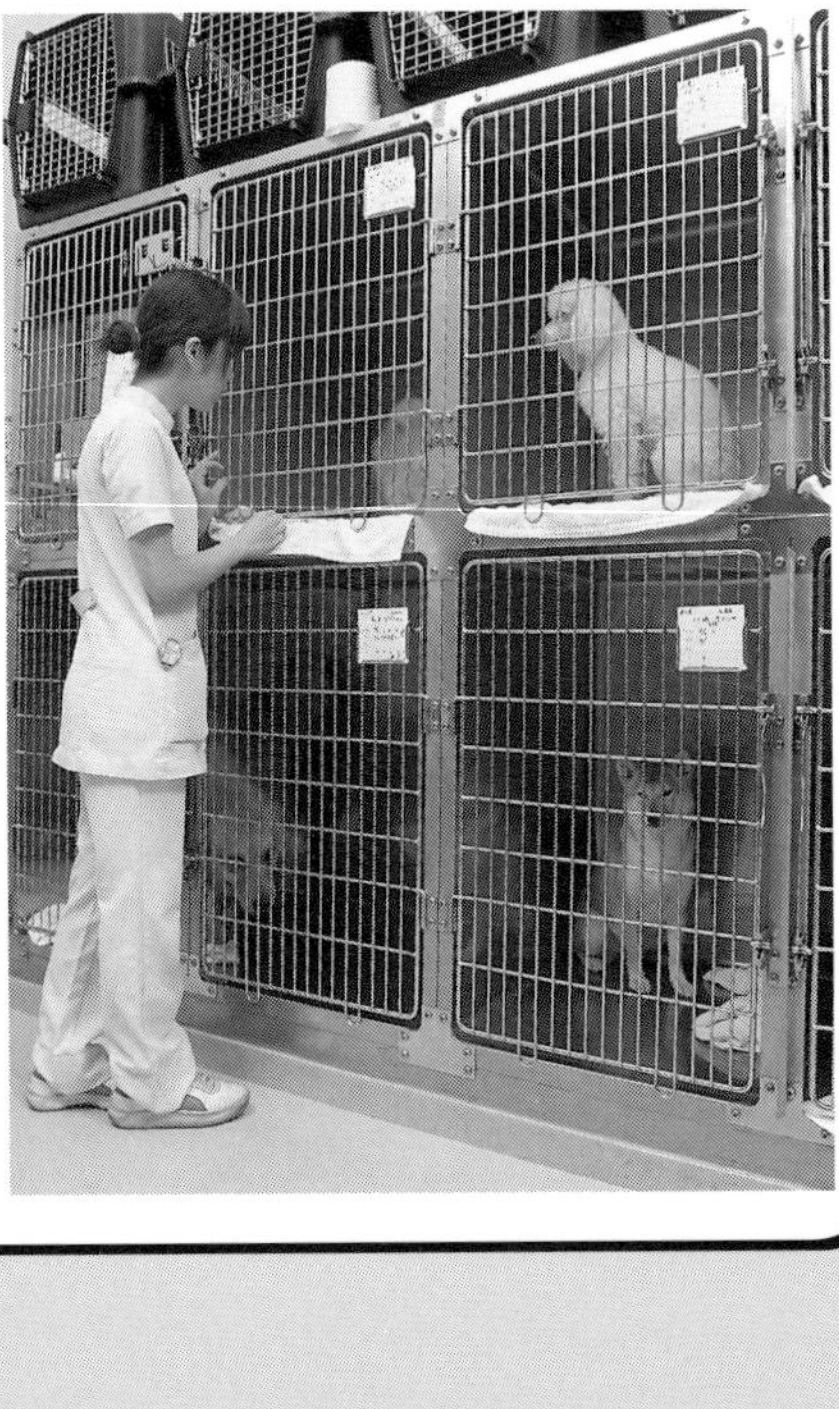

入院動物のケージを点検し、動物の様子を1頭ずつ確認していきます。排泄物などでケージが汚れていたら、すぐに清掃・消毒を。動物の様子に異常がある場合は、担当獣医師に報告します。

5 その他の仕事の確認

仕事が一通り終わったら、仕事の予定が書かれたホワイトボードやノートなどをみて、その日のうちにやるべき仕事の指示や連絡事項を再チェック。やり残した仕事がないかどうかの最終確認をします。

6 翌日の予定を確認

5と同時に、カレンダーやホワイトボードなどをみて翌日の予定を確認します。予定に合わせて、カルテを出しておく、手術器具の準備をしておくなど、できる範囲で準備を整えておくと翌日の仕事がスムーズです。

7 休みの前日には引き継ぎを

翌日が自分の休みの日に当たる場合、ほかのスタッフへの引き継ぎの準備をしておきます。入院動物の様子や飼い主さんの来院予定、手術予定、事務処理など、必要事項を病院の決まりに従ってノートやメモに記入しておきます。

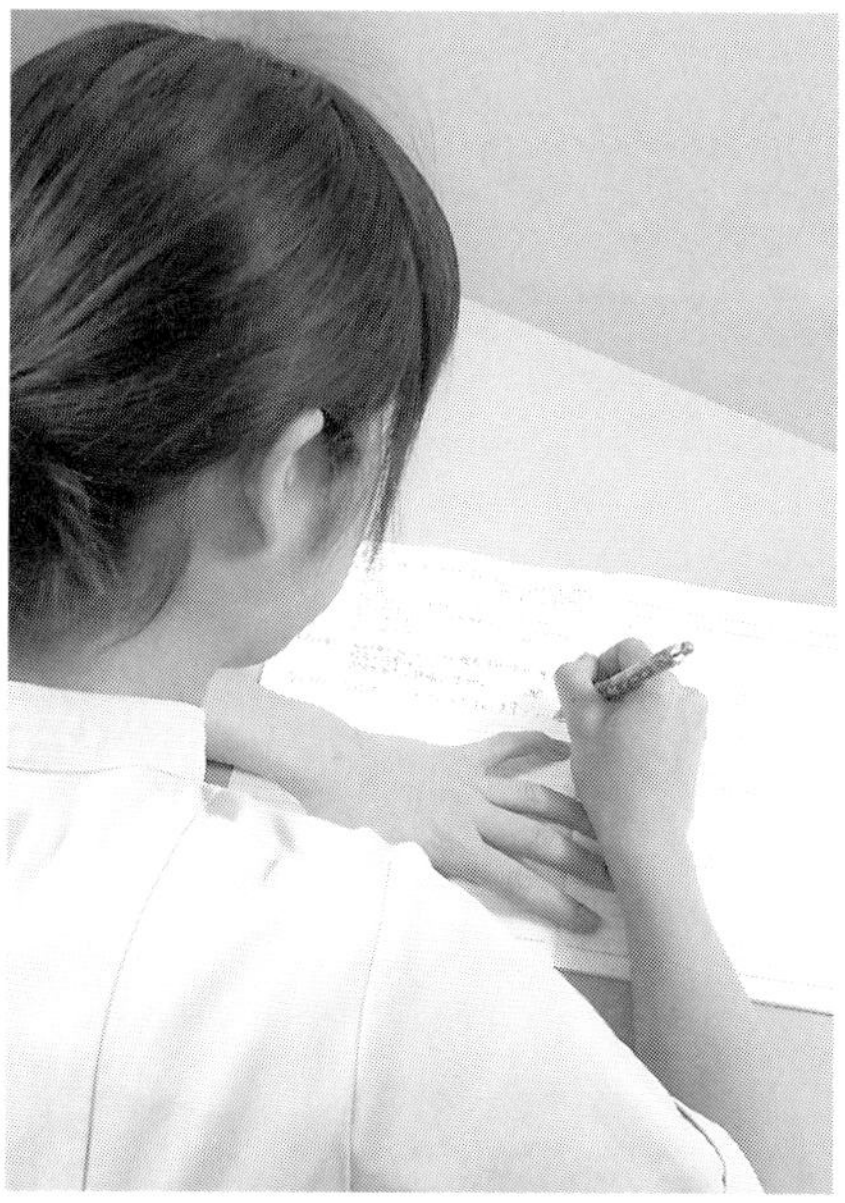

8 室内が整とんされているかを確認する

診察室、検査室、待合室などを点検し、医療機器や様々な器具類がきちんと整とんされているか、ごみや汚れが残っていないか、ほこりが落ちていないか、などを確認します。

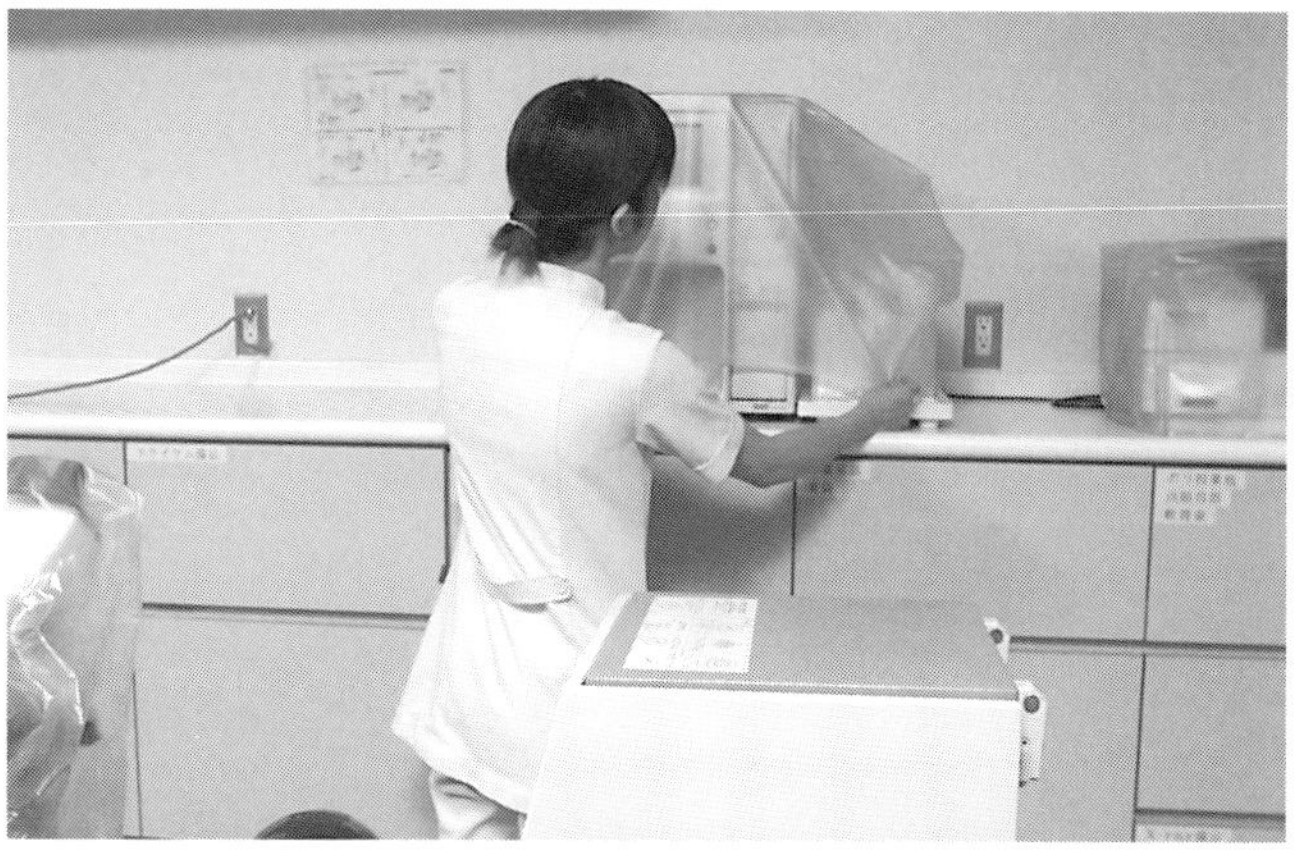

9 温度調整機器などの確認

温度調整のための機器や換気扇、医療機器、照明などは、夜間に電源を切るものと切らないものがあるので、間違えないように最終確認していきます。

10 必要ない部屋の照明を消す

後片づけや清掃がすべて終わり、翌日まで誰も使用しない部屋は、照明を消しておきます。

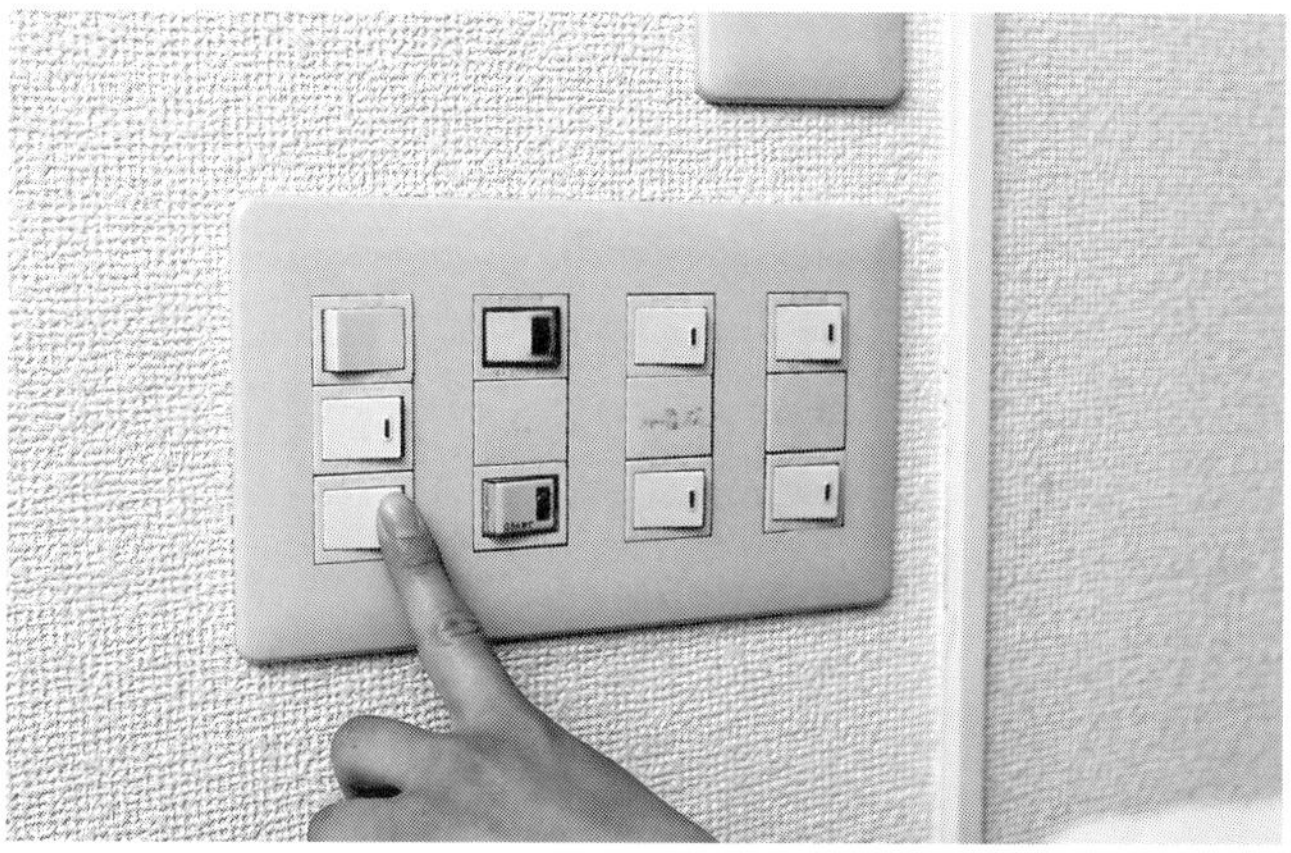

11 戸締まりをする

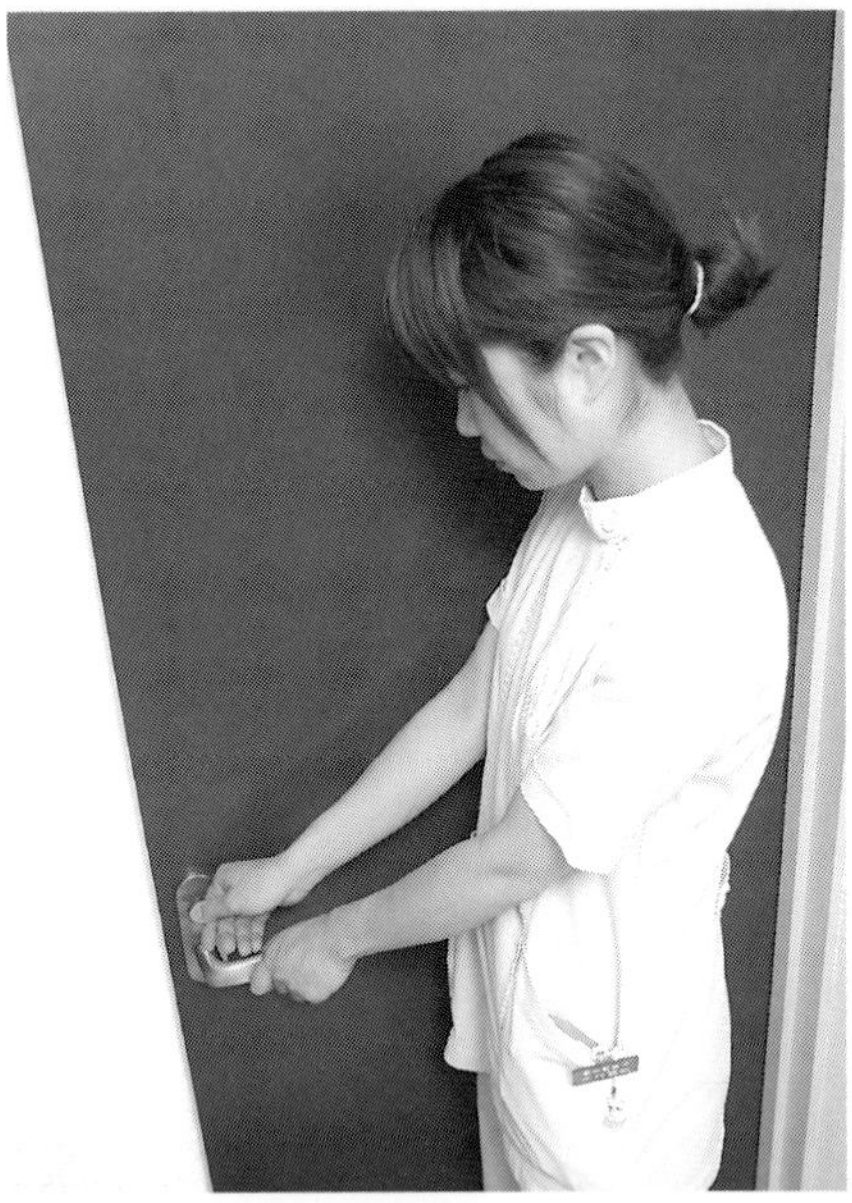

室内の様子を確認し、必要のない照明類を消しながら、病院内の各部屋の戸締まりをしていきます。入院・預かり動物の逃げ出しなどの事故を防ぎ、さらに病院で扱っている薬品類をきちんと管理するためにも、戸締まりは確実にしておく必要があります。

12 タイムカードを押す

病院を出る前に、必ずタイムカードを押します。自分のカードは、カードホルダーなどの決められた位置に戻します。

13 更衣室で着替える

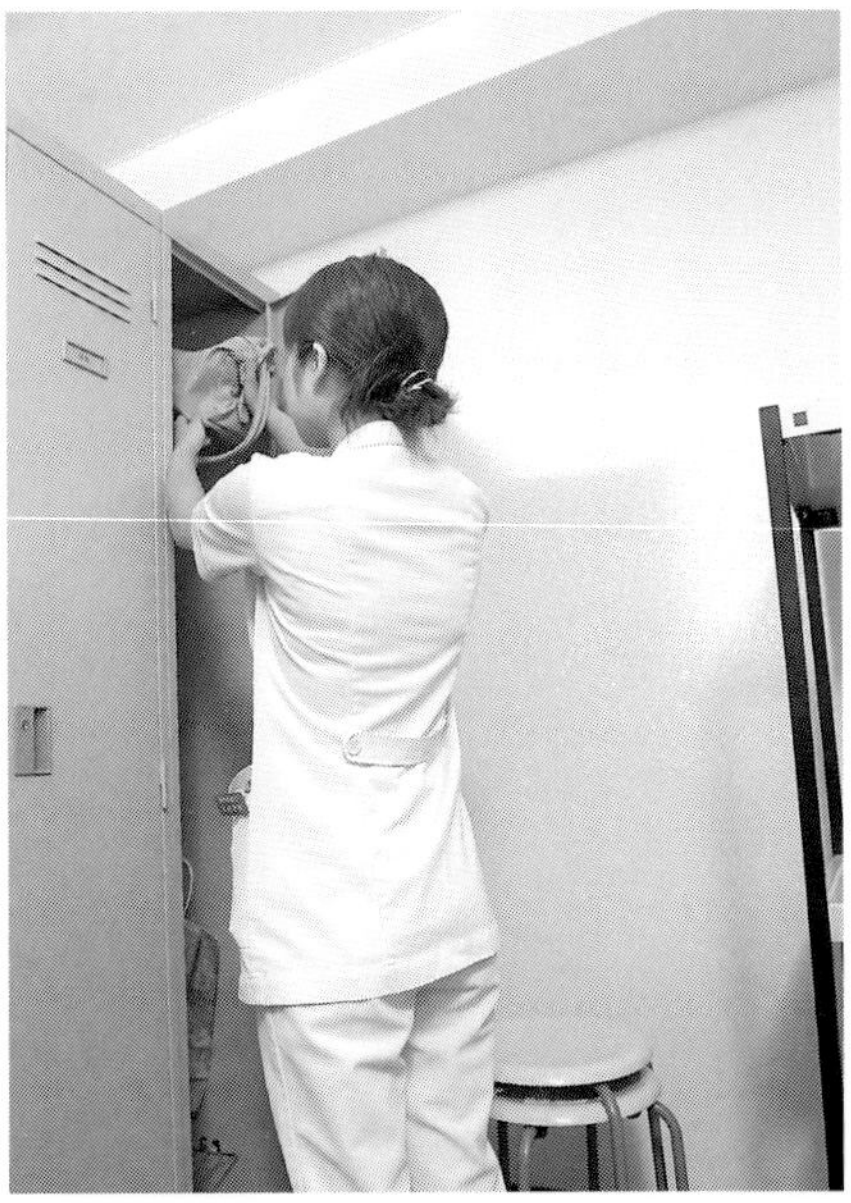

更衣室で私服に着替え、靴を履き替えます。更衣室などスタッフのためのスペースは、飼い主さんの目には触れませんが、散らかっているのに気づいたらこまめに片づけるようにしましょう。

14 スタッフにあいさつをする

まだ病院内に残っているスタッフに、「お先に失礼します」とあいさつをしてから帰ります。自分より先に帰るスタッフから「お先に失礼します」とあいさつされたら、「お疲れ様でした」と答えます。

15 戸締まりを再度確認する

自分がいちばん最後に病院を出る場合は、病院全体の戸締まりを再確認しておきます。また、防犯システムなどが設置されている場合は、正しく作動するようにセットしておきます。

16 病院周りのゴミを拾う

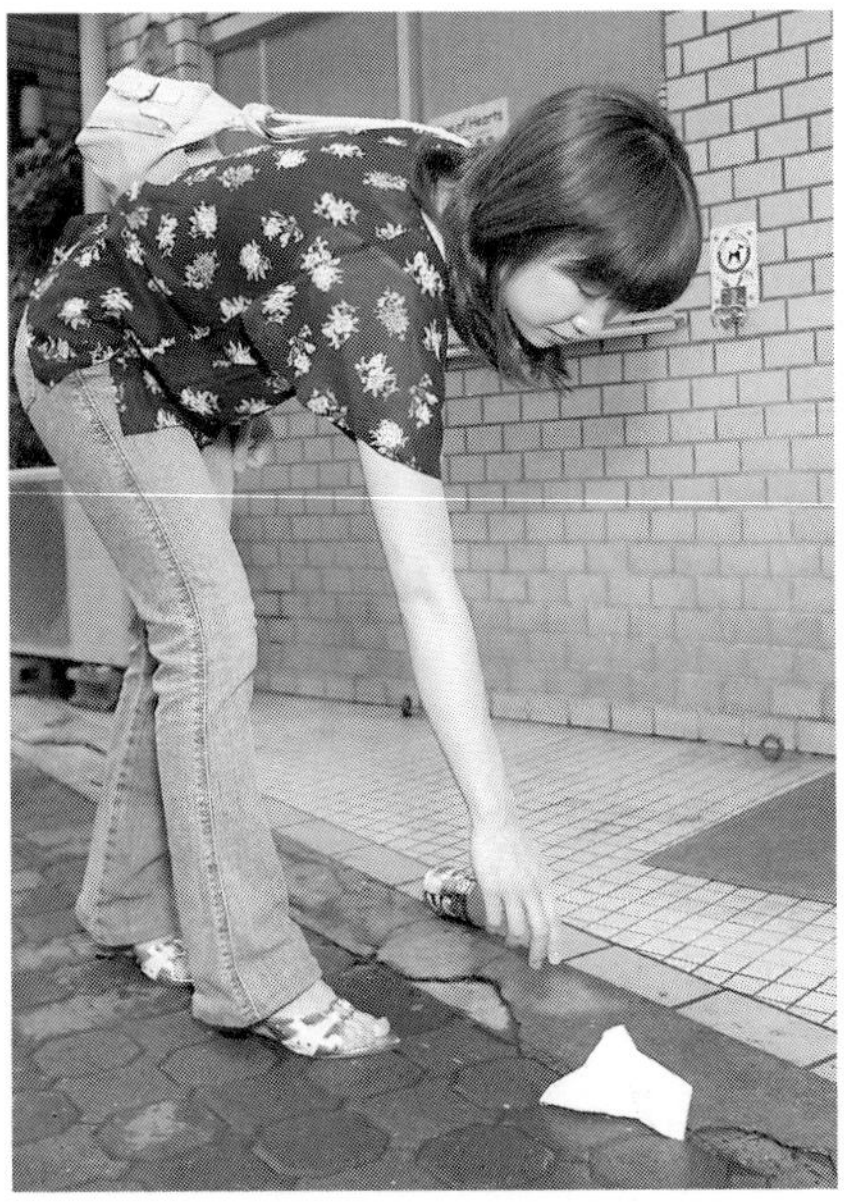

帰りがけに、病院の入り口付近に落ちているごみに気づいたら、さりげなく拾って処分しておきます。たとえ診察時間が終わっていても、近くにごみが散らかっていたりするのは印象がよくありません。

II

看護系の仕事

1. 診察室内での仕事

獣医師と連携して様々な処置を補助

診察室内での動物看護師の仕事は、器具の準備、動物の保定、処置の補助など、獣医師が治療をスムーズに進めるためのサポートが中心になります。また、慣れない場所で怯えている動物を安心させたり、飼い主さんに言葉をかけてリラックスしてもらったりすることも大切。獣医師の指示を待って動くだけではなく、自分が次に何をするべきか、常に考えながら仕事をするように心がけましょう。

1 必要な器具を準備する

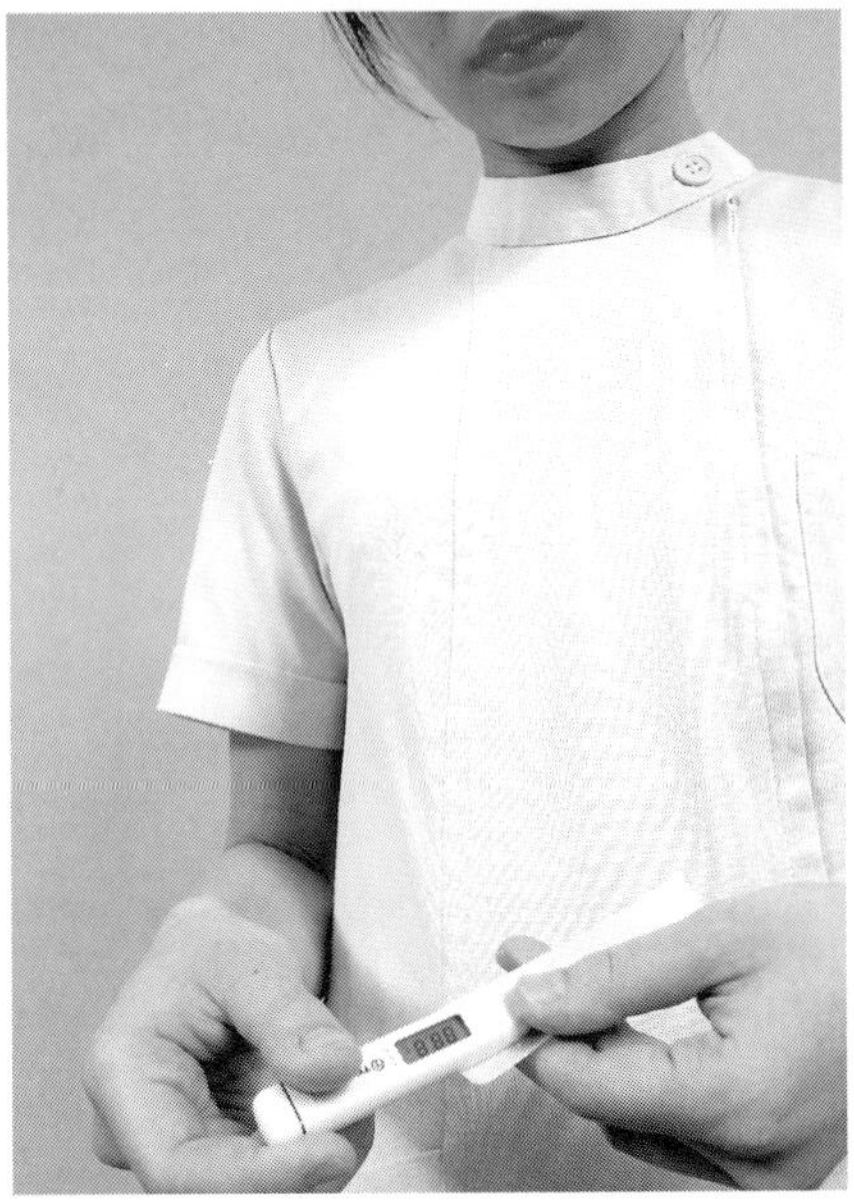

獣医師が来るまでに、診察や処置に使用する器具などを不足のないように準備しておきます。体温や体重の測定は必ず行うものなので、体温計にはカバーをつけ、体重計は電源を入れて数値を0に合わせておきましょう。

2 飼い主さんを呼ぶ

すぐに診察をはじめられる準備が整ったら、診察室のドアを開け、「○○様、診察室にお入りください」のように飼い主さんの名前を呼びます。深刻な病気でない場合は、笑顔を忘れずに。

3 動物を診察台へ

診察台の高さを動物の大きさに合わせて調節し、動物を上にのせます。大型犬の場合などは飼い主さんに手伝ってもらってもOK。その場合、動物を安心させ、かみつき事故などを防ぐため、飼い主さんに頭の側を持ってもらうようにします。

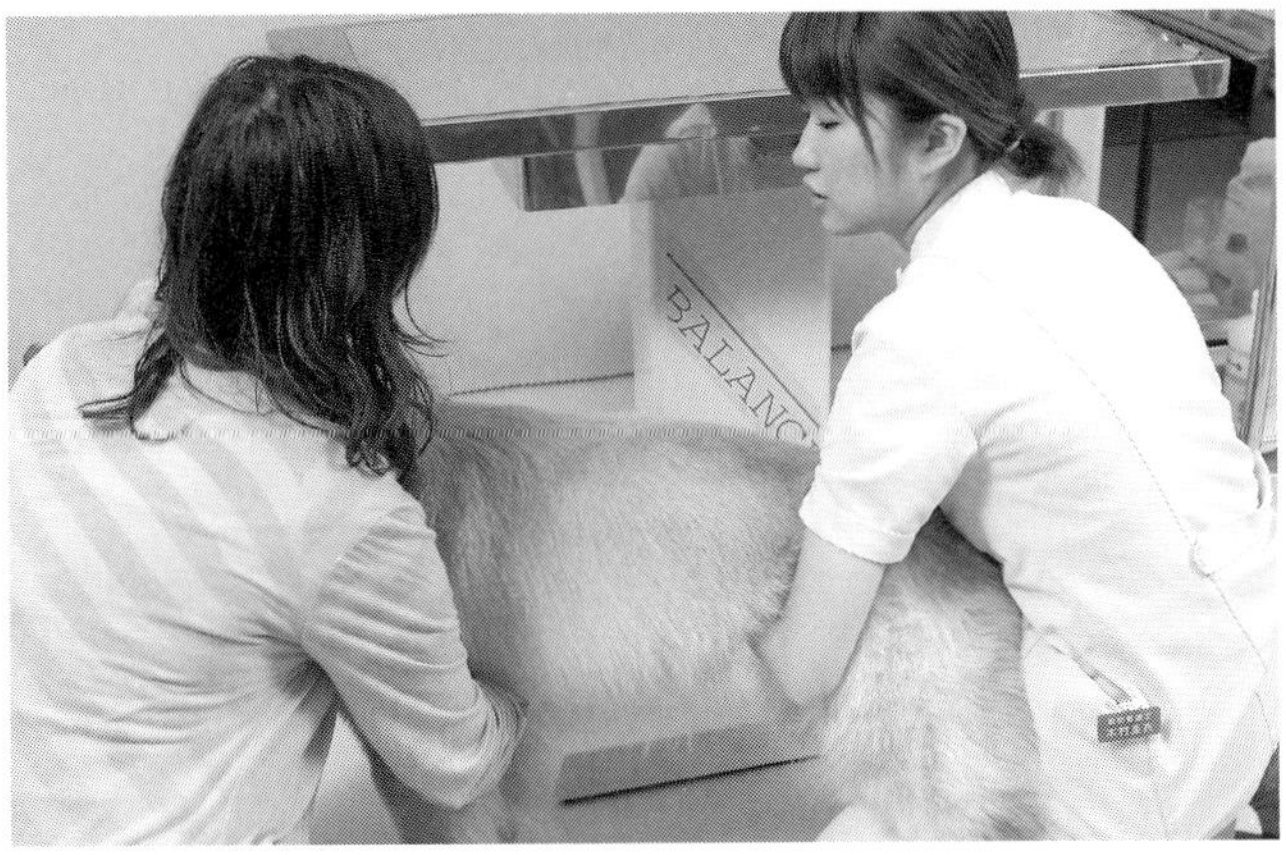

4 体重、体温などを測定

体重、体温などを、獣医師の指示に従って測定します。数値が出たら、獣医師に報告すると同時にカルテにも記入していきます。カルテは病院のスタッフ全員がみるものなので、読みやすい字で正しく書くことが大切です。

5 保定する際は声をかけてから

保定する際、いきなり動物の体に触れないこと。動物は慣れない環境で不安になっているため、怯えたり、攻撃的になったりしがちだからです。やさしく声をかけて動物を安心させてから体に触れ、できるだけ負担をかけない方法で保定するようにします。

6 飼い主さんに手伝ってもらう

臆病な動物の場合、飼い主さんに手伝ってもらうと動物が落ち着き、診察や処置がスムーズになることがあります。動物が怯えているときは、飼い主さんに頼んで、頭をなでたり声をかけたりしてもらいましょう。

7 マズル・カラーは一度で装着

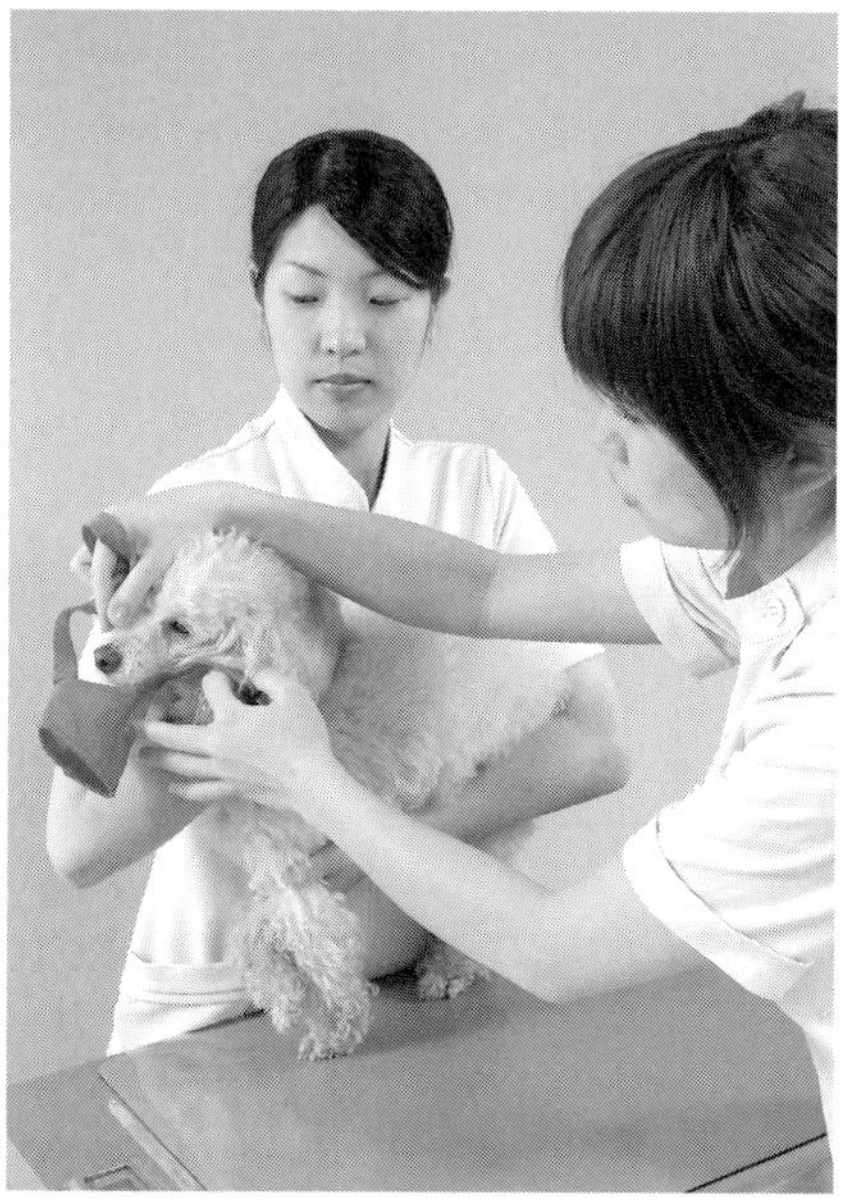

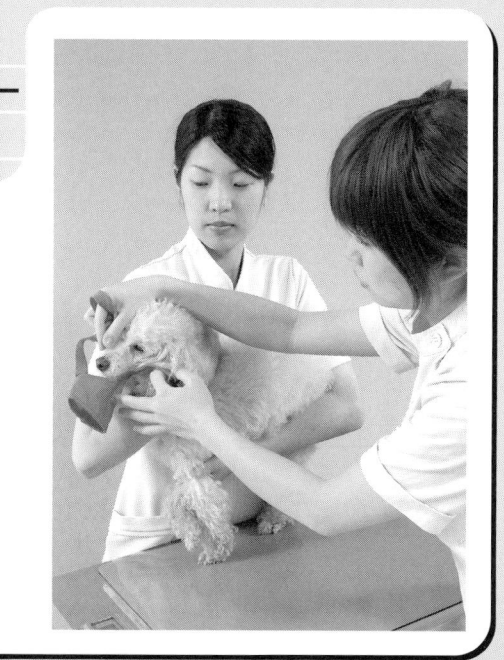

マズル・カラーを装着する場合は、まず飼い主さんの許可を得ます。装着に失敗すると二度め以降は犬に警戒されるので、一度で確実につけること。かみつき事故を防ぐため、体の後ろから手を回すようにします。

8 処置のしやすさを考えて動く

動物を保定しているときは、獣医師の動きに合わせて動物の体の向きや角度を調整します。また、自分の体で獣医師の動きを妨げることのないように注意。どうすれば、獣医師が処置をしやすいか、常に考えながら動きましょう。

9 獣医師の処置を手伝う

保定が必要ない場合は、獣医師に必要な器具を渡すなど、処置のサポートをします。使用ずみの器具などは、処置のじゃまにならないよう、随時片づけていくとよいでしょう。

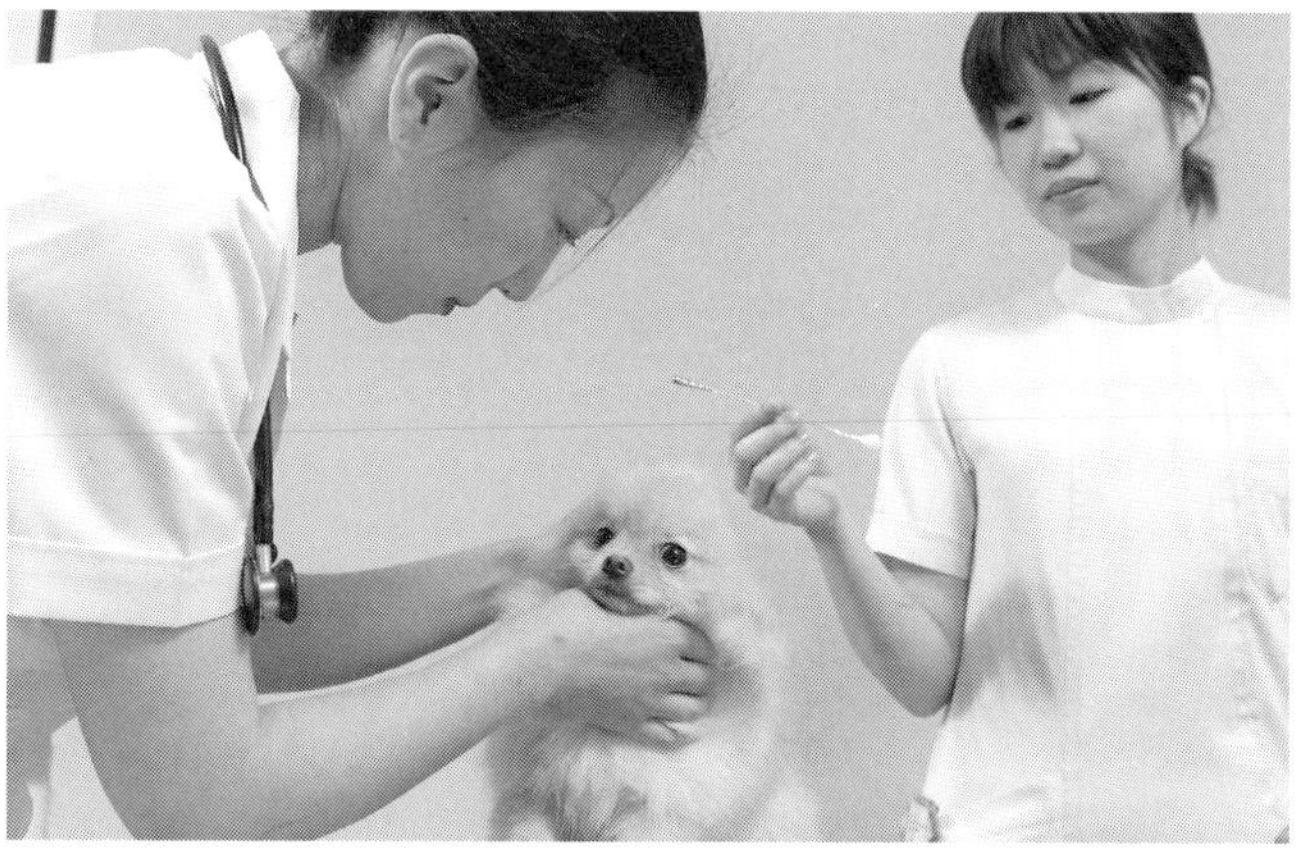

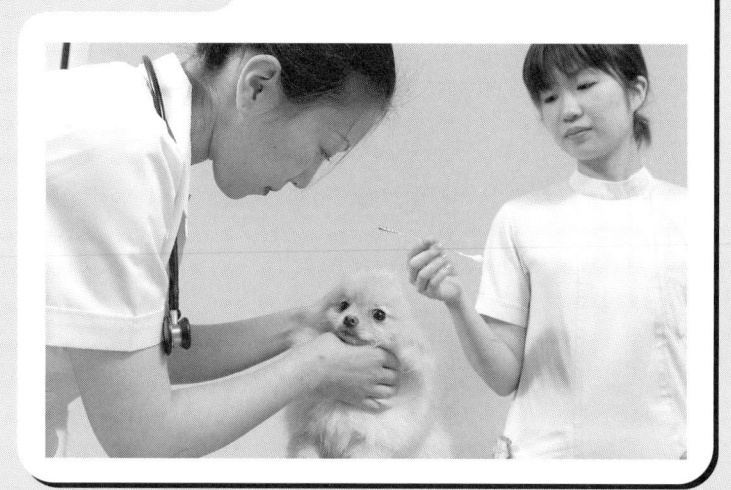

10 診察台の汚れはすぐに拭く

動物のよだれや尿で診察台や床が汚れた場合は、すぐにぞうきんなどで汚れを拭き取ります。ただし、飼い主さんに気まずい思いをさせないよう、さりげなく行う気配りも必要です。

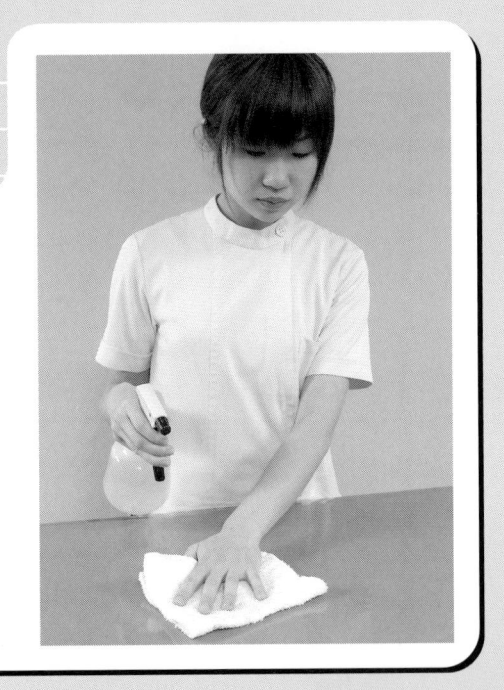

11 動物を診察台から下ろす

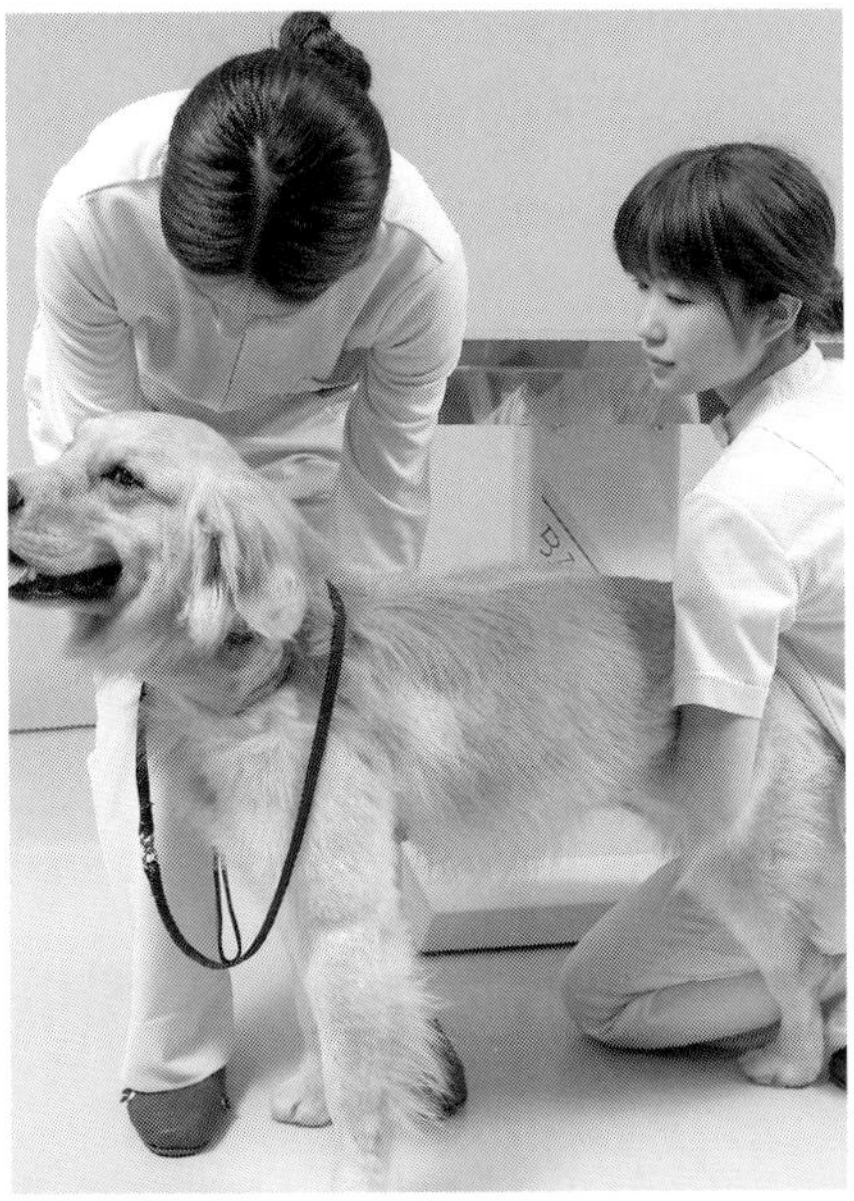

診察や処置が終わったら、動物を診察台から下ろします（小型犬や猫の場合は、飼い主さんに抱き上げてもらう）。いったん抱き上げてからそっと下ろし、足が床につくまでしっかりと体を支えておきます。

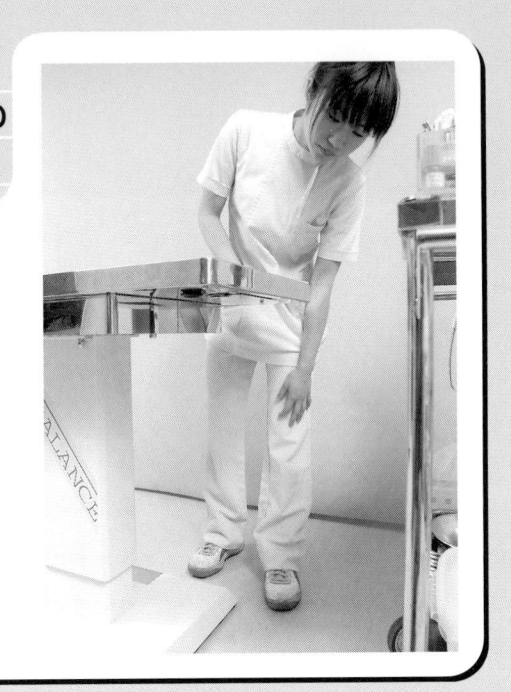

12 診察室から送り出す

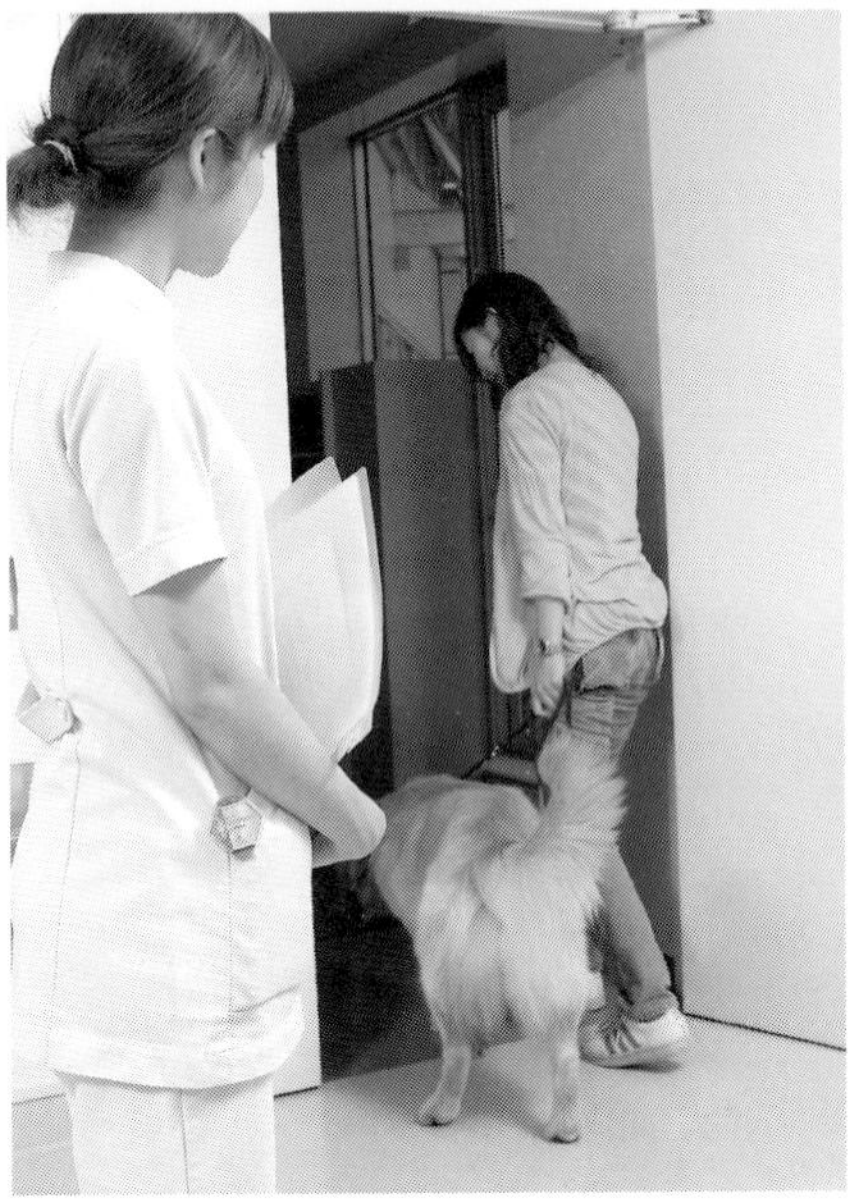

診察室のドアを開け、飼い主さんを送り出します。「お大事に」のあいさつのほか、「〇〇ちゃん、いい子にしてましたね」など声をかけ、飼い主さんの気持ちを和ませるように心がけましょう。

13 使用した器具を片づける

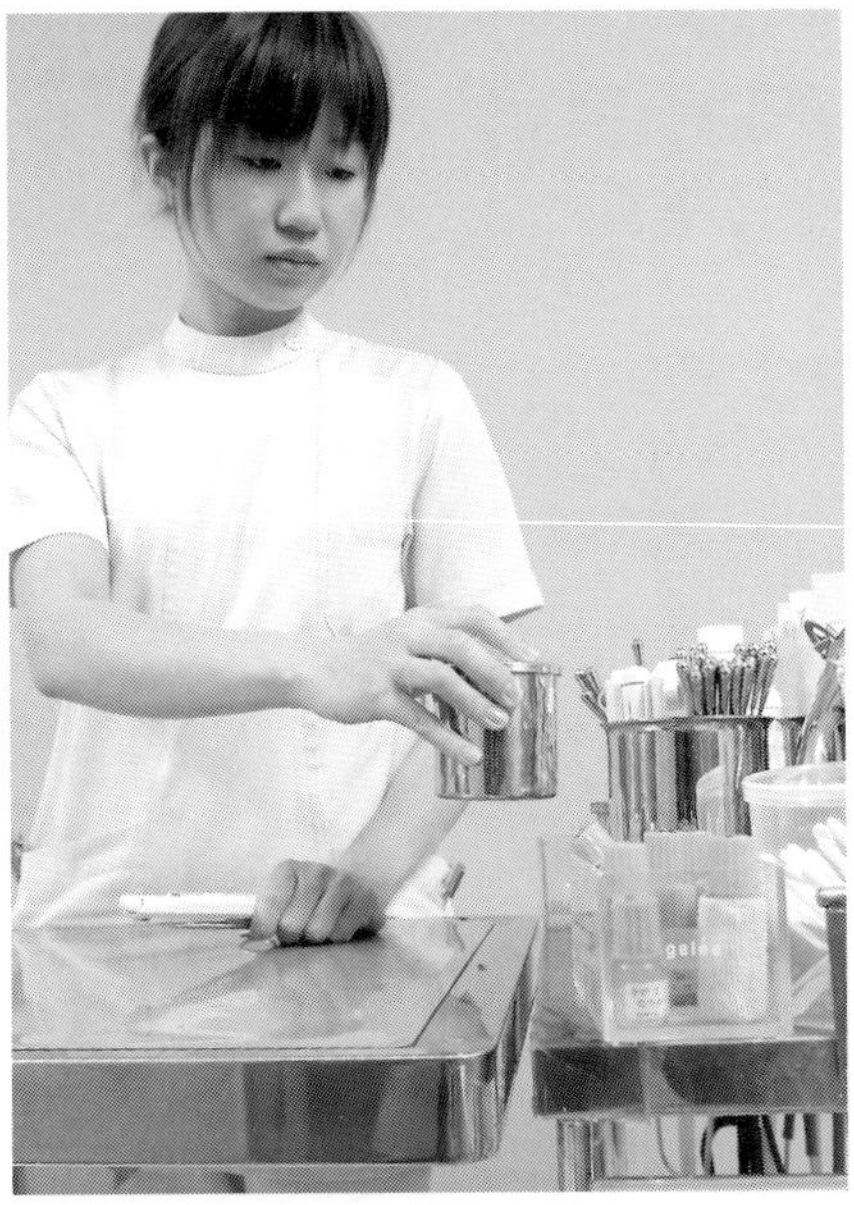

飼い主さんを送り出したら診察室のドアを確実に閉め、診察台の上や周りに残っている使用ずみの器具などを片づけます。その後、次の診察に備えて体温計に新しいカバーをつけ、体重計の数値が0になっていることを確認します。

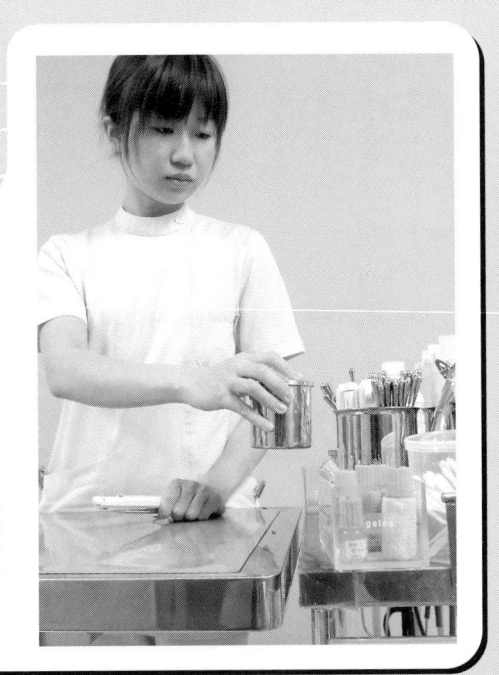

14 診察台を消毒する

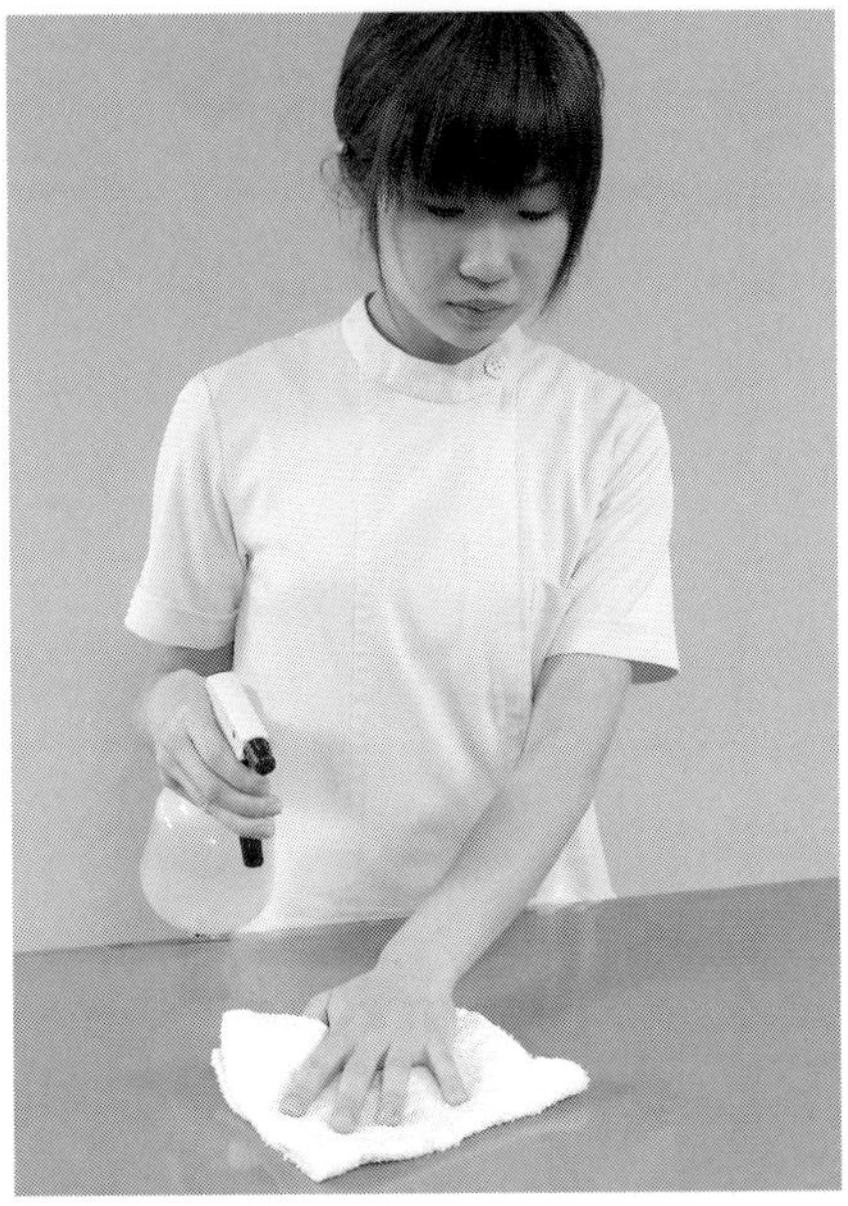

診察台に消毒液をスプレーし、ぞうきんですみずみまできれいに拭きます。よだれや尿などがついた場所は、特にていねいに拭くこと。診察台の上に動物の毛が残っていないことも確認します。

15 診察台の周りの床を掃除

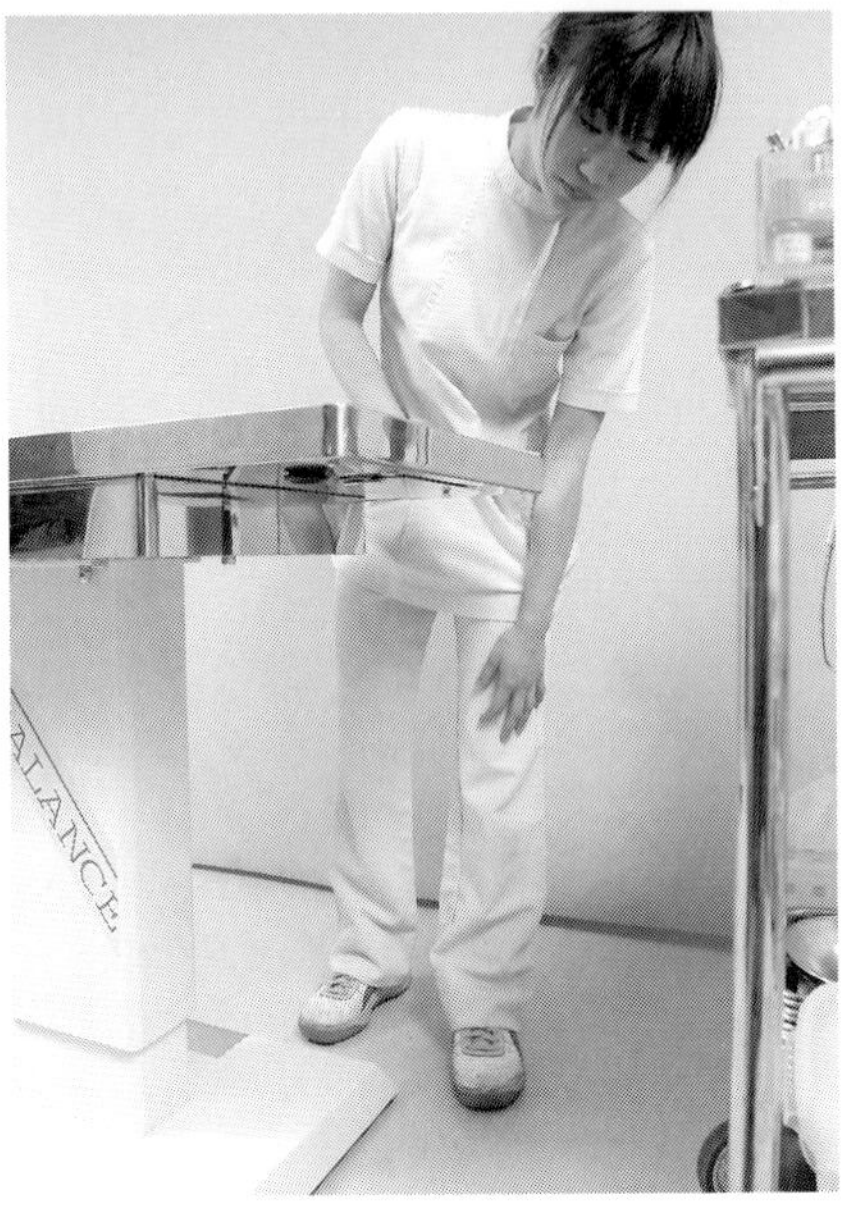

診察台の周りの床をチェックします。毛が落ちていないか、汚れがついていないかなどを確認し、必要に応じて掃除機やほうきなどで掃除をします。前の動物が排泄したところなどは、必ず消毒しておきます。

16 消耗品の補充も忘れずに

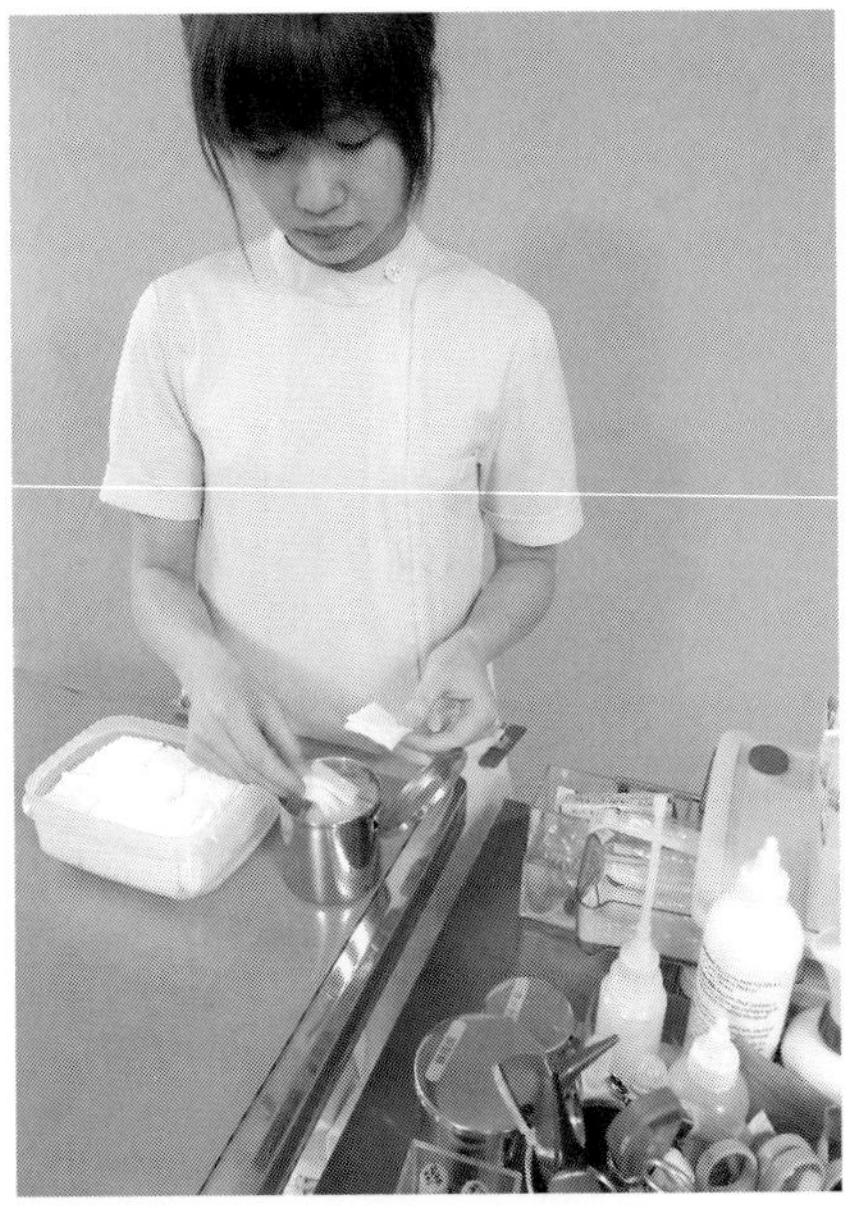

必要に応じて、脱脂綿、シリンジ、注射針、体温計のカバーなどの消耗品を補充します。常にスタッフ全員が使いやすい状態にしておくため、どこに、何を、どのように入れるかは、病院の決まりに従います。

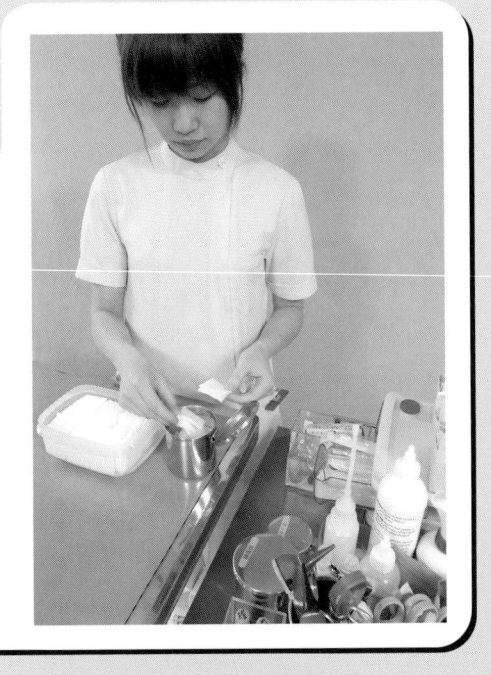

2. 動物看護師がよく行う処置

一般的な処置の基本とコツ

どこまでが動物看護師の仕事か、という基準は病院によって多少の違いがありますが、爪切り、耳掃除などのボディケアや、飲み薬や点眼薬を与える作業は動物看護師にまかされることが多いようです。正しい方法を身につけて、安全に効率よく行えるようにしましょう。また、動物が暴れるときはほかのスタッフに保定を手伝ってもらうなど、動物の様子から状況を正しく判断し、ミスや事故を防ぐことも大切です。

1 爪切り

ほかのスタッフに保定してもらい、爪の根元をしっかり押さえて血管の手前まで切ります。血管がみえない黒い爪や変形している爪は一気に短くせず、少しずつ切ります。万が一、出血してしまった場合は、止血剤をつけて止血します。

2 肛門腺（嚢）絞り①

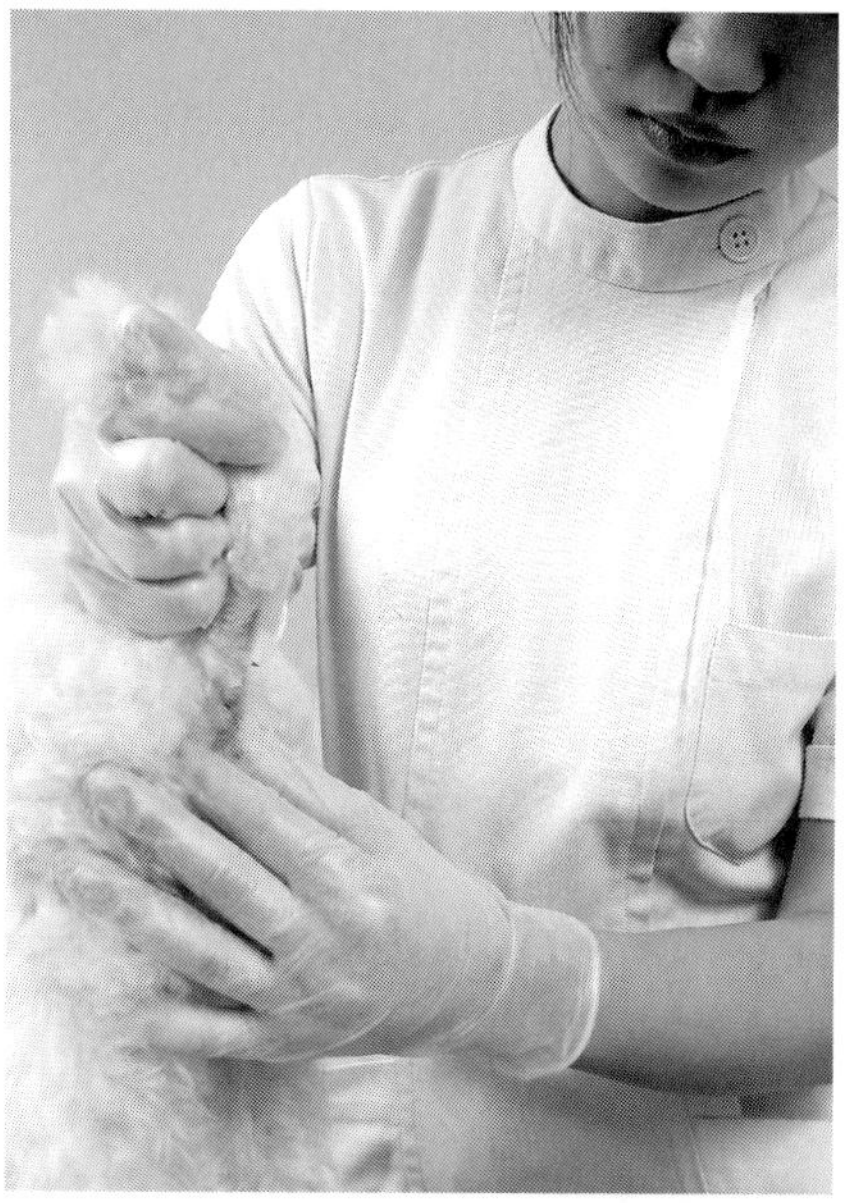

尾を持ち上げ、肛門の斜め下の膨らんでいる部分を、親指と人さし指で下から押し上げるように絞ります。分泌物が手につくのを防ぐため、手袋をはめて行うとよいでしょう。出てきた分泌物はティッシュなどで拭き取ります。

3 肛門腺（嚢）絞り②

2の方法で肛門腺（嚢）を絞っても分泌物が出にくい場合は、人さし指を肛門に入れ、親指で外側からはさむようにして、下から上へ絞ります。肛門腺（嚢）を絞る際は、爪を立てないよう、十分に注意します。

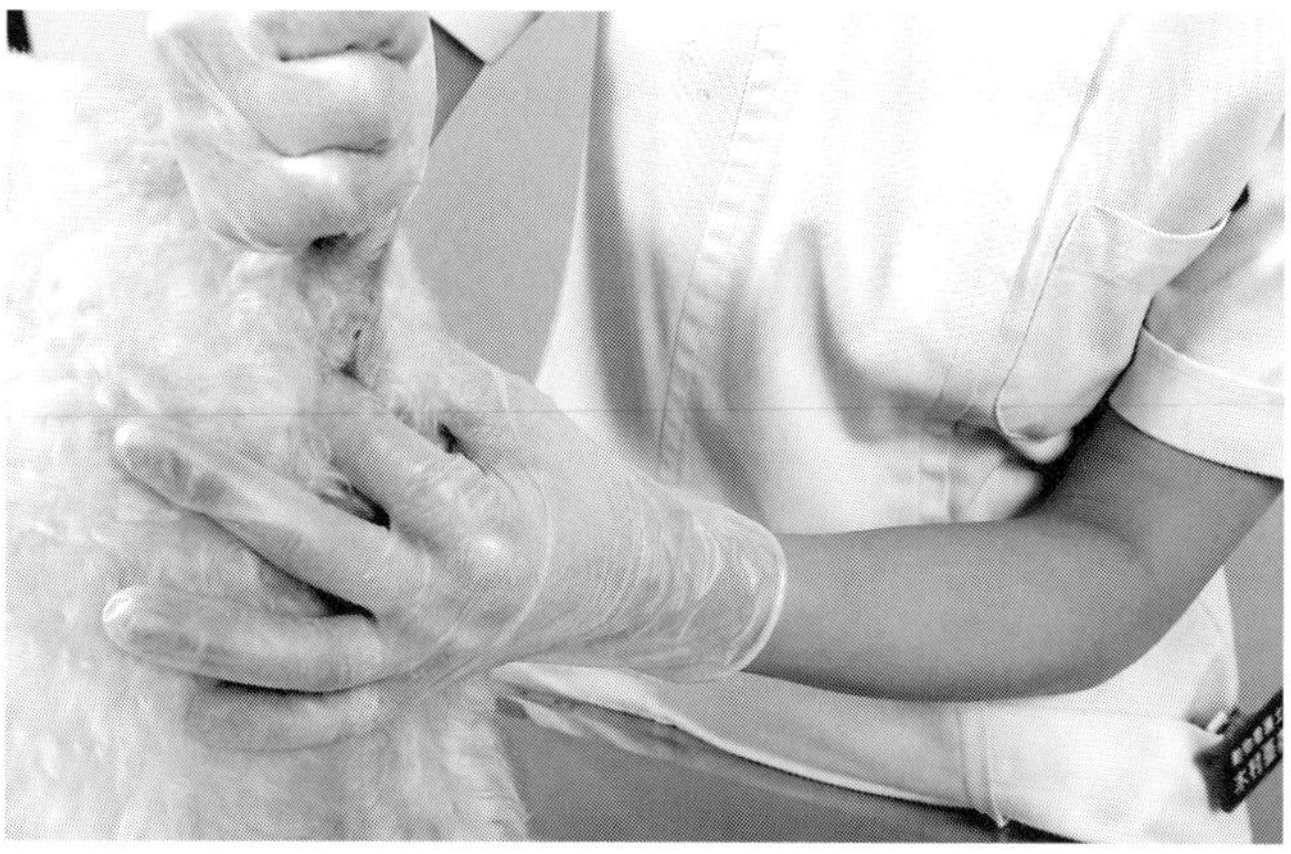

4 耳掃除①

片方の手で裏返した耳を押さえ、もう片方の手の指先で、耳の裏側の毛をつまんで抜きます。その後、指でつまめなかった内側の毛を鉗子で抜きます。皮膚をはさまないよう、鉗子の背を皮膚に垂直に当てるようにします。

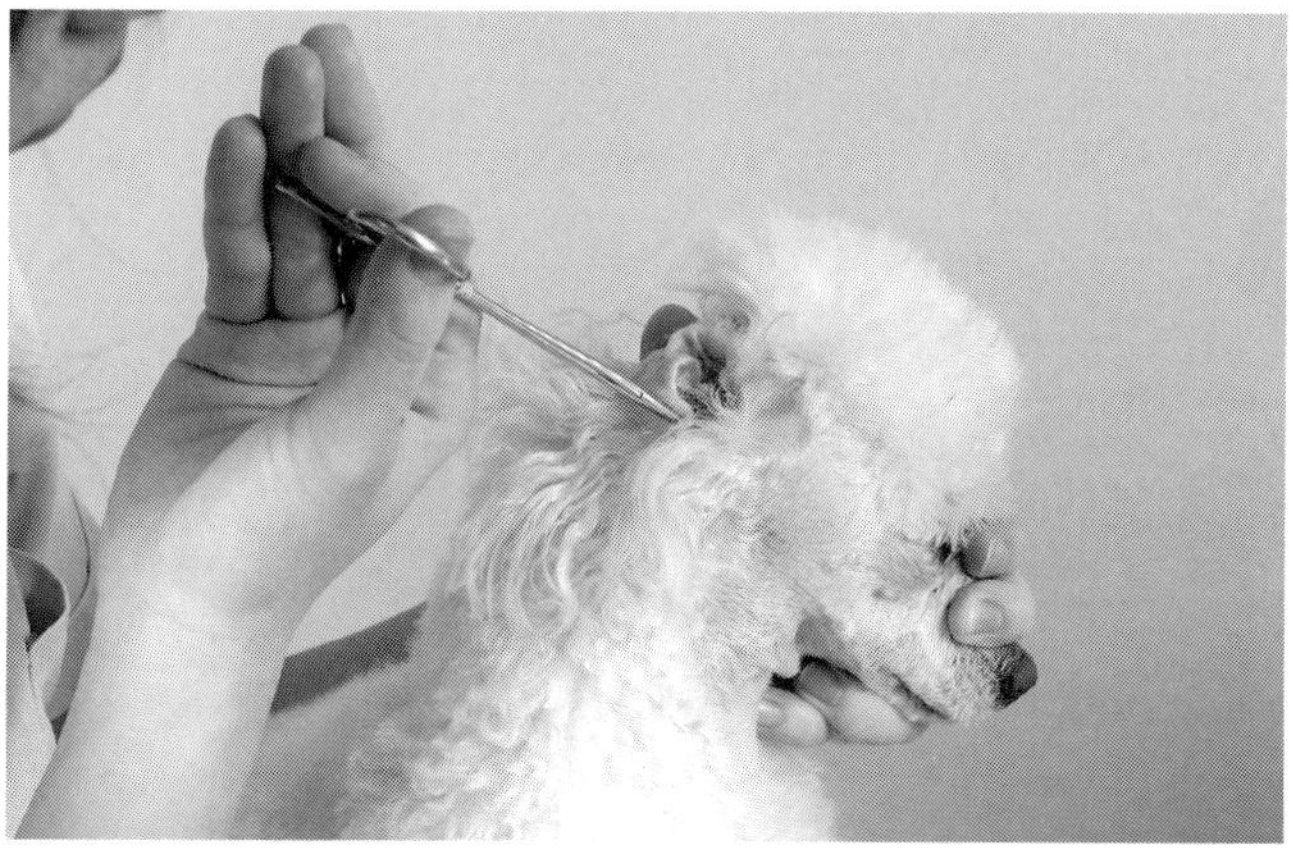

5 耳掃除②

綿棒に脱脂綿を巻き、耳用の消毒液をつけて内部の汚れを軽く拭き取ります。力を入れると耳の皮膚を傷つけ、炎症を起こすことがあるので、犬の様子をみながら、力加減に注意して処置を進めます。

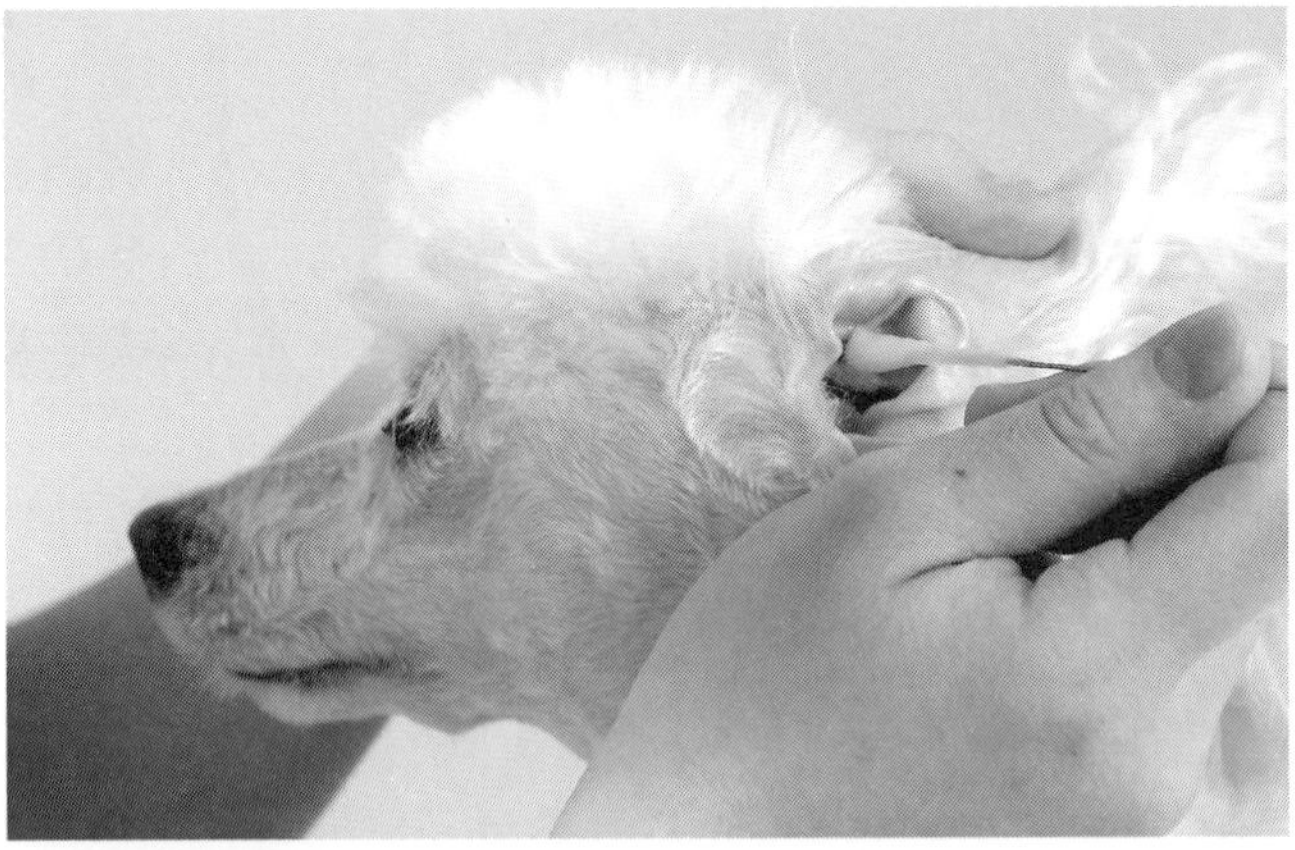

6 点耳薬を入れる

耳掃除の後、獣医師の指示により点耳薬を入れる場合は、耳の奥に直接液体をたらします。その後、耳のつけ根を外から軽くもみ、薬が全体に行き渡るようにします。

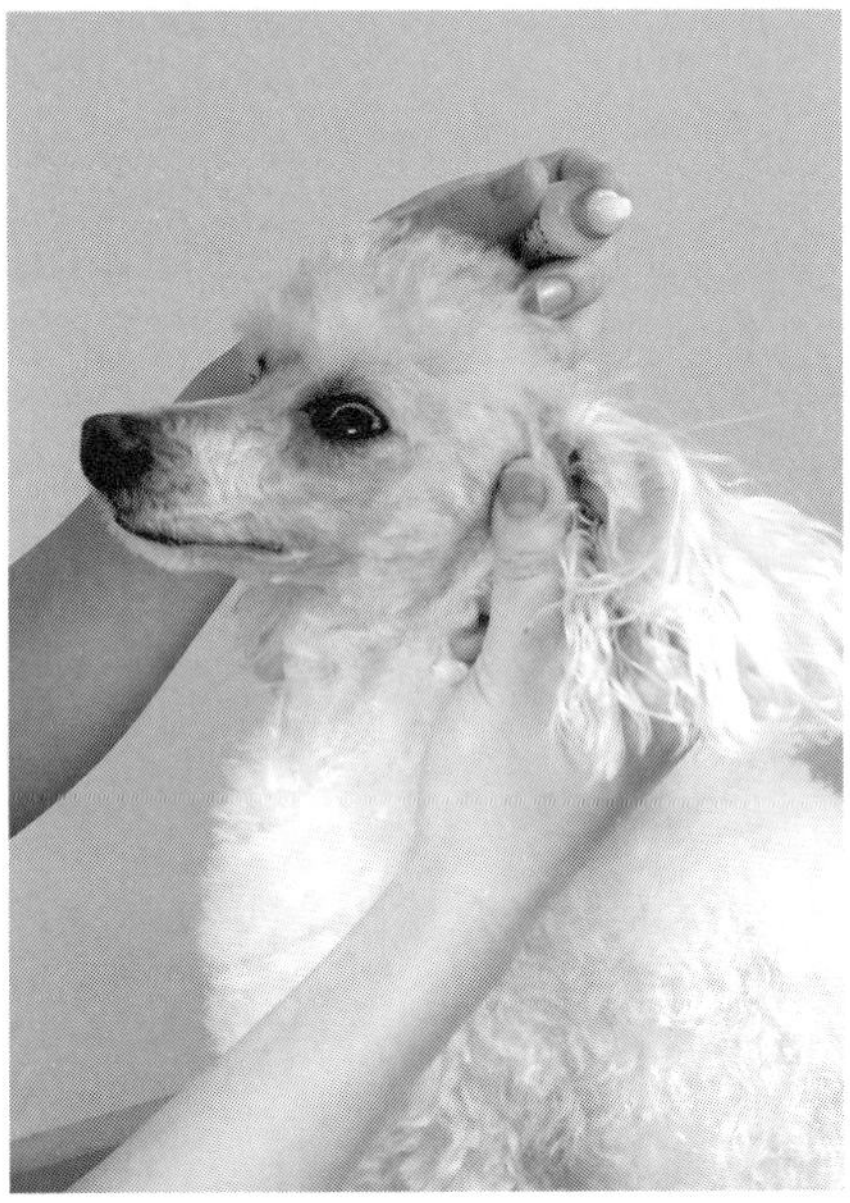

7 眼の周りの処置①

眼の周りが目やになどの分泌物で汚れている場合は、コットンに粘膜用の消毒液を含ませ、眼の周りを軽く拭きます。目やにが固まっている場合は、ふやかしてから拭き取ります。

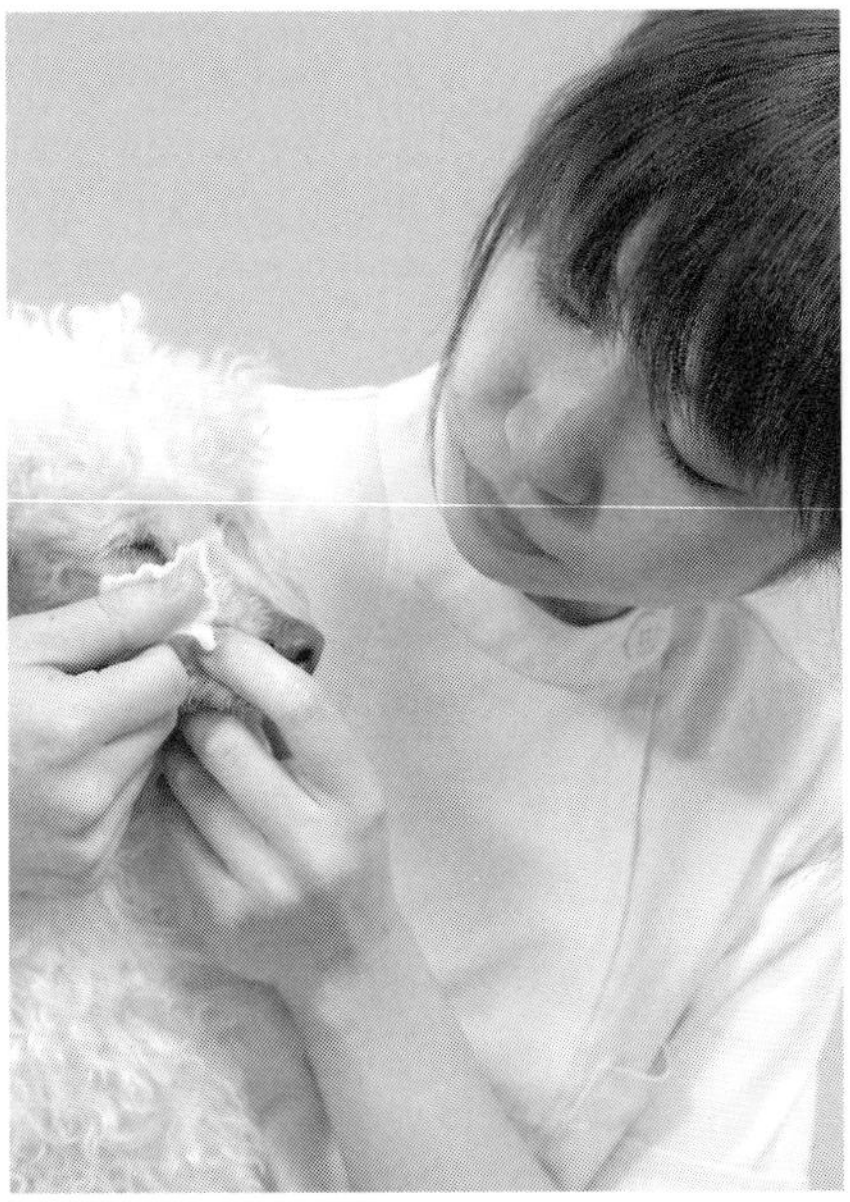

8 眼の周りの処置②

細かい歯のクシで、毛を十分にすきます。クシの歯が眼に刺さったりすることのないよう十分に注意すること。眼の近くをすくときには、クシの角近くを使うようにするとよいでしょう。

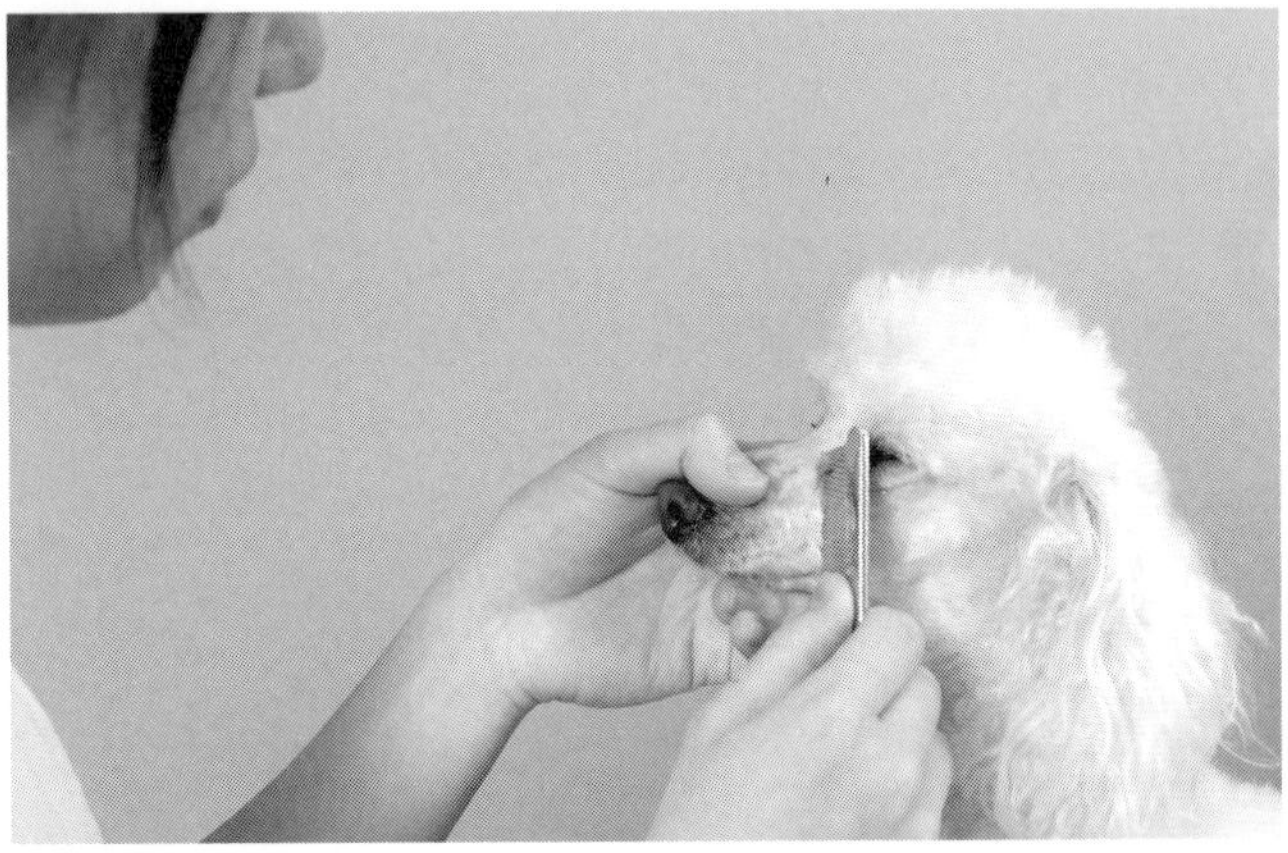

9 点眼薬を入れる

片方の手で、上向きにした動物の顔をしっかり押さえ、もう片方の手で点眼薬を持って点眼します。このとき、点眼薬を持った方の手のつけ根あたりを動物の顔の一部に当てておくと、手元が安定してうまく点眼することができます。

10 錠剤を与える①

錠剤を服用させる場合は、顔を押さえて上を向かせた状態で口を開かせ、口の奥に素早く錠剤を入れます。その後、すぐに口を閉じさせてしっかり押さえます。それができないときは、食べ物に混ぜて与えてもよいか獣医師に聞きましょう。

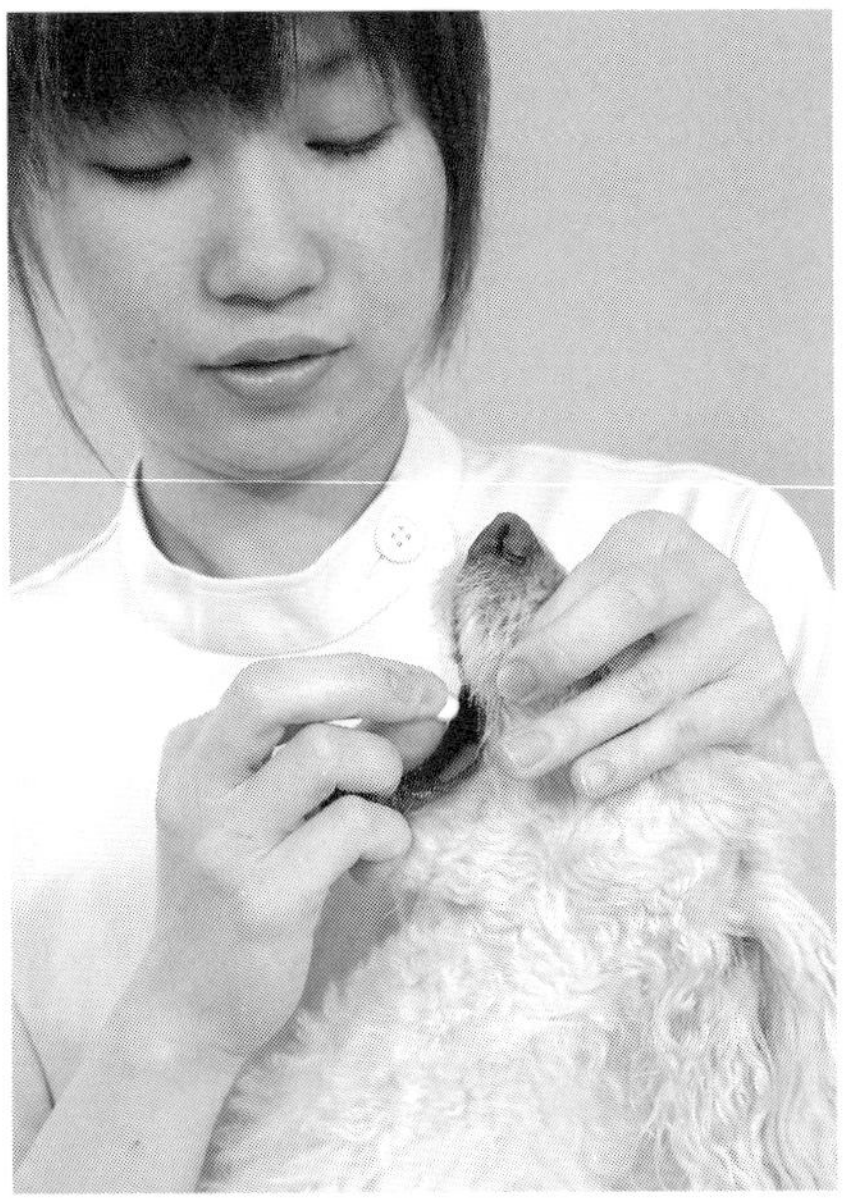

11 錠剤を与える②

口を開かないよう、押さえたままでゴクンと飲み込むのを待ちます。片方の手で軽く喉をさすってもよいでしょう。なかなか飲み込まないときは、鼻の頭に水をつけると動物は反射的に鼻の頭をなめるので、そのときに錠剤を飲み込みます。

12 シロップを与える

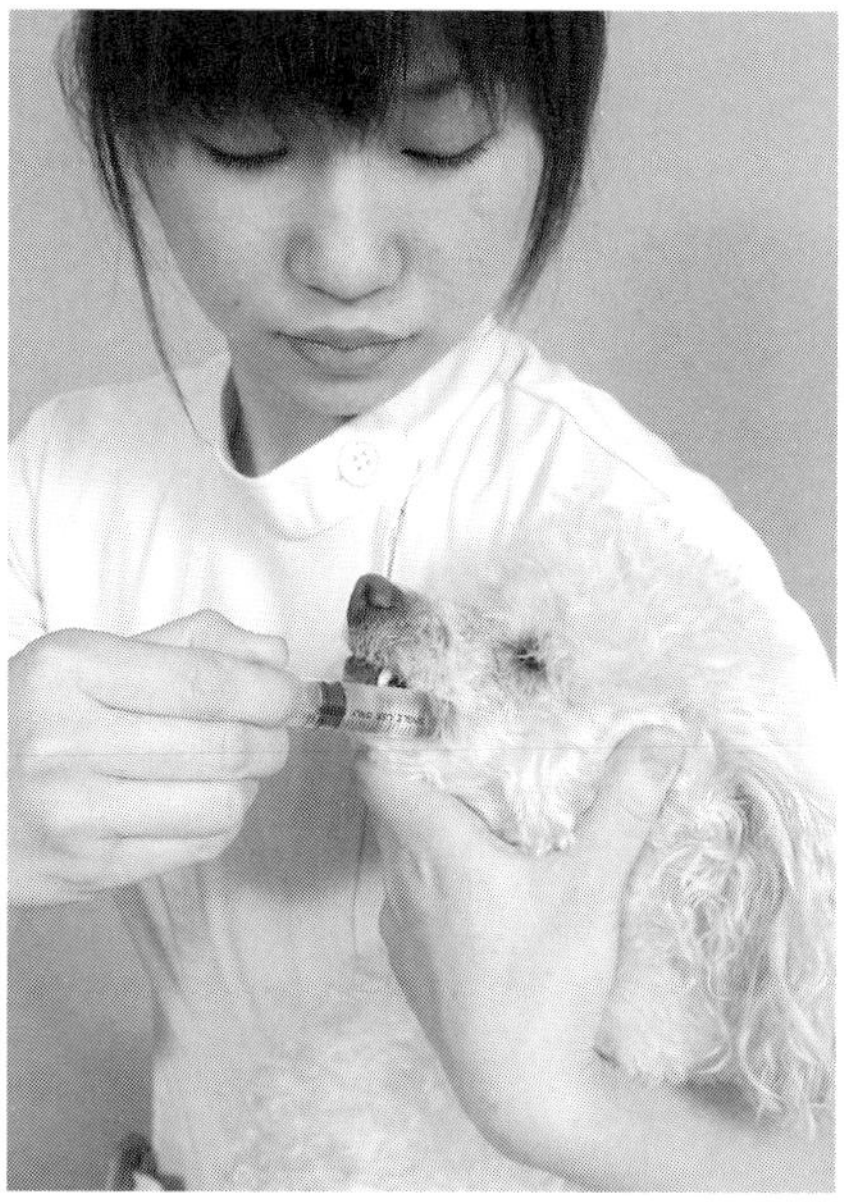

シロップを飲ませるときは、まず軽く上向きにした動物の顔をしっかり押さえます。唇の横からシロップを入れたシリンジの先を差し込み、口の中に少しずつ注入していきます。

13 足裏のバリカン

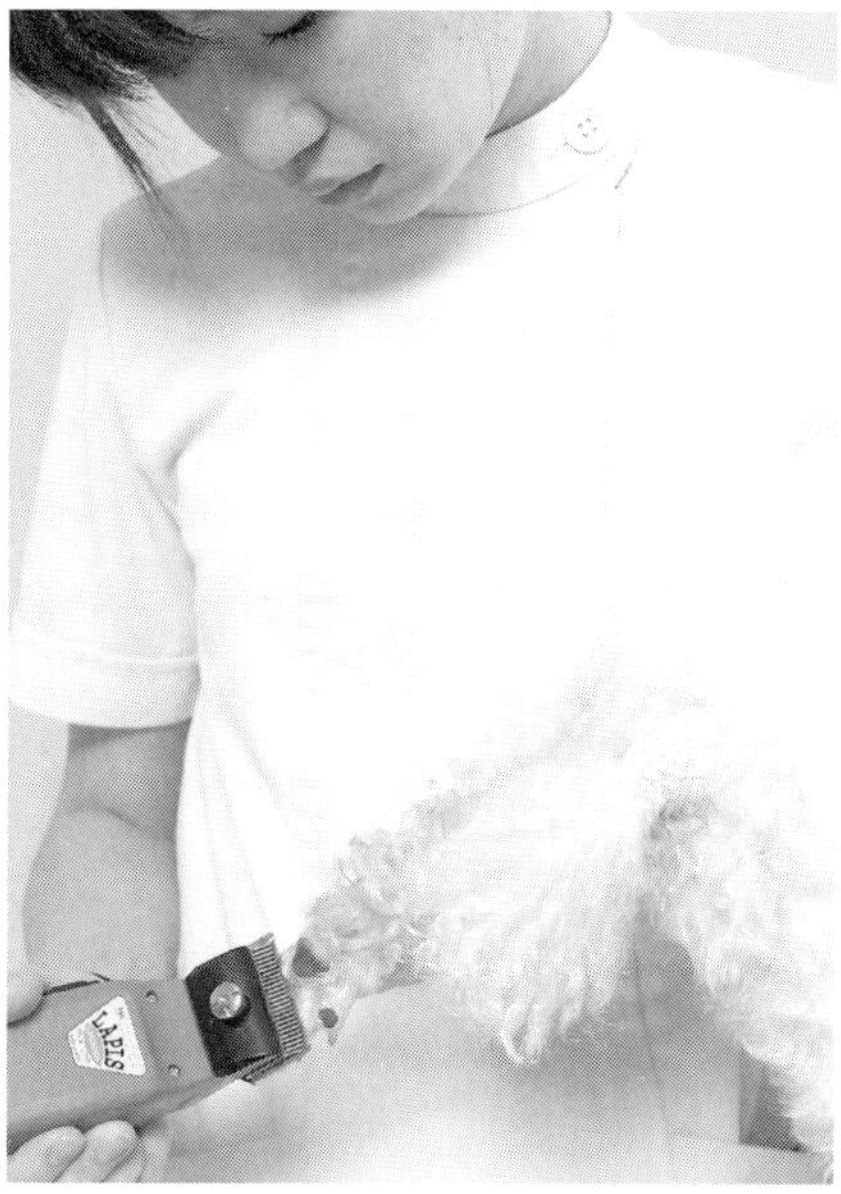

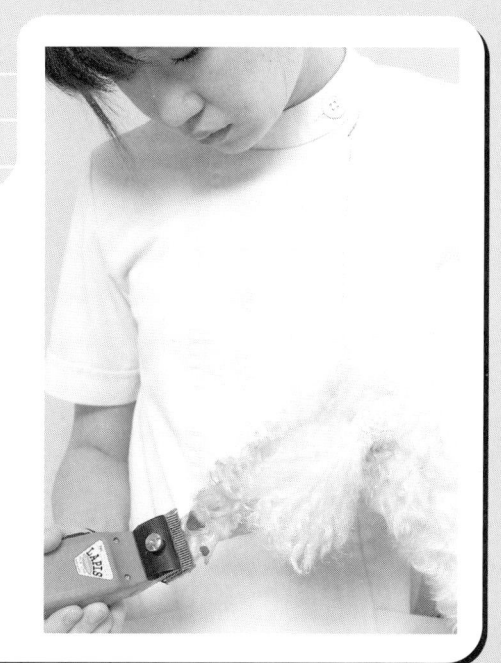

足の裏の毛は、パッド（肉球）の間まできれいに刈ります。足裏の毛が伸びていると不潔なだけでなく、室内で滑りやすくなって関節を傷める原因になることもあります。

14 肛門周りのバリカン

肛門のあたりが汚れている場合には、周りの毛を刈り、刺激のない消毒薬できれいに拭いておきます。肛門周りは皮膚が薄いので、バリカンの刃で傷つけないように注意。細かい部分は、バリカンの角近くを使うとスムーズです。

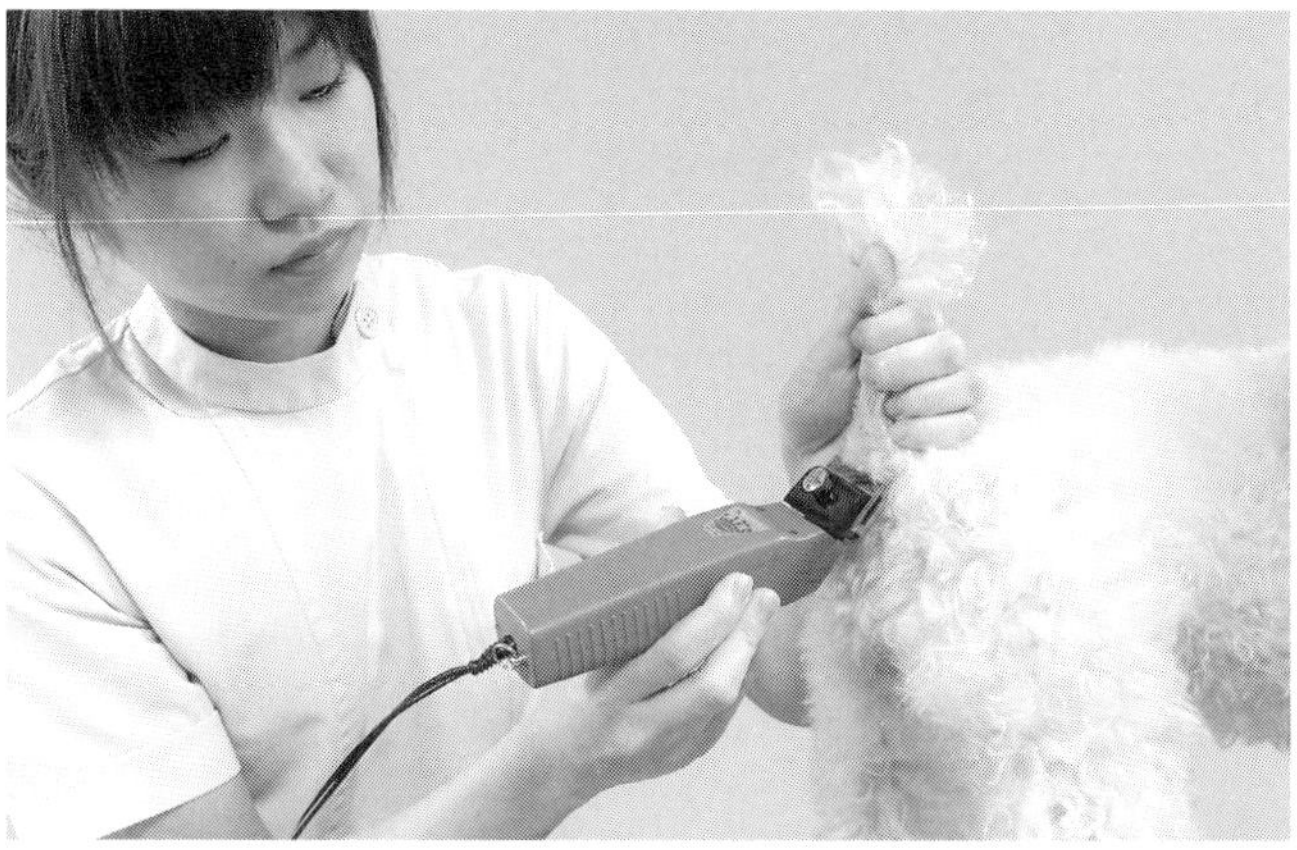

15 ノミ取りクシをかける①

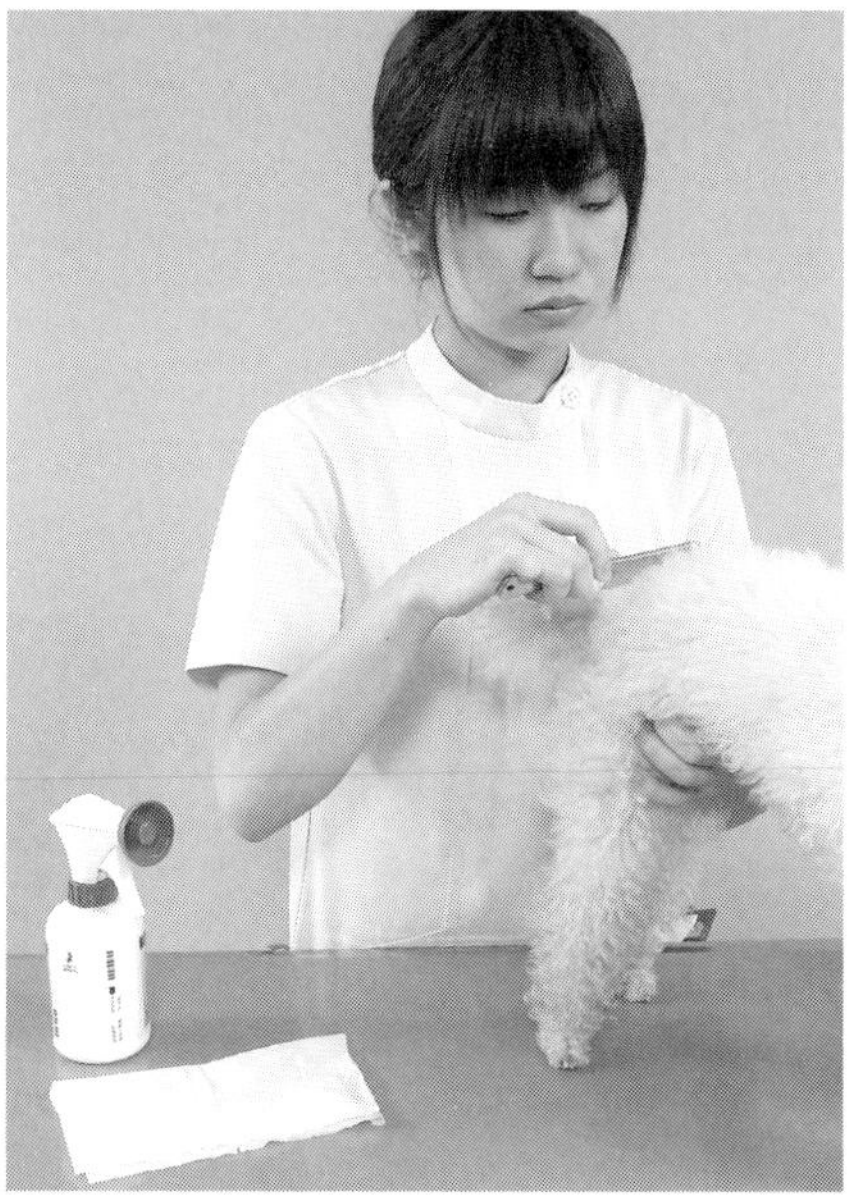

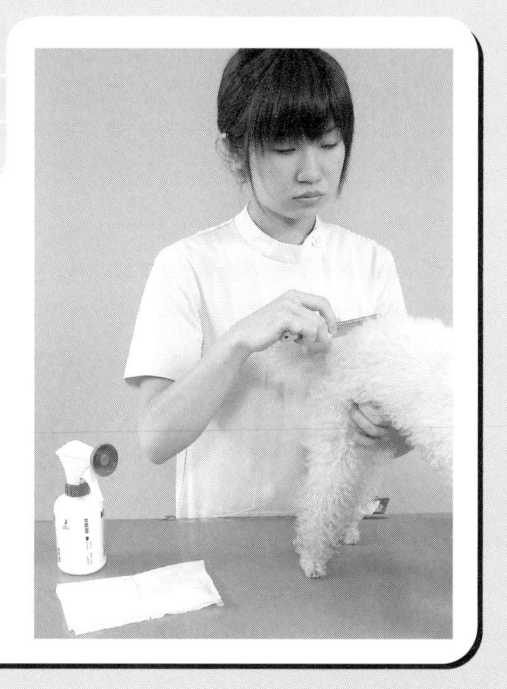

ノミがいる動物や予防をしていない動物の場合は、歯の細かいノミ取りクシで毛をすきます。ノミがいることの多い尾のつけ根あたりは、とかし残しのないよう、特に念入りにクシを入れましょう。

16 ノミ取りクシをかける②

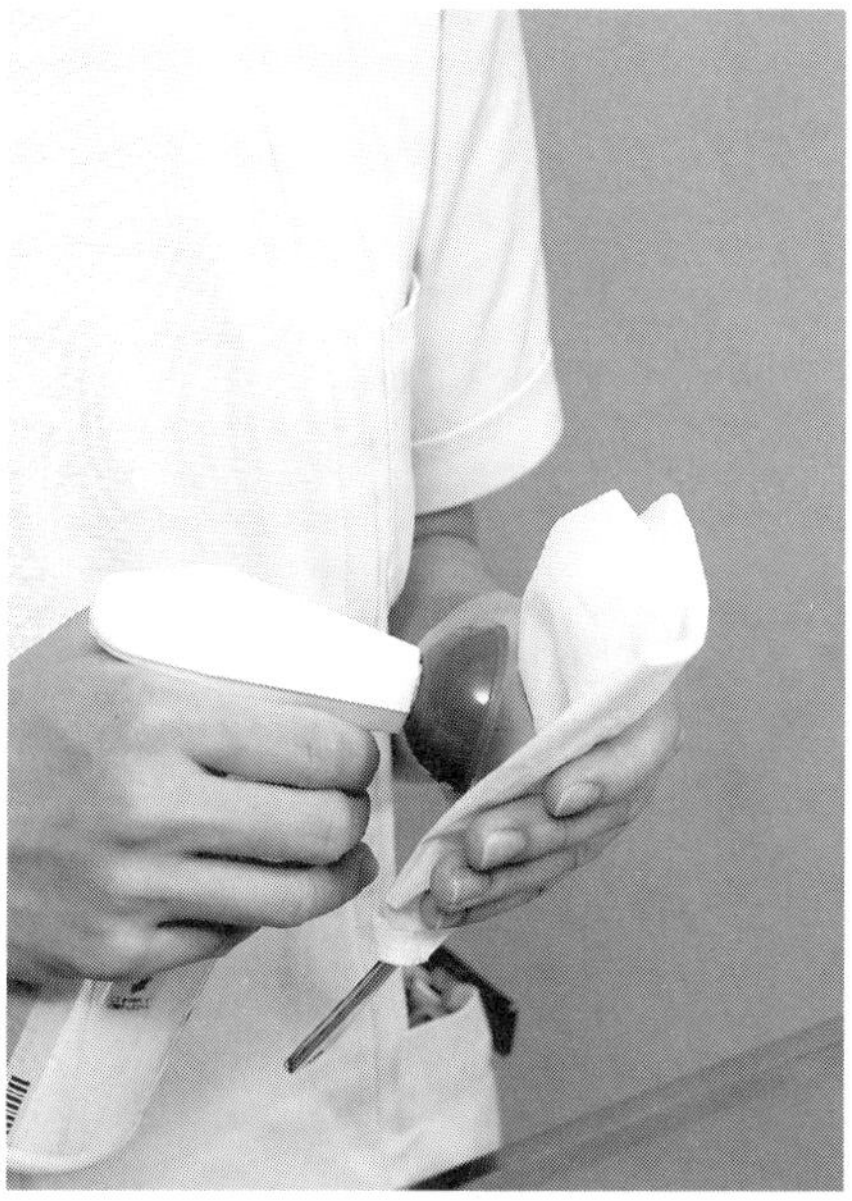

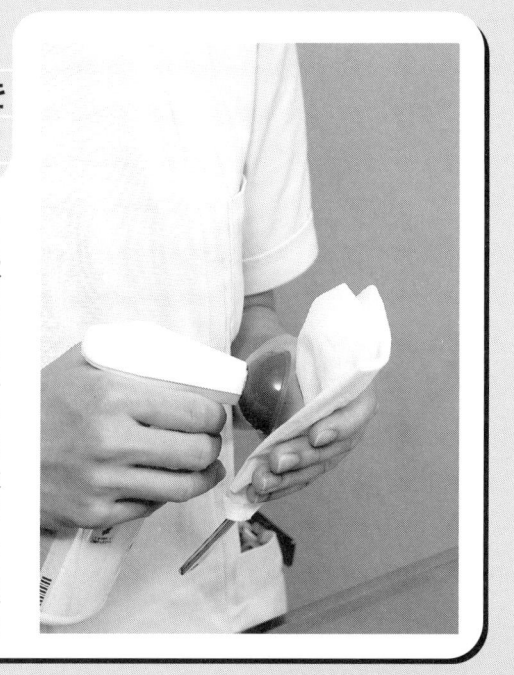

ノミ取りクシにからんで抜けてきた毛は、ノミ・ダニ駆除剤（ノミがいるか調べている場合は水スプレー）を染み込ませたティッシュでクシの歯から外します。クシの歯から外す前に、さらにノミ・ダニ駆除剤をスプレーしておくと確実です。

3. 診察室に準備するもの

よく行われる処置と必要な器具類

診察室には、それぞれの動物の処置や検査内容に合わせた器具類を用意しておく必要があります。基本的には獣医師の指示に従って準備をしますが、日常的に行われる処置や検査については、必要なものを把握しておくべきでしょう。また、準備をする際、滅菌ずみのものや使い捨てのものを勝手に開封しないように注意。未開封（＝未使用）であることを獣医師自身が確認してから使用するのが基本です。

1 注射の準備

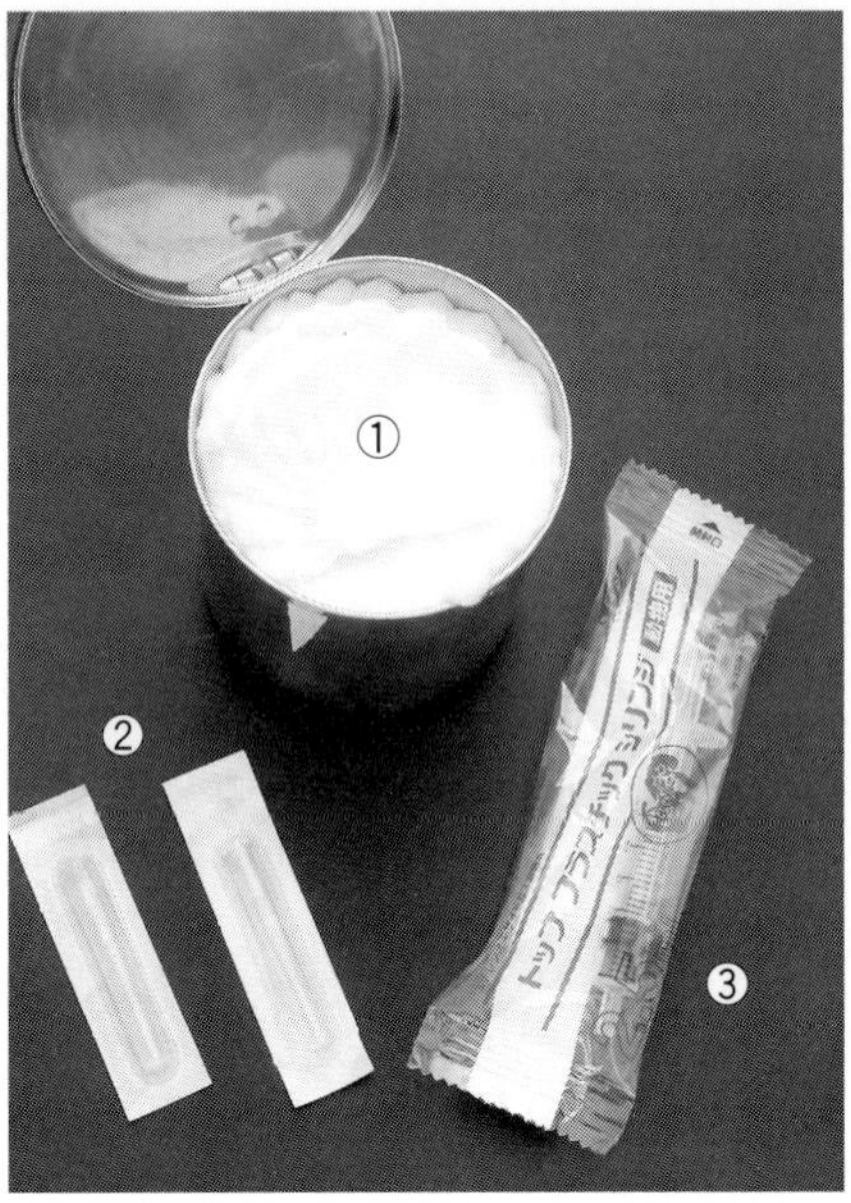

①アルコール綿　②注射針　③シリンジ
※②や③のサイズは、動物の種類や使用する薬液の量、粘度などによっておおよそのものを選び、2種類ほど用意しておくとよいでしょう。

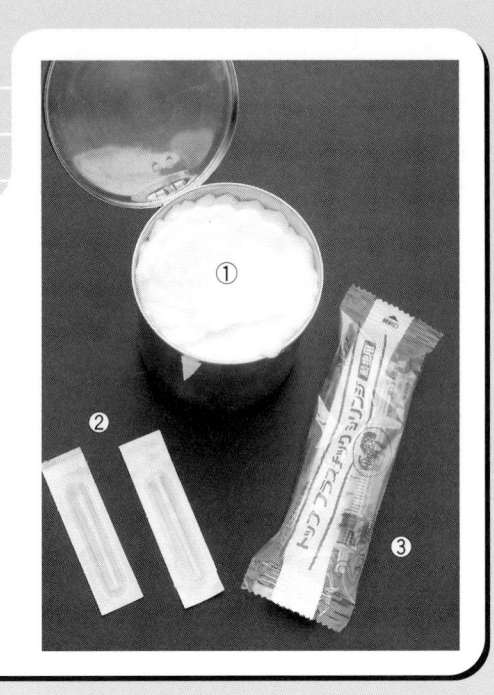

2 静脈留置の準備

①アルコール綿　②ヘパリン加生理食塩水を吸わせたシリンジとインジェクションプラグ　③留置針　④紙テープ　⑤粘着テープ（2片）　⑥ベトラップ　⑦イソジン軟膏　※③は動物の体の大きさに合うものを2種類ほど用意しておきます。

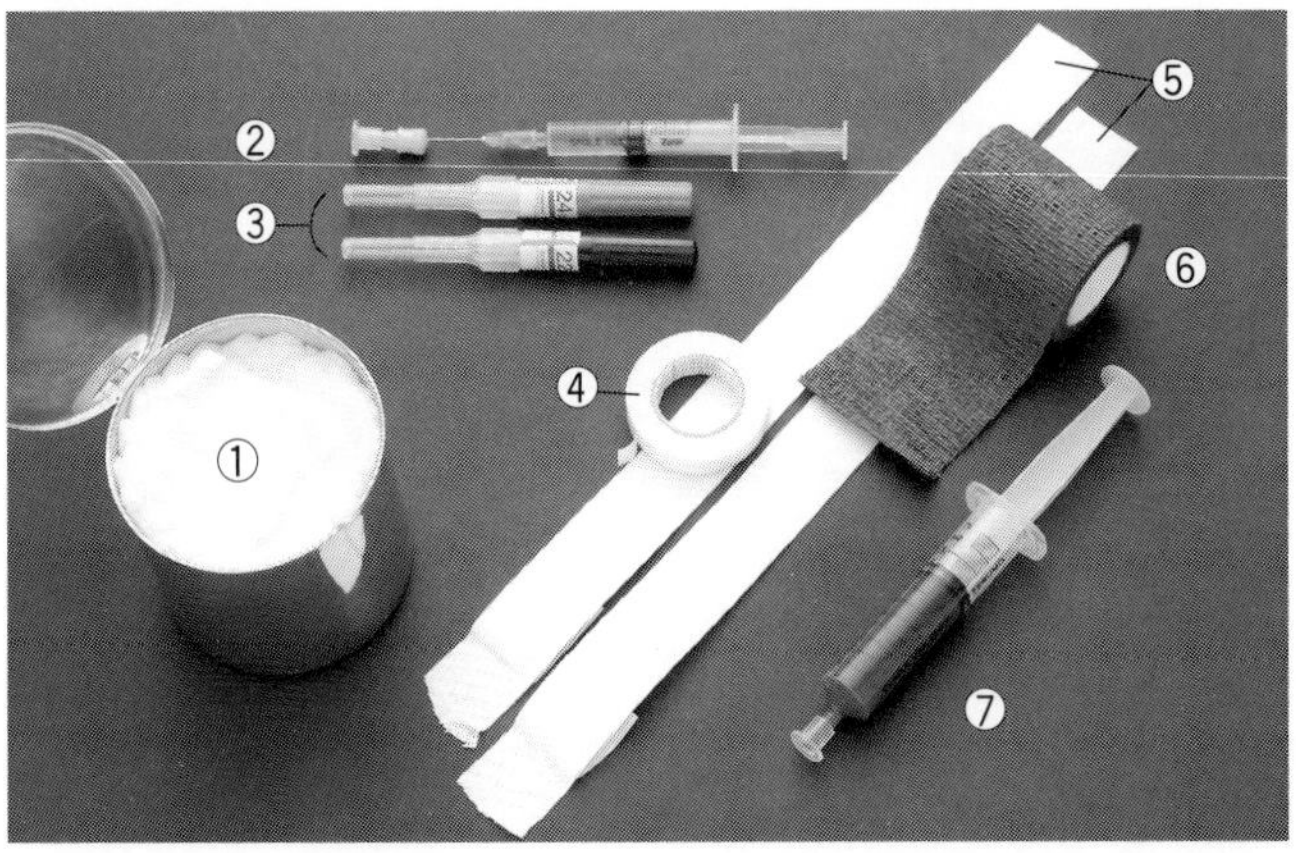

3 採血の準備

①アルコール綿　②真空採血管セット　③ヘパリン　④シリンジと注射針　⑤分注容器　⑥透析用採血管　※⑤は、検査項目に適するものを選んで用意しておきます。血清分離をするときは、シリコンが入った透析用採血管が便利です。

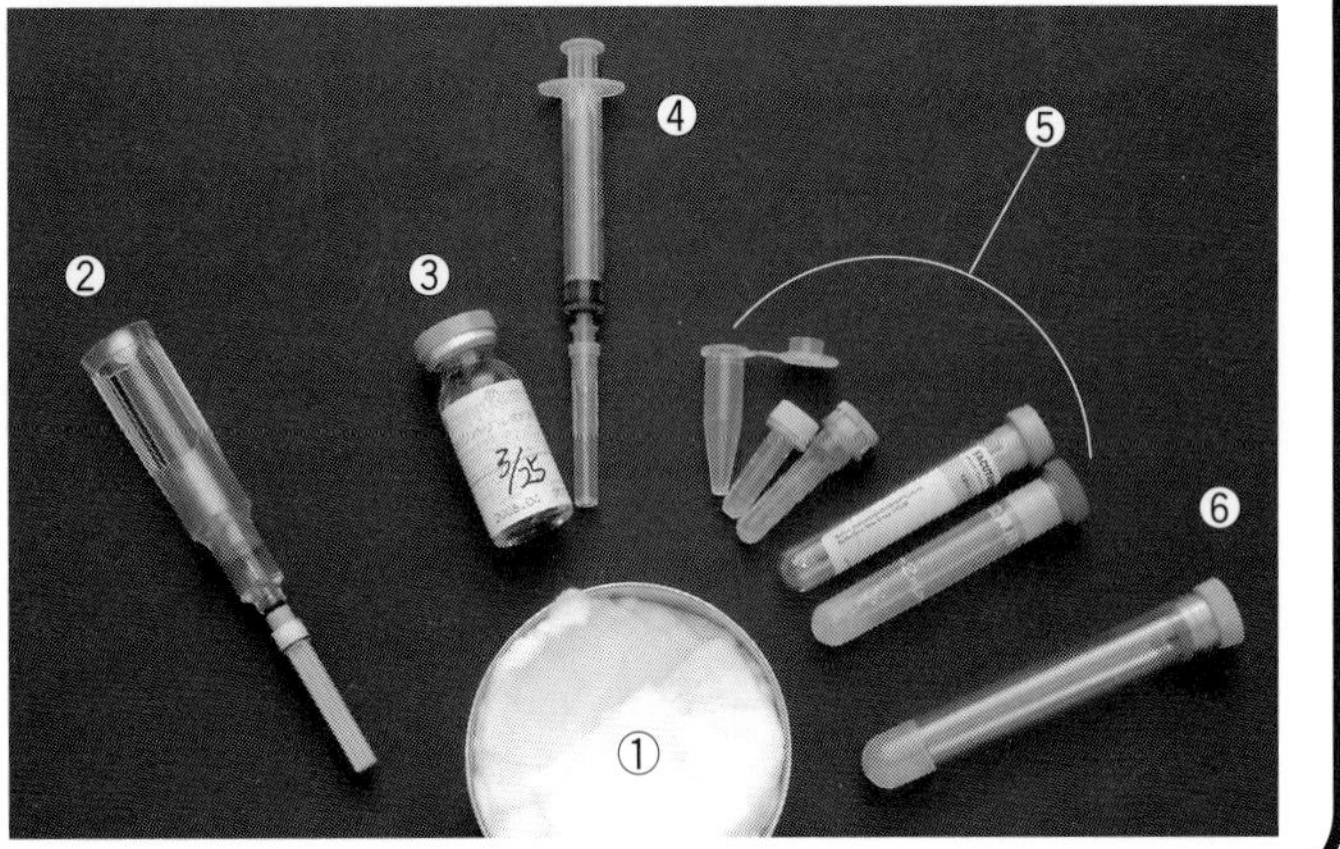

4 採便の準備

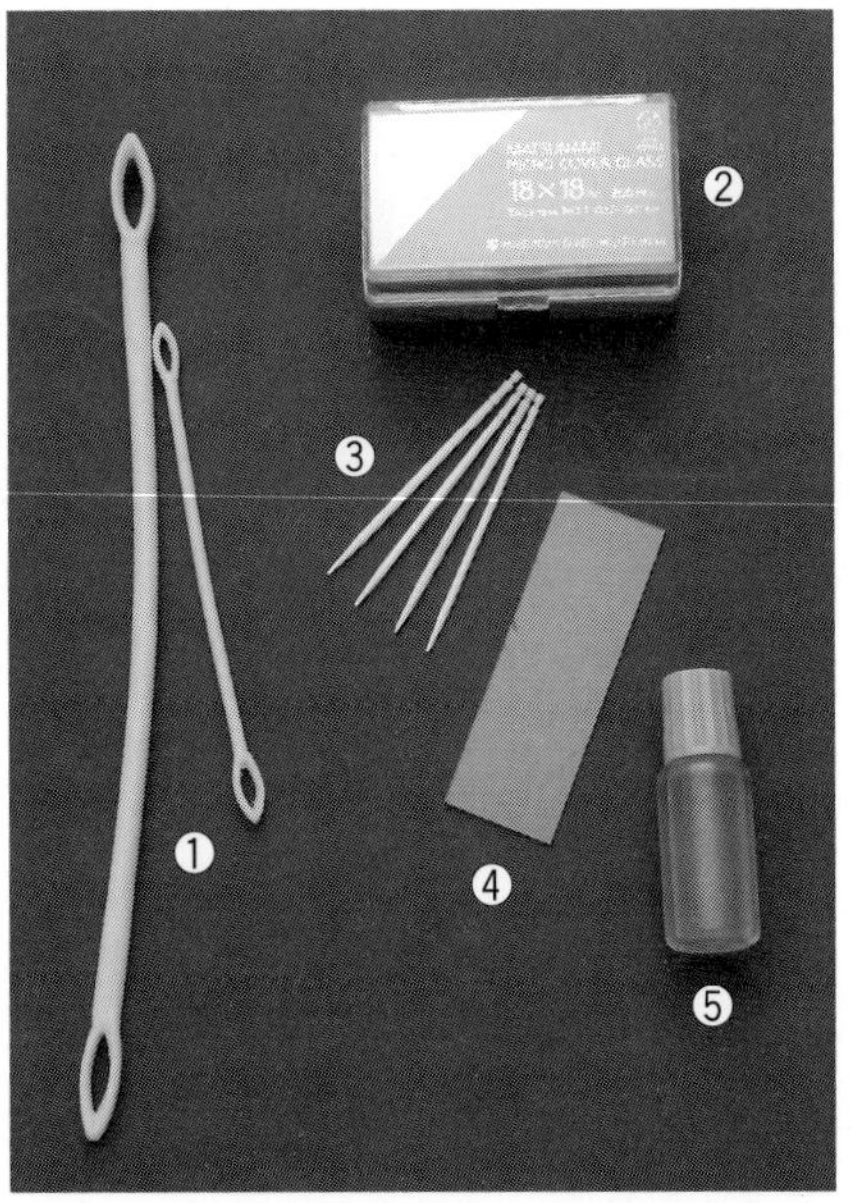

①採便棒　②カバーグラス　③爪楊枝　④スライドグラス　⑤滴下できる生理食塩水
※①のサイズは、動物の体の大きさに合わせて選びます。

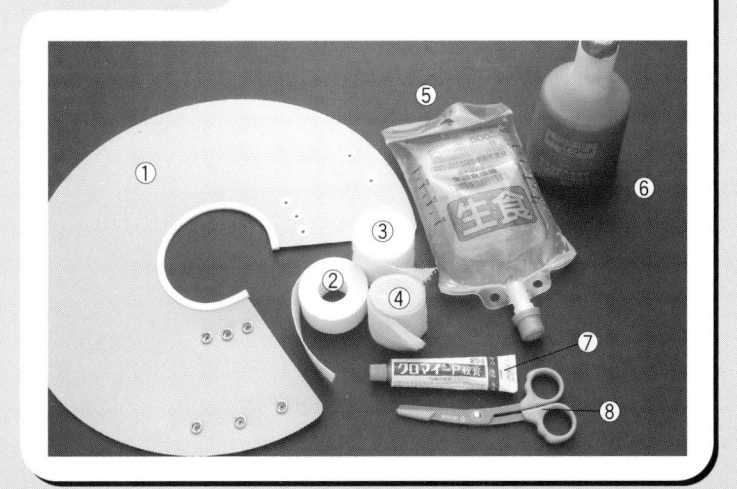

5 採尿の準備

①尿道カテーテル　②粘膜用消毒薬　③脱脂綿　④スピッツ管　⑤シリンジ　⑥キシロカインゼリー　⑦膣鏡　※①は、動物の体の大きさに合わせて2種類ほど用意しておきます。⑤はいくつか用意しておくと便利です。⑦は雌の場合に使用します。

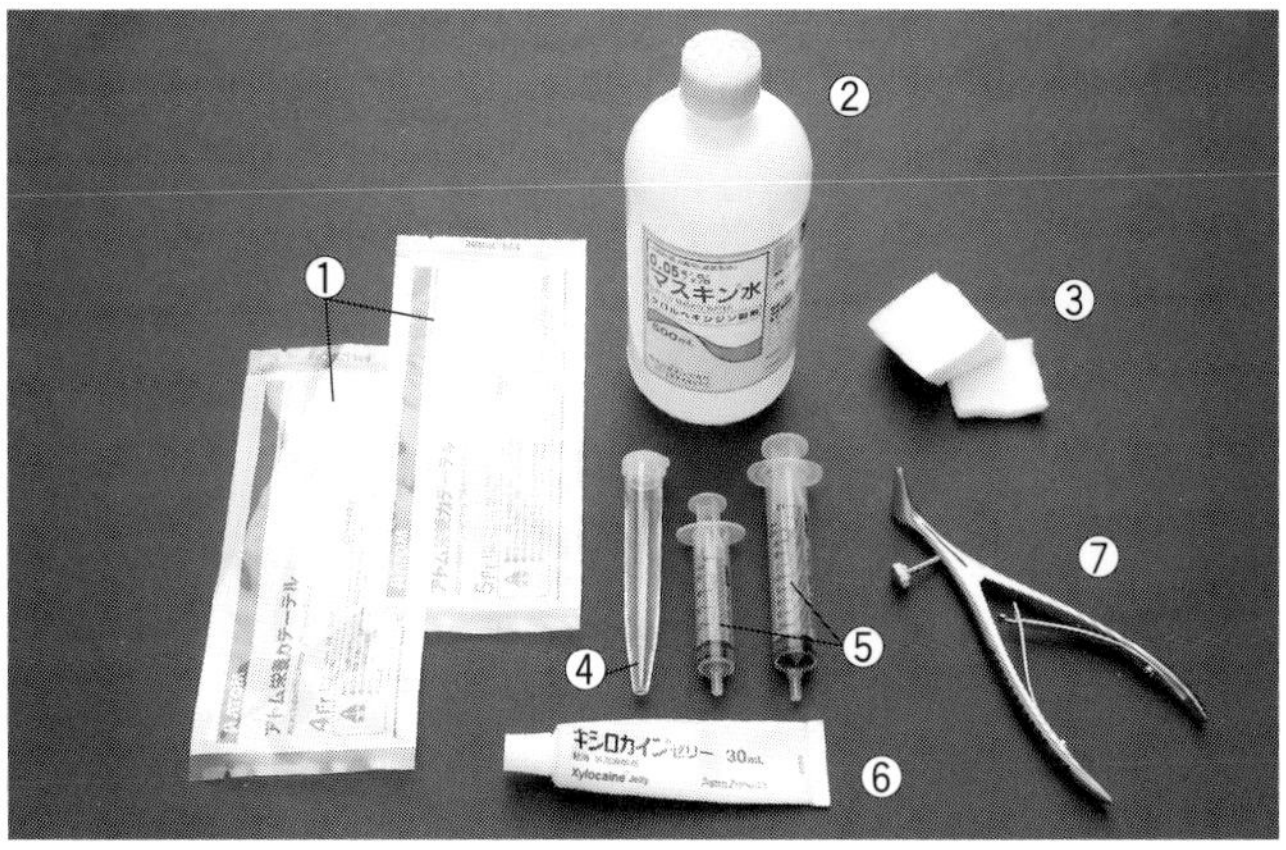

6 ワクチン接種の準備

①アルコール綿　②ワクチン　③体温計のカバー　④体温計　⑤シリンジ　⑥注射針　※受付時に接種するワクチンの種類を確認します。②は使用時直前に冷蔵庫から出して用意するようにしましょう。

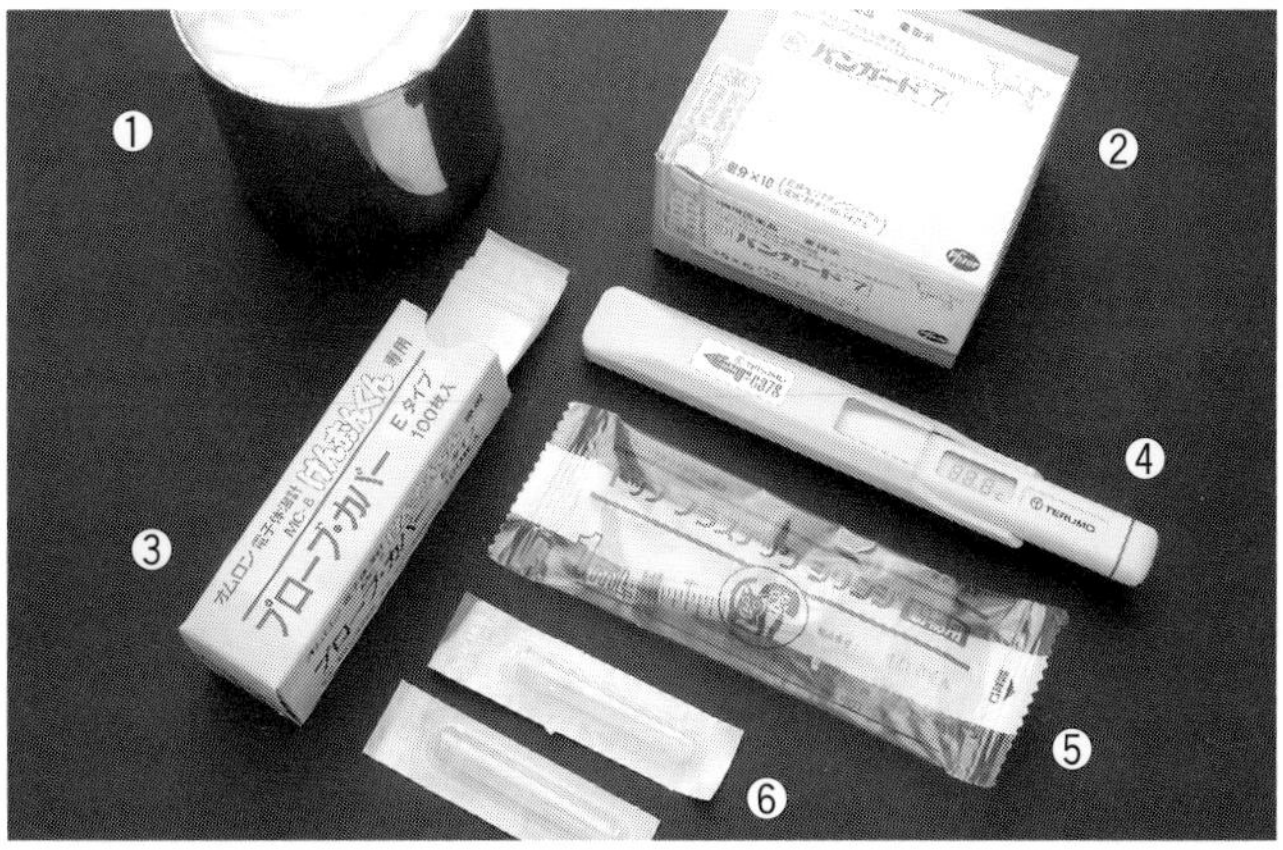

7 眼の検査の準備

①シルマーティア試験紙　②検眼鏡（眼底鏡）③生理食塩水を入れたシリンジ　④フローレステスト紙　⑤眼底鏡　※①は涙の量を量るため、④は眼の傷を染色するためのもの。⑤は眼底検査を行う際に使用します。

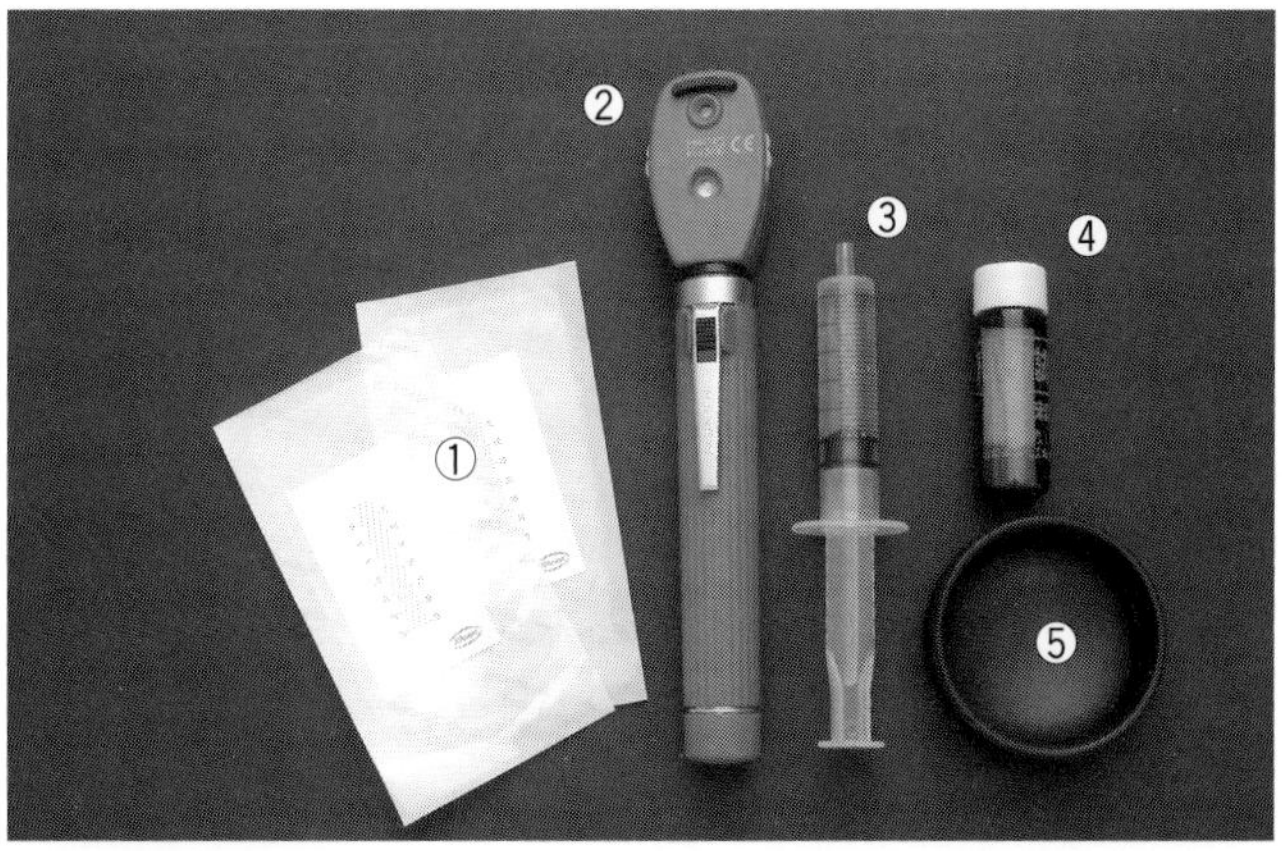

8 皮膚の検査の準備

①バリカン　②シャーレ　③スライドグラス　④カバーグラス　⑤水酸化カリウム溶液　⑥アルコール綿　⑦鉗子　⑧注射針　⑨シリンジ　⑩両頭鋭匙　⑪鋭匙　⑫メスの刃　※⑧と⑨はいぼや腫瘤の検査をする場合、⑩、⑪、⑫は皮膚を掻き取る必要がある場合に使用します。

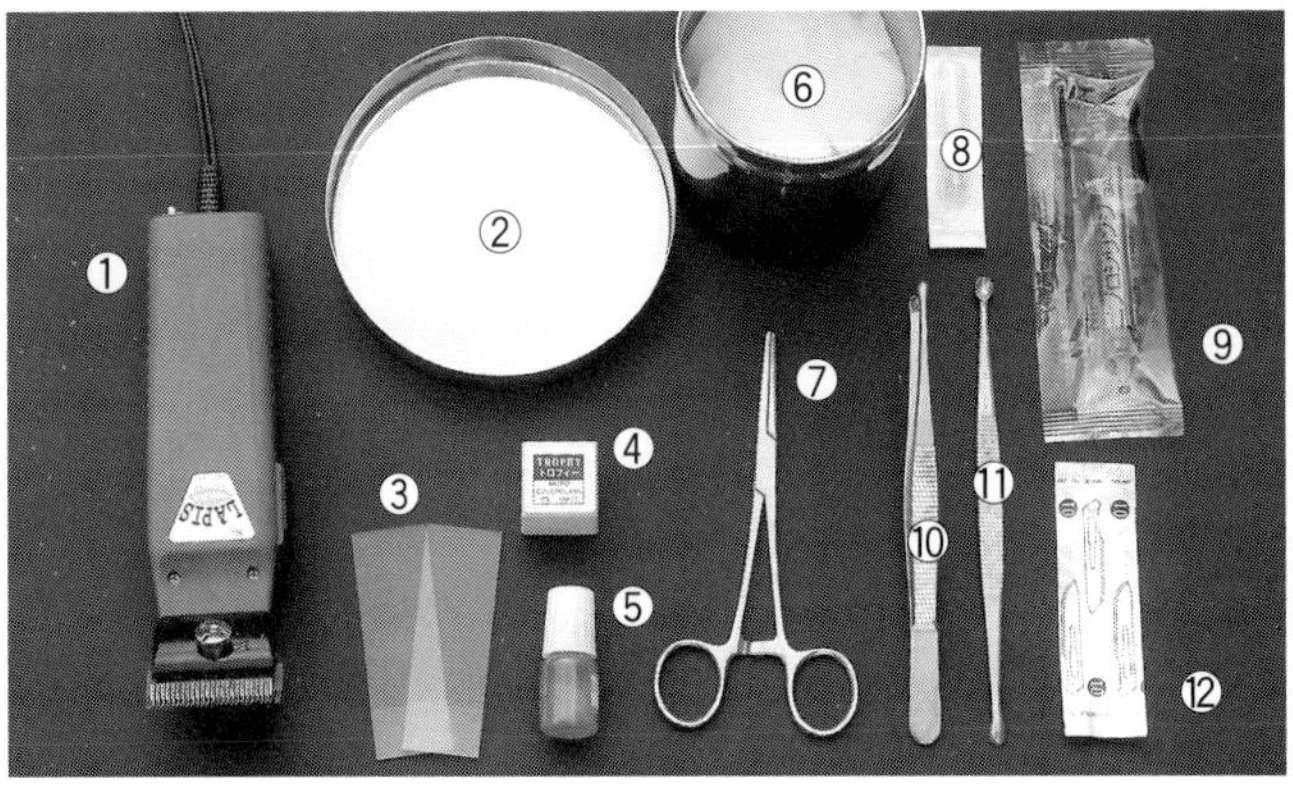

9 耳の検査の準備

①耳鏡のカバー　②耳鏡ランプ　③脱脂綿を巻いた綿棒　④薬液　⑤洗浄液　⑥タオル　※①は、動物の体の大きさに合わせて2種類ほど用意します。③と④は耳道に薬液を入れる場合、⑤と⑥は耳道を洗浄する場合に使用します。

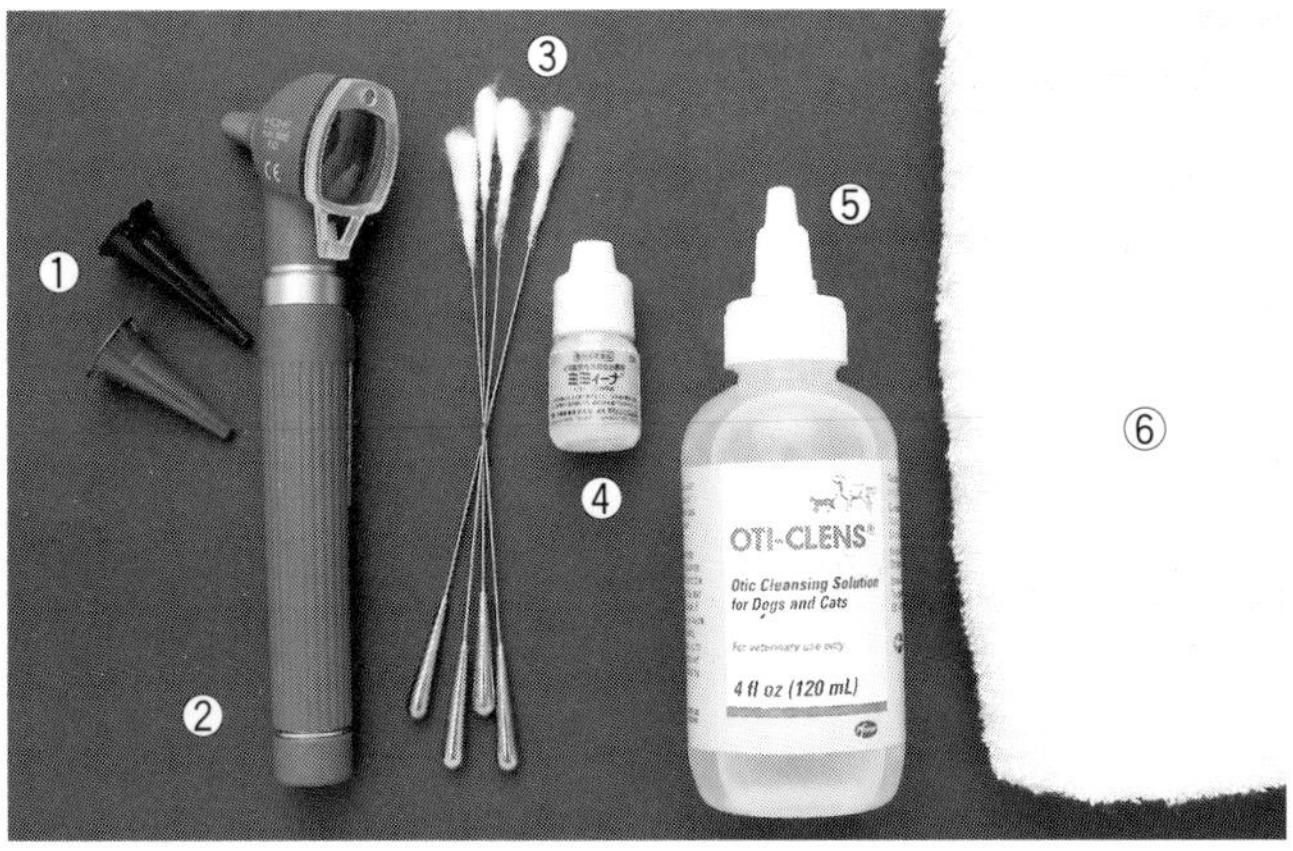

10 外傷治療の準備

①エリザベス・カラー　②粘着テープ　③包帯　④コットン包帯　⑤生理食塩水　⑥イソジン液　⑦抗生剤入り軟膏　⑧はさみ　※⑤は、傷口を洗浄する際に使用します。

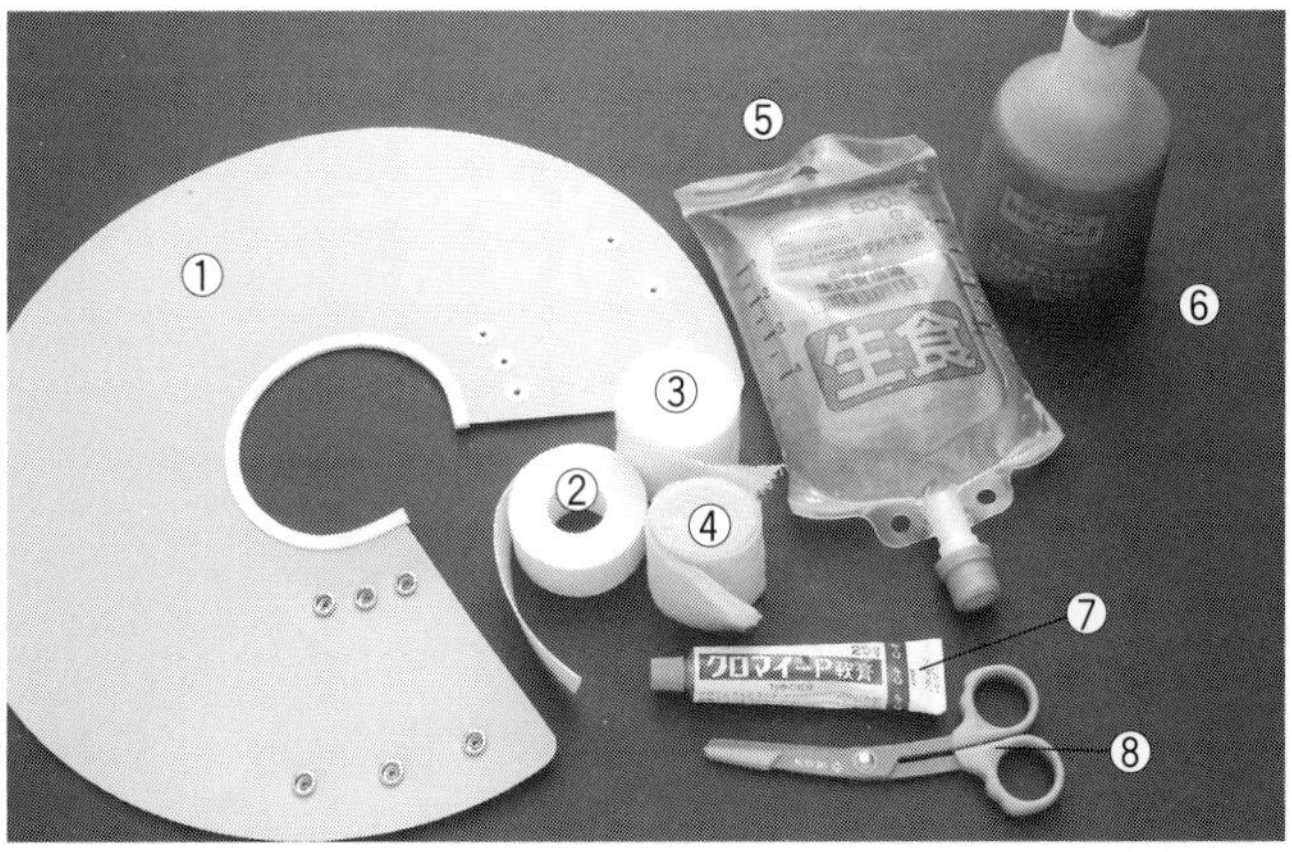

カルテの読み方と書き方

動物病院の顧客管理は、動物１頭ずつにカルテをつくって行います。カルテの種類や記入方法の細かい決まりはそれぞれの病院ごとに違いますが、基本的な読み方、書き方のポイントは似たところも多いはず。以下に例を示しましたので、参考にしてください。

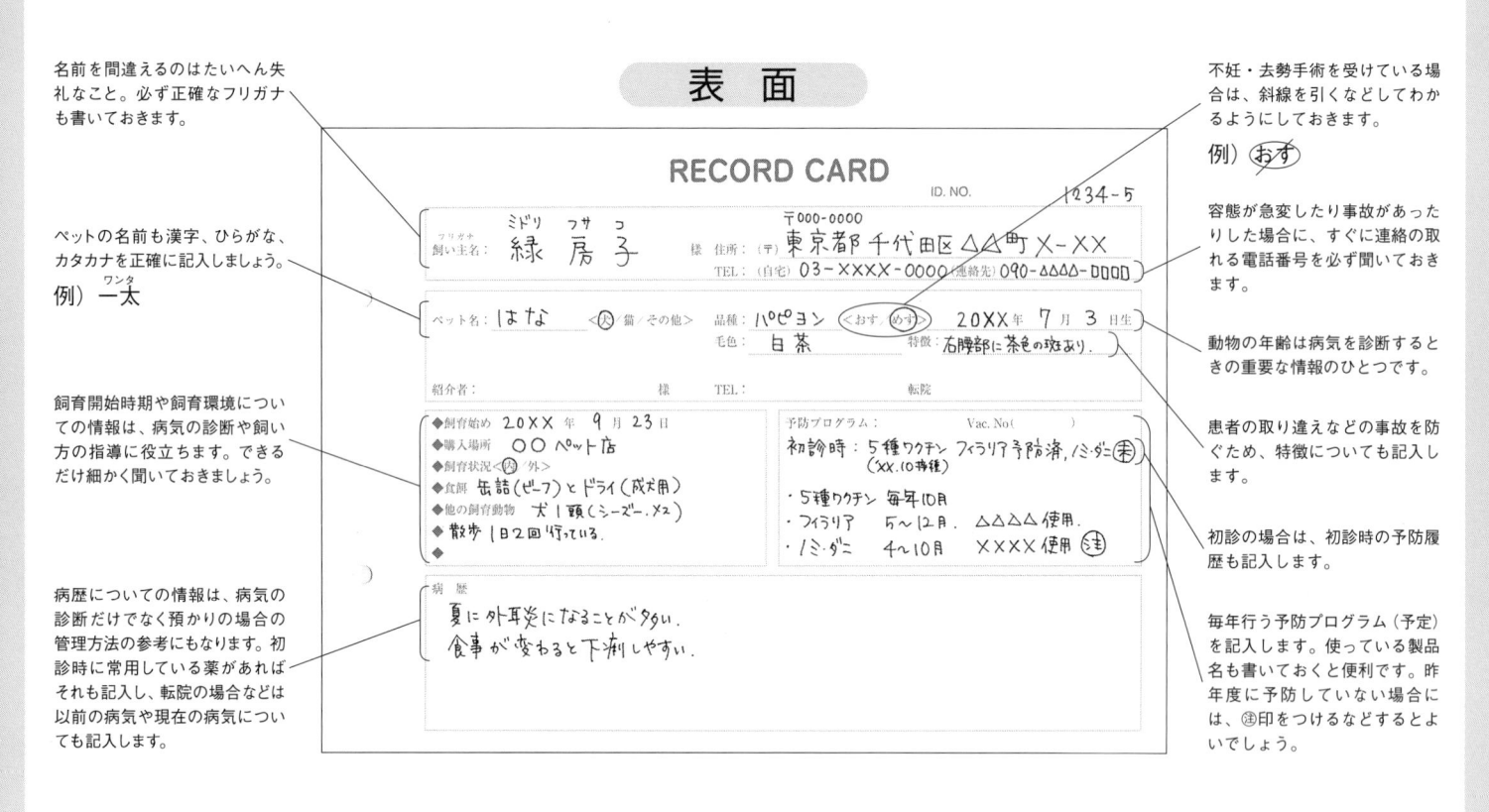

表面

名前を間違えるのはたいへん失礼なこと。必ず正確なフリガナも書いておきます。

ペットの名前も漢字、ひらがな、カタカナを正確に記入しましょう。

例）一太《ワンタ》

飼育開始時期や飼育環境についての情報は、病気の診断や飼い方の指導に役立ちます。できるだけ細かく聞いておきましょう。

病歴についての情報は、病気の診断だけでなく預かりの場合の管理方法の参考にもなります。初診時に常用している薬があればそれも記入し、転院の場合などは以前の病気や現在の病気についても記入します。

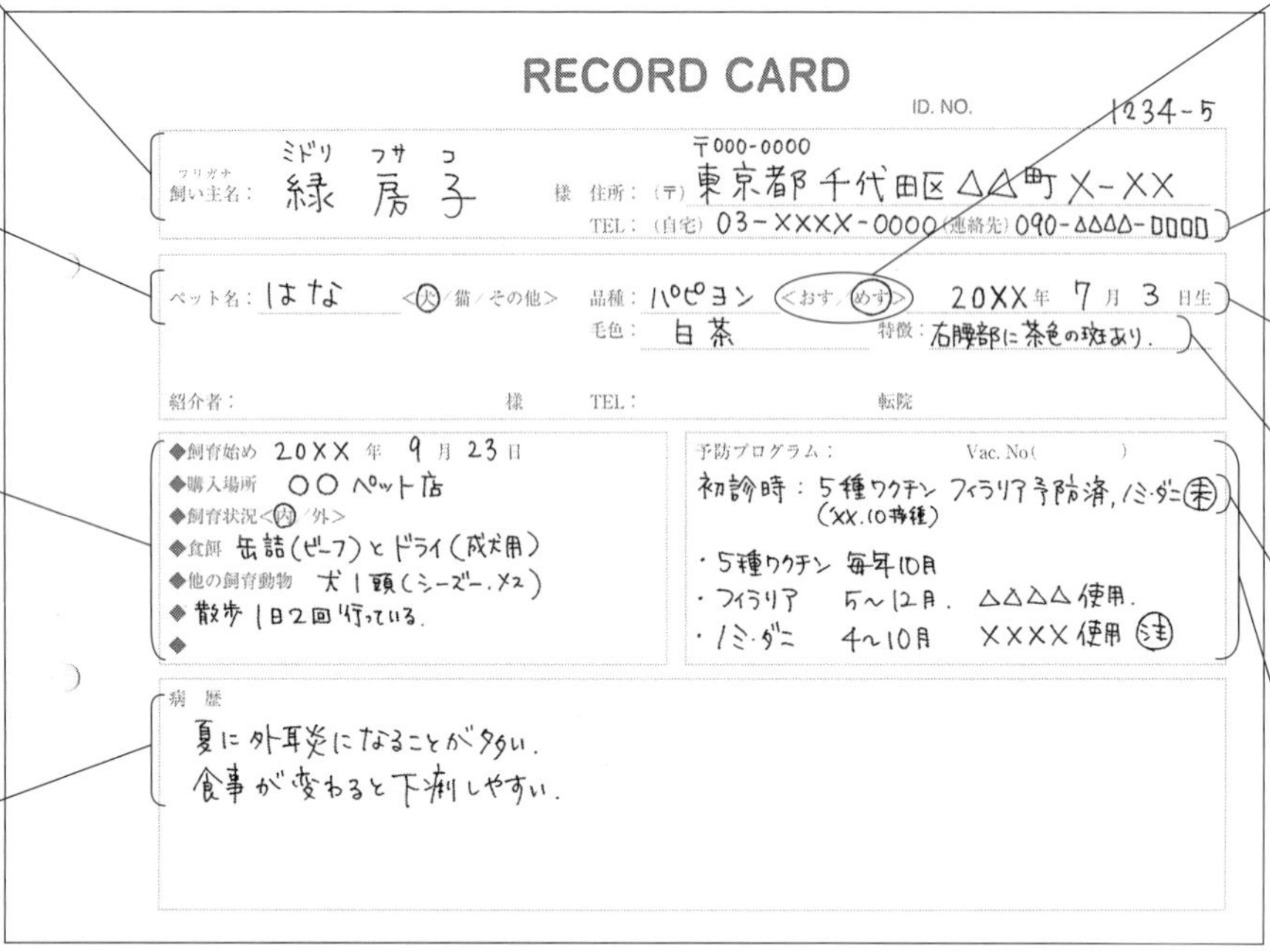

不妊・去勢手術を受けている場合は、斜線を引くなどしてわかるようにしておきます。

例）おす

容態が急変したり事故があったりした場合に、すぐに連絡の取れる電話番号を必ず聞いておきます。

動物の年齢は病気を診断するときの重要な情報のひとつです。

患者の取り違えなどの事故を防ぐため、特徴についても記入します。

初診の場合は、初診時の予防履歴も記入します。

毎年行う予防プログラム（予定）を記入します。使っている製品名も書いておくと便利です。昨年度に予防していない場合には、㊟印をつけるなどするとよいでしょう。

裏面

T：体温、P：心拍数、R：呼吸数、Ap：食欲、Ac：元気、U：尿、F：便、BW：体重は、動物の状態を知るために最低限必要な情報です。飼い主さんに話を聞いたり、病院で測定したりして結果を記入します。

受診日は必ず記入します。また、誰がカルテを書いたのかがわかるように、記入者は必ずサインをしておきます。緊急の問い合わせ電話やクレームに対処するためです。

入院のサインもここに書いておくとわかりやすくてよいでしょう。

飼い主さんへの帰宅後の指示や今後の治療計画について書いてあります。会計時に伝えるとよいでしょう。

電話を受けた際も、内容をカルテに記入します。受けた時間も忘れずに。

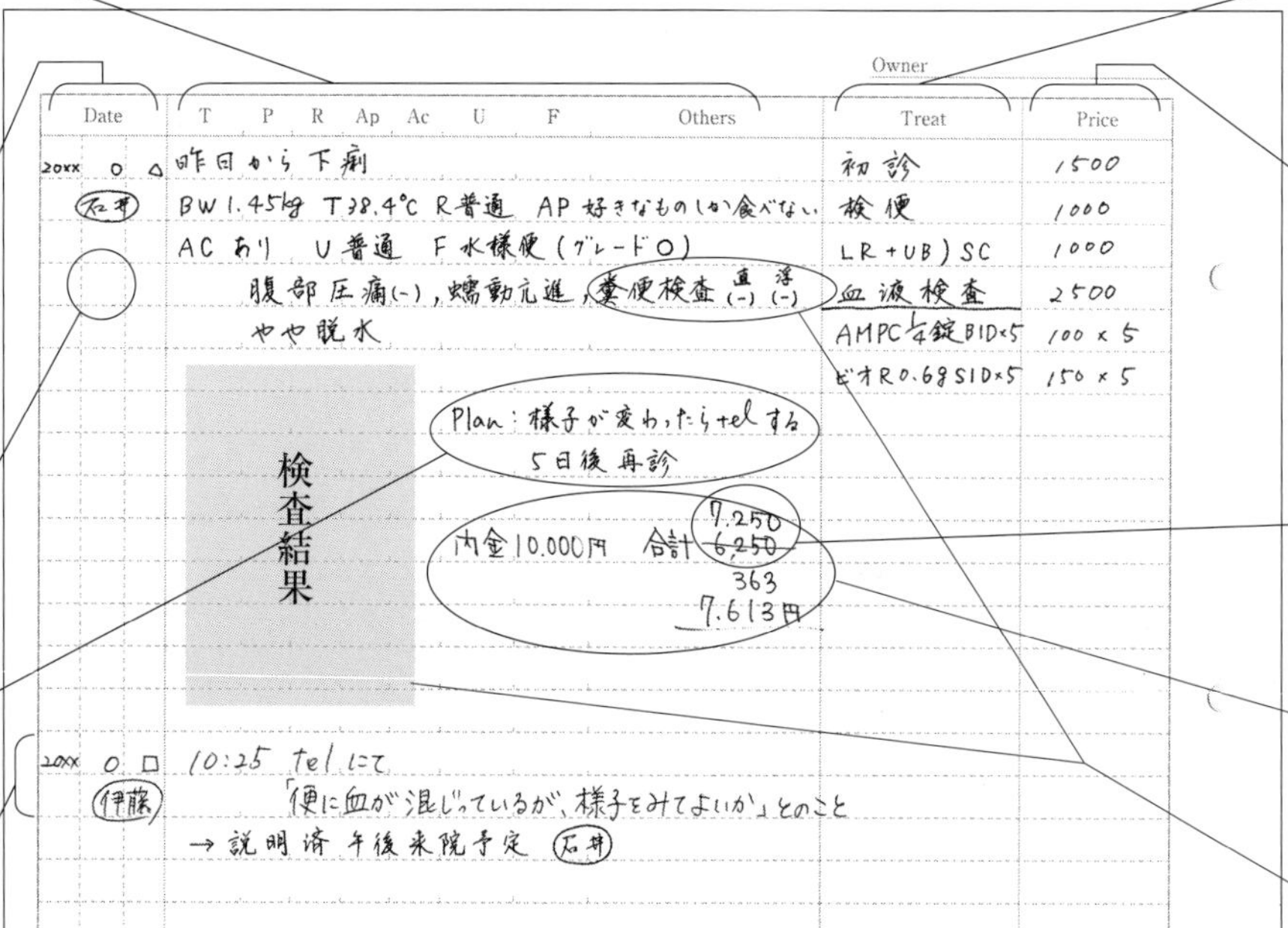

獣医師の行った処置や薬の処方が書いてあります。略語などは病院ごとに決まっているので、勤務先の書き方を覚えて正確に読めるようにしましょう。

料金は最もトラブルの原因になりやすいもの。間違えないことはもちろん、前回の料金と違っていないかについても確認しましょう。料金に変更があった場合は、会計時に説明が必要です。

もし間違えて記入してしまった場合は、修正液を使わずに取り消し線を引き、何が書いてあったのかわかるようにしておきます。

合計金額（内金がある場合はその金額も）を記入しておくとよいでしょう。

何か検査をした場合は必ず、結果を記入したり貼りつけたりしておきます。

カルテにはどんなに細かいことも書いておくとよいでしょう。

＜処置や処方の略語＞

●薬の投与方法	●薬の投与回数
PO：経口投与	SID：１日１回
SC：皮下注射	BID：１日２回
IM：筋肉注射	TID：１日３回
IV：静脈注射	Q2Days：２日に１回

4. X線室での仕事

準備から撮影、現像までの流れ

X線装置を扱う際、最も注意しなければならないのが被曝です。撮影中のX線室に人が入ってこないよう、使用中であることを示すドアの表示は確実に。X線室内では、防護衣と線量計を正しく身につけ、不用意にX線装置のフットスイッチを踏まないように気をつけます。また、女性の場合、妊娠の可能性がある人はX線撮影の仕事はしてはいけません。

1 X線装置の電源を入れる

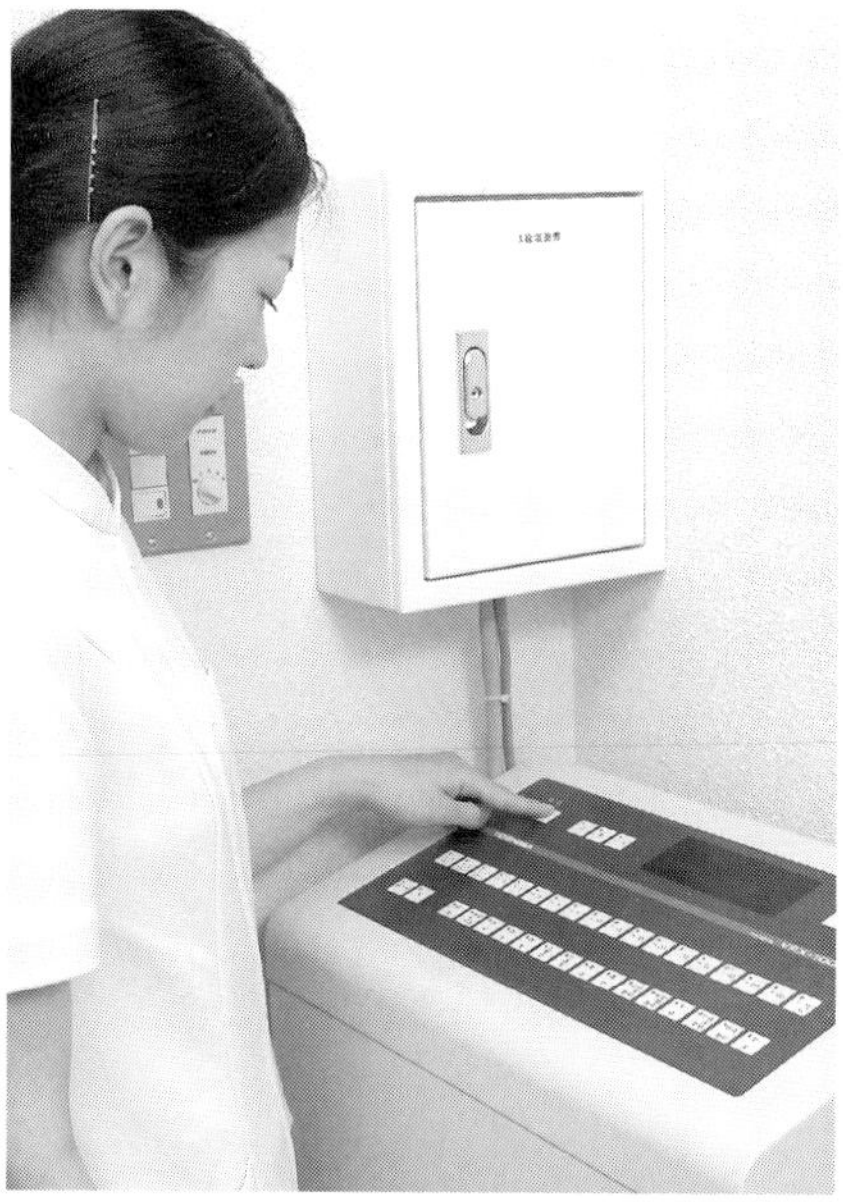

カーテンなどでX線室を遮光し、X線装置の電源を入れます。撮影したフィルムを現像する自動現像機はウォームアップに時間がかかるので、撮影開始前に立ち上げておきます。

2 線量計をつける

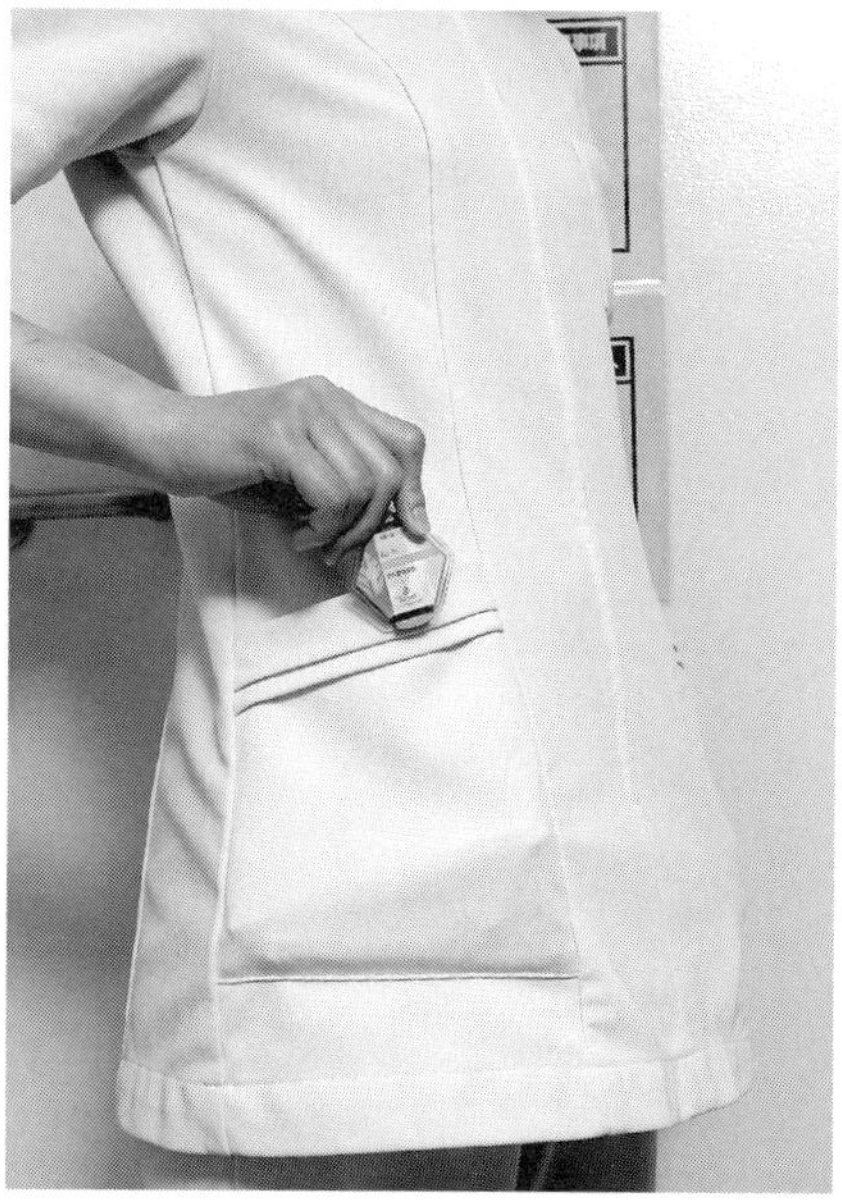

被曝量を測る線量計（写真はフィルムバッチ）を身につけます。つける位置は、男性は胸ポケット、女性は腹部のポケットです。フィルムバッチは1カ月に一度、検査機関に送ってそれぞれの被曝量を測り、病院に記録を残します。

3 カセッテをセットする

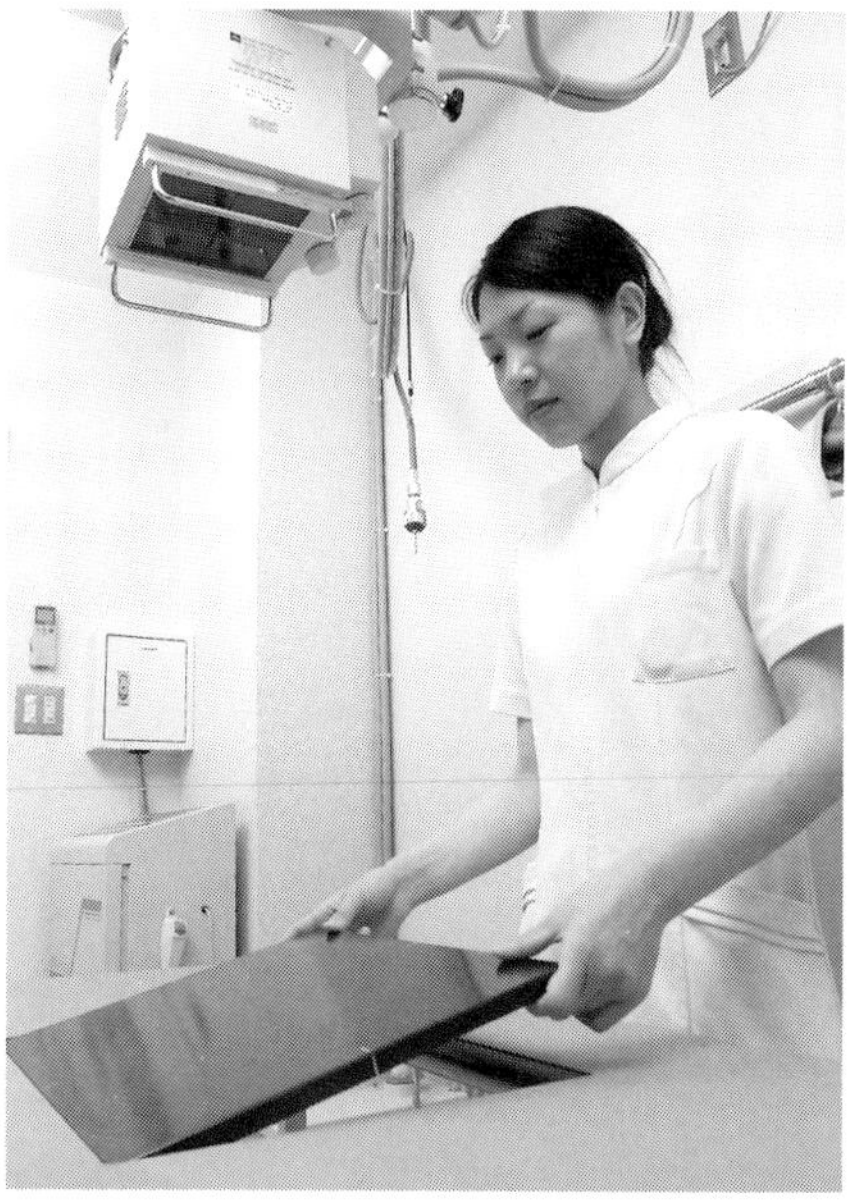

カセッテにX線フィルムを入れ、撮影台の上に置きます。フィルムには、特に表裏はありません。カセッテを落としたり乱暴に扱ったりすると、カセッテの破損やフィルムが感光してしまう原因になるので注意します。

4 リスホルムブレンデをのせる

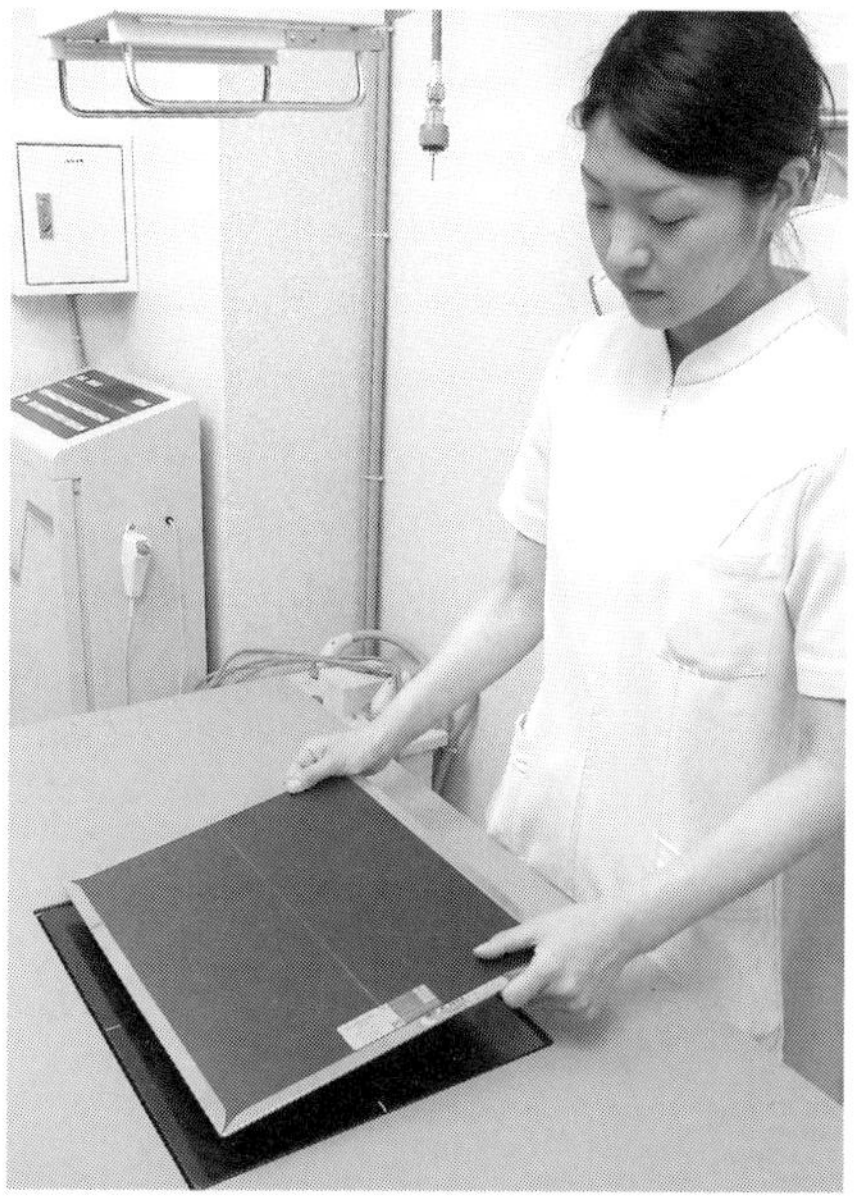

カセッテの上にリスホルムブレンデをのせます。リスホルムブレンデは、放射線の散乱を防いで写真の鮮明度を上げるためのもの。表裏がある（枠の線が入っている方が表）ので、間違えないようにします。

5 フィルムマーカーをつける

写真の端にフィルムマーカーをセットします。フィルムマーカーは、写真の番号、動物の名前、性別、撮影方向などを示すもの。病院によって多少の違いはありますが、写真の番号は撮影ノートやカルテの番号と対応しており、ミスを防ぐのに役立っています。

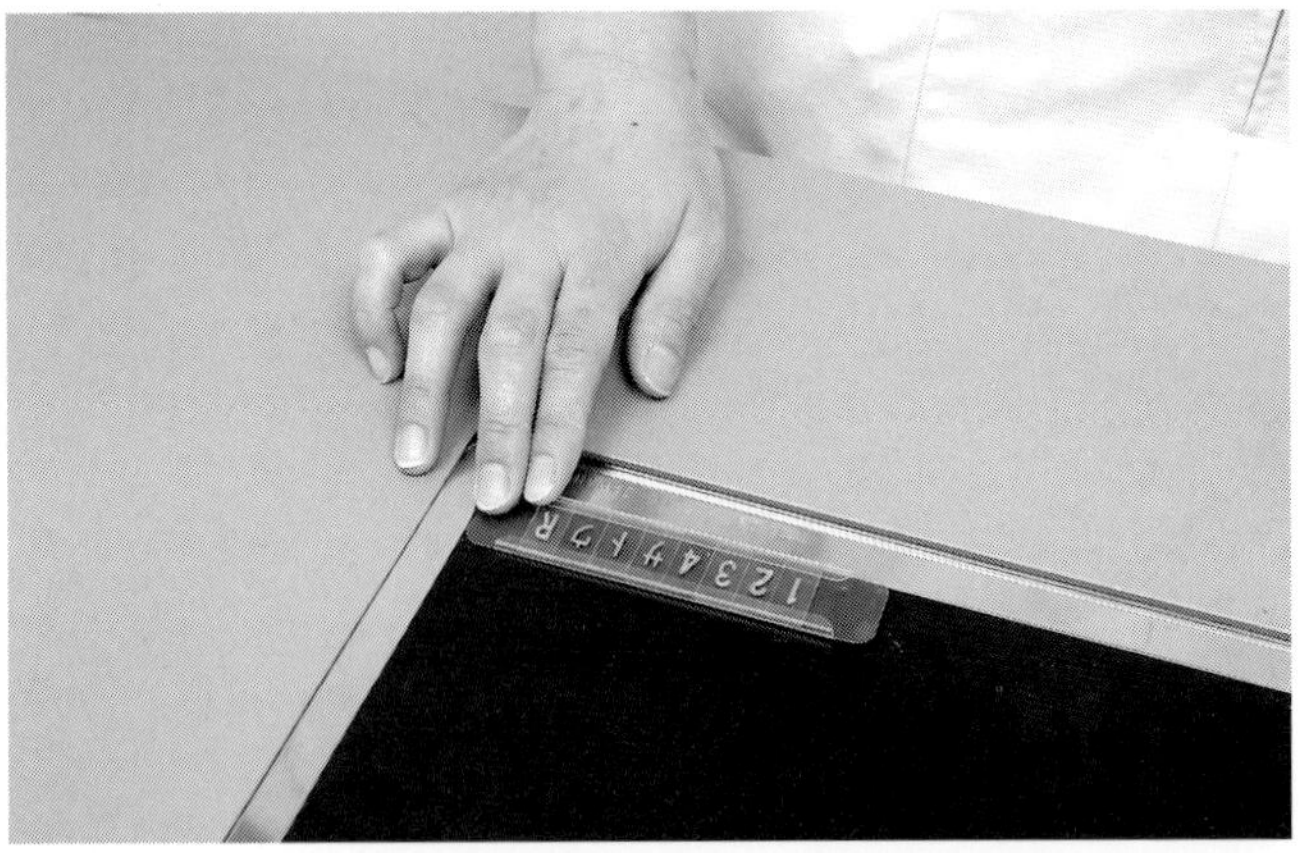

6 照射範囲を合わせる

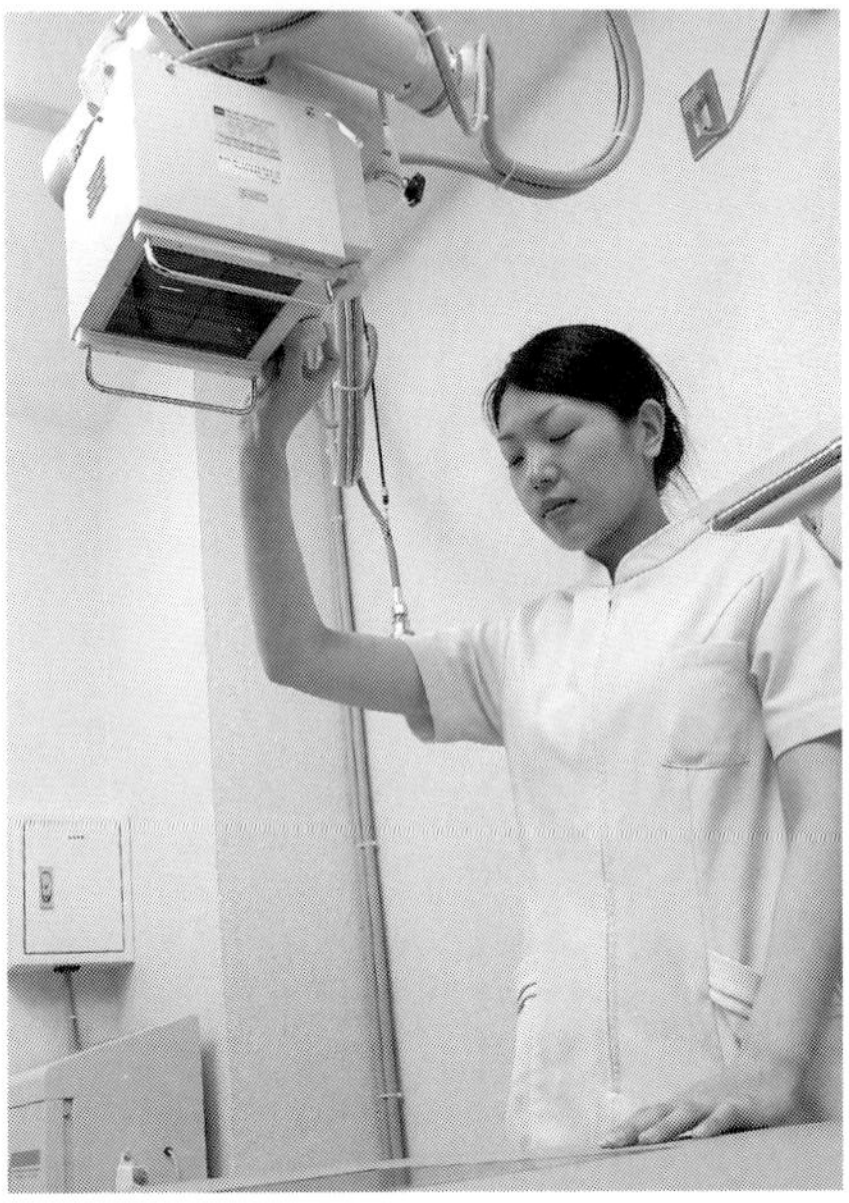

X線装置の照射範囲を合わせます。中心がきちんと合っていないと写真全体がぼけたような状態になったり、撮影したい部分が全部入らなかったりすることもあるので、慎重に合わせましょう。

7 測定部位や線量を設定

X線撮影をする動物のカルテをみて、体重や測定部位などを確認しながら、X線装置の線量の設定をします。その後、X線装置のフットスイッチを使いやすい位置に置いておきます。

8 防護衣、防護手袋をつける

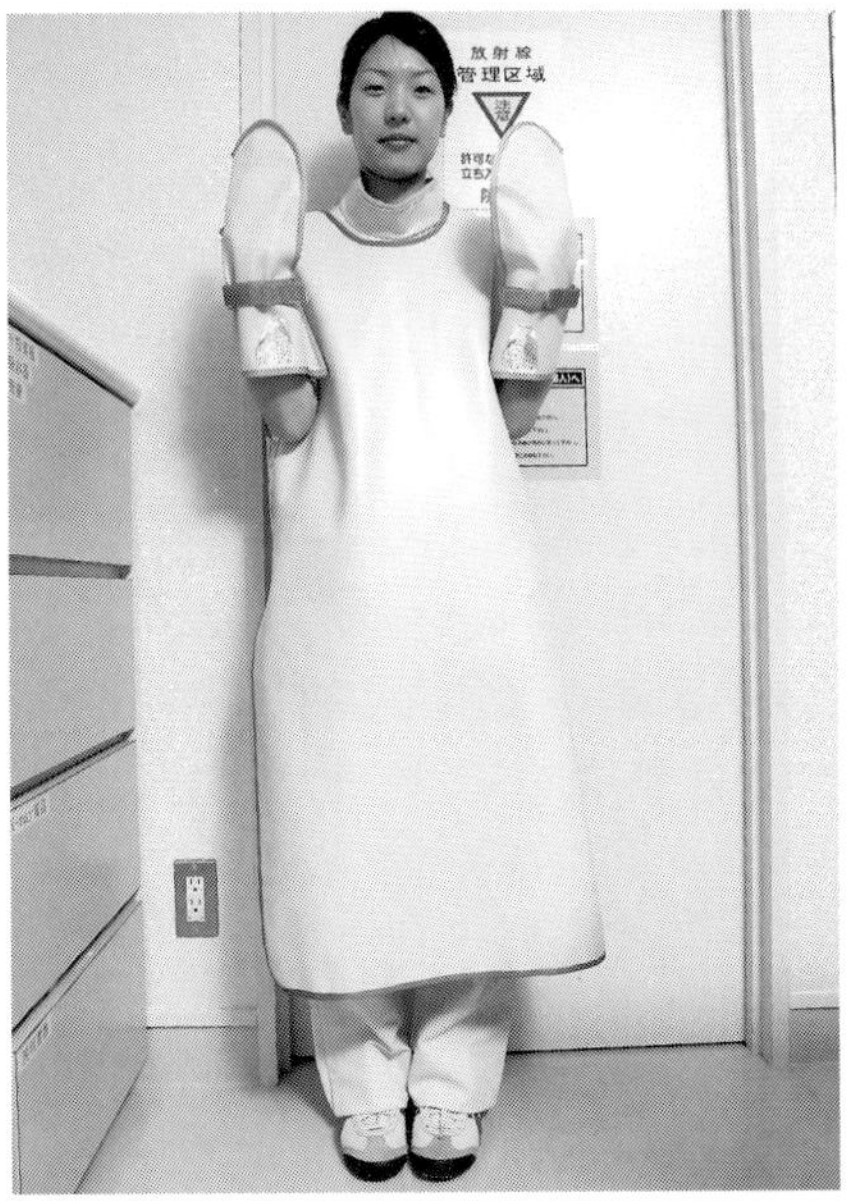

撮影中、X線室に入る場合は、首や体に防護衣を正しい順序でつけます。また、撮影中に動物を保定する必要があるときは、防護手袋もはめます。使用していない防護衣は、ハンガーなどにかけて折らずに保管します。

9 X線室の扉を閉める

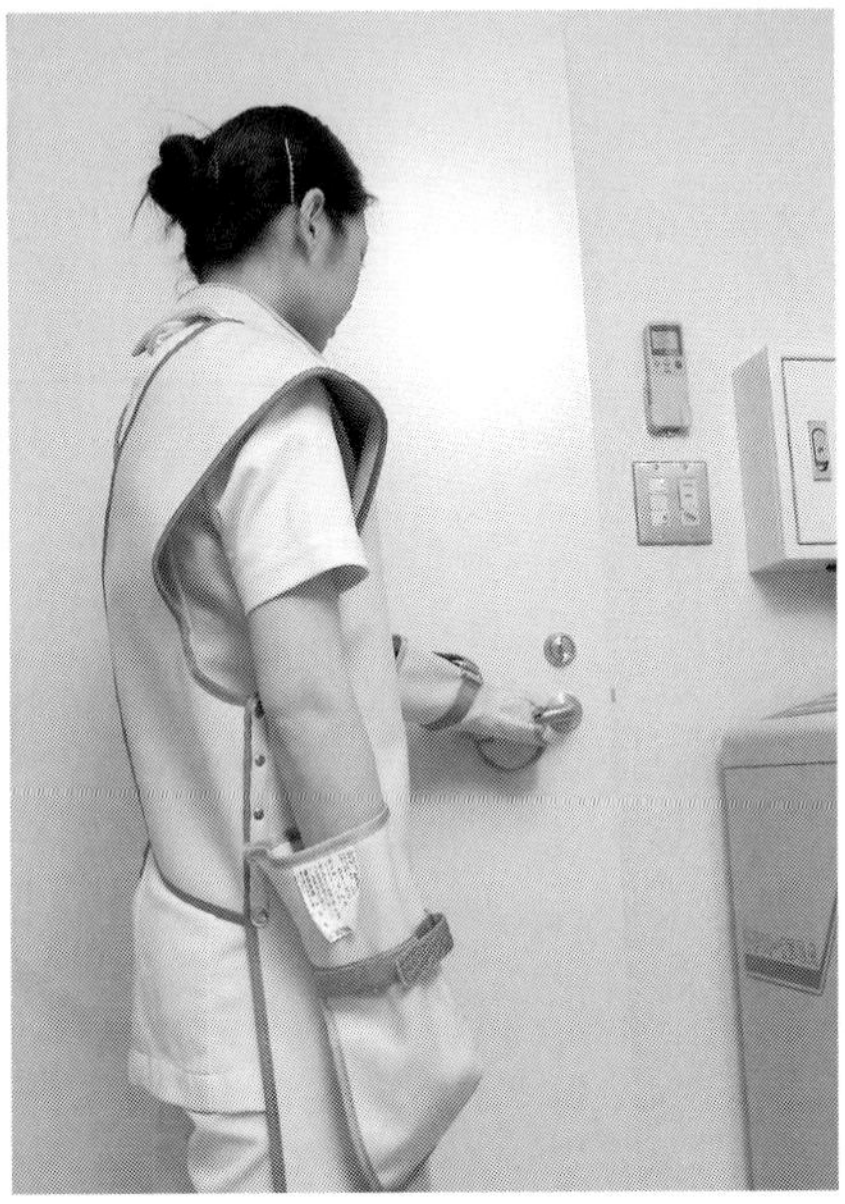

X線室に入り、すべての扉がきちんと閉まっていることを確認します。これは、X線室の外へ散乱線が及ぶのを防ぐためです。

10 撮影手順の打ち合わせ

撮影部位、撮影順などは、あらかじめ獣医師と打ち合わせておくとスムーズです。X線撮影の場合、通常の保定とは違って関節を押さえることができない場合が多いため、正確に保定するには高度な技術が必要です。

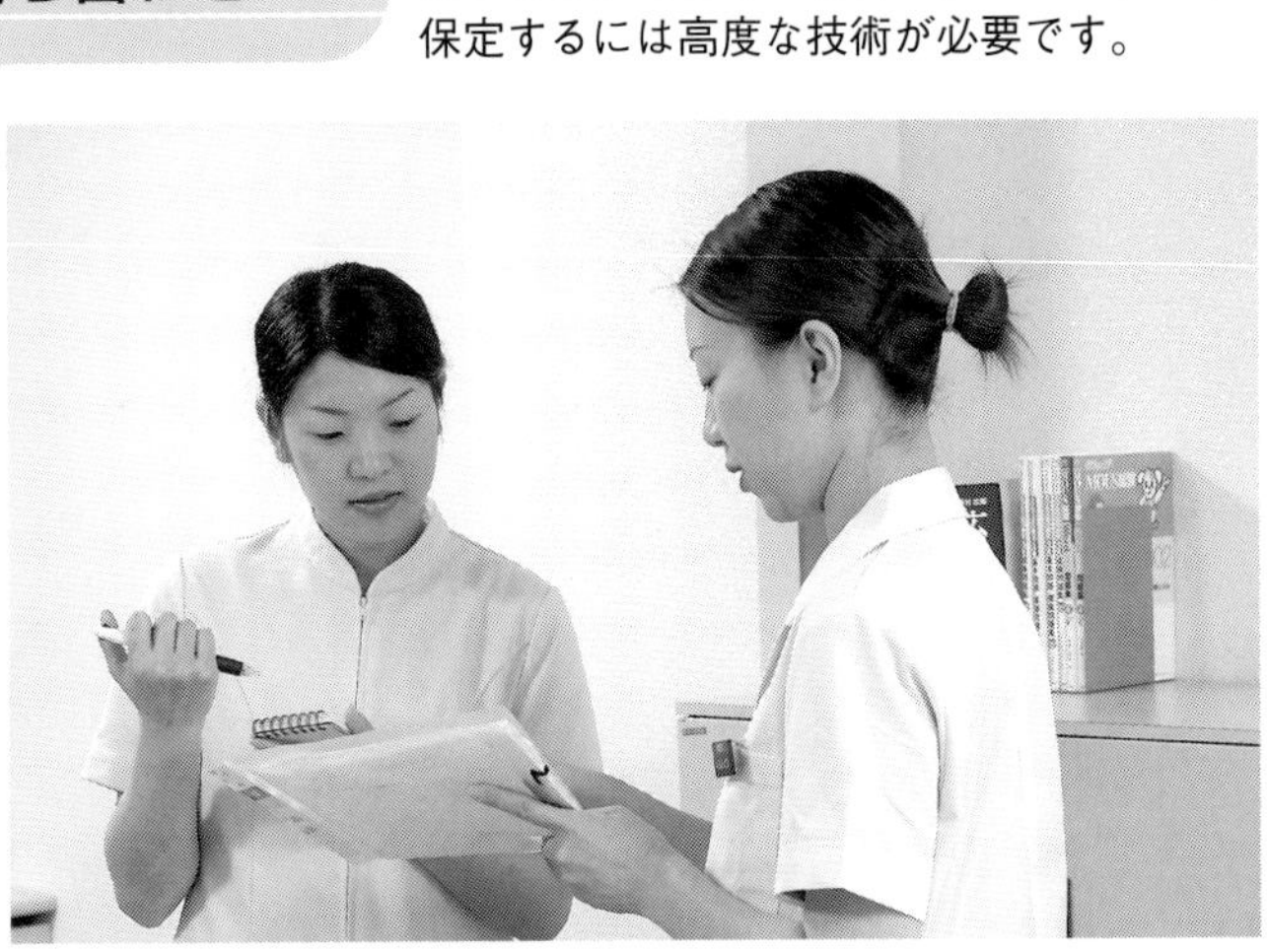

11 撮影ずみのフィルムは室外へ

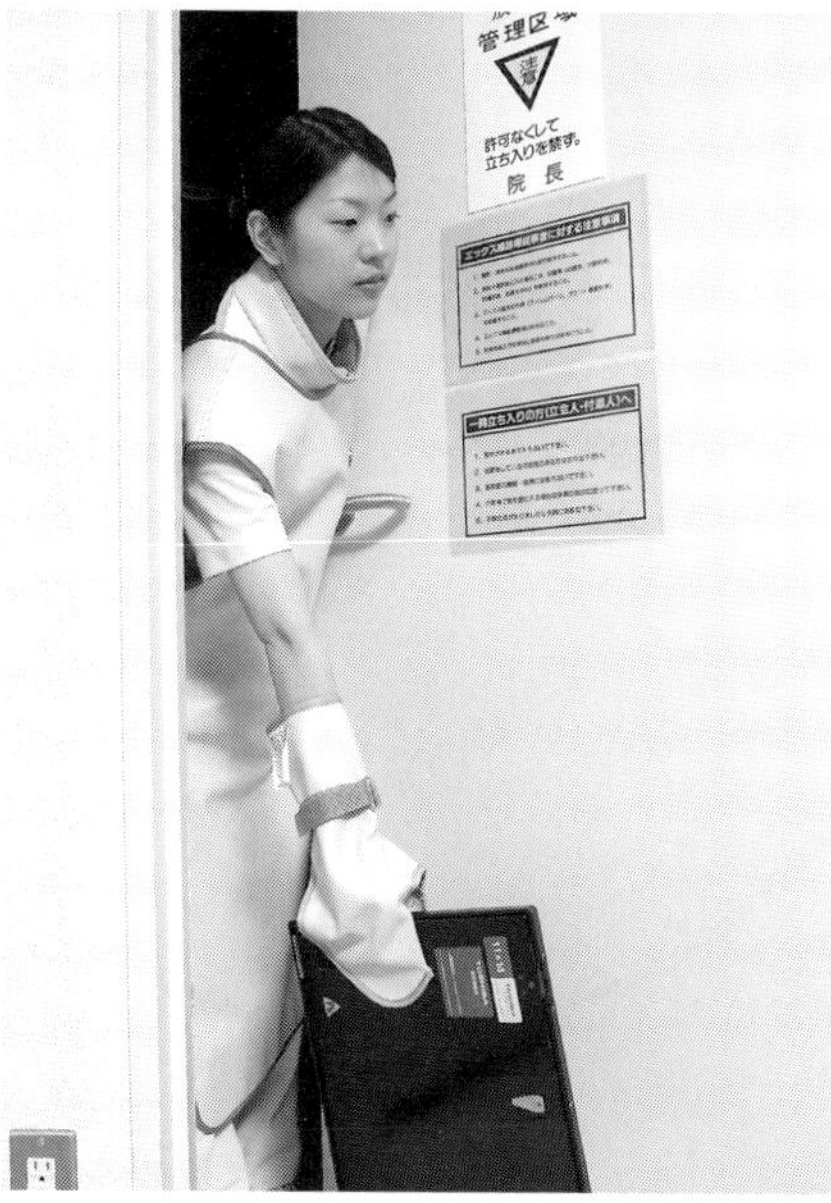

複数の写真を撮る必要がある場合、撮影が終わったフィルムは、次の写真を撮る前にX線室の外に出します。これは、フィルムが散乱線の影響を受けるのを防ぐためです。

12 フィルムを現像する

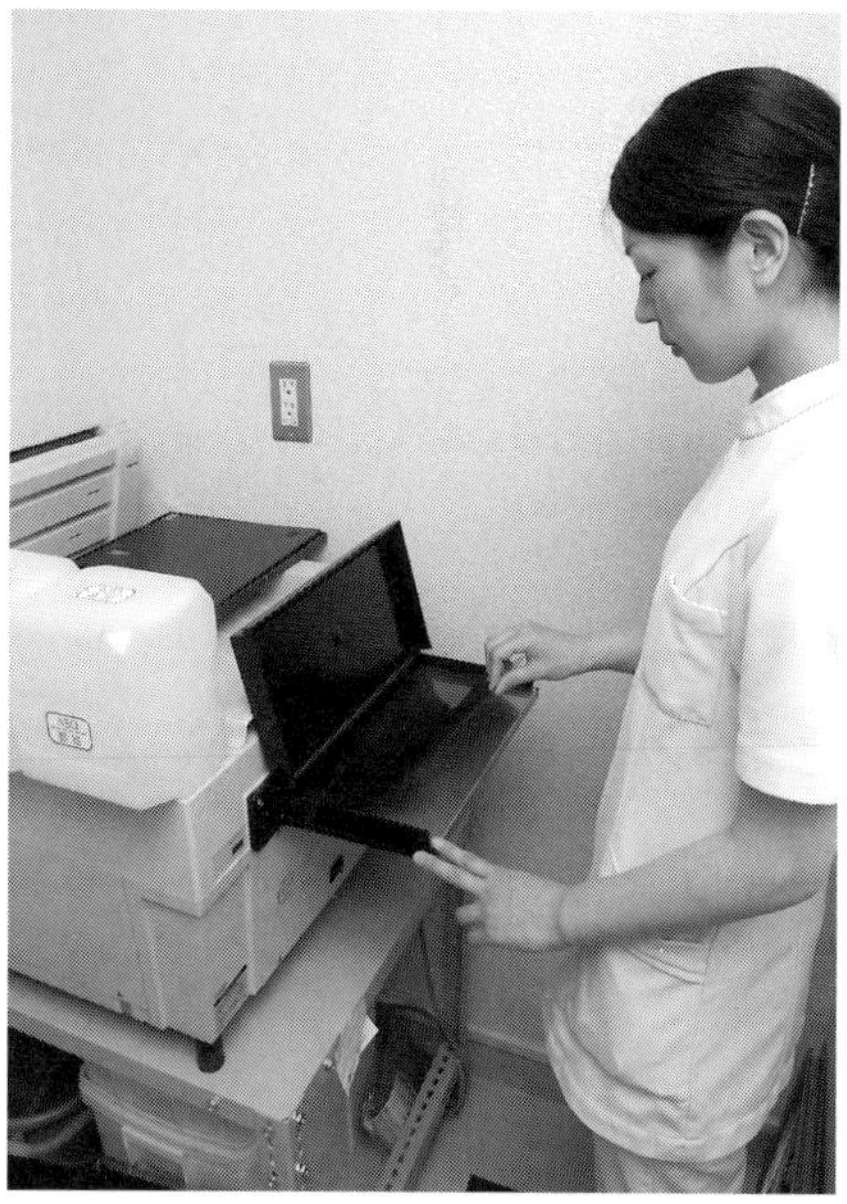

自動現像機にフィルムを入れると、3～5分ほどで写真が仕上がります。現像を待つ間、次の人がすぐに使えるよう、空いたカセッテに新しいフィルムを入れておくようにします。

13 写真を獣医師に渡す

現像が終わったフィルムを、担当獣医師に手渡します。フィルムは、乾いた清潔な手で隅か端を持つこと。指紋をつけないように注意します。

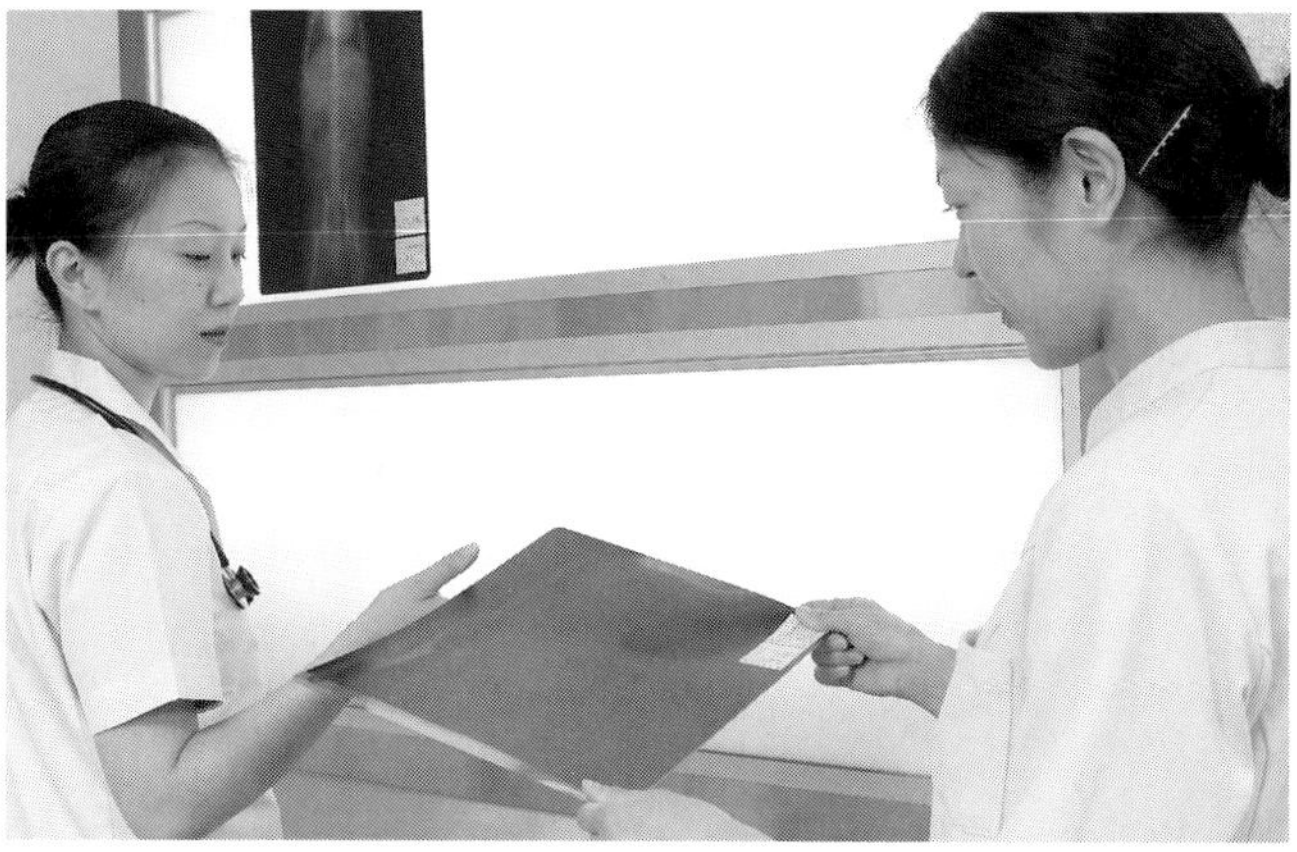

14 撮影ノートに記入

撮影ノートなど病院で決められたものに、撮影動物のカルテ番号や飼い主さんの名前、動物の名前、種類、性別、撮影部位、撮影条件、その他、必要事項を正しく記入します。

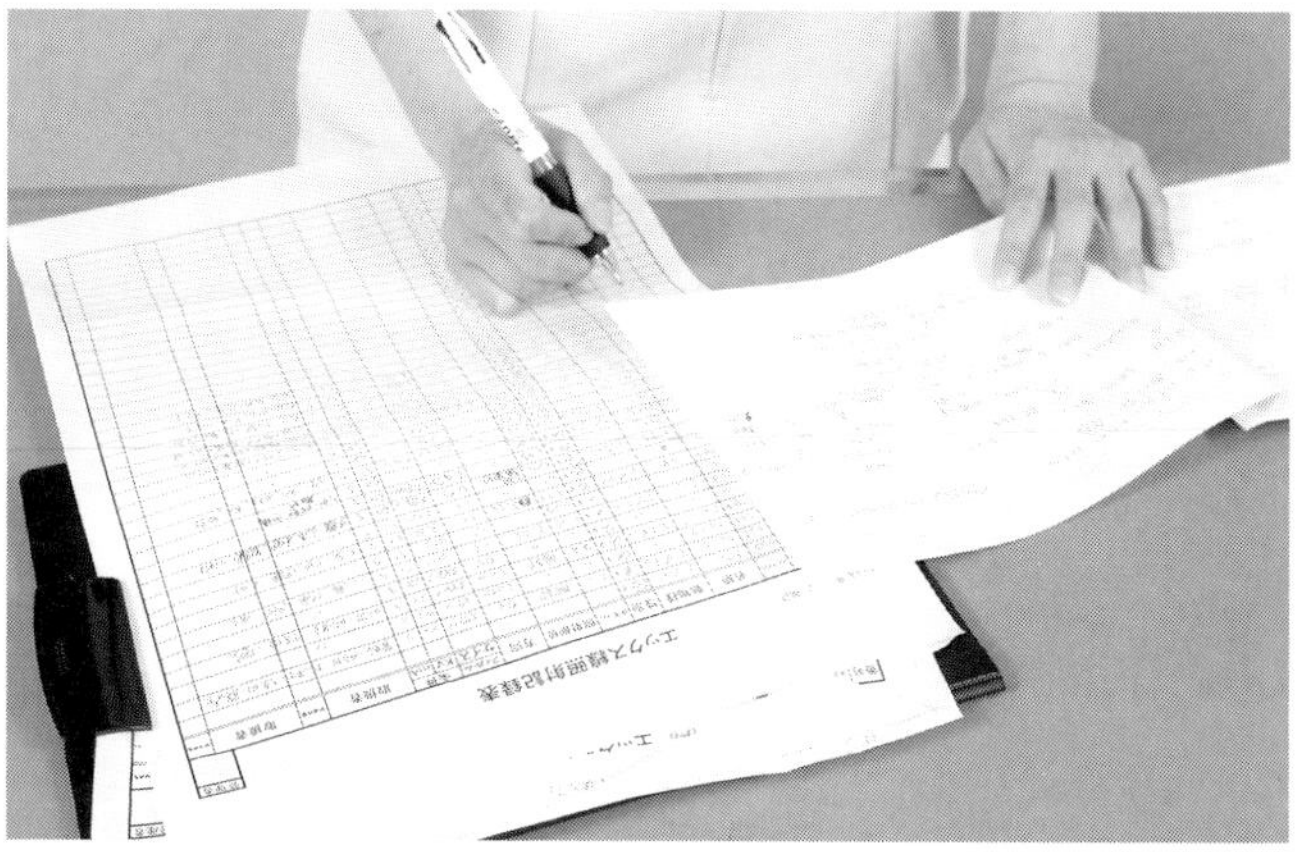

ワンポイントコラム

X線撮影時のポジショニング

X線撮影をするとき、動物の体の向きについては決まったいい方があります。撮影の機会が多いポジション（体位）とそれを表す一般的ないい方を覚えておきましょう。なかには独自のいい方をしている病院もあるので、その場合は必ず先輩や獣医師に確認を。

Dorsal（ドーサル）：背側（はいそく）
Ventral（ベントラル）：腹側（ふくそく）
Lateral（ラテラル）：側面（そくめん）

これらの頭文字をX線が当たる順番に並べて、撮影方向をいい表します。また、この語尾に「像」をつけると、「○○方向で撮影したX線写真」という意味になります。

DV：Dorsal - Ventral view　背腹像（伏せの状態）
VD：Ventral - Dorsal view　腹背像（あおむけの状態）
RL：Right Lateral view　右側面像（体の右側を上にして横たわった状態）
LL：Left Lateral view　左側面像（体の左側を上にして横たわった状態）

5. 検査の基本

各種検査をスムーズに行うために

動物病院では、血液検査、尿検査、糞便検査、心電図の測定など、様々な検査が行われます。検体の採取や検査機器の操作のほか、外部の検査機関への依頼や結果の管理も動物看護師の仕事。各種検査の方法や必要な事務作業を覚え、的確に処理できるようにしましょう。また、検査機器はメーカーや製造時期によって操作方法が異なるので、正しい知識を身につけるための勉強も欠かせません。

1 各種検査機器の扱いを覚える

基本的な血液検査、尿検査、糞便検査、皮膚の検査などについては動物看護師が獣医師の立ち会いなしに行うことも多いので、各種検査機器の操作方法を正しく覚えます。

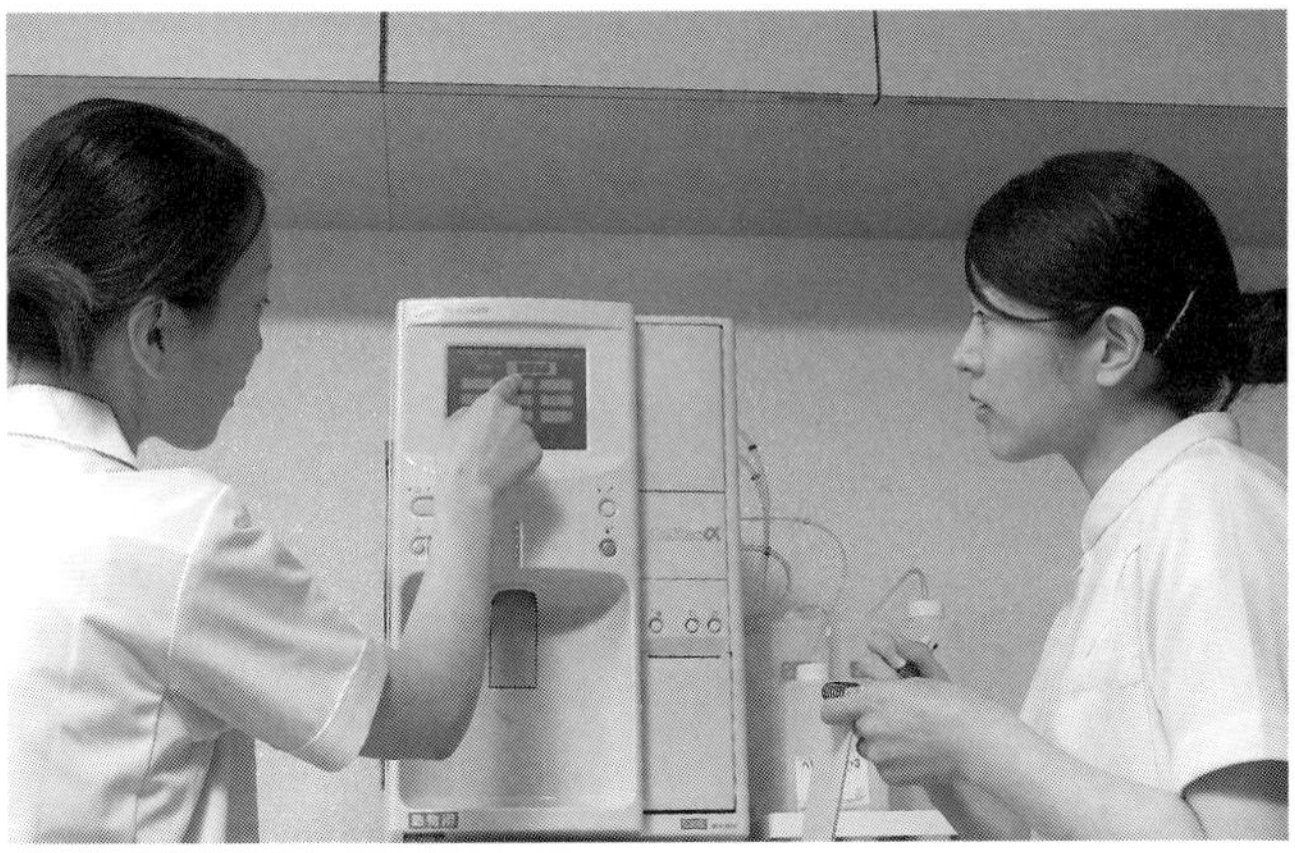

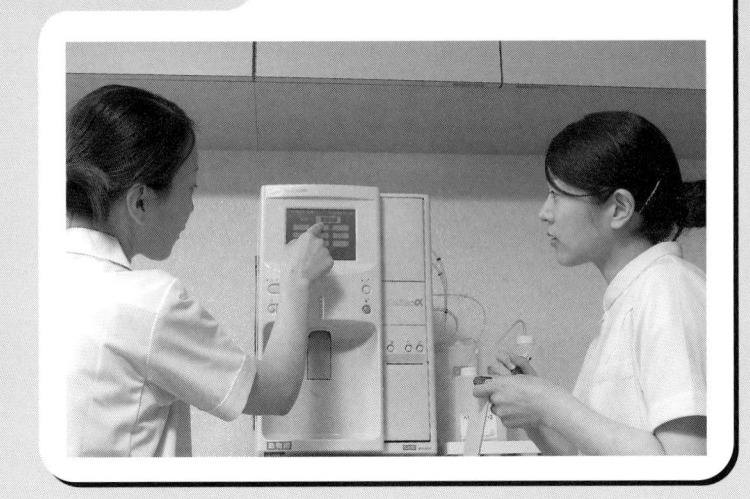

2 目的に合わせた保定方法を覚える

X線撮影、心電図測定、採尿、採血など、目的に合わせた保定の方法を正しく覚えます。獣医師が作業をしやすいよう、自分の体の位置や動きにも十分に気を配りましょう。

3 検体の扱いを覚える

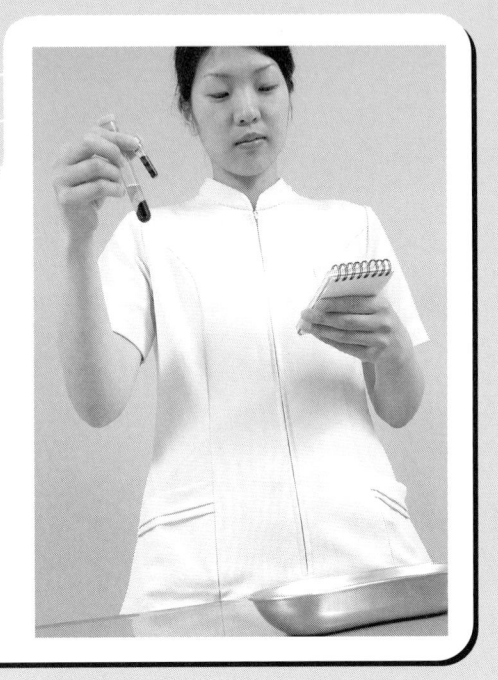

検査に必要な検体には、血液、尿、便、皮膚組織など様々なものがあります。検体の種類や検査の内容によって扱い方や保存方法などが異なるので、正しく覚えておくことが大切です。

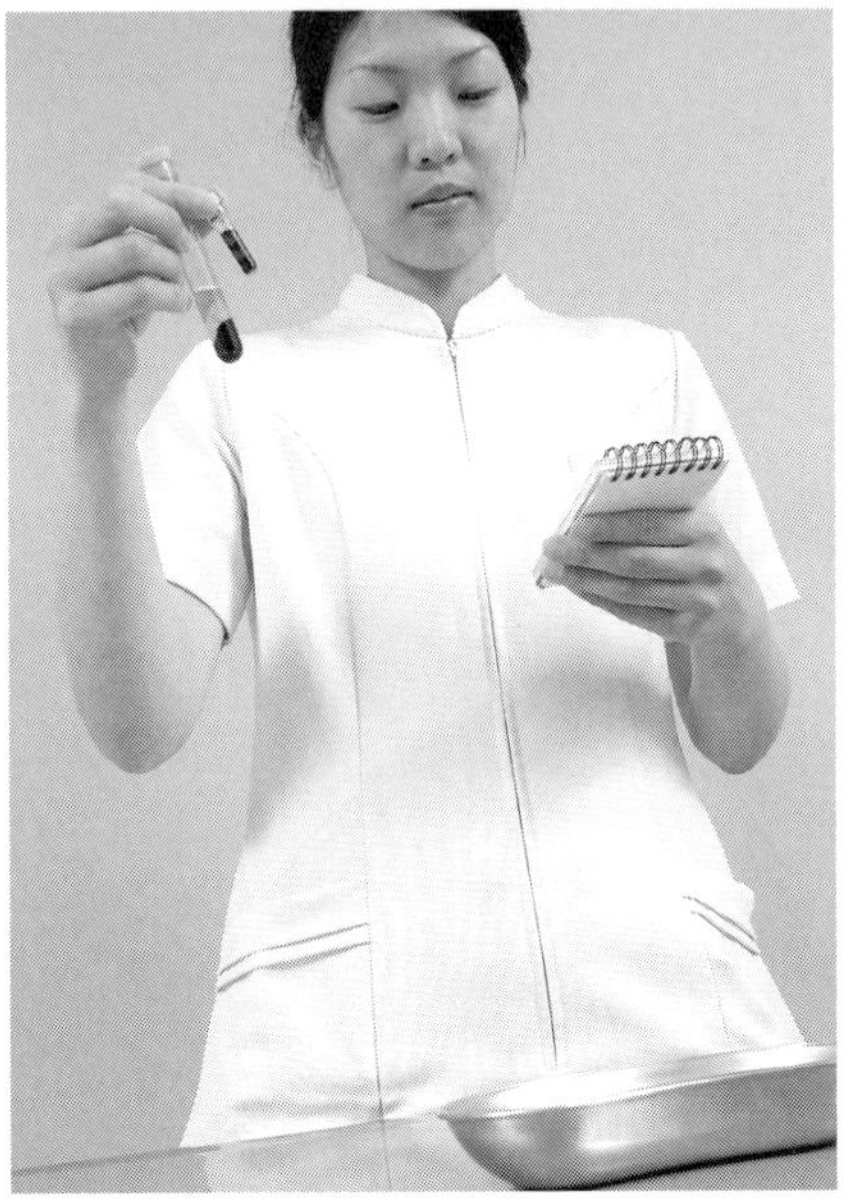

4 検体用のラベルを用意する

検体がどの動物のものか見分けるために分注容器に貼るラベルを用意します。カルテを確認しながら、カルテ番号、飼い主さんの名前、動物の名前などの必要事項を正確に書き写します。

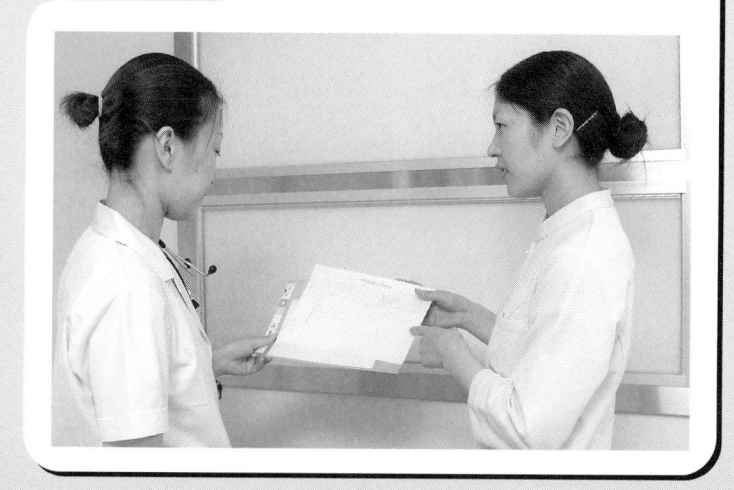

5 分注容器にラベルを貼る

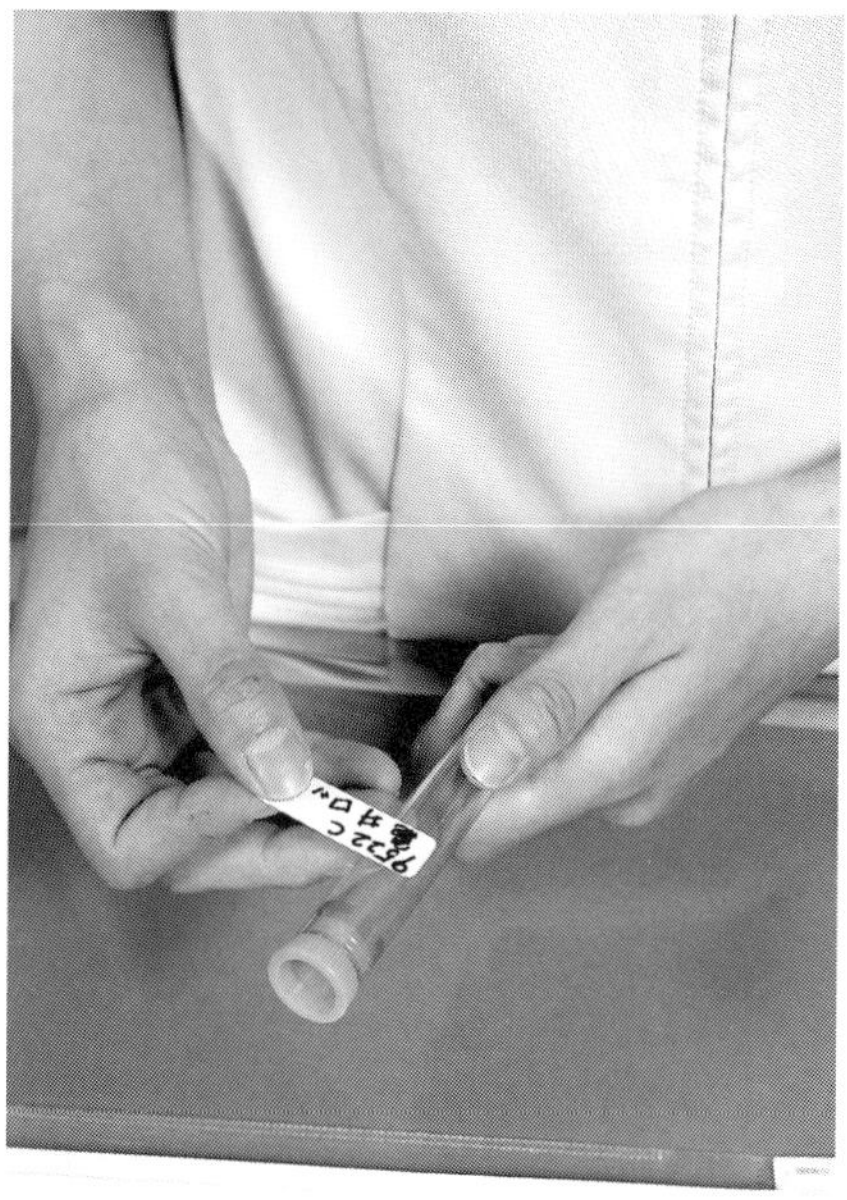

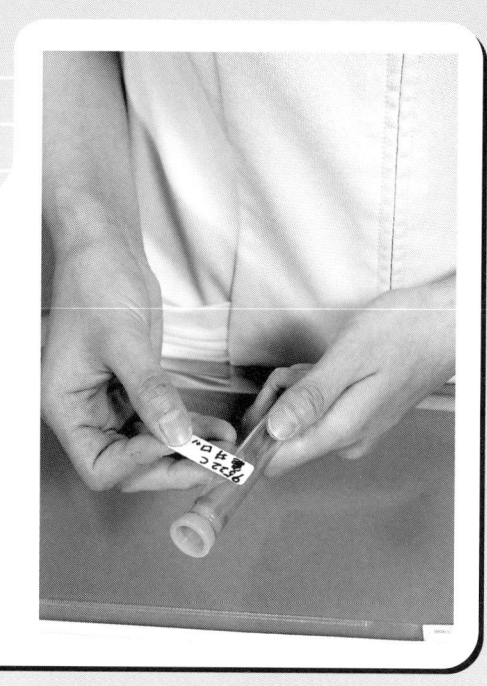

分注容器の決められた位置にラベルを貼りつけます。検体の取り違えを防ぐため、ラベルをまとめて書いたりしないこと。検体の用意ができたら、そのつどラベルを書いて貼るようにします。

6 検査機器のエラー表示を確認

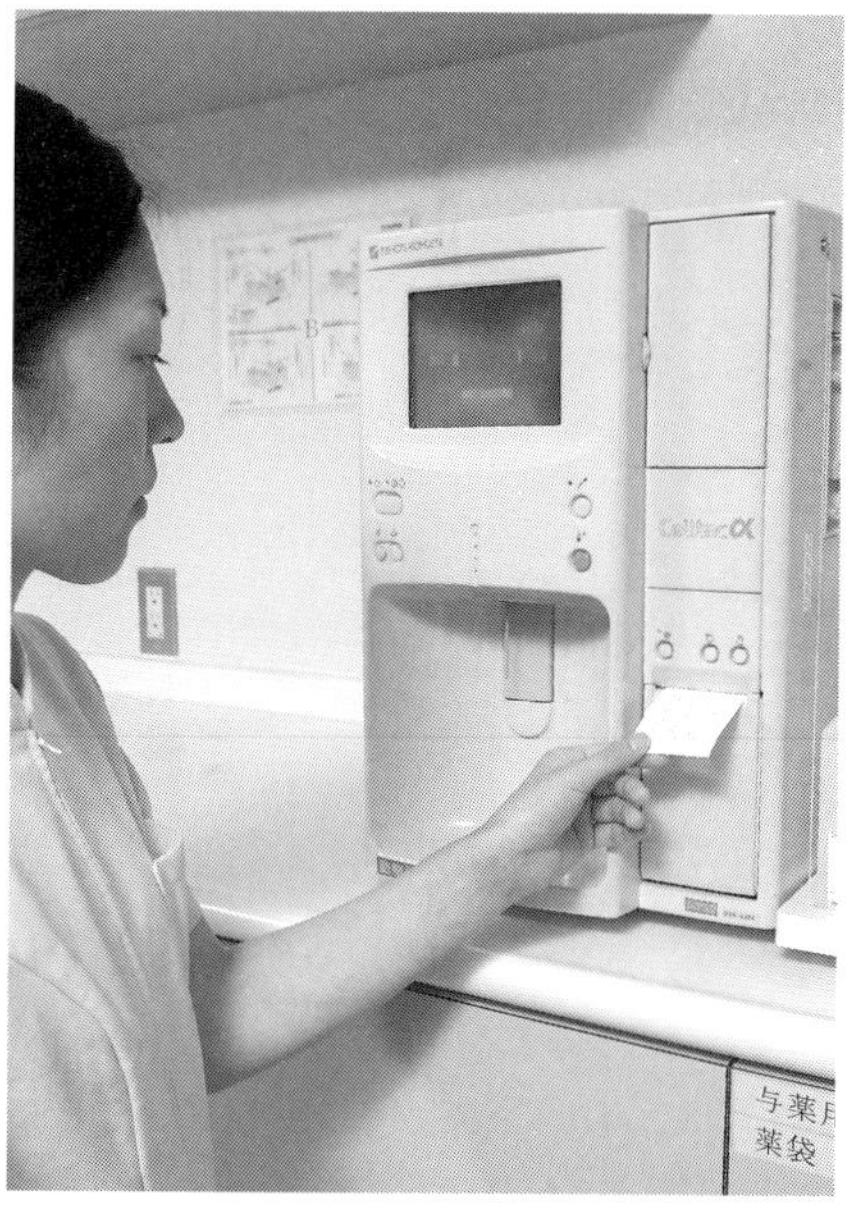

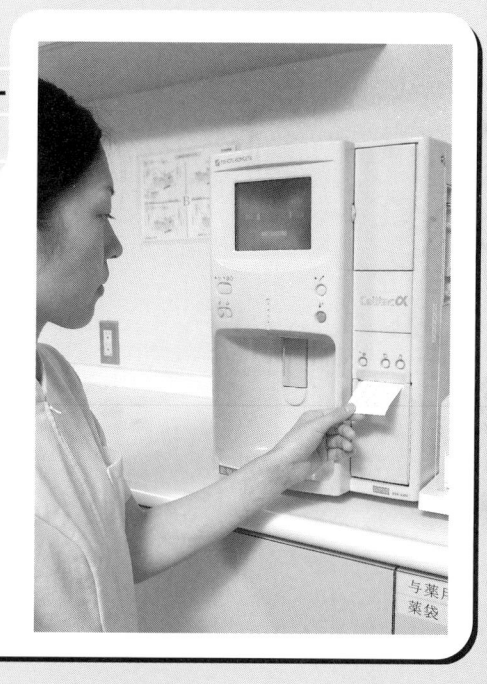

検査結果が出たら、検査機器にエラー表示が出ていないことを確認します。検体の量が不足していたり、操作ミスがあったりするとエラーが出ます。エラーが出た場合は、すぐに再検査を行います。

7 外部機関に検査を依頼する場合

外部機関に検査を依頼するときは、事前に資料に目を通し、その検査に必要な検体の量などを調べておきます。外部機関に送る分注容器は、ふたをしっかり閉めて上からテープで固定し、もれを防ぎます。

8 依頼書に必要事項を記入する

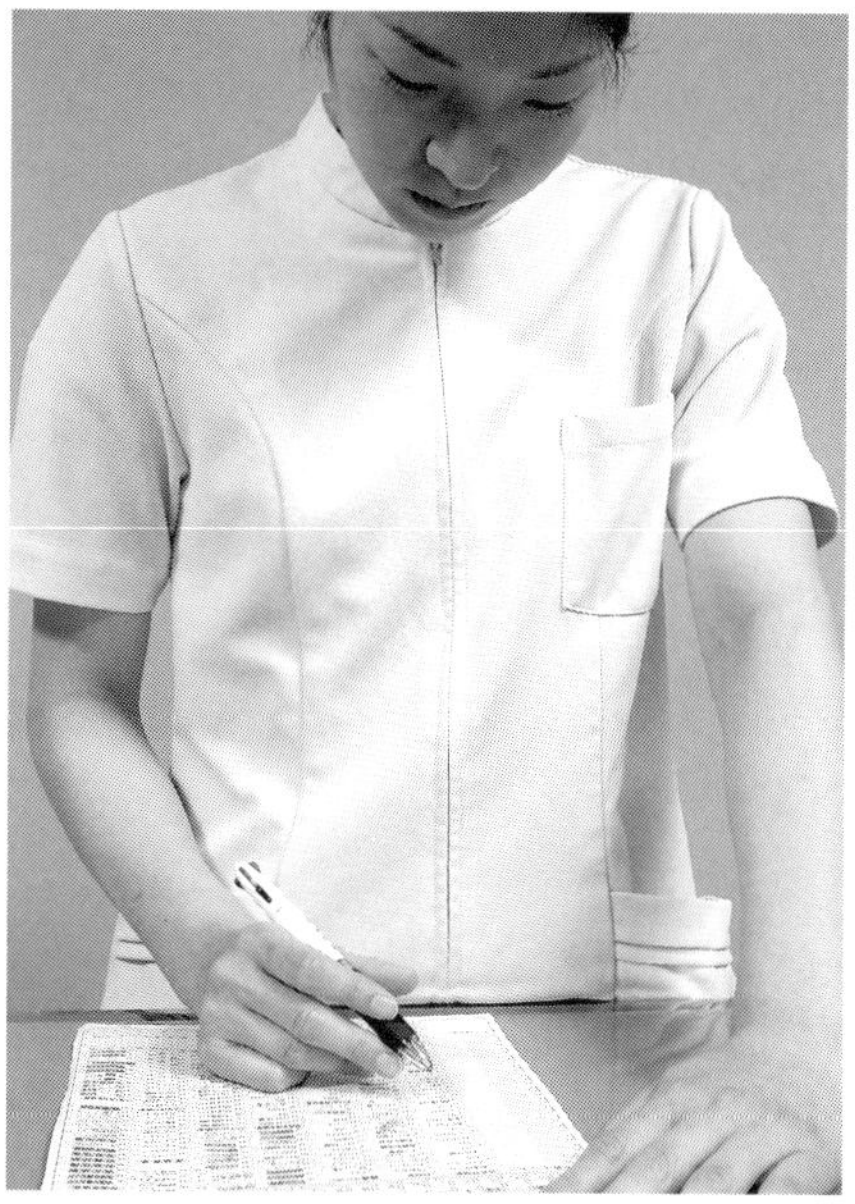

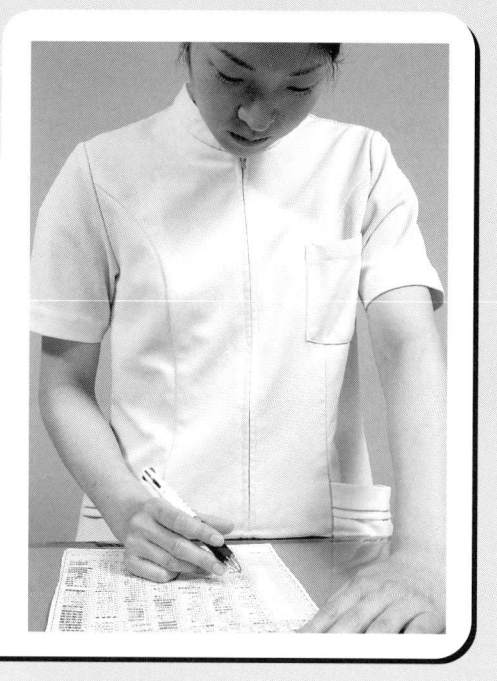

検体と一緒に送る検査依頼書に、カルテ番号、動物の名前、検査内容、依頼日などの必要事項を書き込みます。検査の依頼と戻ってくる結果の管理は、病院の決まりに従ってきちんと行います。

9 結果は必ずカルテに添付または記入する

検査の結果が出たら、カルテに記入または貼付しておきます。間違いを防ぐため、検査結果票とカルテに書かれた動物の名前やカルテ番号が一致していることを必ず確認します。

10 結果がそろったら獣医師に渡す

検査結果がすべてそろったら、わかりやすくまとめて担当獣医師に渡します。検査結果票に飼い主さん用の控えがある場合は、診察後に渡せるよう、準備しておきます。

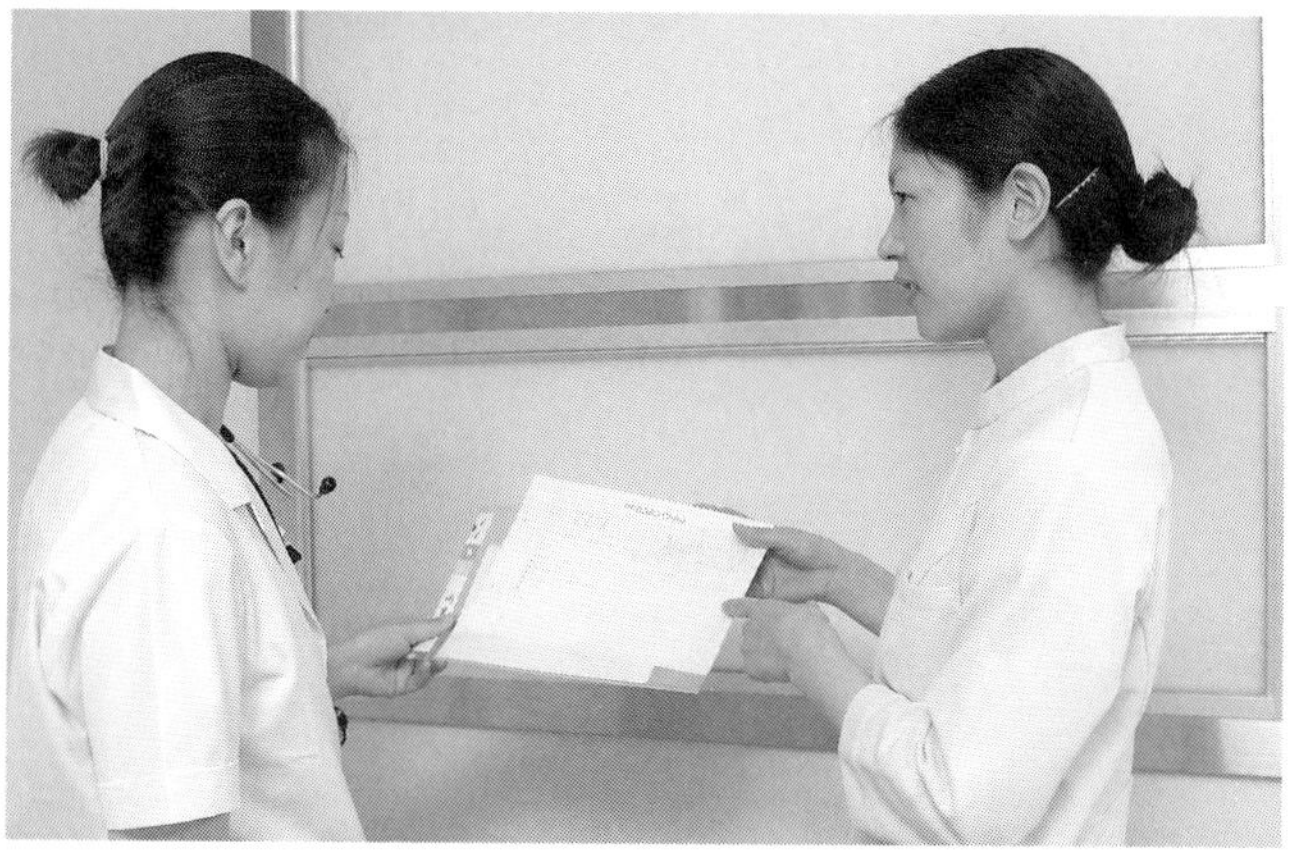

6. 血液検査

検体の扱い方と検査機器の使い方

動物看護師が行う血液検査には、一般血液検査であるCBC、貧血や脱水状態を調べるPCV、血液中の物質を分析する血液生化学検査などがあります。それぞれの検査手順を頭に入れ、正確に行えるようにしましょう。また、検査機器や試薬類の点検・補充を欠かさず、いつでも使える状態にしておくことも大切です。

1 食事の状況を確認する

血液検査は、検査前の食事によって結果が左右されることがあります。事前に検査予定が組んである場合は、8～12時間絶食させておくことを飼い主さんに伝えておきます。採血をする前に、最後に食事を与えた時間を飼い主さんに再確認します。

2 採血の準備をする

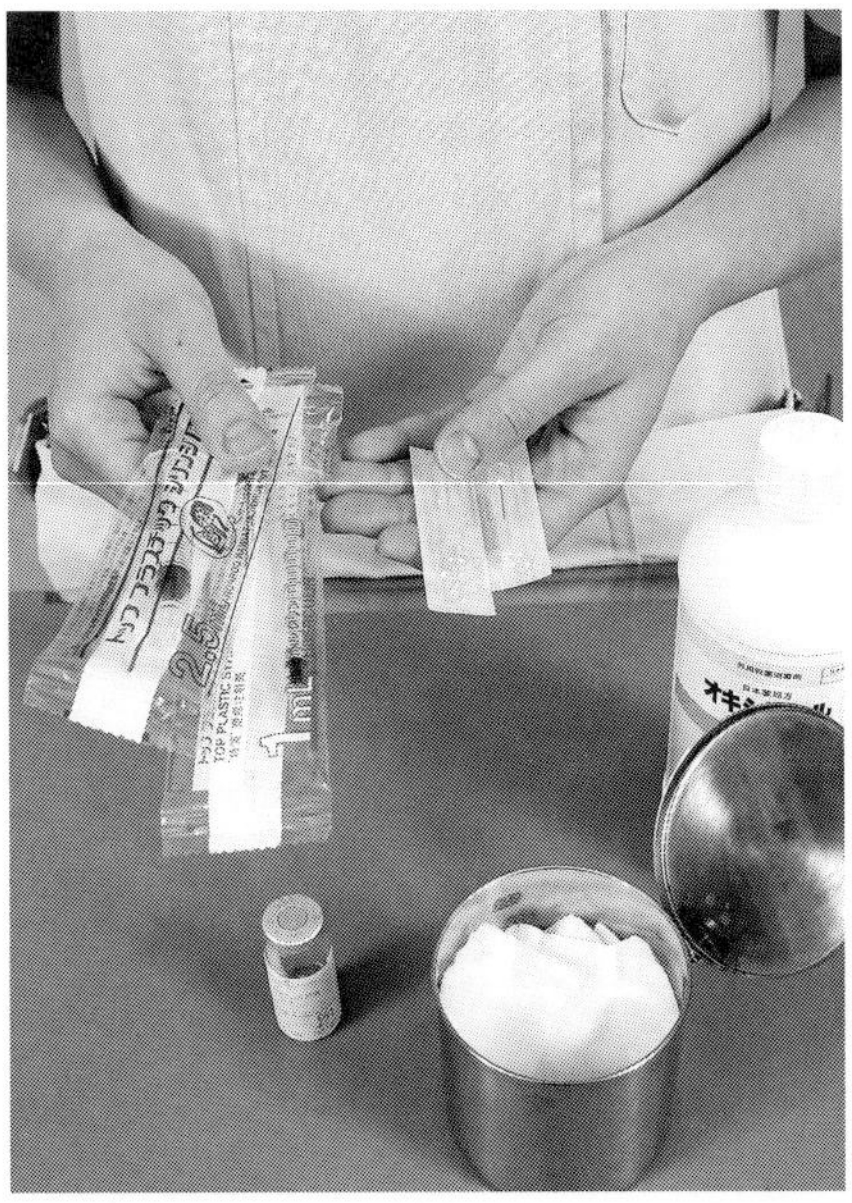

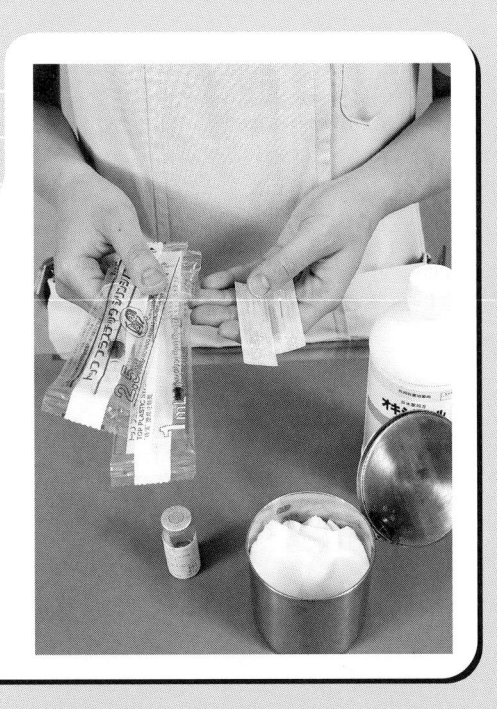

採血に使用する注射針とシリンジ、アルコール綿、オキシドールなどを用意します。事前に、検査に必要な血液の量を調べておき、採血量に合ったサイズのシリンジを用意しておきます。

3 器具や試薬の準備をする

血液検査には、CBCやPCVなど専用の検査機器を使用するものや、スライドグラスに塗りつけた血液を顕微鏡で観察するものなどがあります。検査内容に合わせて、必要な器具や試薬の準備を整えておきます。

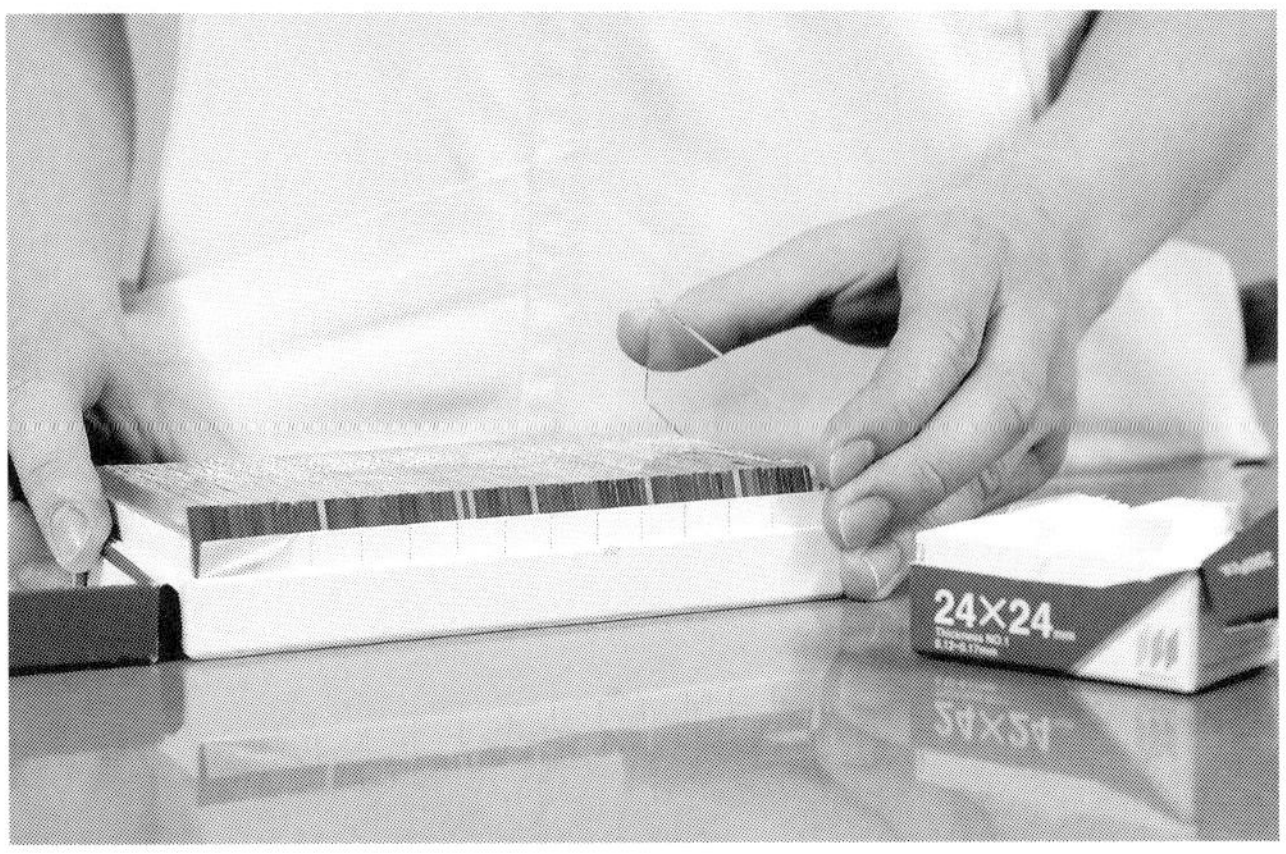

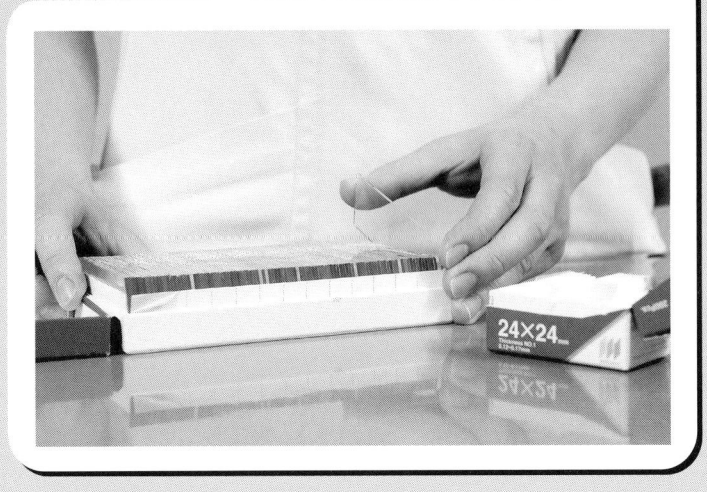

4 採血のための保定

獣医師が採血をする際は、動物をしっかり保定します。前肢、後肢、頸静脈など、採血する部位によって保定のしかたが異なるので、獣医師の指示に従って、的確に対処しましょう。

5 採血後の注射器を処理する

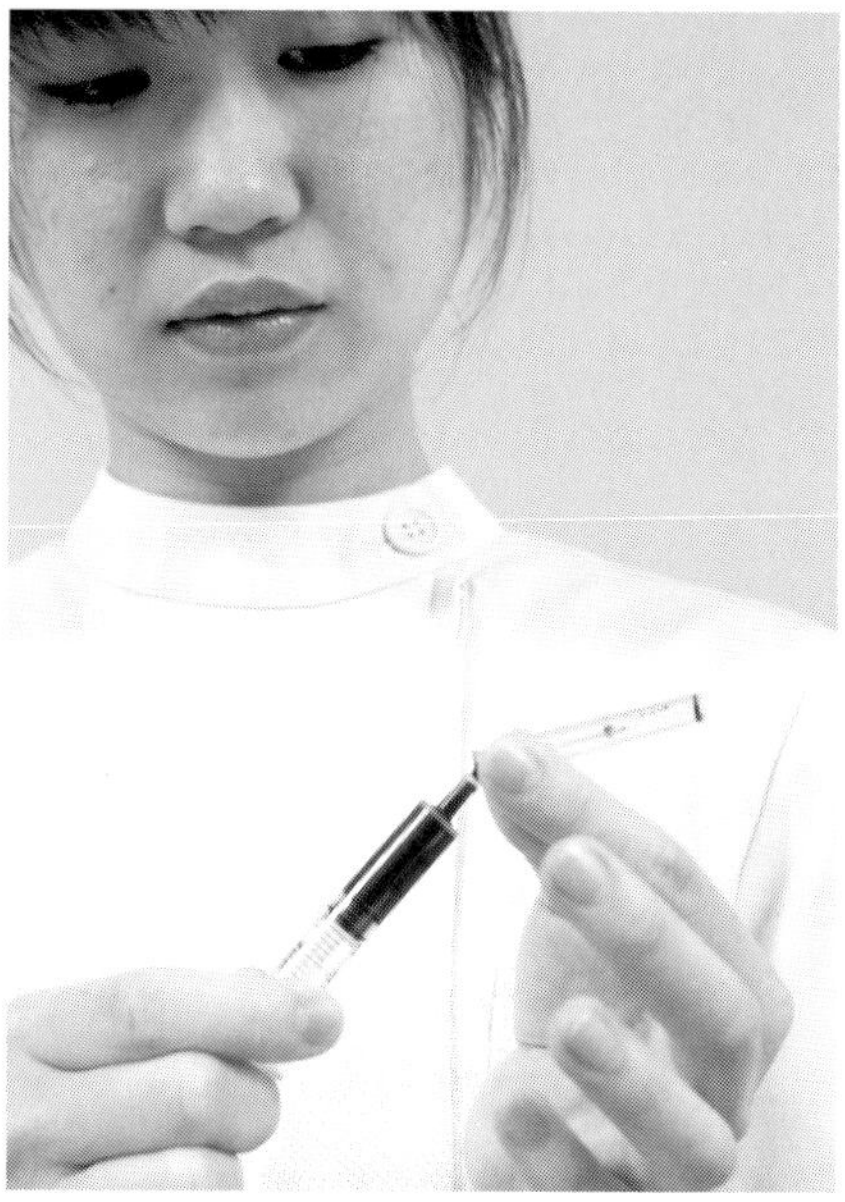

獣医師が必要な量の血液を採取したら、注射器を獣医師から受け取り、シリンジから針を外します。その際、針刺し事故を防ぐため、注射針に必ずキャップをつけてから外すようにします。

6 一般血液検査（CBC）①

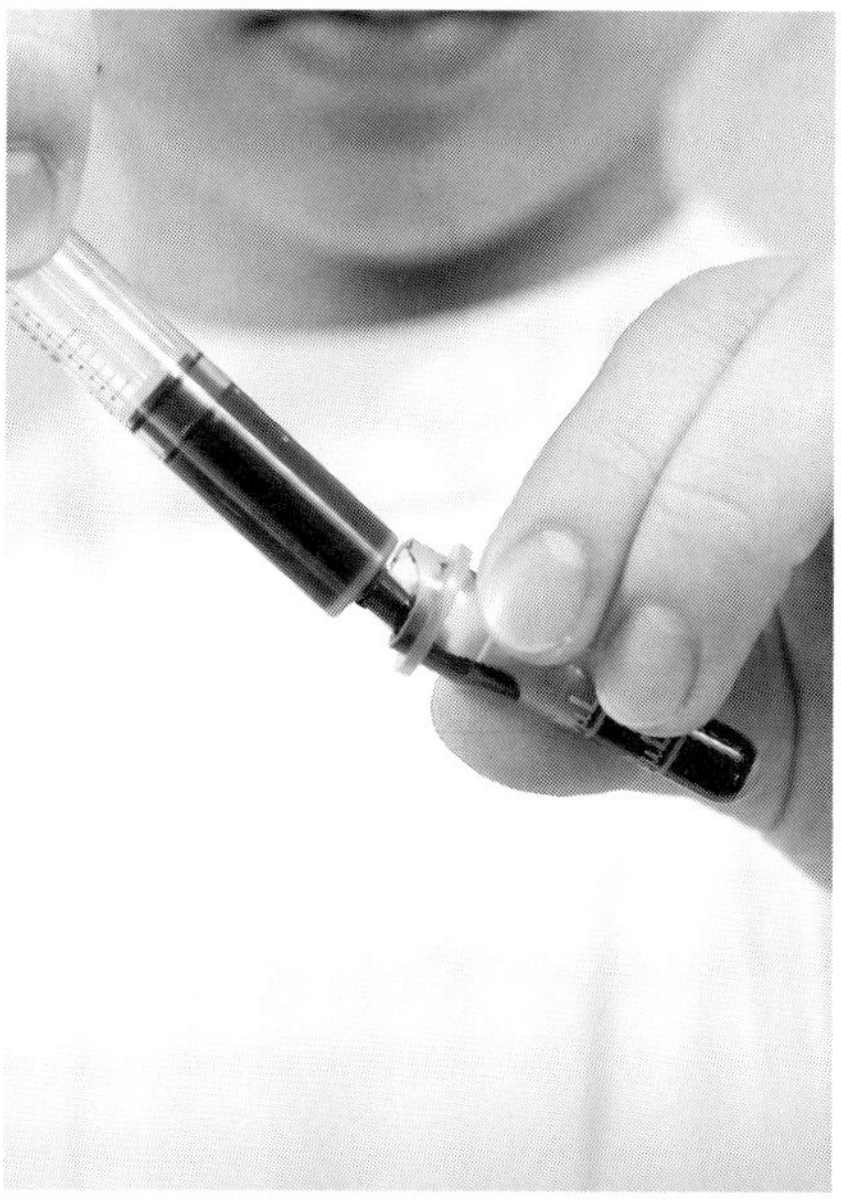

抗血液凝固剤（EDTA）の入った分注容器に、シリンジから血液を入れます。血液を分注容器の管壁に沿わせるように静かに注入していきます。

7 一般血液検査（CBC）②

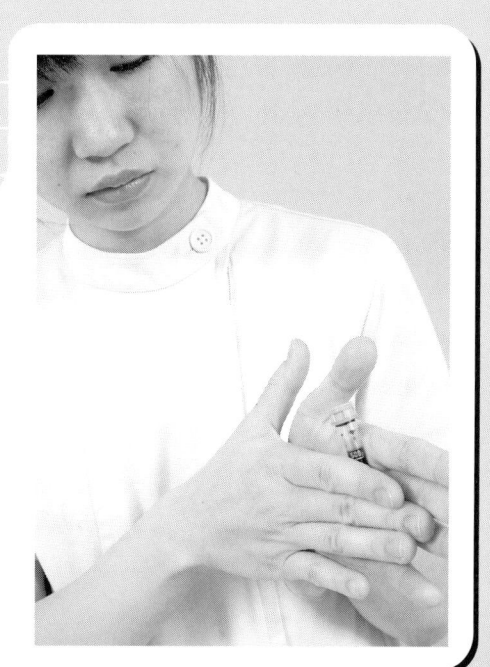

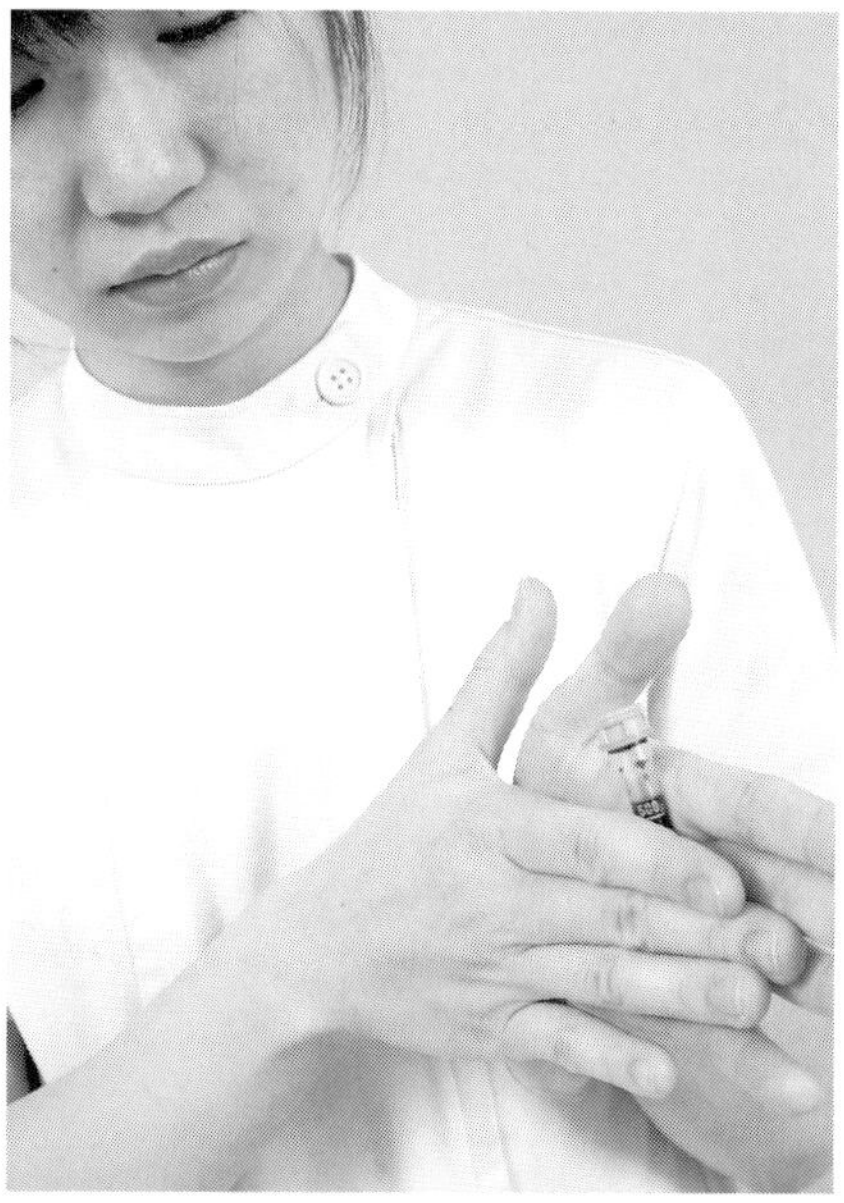

採血してから時間がたつと、血球が沈澱して血清と分離してしまいます。そのため、CBCの検査機器にセットする前には、両方の手のひらで試験管をはさんで拝むように軽く回し、全体を混ぜておきます。

8 血中血球容積検査（PCV）①

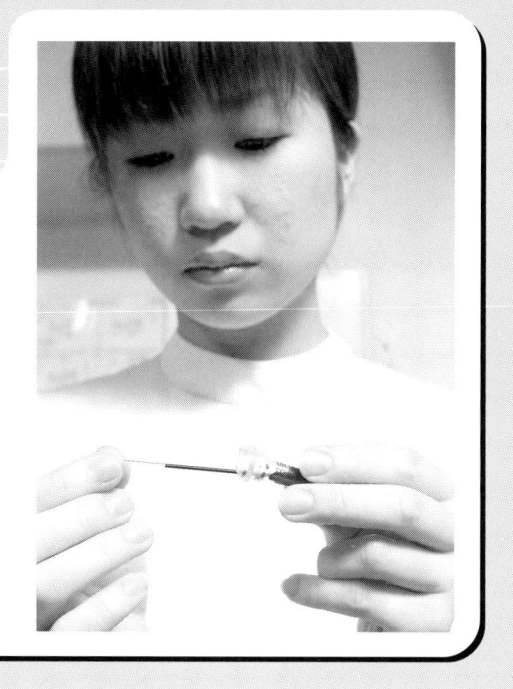

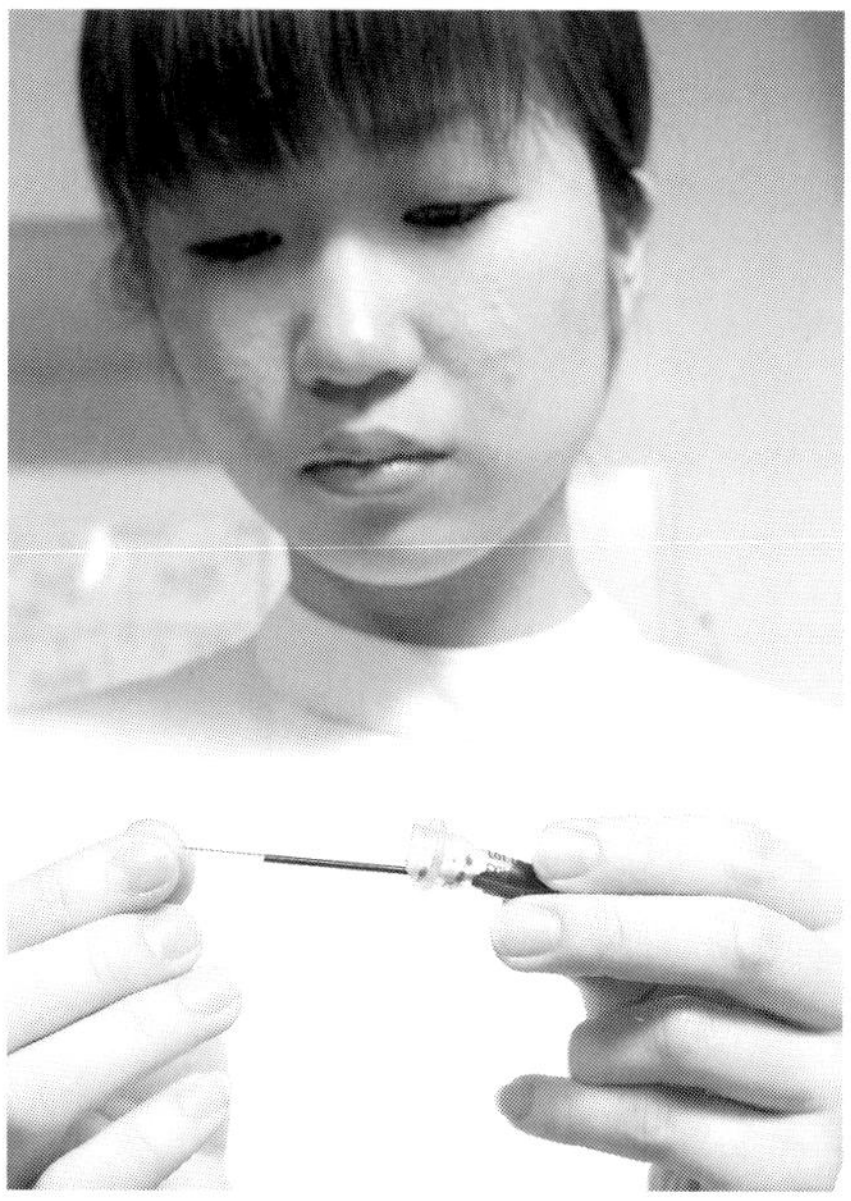

7の分注容器から、PCVの検査用の血液を毛細管に移します。毛細管の先を分注容器の中に入れ、軽く傾けると毛細管の中に血液が入ってきます。傾けすぎると血液がこぼれるので、毛細管の角度に注意しながらゆっくりと行います。

9 血中血球容積検査（PCV）②

毛細管の先端をパテに刺し、片側に封をします。毛細管は折れやすいので、パテに刺すときは下の方を持ち、力加減に注意します。

10 血中血球容積検査（PCV）③

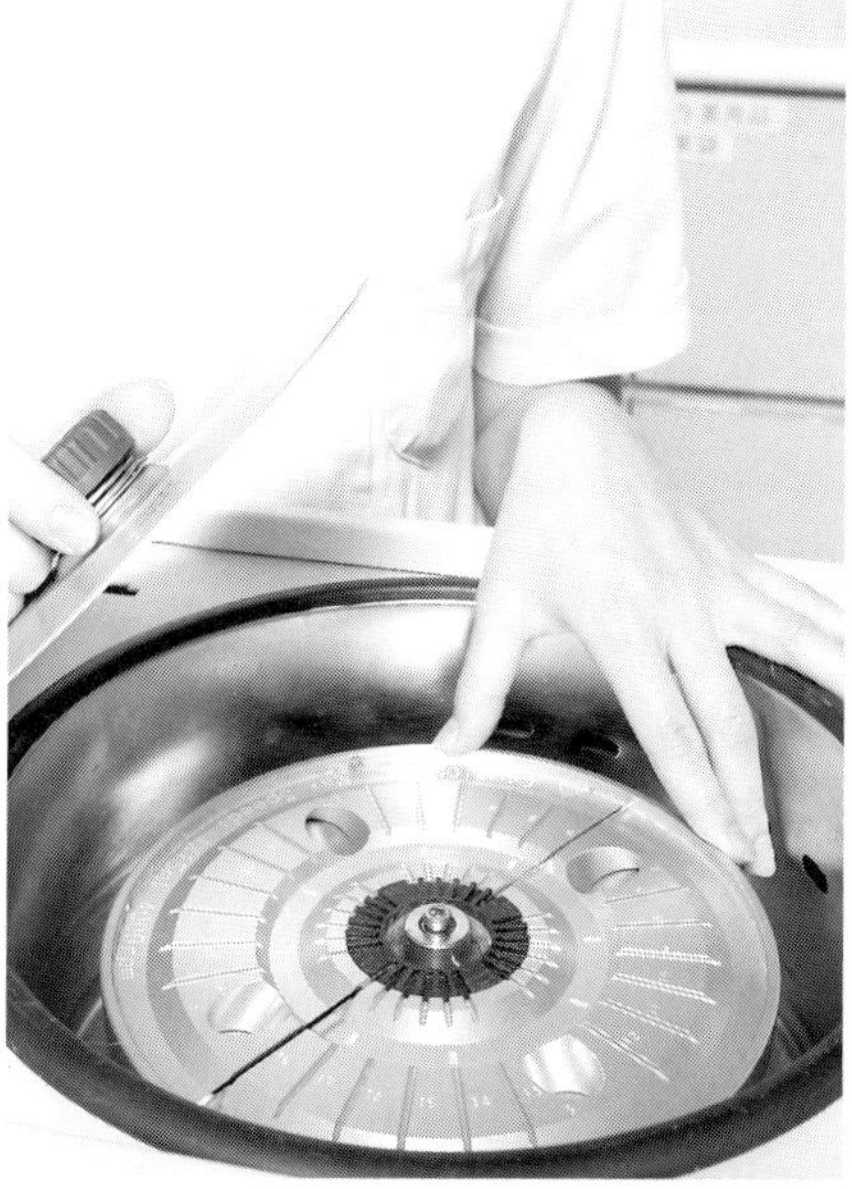

毛細管を遠心分離機にセットします。検体が1本だけの場合は、染色液で色をつけた水を入れた毛細管を反対側にセットして遠心力のバランスを取ります。写真では、手前が血液、奥がバランス調整のための毛細管です。

11 血中血球容積検査（PCV）④

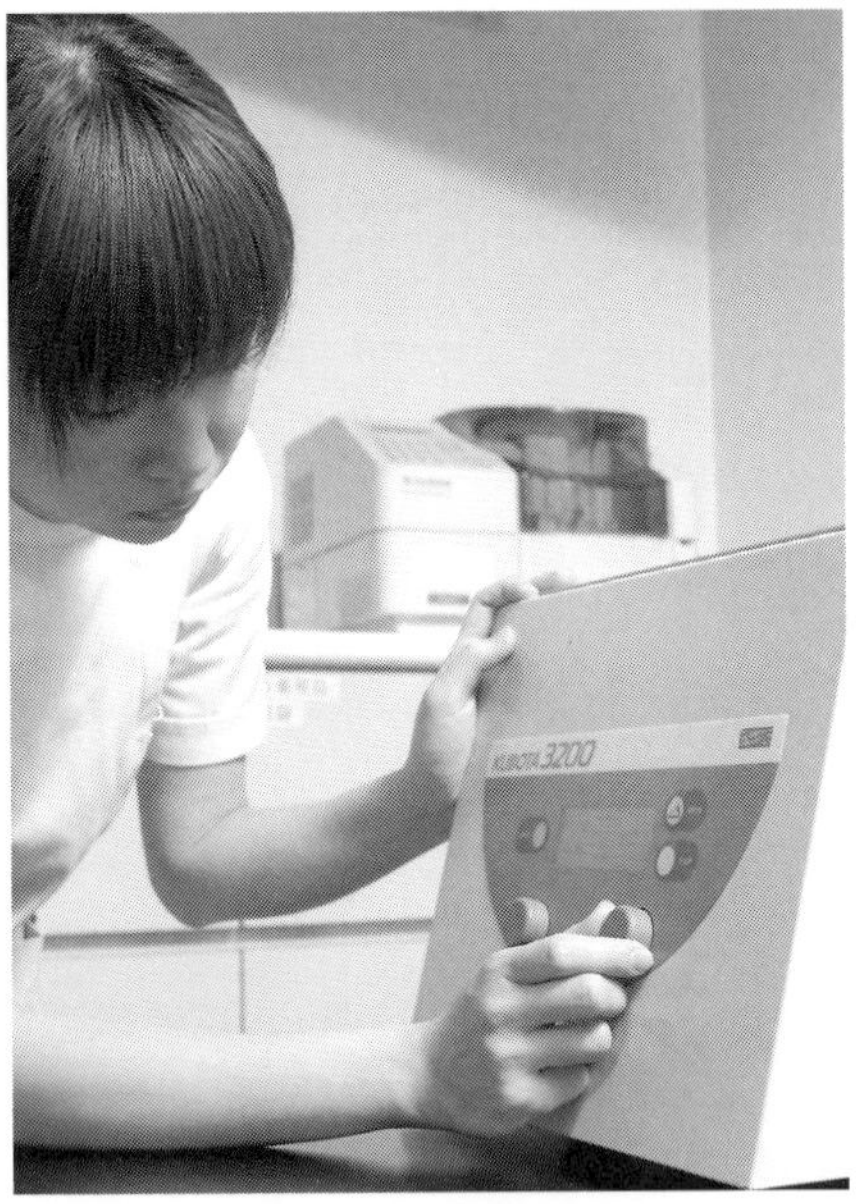

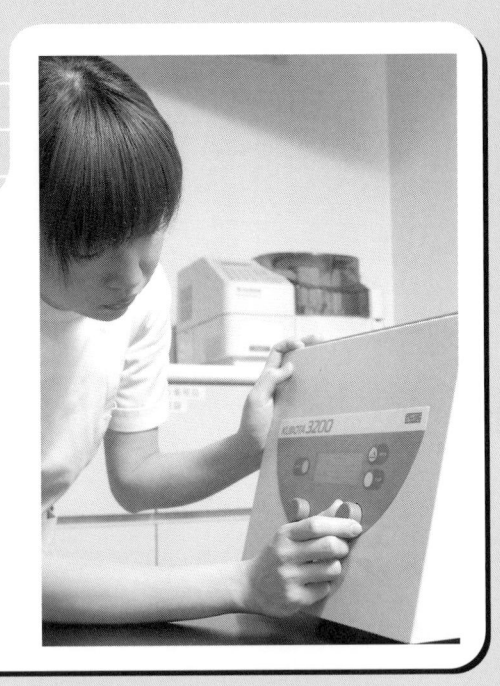

遠心分離機の内ぶたと外ぶたをしっかり閉め、回転数と時間を正しくセットします。PCVの場合、1万回転で5分間が基本です。

12 血中血球容積検査（PCV）⑤

遠心分離が終わった毛細管をPCV測定板の保持スケールにセットします。その後、読み取り用スケールを正しい位置まで動かし、右端の数値を読み取ります。

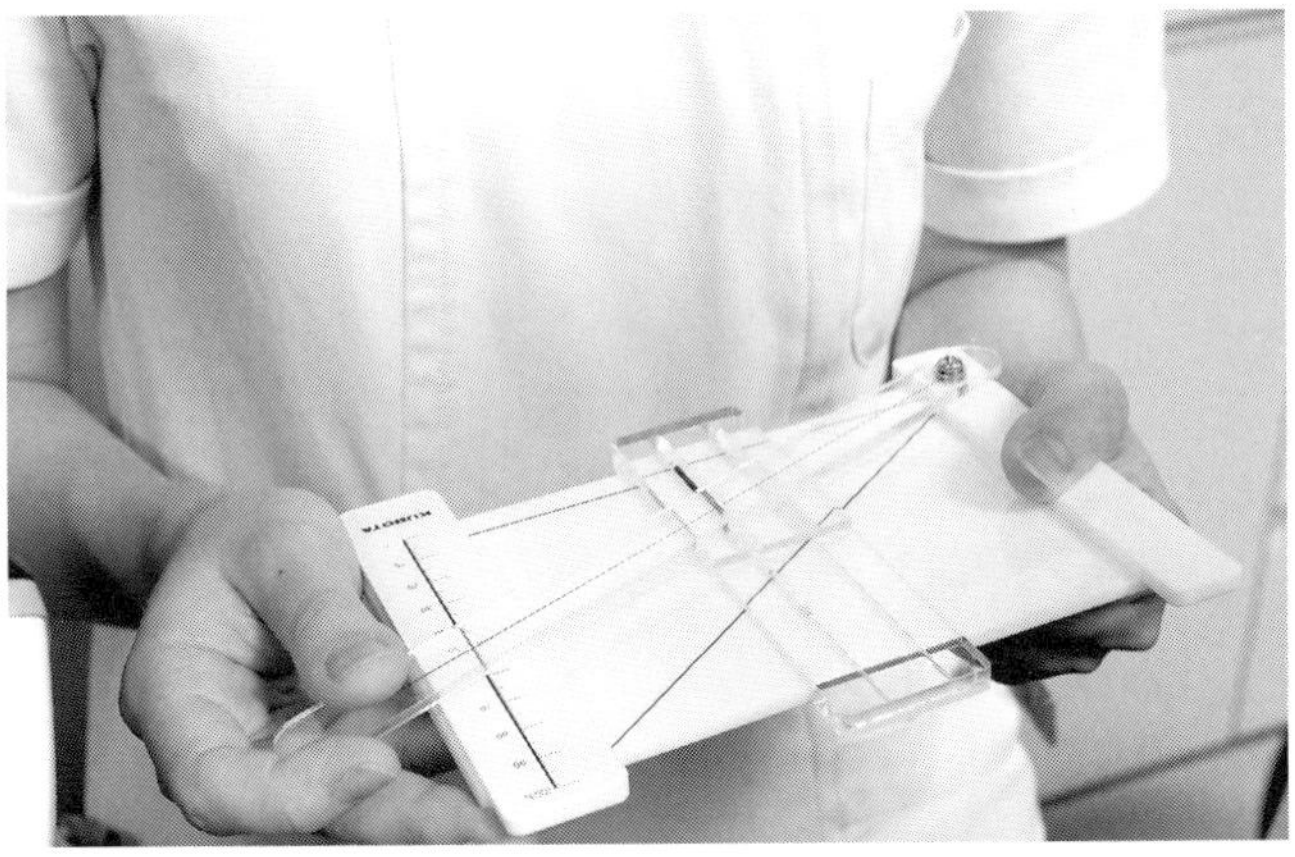

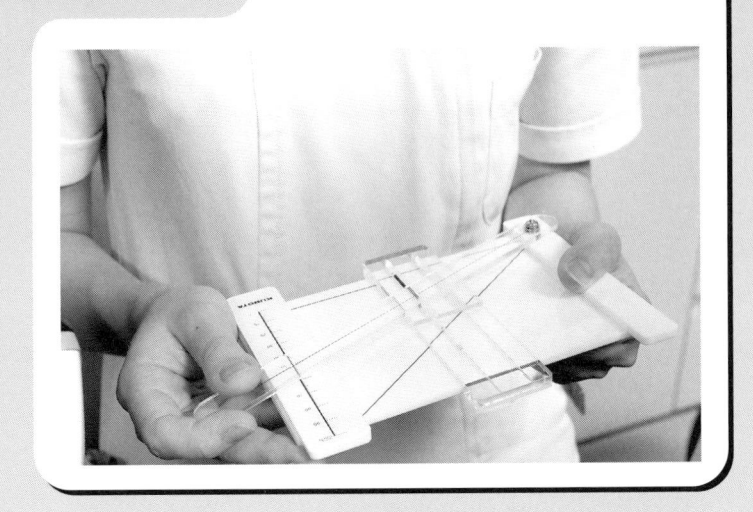

13 血液生化学検査①

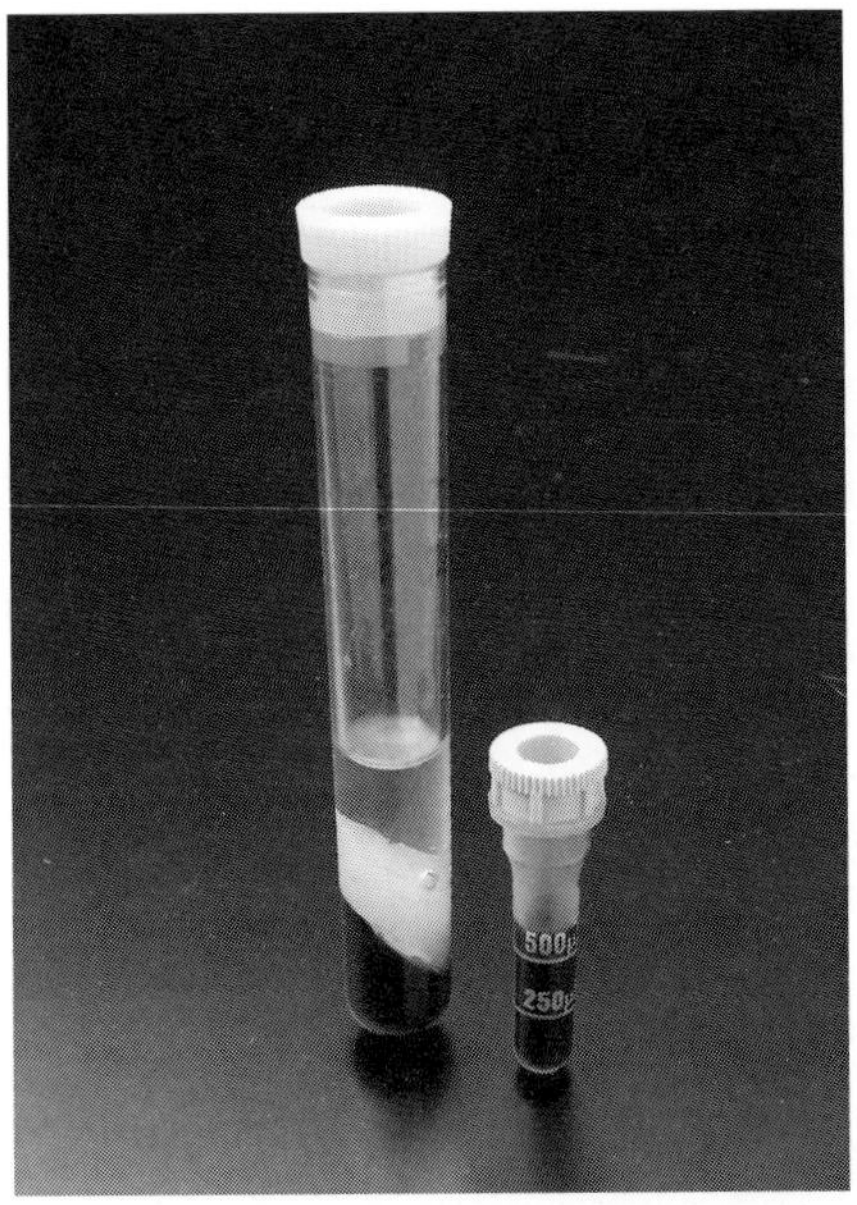

血液生化学検査は、全血、血清、血漿のいずれでも行うことができます。どれを使用するかによって測定機の設定が違うので、あらかじめ確認しておきます。写真は、左が遠心分離機にかけて血清を分離したもの、右が全血です。

14 血液生化学検査②

血液を遠心分離する場合は血液を入れた分注容器のふたをし、遠心分離機にかけます。遠心力のバランスを取るため、分注容器は等間隔にセットする必要があります。検体が2本の場合は左右対称（180度間隔）に、3本の場合は120度間隔にセットします。

15 血液生化学検査③

血清を分離する場合は、試験管にシリコンの入ったものを使用すると便利です。普通の試験管より、血清の分離がきれいにできます。

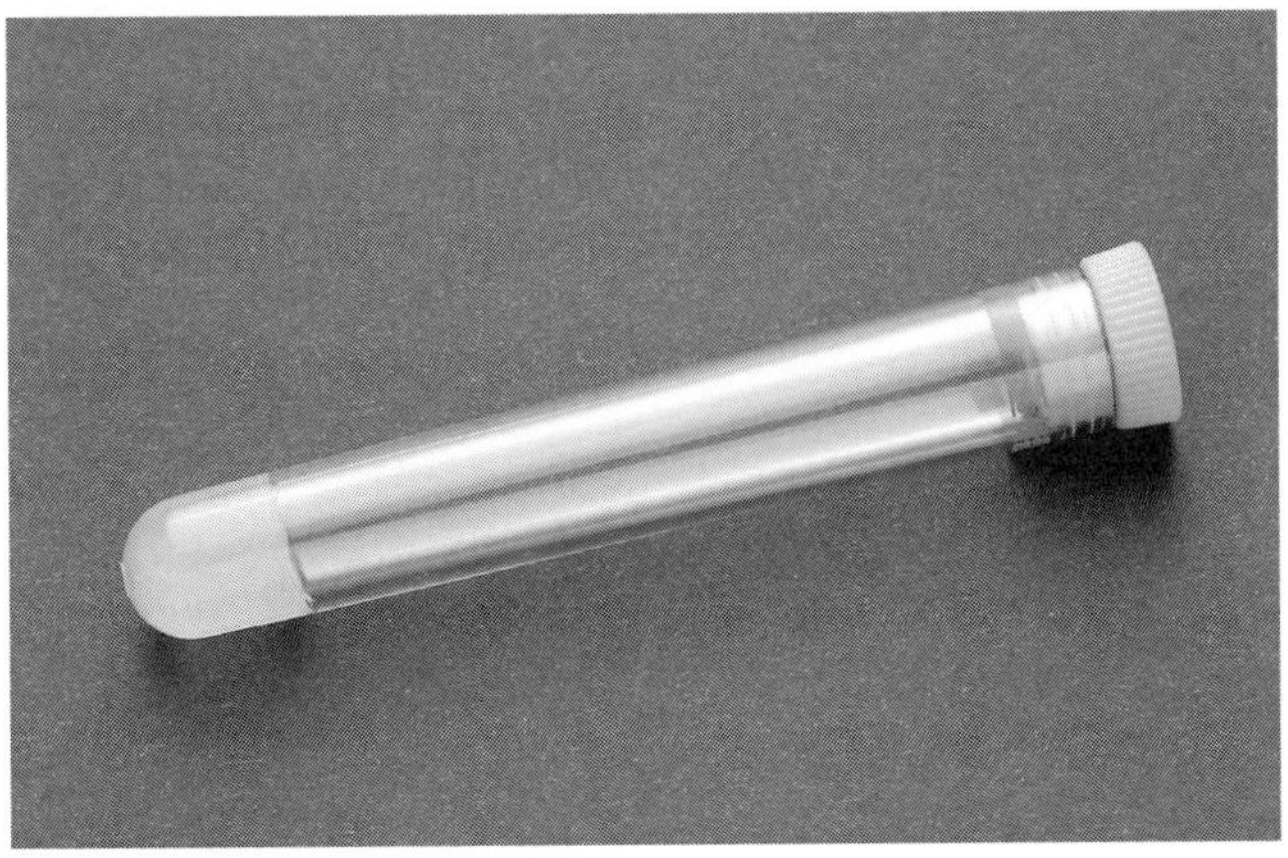

16 血液生化学検査④

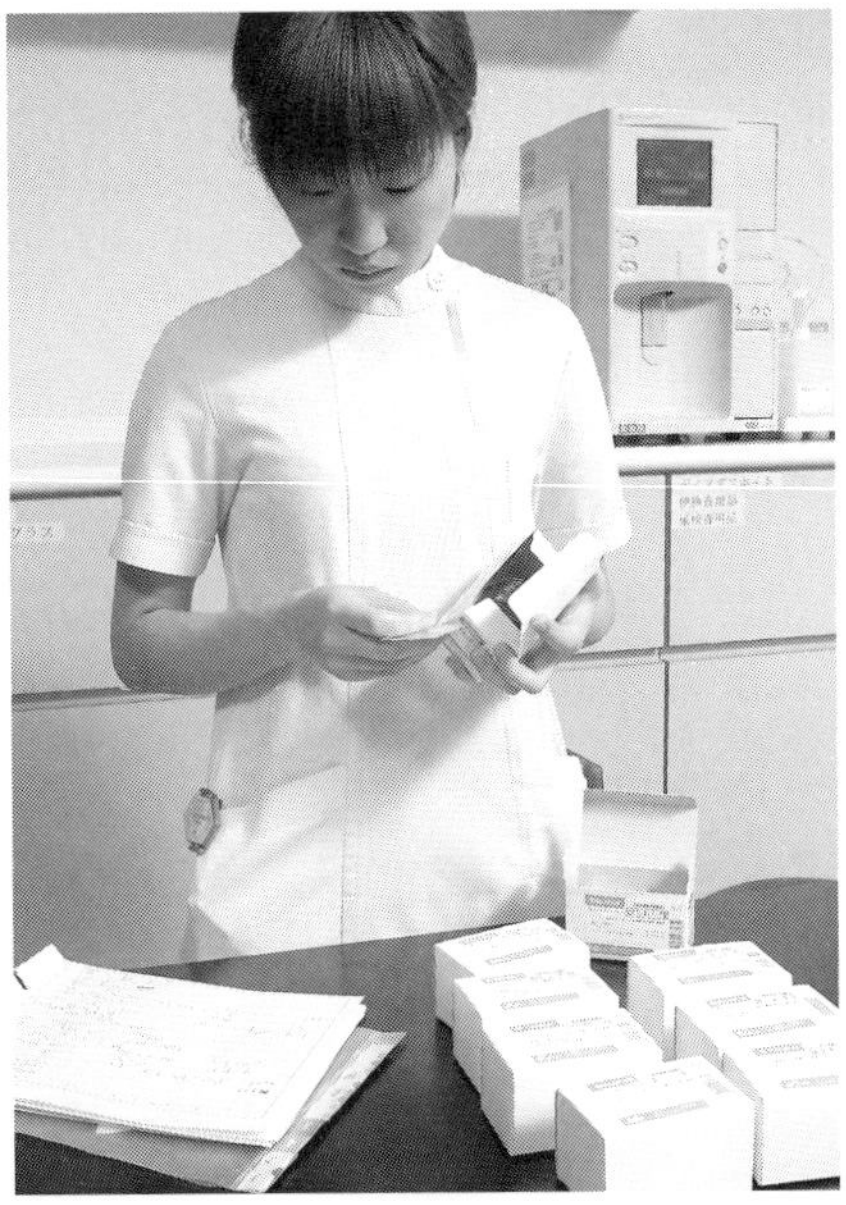

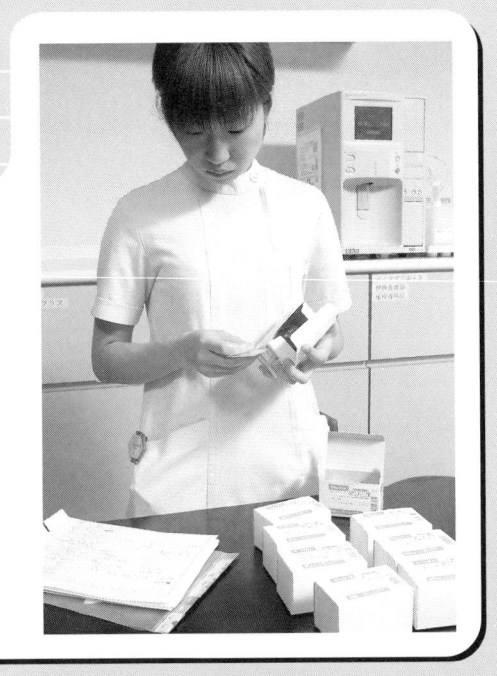

血液生化学検査は、検査内容によって使用する試薬が違います。獣医師の指示に従って必要な検査をスムーズに行えるよう、どの検査にどの試薬を使うのか、日頃から正しく把握しておきます。

7. 尿検査

基本的な検査の種類と方法

尿検査は、膀胱炎や腎臓病の疑いがあるとき、または一般の健康診断のために行います。正しい結果を出すためには、できるだけ新鮮な尿を使うことが大切。採尿してから時間がたつと細菌などが繁殖するうえ、結晶ができたり、逆に消えてしまうこともあるからです。また、病気によっては、自然排尿したものではなく、カテーテルや注射針で直接膀胱内から採取した尿を使うこともあります。

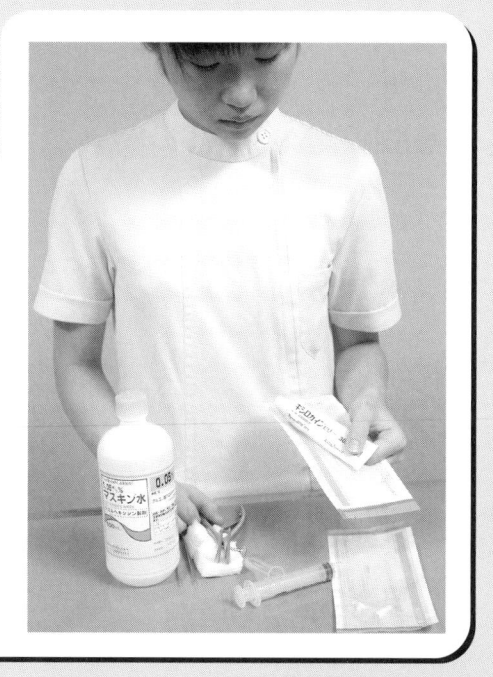

1 飼い主さんに採尿してもらう

受付で飼い主さんに採尿スポンジなどを渡して使い方を説明し、動物の尿を採ってきてもらいます。正しい検査結果を出すため、尿検査には必ず新鮮な尿を使う必要があります。

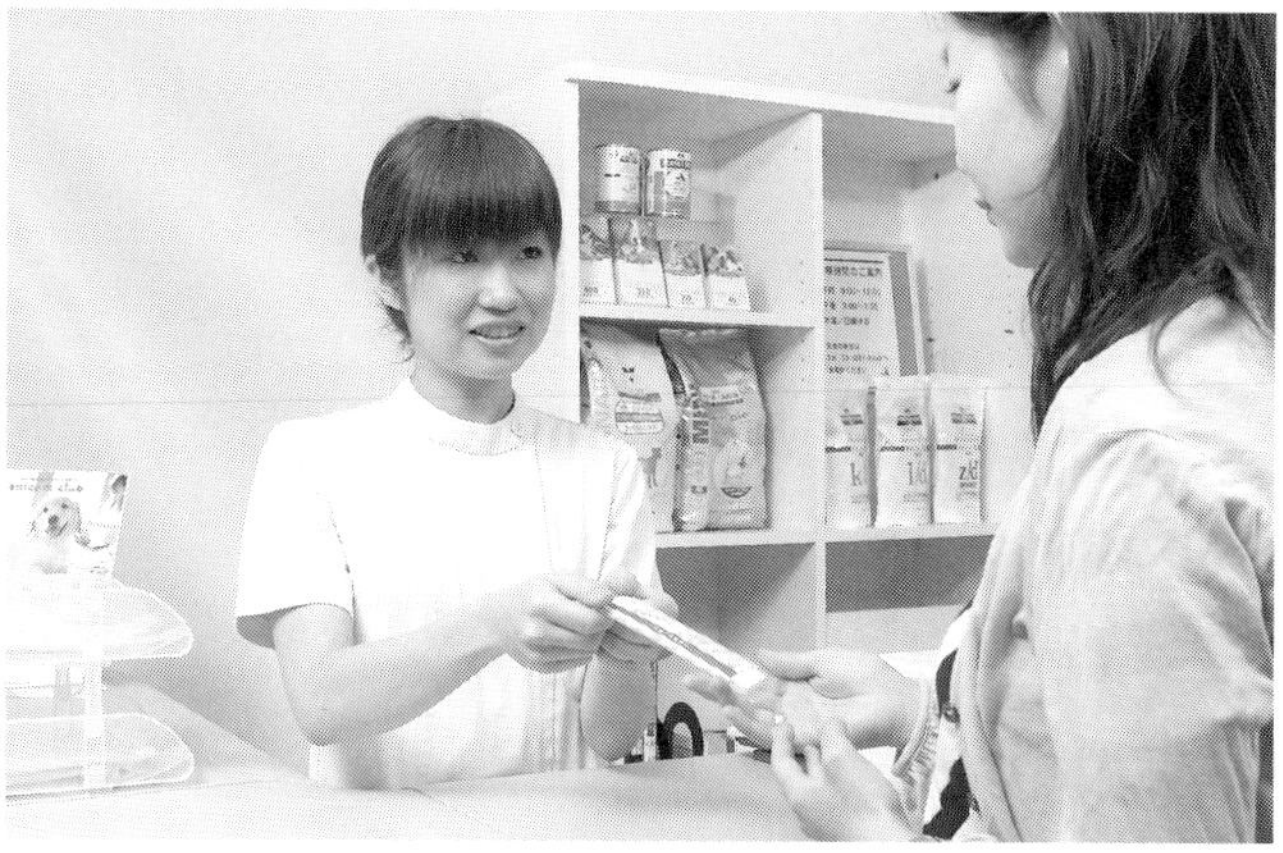

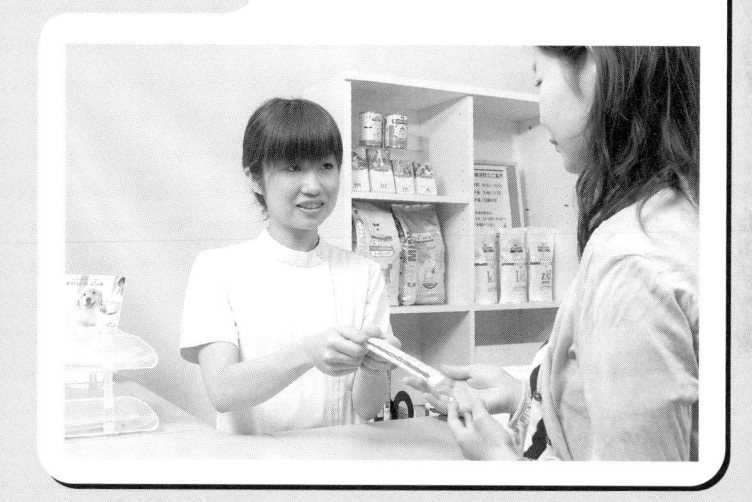

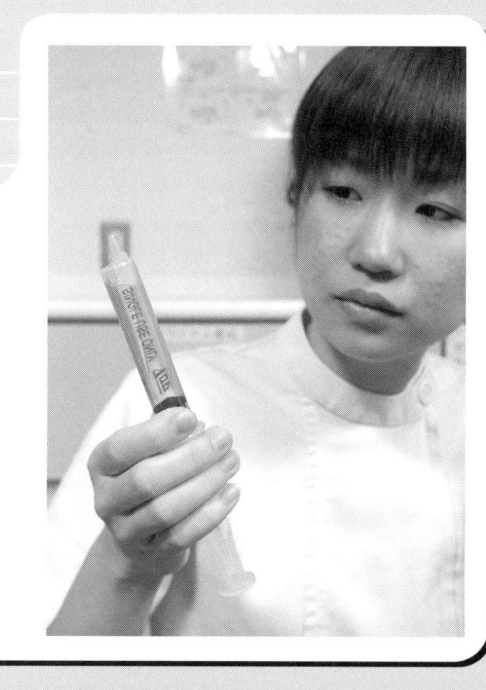

2 採尿した時刻を記録する

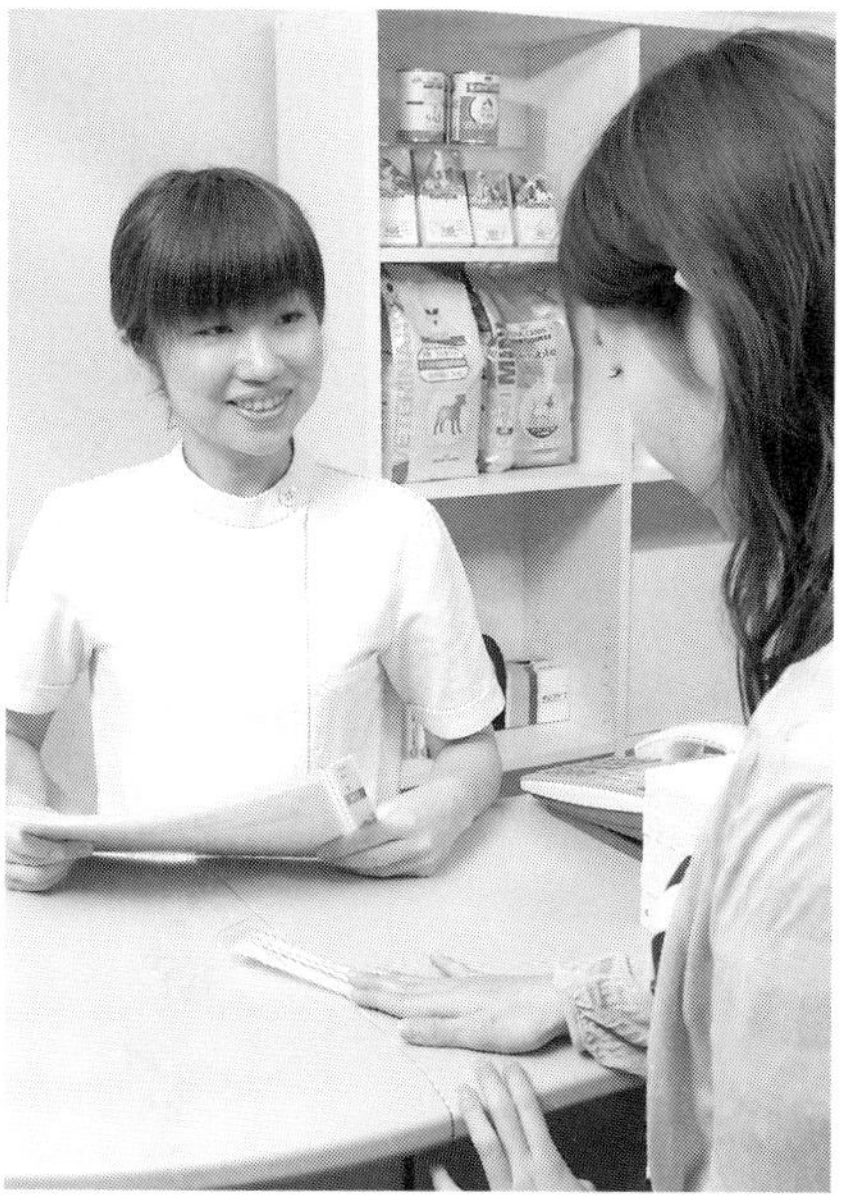

飼い主さんが検査用の尿を採ってきたら、時刻を確認し、カルテに採尿時刻を記入しておきます。採尿した後、時間の経過に従って検査値が変化することもあるので、採尿時刻は正確に書くこと。

3 カテーテルによる採尿

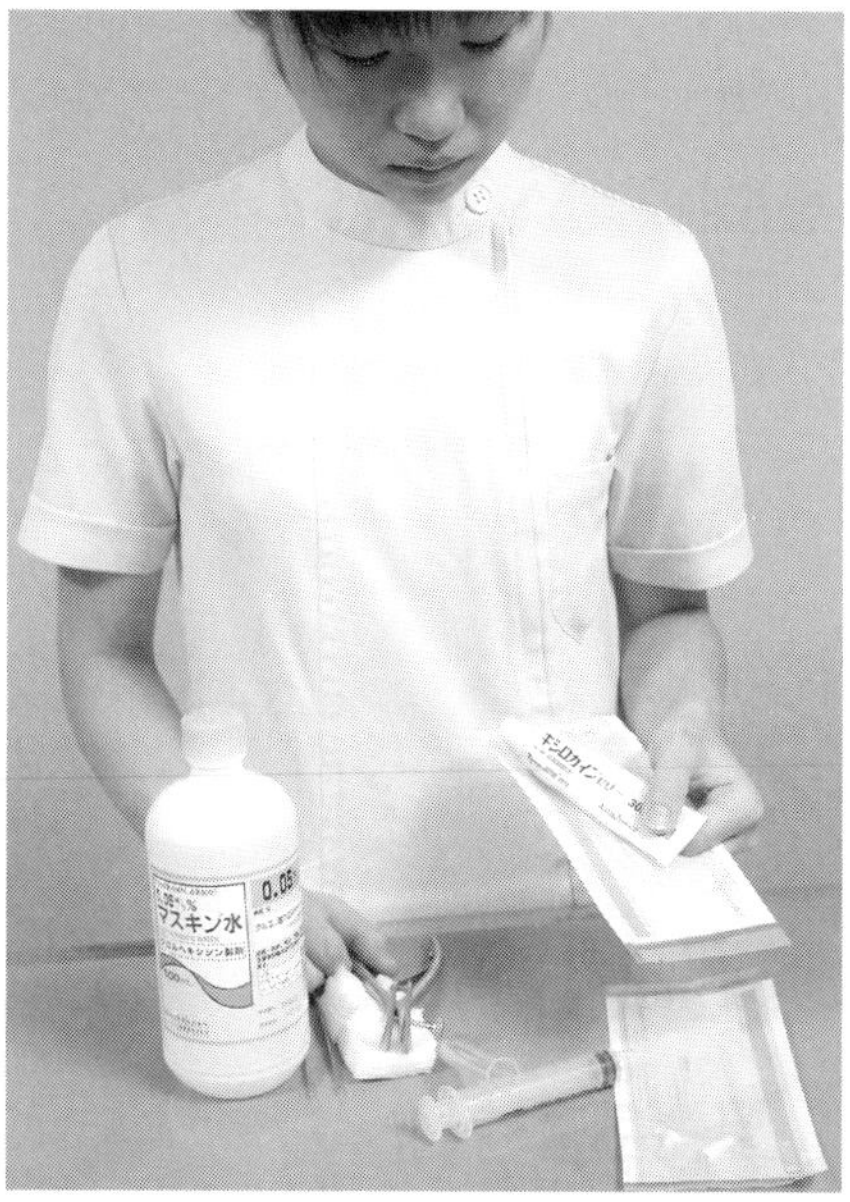

病気によっては、カテーテルで膀胱内の尿を採る必要があります。カテーテルとシリンジのほか、表面麻酔と潤滑剤の働きをするキシロカインゼリー、陰部を消毒するための粘膜用消毒薬を用意します。雌の場合は、陰部を開く膣鏡も必要です。

4 採取した尿を観察する

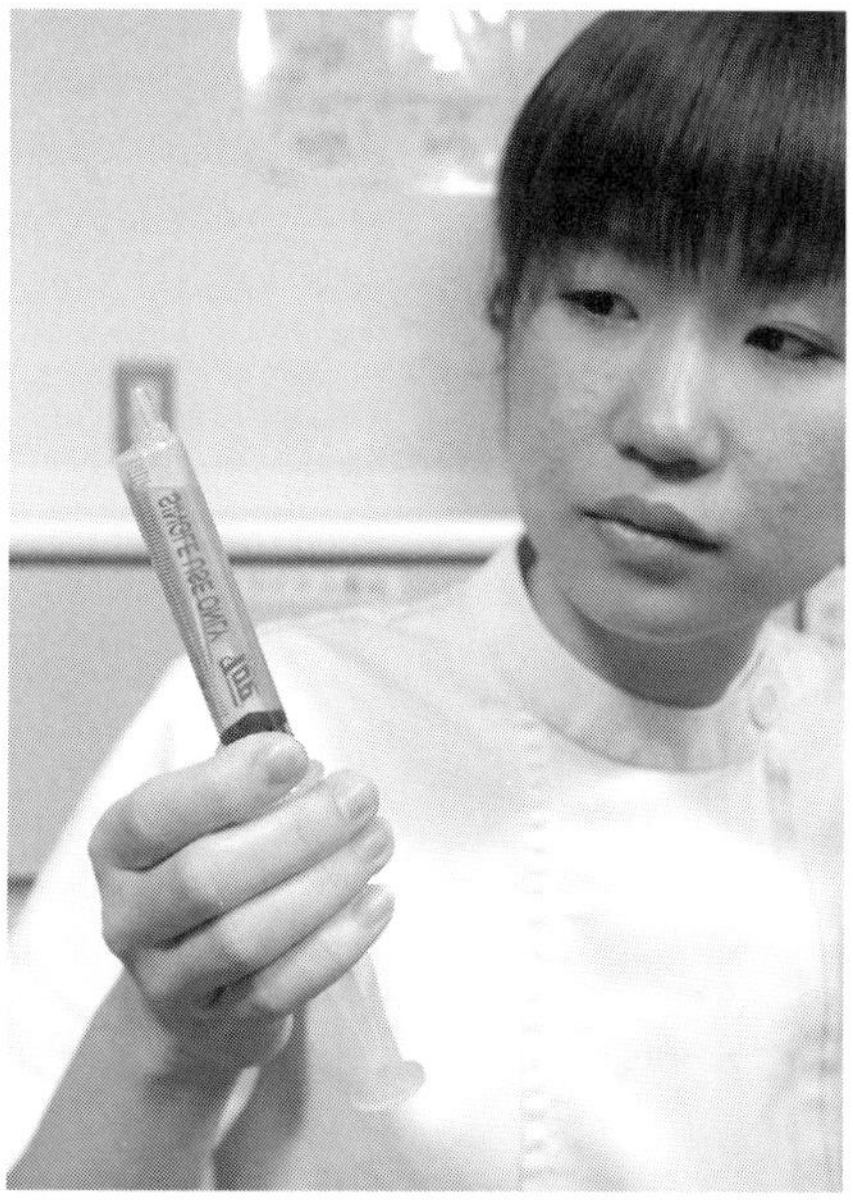

獣医師がカテーテルを膀胱まで挿入し、シリンジで吸引して採尿します。尿の入ったシリンジを獣医師から受け取ったら、まずは肉眼で検体を観察します。

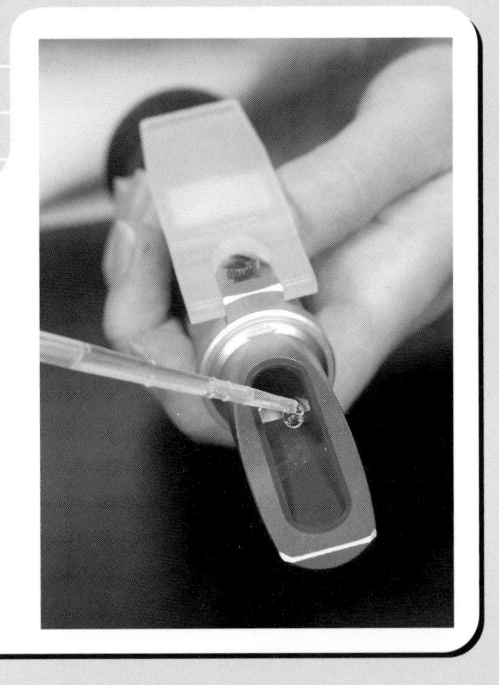

5 細菌培養検査をする場合の採尿

細菌培養検査をする場合は、膀胱に針を刺してシリンジで吸引する穿刺尿を使用します。穿刺尿は無菌的に扱う必要があるため、採尿した針先や尿を入れる試験管などを素手で触らないよう注意します。新しいシリンジ、注射針、アルコール綿を用意します。

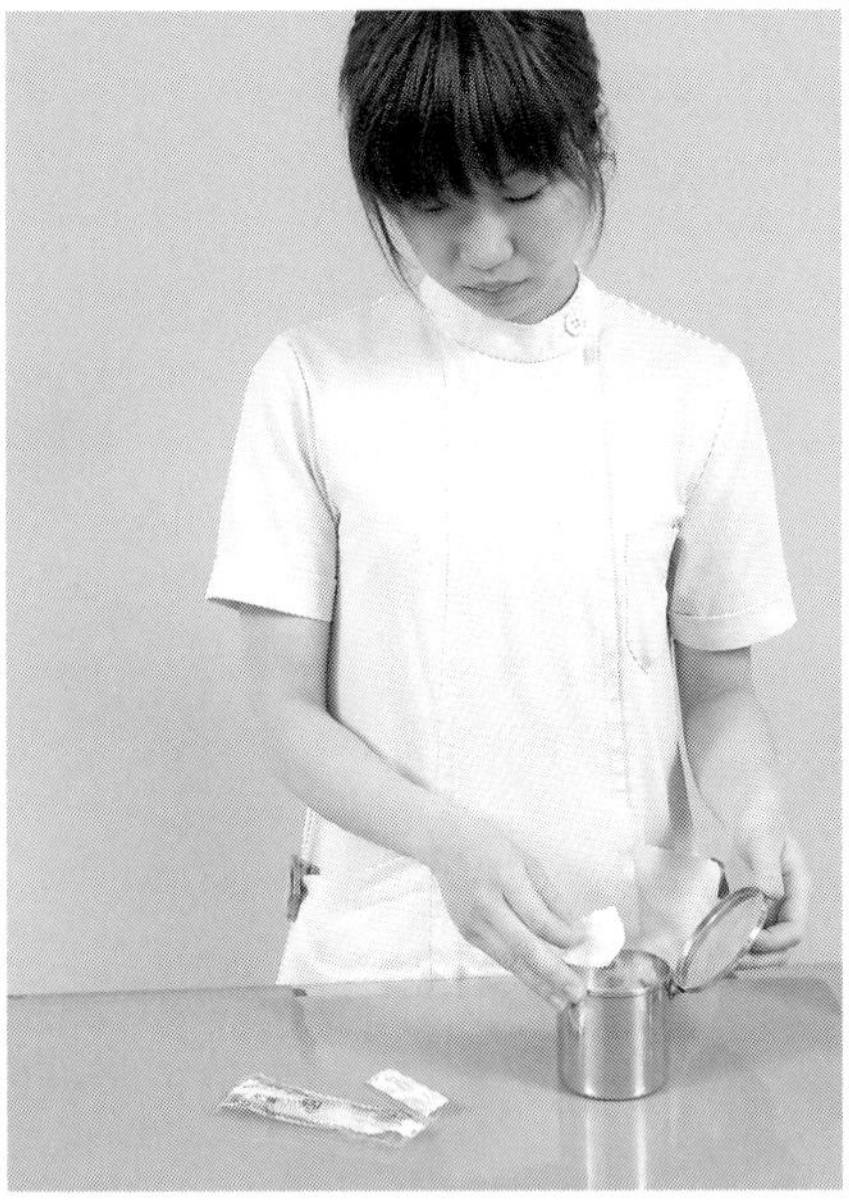

6 観察結果をカルテに記入

肉眼で尿を観察するときは、色調、透明度などを確認します。臭気などもチェックし、観察した結果などの必要事項をカルテに記入しておきます。

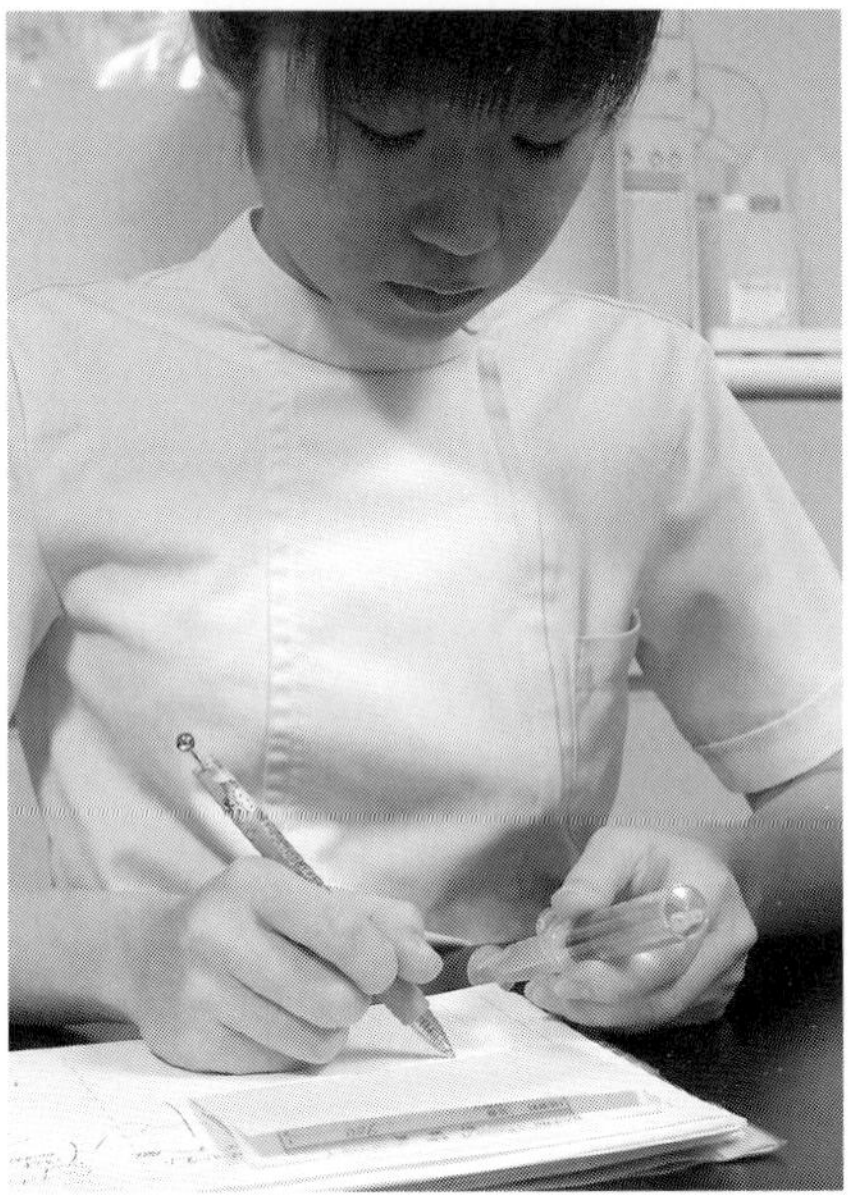

7 ペーパー検査を行う

試薬のついた試験紙にスポイトで尿を１滴ずつたらし、所定の時間、そのまま放置します。その後、試験紙の容器に印刷されている判定基準の色と見くらべ、潜血、糖などそれぞれの結果をカルテに記入します。

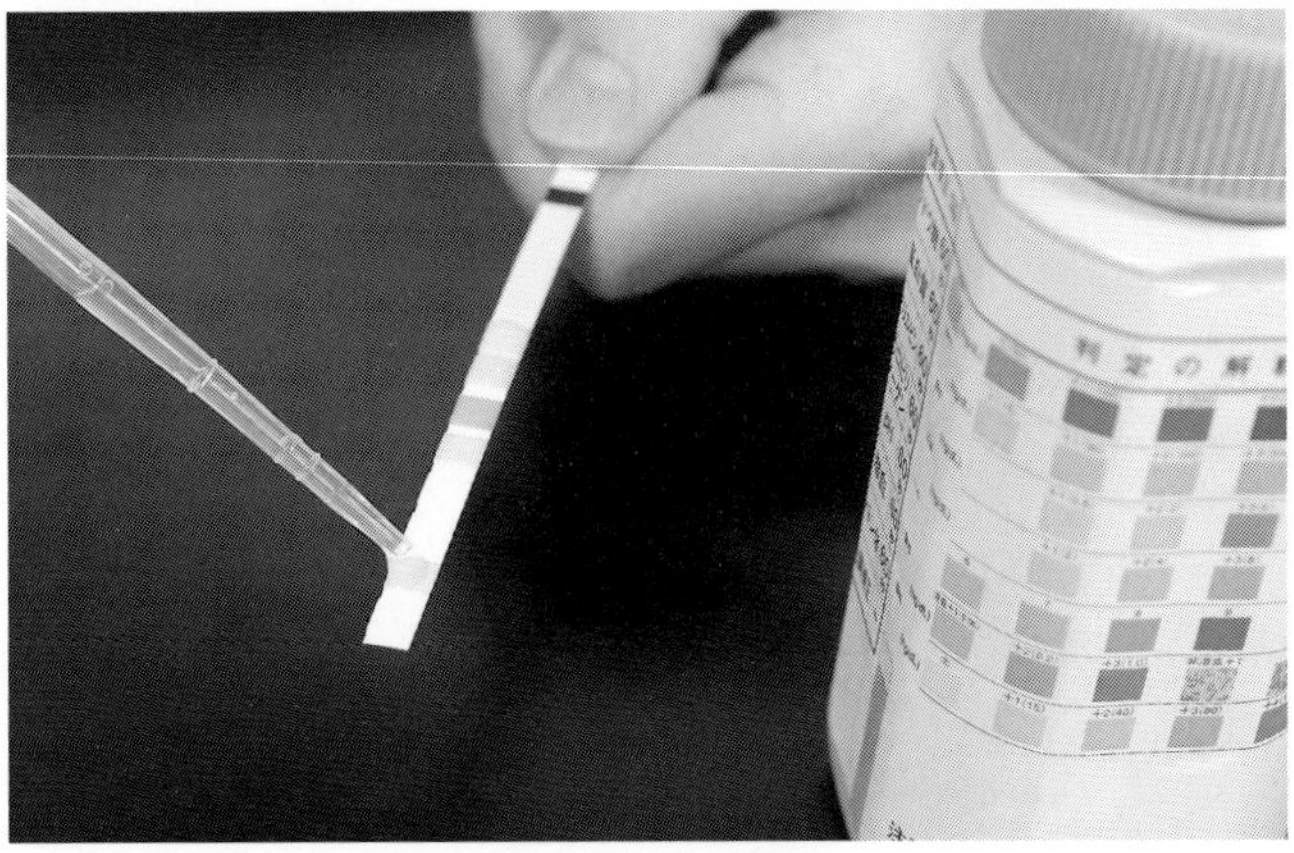

8 尿比重を測定する①

尿比重を測定するために、屈折計の採光板を開けてスポイトでプリズム面に尿を1滴たらし、採光板を閉じます。この場合、あらかじめ蒸留水で0点を合わせておくのを忘れずに。

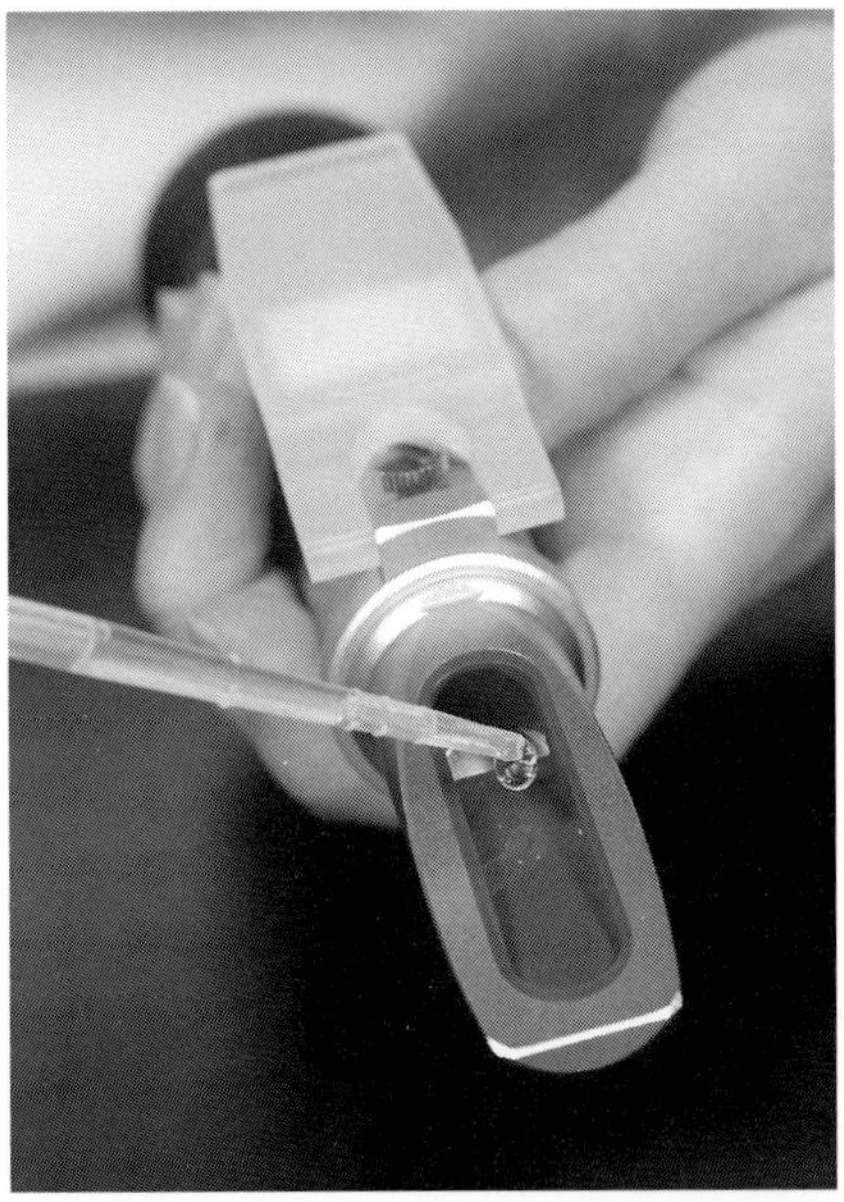

9 尿比重を測定する②

屈折計の接眼鏡をのぞきます。青い面と白い面の境界線の目盛りを読み取り、結果をカルテに記入します。

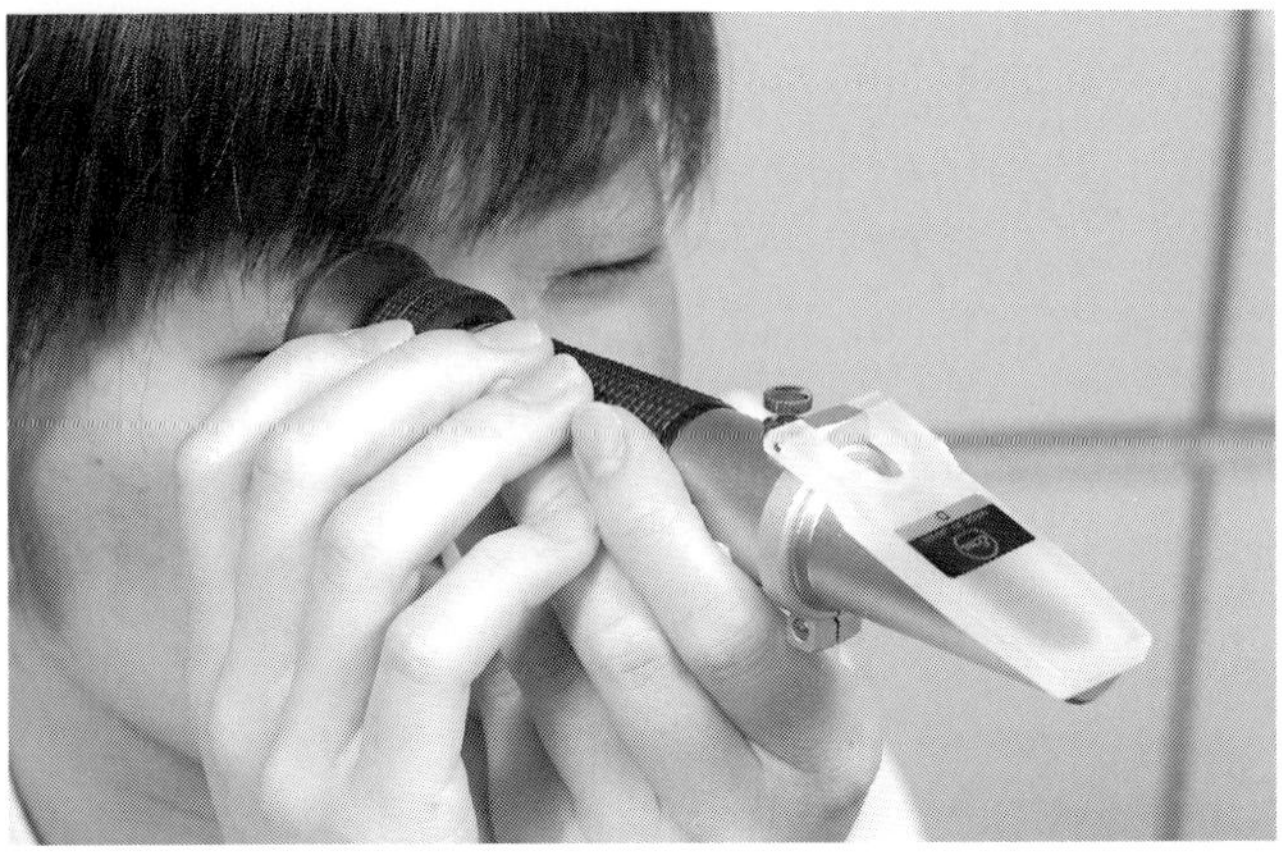

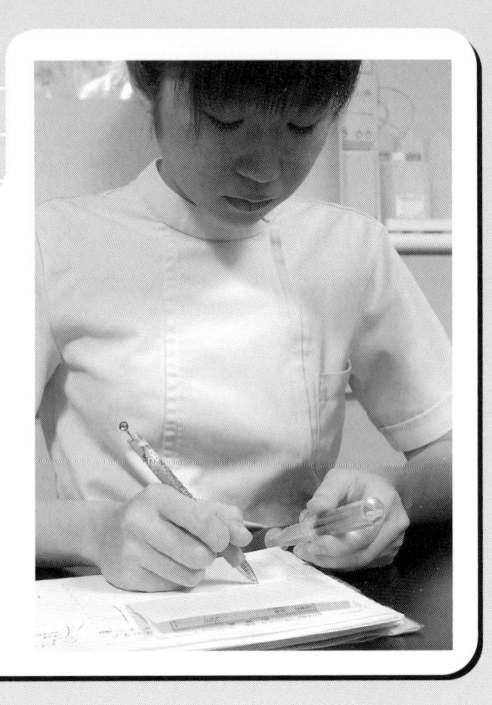

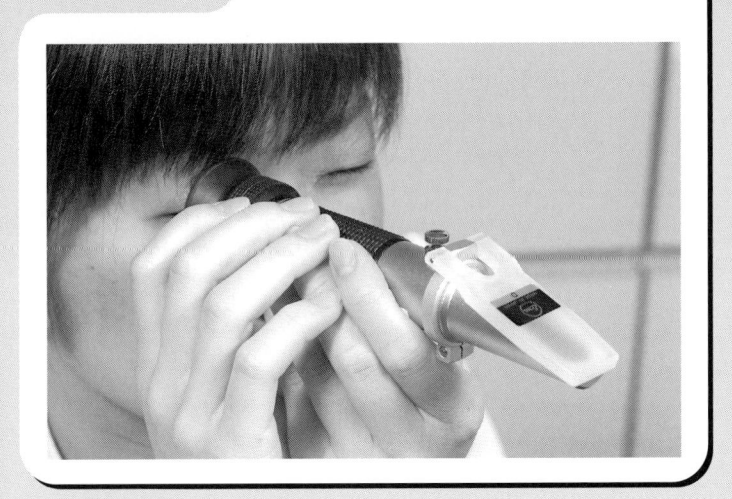

10 尿沈渣検査①

残りの尿をスピッツ管に移し、ふたをしっかり閉めます。尿沈渣検査では、尿の中に浮遊しているものを分離して集め、結晶の有無や、尿に含まれる赤血球、白血球、扁平上皮細胞などの細胞の様子を調べます。

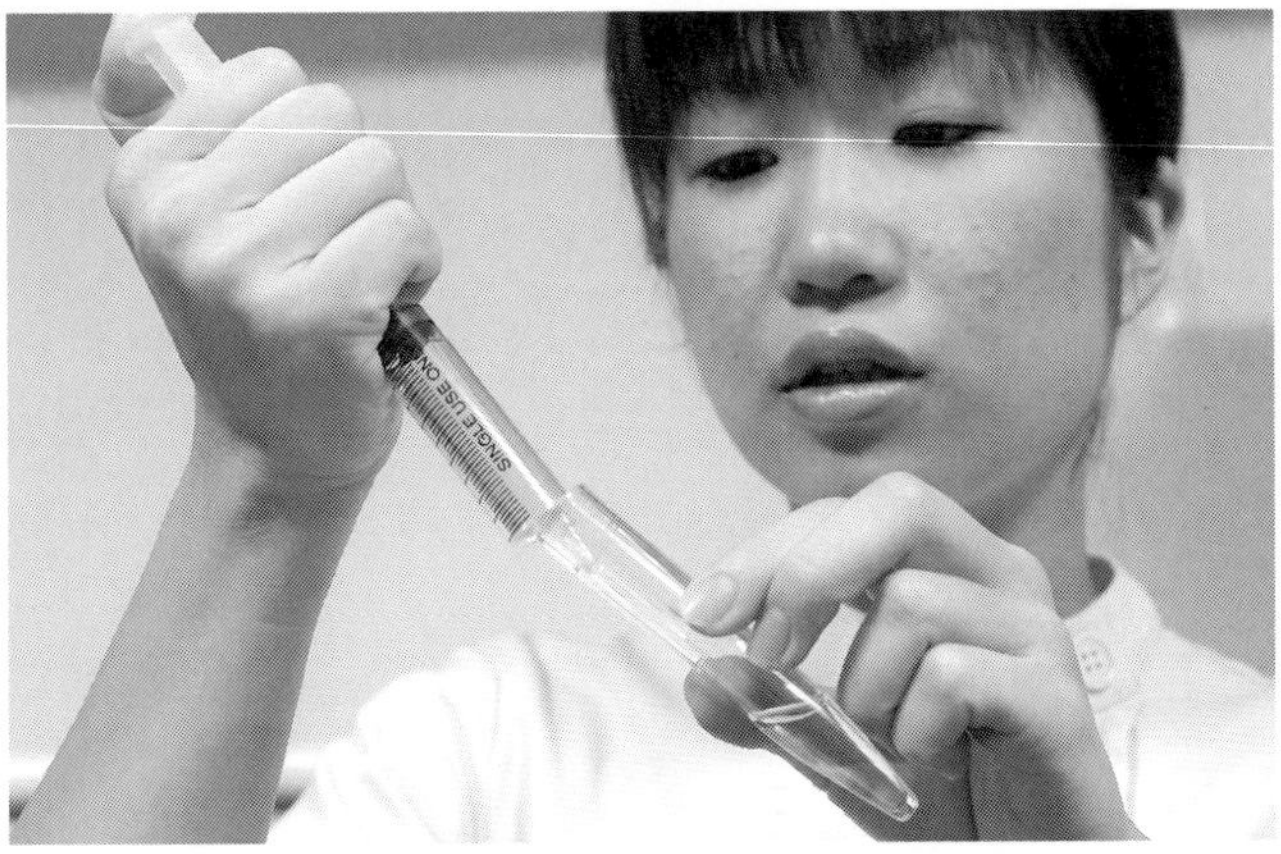

11 尿沈渣検査②

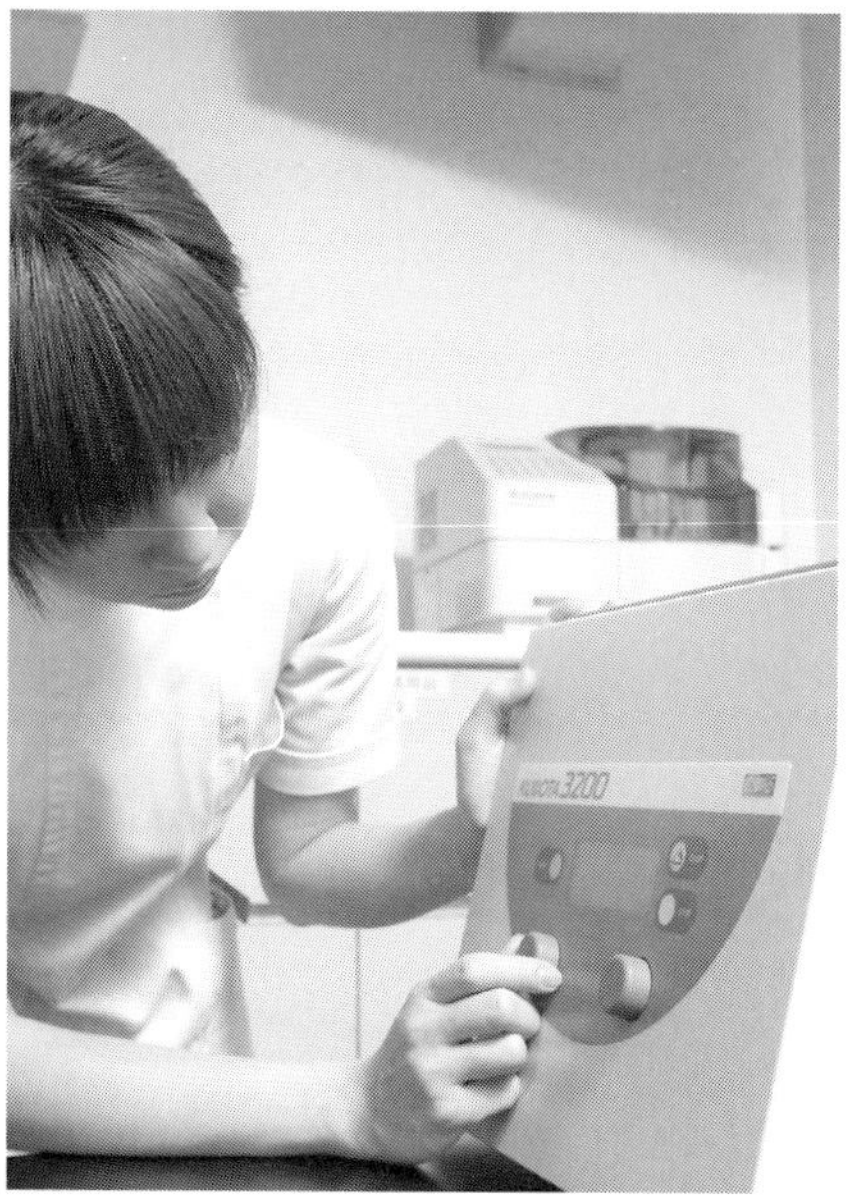

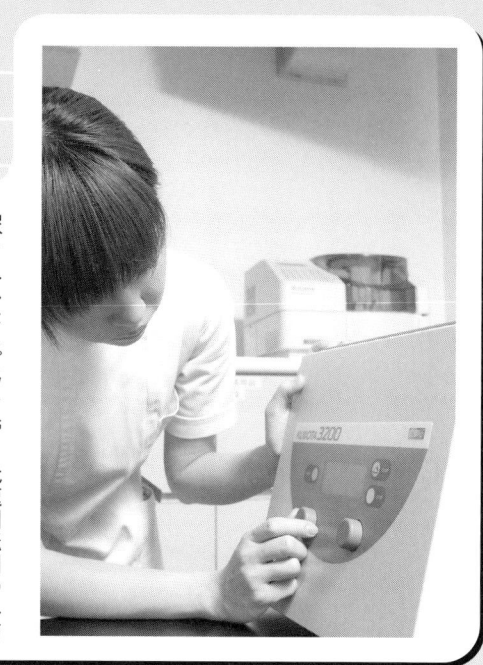

尿を入れたスピッツ管を低速回転用の外筒に入れ、遠心分離機にかけます。尿沈渣検査の場合、１５００回転で15分間が基本。バランス用のスピッツ管をあらかじめ用意しておき、等間隔にセットしてから遠心回転させます。

12 尿沈渣検査③

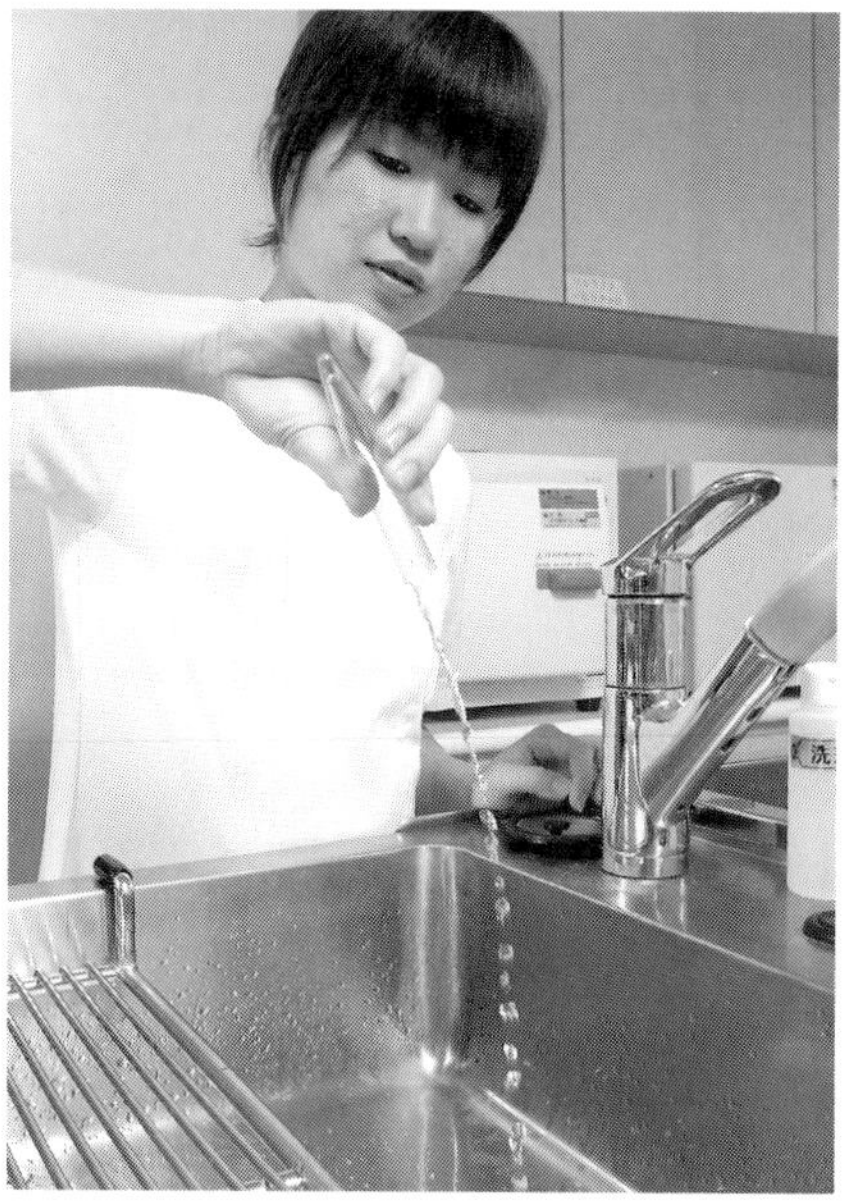

分離が終わったら、スピッツ管の中の上澄みを捨てます。スピッツ管は沈殿物が中に残りやすい構造になっているので、思いきって一気にさかさまにし、すぐに戻すようにします。ゆっくりと傾けながら捨てると、検査に必要な部分まで流れてしまいます。

13 尿沈渣検査④

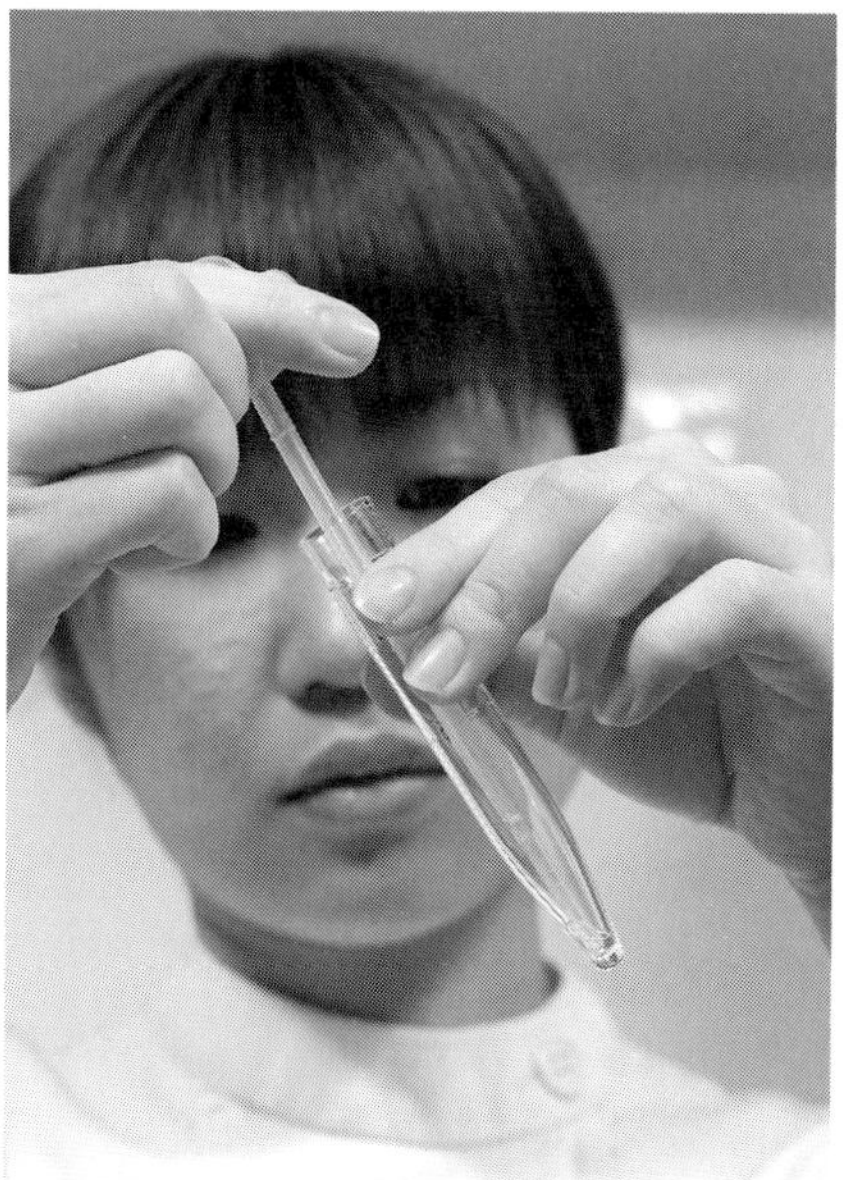

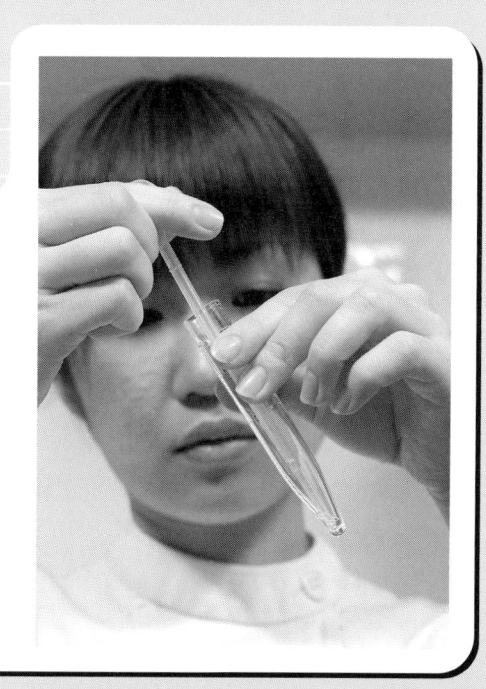

上澄みを捨てた後、スピッツ管の底の方に残っている液体を、ピペットなどで軽く混ぜてから採取します。

14 尿沈渣検査⑤

ピペットで採取した検体を、スライドグラス上に2カ所滴下します。スライドグラス上で混ざり合わないよう、十分に離して滴下するようにします。

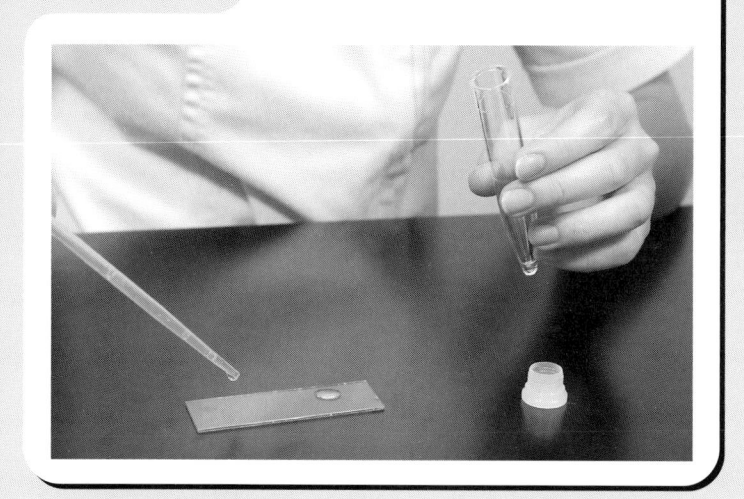

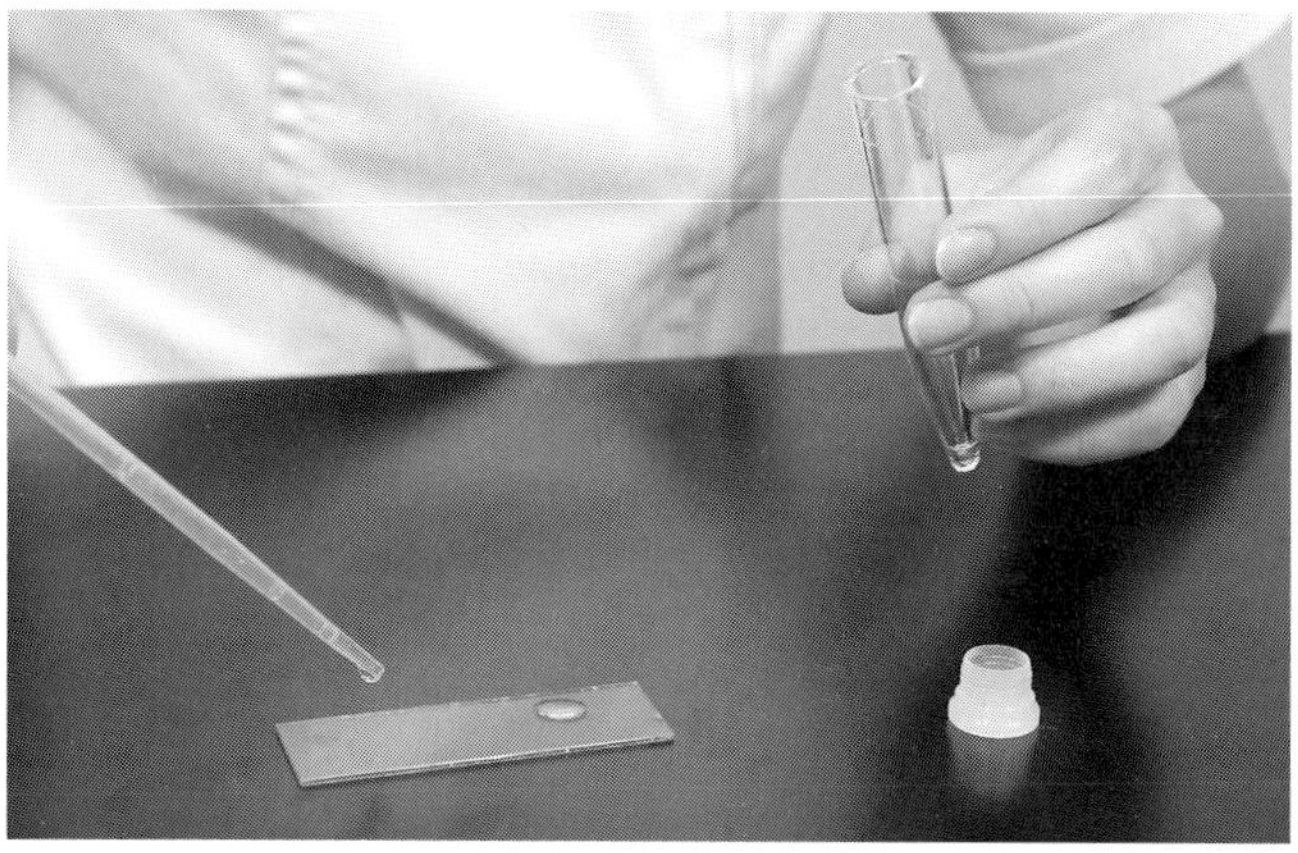

15 尿沈渣検査⑥

スライドグラス上に滴下した検体のどちらか一方に、染色液を加えます。片方だけ染色するのは、検鏡して観察する細胞や細菌に、染色した方がみえやすいものと、そのままの方がみえやすいものがあるからです。

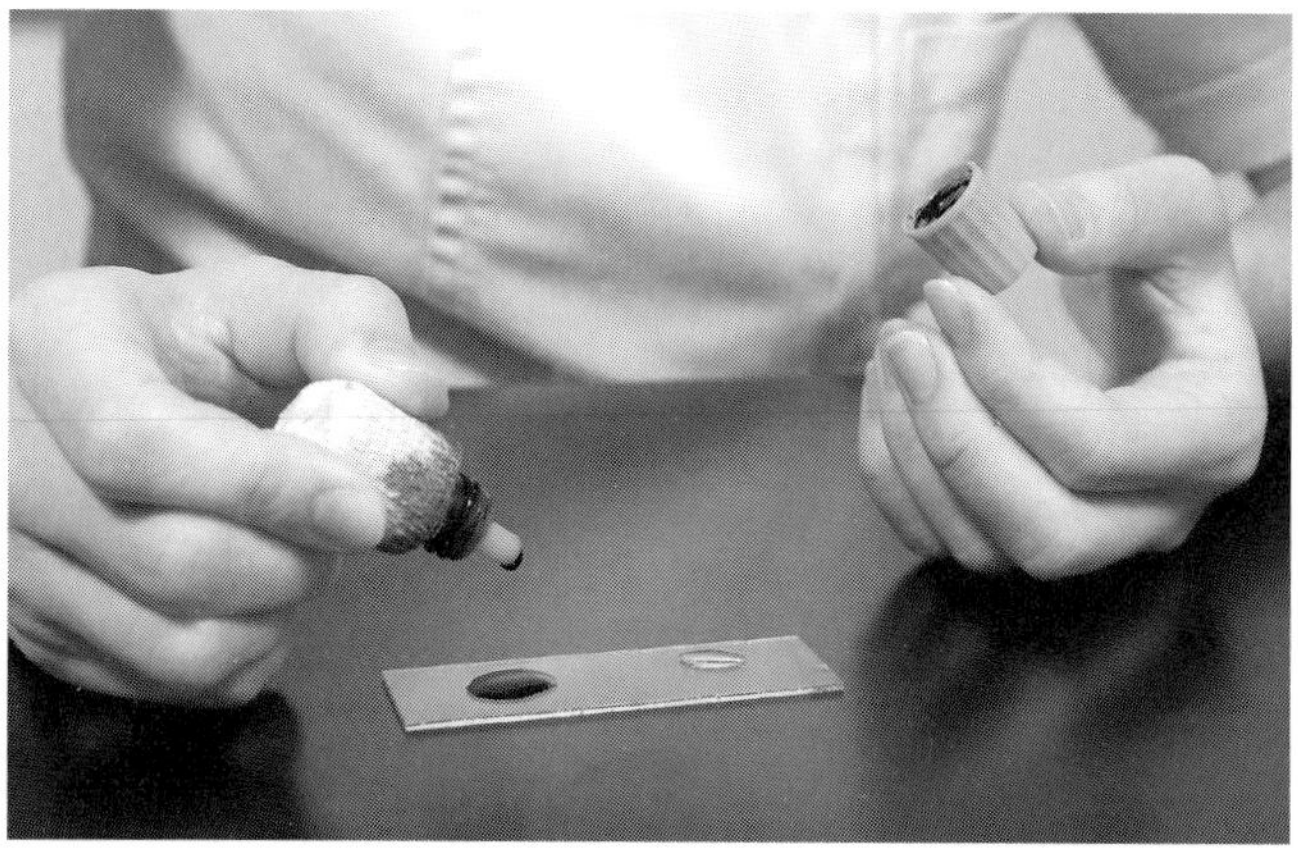

16 尿沈渣検査⑦

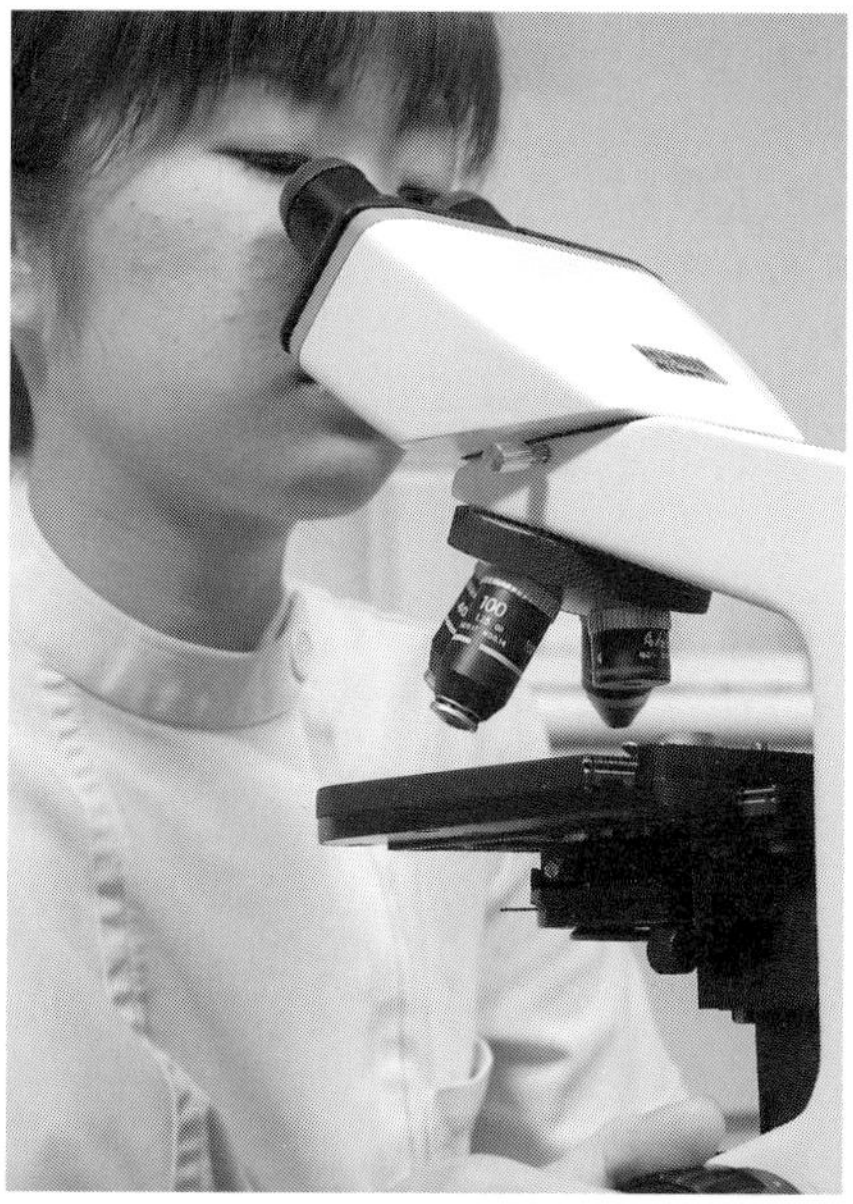

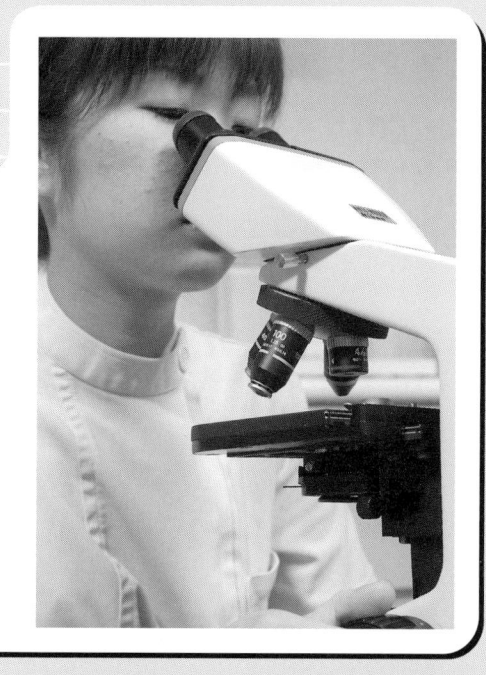

スライドグラス上の検体にそれぞれカバーグラスをかけ、低倍率で鏡検します。異常に気づいたら倍率を上げて確認します。倍率を変える際、対物レンズにぶつけてカバーグラスを割らないように注意しましょう。

8. 糞便検査

浮遊法・直接法の基本と注意点

動物の便や尿の検査は、健康状態を調べる基本となる大切なことです。便の場合は、飼い主さんが自宅から持ってくる場合がほとんど。当日の朝の便を１回分すべて持ってきてもらうように事前に連絡しておきましょう。また、同時に複数の検体を扱う際は、どれがどの動物のものなのかわかるようにしておき、こまめに確認しながら検査を行うようにしましょう。

1 受付時に検体を預かる

飼い主さんが自宅から便を持ってきた場合、受付で便を預かって診察前に検査を進めておきます。先に検査結果を出しておくことで獣医師の診察がスムーズになり、飼い主さんの待ち時間も短くなります。

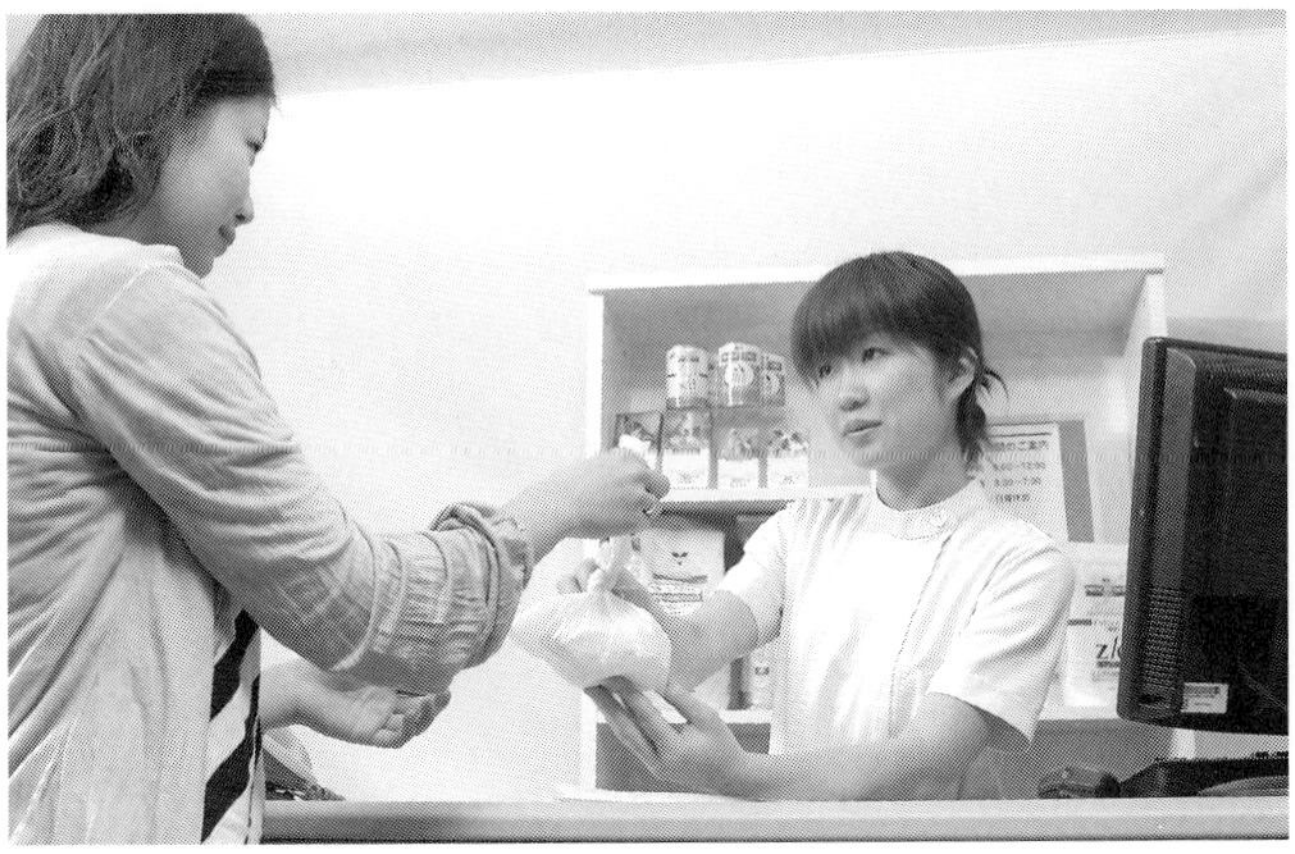

2 全体の様子を観察する

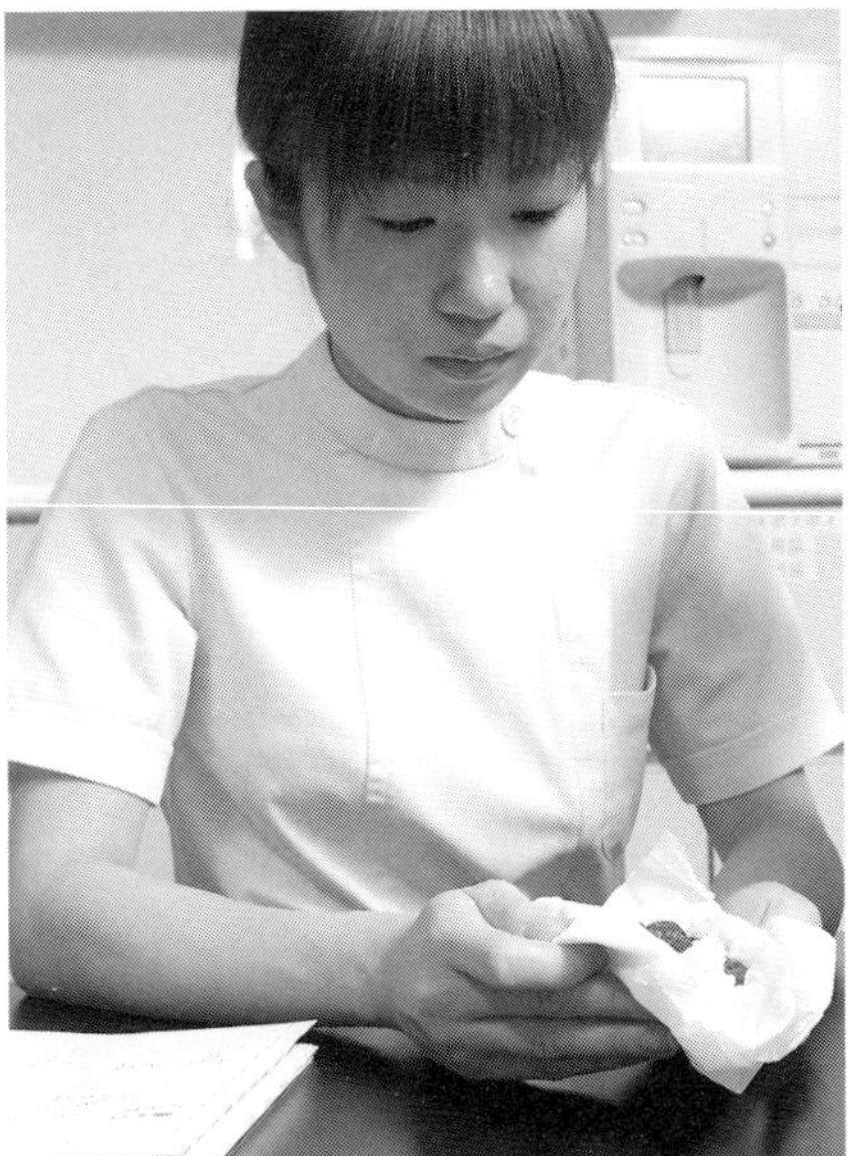

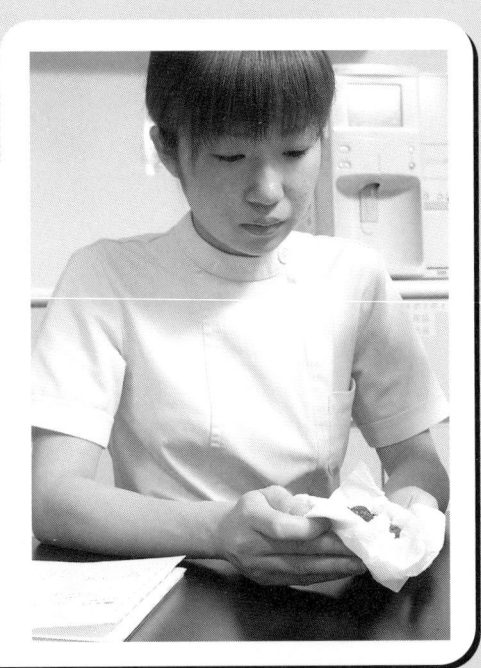

糞便検査を行う際は、飼い主さんに、便の一部ではなく、1回分すべてを持ってきてくれるように指示しておきます。まずは肉眼で、便全体の色、硬さ、臭い、血液や粘液の混入、条虫片節の有無、異常物や異物の混入などを注意深く観察します。

3 浮遊法による検査①

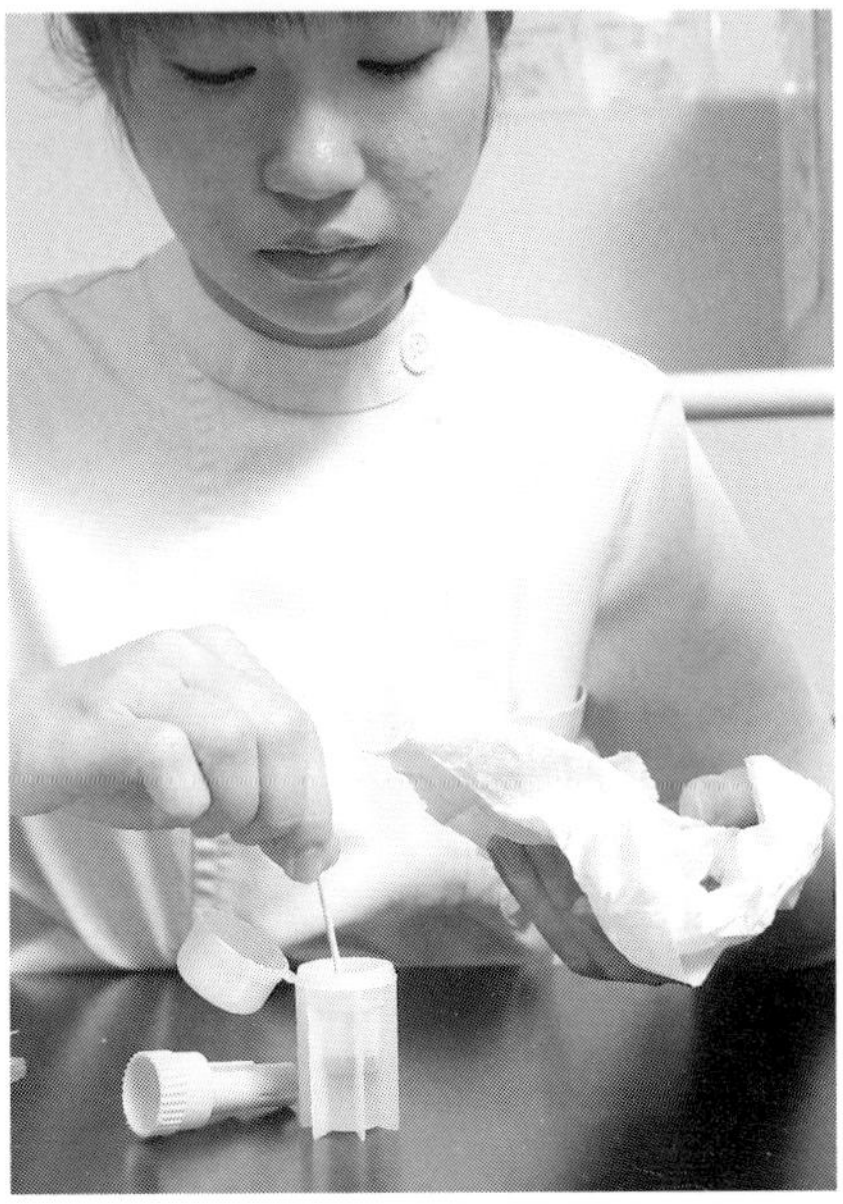

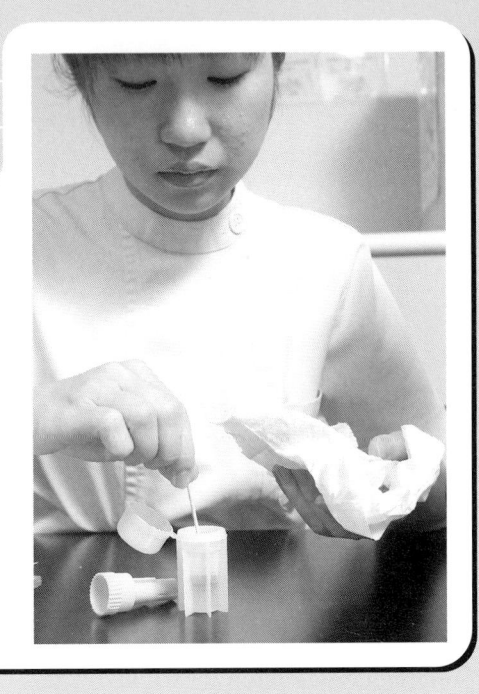

検査用の容器に少量の飽和食塩水を入れておきます。爪楊枝などで適量の便を採り、飽和食塩水の中に加えてくずすようによく混ぜます。

4 浮遊法による検査②

溶け残った便を沈めるための部品を入れた後、表面張力で水面が盛り上がるまで飽和食塩水を注ぎます。そのままの状態で15～20分間放置します（タイマーをかけておくとよい）。こうすることで、比重が軽い寄生虫の卵が水面に浮いてきます。

5 直接法による検査①

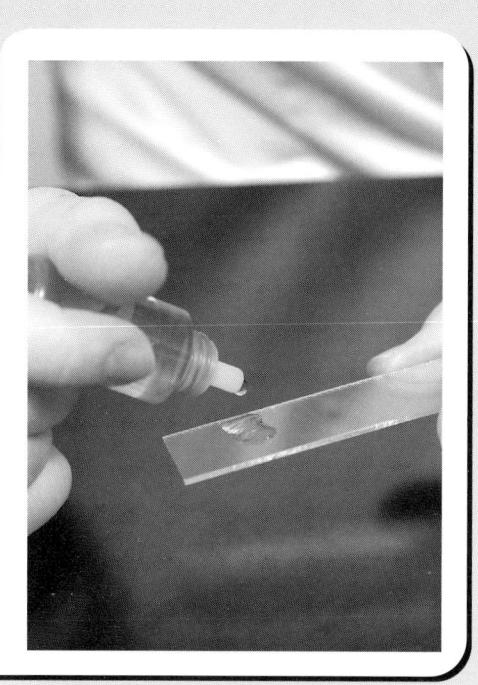

浮遊法の待ち時間に、直接法による検査を行います。まず、スライドグラスに生理食塩水を1滴たらします。

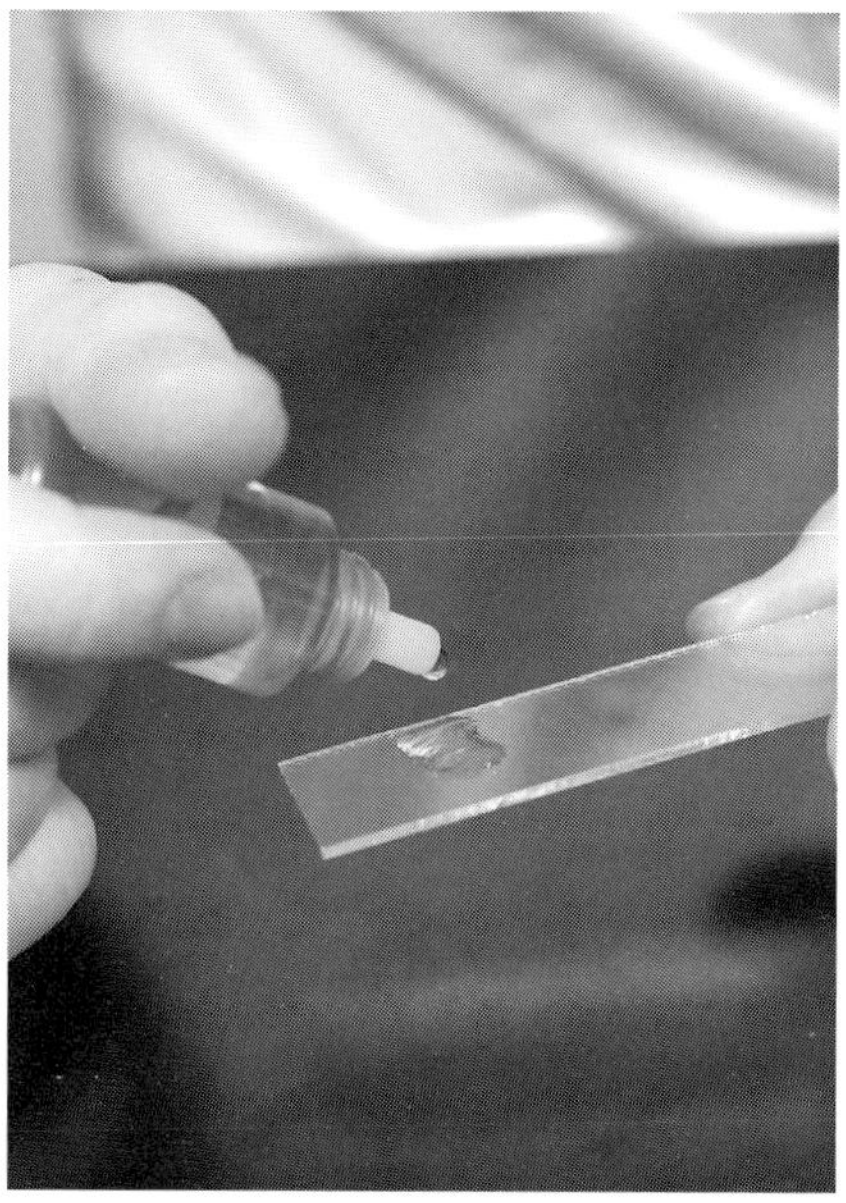

6 直接法による検査②

爪楊枝などで便を少量取り、5の生理食塩水とよく混ぜます。便の量が多すぎると顕微鏡でみえにくくなるので要注意。また、便の採取時のごみなどが混入しないよう、便の内側の方から取るようにするとよいでしょう。

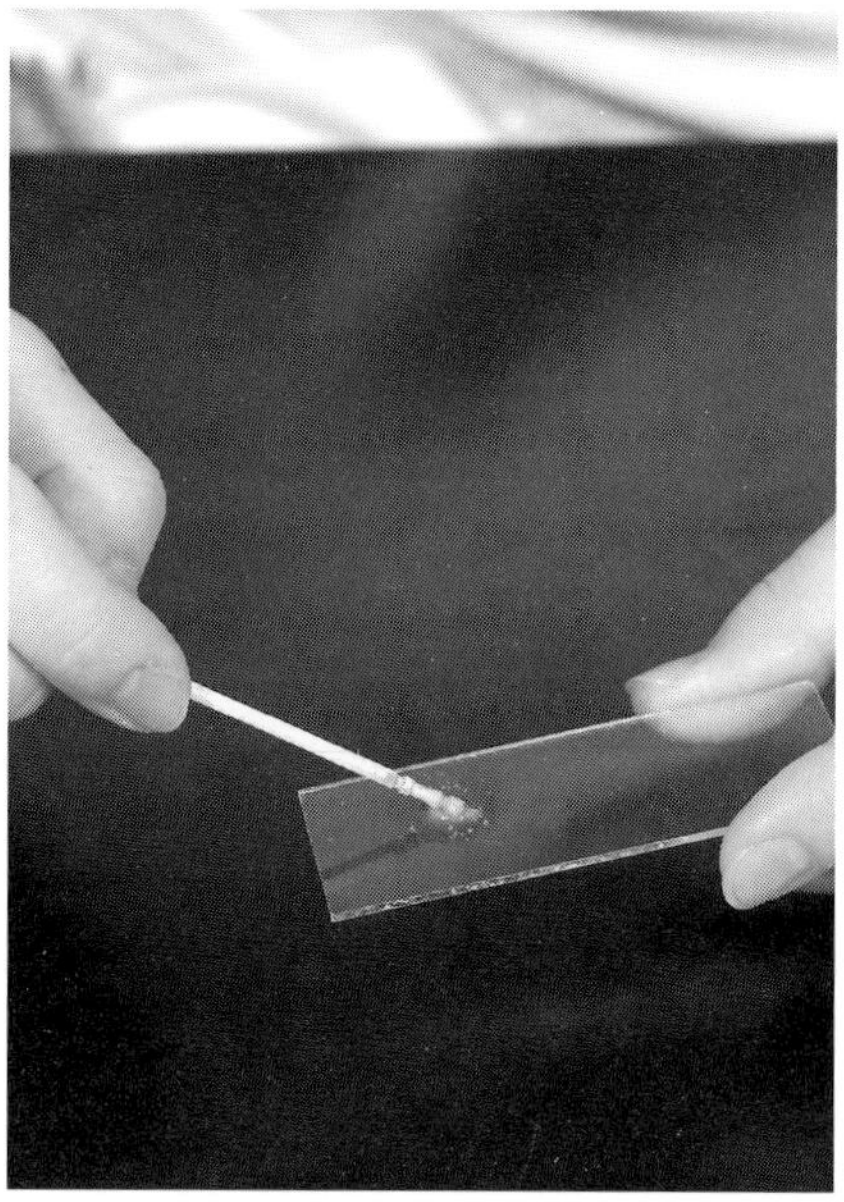

7 直接法による検査③

6にカバーグラスをかけます。気泡が入らないように注意しながら、端の方からそっとかぶせていきます。また、カバーグラスやスライドグラスは、指紋をつけないように端の方を持つこと。

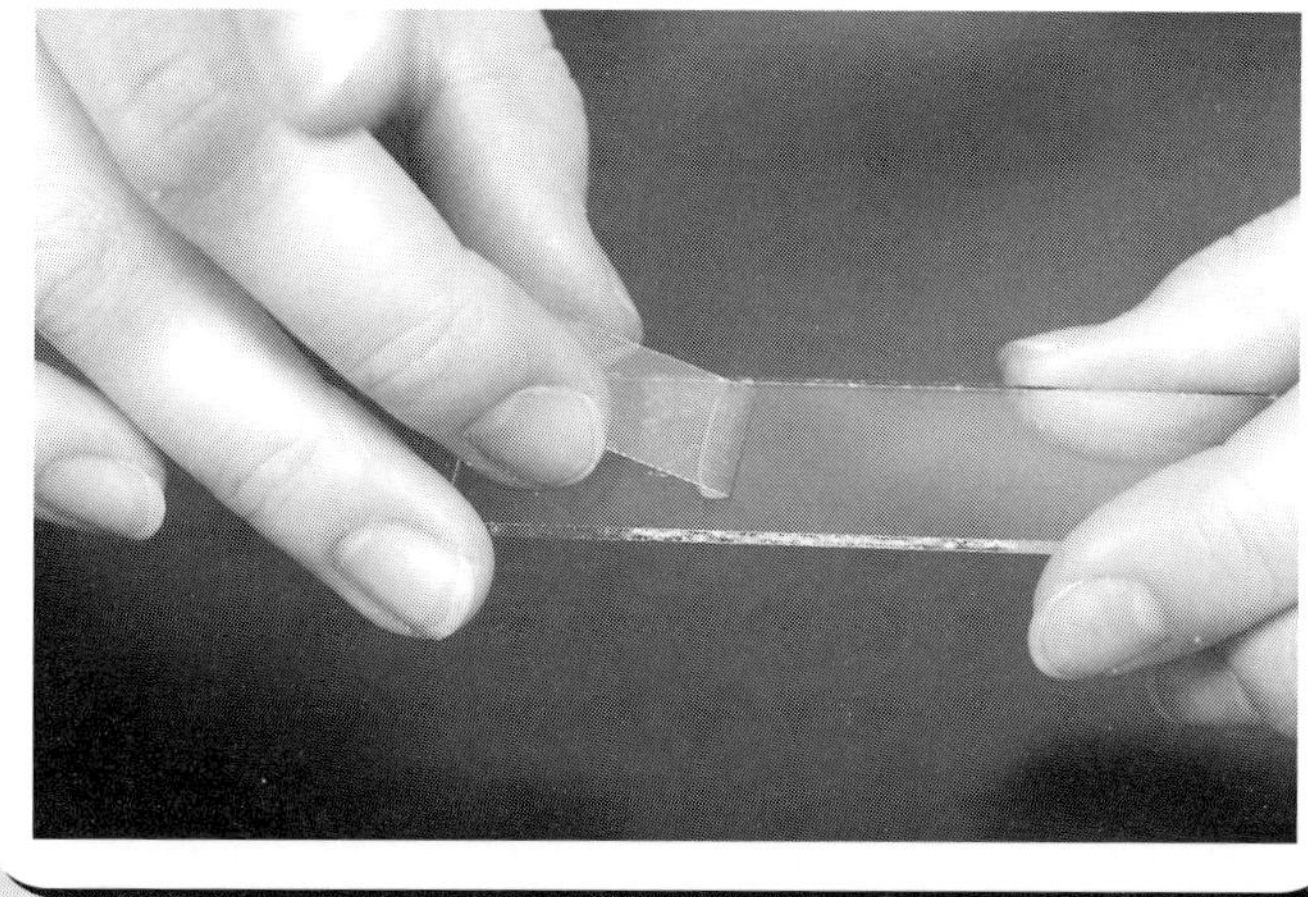

8 直接法による検査④

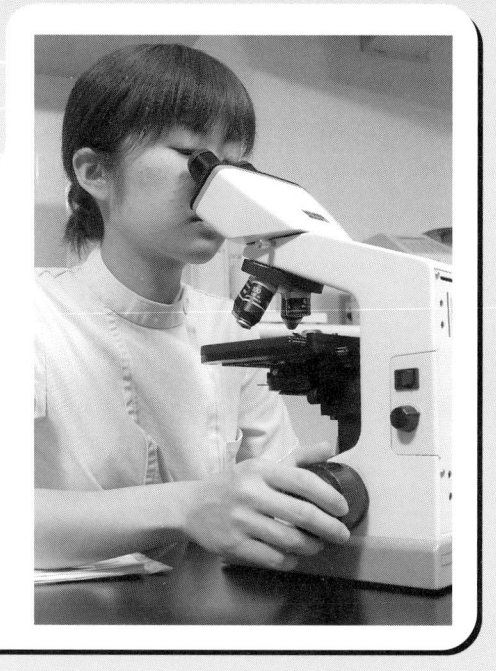

7のスライドグラスを顕微鏡にセットし、まず低倍率で全体を観察します。未消化物、繊維物など紛らわしい異物や寄生虫卵、不明のものがあったら、倍率を上げて確認します。

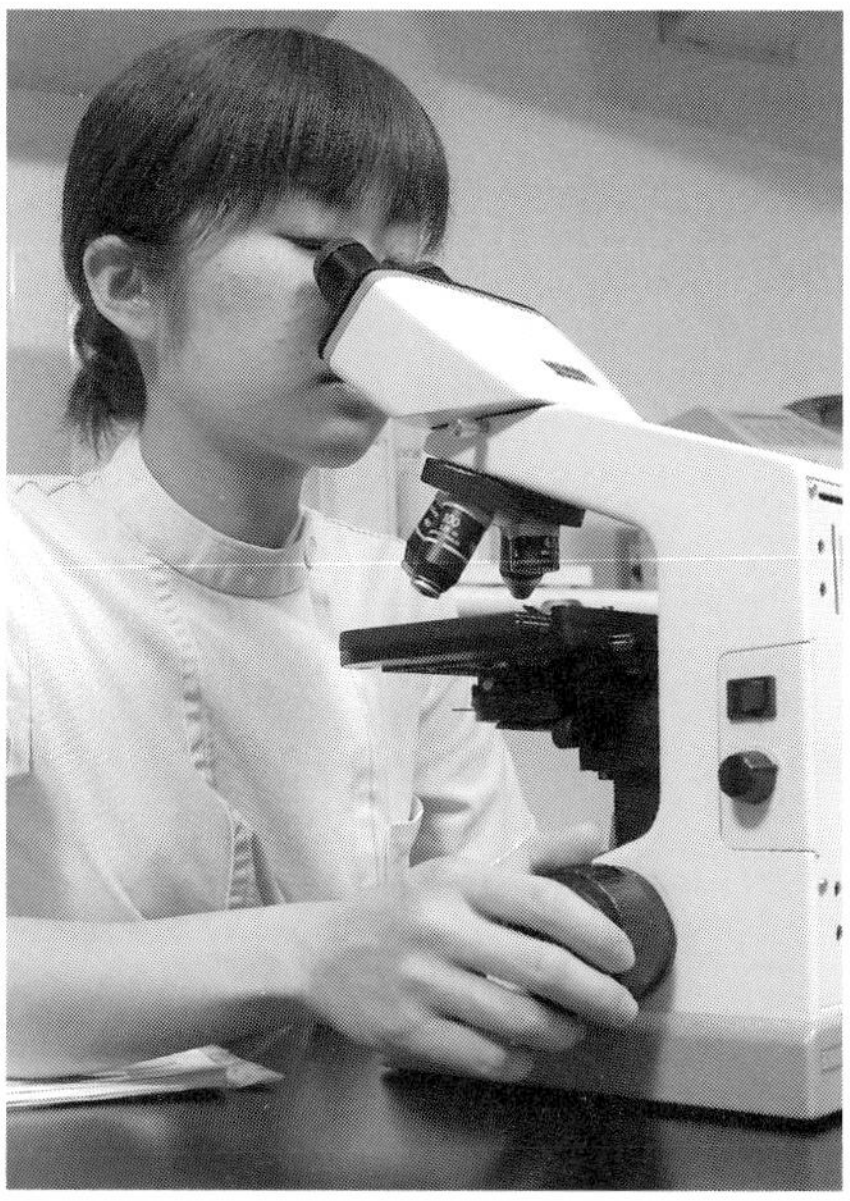

9 浮遊法による検査③

4でタイマーをかけておいた時間が経過したら、浮遊法による検査を行います。盛り上がっている水面にカバーグラスの真ん中をそっと当て、濡れた面を下にしてスライドグラスにのせます。

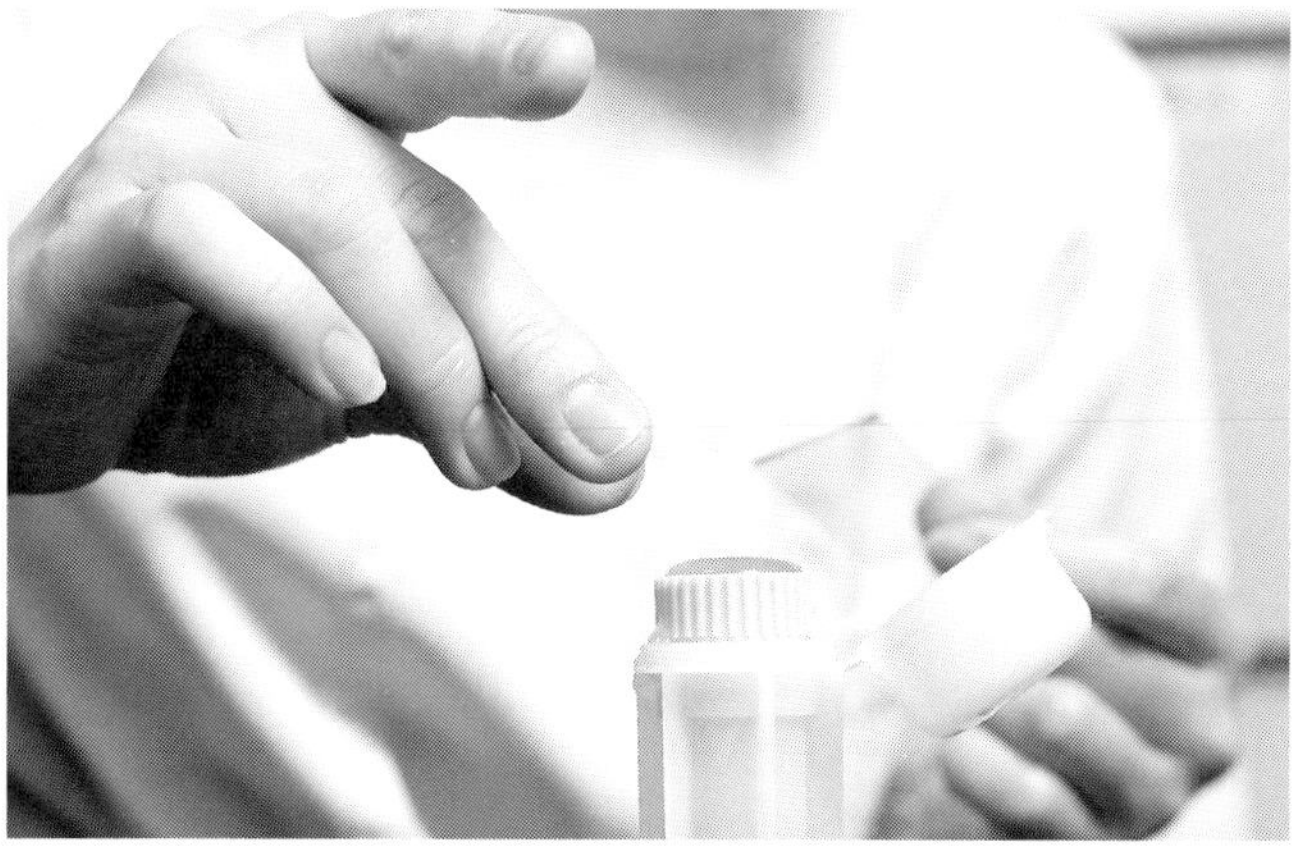

10 浮遊法による検査④

9のスライドグラスを顕微鏡にセットし、検鏡します。低倍率で虫卵を見つけたら倍率を上げて確認します。検査の結果や、観察して気づいたことはすべてカルテに記入し、担当獣医師に渡します。

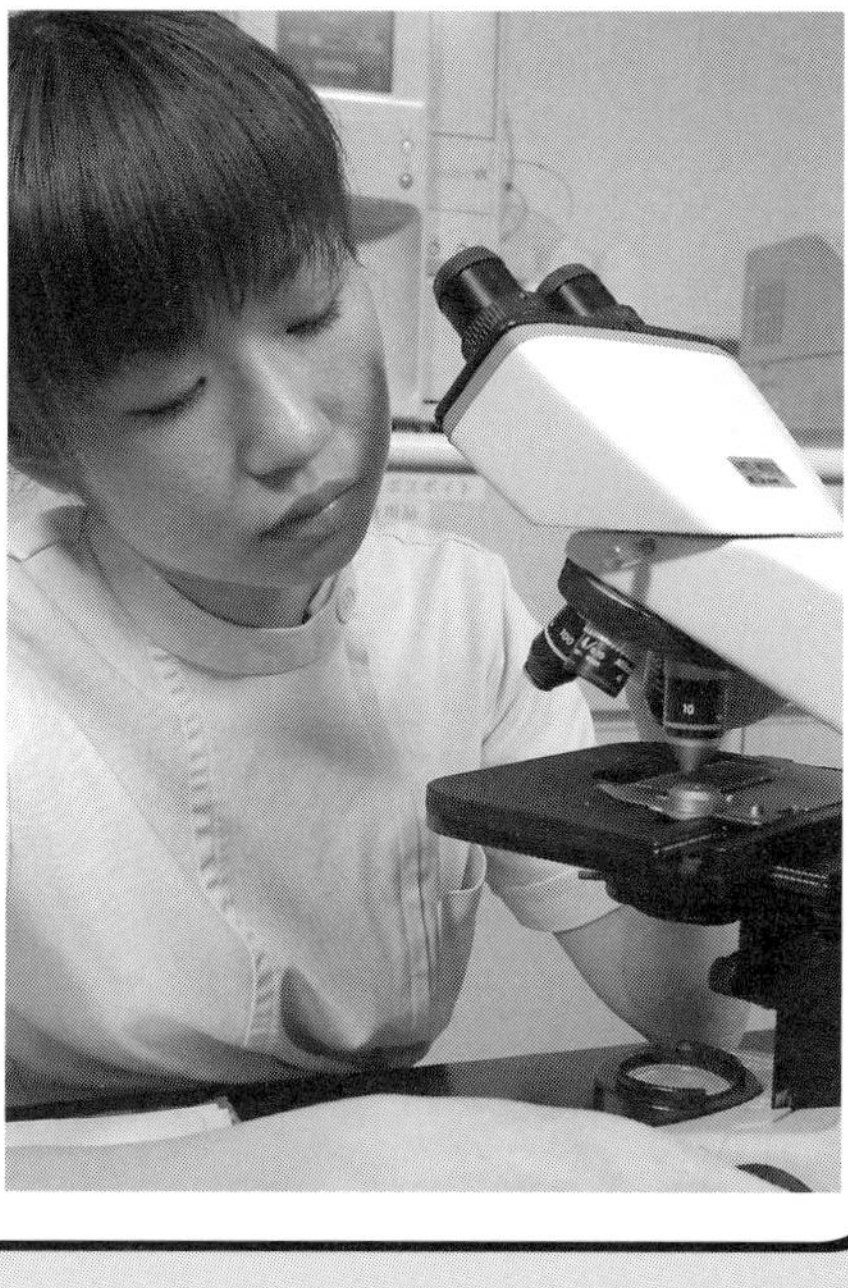

9. 皮膚検査と心電図測定

動物看護師が行う検査と保定

皮膚検査は、外部寄生虫や真菌に感染している疑いがあるときに行います。人やほかの動物への感染の可能性があるので、検体が飛び散らないように注意。検査後の検体は、塩素に浸ける、焼却するなど病院で決められた方法で処分します。

心電図の測定は、健康診断、心臓病やその疑いがあったり、聴診時に心雑音があったりする動物に対して行います。動物が暴れないよう、やさしく声をかけて落ち着かせながら、適切な保定を心がけましょう。

1 外部寄生虫検査の準備

ニキビダニ（毛包虫）や疥癬など外部寄生虫の検査を行う場合は、鋭匙など皮膚組織を採る掻爬《そうは》用具やシャーレ、スライドグラス、カバーグラスなどを用意します。

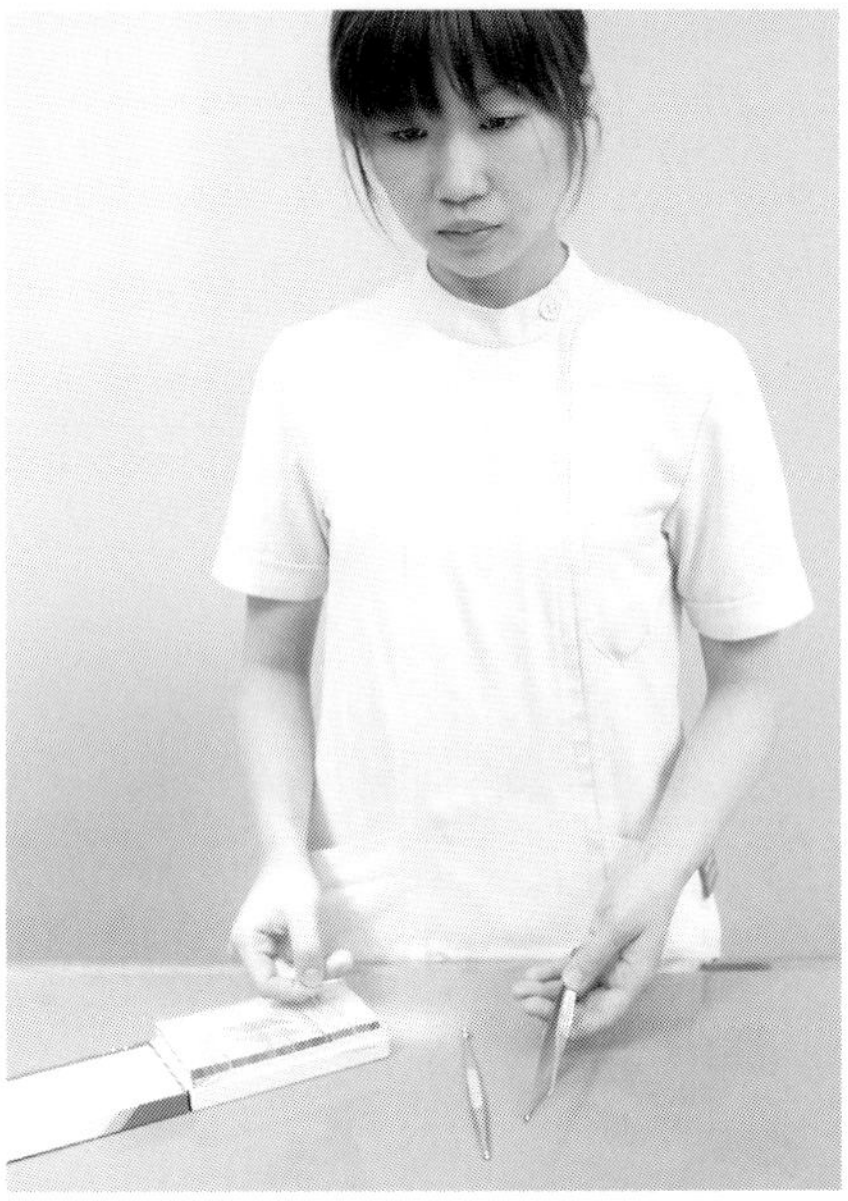

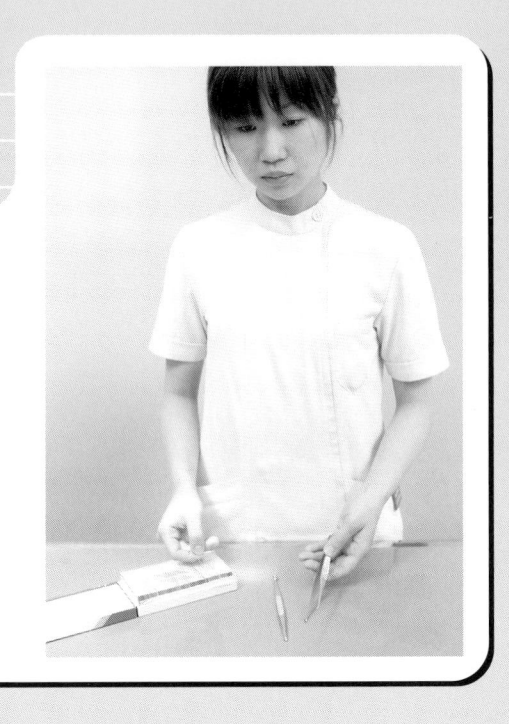

2 真菌に感染している疑いがあるとき

真菌の検査を行う場合は、皮膚を照らすと特定の真菌がいる部分が蛍光色に光ってみえるウッド灯、皮膚真菌を培養するための培地を用意しておきます。皮膚真菌感染の確定には培養が重要です。

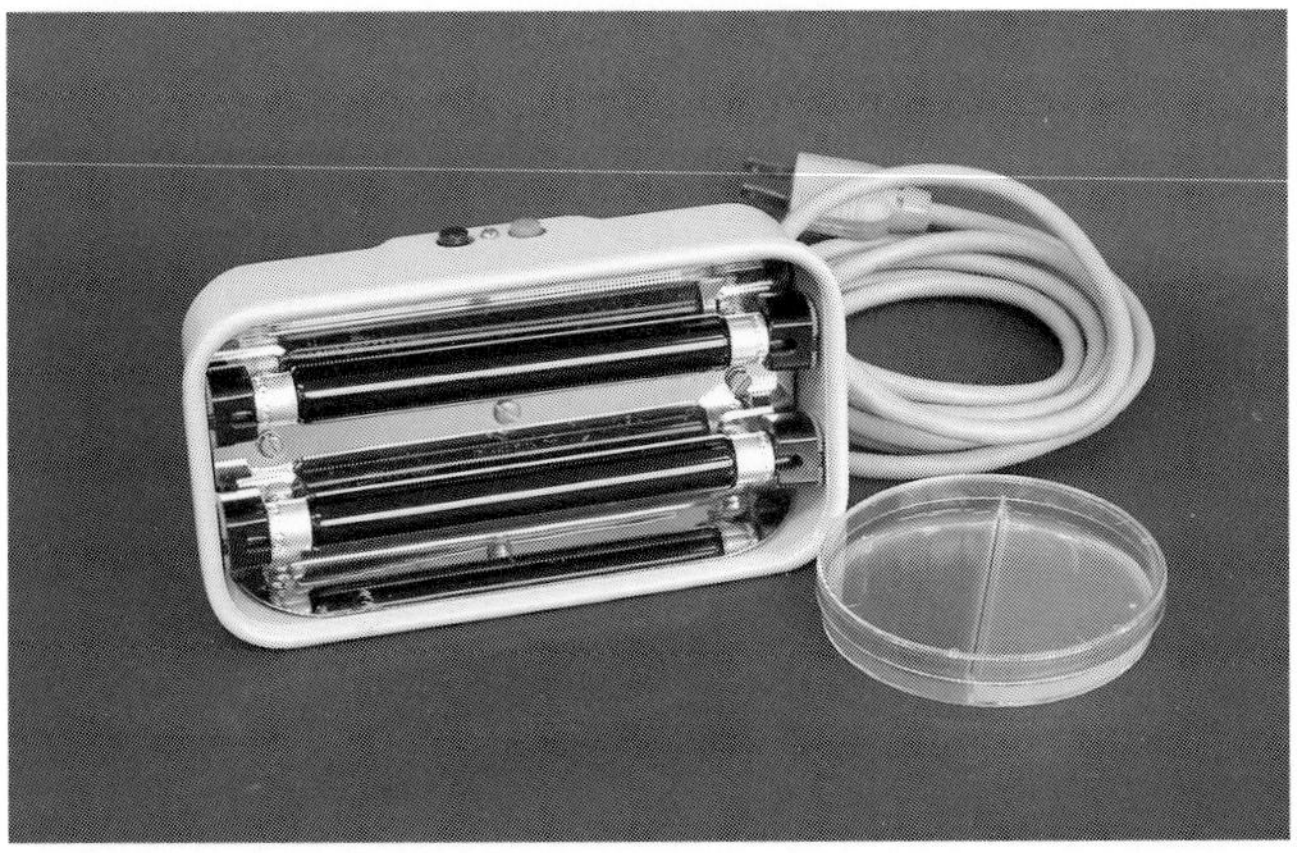

3 外部寄生虫検査①

被毛または掻爬した組織などの検体をスライドグラスにのせます。検査室などに移動する必要がある場合は、感染の可能性がある検体を風で散らしたり落としたりしないよう十分に注意しながらゆっくりと運びます。

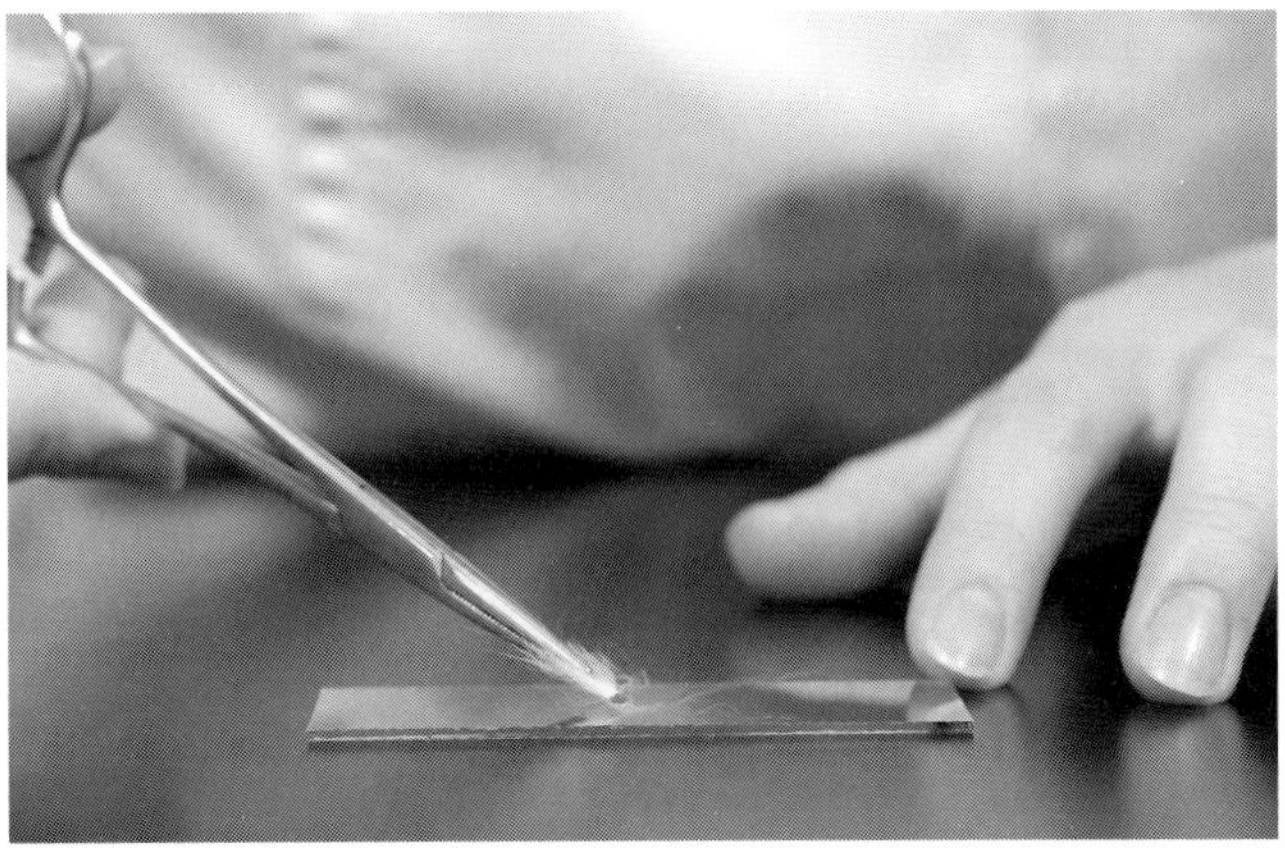

4 外部寄生虫検査②

検体の上に水酸化カリウム溶液（ＫＯＨ）を滴下し、被毛の色素を溶かします。ＫＯＨは、不要組織の除去に用いる薬の一種です。皮膚を傷めるので、指などにつけないように注意します。

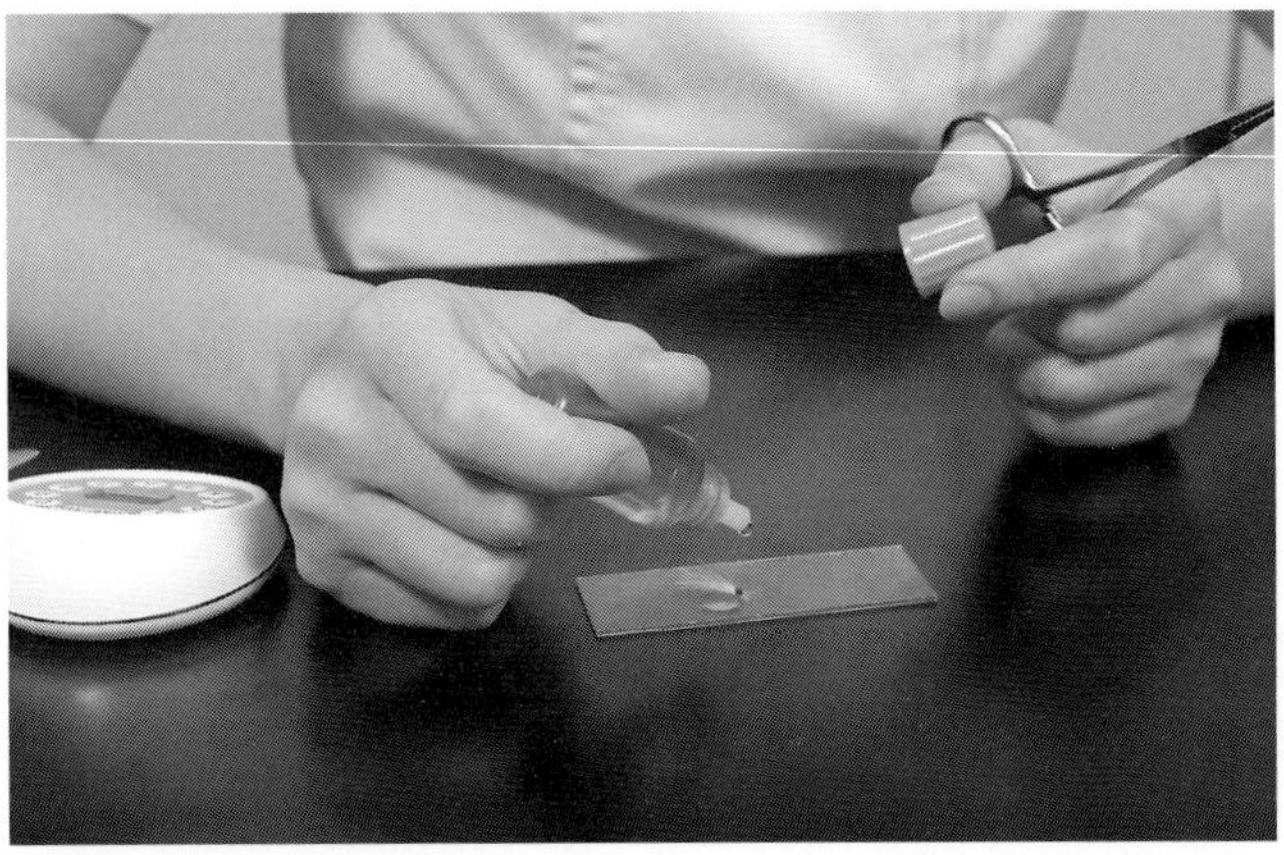

5 外部寄生虫検査③

検体の上に、気泡が入らないように注意しながらカバーグラスをかけ、20分ほどそのままの状態で放置します(タイマーをかけておくとよい)。検体が飛び散るのを防ぐため、エアコンなどの風が当たらないところに置くようにします。

6 外部寄生虫検査④

5のスライドグラスを顕微鏡にセットし、低倍率で鏡検します。異常に気づいたら倍率を上げて確認します。倍率を変える際、対物レンズにぶつけてカバーグラスを割らないように注意しましょう。

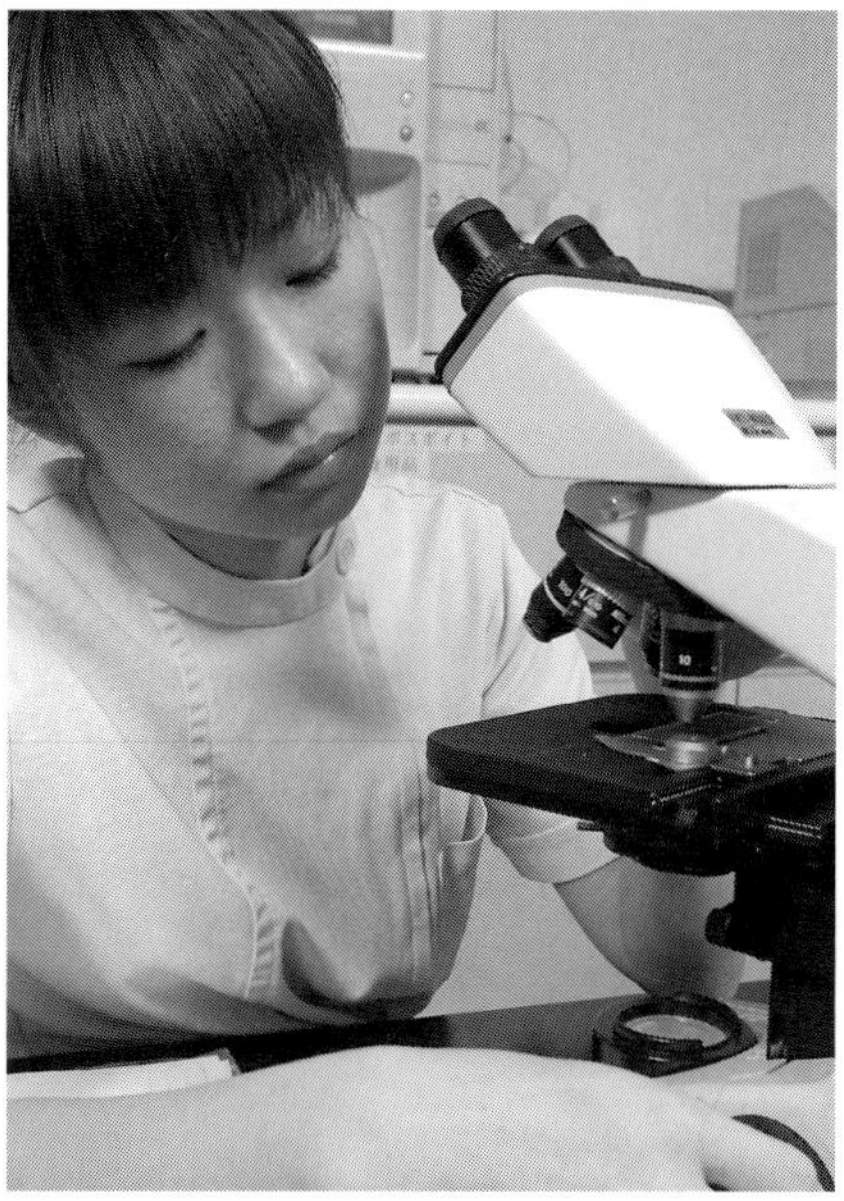

7 心電図測定①

心電図測定をする場合は、診察台に交流を防ぐシートを敷きます。シートには必ずアースをつけておくこと。自分の体の静電気によって測定値を乱すことがないよう、測定前にアースに触れ、静電気を逃がしておくようにしましょう。

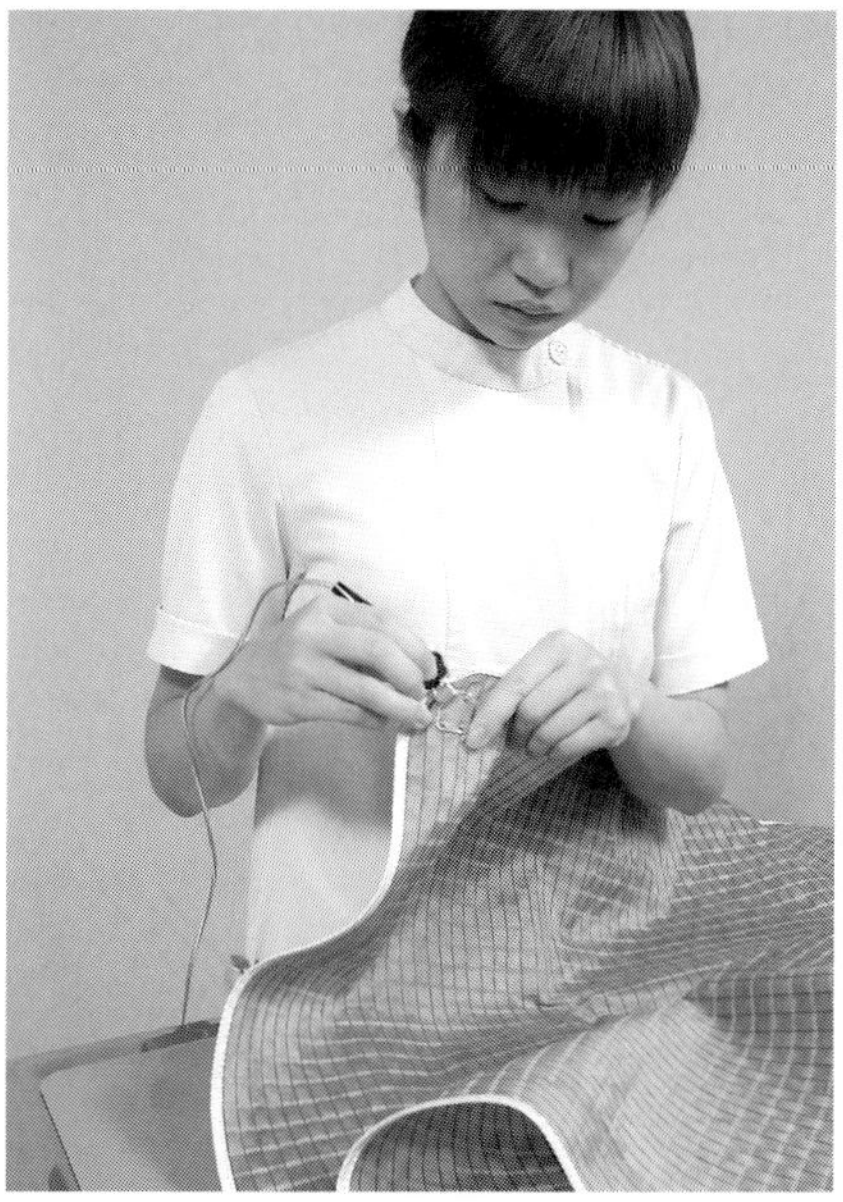

8 心電図測定②

動物は、体の左側を上にした体位で保定します。動物が暴れないよう、正しい位置で関節を押さえます。動物が怯えている場合は、やさしく声をかけて落ち着かせてやることも大切です。

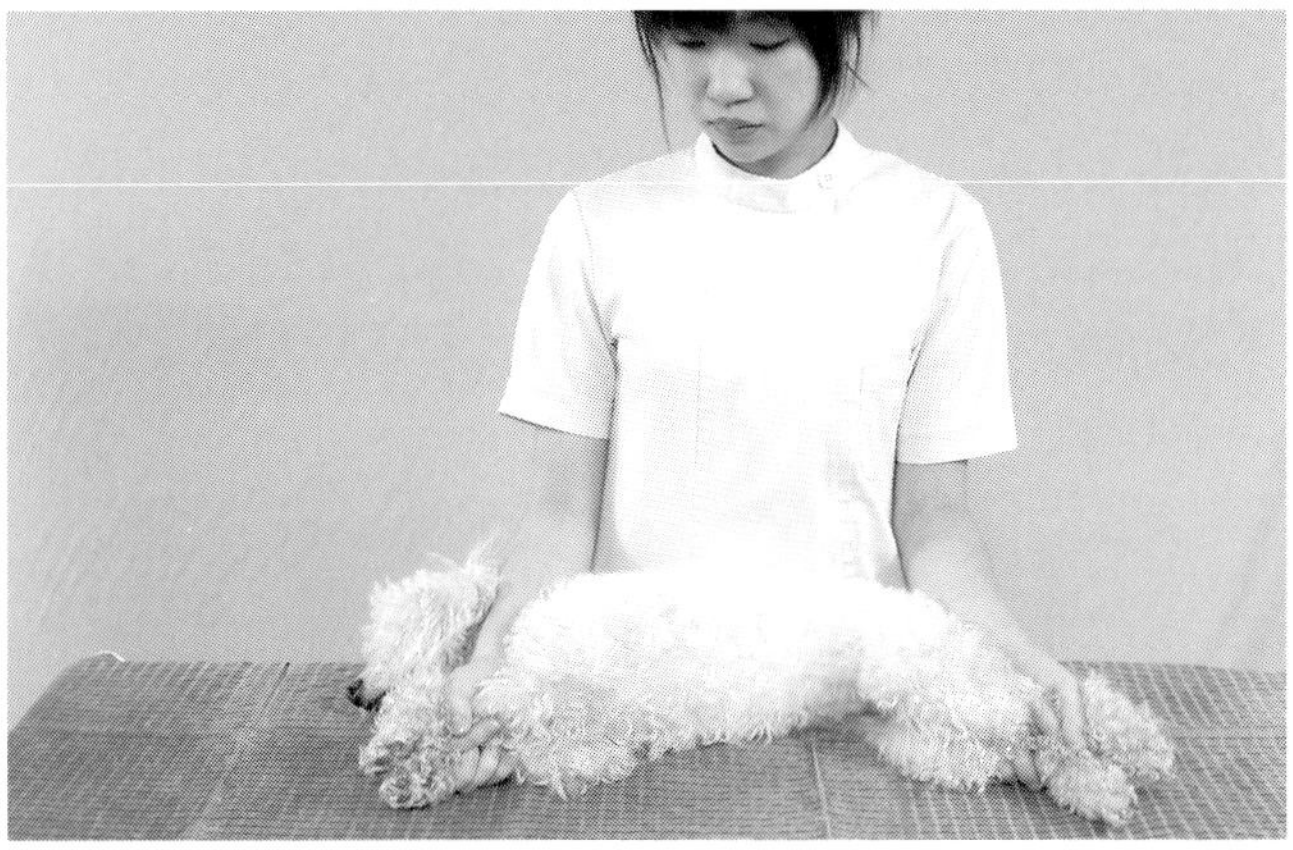

9 心電図測定③

動物の体に心電計の電極を取りつけます。右の脇に赤、左の脇に黄、左後肢のつけ根に緑、右後肢のつけ根に黒の電極をつけます。電極のクリップをはさむ部分は、皮膚に専用のゼリーを塗っておきます。

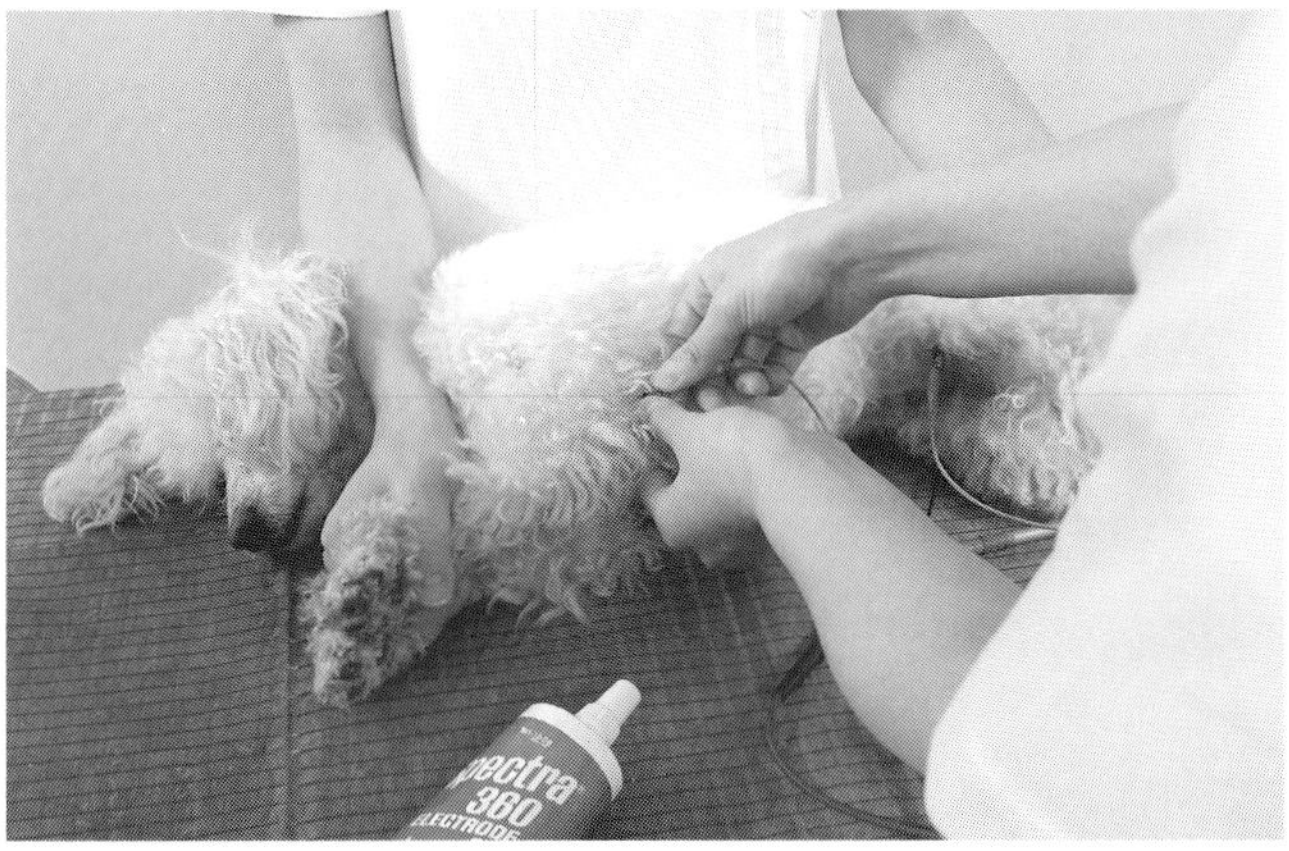

10 心電図測定④

心電計のモニターをチェックし、基線が安定したところで測定を開始します。正しい結果を得るため、測定は2回行います。心電計の種類にもよりますが、1回の測定にかかる時間は数十秒です。

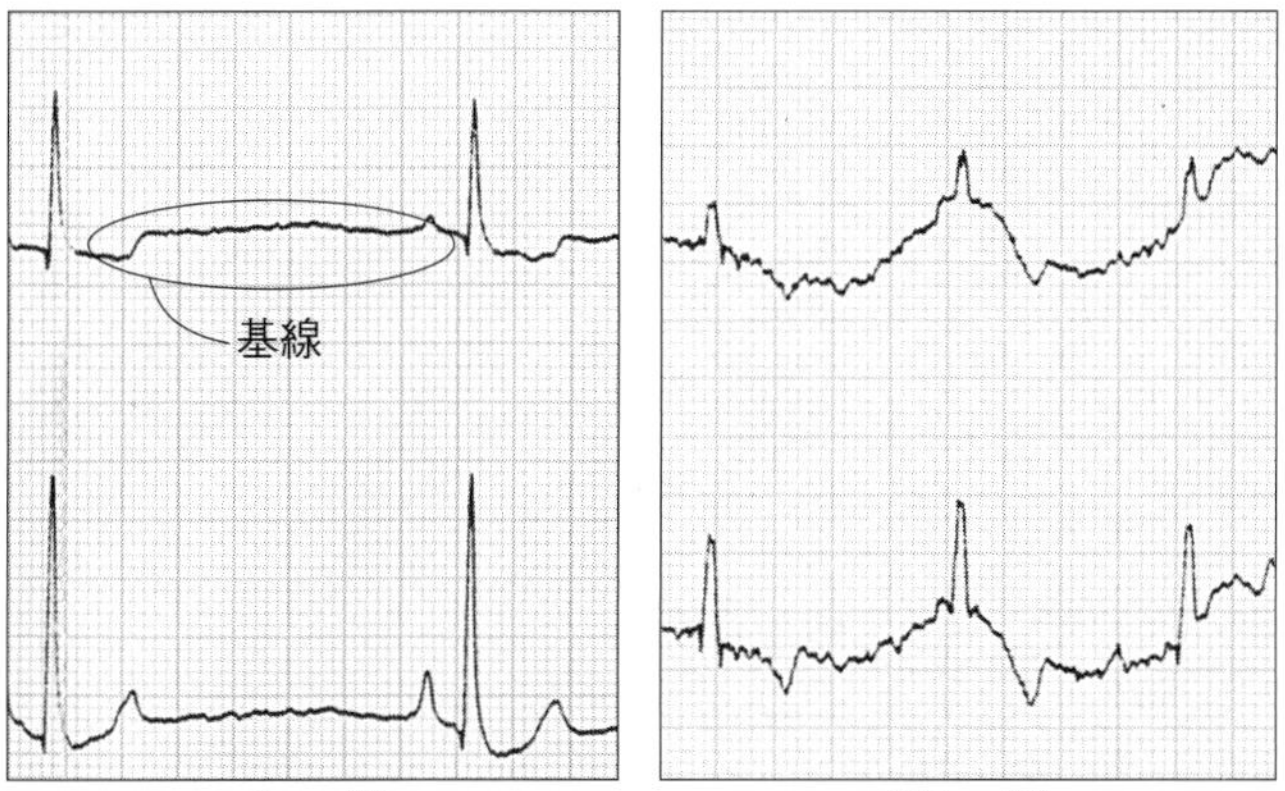

よい例　　悪い例

10. 動物の保定と移動

様々な処置に合わせて的確に

動物の保定は、動物看護師が確実に身につけておかなければならない技術のひとつ。処置や検査をスムーズに進めるだけでなく、動物の体にかかる負担を軽くし、けがなどの事故を防ぐためにも不可欠です。動物を力で押さえ込むのではなく、やさしく声をかけて落ち着かせながら行うことも大切。ポイントを押さえて正しく保定すれば、動物に苦痛を与えることはありません。

1 犬の採血：前肢

犬は診察台の上で座らせるか、伏せをさせます。体を密着させて頭を自分の体に引きつけ、片方の肘の関節を握ります。前肢を外側へ軽くねじるようにし、橈側皮静脈を押さえて駆血します。

2 犬の採血：後肢

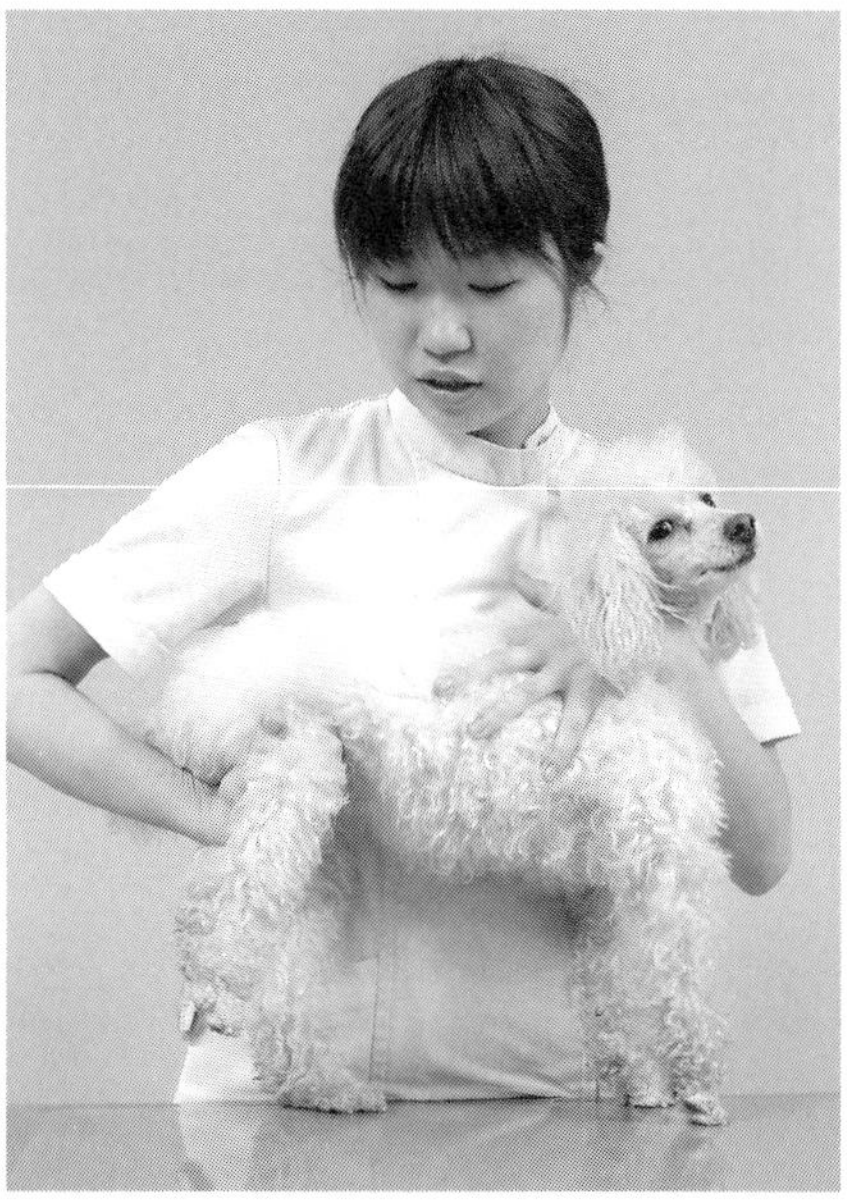

診察台の上で普通に立たせ、体を密着させて片方の手で犬の頭を自分の体に引きつけます。もう片方の手で後肢の内側から全体を握り肢を伸ばします。後肢を保定すると同時に、外側伏在（外側サフェナ）静脈を駆血することにもなります。

3 犬の採血：頸静脈①

診察台の上で、犬を横向きに寝かせます。片方の手でマズル（口吻部）を持ち、もう片方の手で左右の肘をまとめて握ります。このとき、左右の前肢の間に人さし指をはさんでおくこと。首を十分に伸ばし、前肢を軽く後ろへ引くようにして頸静脈をみえやすくします。

4 犬の採血：頸静脈②

犬は診察台の上で座らせるか、伏せをさせます。片方の手で左右の肘をまとめて握ります。このとき、左右の前肢の間に人さし指をはさんでおくこと。もう片方の手でマズルを持って首をそらすように上を向かせ、頸静脈をみえやすくします。

5 猫の採血：前肢

猫は診察台の上で伏せをさせます。猫の頭を自分の体に引きつけ、片方の肘の関節を握ります。前肢を外側へ軽くねじるようにし、橈側皮静脈を押さえて駆血します。猫は犬にくらべて体が柔らかいので、体全体で動きを押さえ込むようにします。

6 猫の採血：後肢

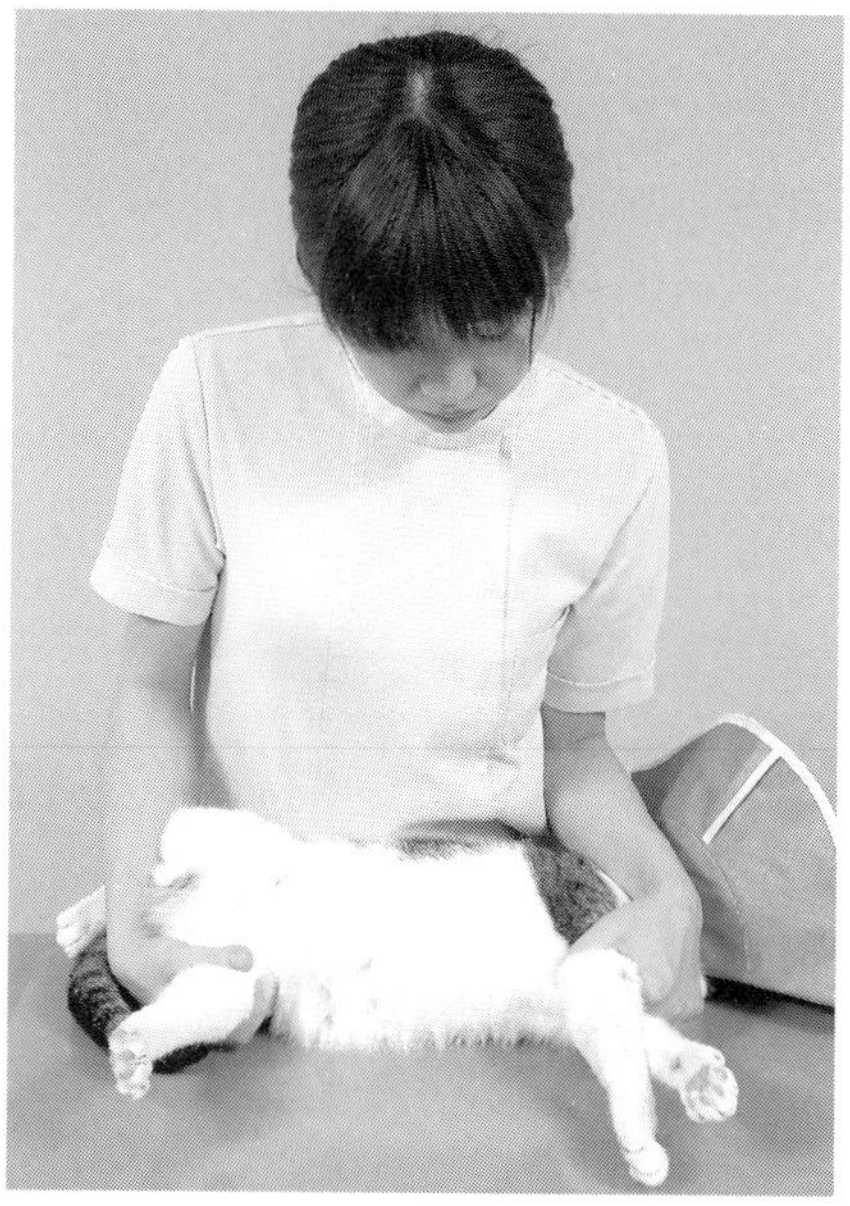

嫌がる場合はエリザベス・カラーをつけ、診察台の上で横向きに寝かせます。親指を後ろから後肢の内側に入れ、膝の上を軽く押して肢を伸ばします。後肢を保定すると同時に、内側伏在（内側サフェナ）静脈を駆血することにもなります。

7 体重をかけて動物の動きを押さえる

中には、体は押さえられるのに、採血しようとすると肢を引いてしまう動物もいます。その場合は、動物の体に覆いかぶさるようにして軽く体重をかけて押さえ込んでみましょう。

8 採尿

雌の場合は診察台の上で普通に立たせ、犬の頭を脇に抱え込みます。腰が動かないように後肢を軽く握り、尾を持ち上げます。雄の場合は片方の手で膝を握って後肢で立たせます。体を密着させ、もう片方の腕で前肢から胸を抱え込むようにして押さえます。

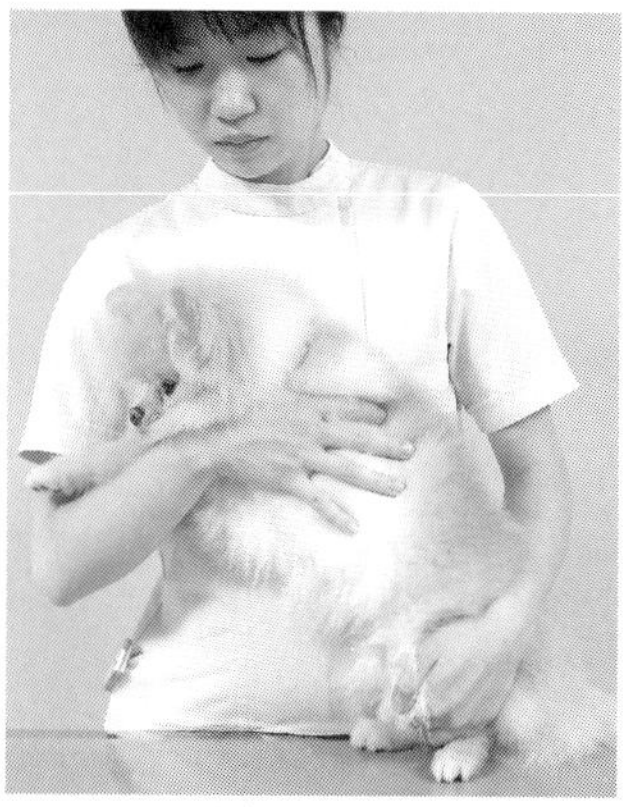

雄の場合

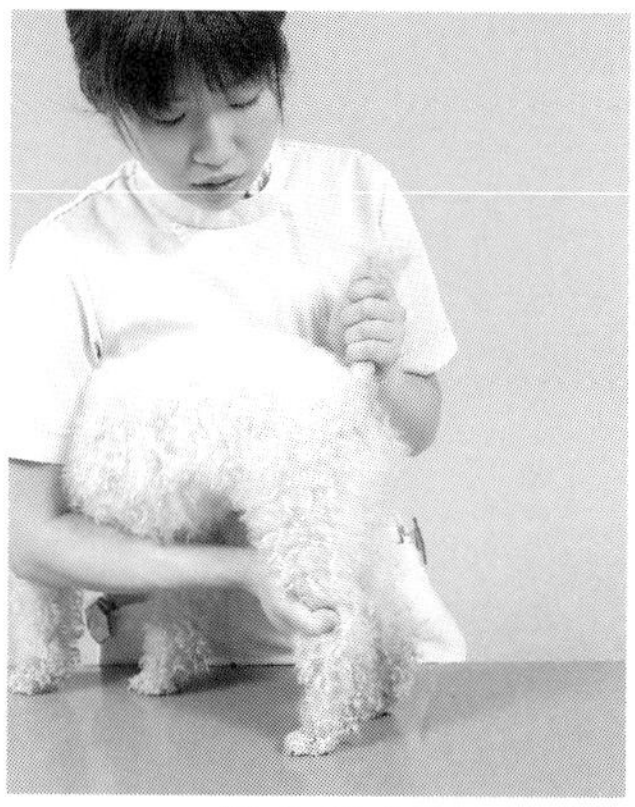

雌の場合

9 耳の処置をする場合

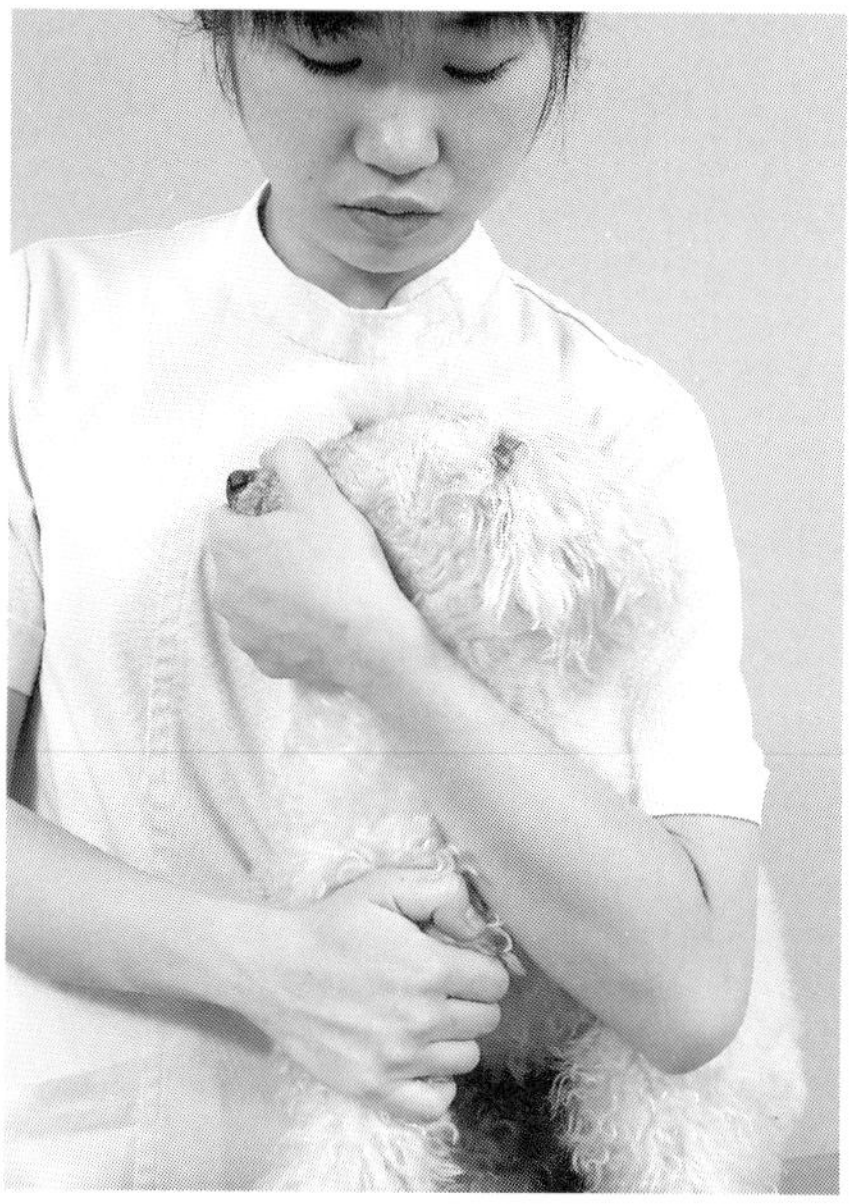

犬は診察台の上で座らせ、片方の手で肘を軽く握ります。もう片方の腕を後ろから回して体に密着させるように抱え、首を動かさないようにマズルをしっかりと握ります。

10 眼の処置をする場合

犬は診察台の上で座らせ、片方の手を後ろから回して前肢のつけ根あたりを押さえます。もう片方の腕を首に回して頭を自分の体に引きつけ、体を密着させて首を動かさないように保定します。

11 カラーでかみつき防止

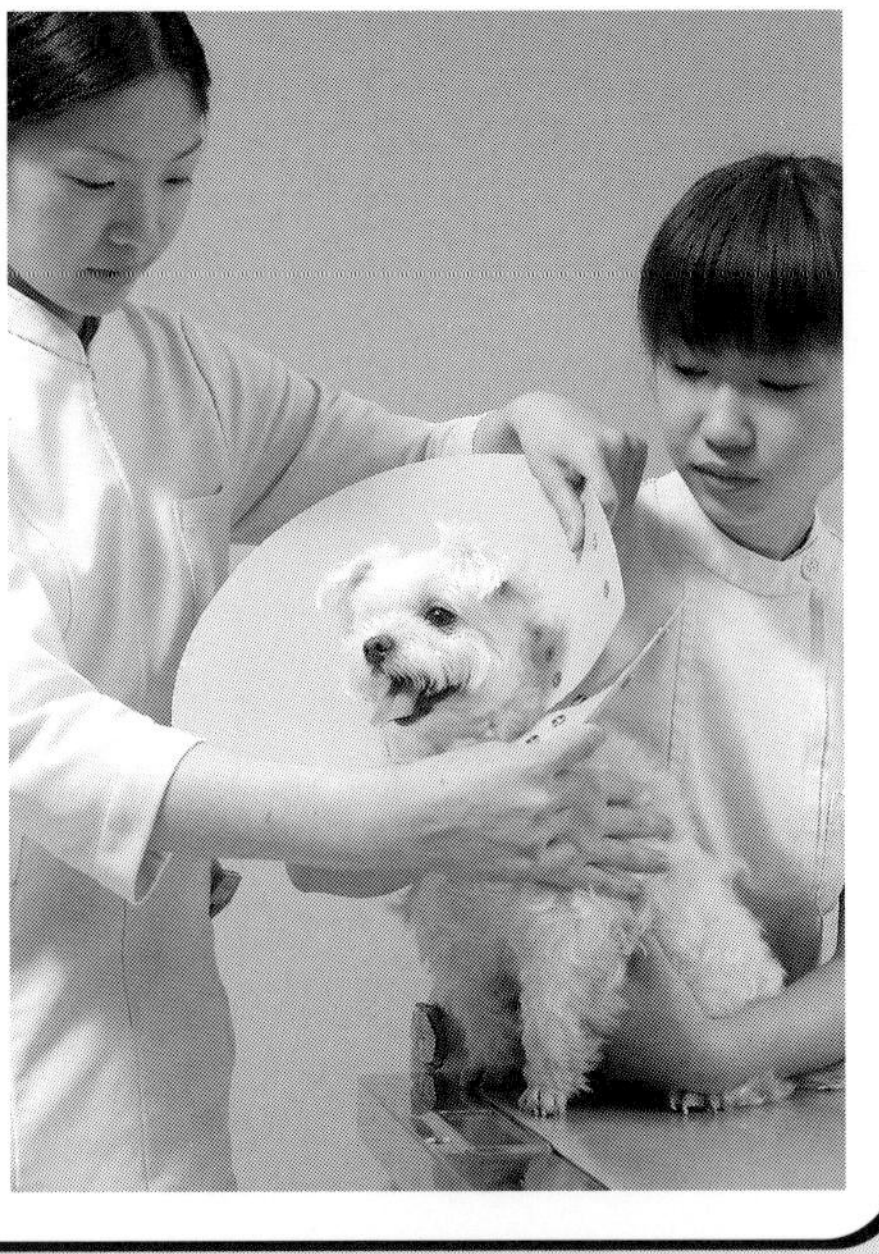

怯えて攻撃的になっている犬には、かみつきを防ぐためエリザベス・カラーをつけることもあります。ほかのスタッフに協力してもらい、どちらかが犬を保定している間にすばやく装着します。

12 暴れる猫はネットに

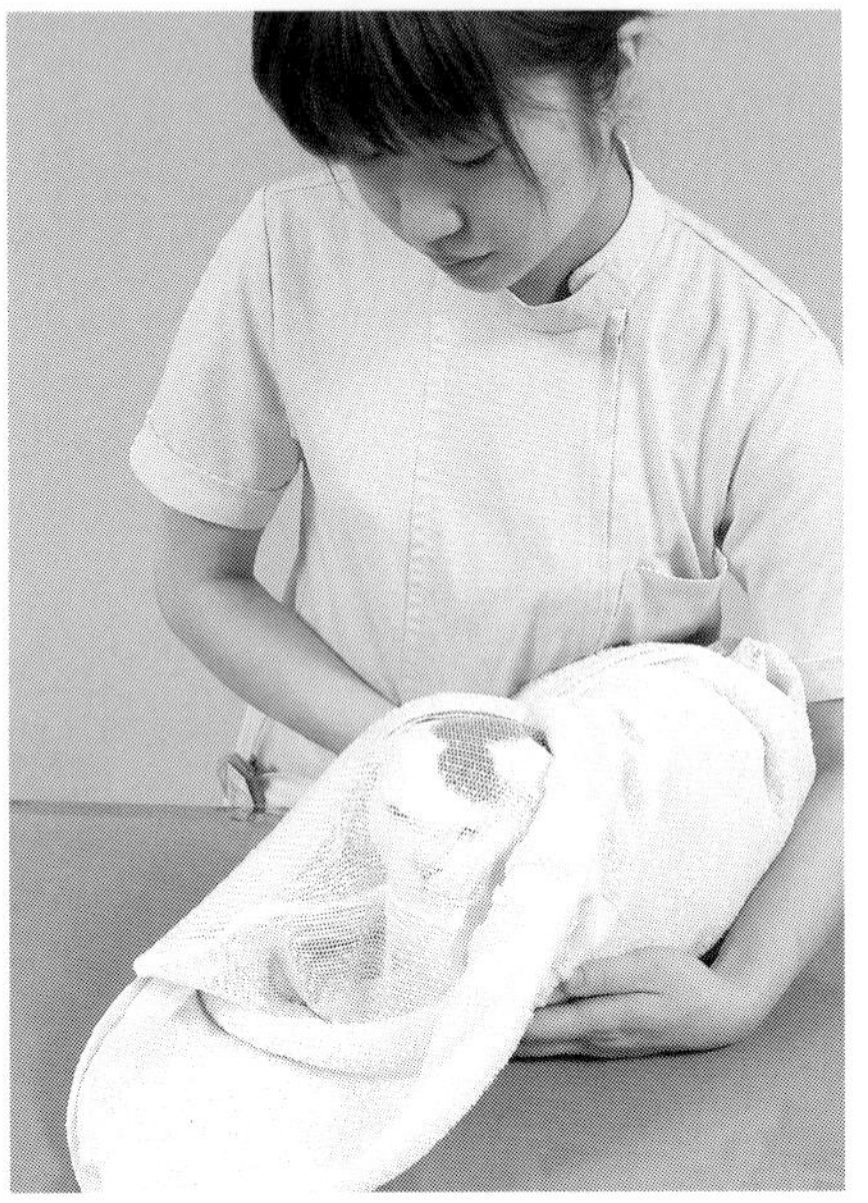

暴れる猫の場合、逃げ出しやけがなどを防ぐため、ネットに入れて体を押さえます。または、首にエリザベス・カラーをつけ、体にバスタオルなどを巻きつけて動きを押さえます。

13 扱いにくい犬は飼い主さんから離す

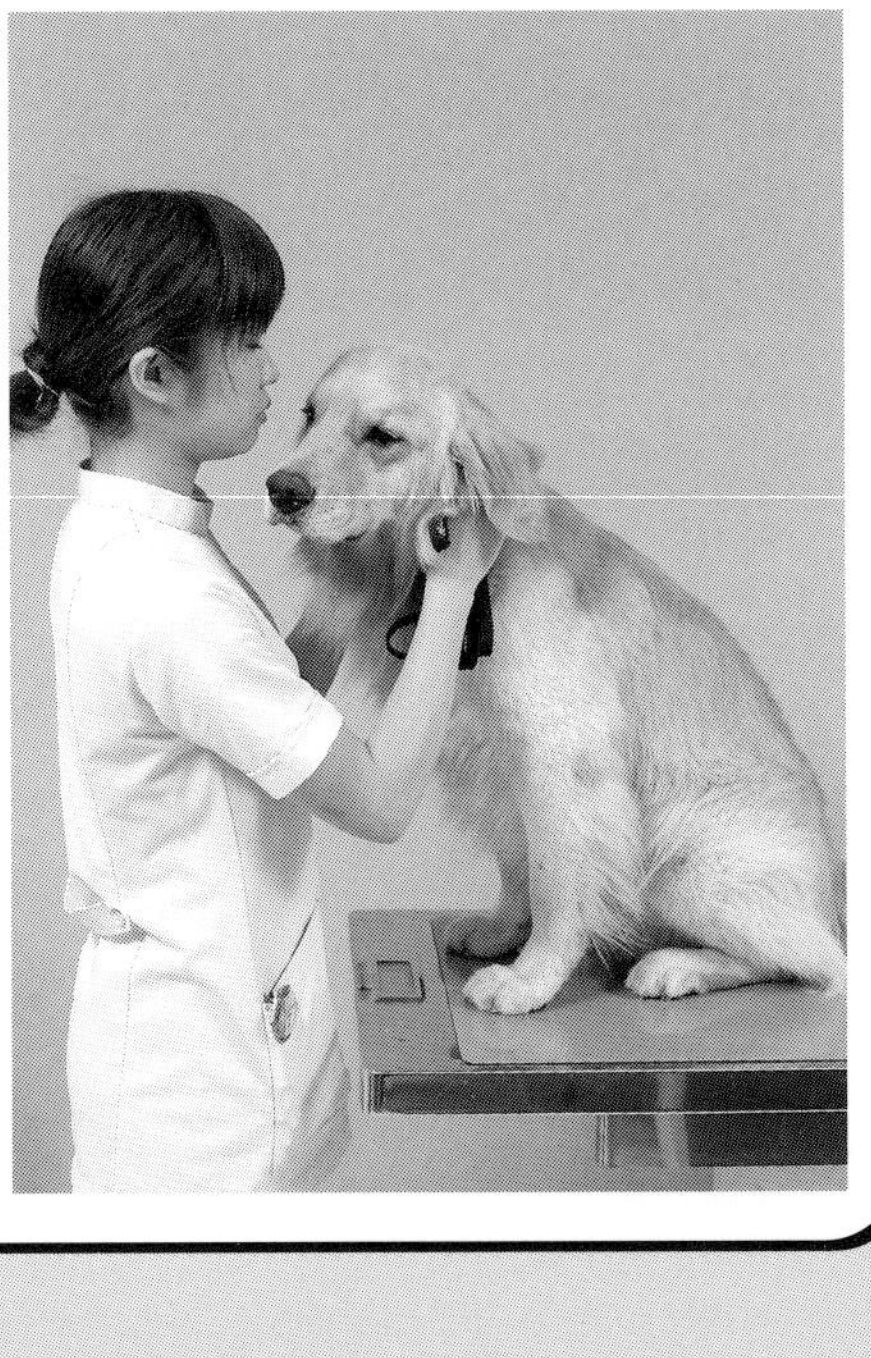

怯えて極端に攻撃的になっている犬は、近くに飼い主さんがいなくなると比較的扱いやすくなることがあります。犬が落ち着かない場合は、飼い主さんに頼んで、診察室の外へ出てもらうのもよい方法です。

14 首輪のチェックは飼い主さんに

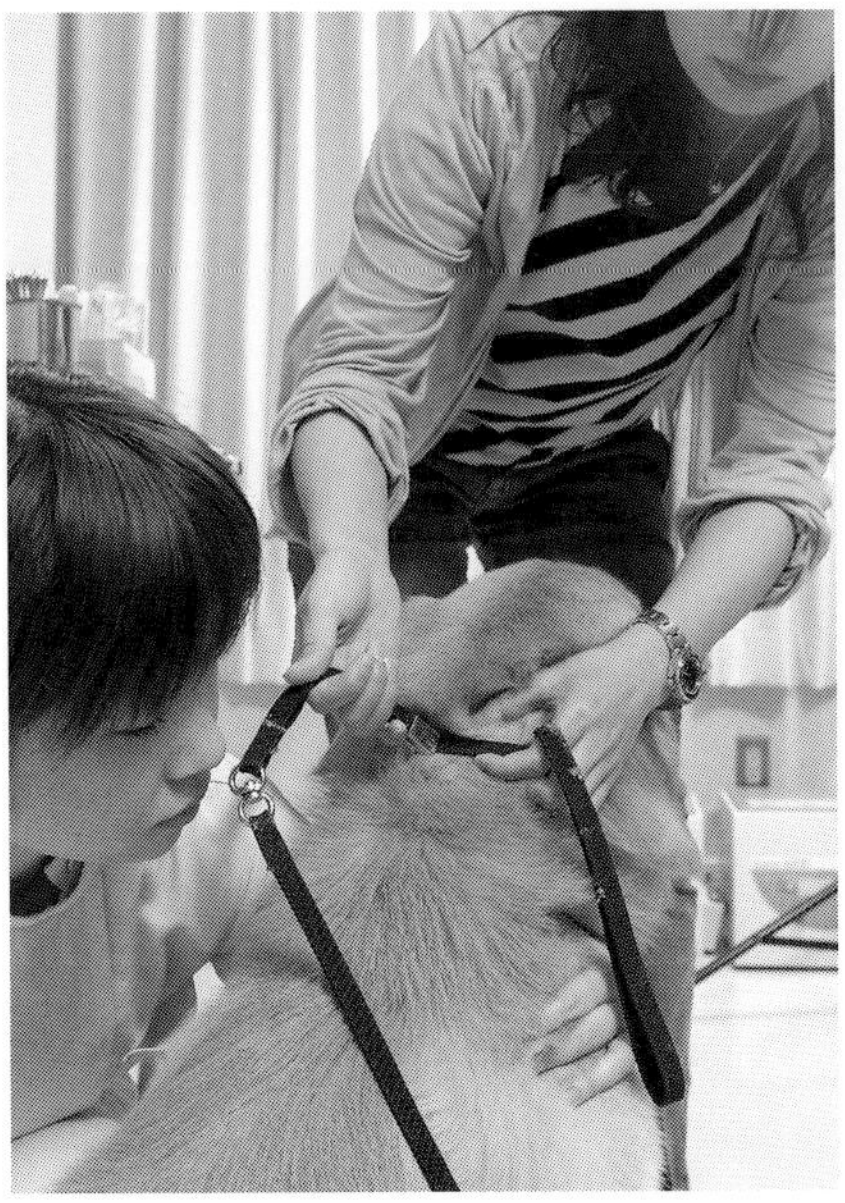

かみつこうとする犬の場合、保定したり、逃げ出しを防いだりするのに首輪が役立ちます。診察中に首輪が外れることのないよう、診察をはじめる前に飼い主さんに確認してもらうとよいでしょう。

15 遊びたいサインは無視する

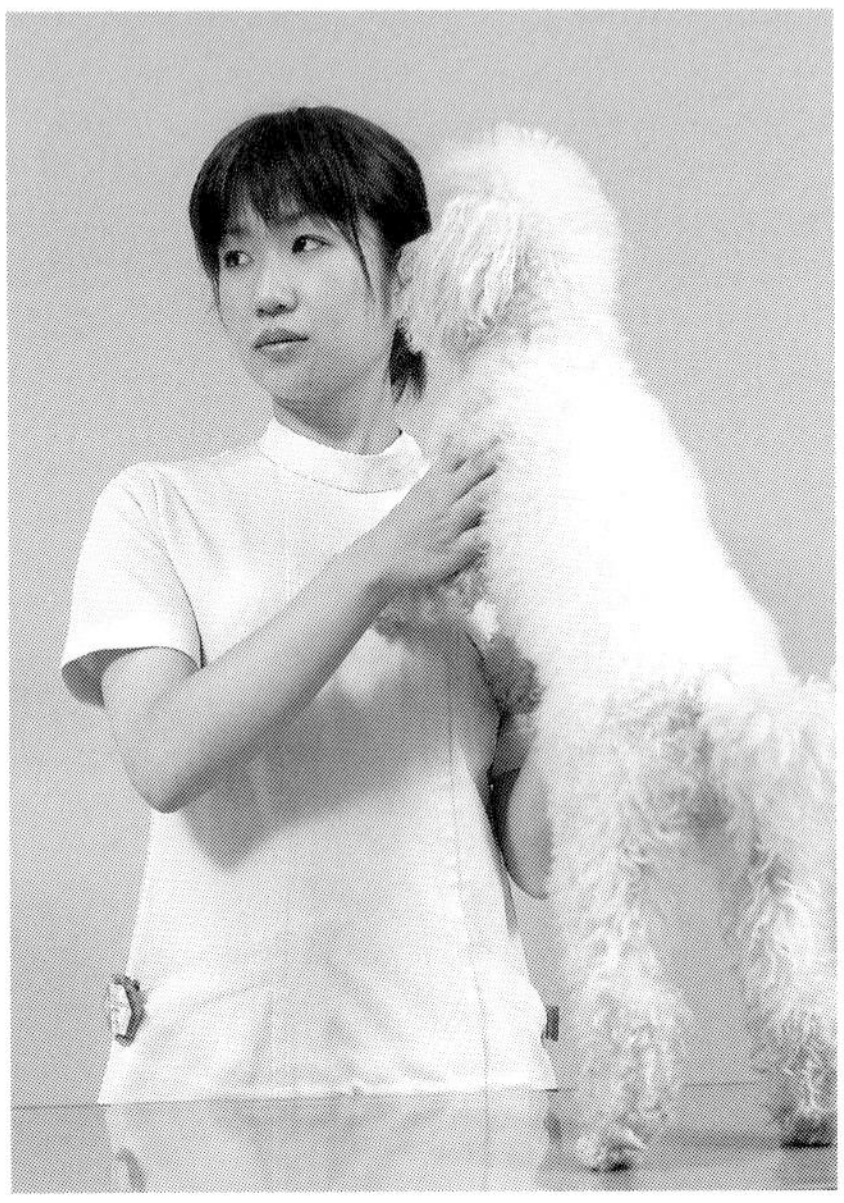

体を押さえようとすると、遊ぼうとしてはしゃぐ犬もいます。このタイプは比較的おとなしいことが多いので、遊びたがっても完全に無視すること。遊んでもらえないことがわかると、あきらめておとなしくなります。

16 病気や高齢の動物の場合

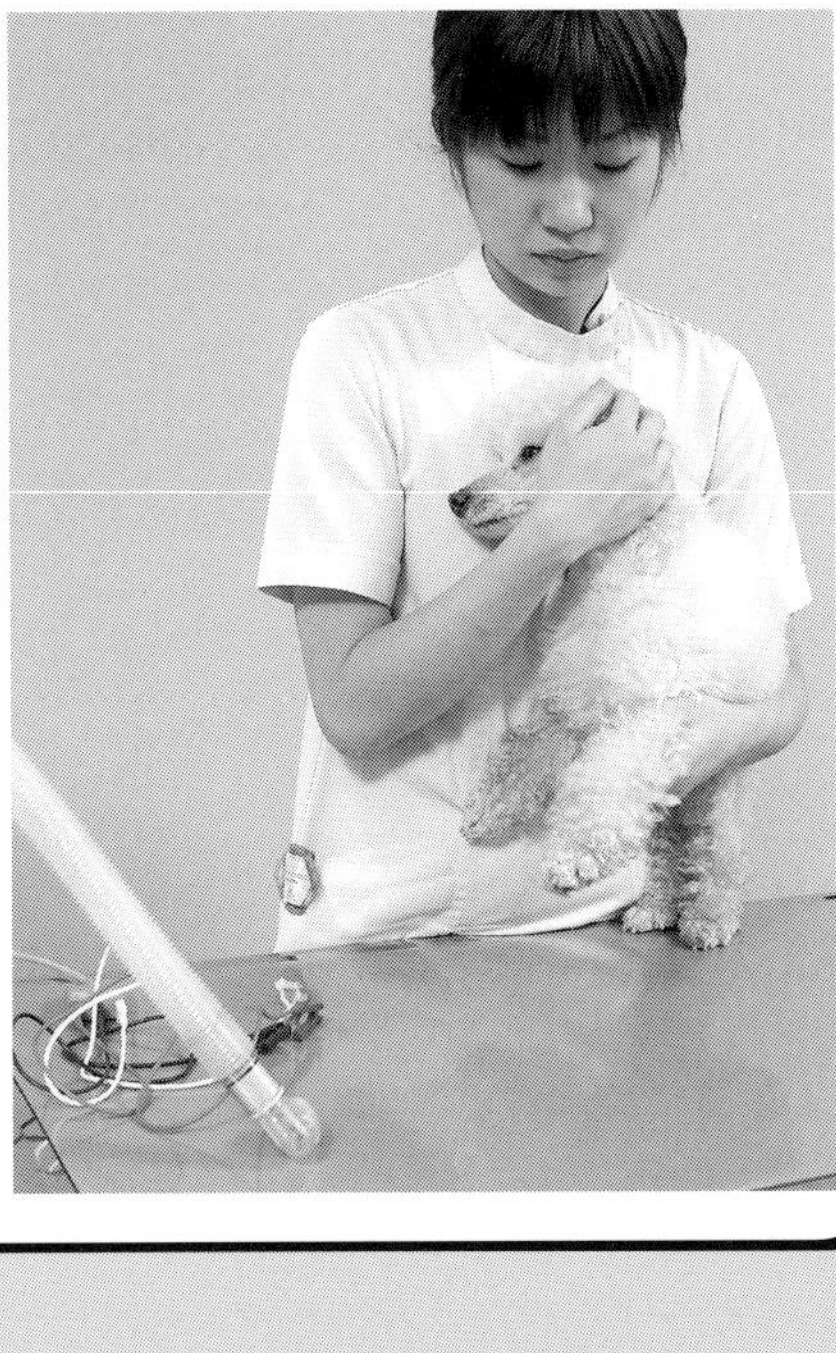

心臓病や高齢などリスクがある動物の場合、保定をする際には決して無理をしないこと。万が一に備えて酸素吸入などの準備をする場合もあります。保定しているときに、動物の体から力が抜けたり、呼吸や心拍が早くなったりしたら要注意です。

17 歩けない動物の場合

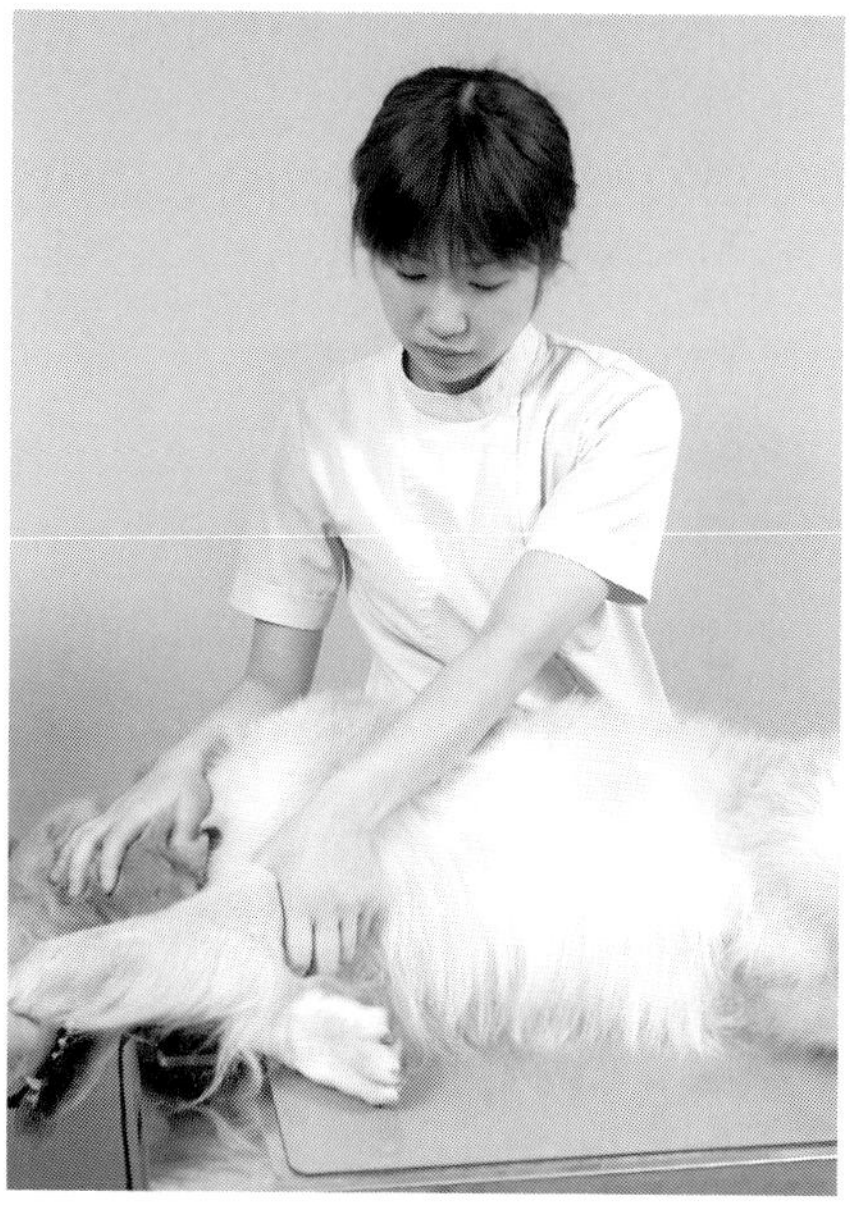

脊髄損傷などのために動いたり歩いたりできない動物は、保定するときに力を入れすぎないように気をつけます。動物の体に負担をかけないよう、必要最小限の力で、軽く保定するようにしましょう。

18 動かす前に首輪やリードを確認

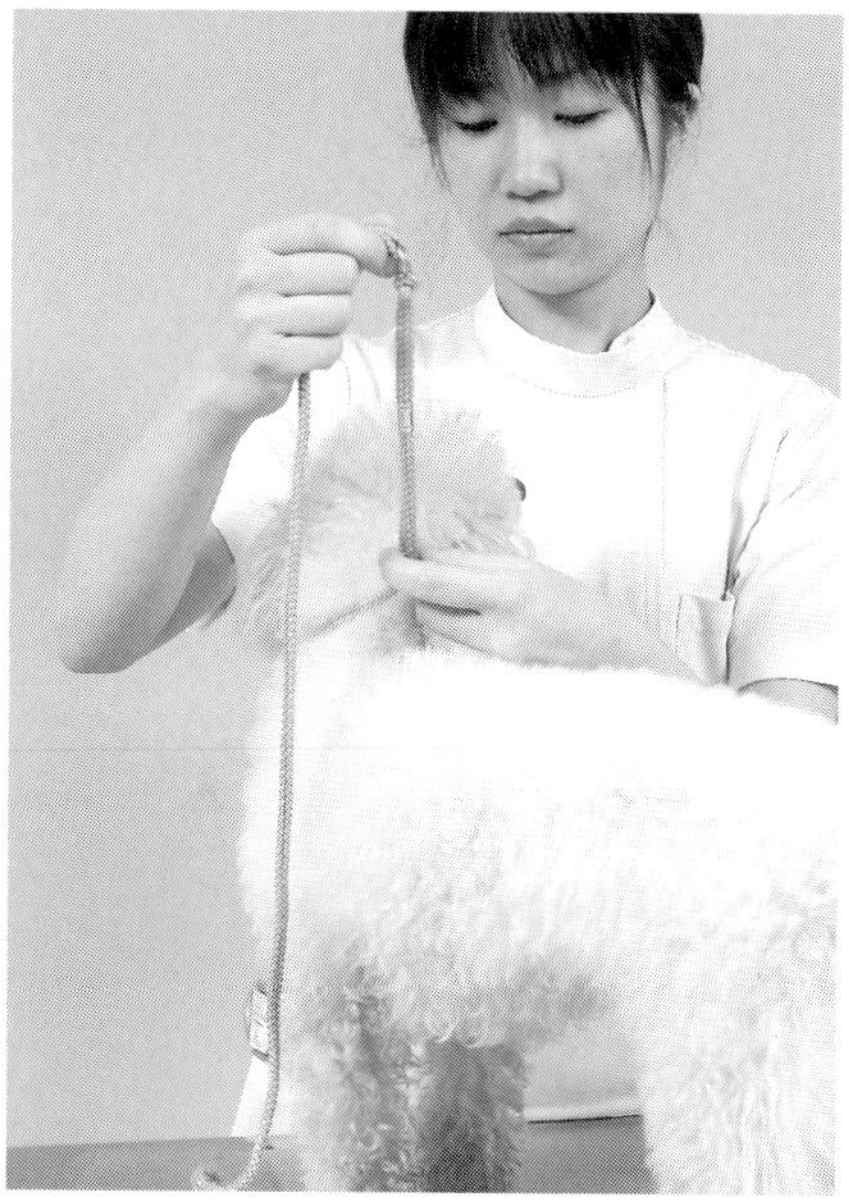

移動するとき、首輪やリードがどこかに引っかかったりすると、動物が苦しい思いをすることになります。動かす前に、首輪やリードがゆるんだり引っかかったりしていないか、きちんと確かめておきます。

19 小型犬や猫の場合

小型犬の場合は、抱き上げて移動します。片方の手を胸の下、もう片方を首に回してしっかり抱きます。猫の場合、おとなしいものなら抱き上げることもできますが、できるだけキャリーバッグに入れて運んだ方が安全です。

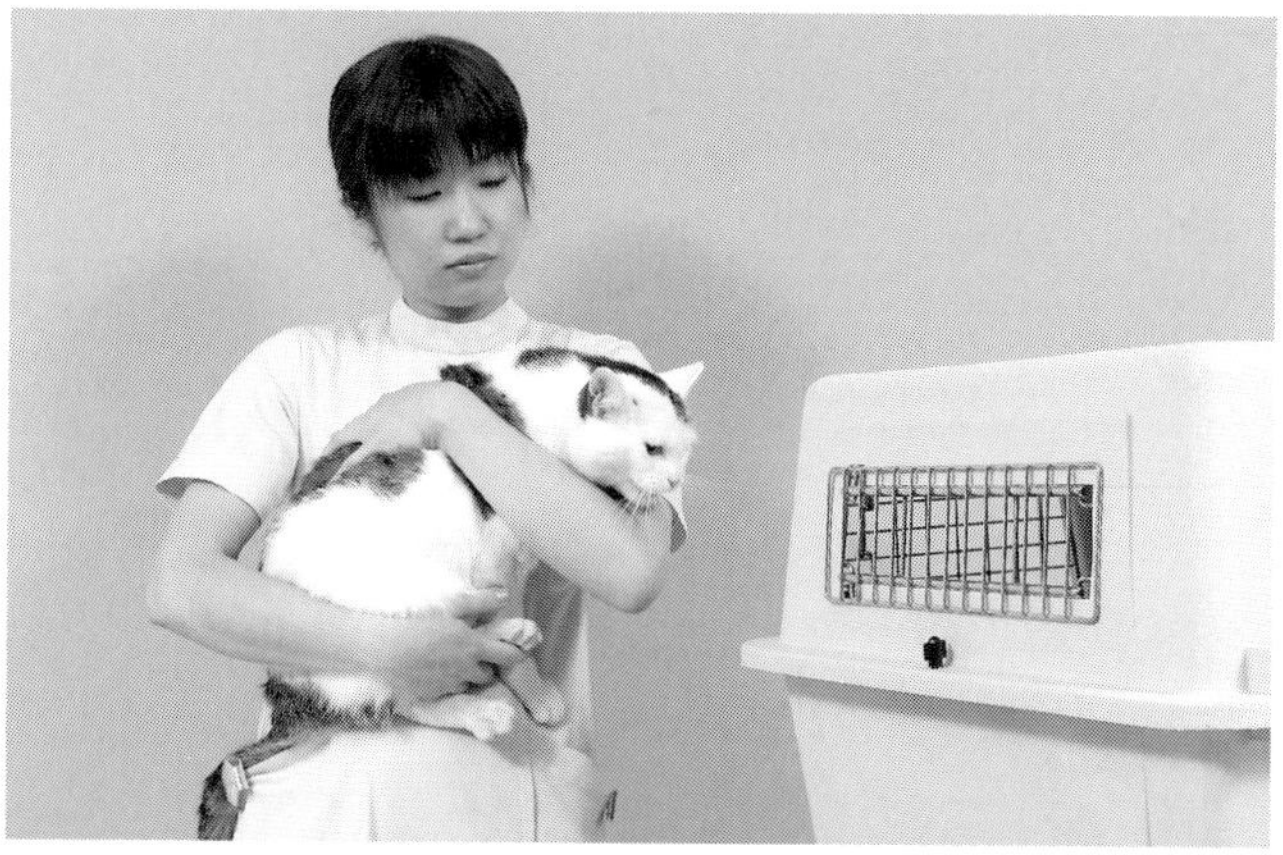

20 点滴輸液をしている場合

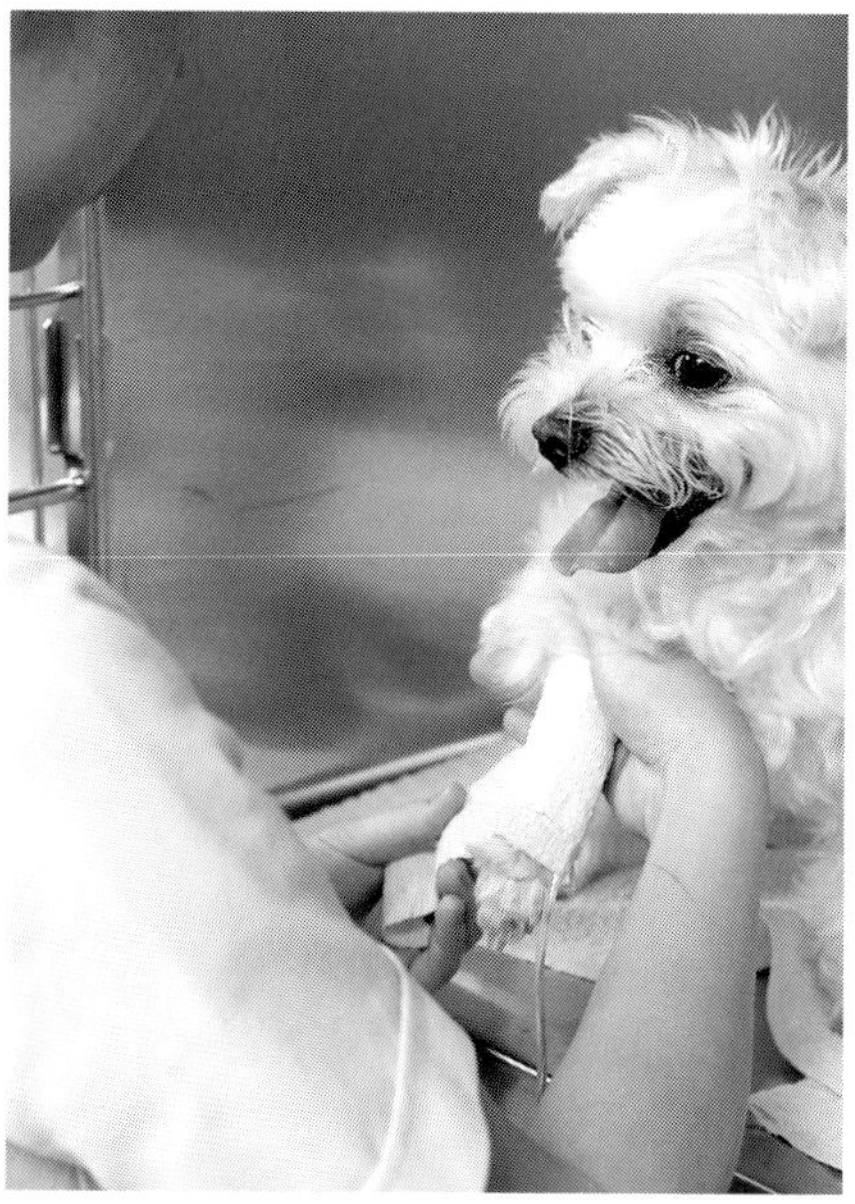

点滴輸液をしている動物を動かす場合、まず留置針のプラグから翼情針を外し、ヘパリン加生理食塩水を注入した後、移動させます。その際、無理な姿勢を取らせたり、体を強く押さえつけたりしないように注意します。

21 歩けない動物は担架で移動

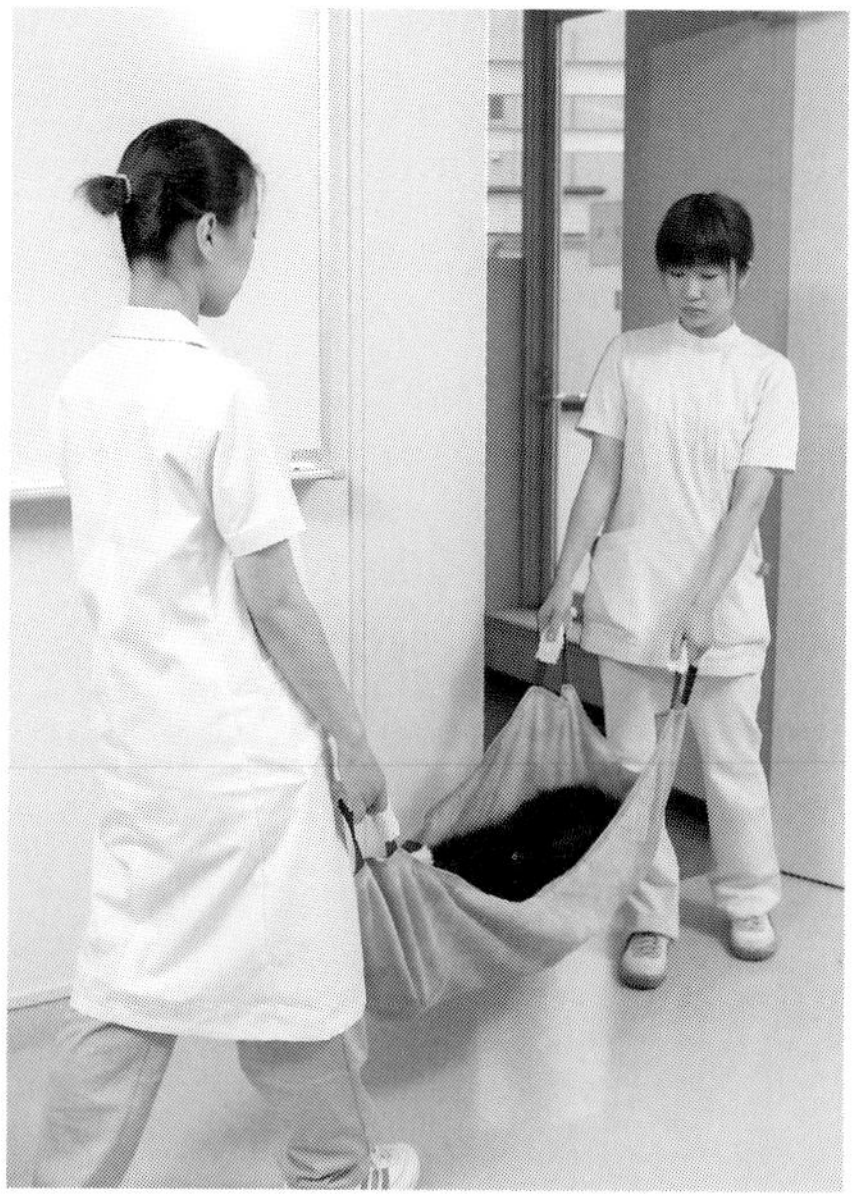

自力で歩けない大型犬の移動には、担架を利用します。担架は高く持ち上げすぎず、頭をやや高くするようなつもりで持つこと。診察台や床に下ろすときは、2人で息を合わせてそっと下ろします。

22 動物にかまれたら

動物にかまれてしまったときはすぐに傷口を洗い、まずオキシドール、次にイソジンで消毒します。特に猫の場合、歯が鋭く、かまれると化膿しますので、必ず外科病院に行って治療を受けます。

11. 薬の準備

調剤の基本と飼い主さんに渡す際の注意

薬の準備は、カルテに書かれた指示をきちんと確認し、間違いのないよう慎重に行う必要があります。また、抗がん剤など毒性の強い薬を扱う際は、マスクや手袋を着用することも忘れずに。飼い主さんに薬を渡すときには、それぞれの薬の作用と飲ませ方をわかりやすく説明します。それと同時に、薬の種類と数量がカルテの指示と一致しているかどうか、最終確認をするようにしましょう。

1 調剤に使う器具は清潔に

調剤に使う分包機や乳鉢、乳棒、薬匙は、使った後、必ず刷毛で払ったり水洗いをしたりしておきます。調剤をする際にほかの薬が混ざることのないよう、常に薬が付着していない状態を保ちます。また、毒性の強い薬に触れたものは必ず水洗いしておきます。

2 薬品の在庫にも注意

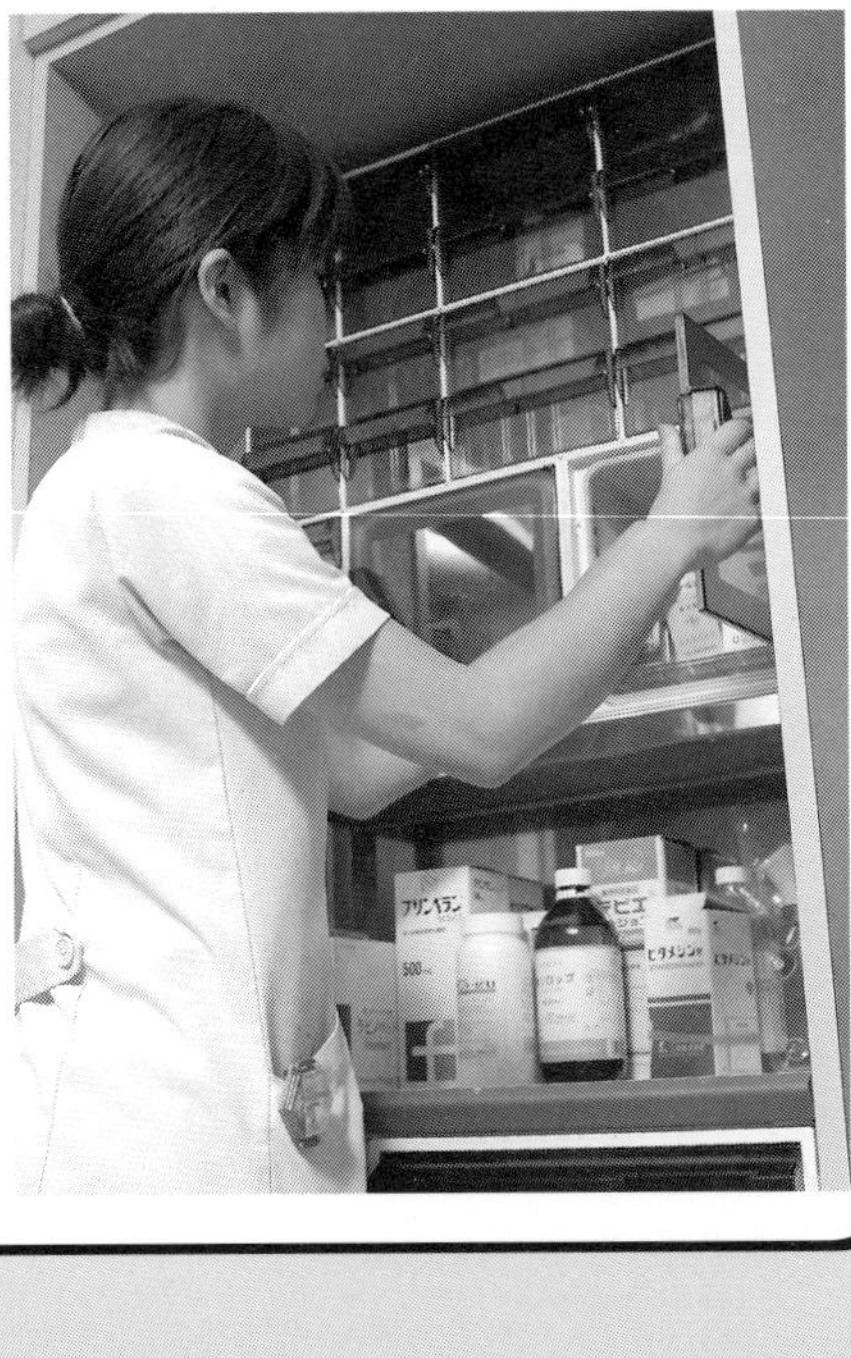

日常的によく使う薬は、常にある程度の在庫を保つように注意します。在庫が少なくなってきたら、病院の決まりに従って発注ノートに記入したり、発注管理者に報告したりしておきます。

3 錠剤を分割する

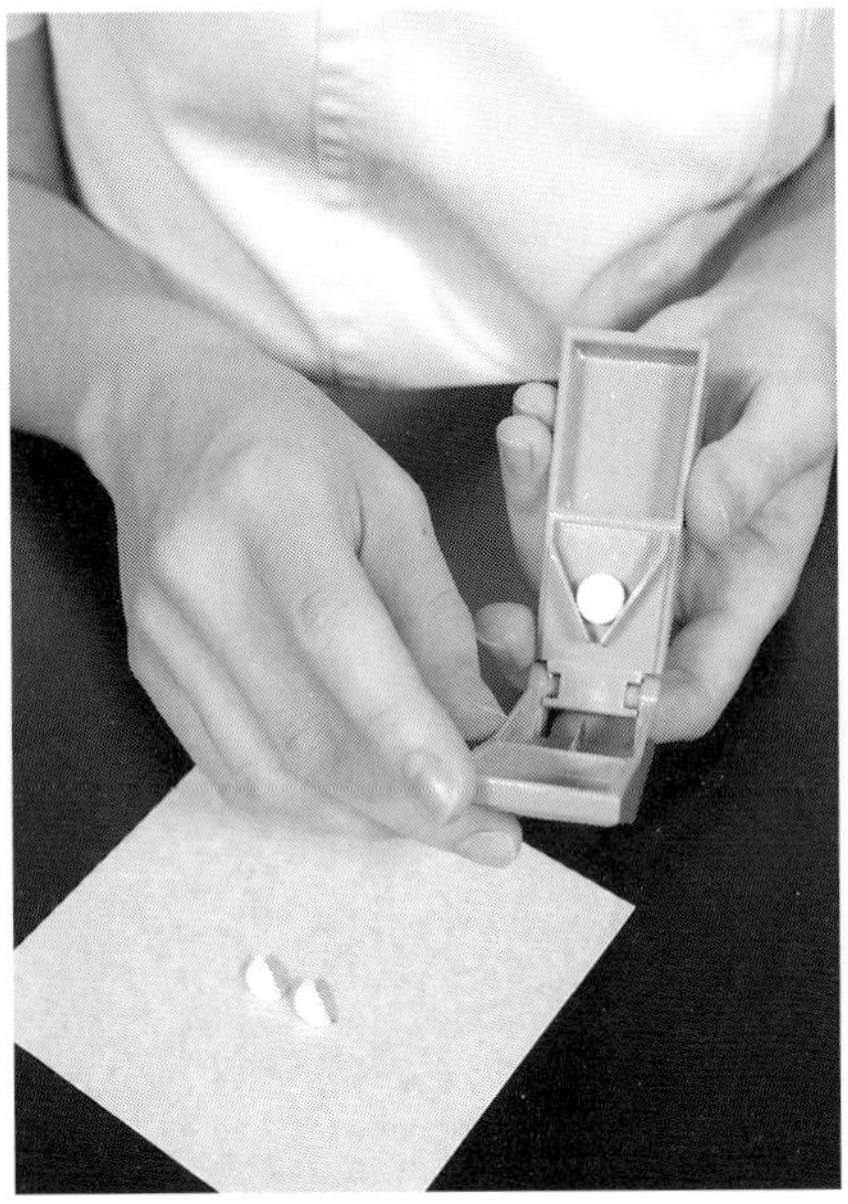

分割して用いることが多い錠剤は、手の空いたときにピルカッターで割っておき、すぐに使える状態でストックしておくと便利です。ただし、湿気を吸いやすいものなど割った状態で保存するのに不向きな薬は、そのつど割って使うようにします。

4 処方の読み方を正しく知る

カルテに書かれる処方には、薬の略称が使われることがほとんどです。どの略称がどの薬を示すのかを正しく覚えましょう。わからない場合は、必ず先輩看護師や担当獣医師に確認します。

5 調剤の際の注意①

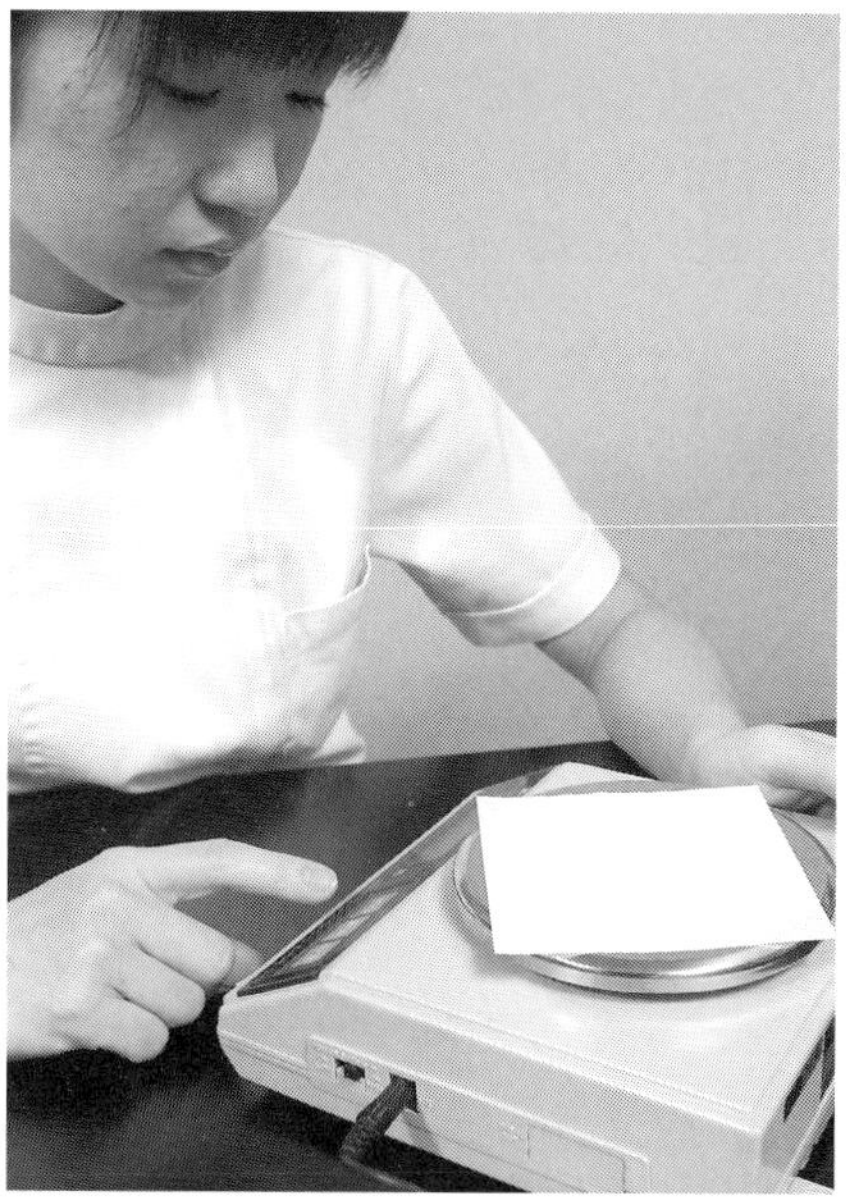

粉状の薬を量るときは、はかりに薬包紙をのせてから電源を入れます。電源を入れてから薬包紙をのせて薬を量ると、薬包紙の重量分だけ薬の量が少なくなってしまいますので、その場合は紙をのせた状態で必ず0点合わせをします。

6 調剤の際の注意②

いったん薬瓶から出した薬は、戻さないのが基本。分量を超えないよう、少しずつ慎重に量りましょう。薬をのせる前に薬包紙を半分に折って折り目をつけておくと、量り終わった後の薬を扱いやすくすることができます。

7 調剤の際の注意③

乳鉢で複数の薬を混ぜる場合は、錠剤、顆粒剤、散剤の順に、粒が粗いものから混ぜていきます。あまり力を入れず、手首を使って柔らかく混ぜるのがコツです。

8 分包機の使い方①

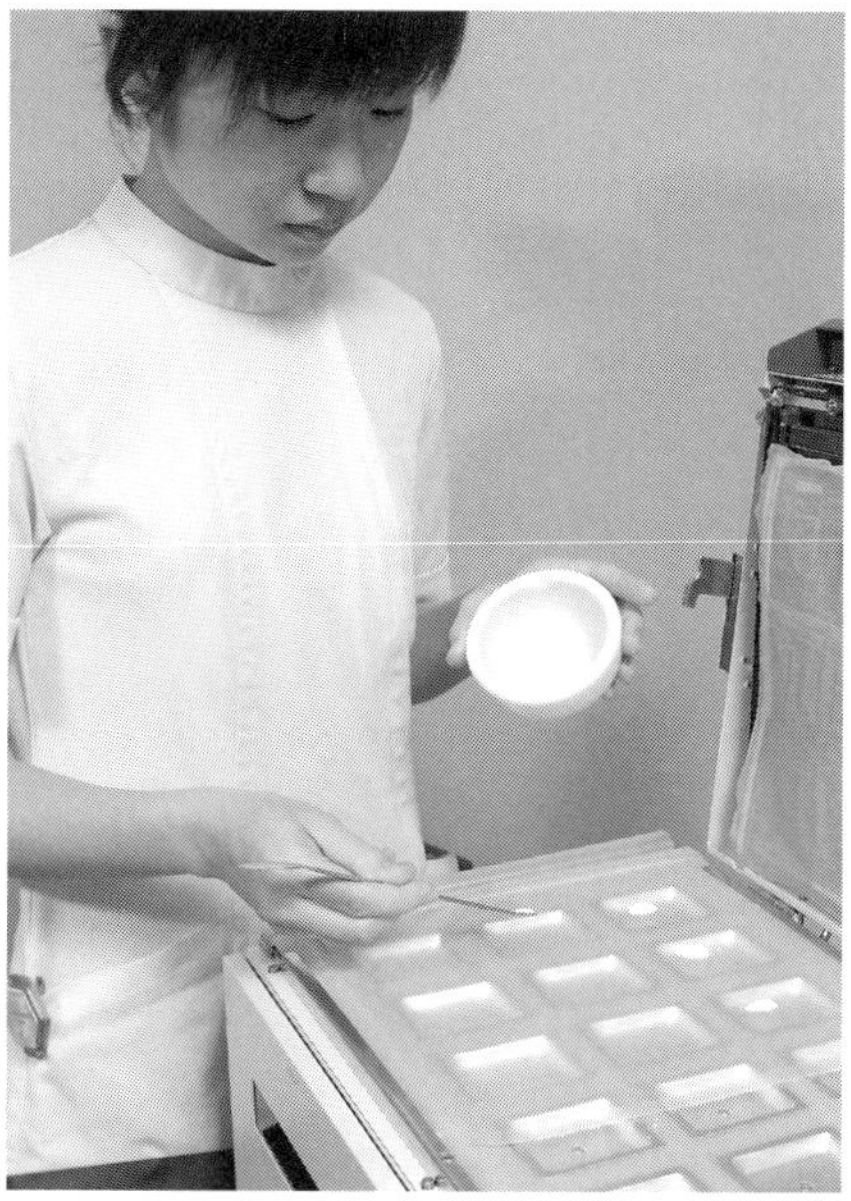

粉状の薬を服用単位・処方日数分に分ける場合は、分包機を使います。まず、下側のシートを引き出して薬をのせていきます。薬は1回で分けようとせず、薬匙に1杯の量などを目安にして、少しずつ配分します。分包機は、自動のものなど多くの種類があります。

9 分包機の使い方②

薬の配分が終わったら、上側のシートを引き出してかぶせ、分包機のふたを閉めてシールドします。分包機から取り出して不用な部分のシートを切り取り、包みが破けていたり、薬がもれたりしていないことを確認します。

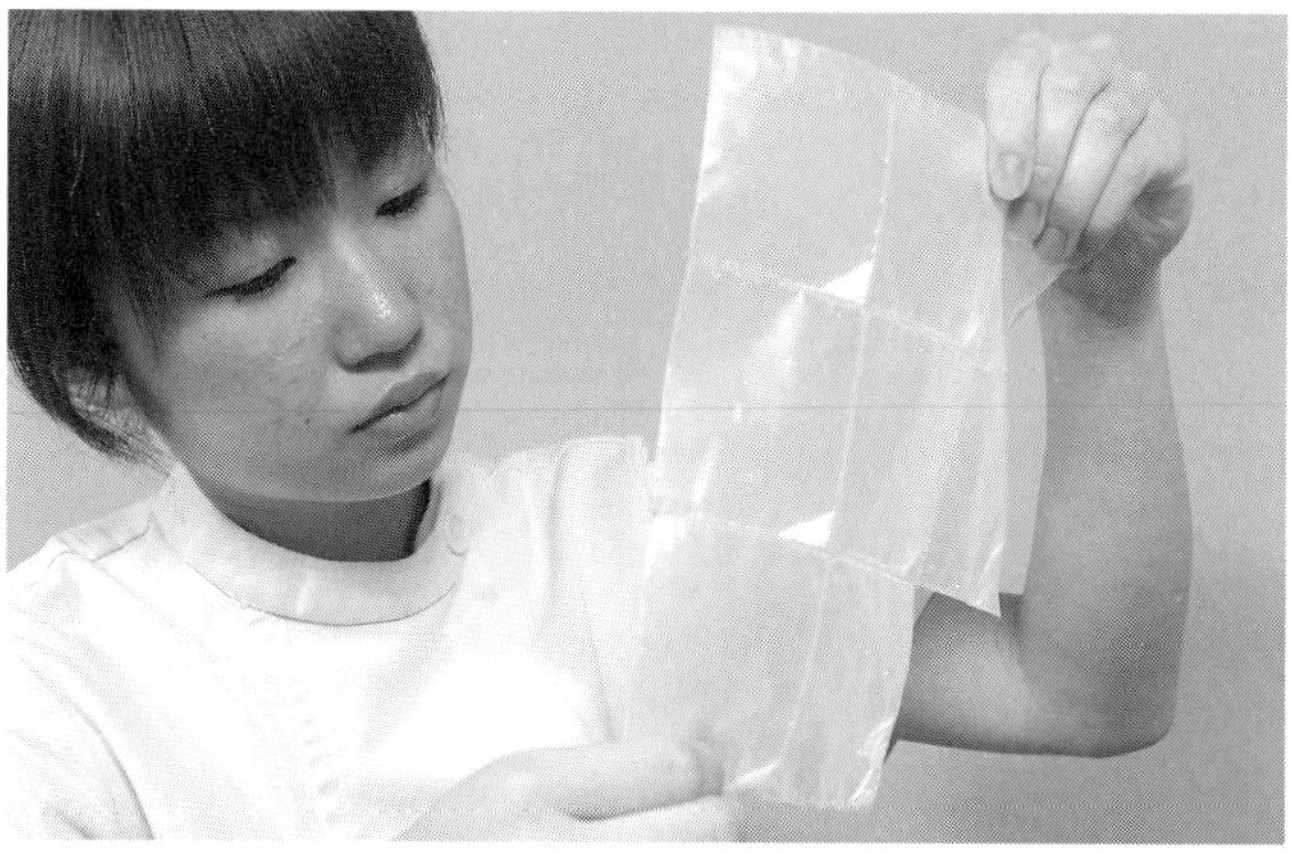

10 薬の確認と薬袋の記入

準備した薬とカルテを見くらべ、薬の種類と分量を確認します。1回の服用量と1日の服用回数などもきちんとチェックすること。すべての確認が終わったら、薬袋に飼い主や動物の名前、服用量、回数などを正しく記入し、中に薬を入れます。

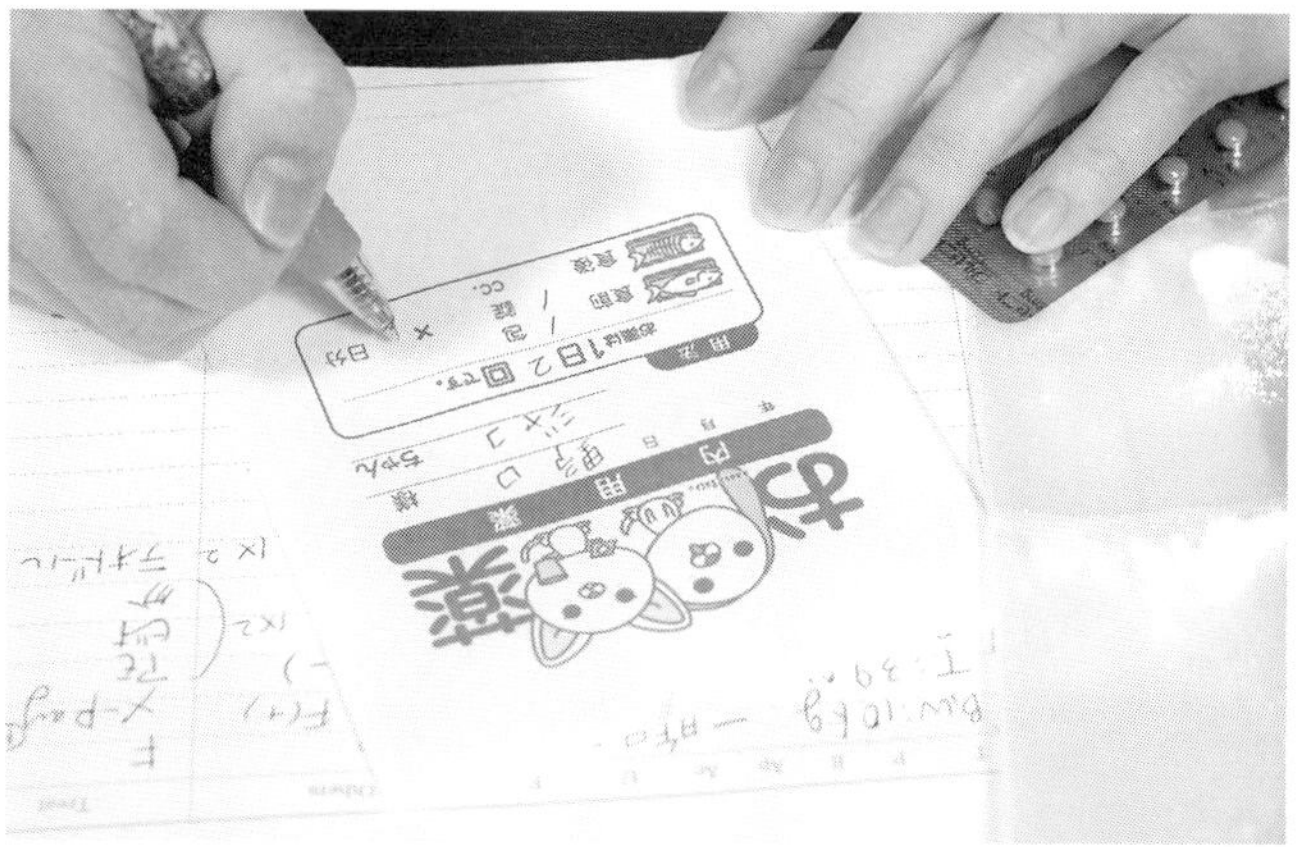

12. 輸液の準備

必要な器具と正しい接続のしかた

輸液が必要になるのは、食欲がない、嘔吐、下痢、脱水を起こしているなどの栄養補給の必要がある場合です。動物の静脈に留置針を挿入するのは獣医師の仕事。動物看護師は、獣医師の指示に従って必要な器具類と輸液剤の準備や、輸液ポンプとの接続などを行います。輸液ポンプは製造会社によって仕組みが違うところもあるので、正しい扱い方を覚えることも大切です。

1 必要な器具類の準備

輸液をする際に必要なのは、輸液ポンプ、輸液バッグ、輸液セット、翼状針、エクステンションチューブ、紙テープ、ベトラップなど。必要なものがすべてそろっていることと、輸液剤の種類が正しいことを確認します。

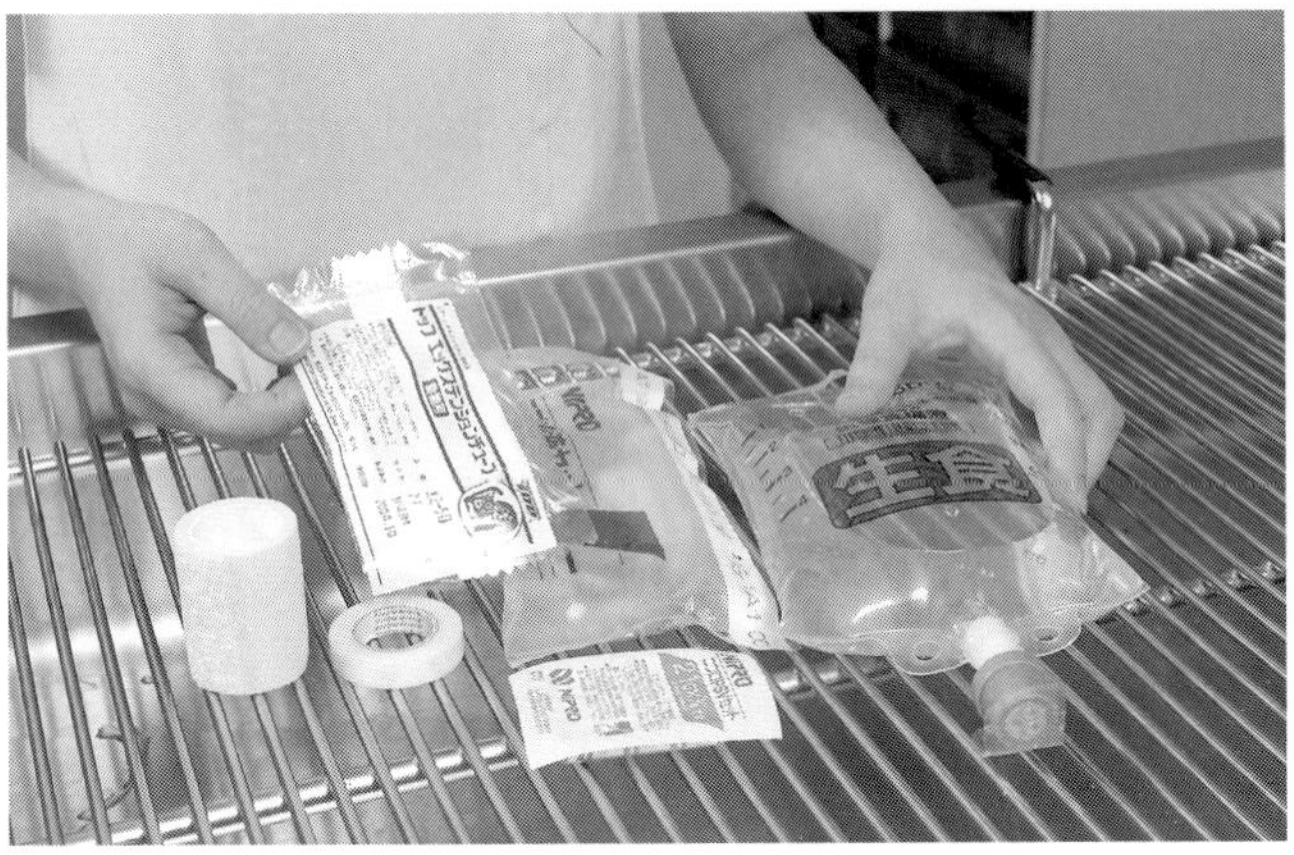

2 輸液バッグをセット

輸液ポンプの上部に、輸液バッグを正しく取りつけます。患者の取り違えなどのミスを防ぐため、輸液バッグの裏側に、マジックなどで動物の名前を大きく書いておくとよいでしょう。

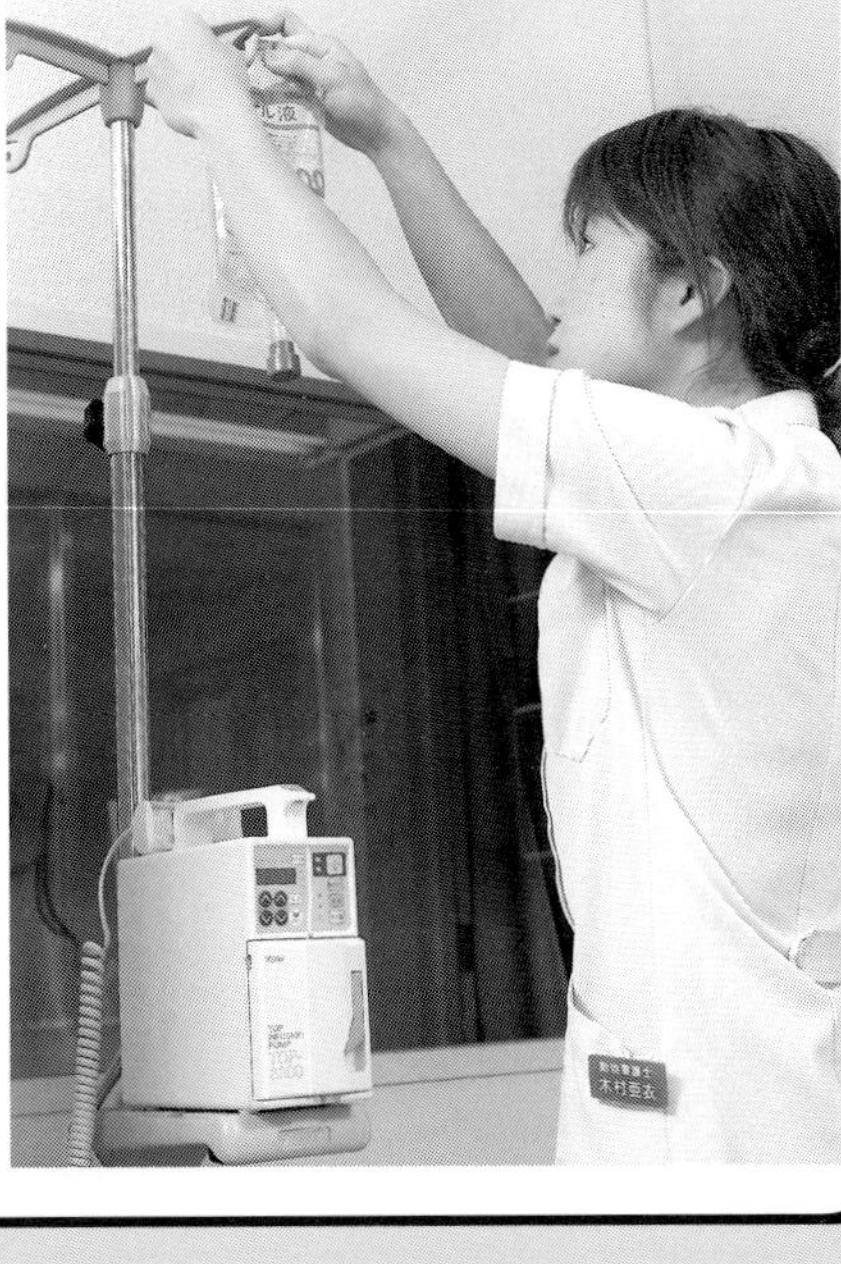

3 ローラークランプを閉める

輸液セットをパッケージから取り出し、ローラークランプを指のつけ根の方へ引くように回して閉めます。閉め方がゆるいと次の段階で輸液が流れ出てしまうので、ローラーが動かなくなるまで完全に閉めること。

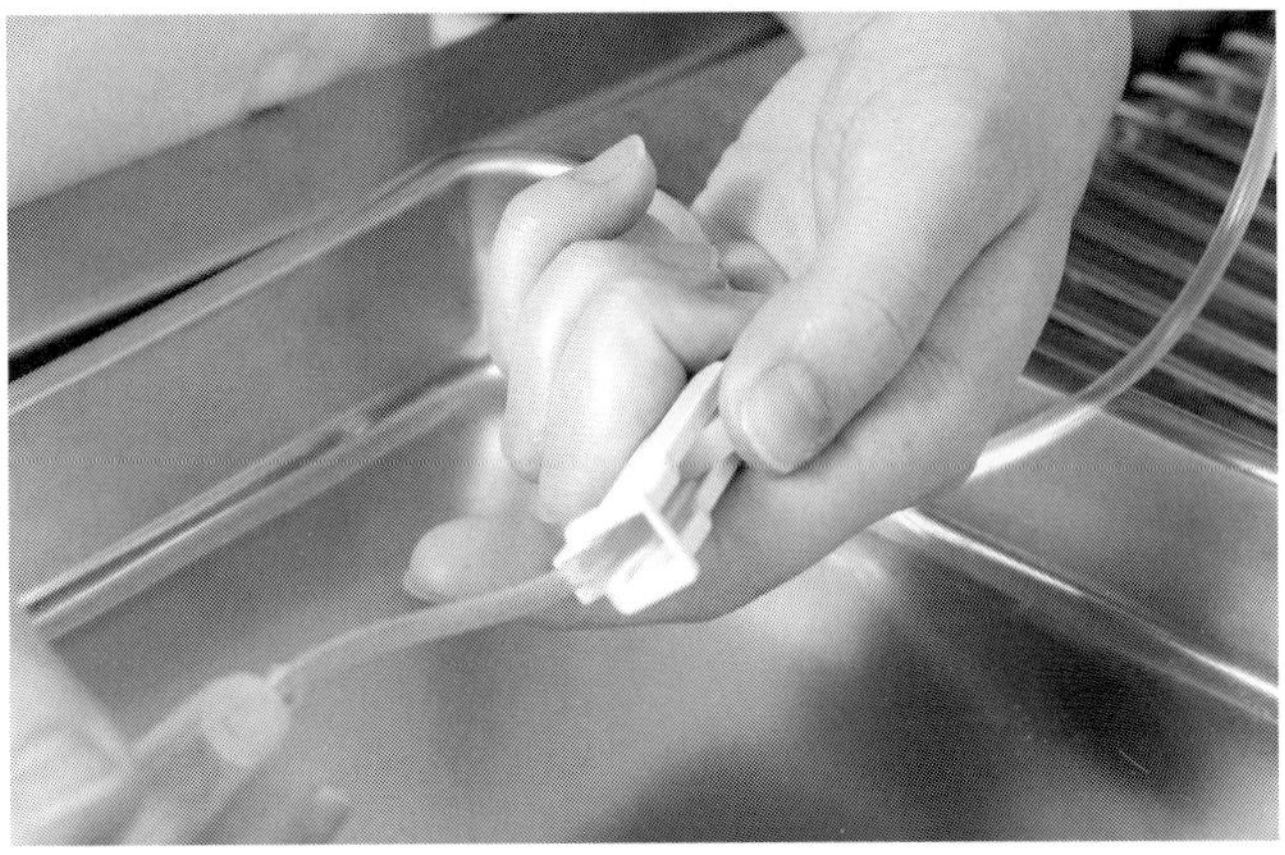

4 瓶針をバッグに刺す

輸液セットの瓶針のキャップを外し、輸液バッグのゴムのふたにある丸印の部位にしっかりと差し込みます。輸液バッグのゴムのふたには丸印が3つありますが、瓶針はどの部位に刺してもかまいません。

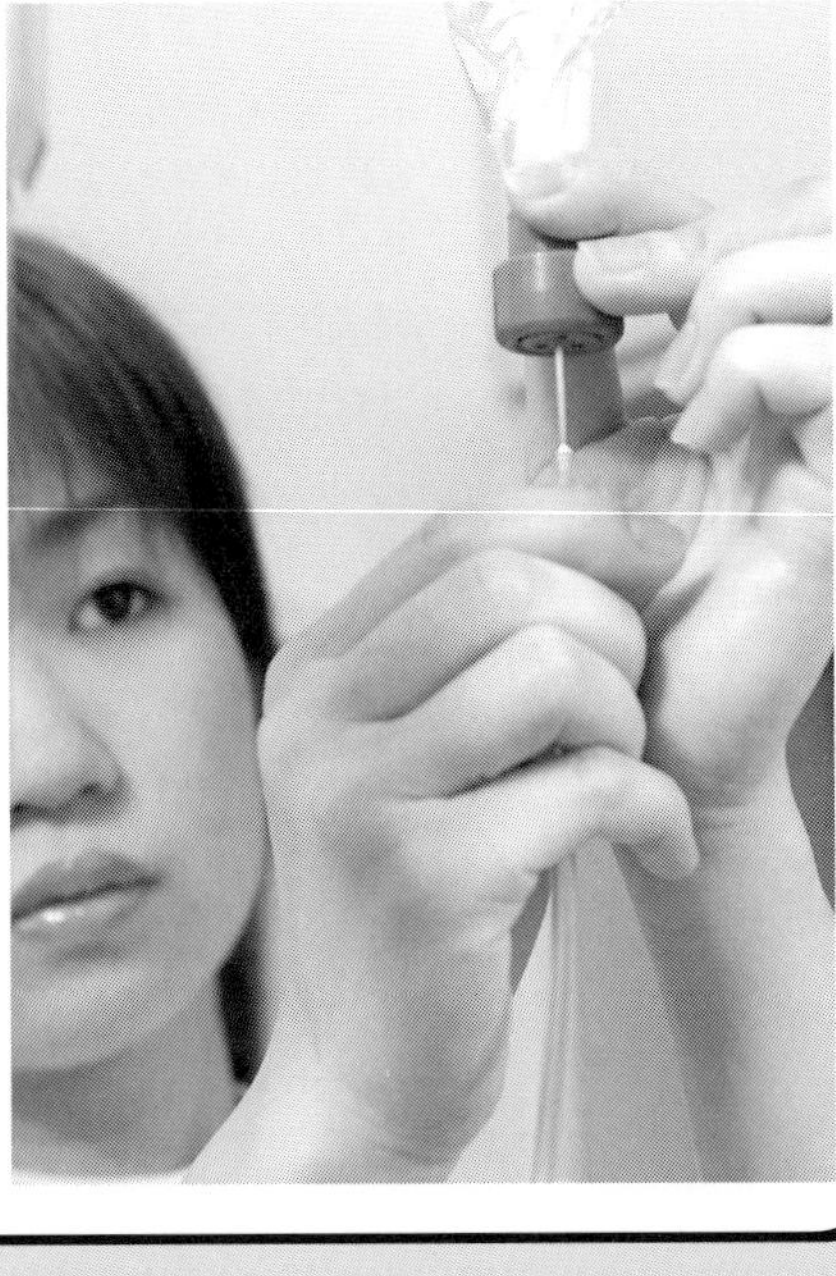

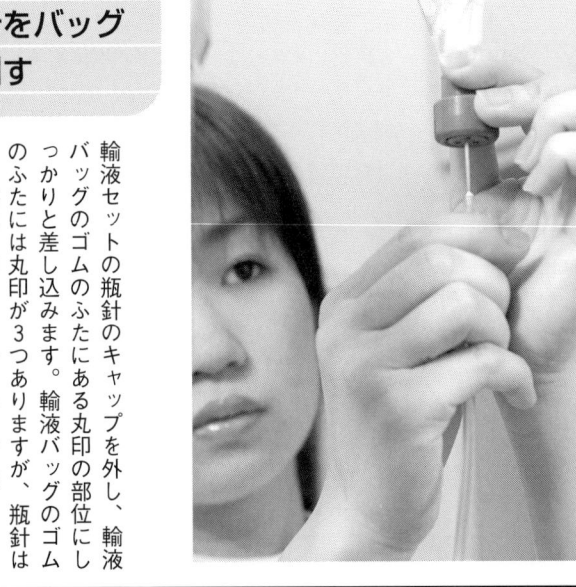

5 点滴筒に輸液をためる

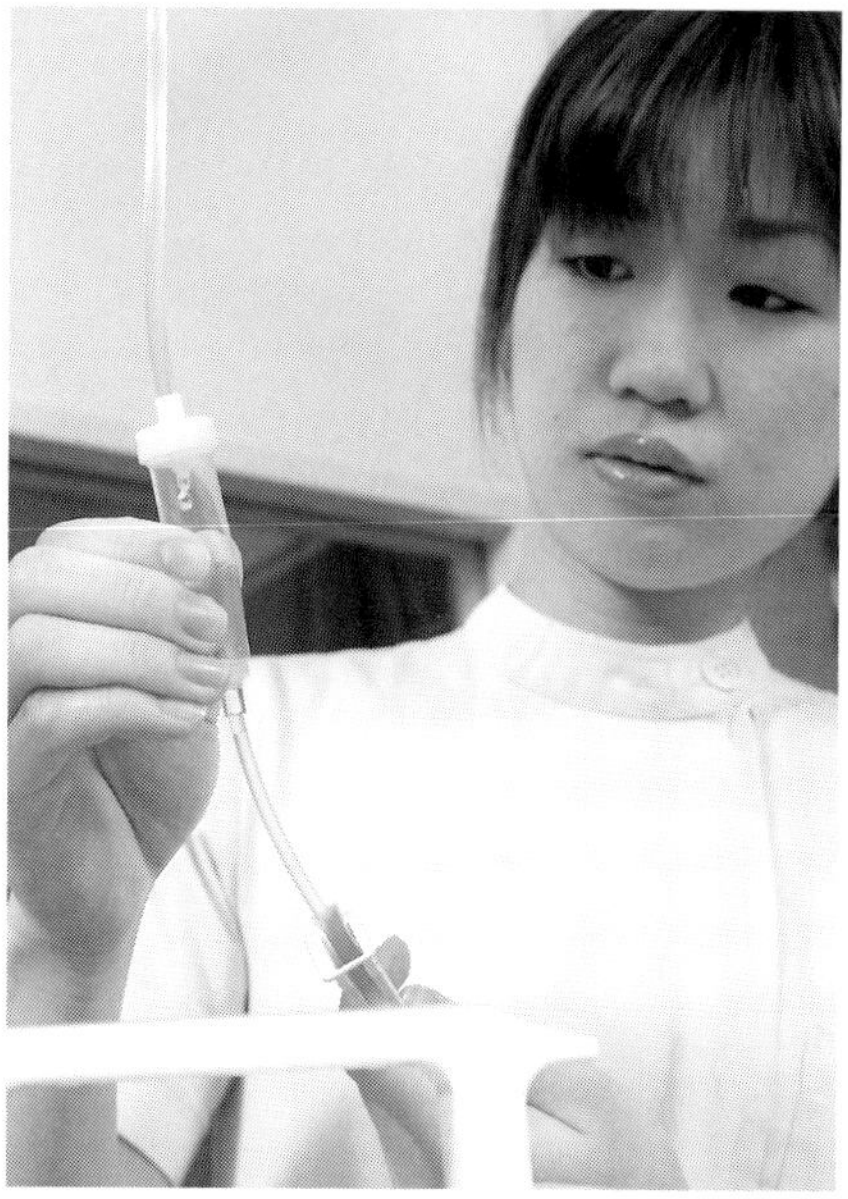

輸液セットの点滴筒を指で何度か圧迫し、点滴筒の約半分まで輸液を満たします。この段階で、点滴筒の中に輸液をためておかないと、次の段階でローラークランプを開いたときに気泡が混入します。

6 ローラークランプを開ける

ローラークランプの先にエクステンションチューブと翼状針をつなぎます。その後、ローラークランプを開け、キャップを外した翼状針の先端から輸液が流れ出てくるのを確認します。

7 輸液ポンプのドアを開ける

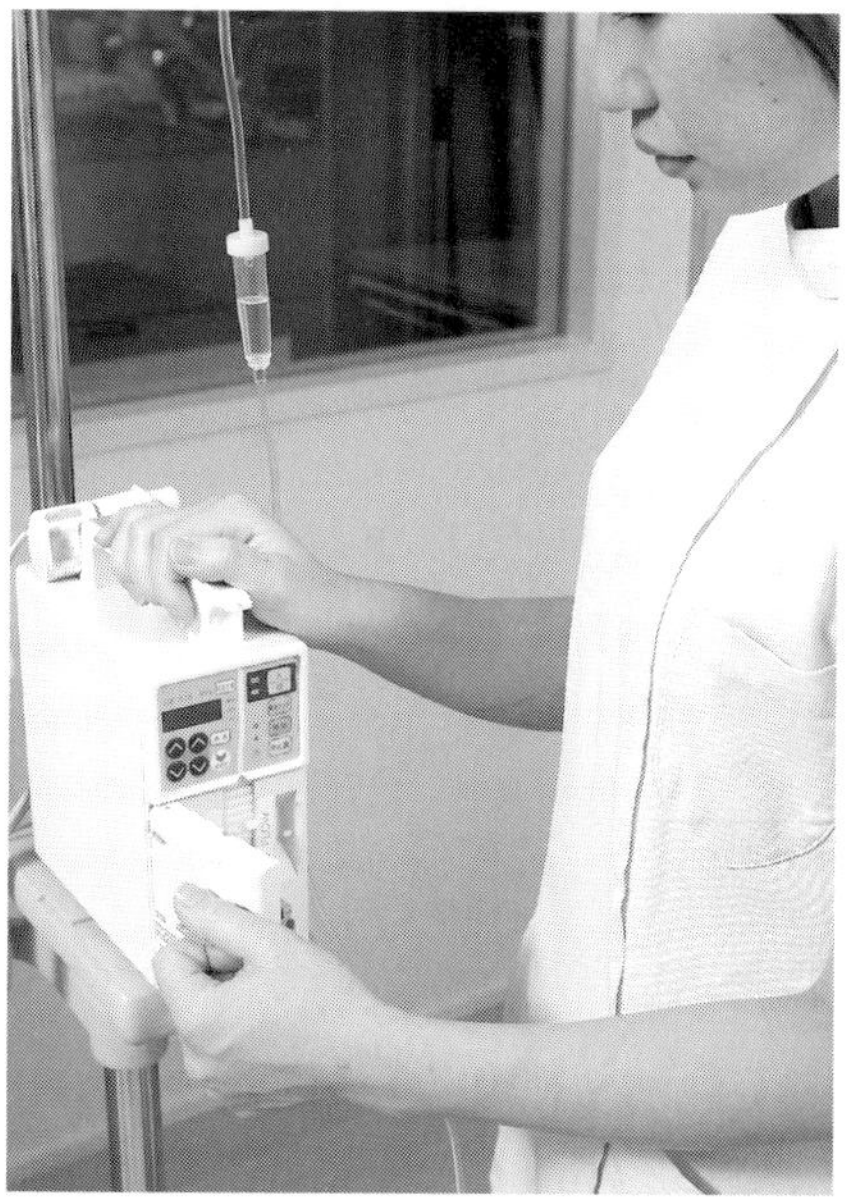

ローラークランプをしっかり閉め、翼状針の先端にキャップをはめたら、輸液ポンプのドアを開けます。

8 チューブをセットする

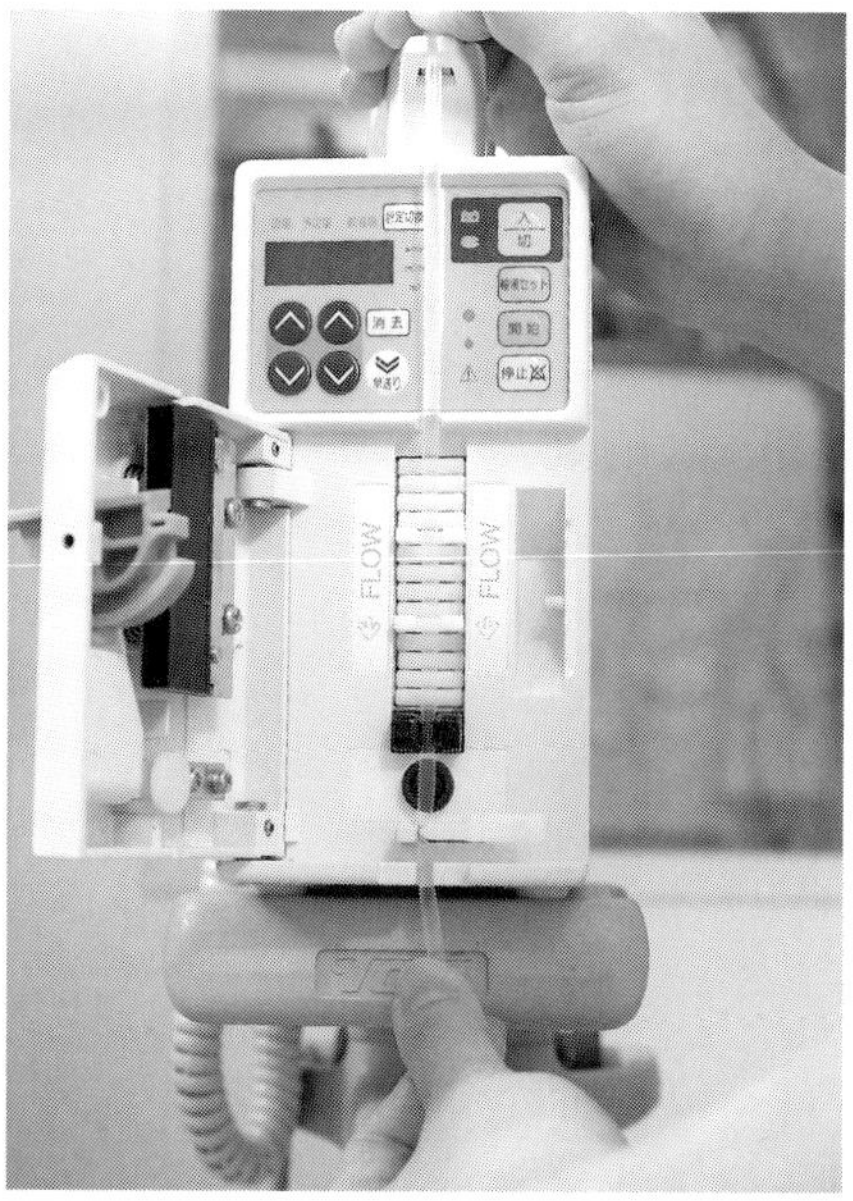

輸液チューブを輸液ポンプの正しい位置にセットし、輸液ポンプのドアをしっかり閉めます。

9 流量、予定量を入力する

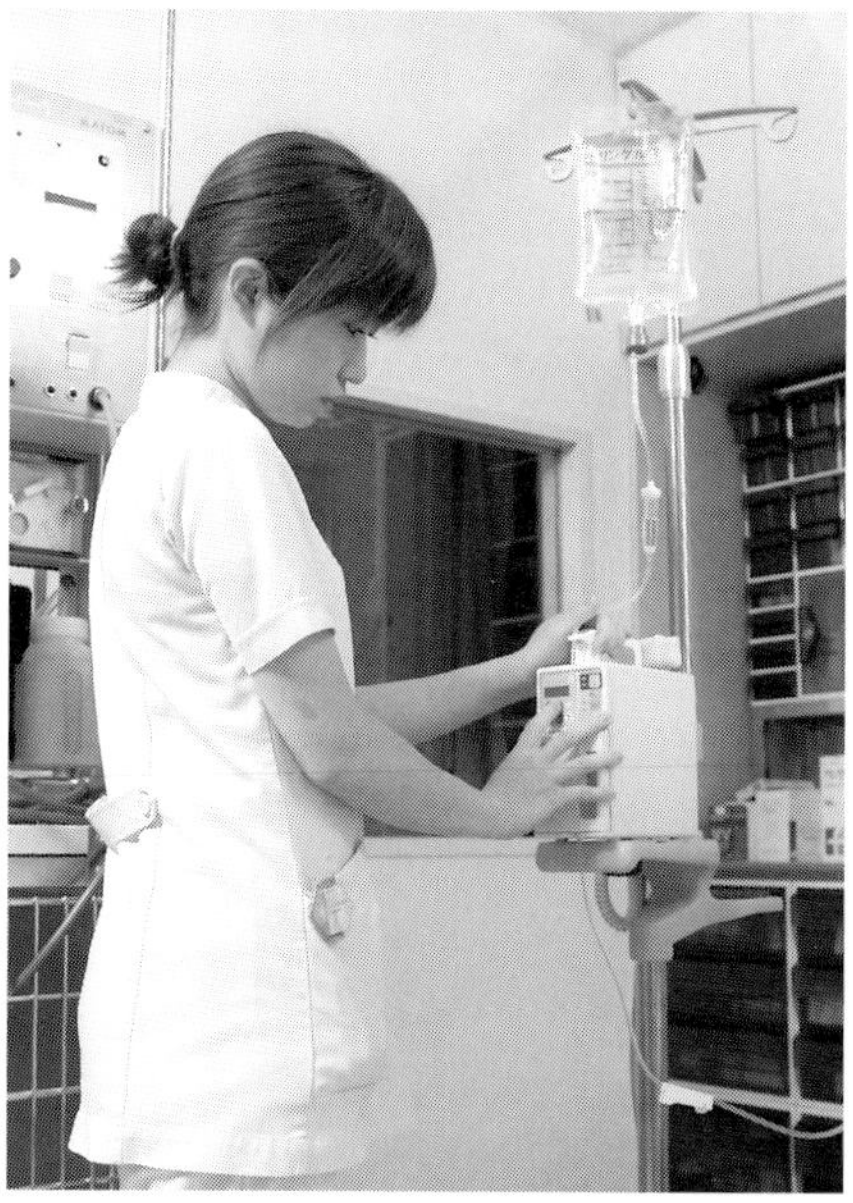

獣医師の指示に従って、輸液ポンプに流量と予定量を入力します。輸液ポンプのモニターには、流量（輸液が流れる速度）、予定量（輸液の総量）、輸液量（現時点までに流れた輸液の量）の3種類の数字が表示されるようになっています。

10 留置針の詰まりやもれを確認

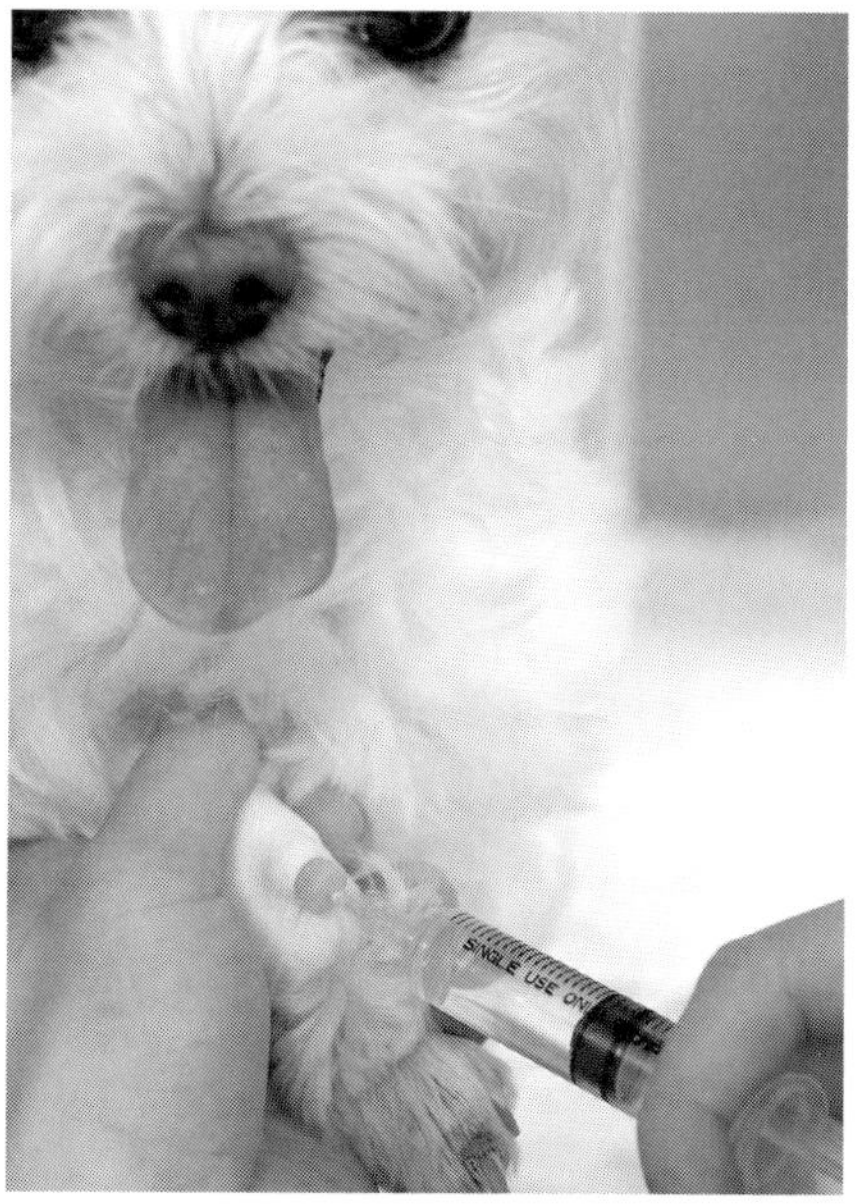

留置針のインジェクションプラグに、シリンジで1～2 mlのヘパリン加生理食塩水を注入します。このときに抵抗を感じたり、皮膚が膨らんだり、動物が痛がったりした場合は詰まりやもれがあるので、獣医師に報告し、留置針が正しく入っているかどうかを確認してもらいます。

11 輸液ポンプの作動を確認

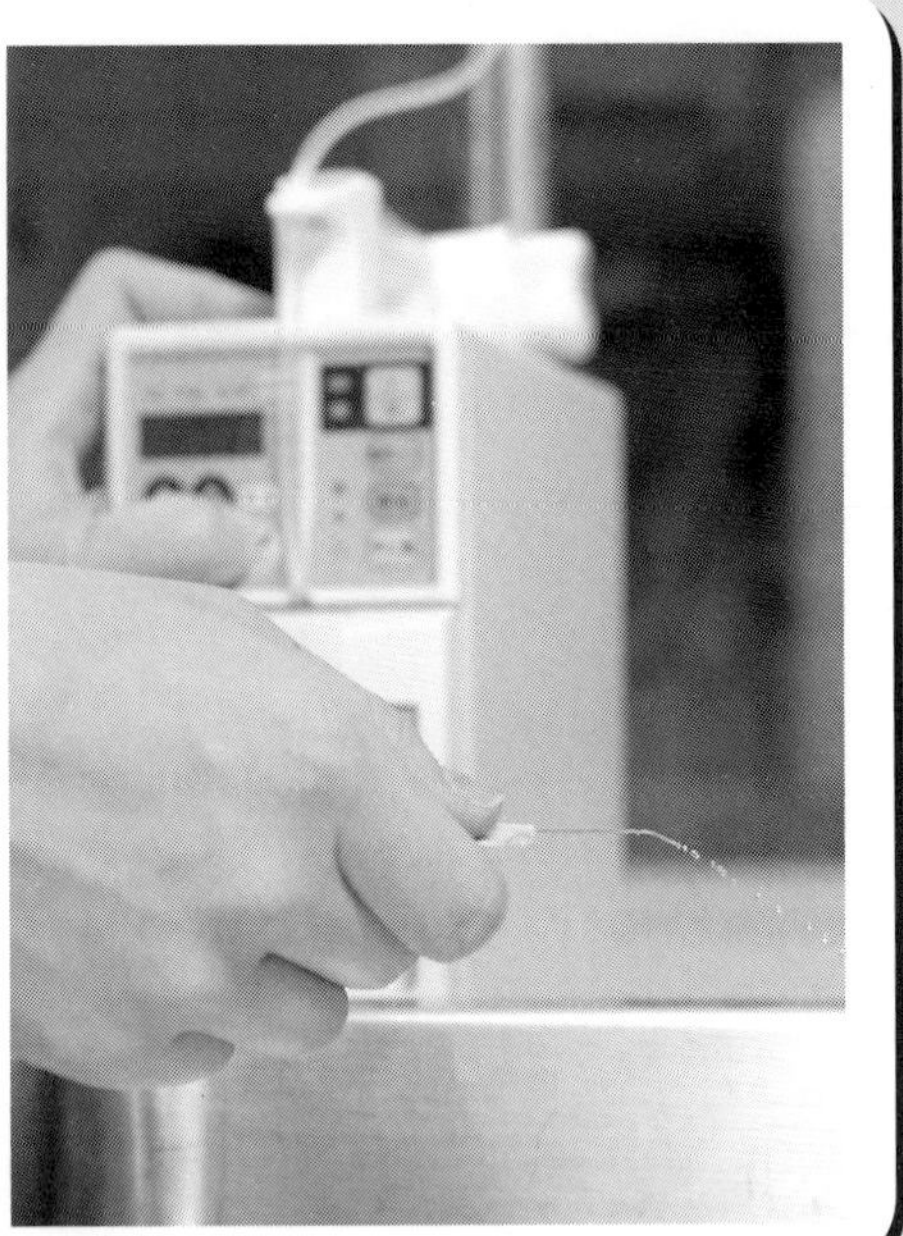

ローラークランプを全開し、輸液ポンプの早送りボタンを押して、キャップを外した翼状針の先端から輸液が流れ出てくるのを確認します。この作業によって、チューブに気泡が入っていないこと、輸液ポンプが正しく作動していることを確かめます。

12 翼状針をプラグに挿入

留置針のインジェクションプラグの中央に翼状針をしっかり挿入し、抜けないように紙テープで固定します。

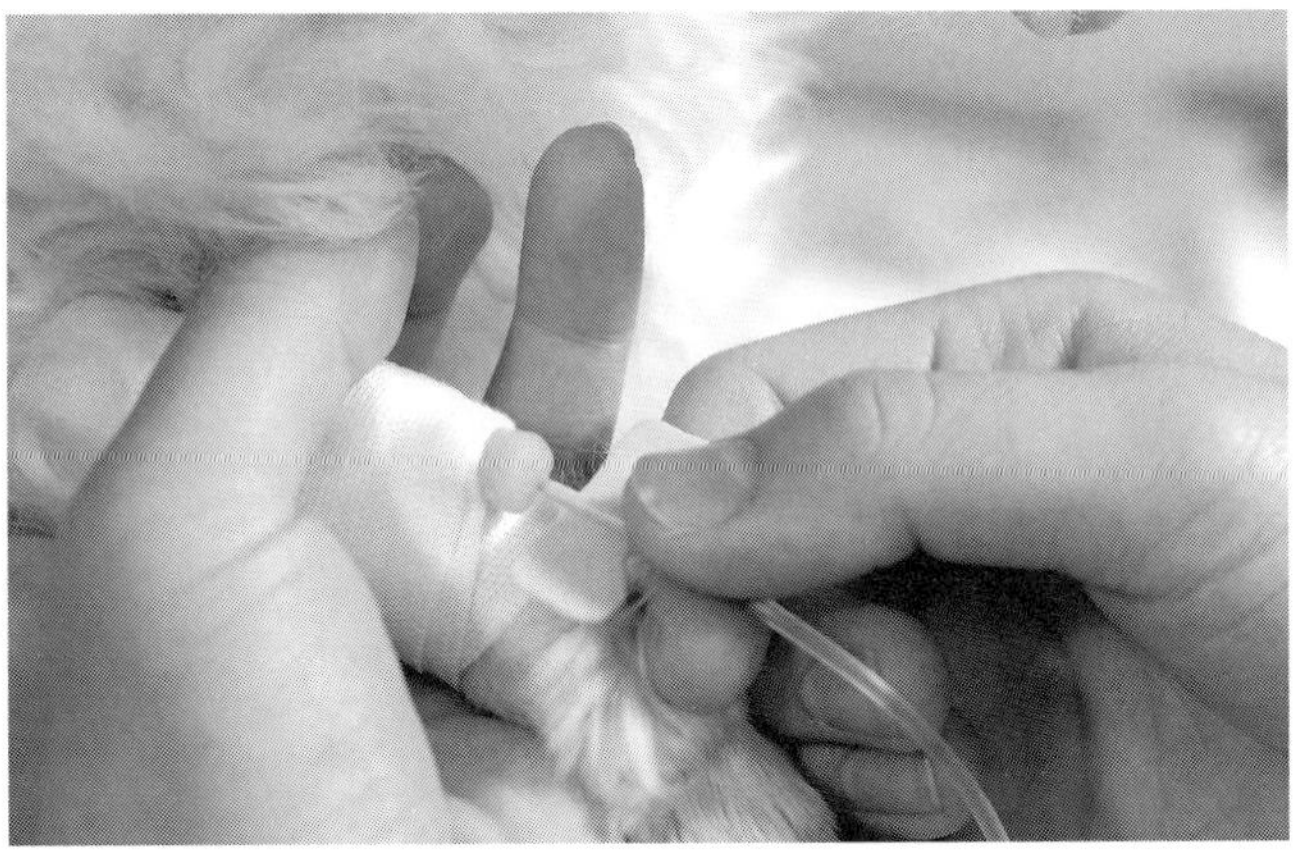

13 輸液をスタートさせる

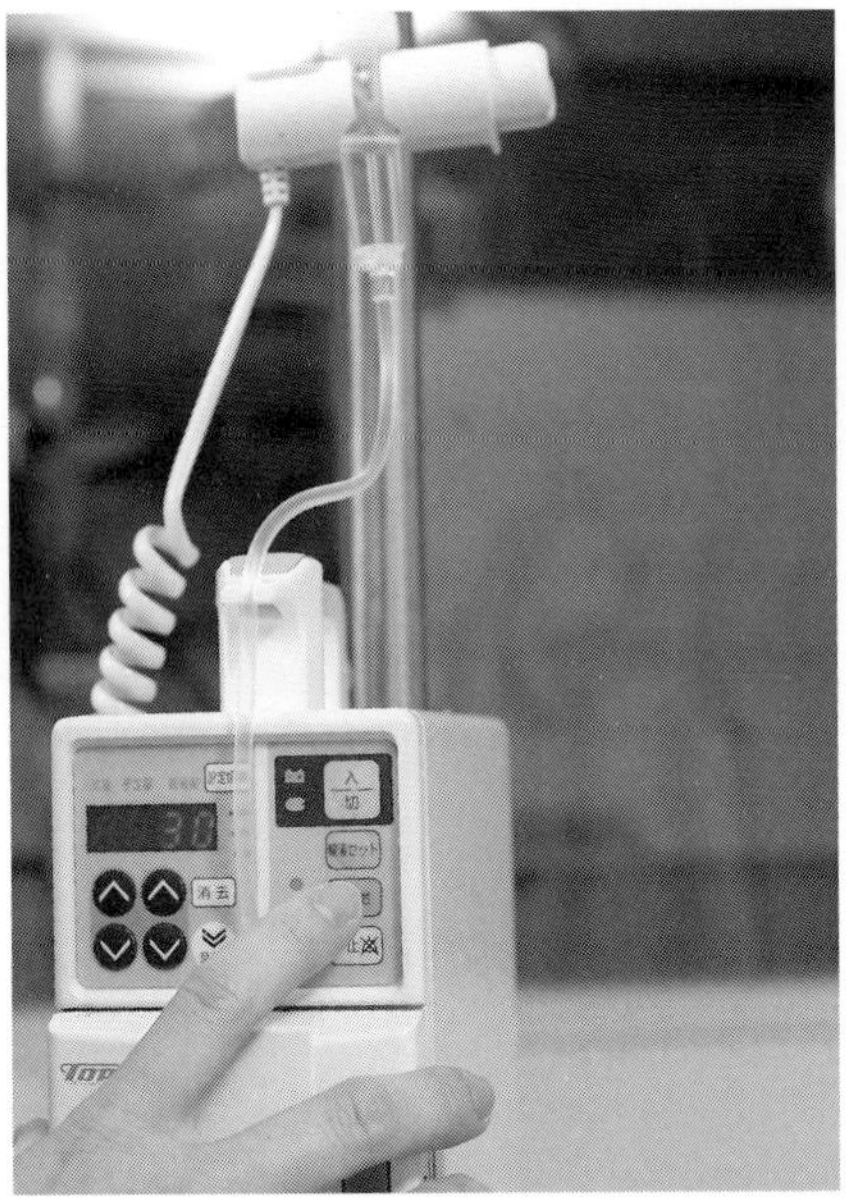

点滴筒を、輸液ポンプのドロップセンサーにはさみ、輸液ポンプのスタートボタンを押します。輸液開始後、留置針をつけた部分がはれてきたりしたら留置針がずれている証拠。輸液を止めて獣医師に報告し、留置針をつけ直してもらいます。

14 動物の様子をこまめにチェック

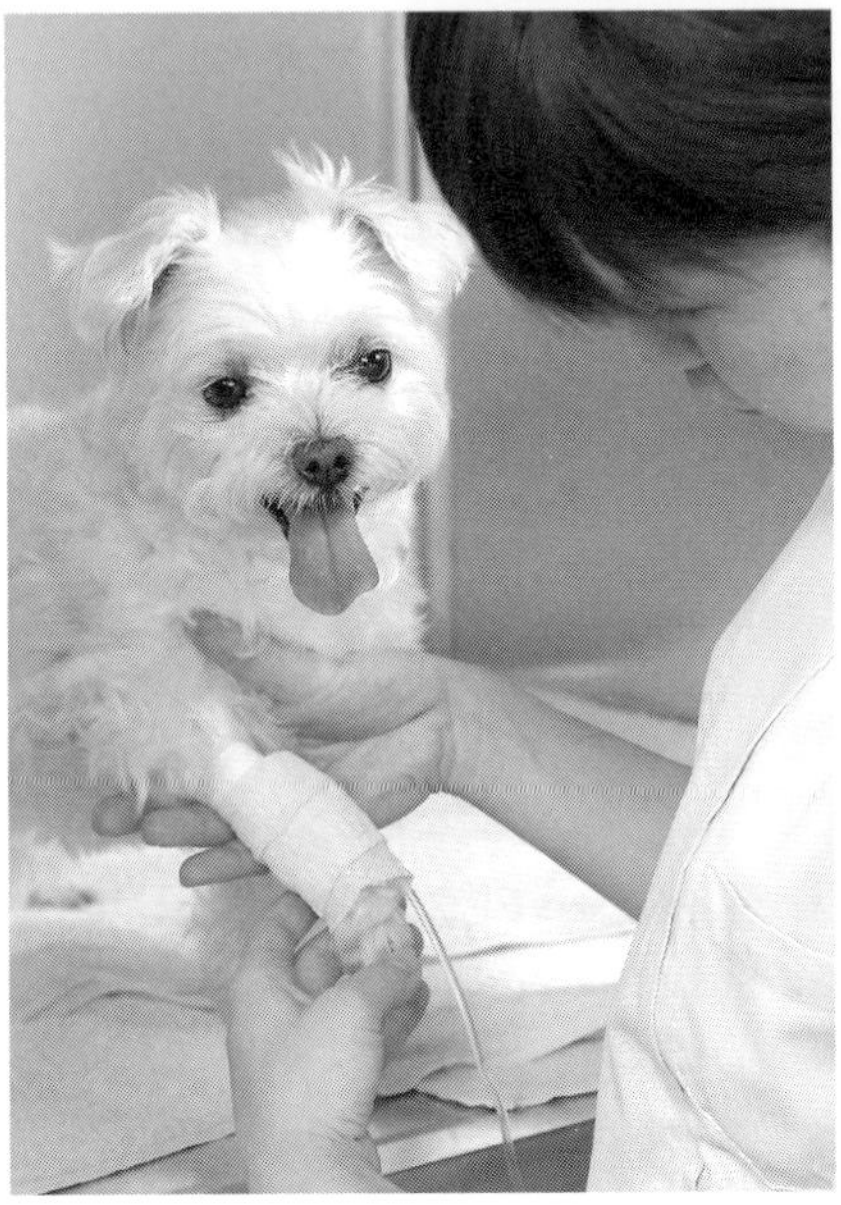

中には、チューブを食いちぎったりするものもいるので、動物の様子はこまめに確認します。尿量も増えるので、排尿に気づいたらすぐに敷物を取り換えます。どうしてもチューブをかんでしまうものにはエリザベス・カラーをつけることもあります。

ワンポイントコラム

輸液時にブザーが鳴ったら

●ブザーの主な原因

- 輸液チューブ内の**「気泡」**
- 本体のドアが開いている、開始ボタンの押し忘れなどの**「操作ミス」**
- 静脈の流れが止まることにより点滴も止まってしまう**「閉塞」**
- 輸液が予定量終了したことを知らせる**「完了」**
- コードが抜けているなど、バッテリーだけで作動しているときの**「低電圧」**

●対処方法

ブザー音が聞こえたら、まず第一に動物の状態を確認します。ブザー音がたびたび聞こえると音に慣れてしまい、音を止めることばかりに気がいきがちですが、このような態度は事故のもとになります。必ず、動物の状態をみるようにして、もしも異常があったらすぐに獣医師に伝えられるようにしましょう。

動物に異常がないことを確認したら、その後、消音ボタンを押してブザーを止めます。何が原因でブザーが鳴っていたのかを確かめて（一般的な機器では、異常箇所をランプで知らせるものが多い）、正しく対処します。このとき、はじめに設定した予定量や流量をリセットしないように注意しましょう。

最後に輸液ルートを再確認することも忘れずに。完了の場合は獣医師にその旨を伝え、指示を受けます。

13. 手術前の準備

安全でスムーズな手術を行うために

手術にかかわる動物看護師の主な仕事には、必要な器具類の準備、消耗品の補充、手術台周りの整とんなどがあります。また手術中に心電図などのモニターを観察し、異常に気づいたら獣医師に声をかけるのも大切な仕事のひとつです。手術前、手術中の仕事を獣医師と連携してスムーズに行うために、事前に下調べをして手術の内容を把握し、自分なりに流れを整理しておくとよいでしょう。

1 手術室は常に整とんしておく

手術室は常に清潔に保ち、いつでも使えるようにしておきます。手術台の清掃と消毒、器具類の点検、消耗品の補充などは毎日こまめに行うこと。その日の手術がすべて終わったら床の掃除と消毒も徹底的に行います。

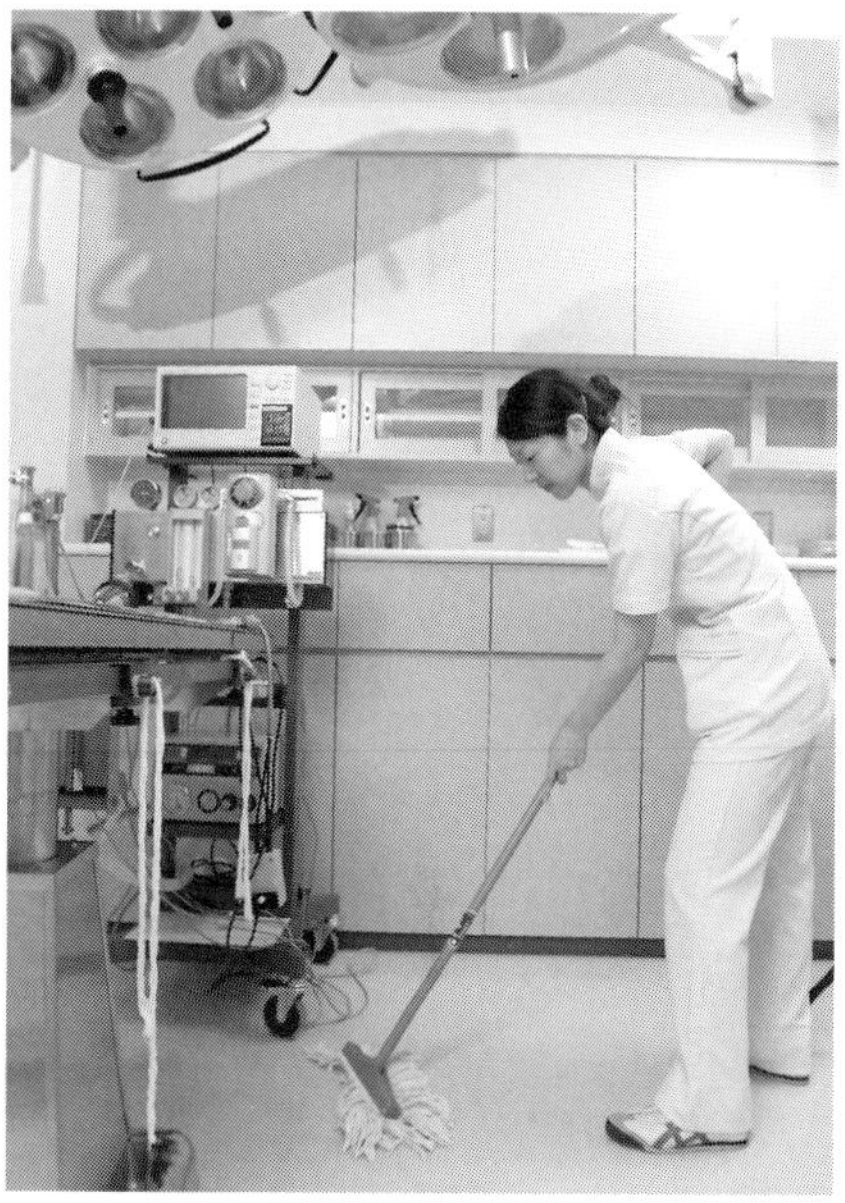

2 手術の内容は事前に確認しておく

事前に予定が組まれている手術の場合、当日の朝などに開始時刻や手術内容といった必要事項について、担当獣医師と打ち合わせをしておきます。必要な器具などを具体的に確認し、正しく準備しておきましょう。

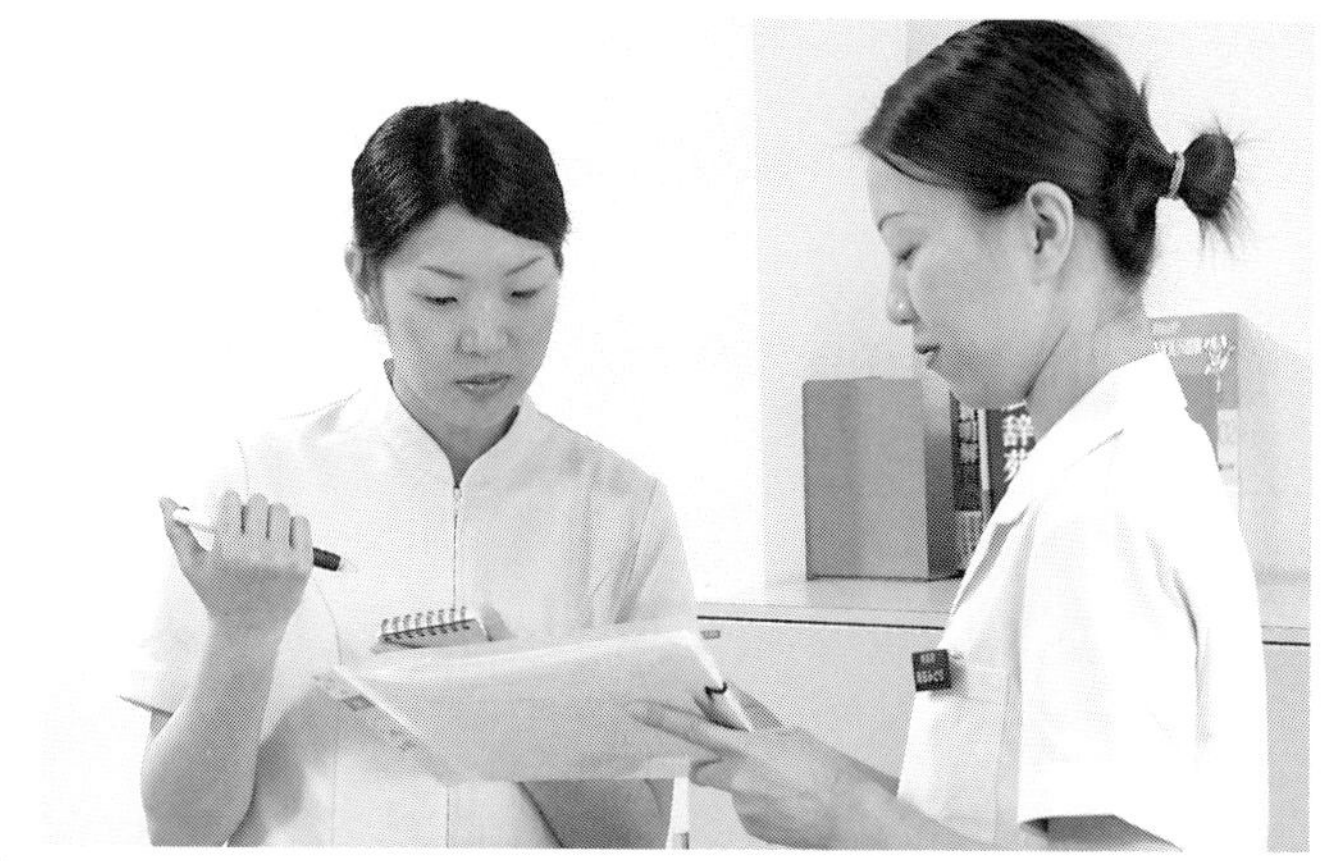

3 手術内容についても勉強を

仕事の空き時間を利用して、手術を受ける動物の病気に関する資料に目を通し、手術内容についても勉強しておくとよいでしょう。実際に手術助手(血を拭ったり器具を術者に手渡したりする)を務めない場合でも、流れが頭に入っていると仕事がスムーズになります。

4 器具類の準備

すべて正しく滅菌されているかどうかを確認しながら、手術に使用する器具類を準備します。まだ滅菌がすんでいないものがあれば、開始時刻に間に合うよう、手早く滅菌処理をしておきます。

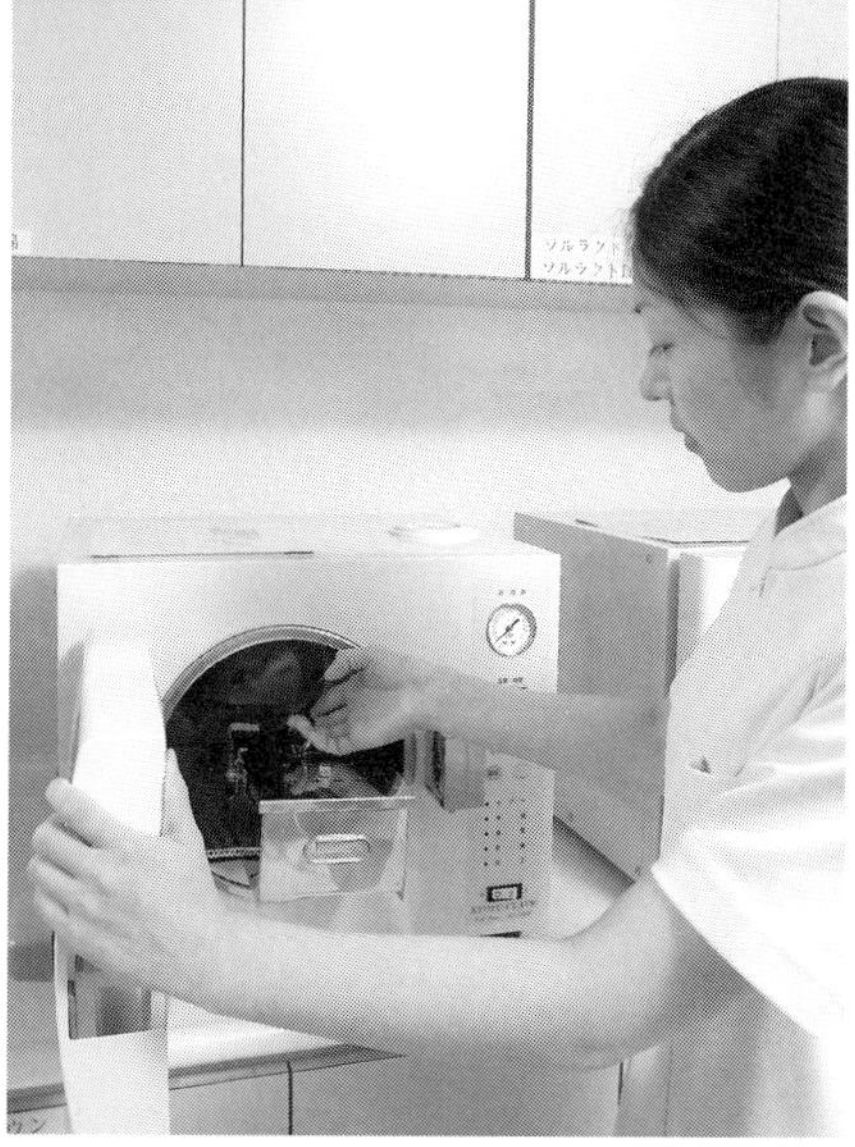

5 手術台周りの準備

手術台や器具台を清拭します。アルコールをスプレーした後、消毒液に浸して絞ったタオルを一方向に動かして拭きます。その後、必要な器具類や縫合糸などの消耗品、ドレープ、動物の体を固定するためのひもなどを決まった位置に並べます。

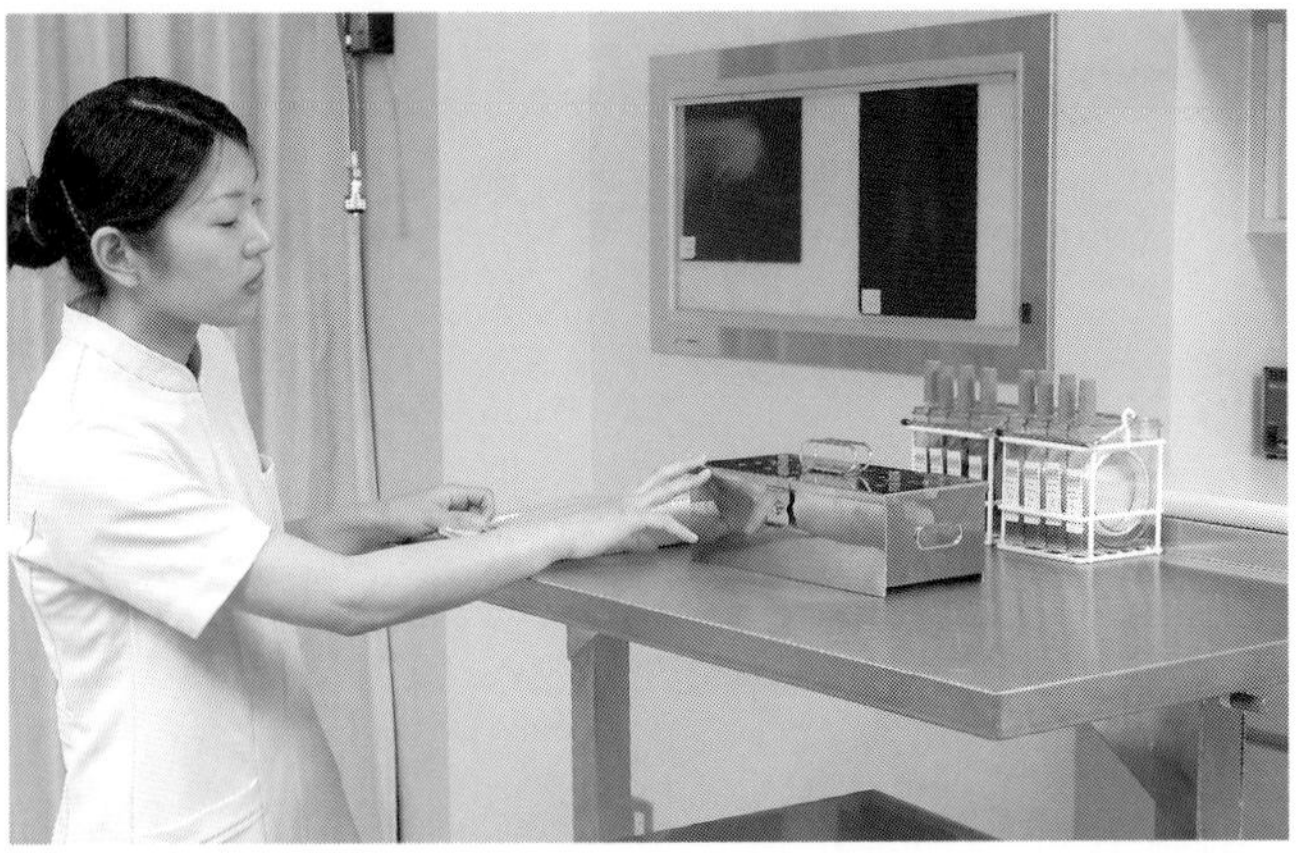

6 手術着とグローブの準備

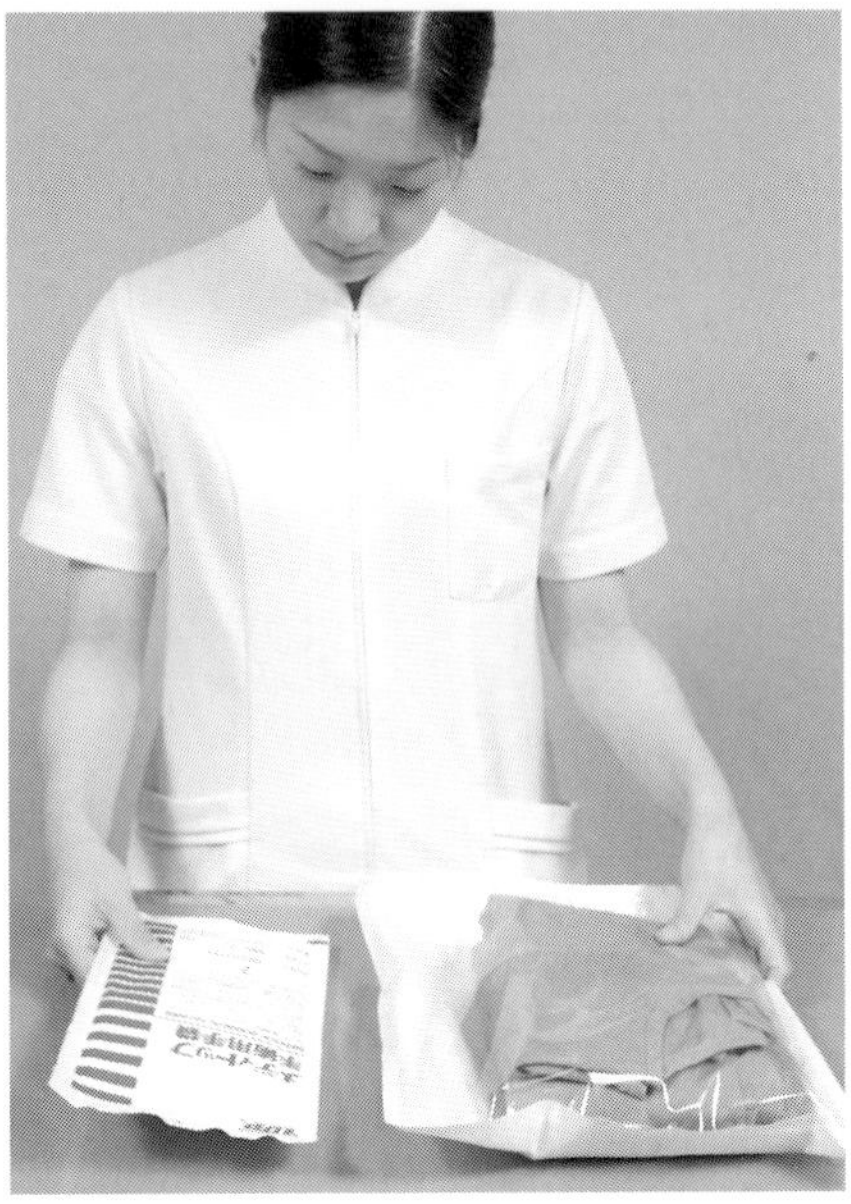

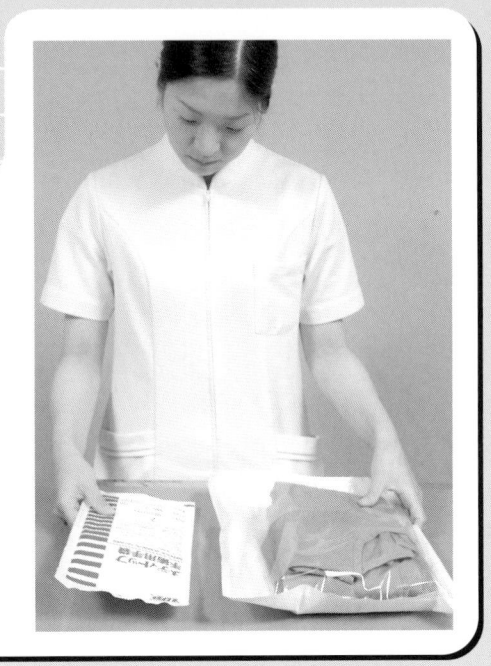

手術をする獣医師に適したサイズの滅菌ずみの手術着と手術用の手袋を準備しておきます。手洗い場には、滅菌し、すぐに使える状態にした手洗いブラシを常に補充しておきます。

7 麻酔器の点検

麻酔器の炭酸ガス吸収剤（ソーダライム：呼気の中の二酸化炭素を吸収する顆粒）が変色していないかどうか確認します。変色していたら古くなっている証拠。新しいものと交換します。

8 気化器の点検

気化器の麻酔薬の残量を確認します。麻酔薬が、必要量を示すラインより少なくなっている場合は、麻酔薬の管理責任者に報告し、十分な量を補充するようにします。

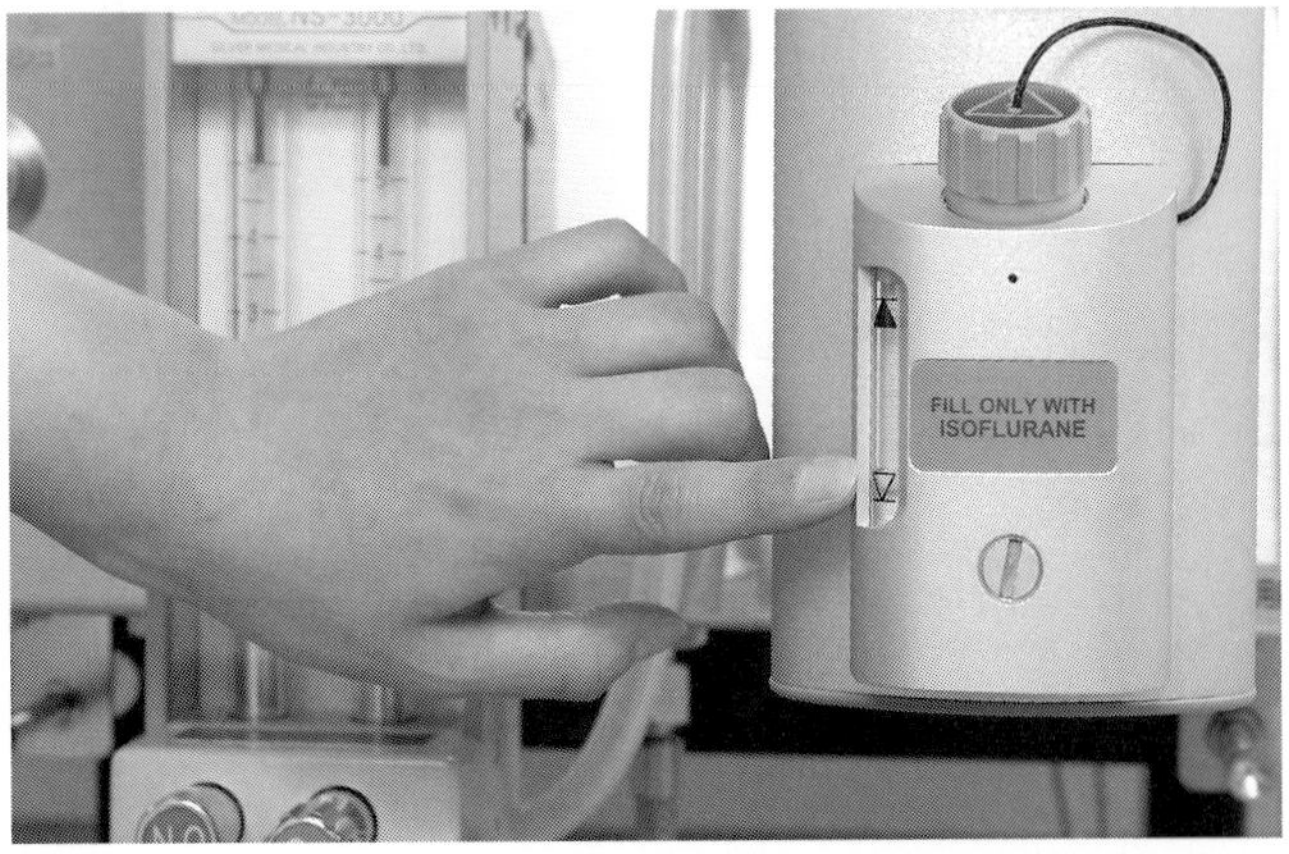

9 酸素ボンベの点検

酸素ボンベの残量を示す目盛りをチェック。規定値より残量が少なくなっていたら、新しいボンベにつなぎ換えておきます。つなぎ換えるときは、古いボンベと新しいボンベを間違えないよう、十分に注意しましょう。

10 酸素と麻酔回路の点検

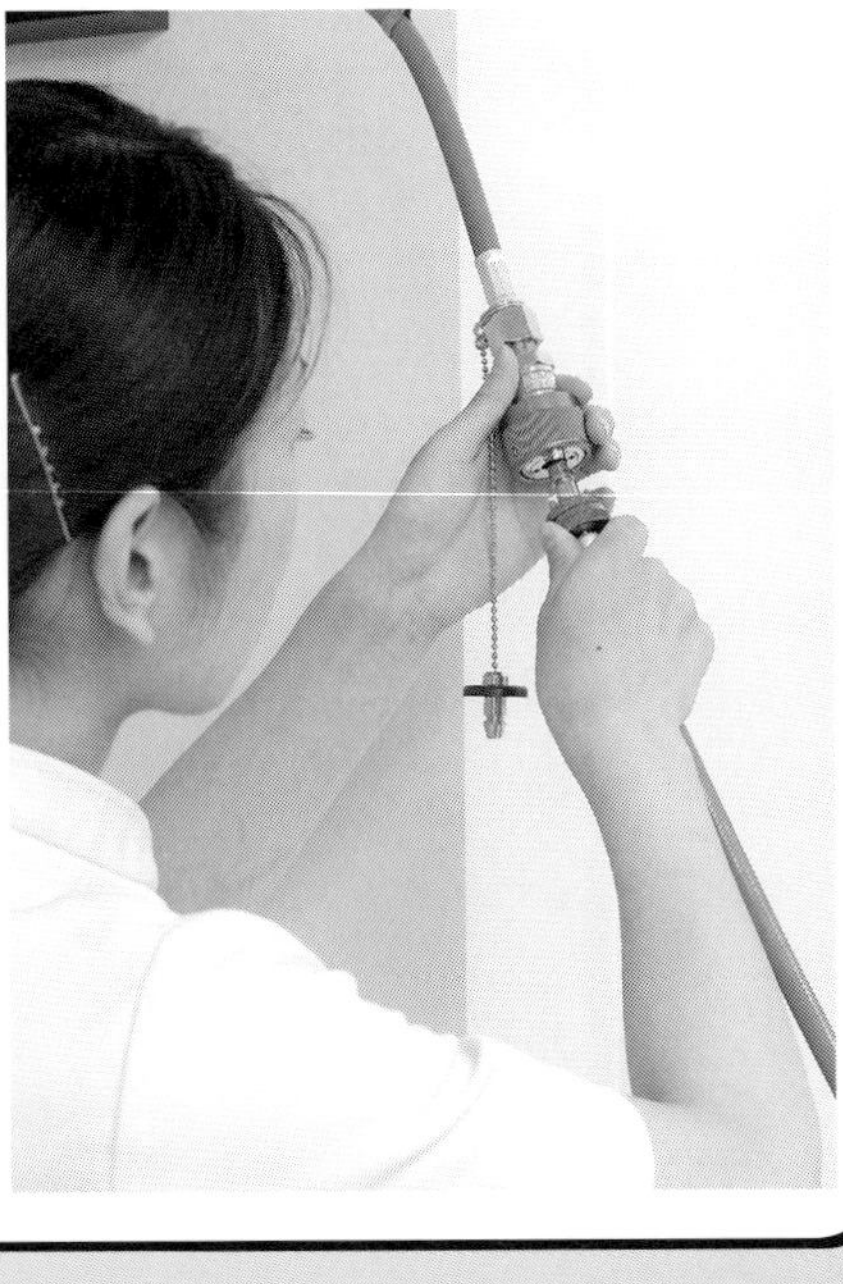

手術開始時間が近づいたら、手術室内の酸素のホースをコネクターにつなぎ、酸素がきちんと送られてくるかどうかチェックします。また、麻酔回路のラインがきちんとつながっていることも確認しておきます。

11 心電図などのモニターを立ち上げる

心電図や血圧計、酸素濃度などの各種モニターが手術開始時刻にはすぐ使える状態になるように、先に電源を入れましょう。

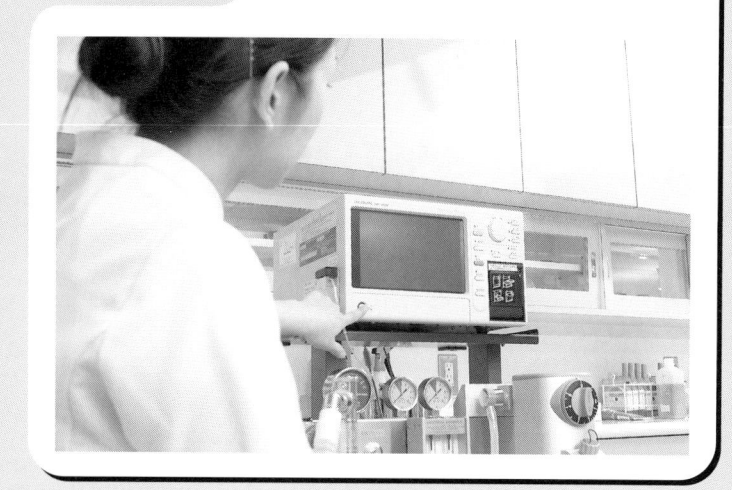

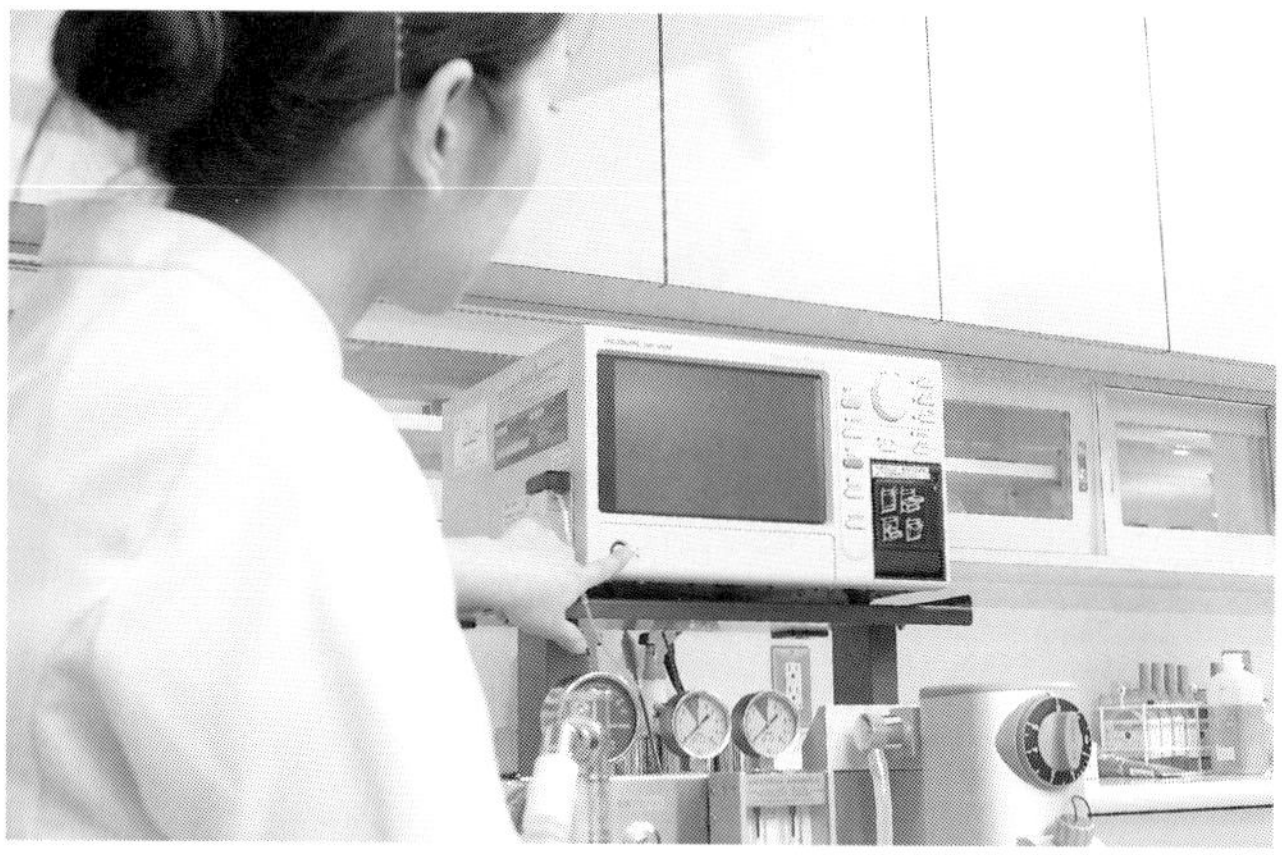

12 気管内挿管のための準備

気管内挿管の準備を整えておきます。喉頭鏡、ひも、キシロカインスプレー、カフ用の空のシリンジ、滅菌された気管内チューブ、スタイレットなどを準備します。気管内チューブは動物の大きさに合わせて2種類準備し、カフがパンクしていないことも確認しておきます。

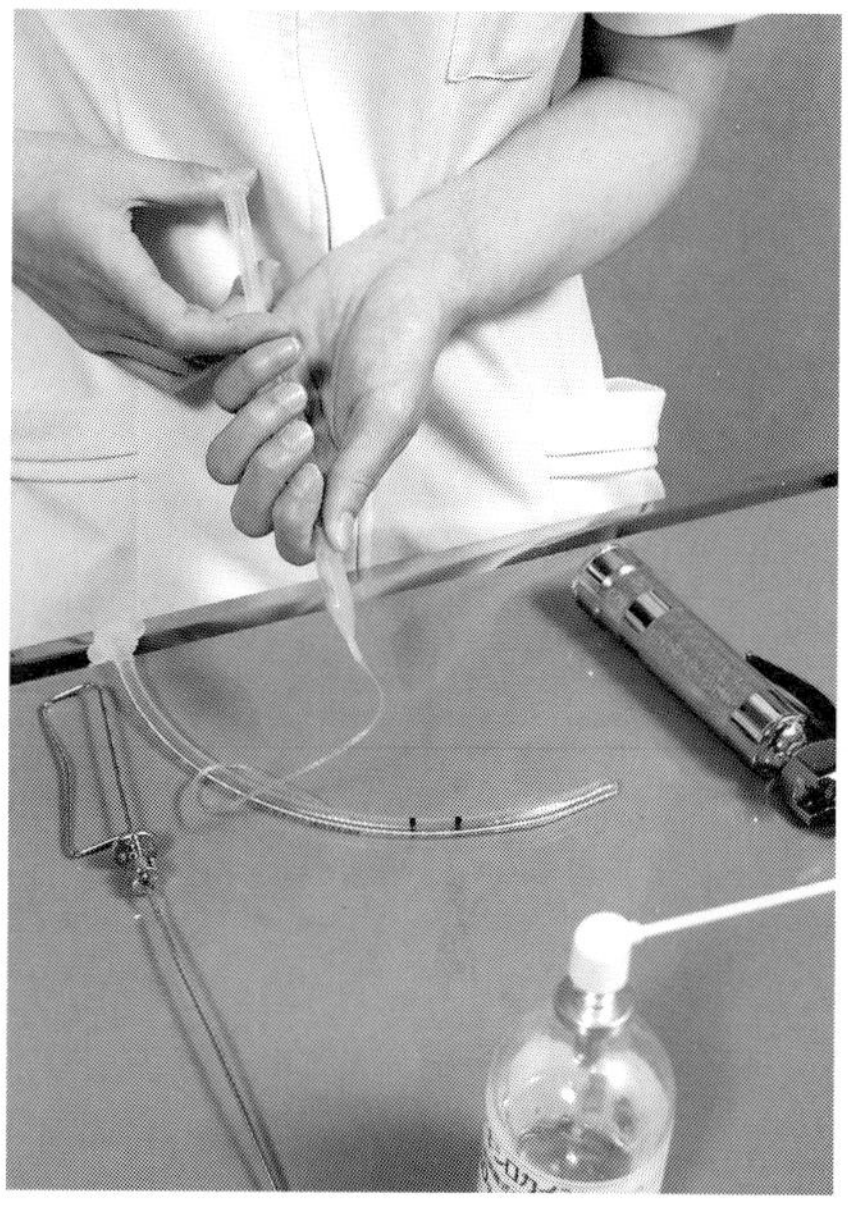

13 剃毛用の器具や薬品の準備

剃毛用のバリカンやかみそり、洗浄・消毒のためのイソジンスクラブまたはヒビスクラブ、アルコール、イソジンなどを準備します。手術台の端など、作業するとき手の届きやすいところに並べておくとよいでしょう。

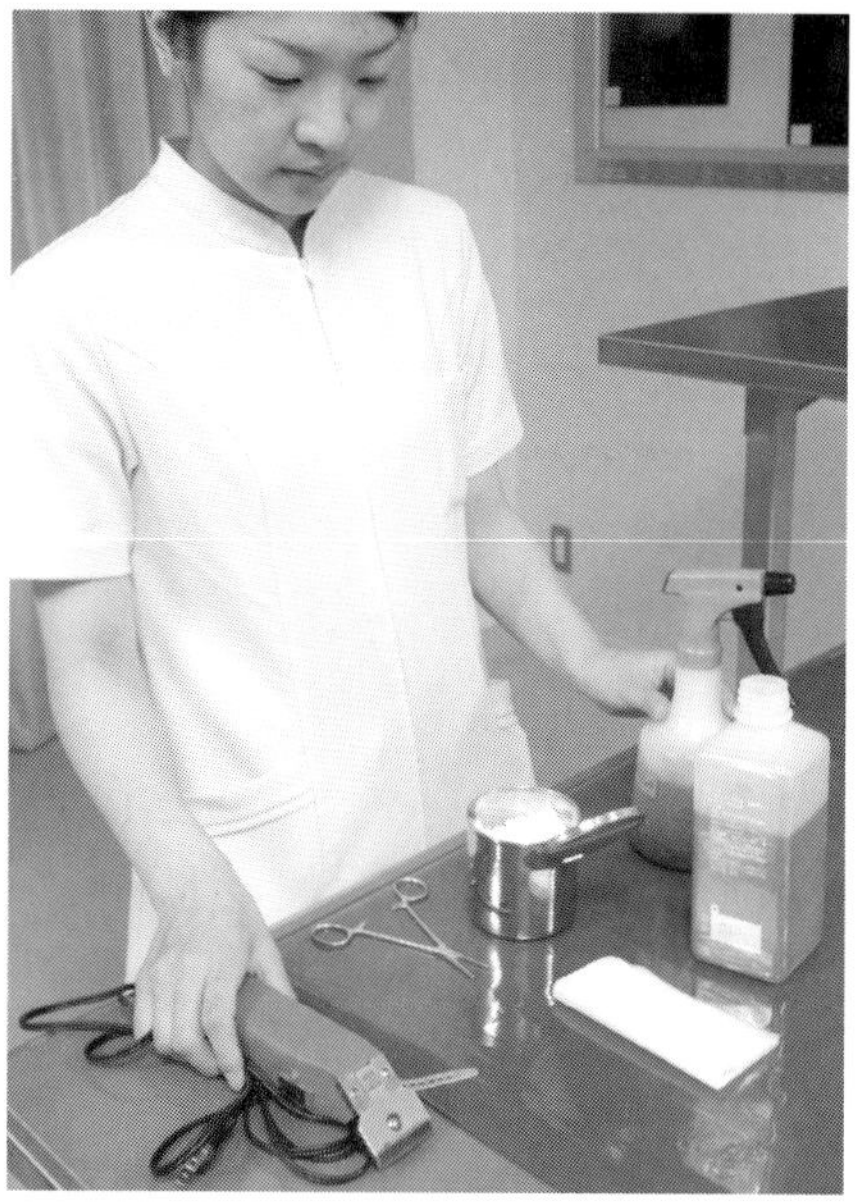

14 麻酔導入の補助

獣医師が麻酔薬を投与する際は、かみつきなどを防ぐため、動物の体をしっかりと保定します。麻酔導入後は常に動物の様子を観察し、呼吸の変化などに気づいたらすぐに獣医師に声をかけて注意を促します。

ワンポイントコラム

基本的な手術器具

手術器具と一口にいっても、目的に合わせてたくさんの種類があります。ここでは、手術準備や片づけをスムーズに行うために最低限覚えておきたい基本知識を紹介します。

●剪刀《せんとう》：筋肉や内臓を切ったり剥がしたりするための器具。いわゆる「はさみ」のこと。

組織を切る「外科剪刀」、組織を剥がす「剥離剪刀」のほか、縫合糸を切る「糸切り剪刀」やワイヤーを切る「ワイヤー剪刀」などがあります。

●鉗子《かんし》：ものをはさむための器具で、はさみのような形をしている。はさみの刃に当たる部分の形の違いによって用途が違う。

血管をはさんで血を止める「止血鉗子」（コッフェル鉗子、モスキート鉗子、ペアン鉗子など）、組織をつまむための「組織鉗子」（アリス鉗子など）のほか、ドレープをとめる「タオル鉗子」があります。タオル鉗子は洗濯ばさみ式のものもあります。

●メス：皮膚を切るための器具。

メスの柄に使い捨ての替刃メスを取りつけて使用するので、柄と刃に分解することができます。一般的に使用される刃の種類は4種類（尖刃《せんじん》と円刃《えんじん》、それぞれ大小がある）です。

●ピンセット：組織やガーゼなどをつまむための器具。

ものをはさみ合わせる部分の形によって、「有鉤《ゆうこう》ピンセット」、「無鉤《むこう》ピンセット」、「超硬チップつきピンセット」の3種類に分けられます。それぞれに、形や長さなど様々な種類があります。

●ドレープ：手術部位の周りを汚染しないように覆うためのもの。

術野周囲を覆い、術野への汚染を防ぎます。洗濯可能な布製のものと使い捨ての紙製（手術部位に穴を開けて使う）のものがあります。真ん中に穴が開いた「有窓布《ゆうそうふ》」もあります。また、病院によってドレープのかけ方は様々なので、勉強しておくとよいでしょう。

●持針器《じしんき》：縫合のときに針を持つための器具。

大きく分けて「鉗子タイプ」（メーヨ持針器、ヘーガル持針器など）と「ペンチタイプ」（マッチュー持針器など）の2種類があります。

14. 手術準備（導入～術中）

手術室内での動物看護師の仕事

手術中、動物看護師は常に動物の様子や周囲の動きに気を配り、必要に応じて器具の補充や処置の補助などを行います。特に麻酔が安定するまでは容態が急変することもあるので、気を抜かないこと。緊急事態にも落ち着いて対処できるよう、事前に下調べをしてイメージトレーニングを重ねておくことも必要です。また、滅菌した器具類の正しい扱い方も身につけておきましょう。

1 気管内挿管の準備

マスクや注射によって麻酔導入した動物に、獣医師が人工呼吸と麻酔吸入のための気管内チューブを挿入します。動物看護師は、動物の上顎を持って首をそらし、必要があれば舌が喉の奥に入らないように引っぱります。獣医師に喉の奥がみえるよう、十分に喉を開かせることが大切です。

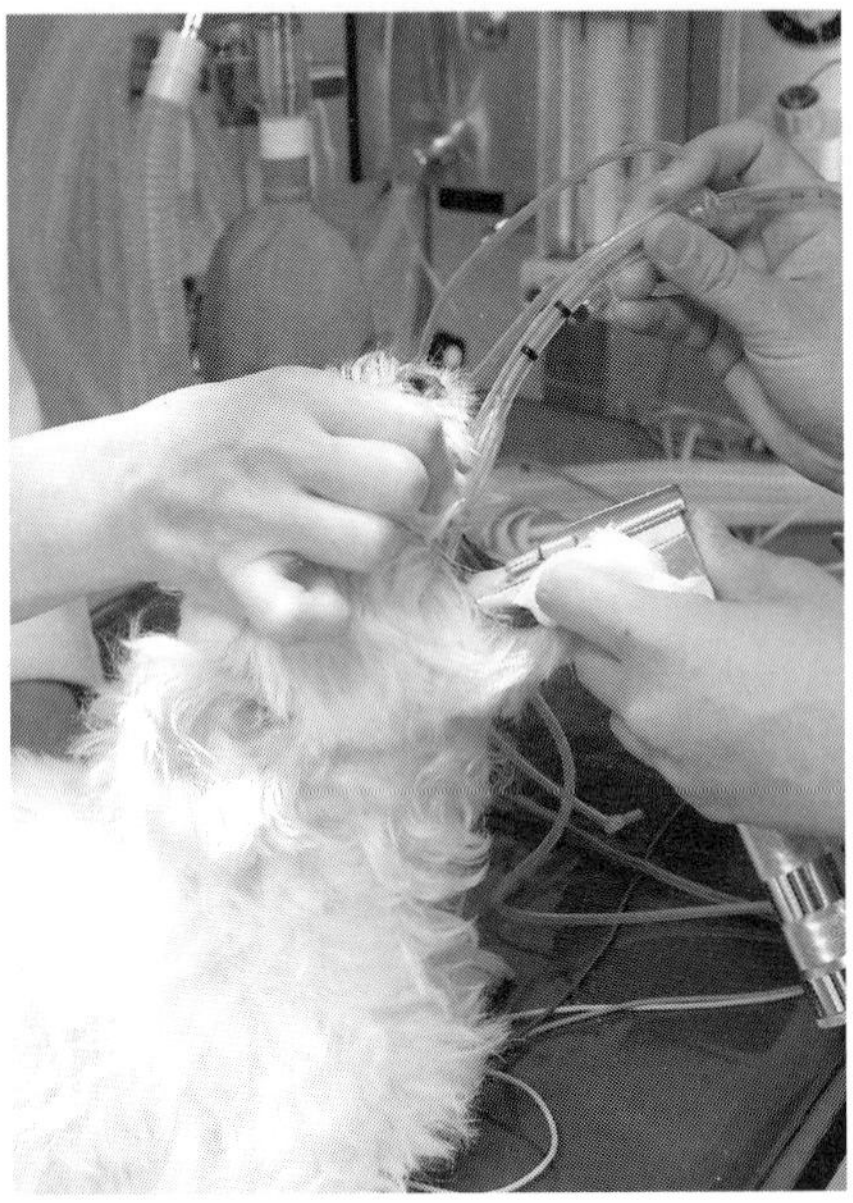

2 気管内チューブを挿入

獣医師が気管内チューブを挿入する間は、動物の喉をしっかり開かせた状態で保定します。気管内チューブが十分に挿入されたら、チューブが外れないよう、ひもなどで動物の頭にしっかりと固定しておきます。

3 気管内チューブを麻酔器と連結

気管内チューブのカフにシリンジで空気を送り込んで膨らませてから、チューブの端を麻酔器の蛇管と連結します。気管内でカフを膨らませることで気管とチューブのすき間がなくなり、呼吸のもれや唾液の誤嚥《ごえん》などを防ぐことができます。

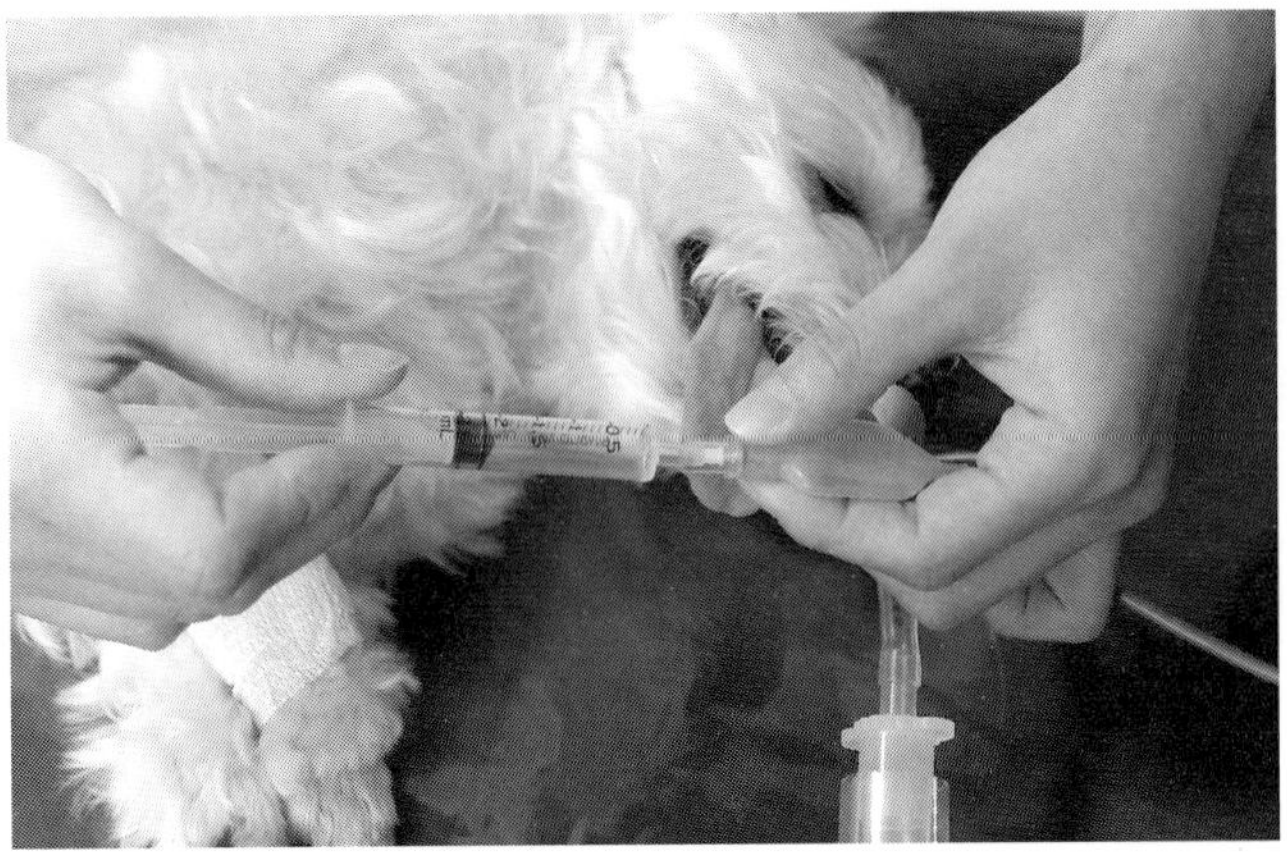

4 心電計などをつなぐ

動物の体に、心電図や血圧などを測るための導線をつなぎます。それぞれ、取りつける位置を間違えないように注意。心電計の場合、赤い電極は右の脇、黄色は左の脇、緑は左後肢のつけ根、黒は右後肢のつけ根に取りつけます。その後、モニターを常に観察します。

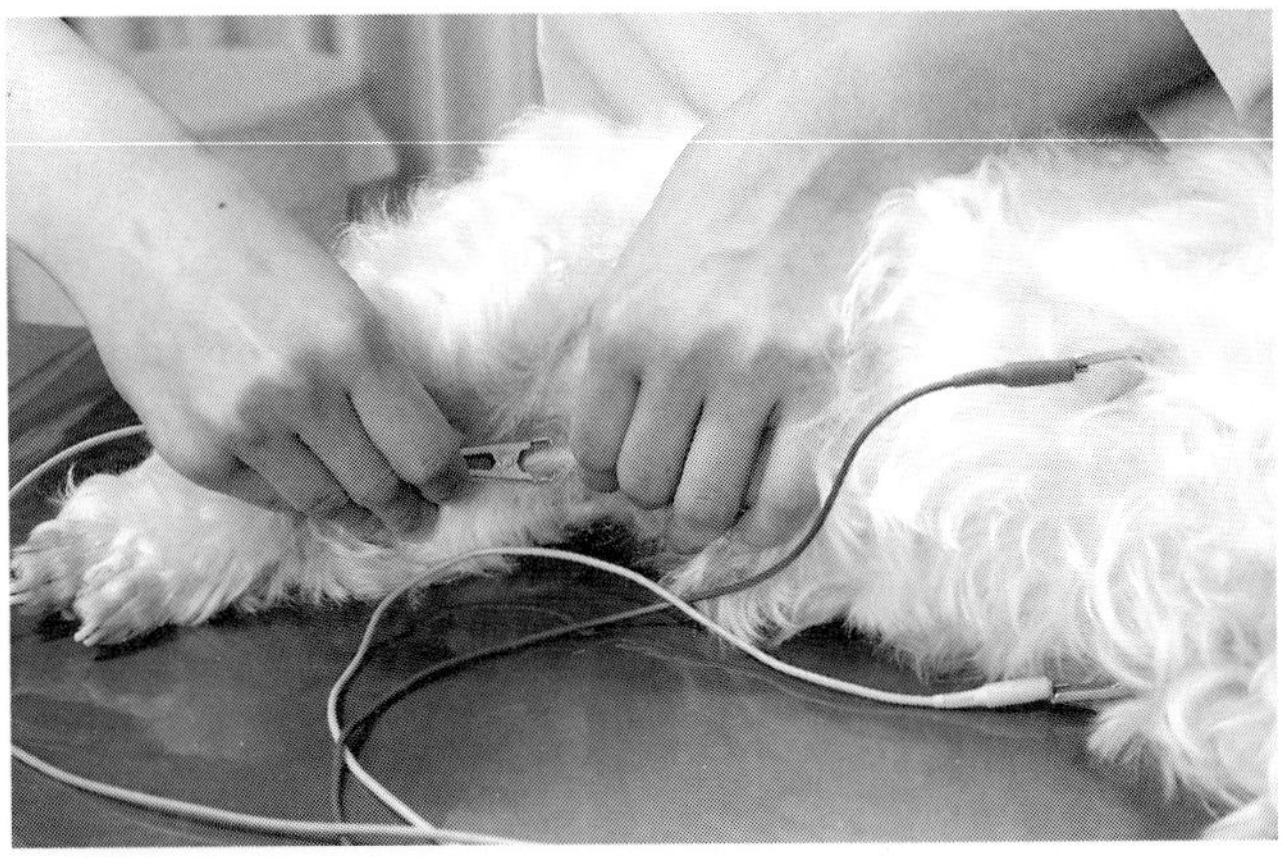

5 動物の体を固定する

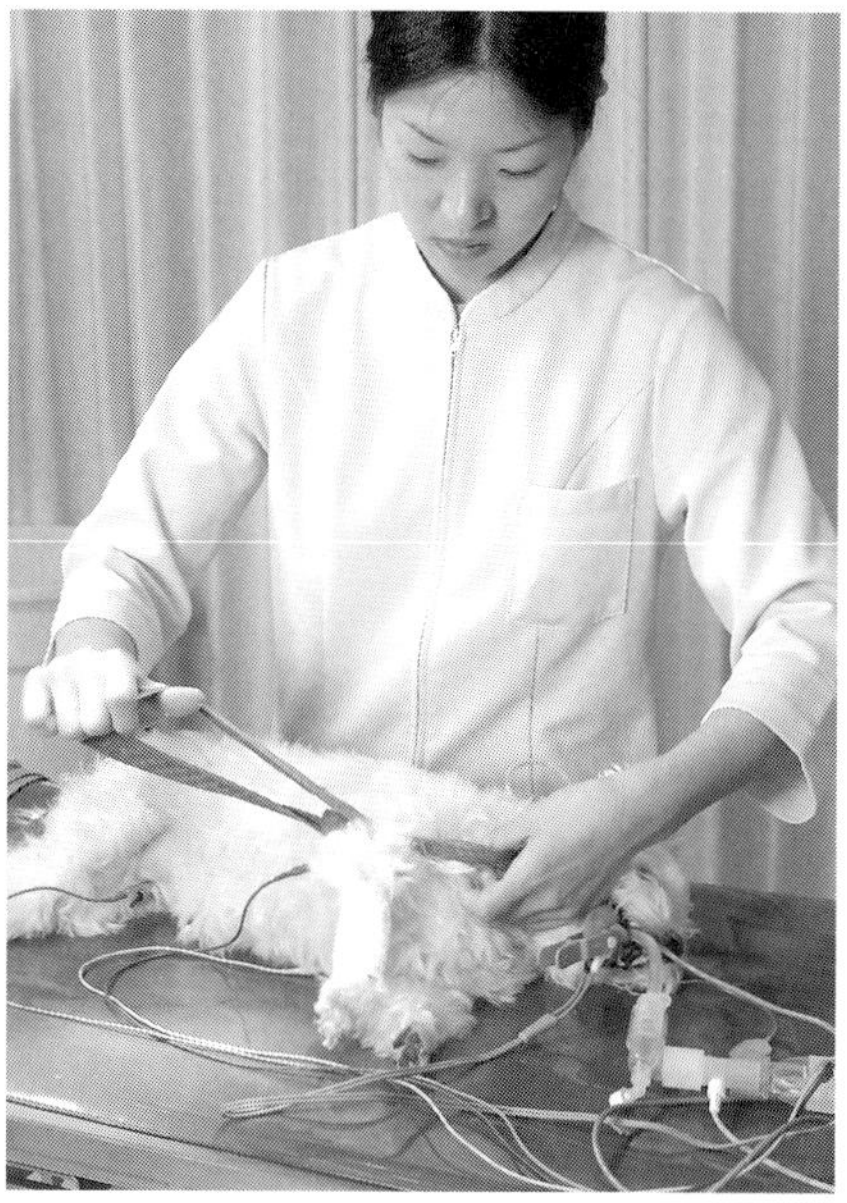

動物の体を、手術を施す体位に固定します。柔らかいひもの端を動物の四肢に結び、反対の端を手術台に結びつけていきます。緊急時にもすばやく対応できるよう、ひもは引っぱればすぐほどけるように結びます。

6 手術部位の毛を刈る

バリカンで、手術部位の毛を刈ります。動物の体に傷をつけないよう、十分に注意すること。特に腹部の場合、皮膚が柔らかいうえ、乳首などを傷つけやすいので気をつけます。

7 洗浄・消毒・剃毛

バリカンで毛を刈った部分を石鹸水やイソジンスクラブまたはヒビスクラブで洗浄・消毒し、その後、かみそりできれいに毛を剃ります。毛穴には細菌が多いので、清潔な状態にしてからかみそりを当てるようにします。

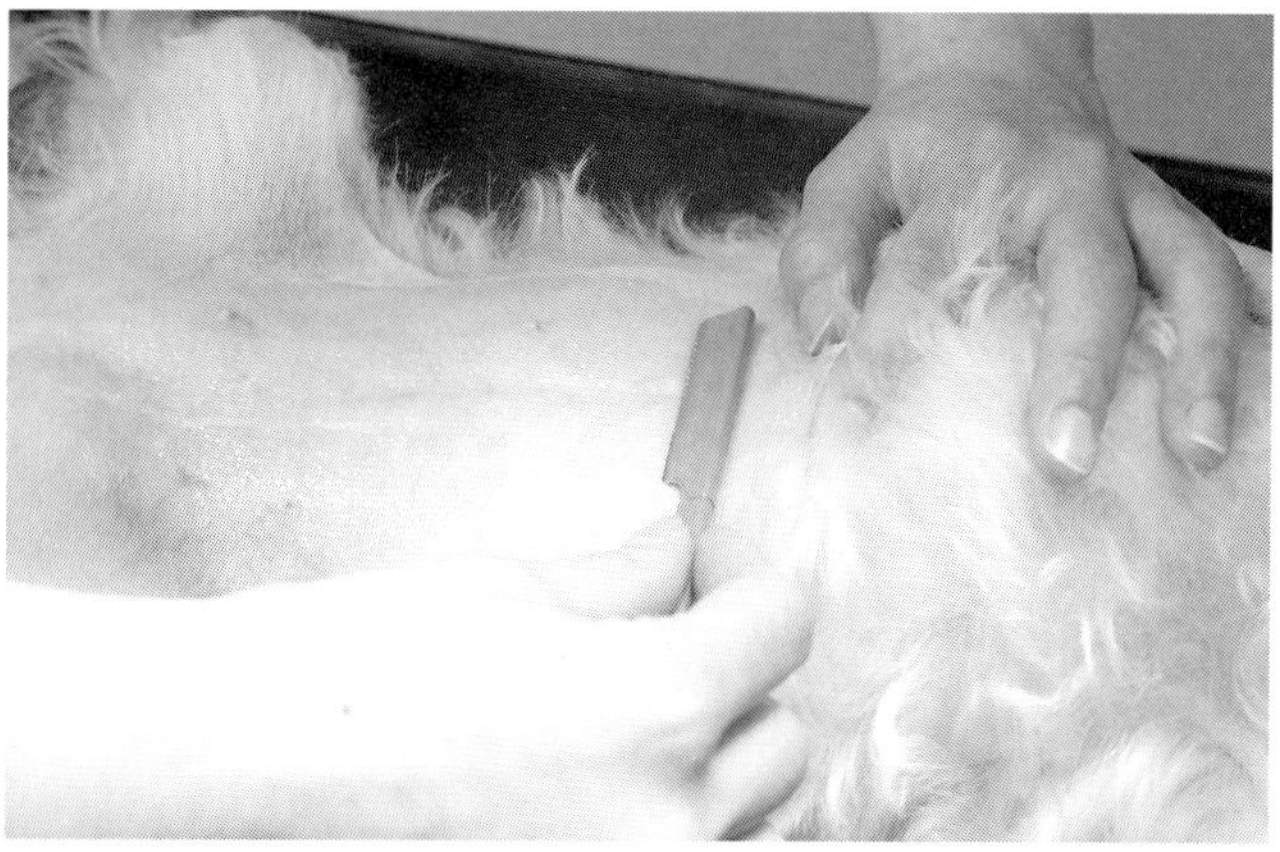

8 アルコールなどで消毒する

消毒用アルコールやイソジンを十分に含ませた脱脂綿を鉗子ではさみ、剃毛した部分を拭いて消毒していきます。その際、必ず切開予定部位から外側に向かって拭いていくようにします。

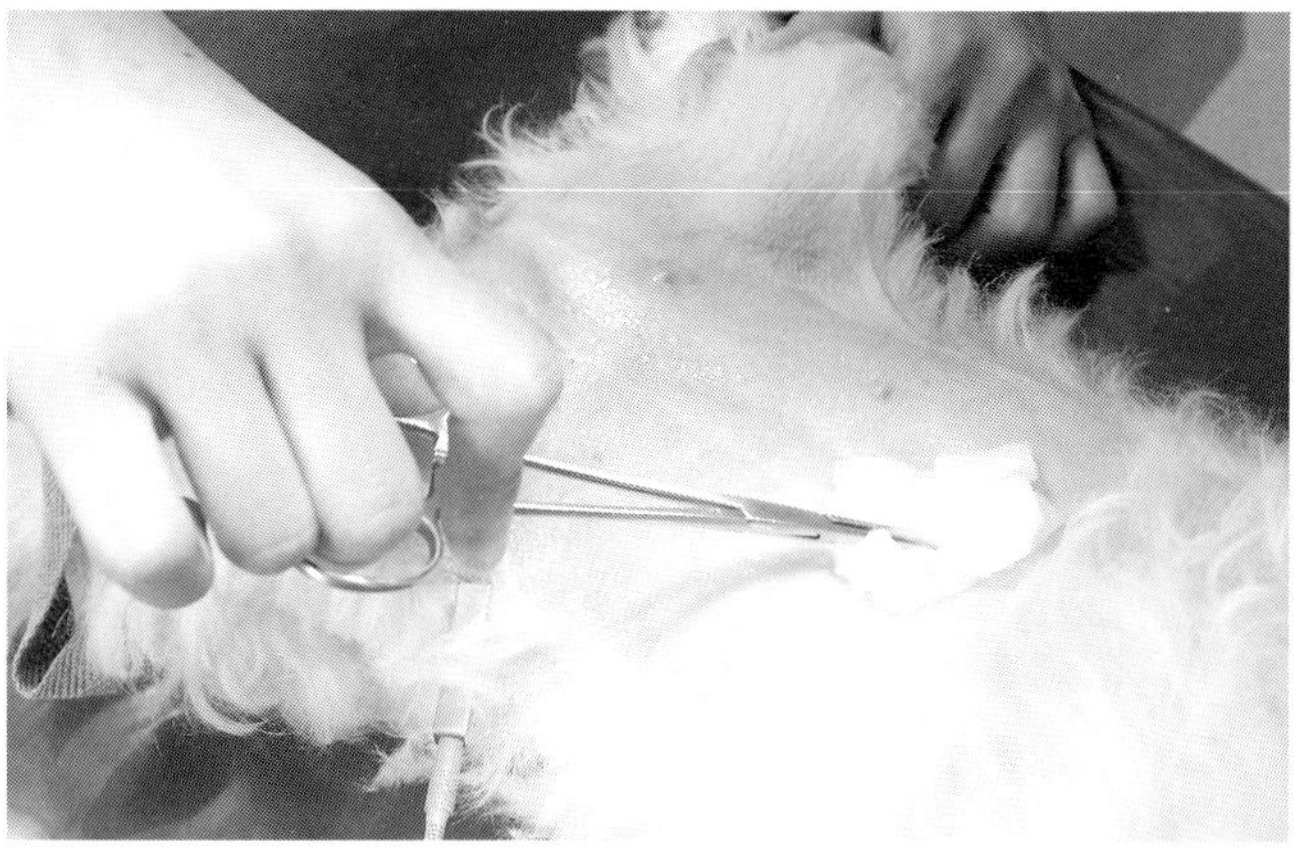

9 ドレープを術者に渡す

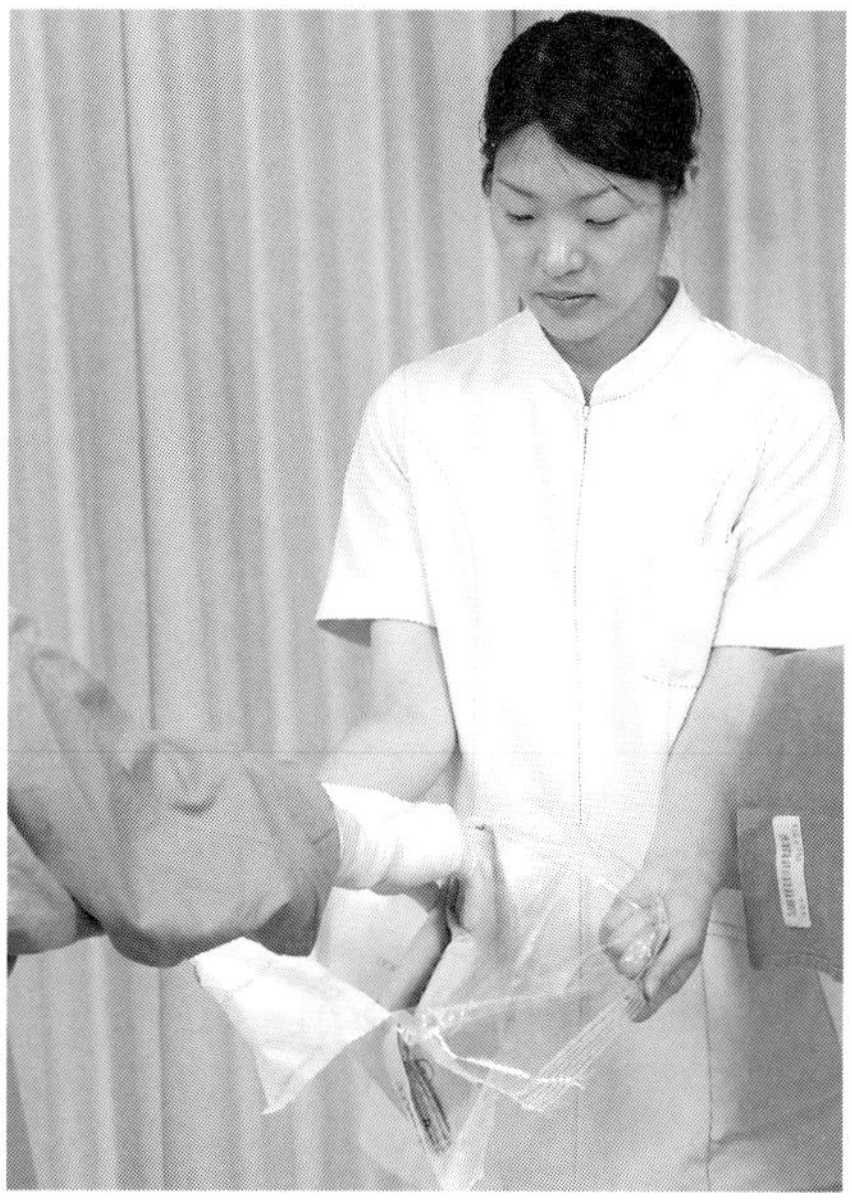

術者にドレープを渡す際は、滅菌ずみのパッケージを動物看護師が開封し、開口部を大きく開けて術者に差し出します。術者がパッケージの外側など、滅菌されていない部分に触れずにドレープを取り出せるようにすること。

10 追加で器具を出す場合

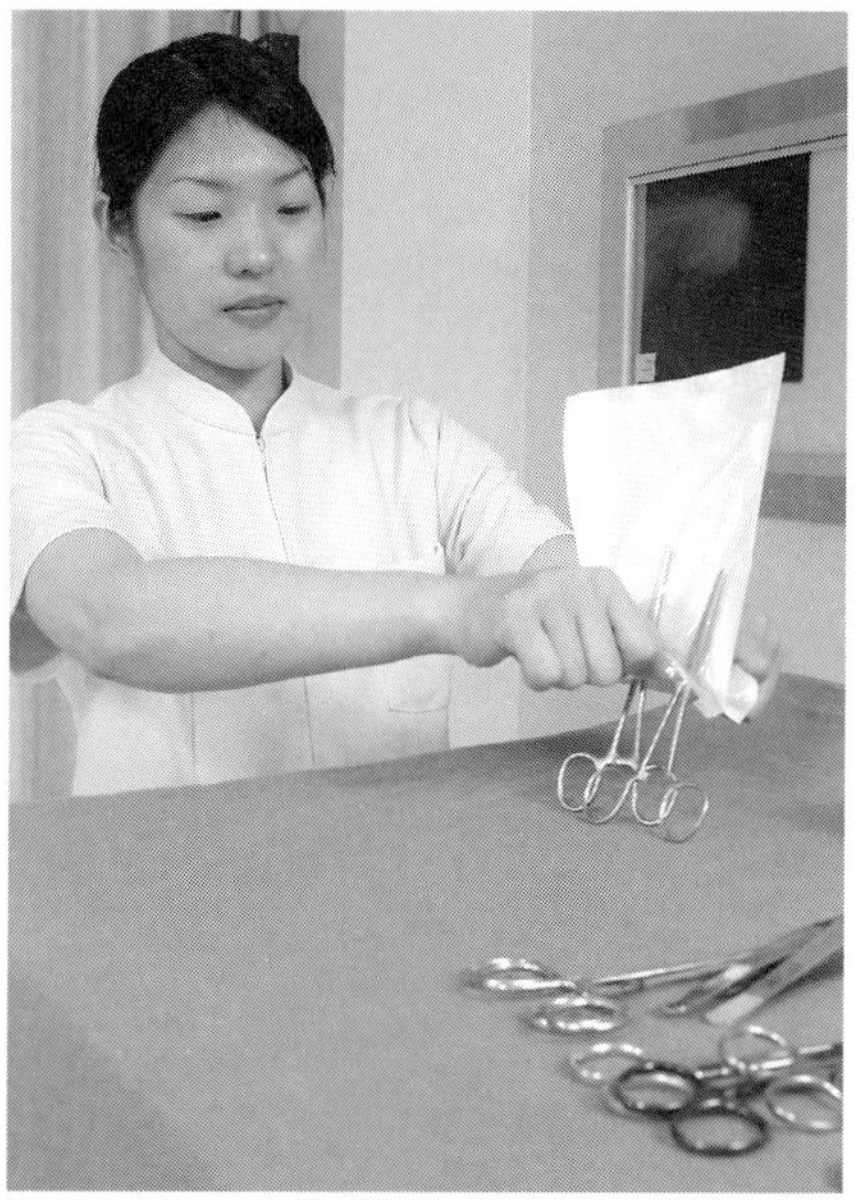

手術中、器具を補充する場合も、滅菌部分に素手や衣類などが触らないように注意します。ガス滅菌をした器具などは、パッケージを開き、中身に絶対に触らずに器具台のドレープの上に静かに落とすようにします。

11 モニターを常に観察する

手術中はモニターを観察し、心拍数、呼吸数、血圧、酸素飽和度などを常にチェックします。異常に気づいたら、すぐに術者に声をかけること。その後、指示があれば、器具を接続し直したりする場合もあります。

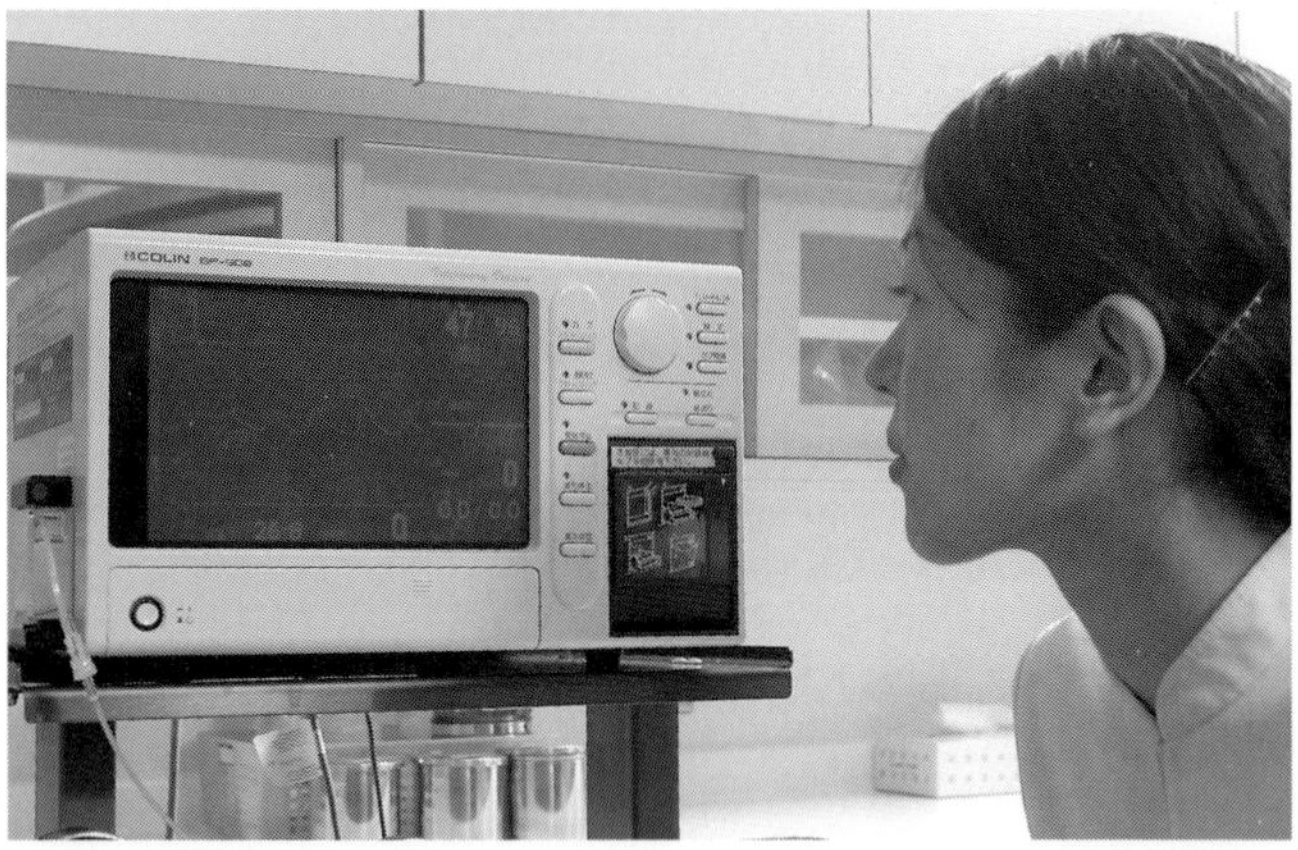

12 摘出組織などの処理

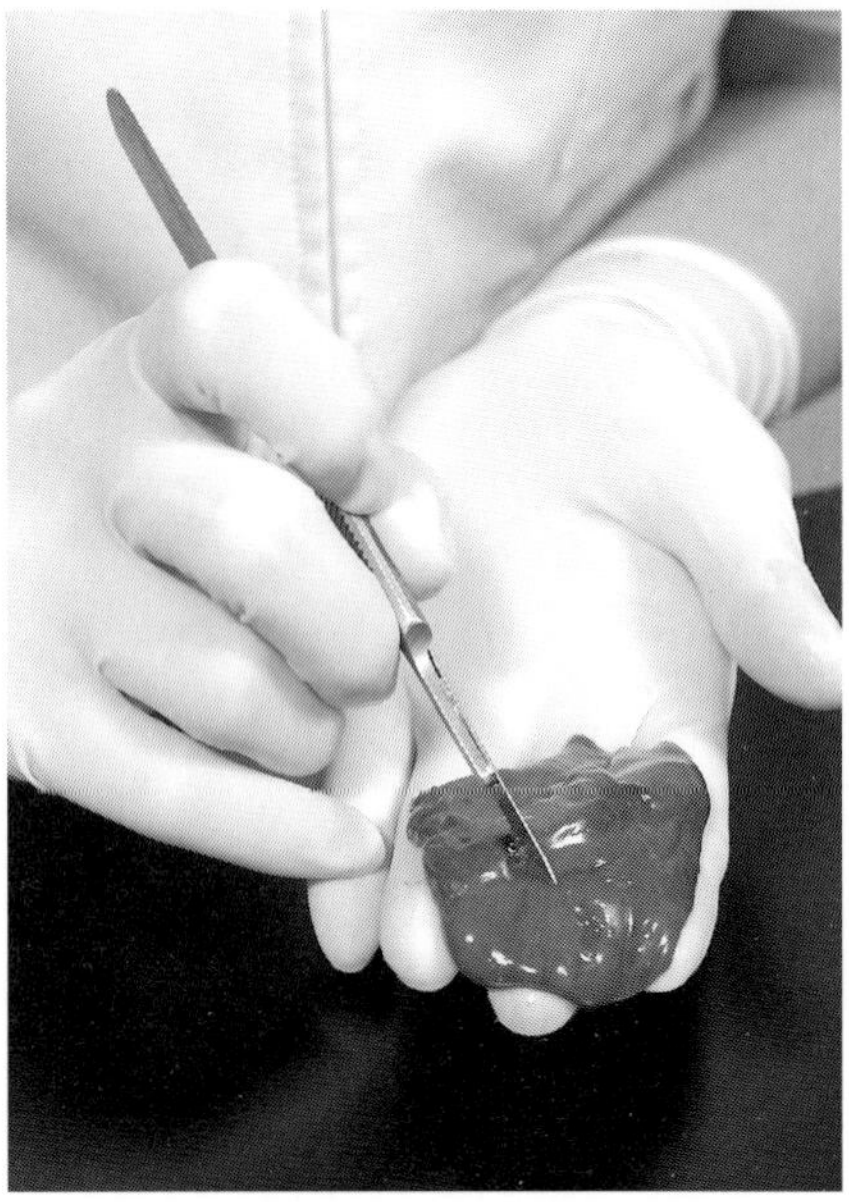

摘出された臓器や腫瘤は、必要に応じて割面を入れ生理食塩水に浸します。割面の入れ方は、担当獣医師の指示に従います。ホルマリンに浸漬する場合は事前に打ち合わせておき、必要な器具や薬品を準備しておきます。

13 摘出組織の検査の準備

摘出組織の検査が必要な場合は、検体の一部をピンセットでつまみ、滅菌スライドグラスに軽く押しつけてスタンプを取ります。アルコールで固定してから染色し、獣医師に確認してもらいます。

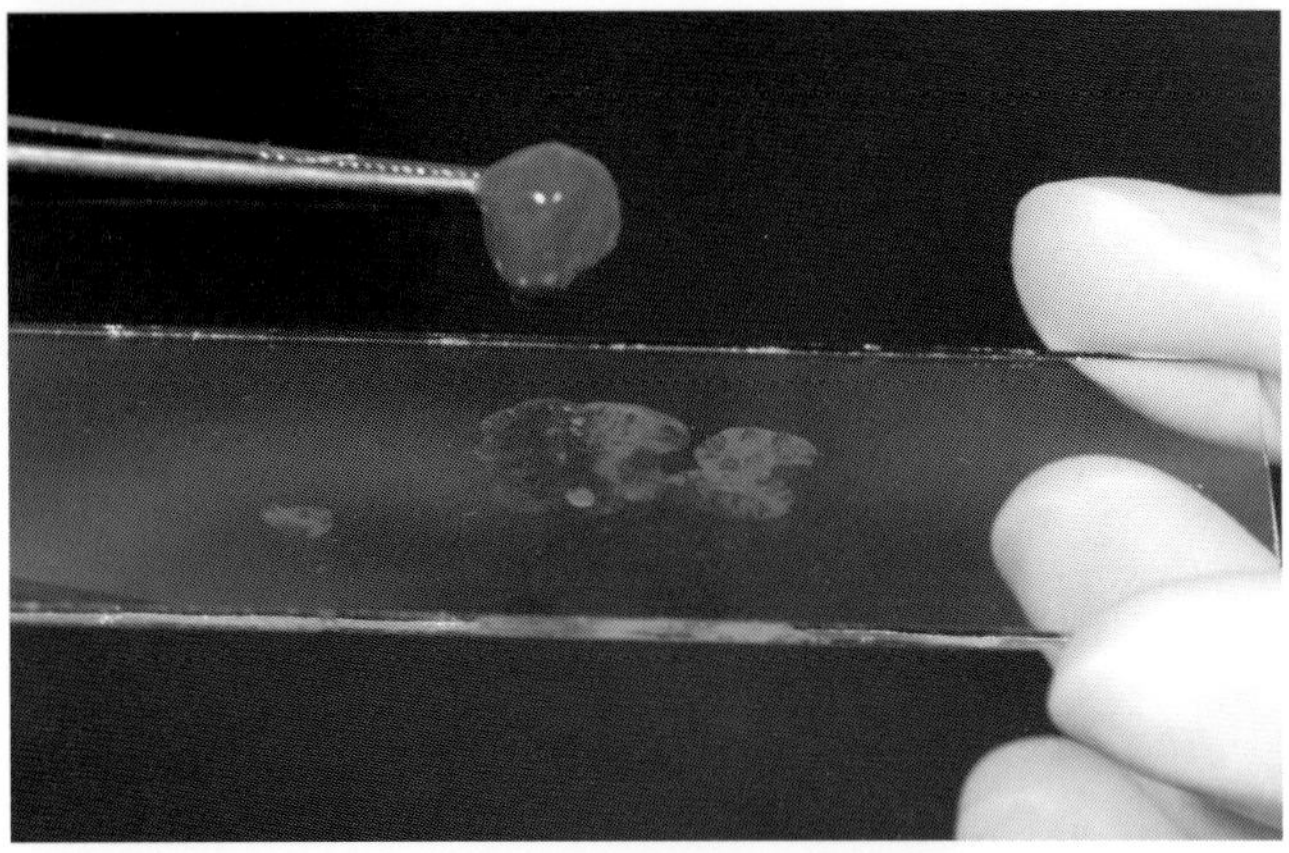

14 手術室内の汚染に注意

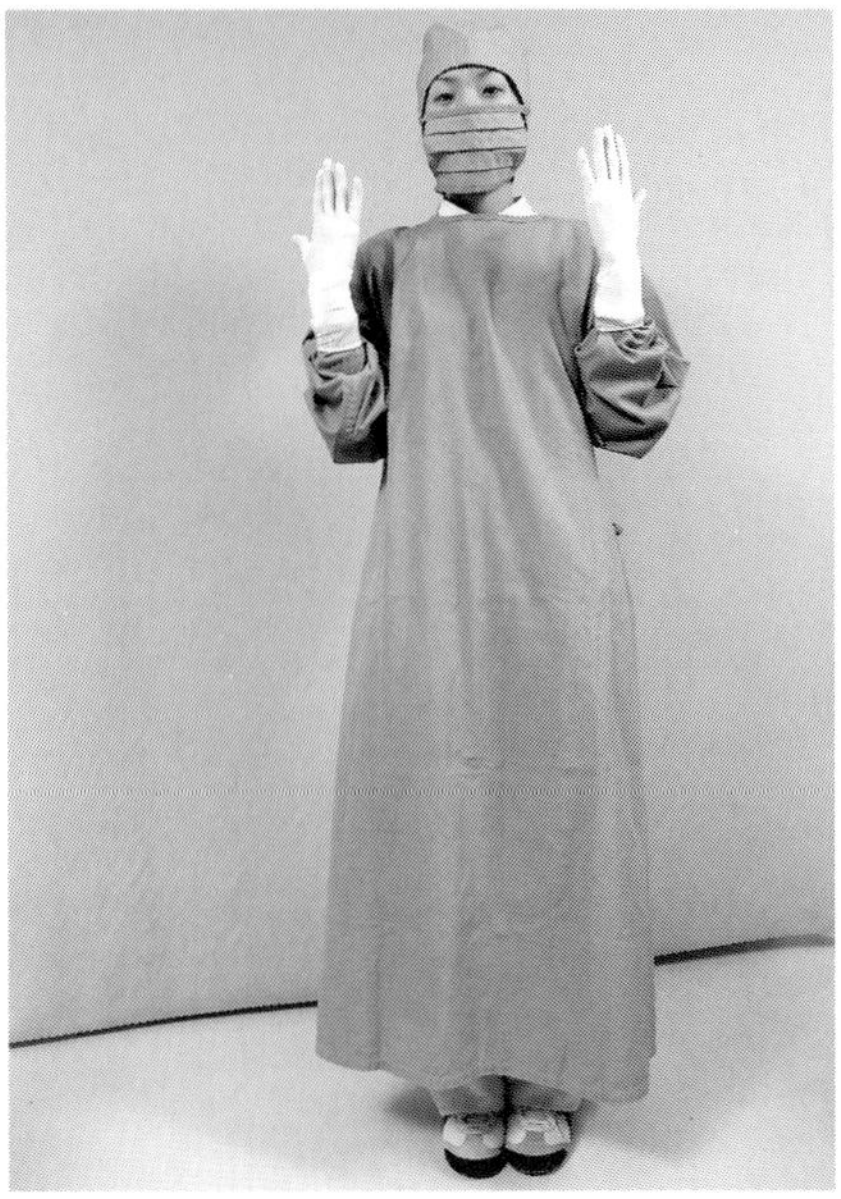

手術助手を務める場合は、決められた方法で手を消毒し、手術着、手術用の手袋を正しく身につけます。方法を間違えると、滅菌された器具や衣類を汚染することになるので、十分な注意が必要です。また、各種の手術機器の正しい扱い方も覚えておきましょう。

ワンポイントコラム

「無菌部」と「汚染部」とは？

「無菌」とは、読んで字のごとくウイルスや細菌がまったくいない状態を指します。意味を混同しやすいのですが、「無菌」イコール「滅菌」ではありません。「滅菌」はすべての微生物を殺すことを指しますので、「滅菌」処理を行った結果として、「無菌」状態がつくられるということです。この無菌部には、滅菌ずみの手袋をはめない限り、絶対に触ってはいけません。

また、手術部位は毛刈りをして消毒をしていますが、消毒では特定のウイルスや細菌が死滅するだけなので「無菌」ではありません。このような状態は「静菌」といいます。手術の際の静菌部の扱い方は、無菌部とまったく同じです。

これに対して「汚染」とは、決して汚れているという意味ではなく、無菌部・静菌部以外のすべてを指す言葉です。

	無菌	汚染
ドレープの	表	裏
器具	滅菌ずみ	床に落とした
滅菌パックの	内側	外側
器具台	器具敷きの上	むきだし
手術着を	着ている	着ていない
手術用の手袋を	している	していない

15. 手術後注意すること

手術後の片づけと動物の術後管理

手術後の動物は容態が急変する可能性もあるため、安定するまで目を離してはいけません。スタッフの目の届きやすいケージに入れ、常に誰かが様子をみているようにします。異常に気づいたら担当獣医師に報告し、指示に従って処置や経過の観察を行います。

また、手術の後片づけも動物看護師の仕事。機械・器具の不注意な取り扱いは破損やけがにつながるので、最後まで慎重に行いましょう。

1 使用ずみの器具を洗い場へ

手術が終わったら、使用した器具を片づけてよいかどうか、獣医師に確認します。片づけてよいといわれたものは、洗い場へ運んでおきます。

2 ドレープを外す

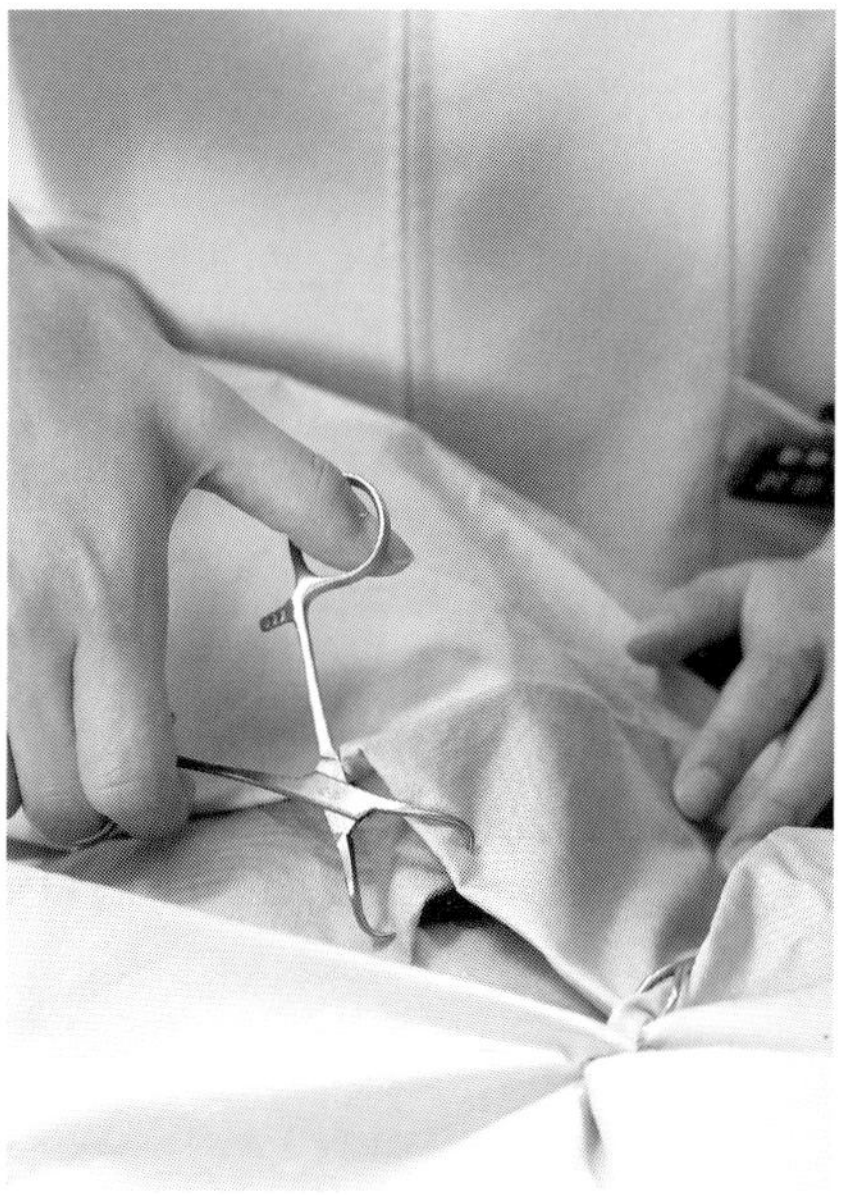

ドレープをとめているタオル鉗子を外し、動物の体を覆っていたドレープを取り除きます。

3 体位固定のひもを外す

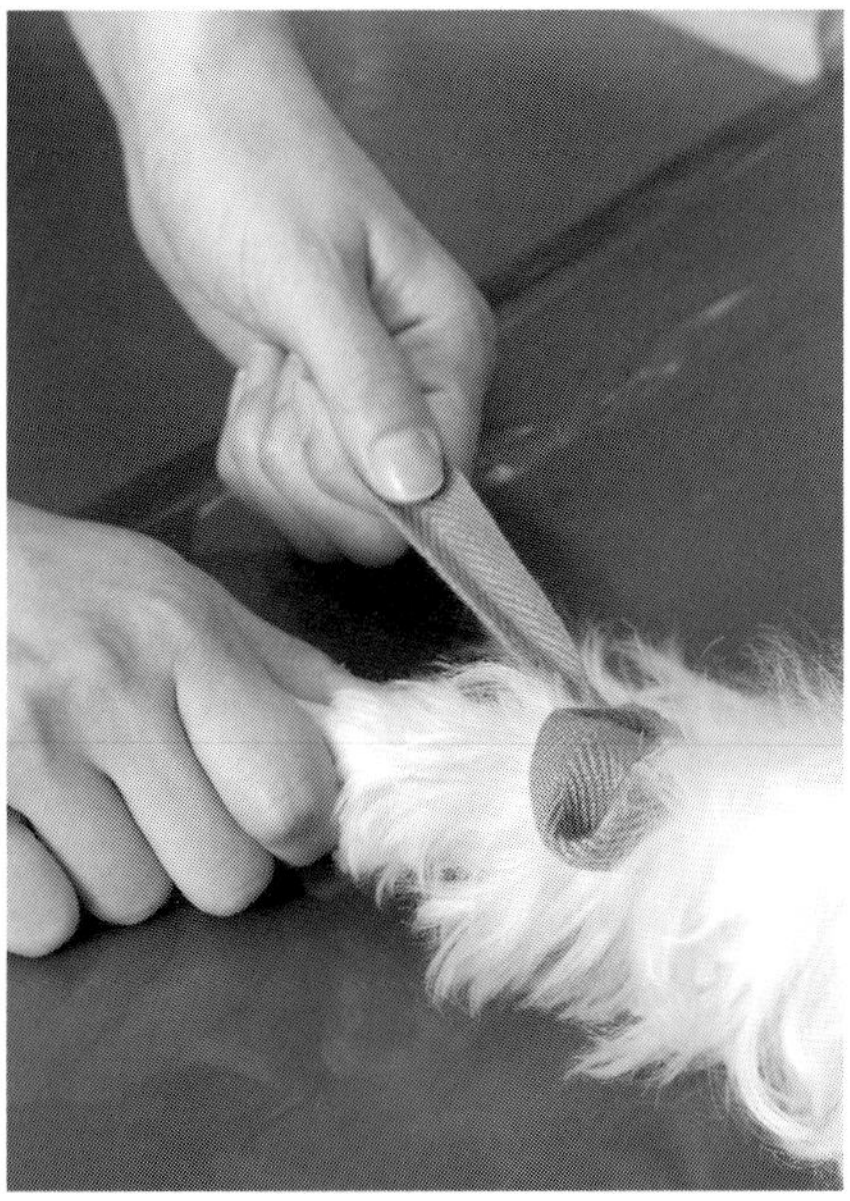

動物の体を手術台に固定していたひもを外します。小型犬や猫の場合はそのまま手術台にのせておきますが、大型犬の場合は、覚醒したときに手術台から落ちるなどの事故を防ぐため、床に下ろします。体が麻酔で弛緩しているので、落とさないように注意すること。

4 麻酔器を外す

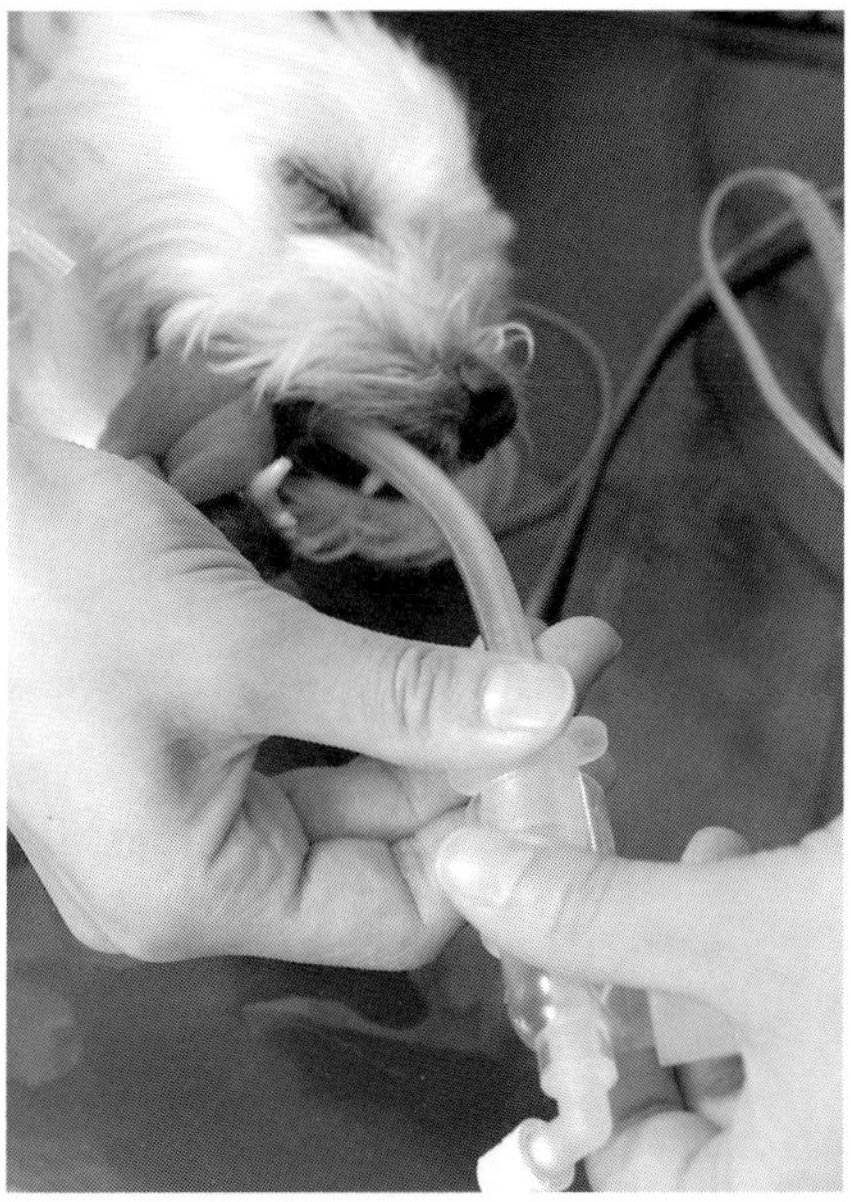

気管内チューブと麻酔器の蛇管の接合部を外します。気管内チューブは麻酔が覚める直前までつけておくこと。そうすれば、容態が急変した際、すぐに人工呼吸をすることができるからです。

5 手術部位の処置

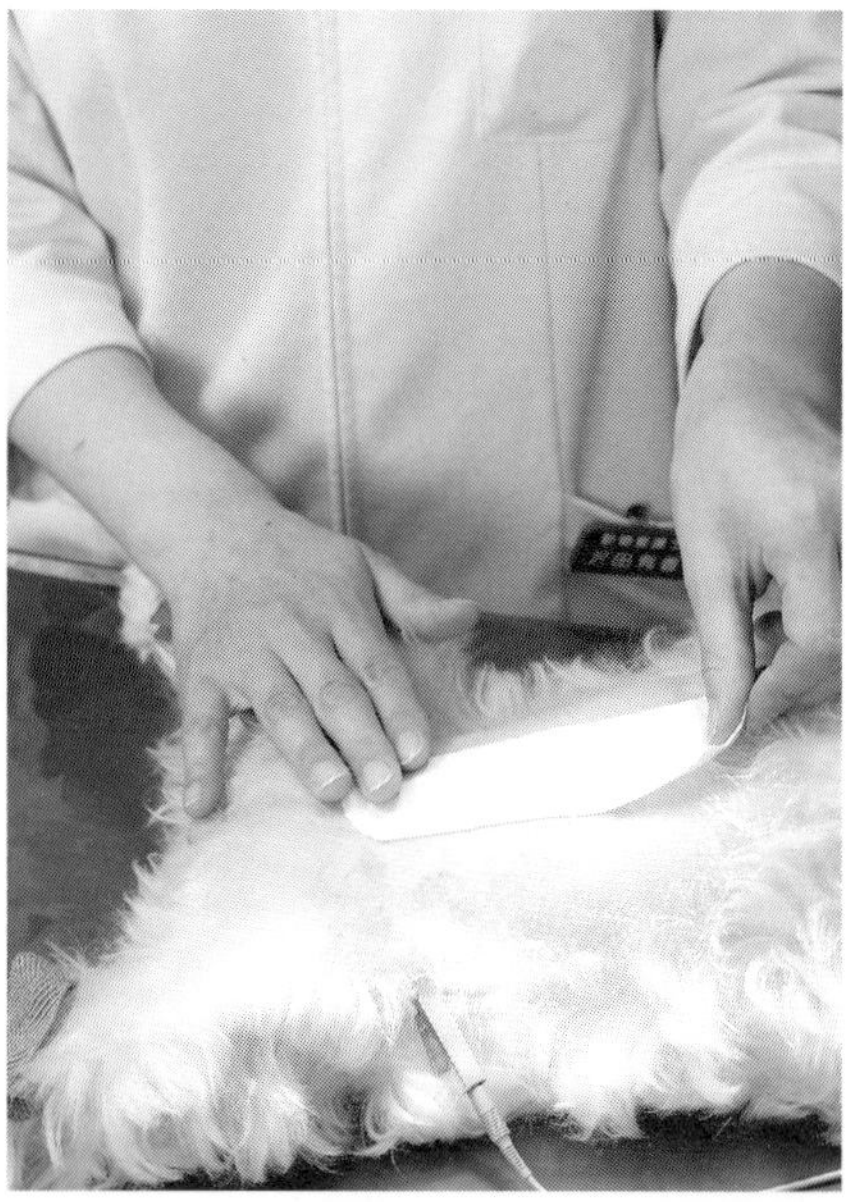

必要に応じて、手術した部位に包帯を巻いたり、絆創膏を貼ったりします。このとき、出血の有無なども必ず確認すること。麻酔が覚めるまでは、容態の急変に備えて注意深く観察を続けます。

6 抜管の準備を始める

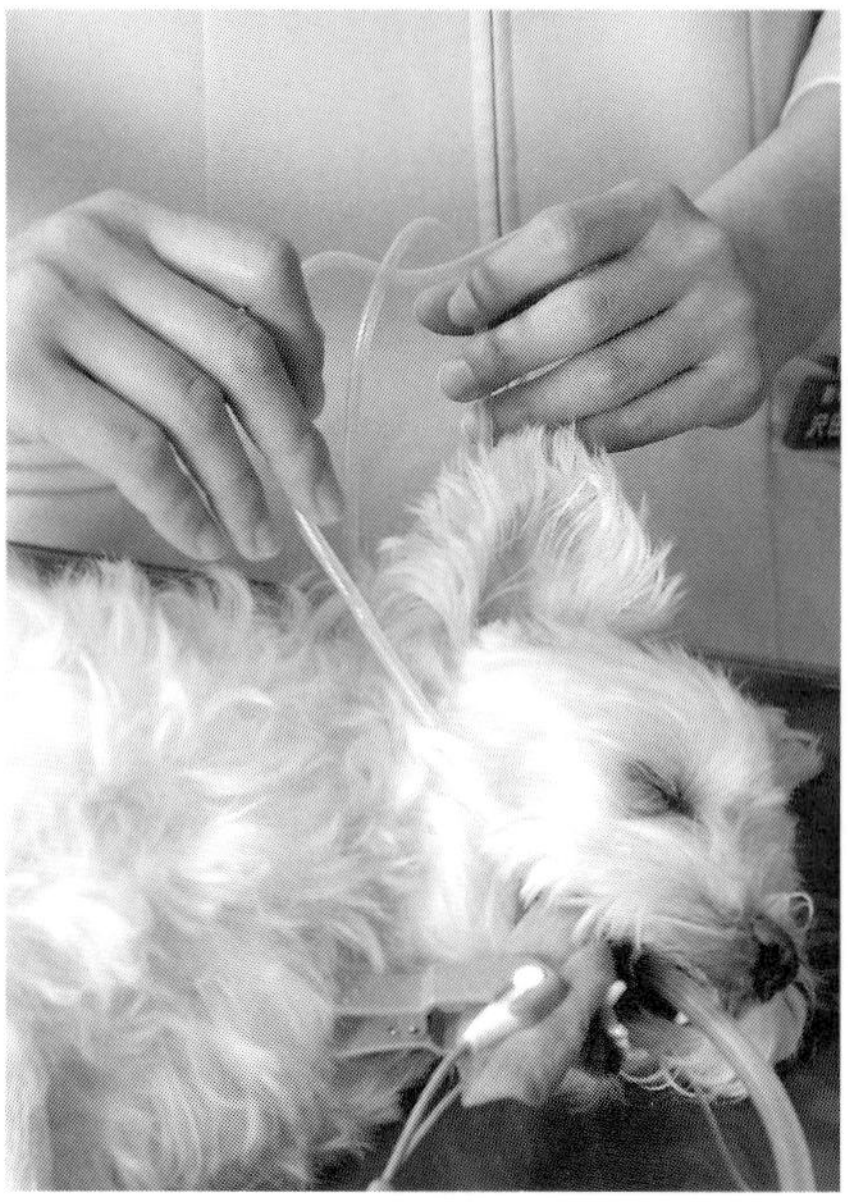

眼瞼反射などを確認し、咽頭反射が戻ってきたら、気管内チューブを抜く準備をはじめます。まずチューブを動物の頭に固定していたひもの結び目を解き、取り外します。

7 カフの空気を抜く

獣医師の指示に従って、シリンジで気管内チューブのカフの空気を抜きます。

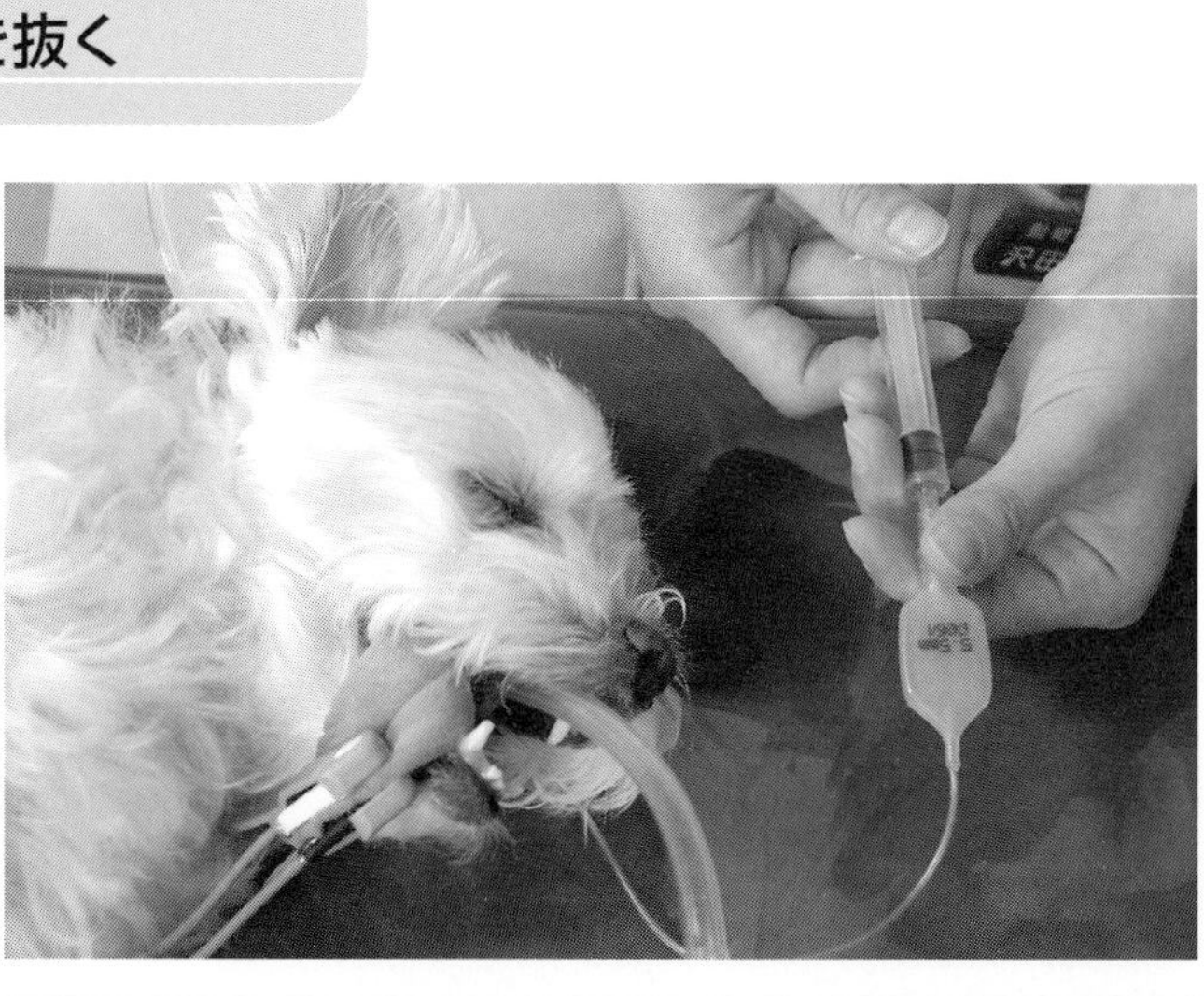

8 抜管する

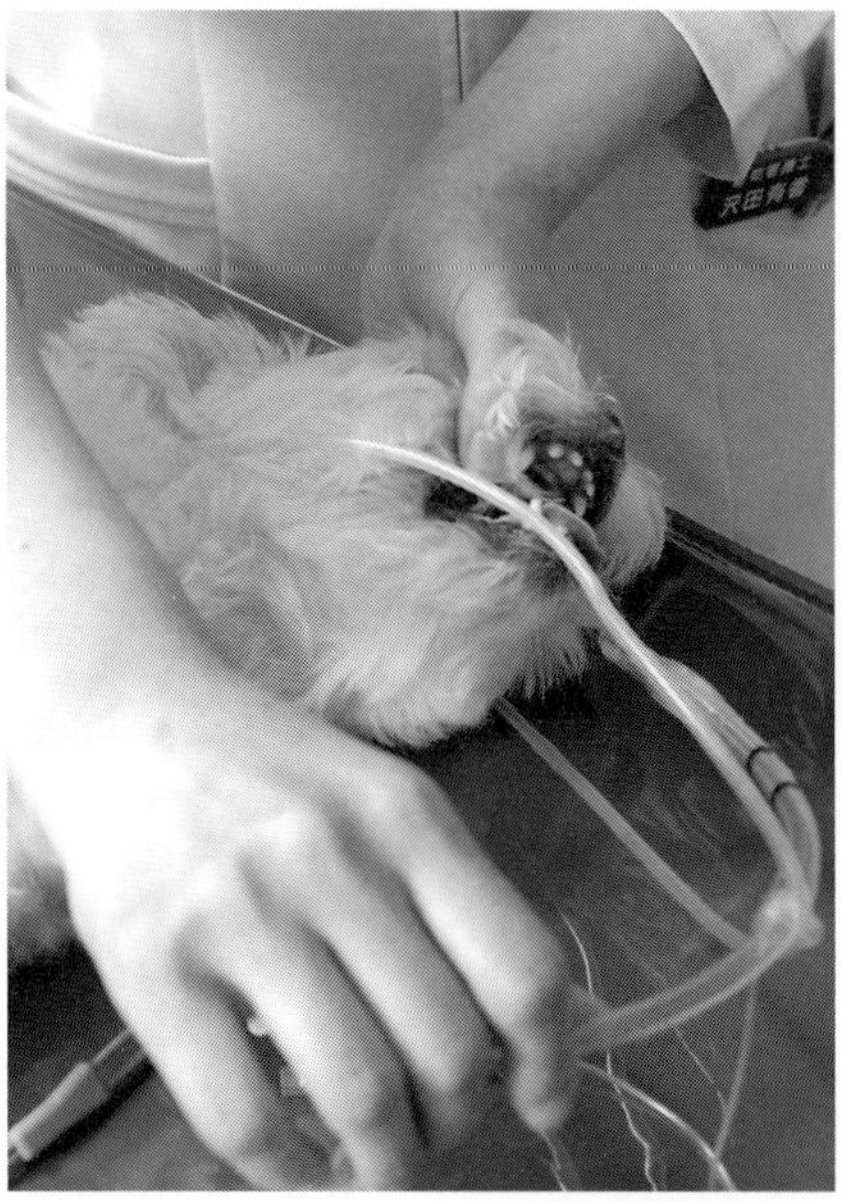

気管内チューブを抜きます。このとき、動物の上顎を押さえて首をそらすようにすると、スムーズに抜管できます。

9 カラーなどを装着する

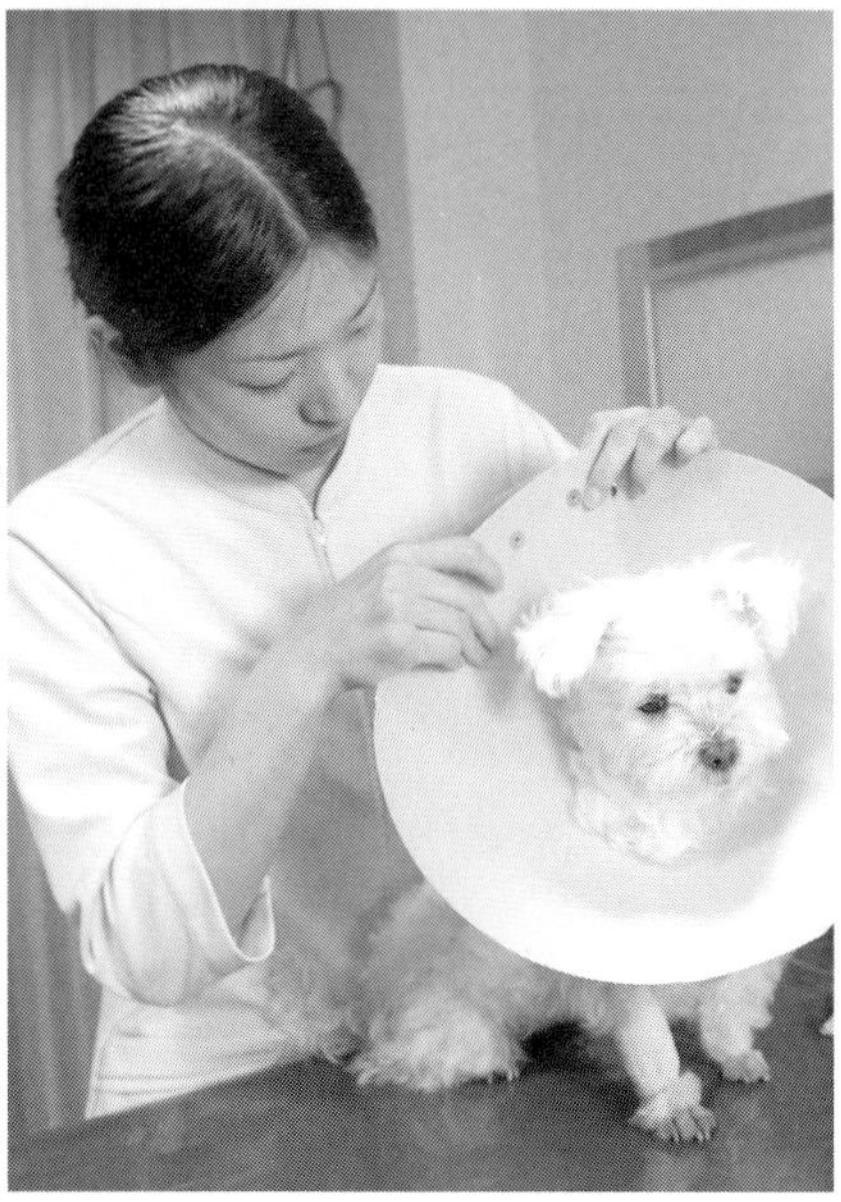

必要に応じて、エリザベス・カラーなどを装着します。動物が覚醒してからつけようとすると、嫌がる場合もあるので、麻酔が完全に覚める前につけておいた方がよいでしょう。

10 気道を清潔に保つ

動物が完全に覚醒するまでは、常に誰かが容態を観察しているようにすること。よだれをたらしていたら、すぐに拭き取ります。意識が完全でないため、よだれを気管に吸い込んでしまう可能性があるからです。

11 手術後の動物からは目を離さない

動物が完全に覚醒したら、ケージに移します。手術後は、容態が急変する可能性もあるので、常に誰かが様子をみていられるよう、スタッフの目の届きやすいケージを選びましょう。

12 気づいたことは獣医師に報告

手術後の動物はこまめに様子を観察し、出血がないか、嘔吐や分泌物がみられないかなどをチェックします。小さなことでも、何か異常に気づいたら、すぐに担当獣医師に報告します。

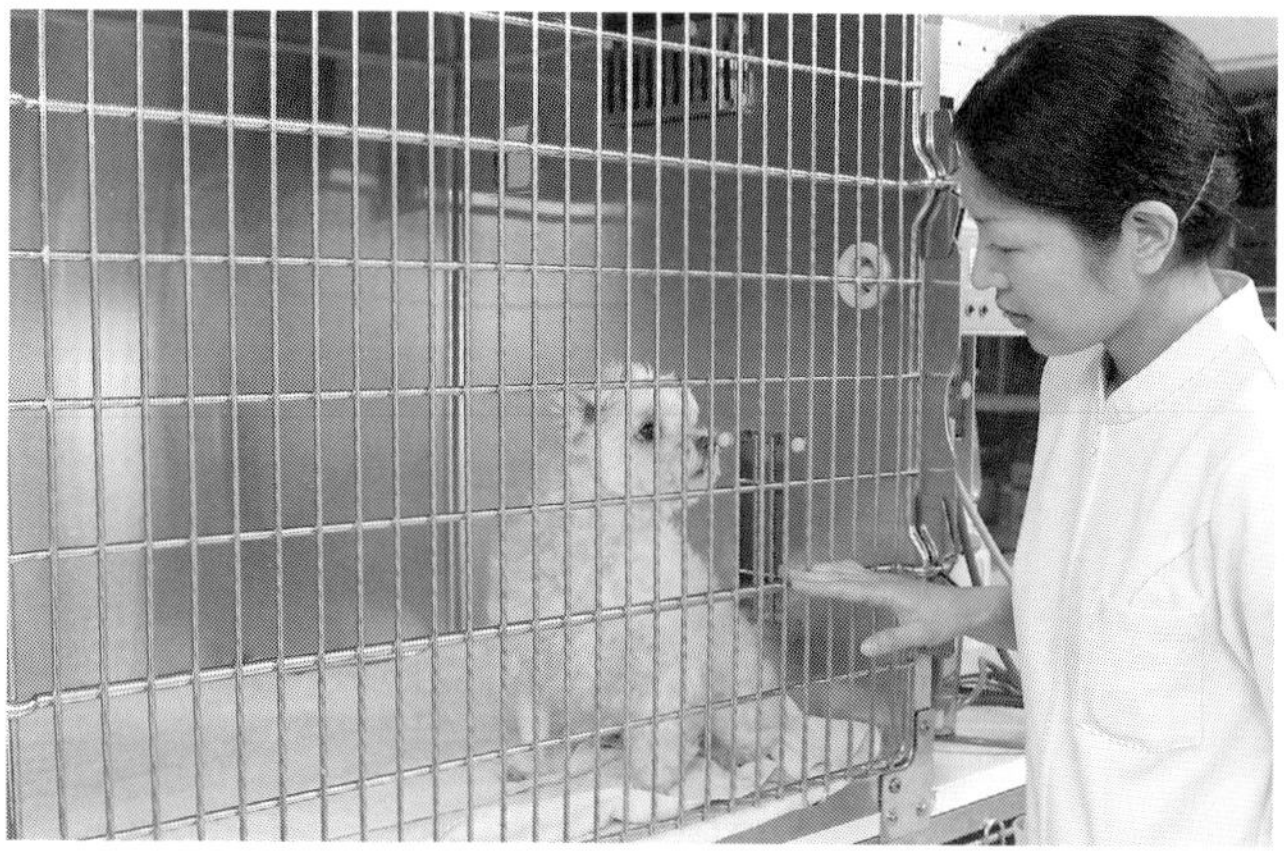

13 器具の洗浄と滅菌

手術に使用した器具類は、ブラシと洗浄液などで洗浄します。メスやはさみの刃で手を切ったり、器具を床に落として破損したりしないように注意しましょう。洗った後の器具類は水分を拭き取り、必要に応じて滅菌します。

14 手術後の動物の世話

手術後の動物は、日常の世話に関しても獣医師の指示に従う必要があります。食事や水、薬などを与える際も、必ず担当獣医師に確認してからにしましょう。

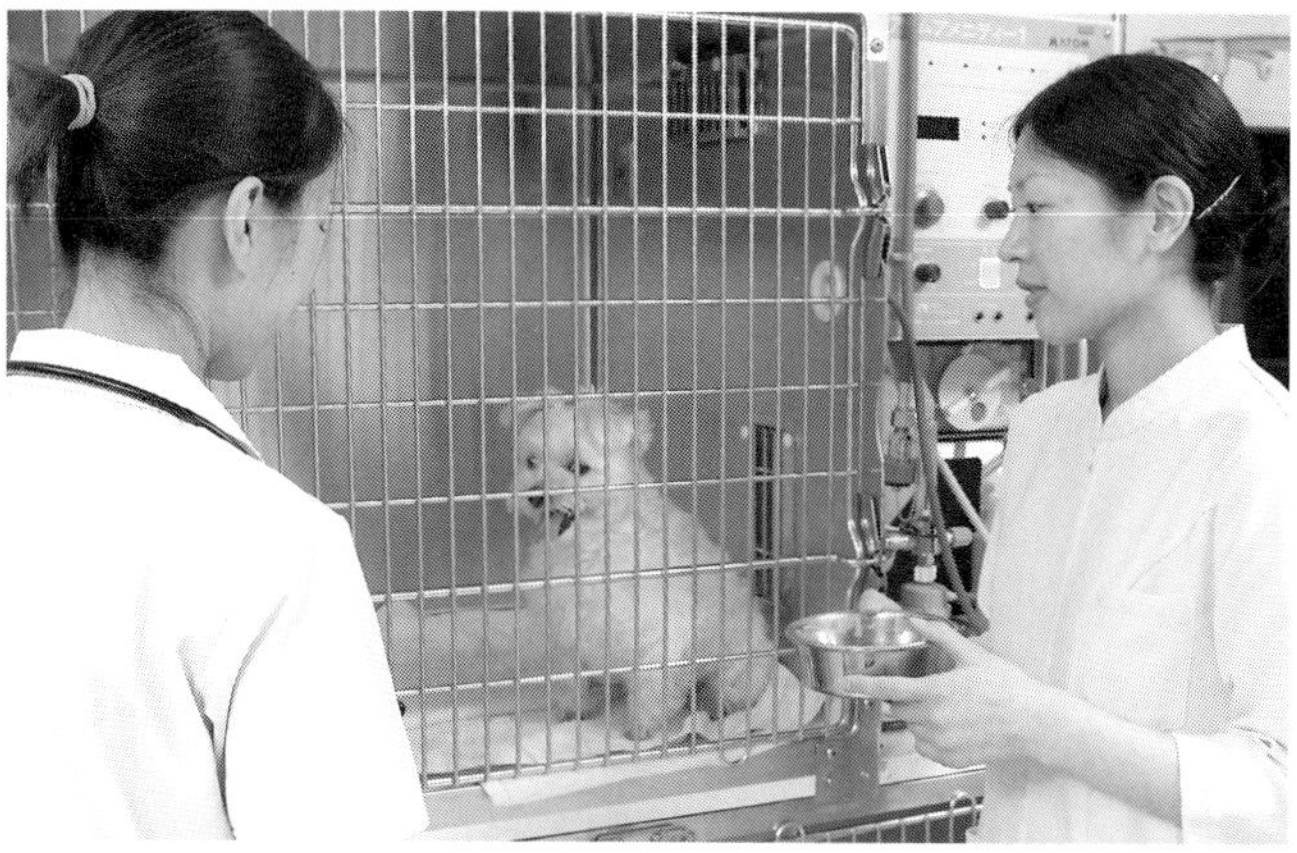

15 入院管理カードに必要事項を記入

手術後の動物が入っているケージにも、入院管理カードをつけておきます。手術日やその後の処置、食事や排便排尿の状況などについて、必要事項や気づいたことをこまめに記録しておきましょう。

16 手術後の経過をチェック

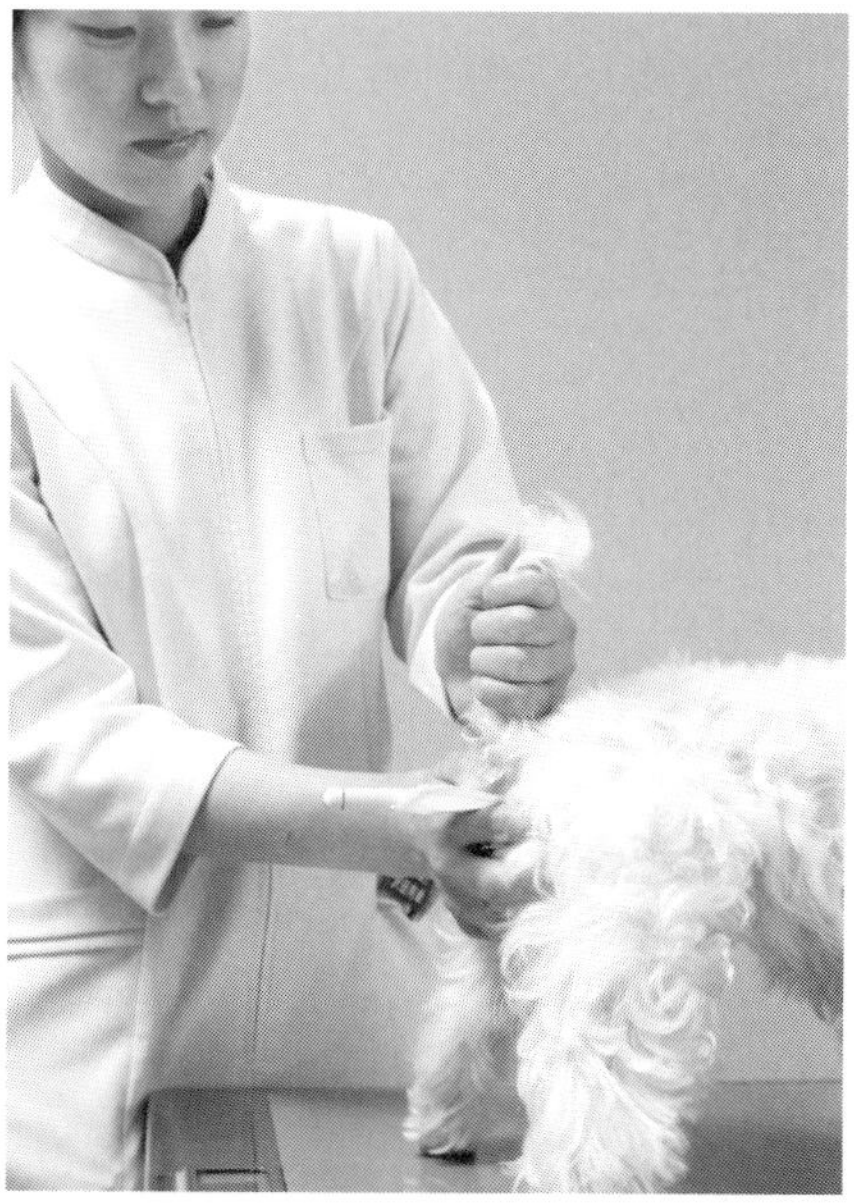

容態が安定した後も、ケージを清掃する際や処置の際、手術後の経過をこまめに確認します。食欲や排泄の状況のほか、傷口からの分泌物や気になる臭いなどがないかもチェックしましょう。特に体温には気をつけること。処置時には必ず体温を測るようにします。

16. 救急処置

確実な救命措置を行うために必要なこと

　動物が事故にあったり心臓発作を起こしたりした場合、救急処置が必要になることもあります。動物が連れてこられたら、まずは動物の様子をよく確認し、本当に救急かどうかを判断することが大切。同時に、飼い主さんを落ち着かせて、事故や発作の状況を具体的に聞き出すようにします。状況を把握したら獣医師に報告し、救急処置が必要な場合は、すみやかに処置の準備をします。

1 救急かどうかの判断をする

動物が連れてこられたら、落ち着いて動物の状態を確認します。最も重要なのは呼吸の有無。わかりにくい場合は、胸が動いているかどうかを観察して判断するとよいでしょう。

2 獣医師に報告する

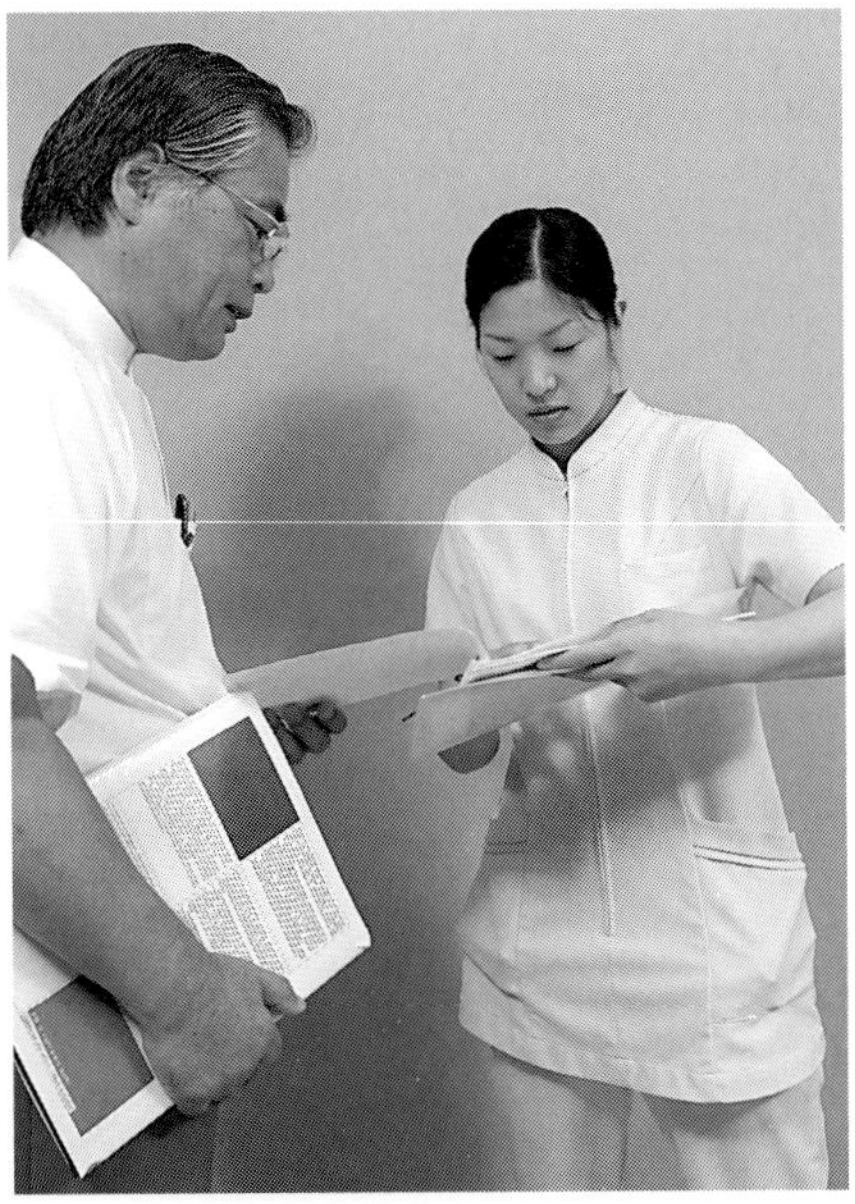

飼い主さんを落ち着かせ、病院に来るまでの状況を具体的に聞きます。救急処置が必要だと思われる場合は、すぐ獣医師に声をかけ、動物の現在の状態や飼い主さんから聞いた情報を報告します。

3 救急動物の処置は最優先

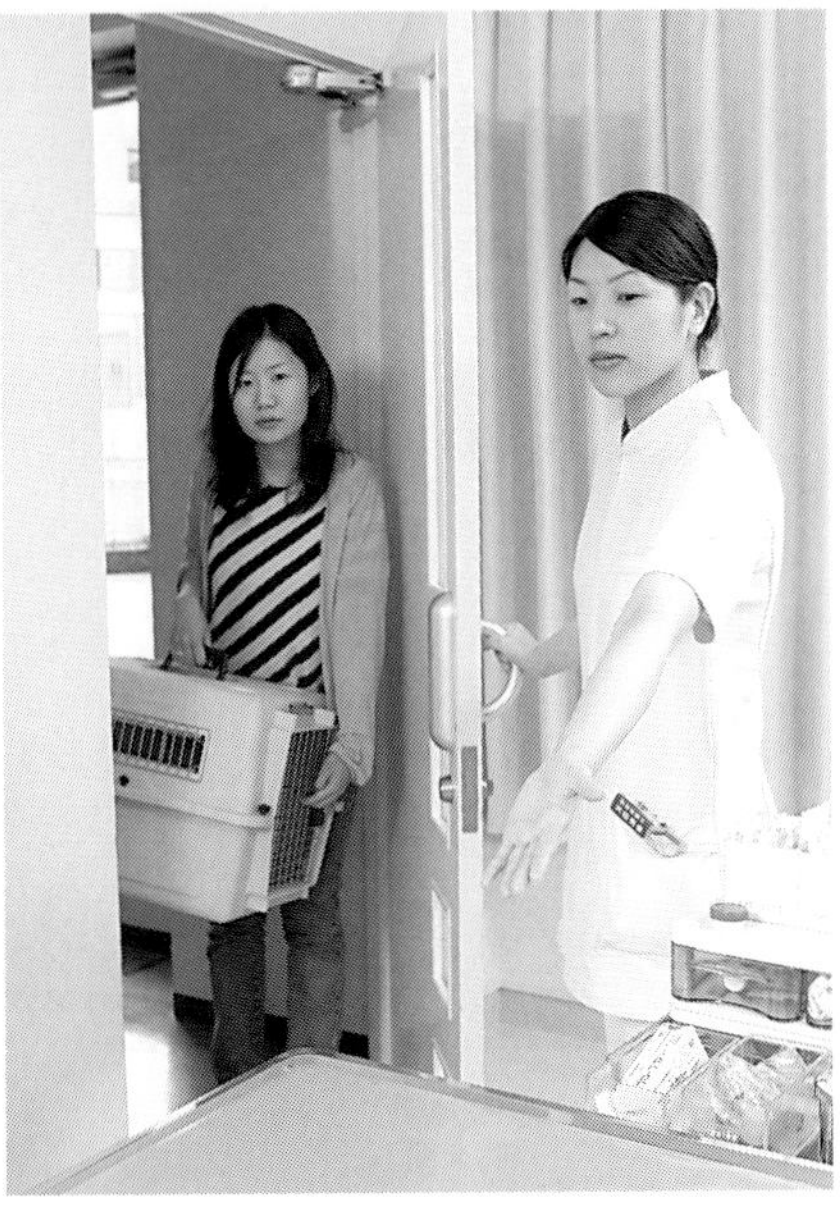

救急動物が運ばれてきた場合は、その処置を最優先します。周囲の状況や動物の様子に気を配り、器具の準備や処置の補助など、その場に必要な仕事にすばやく対応できるようにしましょう。

4 飼い主さんを落ち着かせる

動物に適切な処置を施すためにも、飼い主さんに落ち着いてもらう必要があります。興奮している飼い主さんには穏やかに話しかけ、気持ちを落ち着かせるようにしましょう。ただし、「大丈夫ですよ（よくなりますよ）」のような無責任な発言は避けること。

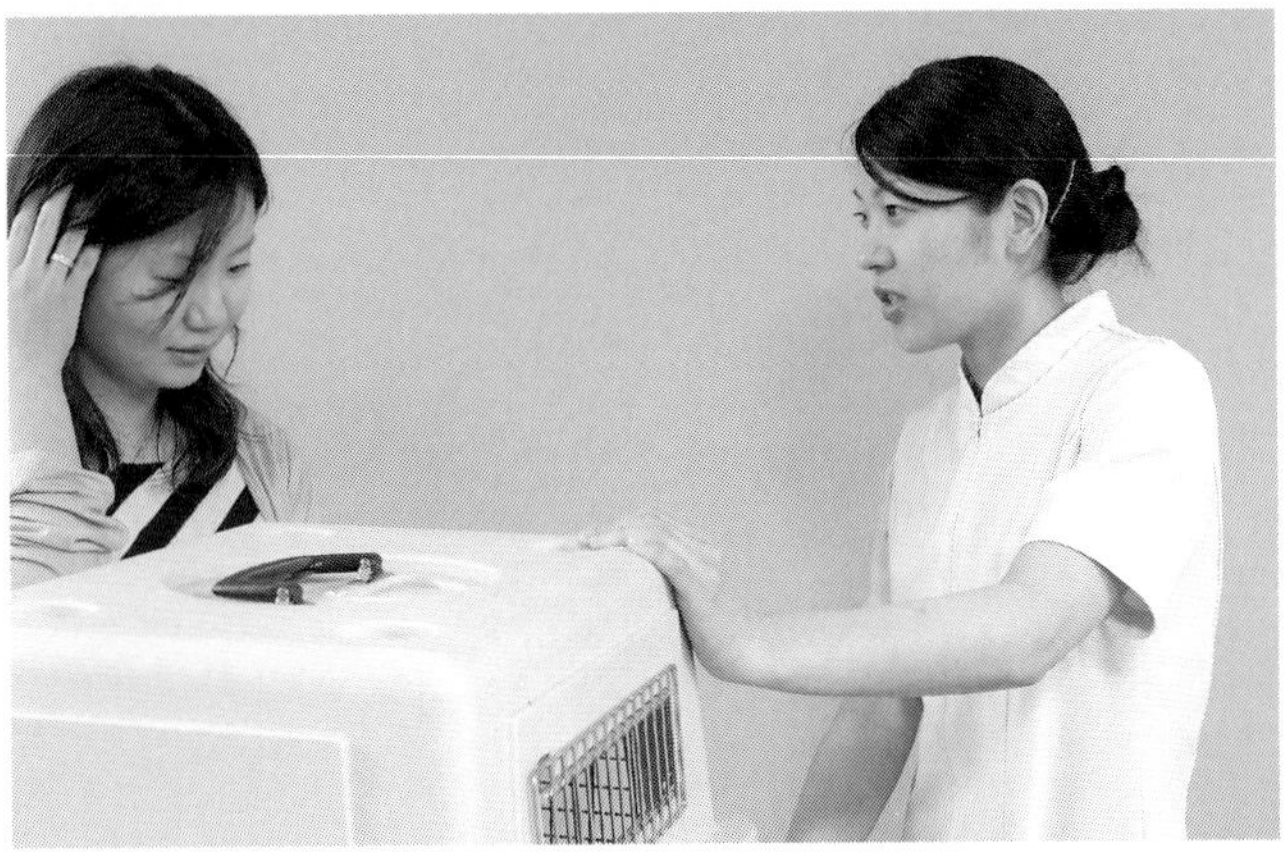

5 気道の確保

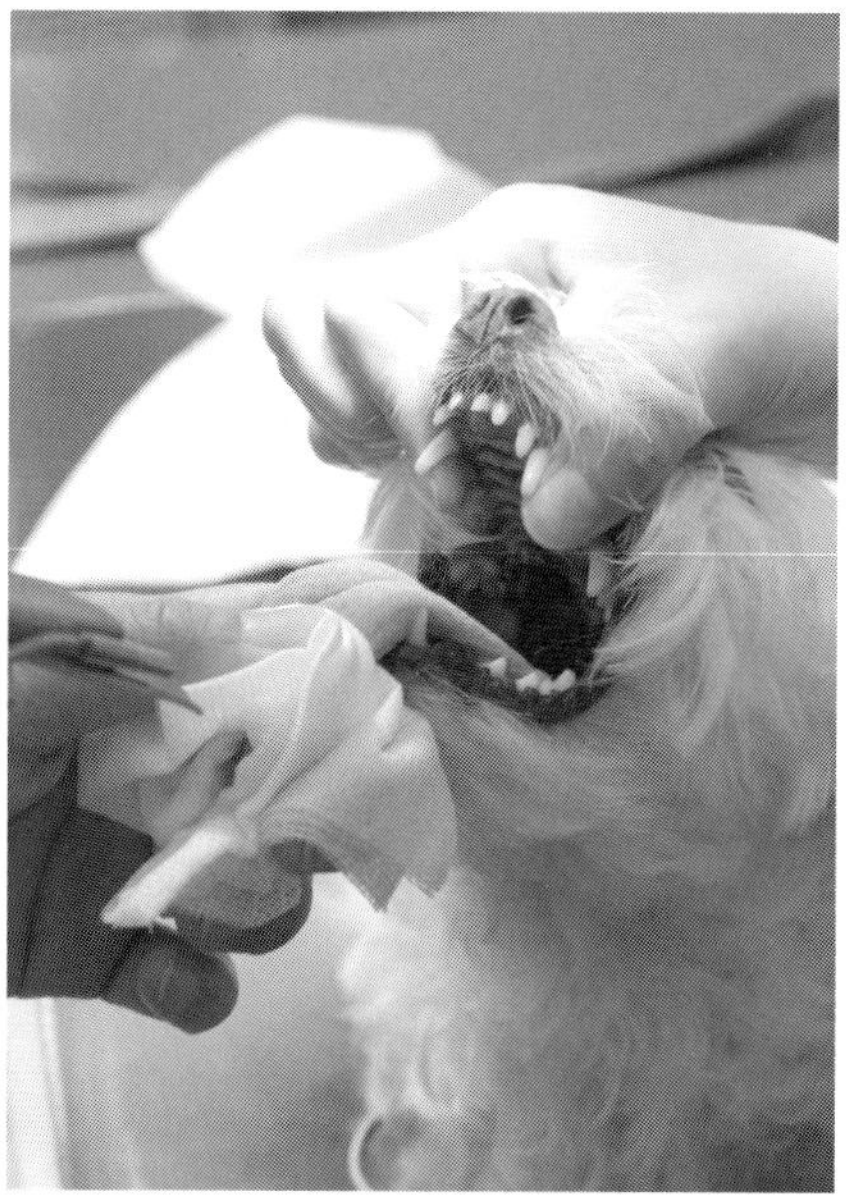

首輪を外し、動物が呼吸しているかどうかを確認します。呼吸が弱い場合は、動物の上顎を持って首をそらし、舌が喉の奥に入らないように引っぱり出して気道を確保します。

6 酸素を吸入させる

自力で呼吸をしている場合は酸素チューブを鼻や口のそばに持っていき、高流量の酸素を流して吸入させます。動物から目を離さず、弱っていくような様子がみられたら、すぐ獣医師にその状況を報告します。

7 人工呼吸を行う

呼吸が停止している場合は、人工呼吸を行います。まず、動物の首をそらせ、喉を十分に開かせます。片手で動物の口の周りを囲んで空気がもれないようにし、そこに口をつけて息を吹き込みます。

8 酸素ケージの準備

酸素ケージは、ふだんは普通のケージとして使われていることがほとんどです。必要になったらすぐに、ドアを酸素ケージ用のものと取り換えます。その後、ケージ本体につながったホースから酸素を流します。

9 モニター類をつなぐ

動物の体に心電計、血圧計、呼吸モニターなどをつなぎます。それぞれ、取りつける位置を間違えないように注意。その後、モニターを観察し、異常に気づいたら獣医師に報告します。

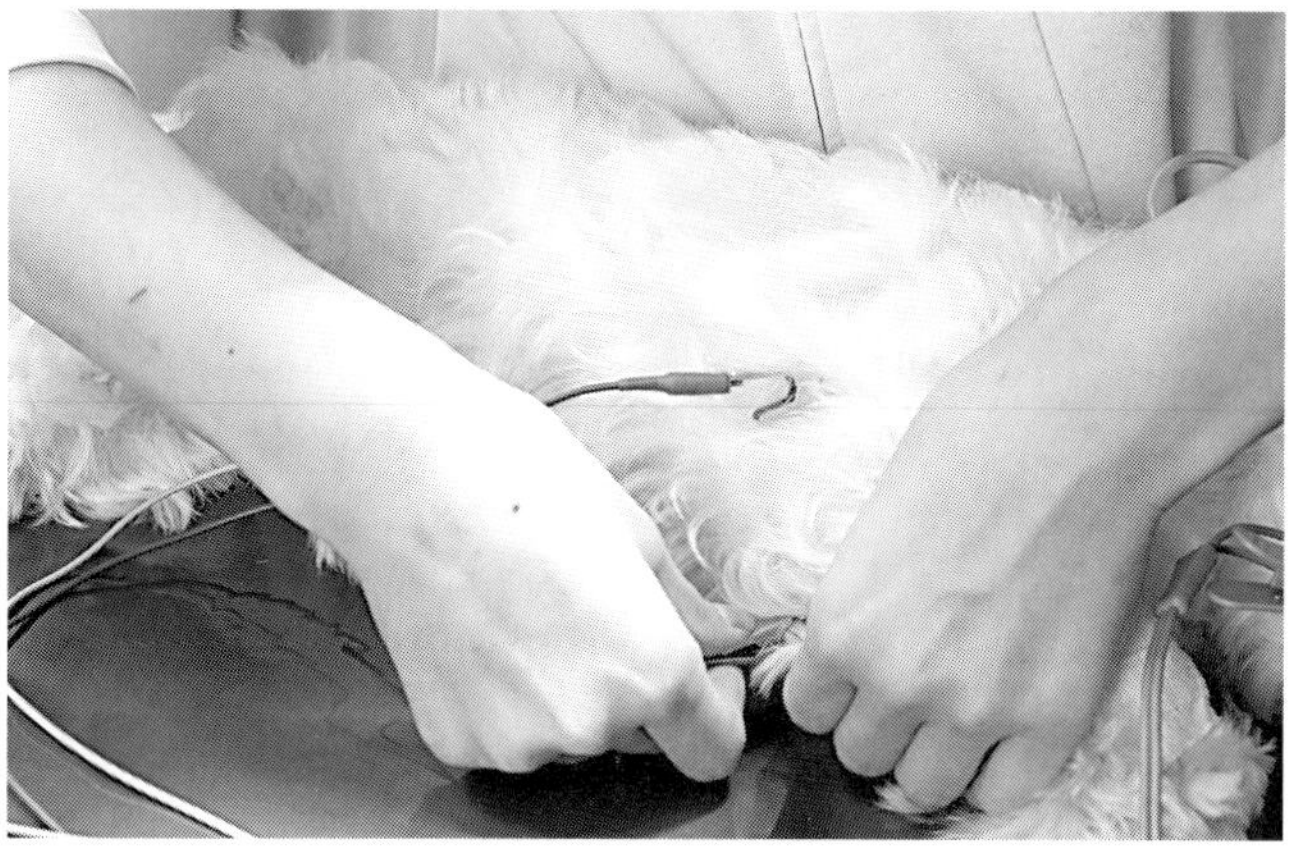

10 注射の準備をする

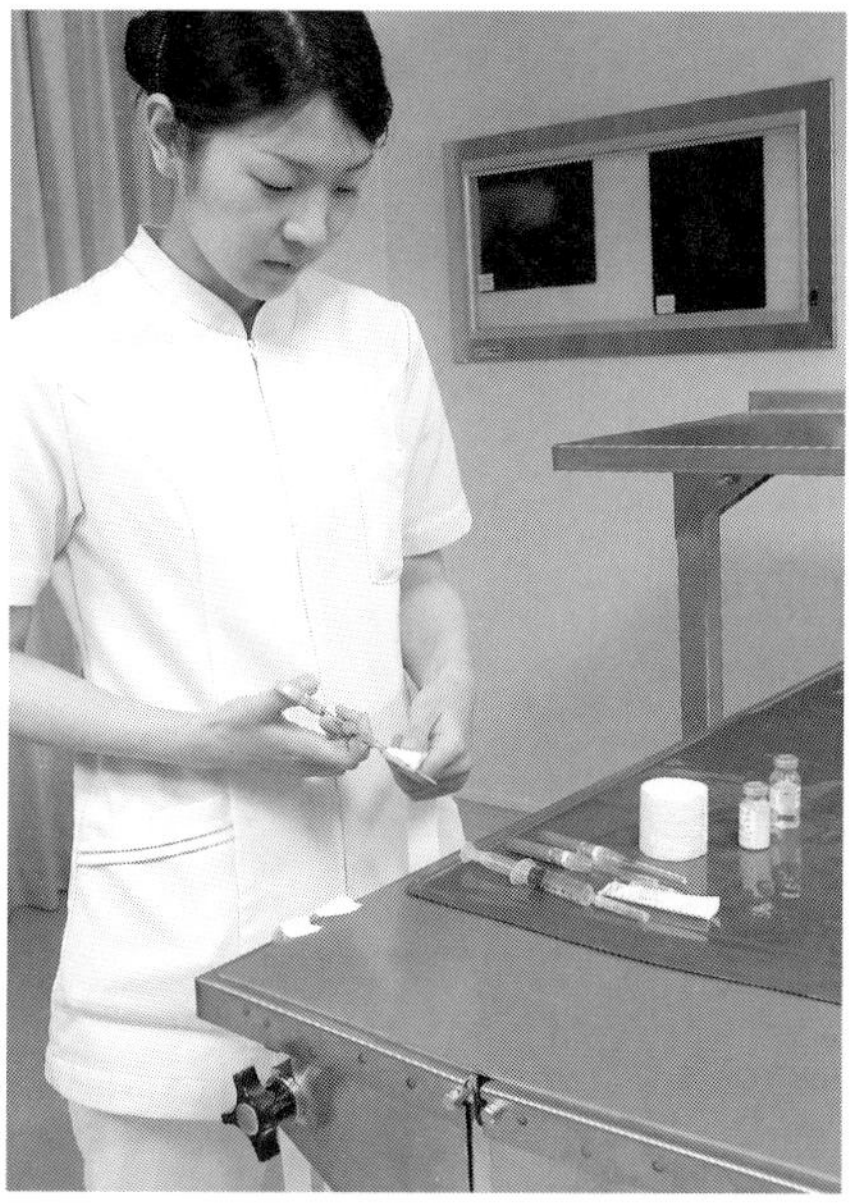

獣医師の指示に従って、救急薬や静脈留置などの注射の準備をします。アルコール綿やシリンジ、針のほか、静脈留置の場合はヘパリン加生理食塩水、インジェクションプラグ、ベトラップなども必要です。

11 気管内挿管の準備

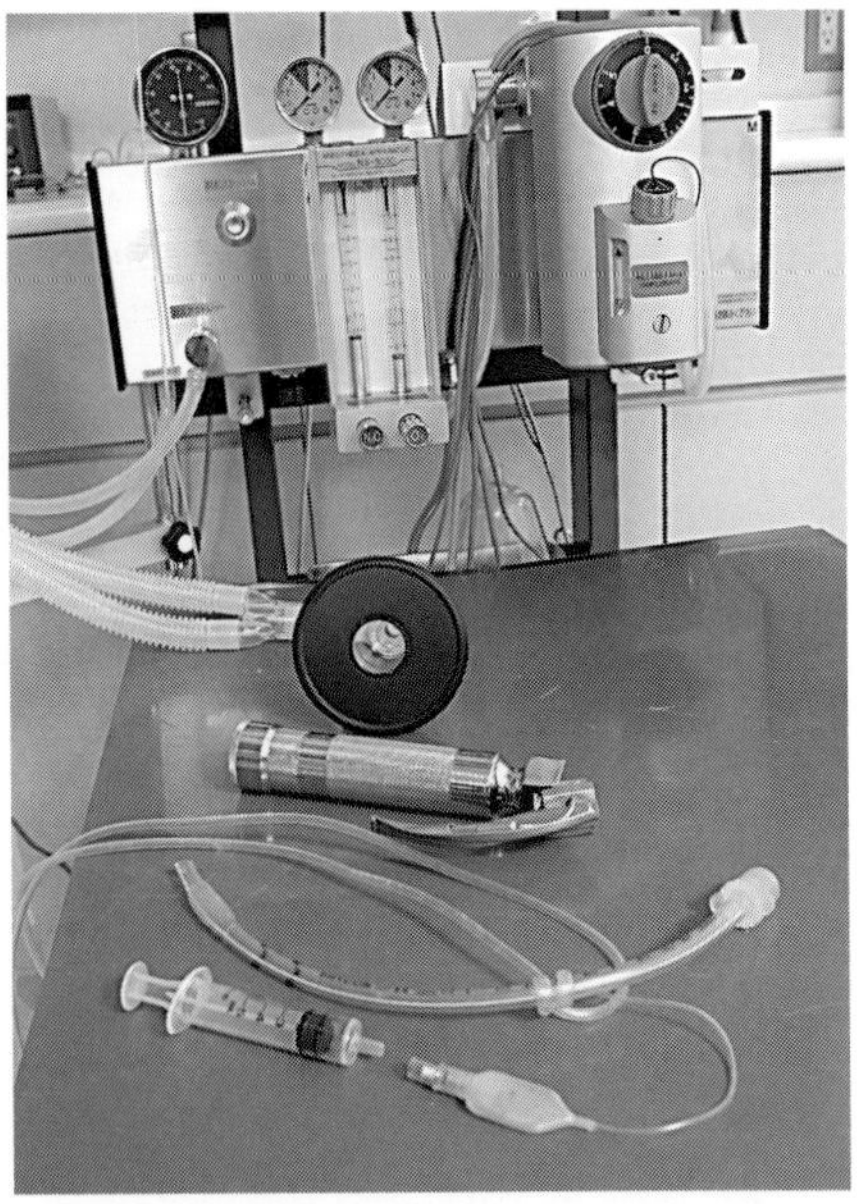

呼吸が非常に弱かったり停止の危険がある場合は、気管内挿管の準備をします。喉頭鏡、気管内チューブ、シリンジ、固定用のひものほか、場合によってスタイレット、キシロカインスプレーやキシロカインゼリーなども用意します。準備が整うまではマスクで酸素を吸わせておきます。

12 外傷は止血する

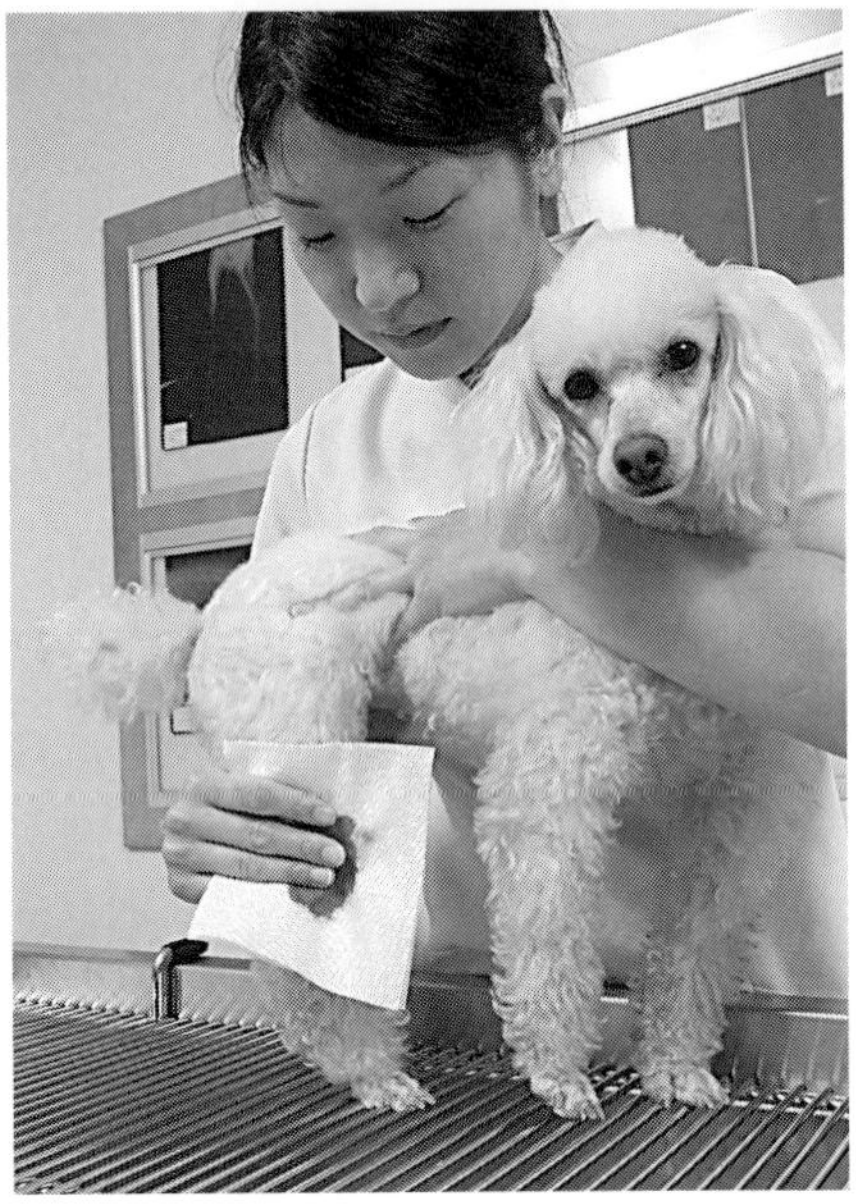

外傷で出血がみられる場合は、その部分を指やガーゼで押さえて圧迫止血します。緊急時にも冷静に対応できるよう、ふだんから、簡単な止血法について勉強しておきましょう。

13 動物の体位を工夫する

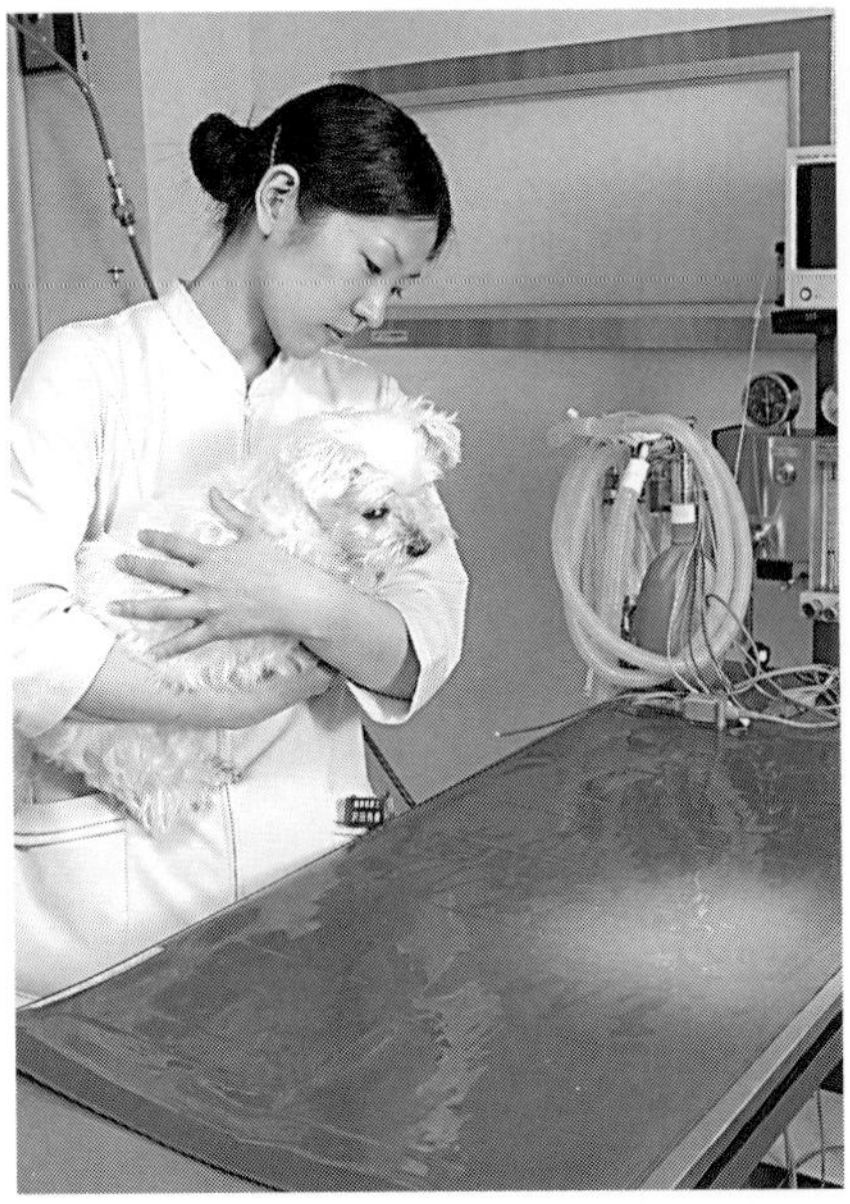

処置中、または処置が終わった後は、動物に苦痛を感じさせないような体位を工夫します。やさしく声をかけながら体に触れ、痛がるところがないかをチェック。動物のストレスを軽減するため、できるだけ楽な姿勢を取らせてやるようにしましょう。

14 処置後の経過を観察する

救急処置を終えた後は、集中治療に移行します。容態が急変することも考えられるので、常に誰かが動物の様子をみているようにし、どんな小さな異常でも、気づいたらすぐに担当獣医師に報告します。

ワンポイントコラム

動物病院のVIPとは？

「VIP」とは、Very Important Personの意味ですが、動物病院のVIPは救急患者です。つまり、Very Important Petという意味になります。救急で運ばれてきた動物はだいたい、いますぐ何かをしなければならないのか、5～10分なら待てるのか、検査をする時間があるのかの3段階に分かれます。いずれにしても、急患があったら何をしていてもその動物を最優先しなくてはなりません。

この「VIP」にはもうひとつの意味があり、Ventilate（呼吸器系の監視；息をしているか）、Infuse（泌尿器系の監視；輸液の準備をする）、Pump（心循環器系の監視；心臓が動いているか、モニターをつける）という救急時に確認すべき3つのポイントを指しています。いざというときに、何を準備したらよいのかをとっさに思い浮かべて動けるよう頭に入れておきましょう。

また、急患は何をおいても最優先ですが、手が足りているようであれば、先に来院していた飼い主さんに事情を説明したり順番が遅れることをお詫びしたりするのも大切な仕事です。急患にばかり気を取られずに、きちんと声をかけるようにしましょう。

ケーススタディ 2

接客トラブル回避術

こんなとき、どうする？

動物病院に連れてこられる動物の中には、かなり症状の重い動物や急患もいます。そんなときは、なにげなく発した不用意な言動が飼い主さんとの関係を悪化させる原因になることも。いつでも、飼い主さんの立場に立った誠意ある対応を心がけましょう。

ケース3 獣医師の不在時に急患が来た

獣医師が出かけているときに、急患が運び込まれてきました。どうすればいい？

対処法

紹介できる病院や救急対応の病院の名前、住所、電話番号などのリストを作成したり、対処の手順をふだんから相談して決めておくと、いざというときにあわてずに対応できます。

実際に急患が来たら、まず獣医師が不在であることを伝えます。初診の方は「ただいま獣医師が不在ですので、申し訳ありません」というとほかの病院へ行く人がほとんどですが、ふだんから通院してきている方にはよりていねいな対応が必要です。紹介できる病院などを説明し、病院から連絡するか、ご自身で連絡するかを確かめます。すぐに処置を受けないと危険な状態（特に虚脱、浅くて早い呼吸、立てない、ひどく痛がるなど）でない場合は、「○○先生でなくては嫌」という飼い主さんもいるからです。

看護師から他院へ連絡する場合は、動物種、性別、年齢、現在の症状（みた現状をそのまま伝えることが大切）、原因、既往歴などを伝えます。カルテをＦＡＸで送ってもよいでしょう。

また、看護師が勝手に治療行為をすると獣医師法違反になりますが、獣医師の指示があった場合に簡単な応急処置を行うことはあります。ふだんから、止血法（出血部位を押さえる圧迫止血法など）や熱射病の対処について勉強しておくことも大切です。

ケース4 入院動物の様子について聞かれたら？

入院動物について、面会に来院したり、電話で問い合わせてきた飼い主さんには、どんなことを話してあげればいい？

対処法

入院動物の様子については、活発度（よく寝ている、よく動く、静かにしている、落ち着いているなど）、食事を取る量、便や尿をしているかなど、日頃世話をしていて気がついたことを中心にお話ししましょう。逆に、病気の経過に関すること、安易な言葉（大丈夫、元気になってきたなど）はいってはいけません。元気なようにみえても病状が悪化していることもありますので、病状に関する質問があった場合は必ず担当の獣医師から説明してもらうようにします。

また、いつ面会があってもいいように、常日頃からケージはきれいに整えておくことが大切です。電話での問い合わせに応じるときは、なるべく静かな場所に移動して飼い主さんの不安な気持ちを刺激しないように気をつけましょう。

17. 入院動物の管理

病状に合わせたていねいなケアを

入院動物のケアのポイントは、こまめに様子をみること。その際、ただなんとなくケージ内を確認するのではなく、それぞれの動物の病状や治療の経過、性格などをきちんと把握しておき、小さな異変も見過ごさないようにすることが大切です。また、入院してくる動物の中には、回復が難しいものもいます。飼い主さんに対して「大丈夫です」などの無責任な発言をするのは避けましょう。

1 入院の手続きをする

受付で入院の承諾書などに必要事項を記入してもらいます。緊急時の連絡先や連絡可能な時間も必ず確認しておきましょう。入院費用の内金や未収金については、正確にカルテに記入しておきます。

2 預かったものを確認

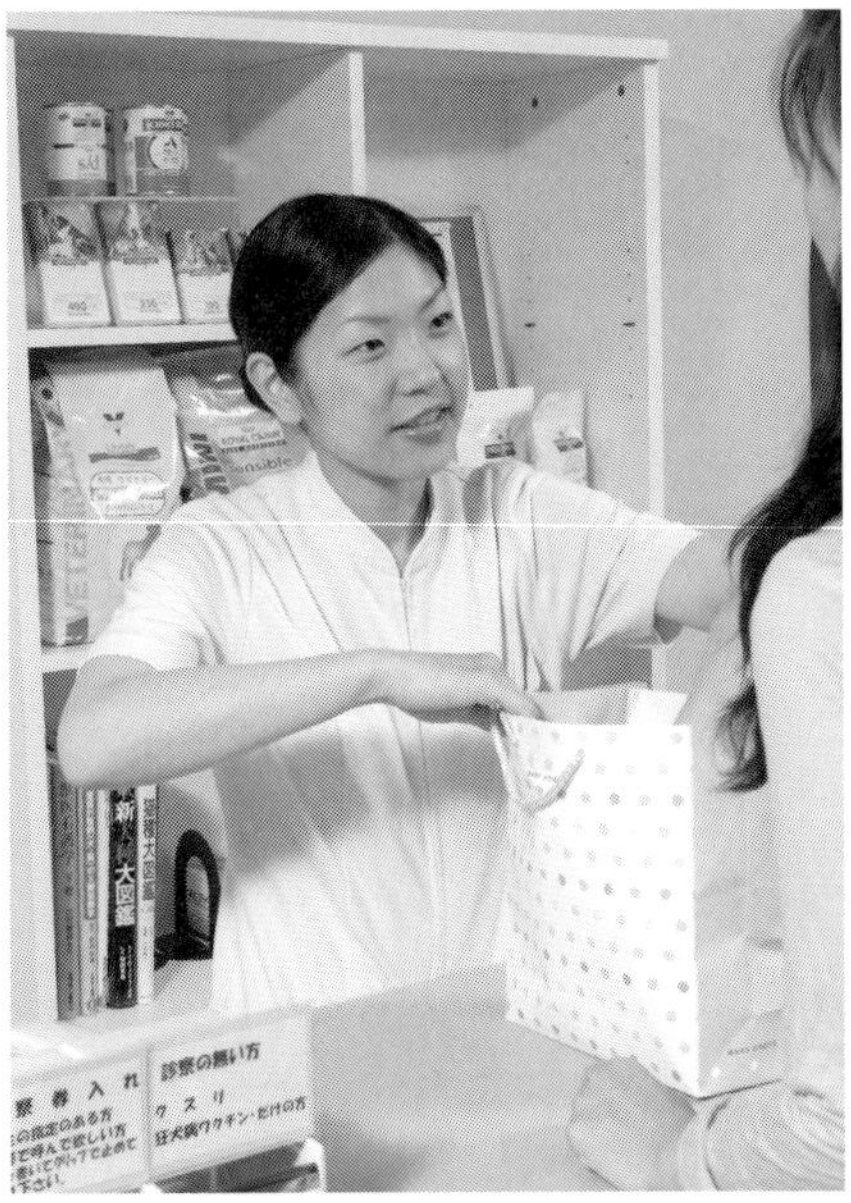

敷物、おもちゃ、首輪、リードなど、飼い主さんから預かったものを確認し、カルテや預かり表などに記入します。さらに、後日持ってきてもらうものがあれば、飼い主さんに伝えます。飼い主さんを病院から送り出す際は、「お預かりします」とあいさつを。

3 入院動物の病名や状態を把握する

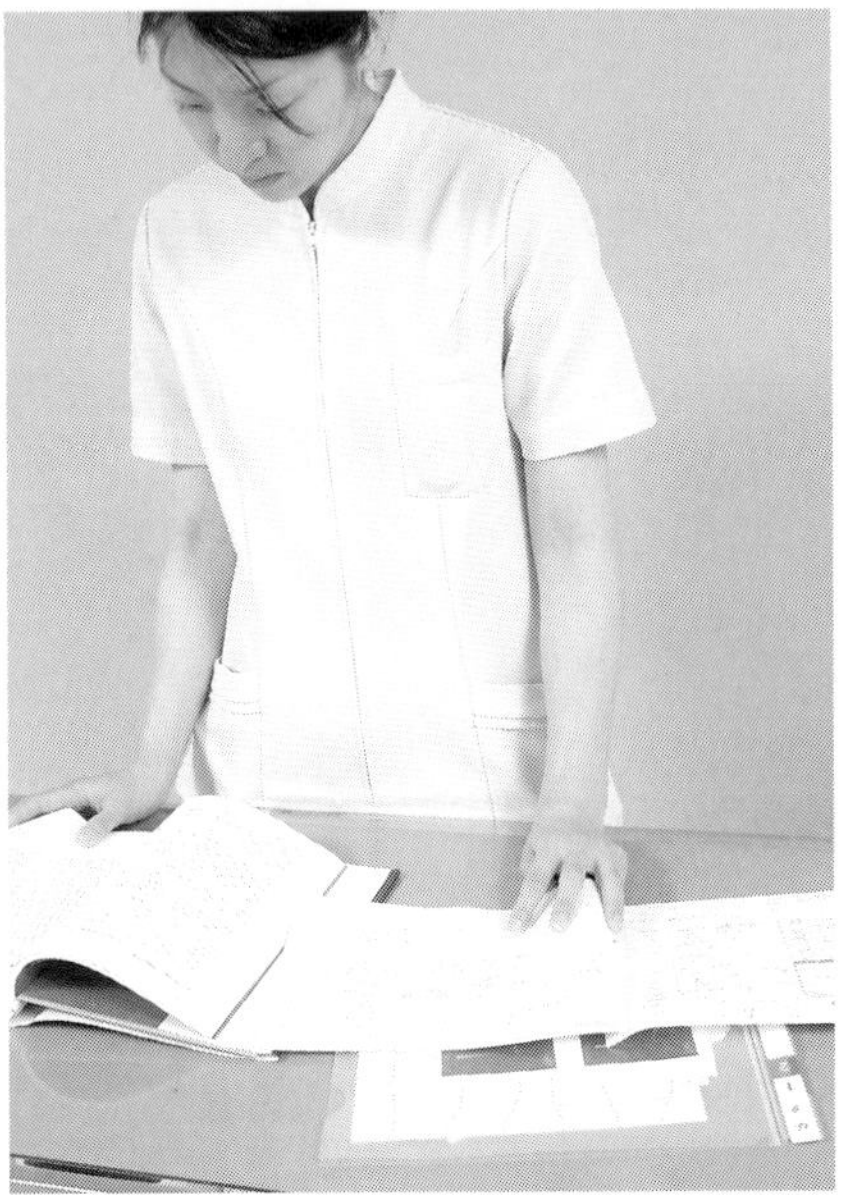

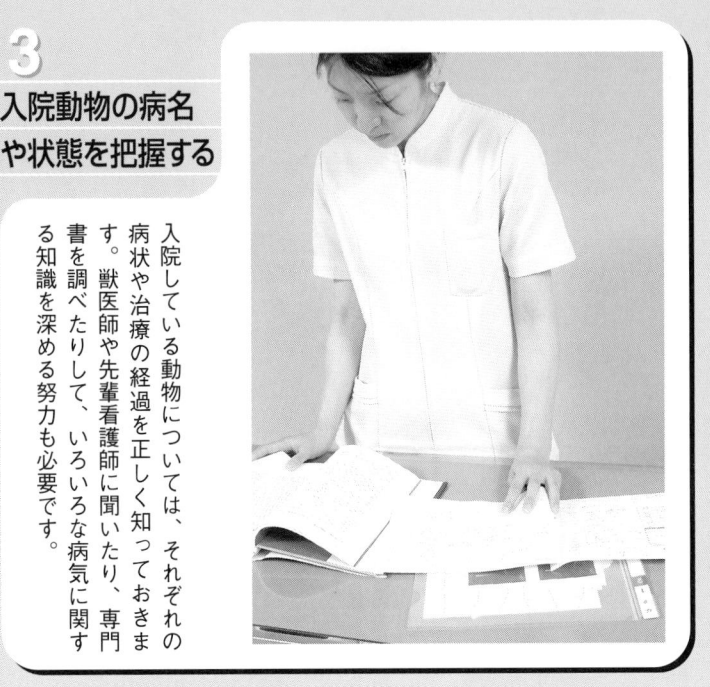

入院している動物については、それぞれの病状や治療の経過を正しく知っておきます。獣医師や先輩看護師に聞いたり、専門書を調べたりして、いろいろな病気に関する知識を深める努力も必要です。

4 伝染病の動物を扱うとき

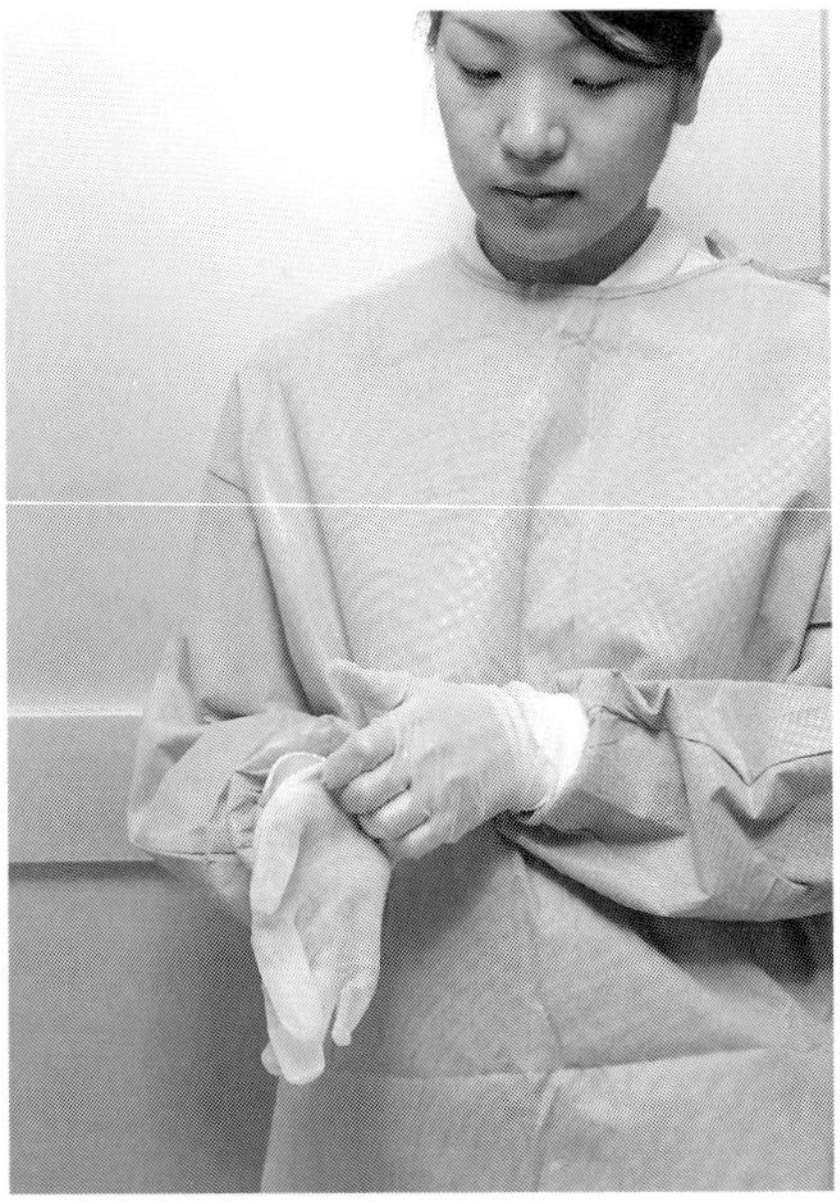

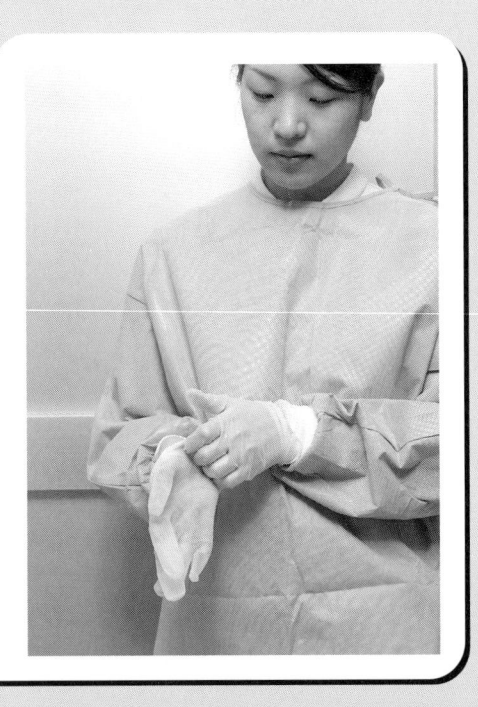

伝染病、またはその可能性のある動物に触れる場合は、使い捨ての手術着、手術用手袋の使用ずみのものを身につけ、その動物の世話を終えたらすぐに捨てます。手術着を羽織らなかった場合は、そのときに着ていた白衣などの制服をすべて取り換え、消毒すること。

5 伝染病の動物は隔離室へ

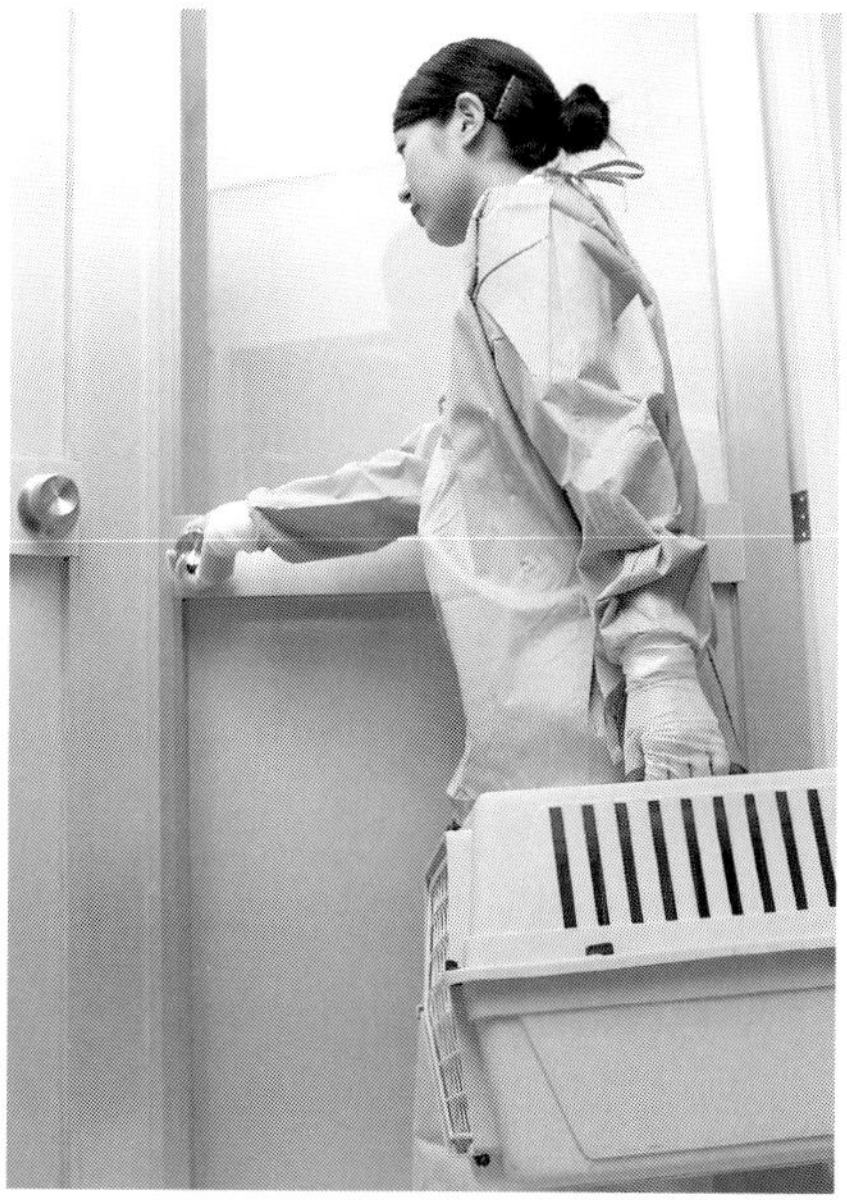

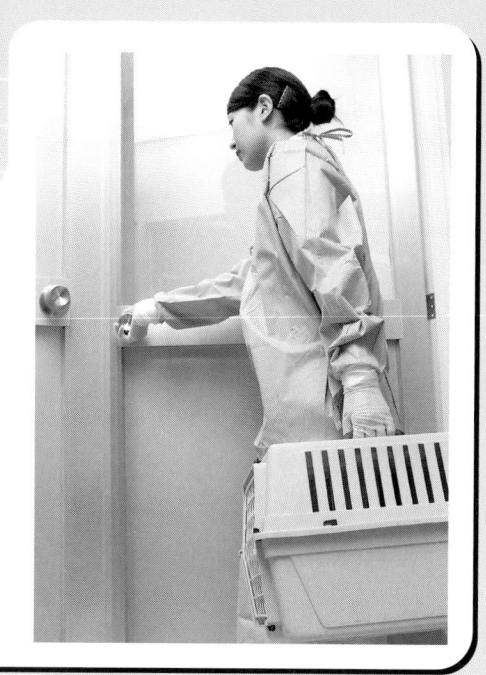

伝染病、またはその可能性がある動物は、一般入院室ではなく隔離室に入れます。隔離室から出た後は、手洗いや消毒もていねいに行います。入院中のほかの動物に感染させないよう、十分に注意しましょう。

6 伝染病の動物の処置

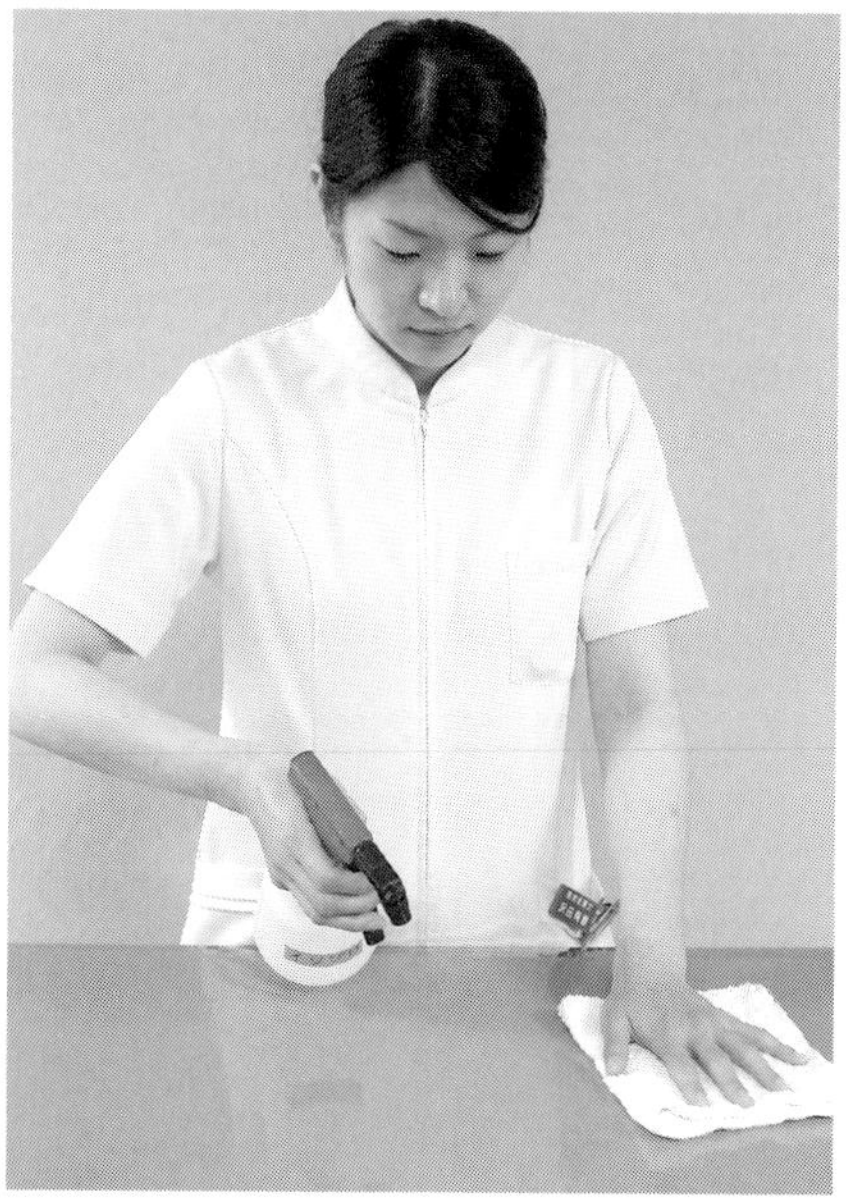

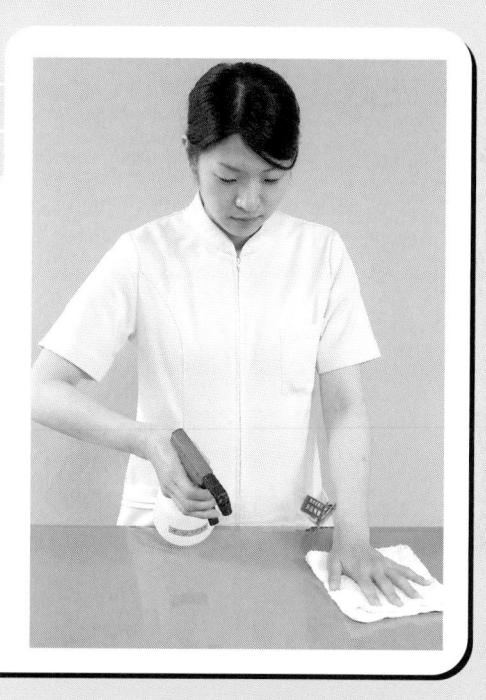

伝染病、またはその可能性がある動物の処置が終わったら、必ず診察台に消毒液をスプレーし、ぞうきんですみずみまできれいに拭きます。ほかの動物への感染を防ぐため、念入りに消毒すること。

7 術後や衰弱動物には保温を

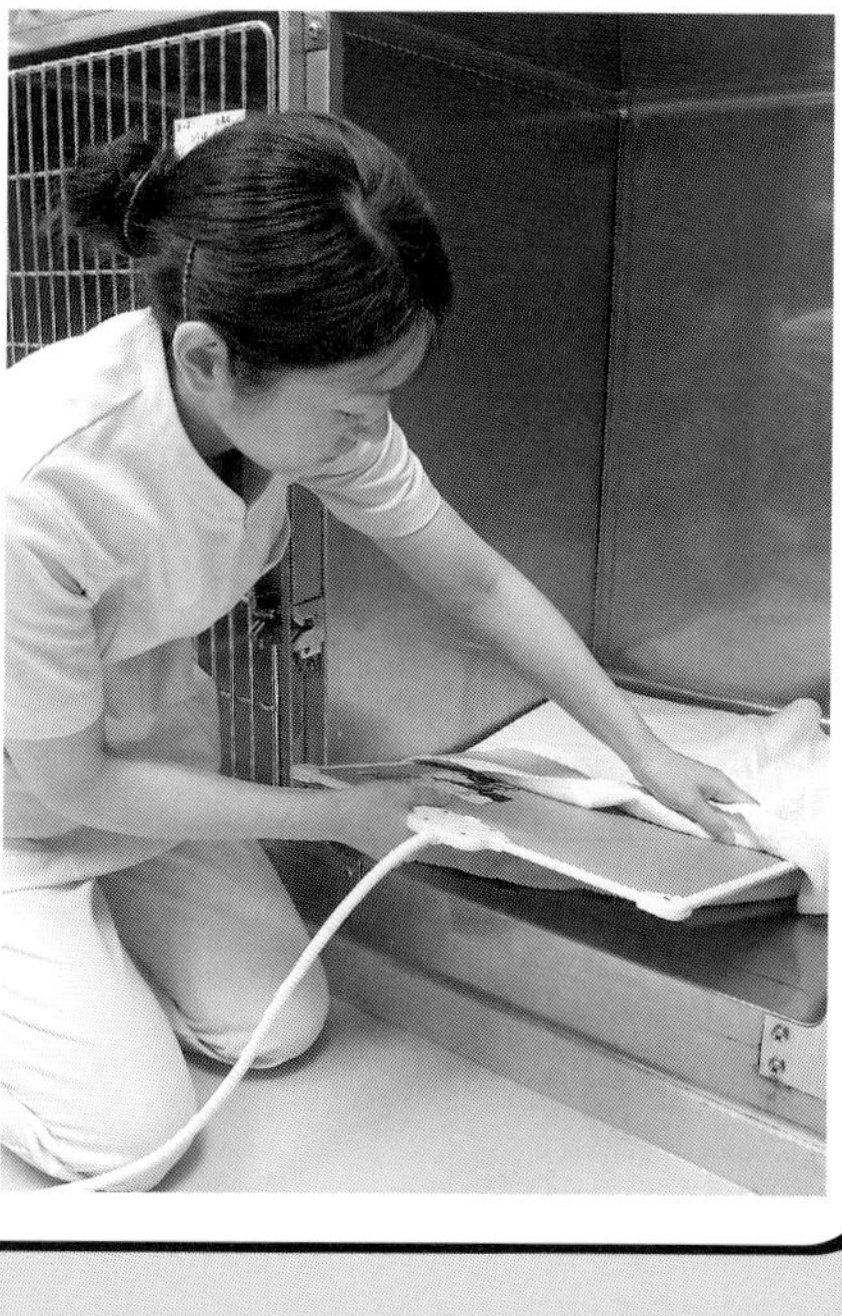

手術の後や、衰弱している動物のケージには必要に応じてホットシートを入れ、保温します。特に麻酔をかけると体温が下がるため、麻酔から覚めるのが遅かったらこの処置を行います。こまめに体温を測り、体位もときどき変えるなど、低温やけどを防ぐ措置も万全に。

8 小動物の保温は輸液バッグなどで

ハムスターなどの小動物の場合、使用ずみの輸液バッグに水（本物の輸液と区別するため着色しておく）を入れ、電子レンジで人肌くらいに温めたものをケージに入れてやります。輸液バッグのかわりにペットボトルを使ってもよいでしょう。

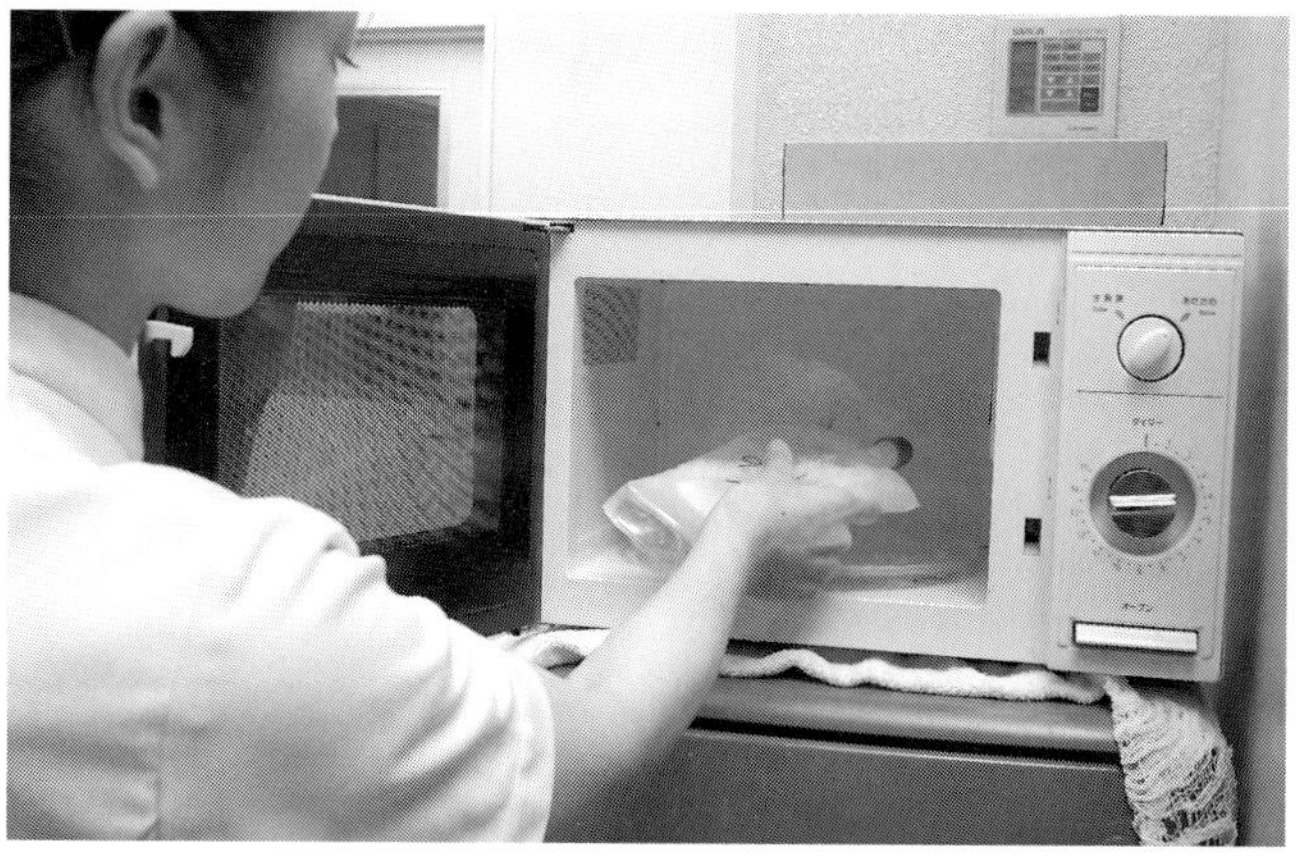

9 暑がっているときの対処法①

舌を出して荒い呼吸をしているなど動物が暑がっているときは、窓を開ける、ケージの前で扇風機を回すなど、風通しをよくする工夫をします。ケージ内にホットシートを入れる場合も床全体に敷き込むのではなく、涼しい逃げ場をつくっておくことが大切です。

10 暑がっているときの対処法②

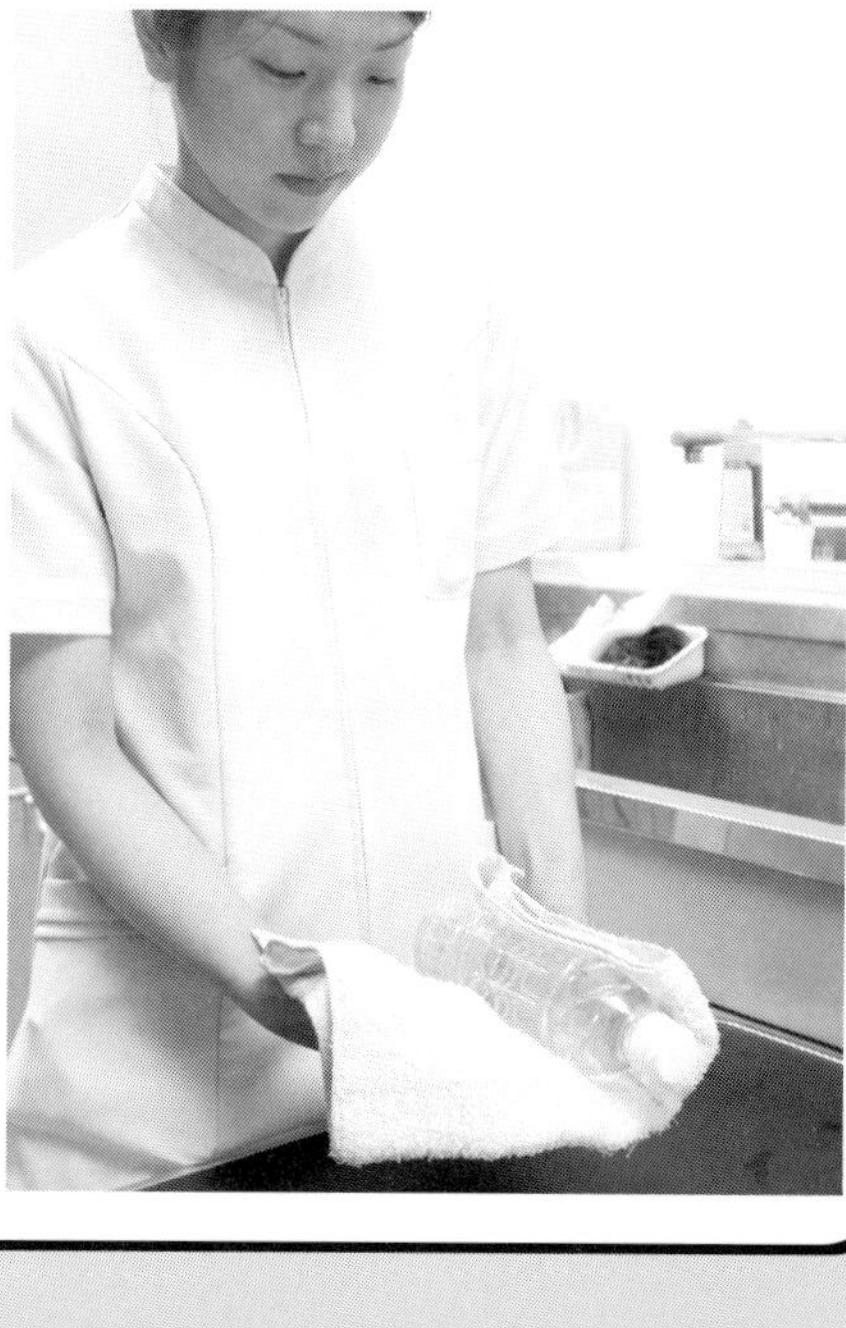

1頭だけ暑そうにしているときは、冷水を詰めたペットボトルをケージに入れてやります。冷たさを長持ちさせたい場合は、水を詰めたペットボトルを凍らせ、タオルに包んでケージに入れます。保冷剤を利用することもできますが、その場合は誤食に注意しましょう。

11

食欲の有無をよく観察する

動物の体調は食欲に反映されるので、入院中は、食欲の有無を常に観察すること。食事を与えながら、まずは食べ物に興味を示しているか、与えたフードなどが気に入らない様子はないか、食べない場合は食欲不振以外に理由がないかなどをきちんと見きわめます。

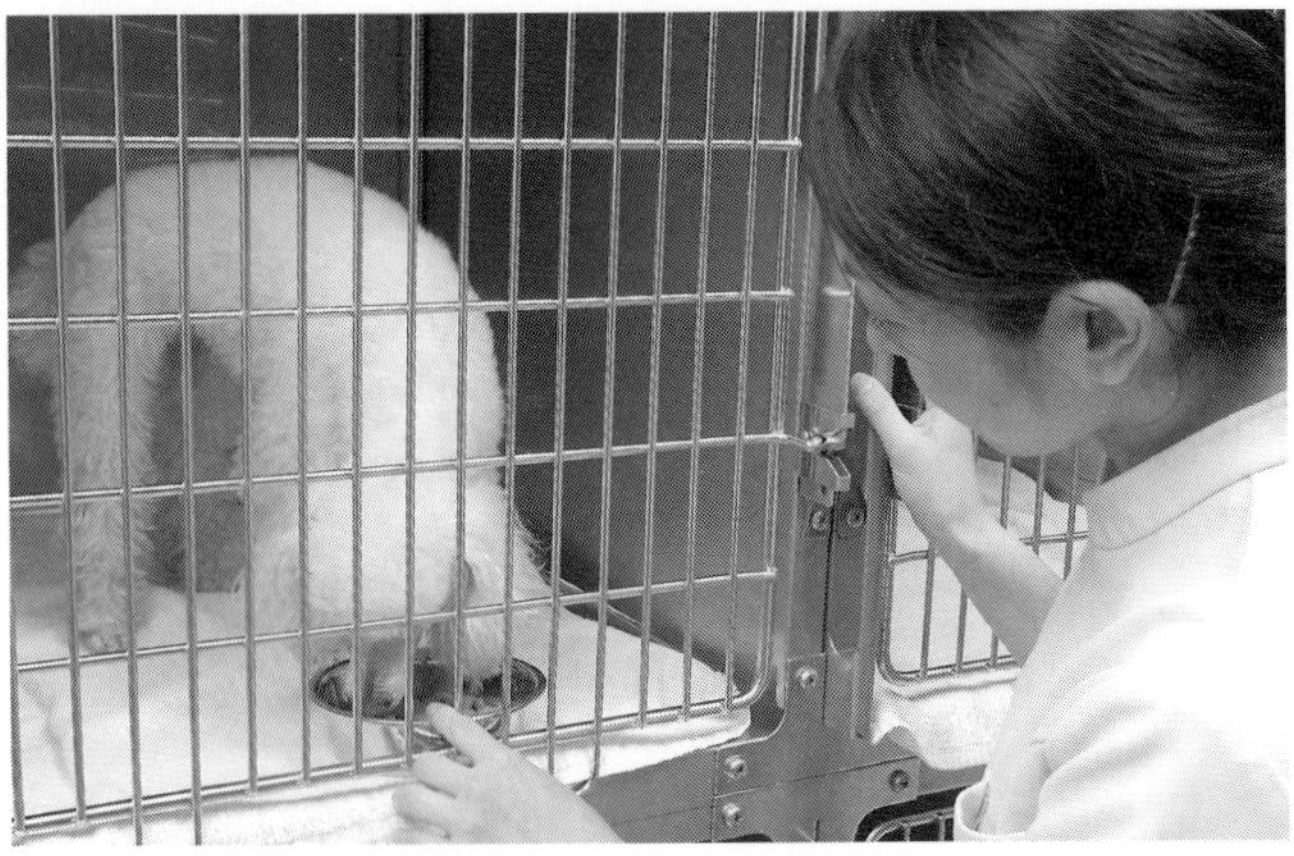

12

食べた量をチェックする

食器を片づけるときには、それぞれの動物が実際にどれだけ食べたかを確認します。食べた量だけではなく、ケージ内やケージの周りに食べこぼしがないかなどの点もみておきます。

13

強制給餌は獣医師の指示で

食欲がなく、手から与えるなどの補助をしても十分に食事を取れない動物は、強制給餌が必要なこともあります。強制給餌は、まず担当獣医師に動物の様子を報告し、その指示に従って流動食などはシリンジで与えます。

14

動物の様子は入院管理カードに記入

入院動物はこまめに様子を確認し、気づいたことはケージに取りつけてある入院管理カードに記入しておきます。また、決められた時間にはTPR（体温＝temperature、心拍数＝pulsation、呼吸数＝respiration rate）などの記録をつけ、投薬についても確認します。

15

装着された点滴なども確認

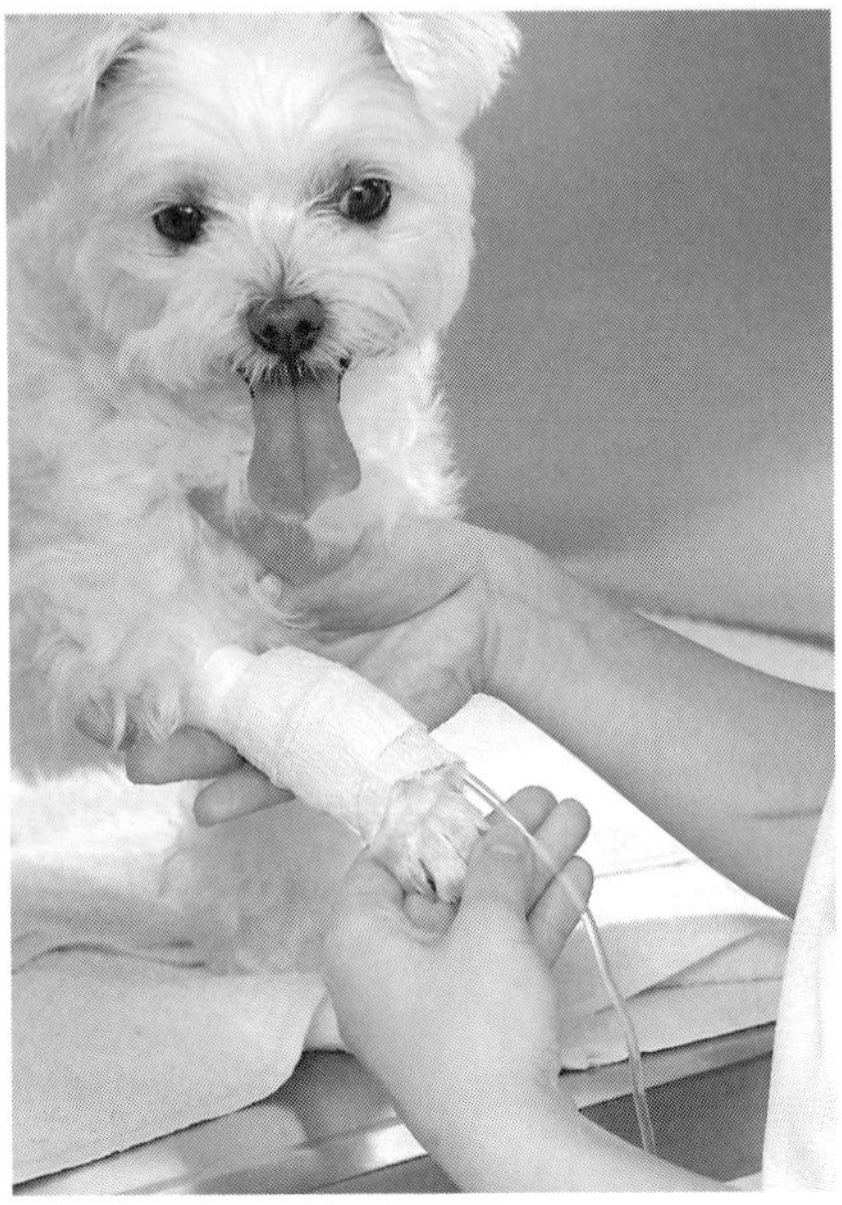

動物に点滴や尿道カテーテル、酸素チューブなどが装着されている場合、輸液ポンプなどの装置に異常がないか、動物の体にチューブが絡んだりしていないかなどをこまめに確認します。

16

必要な場合はカラーを装着

留置針をかじったり傷口をなめたりしてしまうものや、攻撃的で日常の世話や処置がしにくい動物などには、エリザベス・カラーをつけた方がよいこともあります。

17 排便、排尿のチェックも確実に

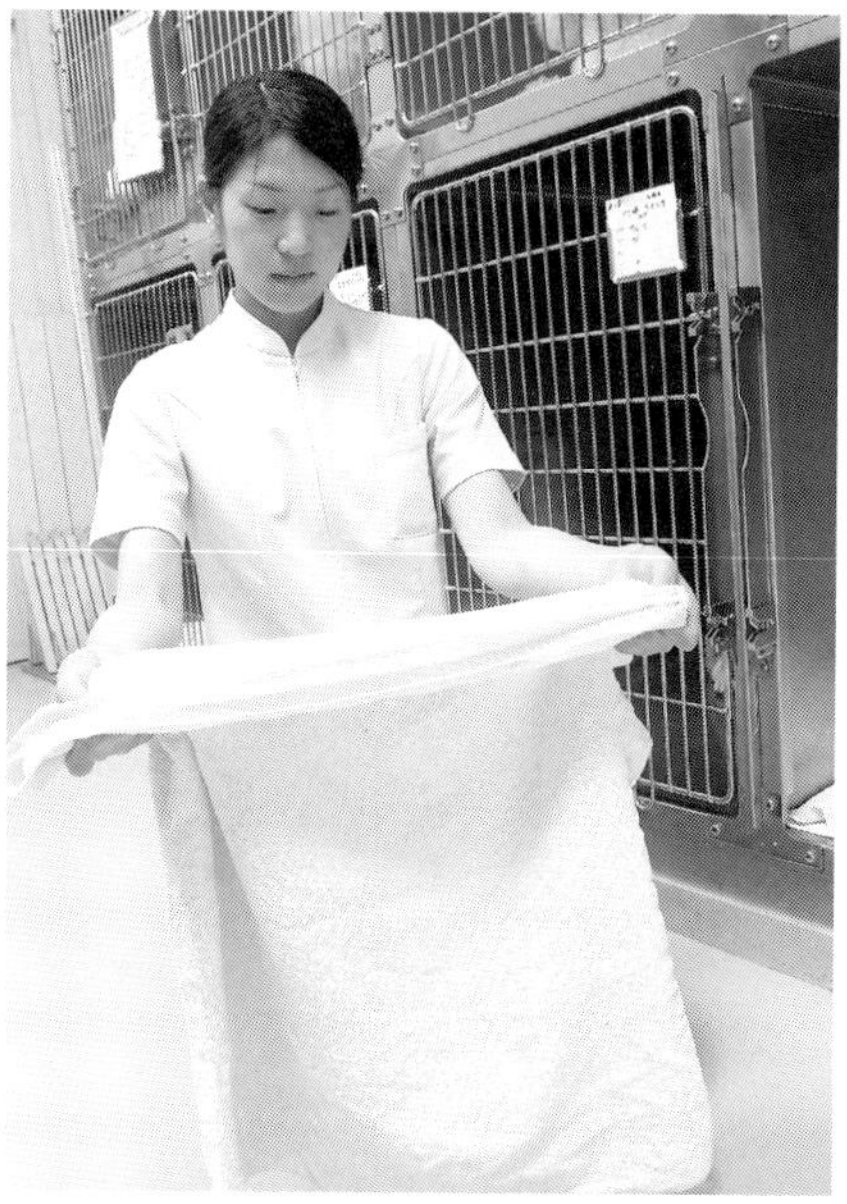

入院動物の排便、排尿の有無や量をきちんと確認することも大切。環境が変わると排泄をしなくなる動物もいます。丸1日排尿しない動物に気づいたら担当獣医師に報告し、指示に従って何度か散歩に行くなどします。

18 分泌物に気づいたら獣医師に報告

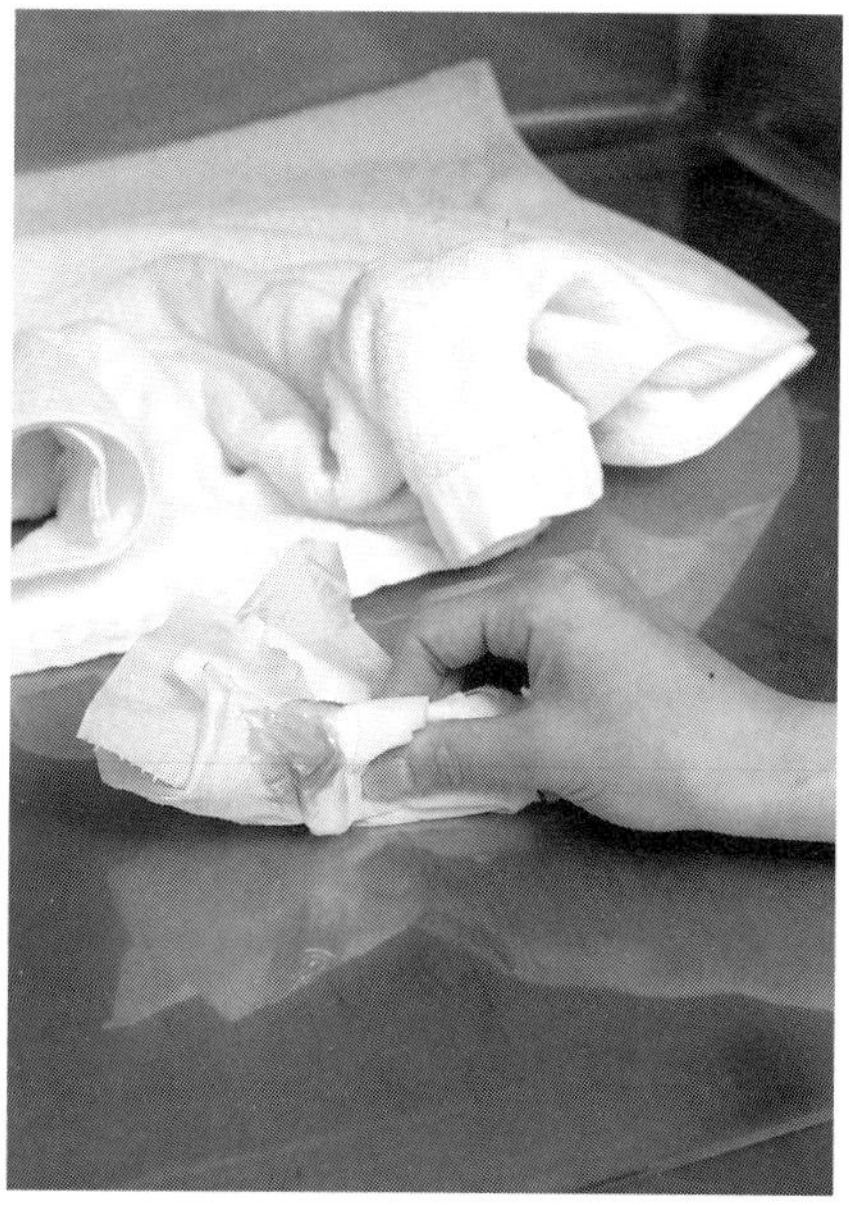

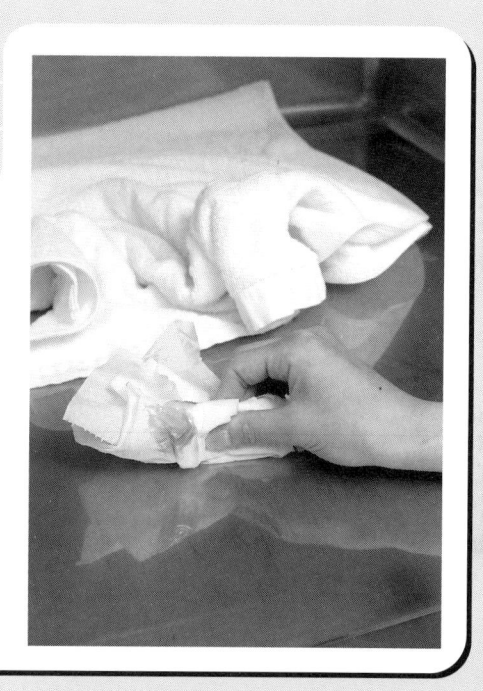

ケージ内に吐瀉物、膿、おりものなどの分泌物があったら、すぐに担当獣医師に報告を。獣医師が確認などを終えた後、指示に従って片づけます。尿と胃液など見た目が似ているものも、きちんと見分けて報告できるようにしましょう。

19 動物を落ち着かせる工夫

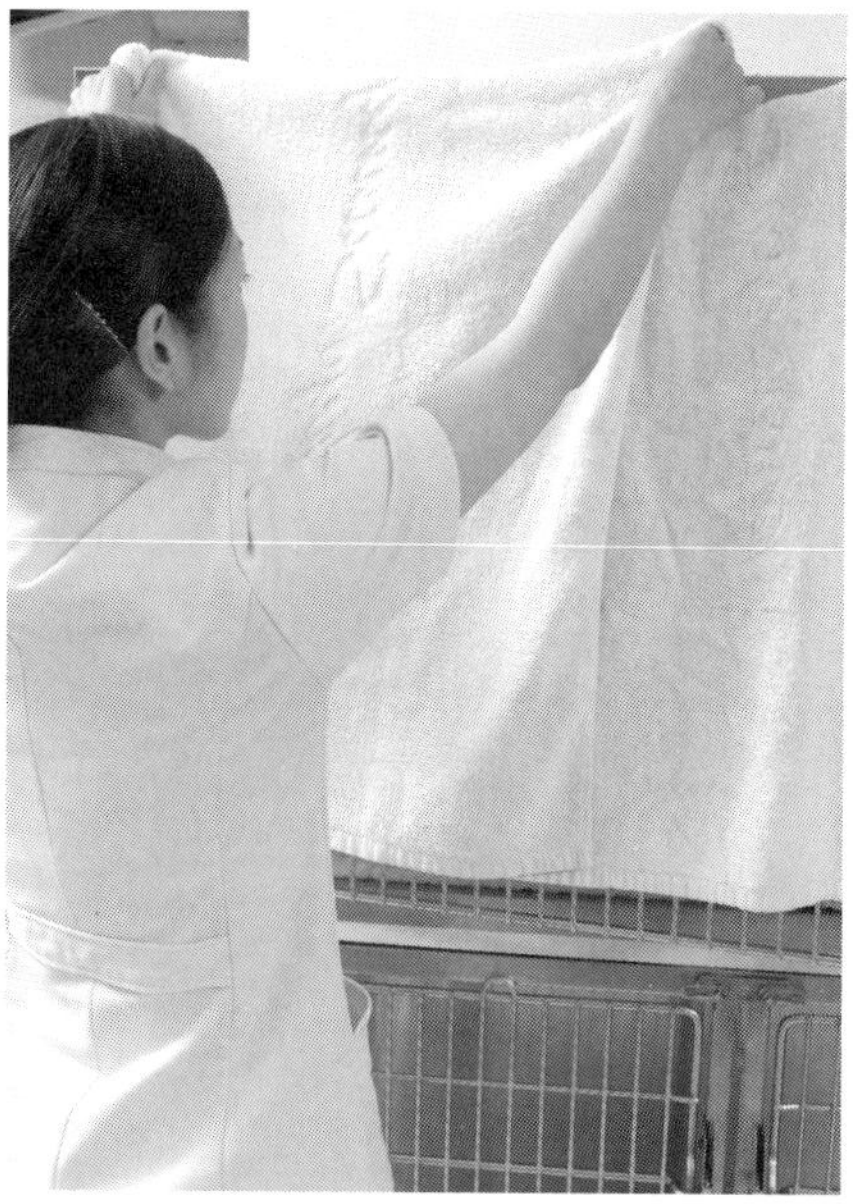

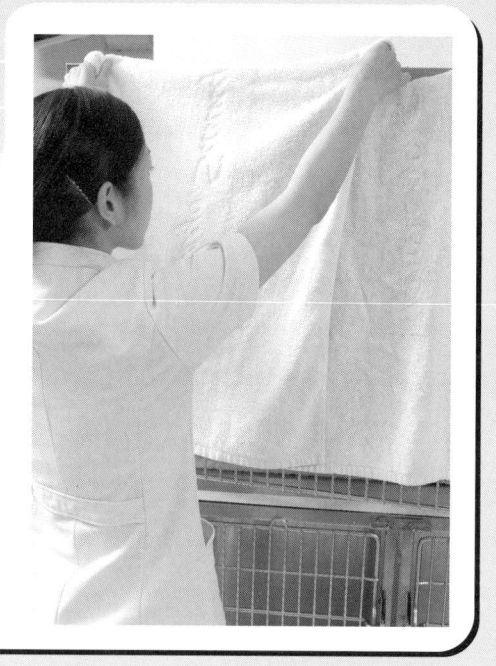

気が立っている動物は、ケージの扉をタオルで覆うなどして周りがみえないようにすると落ち着くことがあります。ただしこの方法は、外部からも中がみえなくなるため、状態の悪い動物には適しません。まず担当獣医師に相談してからにしましょう。

20 退院前に全身をチェック

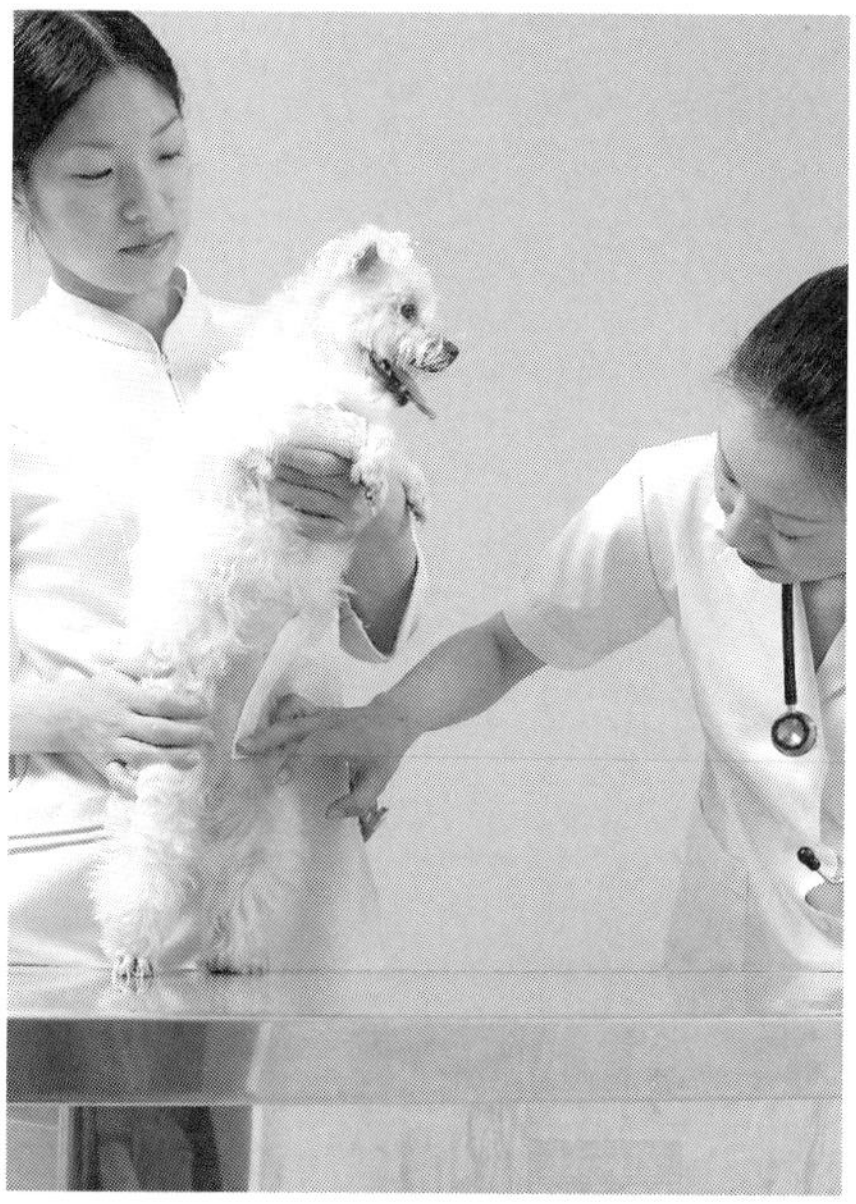

動物が退院する前には、担当獣医師と一緒に処置部をチェック。さらに体に汚れがついていないかどうかも確認します。仕上げに軽くブラッシングをし、できるだけきれいな状態で飼い主さんを迎えられるようにしましょう。

ワンポイントコラム

快適度を上げるテクニック

入院動物にかかっているストレスをどれだけ解消してあげられるかは、動物看護師の腕のみせどころ。ちょっとした工夫で動物が過ごしやすくなることもあるので、獣医師や先輩に相談しながら、実行してみてください。

●食事がすすまない場合

①甘えん坊な性格の動物は、そばについていてあげたり、「がんばって食べようね」、「よく食べてえらいね」など声をかけてあげたりすると食べることがあります。

②エリザベス・カラーをつけている動物は、食器の位置が低すぎるとうまく食べられないことがあります。その場合は、2枚の食器の底を合わせてガムテープなどでとめ、高さを出すとよいでしょう。

●猫が排尿しない場合

ケージの中に入れているトイレが気に入らない可能性があるので、トイレの掃除をしたり、中に入れるもの（新聞紙、紙砂など）を変えてみるのもよいでしょう。

●ケージの中で足を滑らせている場合

ケージに敷いているタオルやペットシーツをガムテープでしっかりととめてあげましょう。端から端までとめないと、意外とずれてしまうので注意！　または、ケージの大きさに合わせてたたんだ新聞紙をタオルで包み込んでから敷くとずれにくくなります。

●食事に薬を混ぜる場合

いきなり食事の全量を食器に入れるのではなく、最初は少量のフードと薬を入れるようにして、薬を食べたことを確認したら、残りを入れるようにするとうまくいく場合があります。

18. 動物を預かる

ペットホテルの仕事の流れ

動物病院に併設されているペットホテルでは、健康な動物だけでなく、基礎疾患があるものを預かるケースも多くあります。ペットホテルのサービスは、食事と健康管理が基本。基礎疾患がある動物を預かる場合は必ず獣医師を通し、健康状態をチェックします。動物の状態によっては、ペットホテルでの「預かり」ではなく、獣医師の診察と治療を含む「入院」が必要になる場合もあります。

1 予約時の確認事項

予約の電話を受けたら、飼い主さんの名前と連絡先、動物の種類と名前、性別、年齢、ワクチン接種の履歴などを確認。２回目以降の方にはカルテ番号などを聞いてカルテと照合します。はじめて利用する方には料金や食事のシステムについて説明します。

2 健康な動物を預かる場合

健康な動物を預かる場合は、飼い主さんから最近の食欲の有無や排泄の状況、元気があるかなど基本的なことを聞いておきます。また、わかる範囲で、体に異常がないかどうかチェックします。

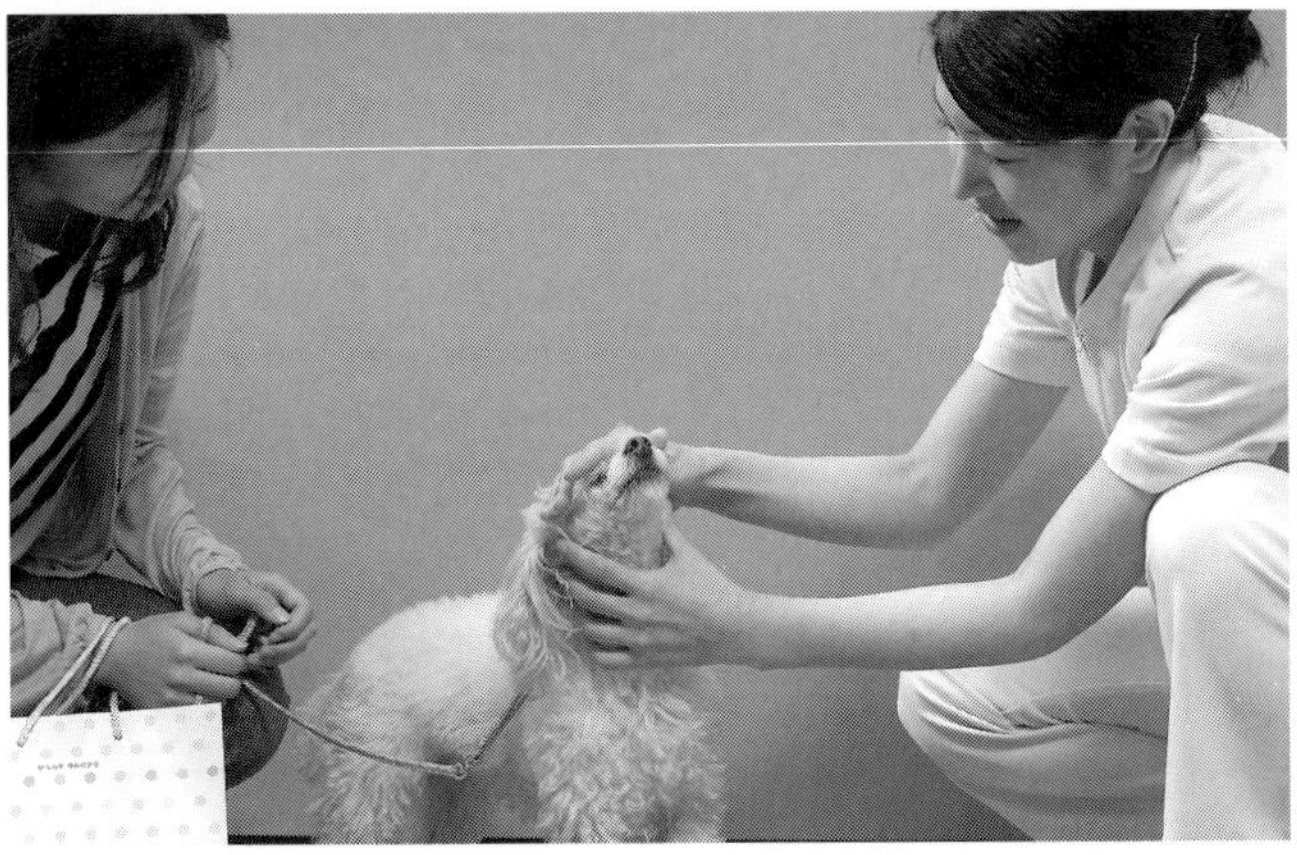

3 家での生活ぶりを聞く

その日に食べたものや量のほか、投薬や特別な食事の必要があるか、などを確認します。また、食事や運動のサイクルといったふだんの生活ぶりや、その動物の性格なども聞いておくと参考になります。

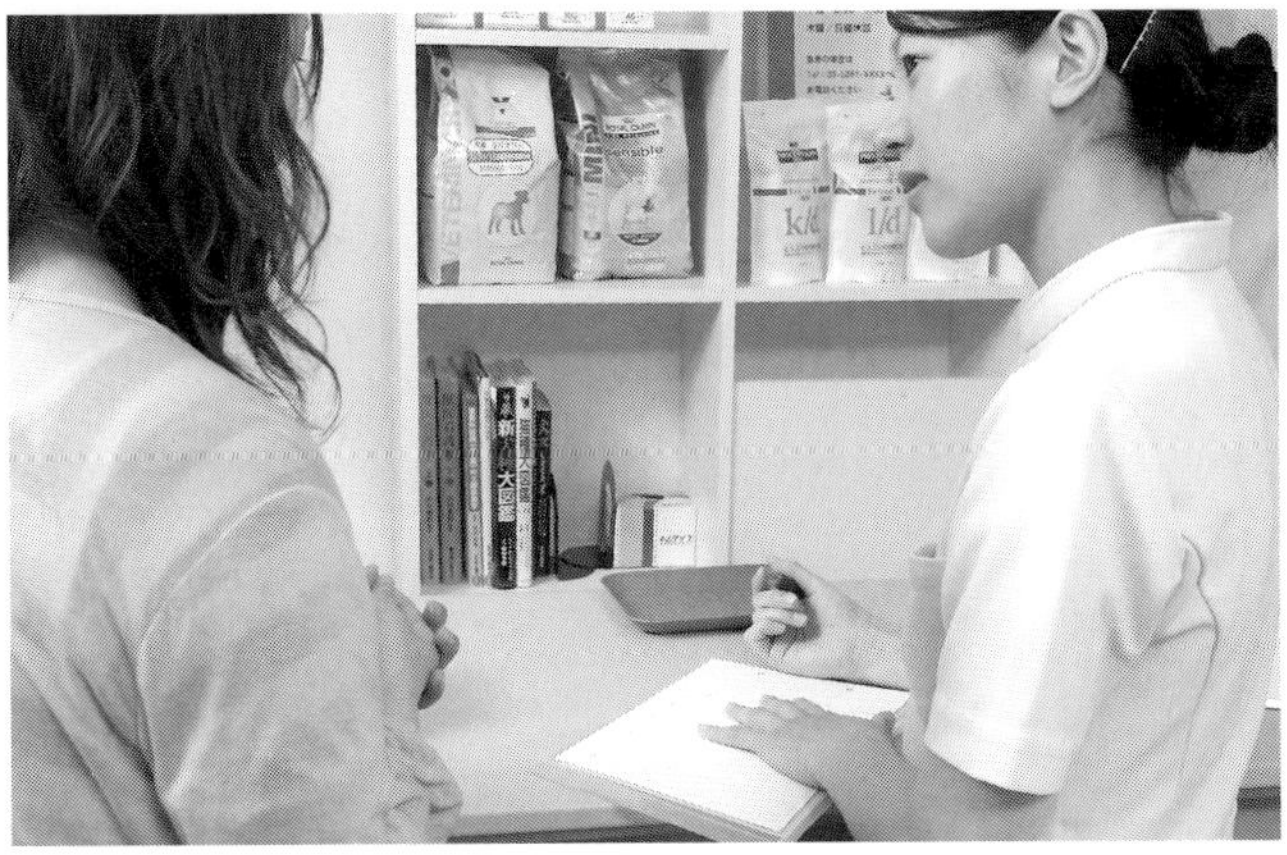

4 お迎えの日時を確認

お迎えに来る日時と緊急時の連絡先を確認します。また、ワクチンや健康診断、爪切りなど、預かり中にしてほしいことがあればカルテに記入しておきます。ただし、手術など深刻な事故が起こる可能性がある治療は、預かり中に行ってはいけません。

5 動物を預かる

飼い主さんから動物を預かります。小型犬ならしっかりと抱き、大型犬の場合はリードを受け取ります。猫の場合はキャリーバッグごと預かるのが安全。「お預かりします」とあいさつして、飼い主さんを送り出します。

6 飼い主さんが帰ったら犬舎へ

ペットホテルに新しい動物が入ってくると、すでに中にいるものが騒ぎ出します。大きな吠え声などで不安を感じる飼い主さんもいるので、預かった動物は、飼い主さんが帰ってから犬舎に連れていくようにします。

7 預かった荷物の管理は確実に

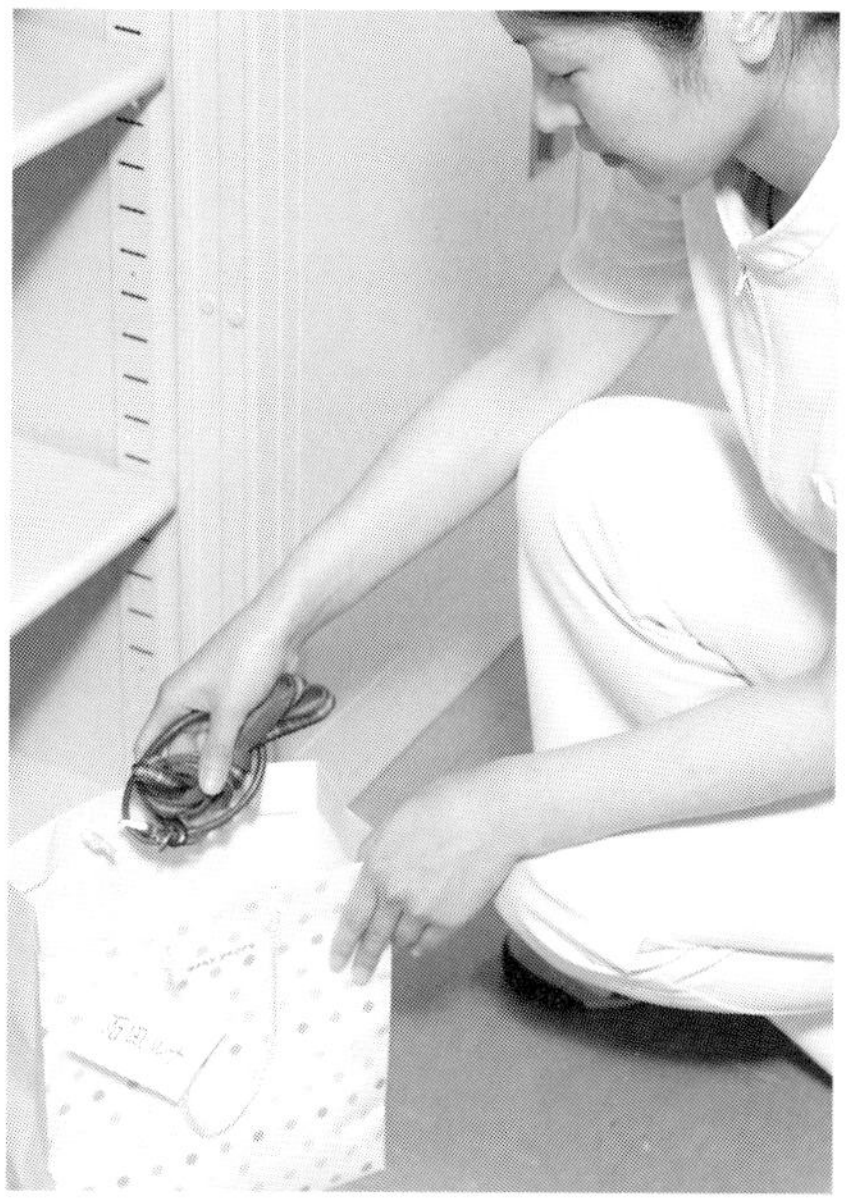

飼い主さんから預かったものは、まとめて決められた場所に置き、さらに預かり表などに記入して紛失や取り違えのないように管理します。荷物を預かったスタッフと返却するスタッフが別でも、混乱しないようなシステムを工夫しましょう。

8 慣れない動物への対処

はじめて預かった動物や攻撃的になっている動物は、首に柔らかいひもをつけておきます。ひもはある程度の余裕を持たせてケージの扉に結びつけます。食事や運動のために扉を開閉する際、動物の逃げ出しやかみつきを防ぐのに役立ちます。

9 ケージに入れるものを選ぶ

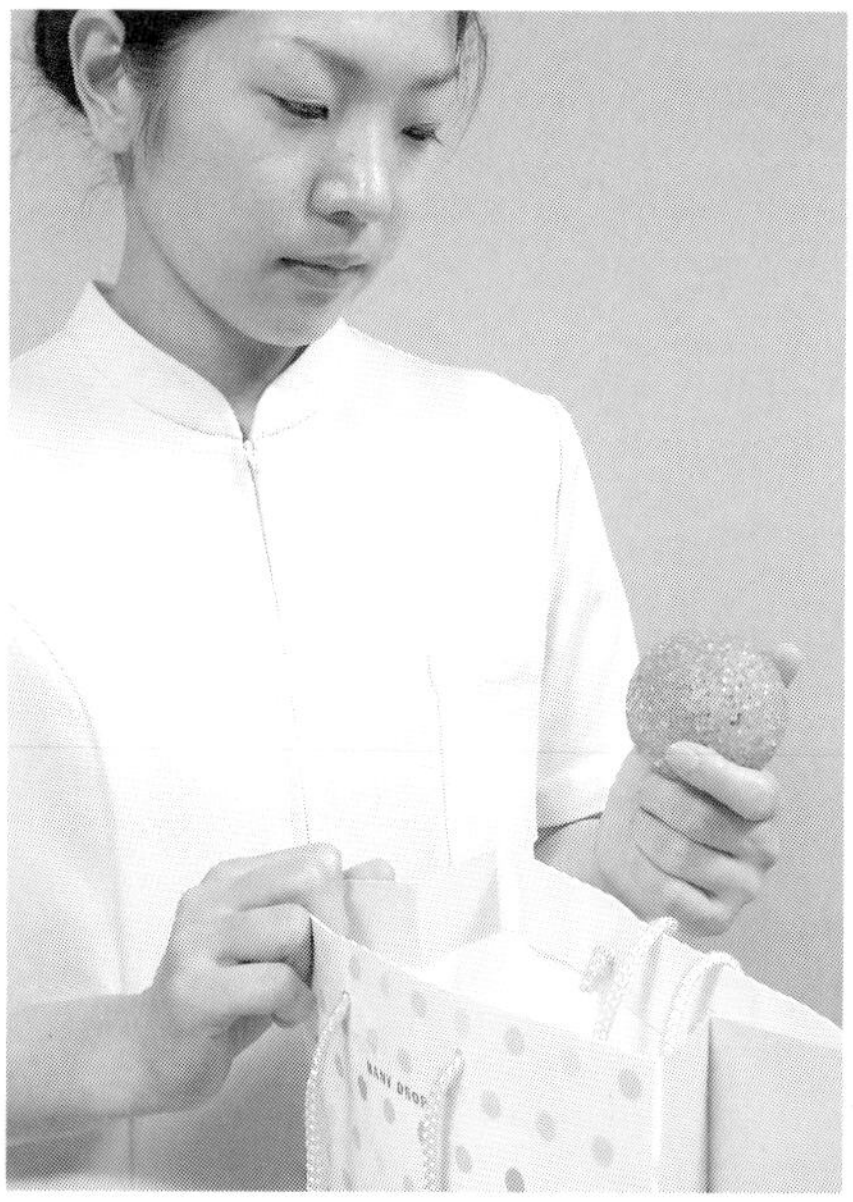

飼い主さんが持参した敷物やおもちゃの中には、動物が誤食してしまうようなものもあります。預かったからとむやみに与えるのではなく、安全性を十分に検討してからケージ内に入れるようにします。

10 ケージ内の確認はこまめに

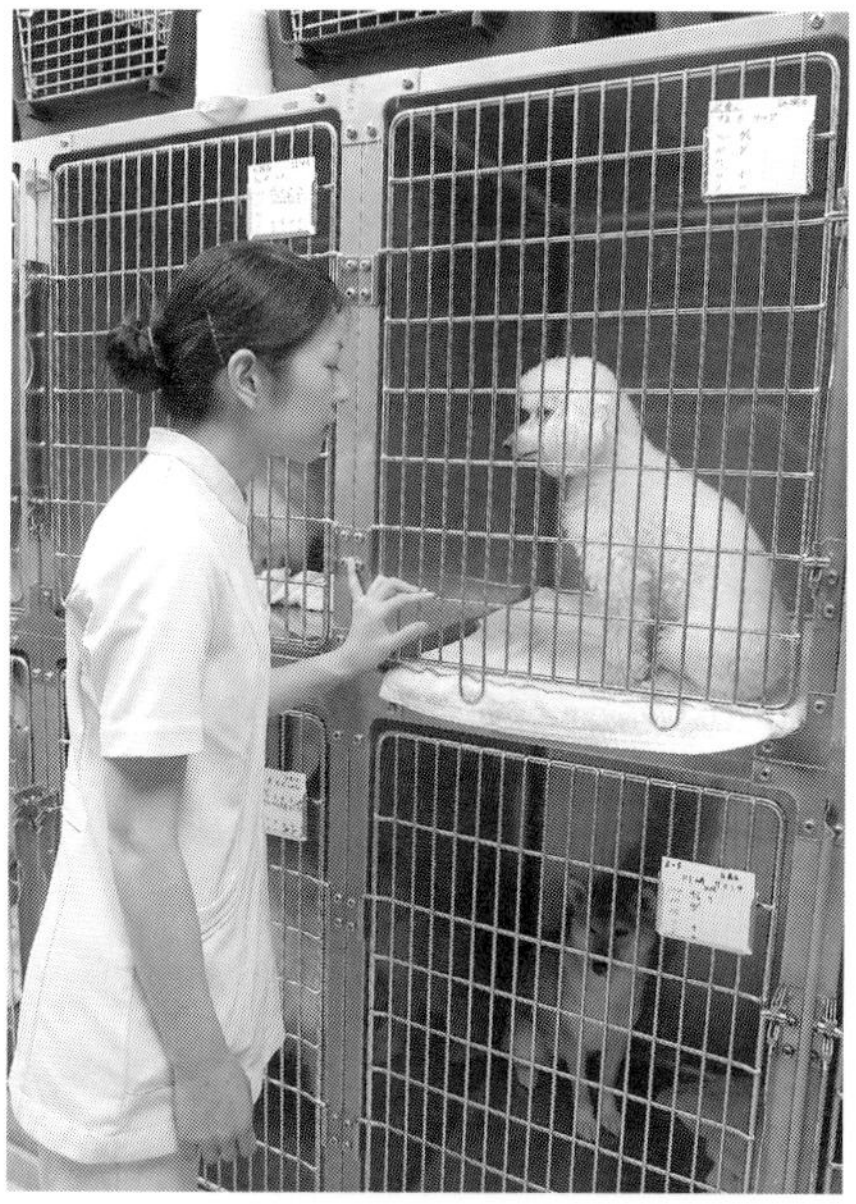

預かり中はこまめにケージ内をチェックし、動物の様子や食事、排泄の状況などを把握しておきます。猫の場合、環境が変わると食事を取らなかったり排泄をしなくなったりするものも珍しくありません。様子が気になるものがいたら、早めに獣医師に報告します。

19. 入院動物の移動

逃げ出しを防ぐ措置をしっかりと

処置やケージの移動のために入院動物をケージから出す場合、最も気をつけなければならないのは動物の逃げ出しです。特に注意したいのは、力が強い大型犬や、動きがすばやい猫。予備のリードをつけたりネットを利用したりするなどして、慎重に扱いましょう。また、ケージに手を入れるときは先に声をかけるなど、動物をむやみに興奮させないような心配りも大切です。

1 大型犬のリードは短く

体が大きい犬ほど引っぱる力も強いので、力負けしないようにリードは短く持ちます。リードを長く持った状態で犬に引っぱられると、それだけ強い力で引き戻すことになり、犬にも負担をかけてしまいます。

2 予備のリードで逃げ出し予防

特に力の強い犬や、引っぱり癖のある犬には、万が一に備えて予備のリードをつけておきます。首輪ひとつだけだと抜けてしまう可能性があるので、太めの柔らかいひもを輪にして直接首にかけるとよいでしょう。

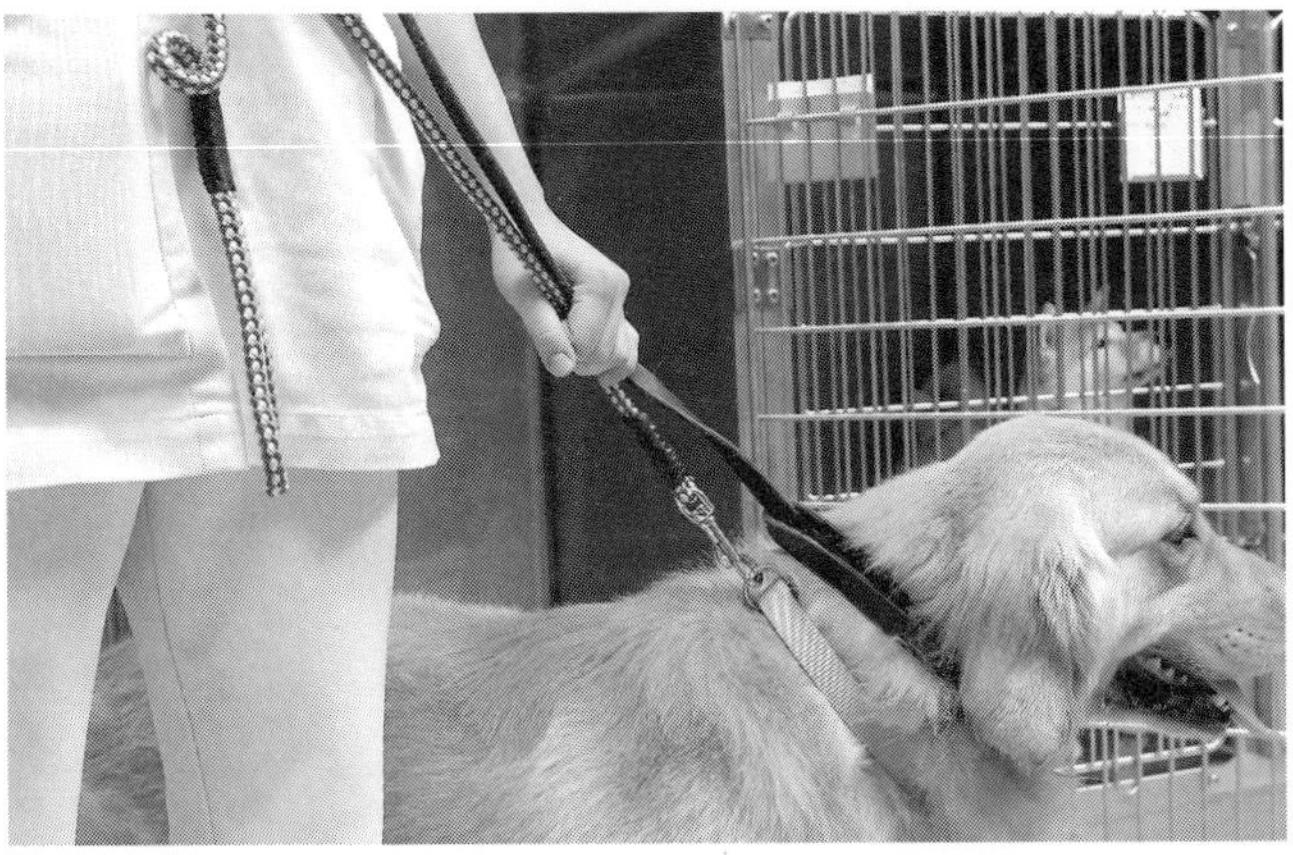

3 遊びの時間と区別して接する

人なつこく元気がある犬の場合、ケージから出すと喜んでじゃれついてくることがあります。遊びや運動のために外に出すとき以外は、犬を必要以上に興奮させないよう、毅然とした態度で接しましょう。

4 抱き上げて診察台にのせる

犬の横にしゃがみ、片方の腕を膝の後ろに回して膝のあたりを握り、もう片方の腕を胸の前へ回して肘を握ります。その姿勢からゆっくり立ち上がり、診察台の上にそっと下ろします。

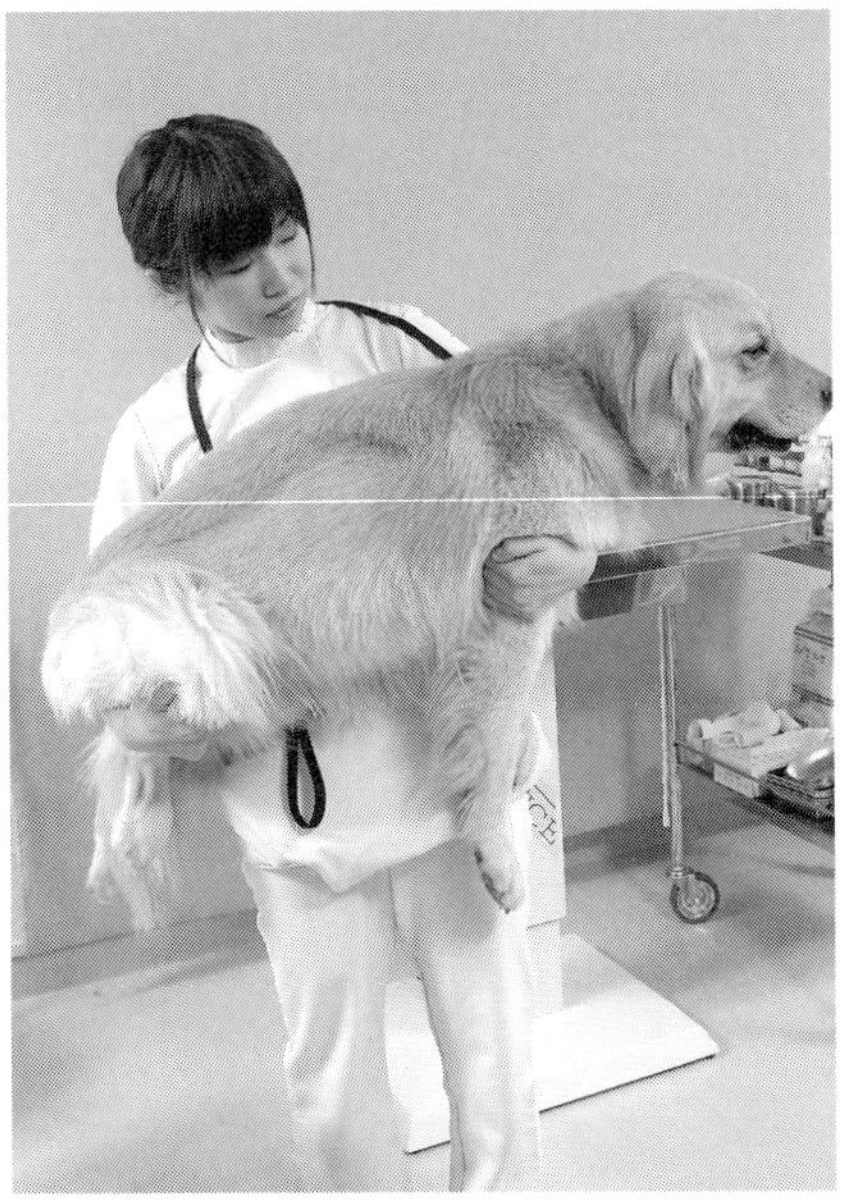

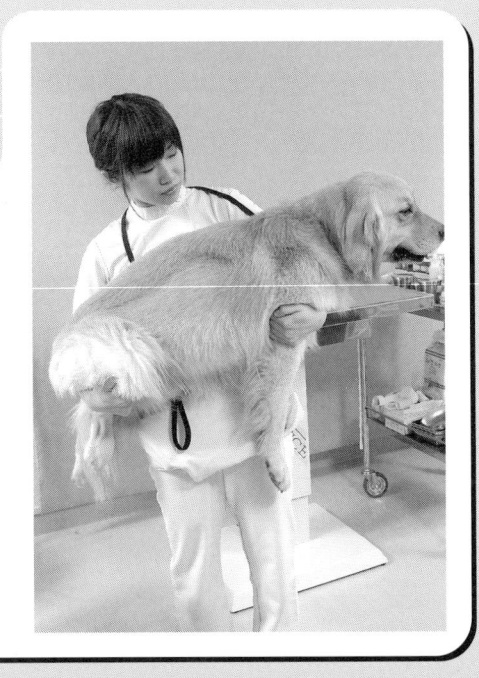

5
2人で抱き上げる場合

犬が抱かれるのを嫌がるなど、ひとりで抱き上げるのが難しい場合は、無理をせず、誰かに補助を頼みます。2人で抱き上げる場合は、犬をそれぞれ前後から抱えるようにします。

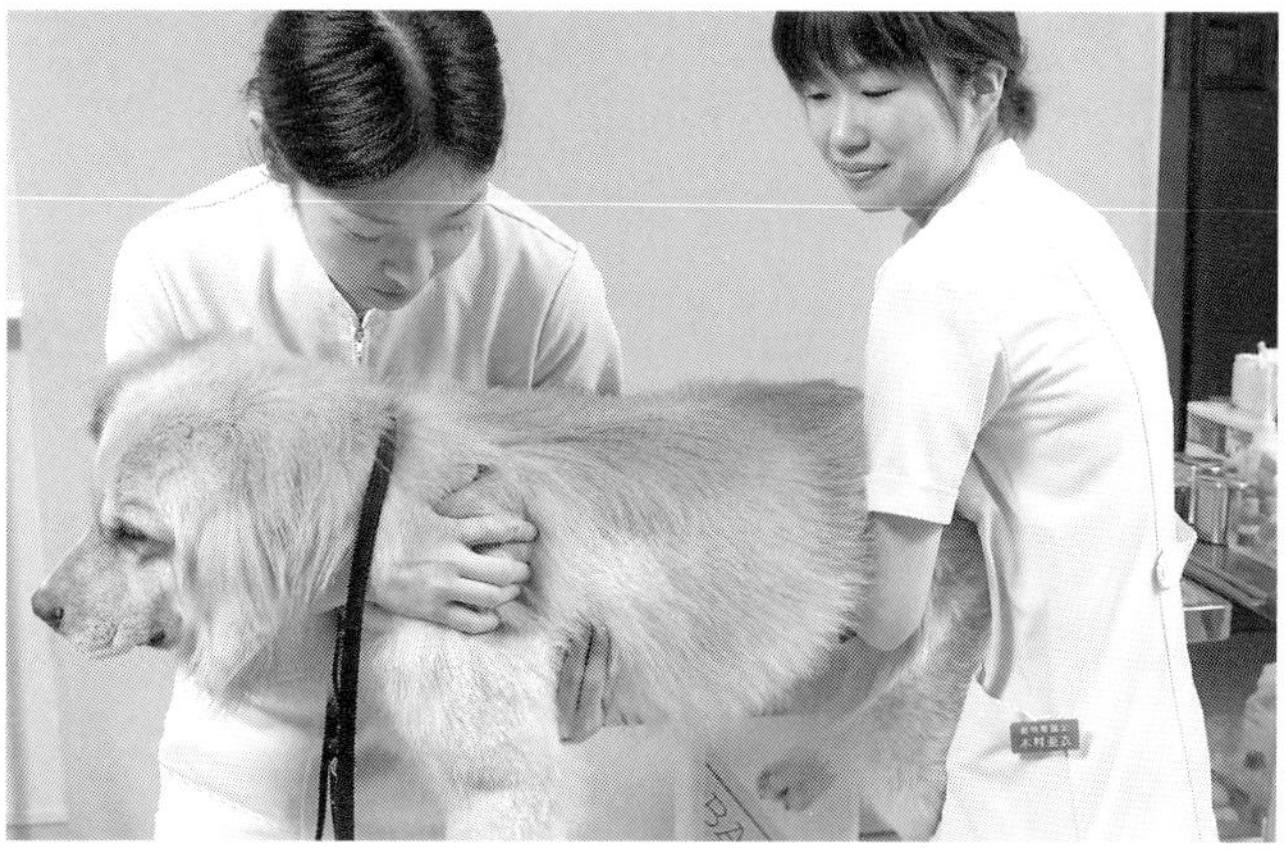

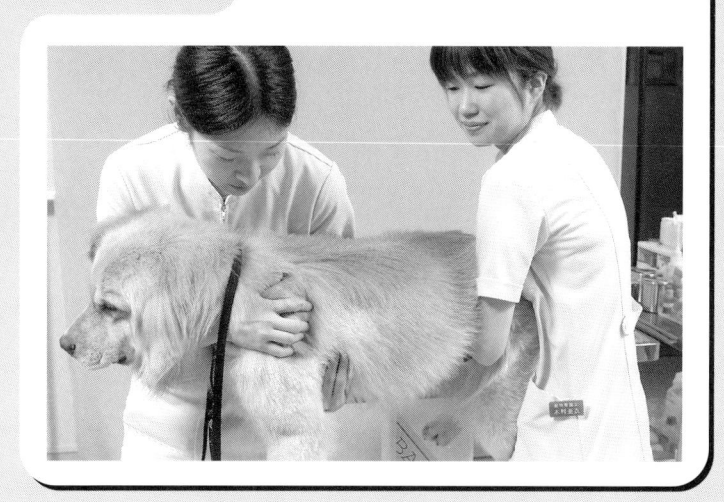

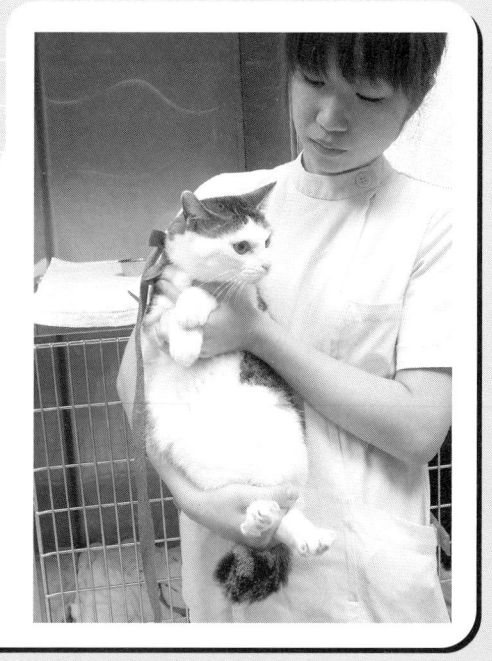

6
ケージの扉の開閉に注意

小型犬が高い位置にあるケージに入っている場合は、扉を開閉する際の飛び出しに注意。犬がケージから飛び出して落下すると大きなけがにつながる可能性があります。扉はいきなり大きく開けないこと。犬の様子をみながらまずは細めに開けるようにします。

7
体に手を添えて飛び出し防止

細めに開けた扉のすき間からケージ内に腕を入れます。手を犬の体に添えてから扉を大きく開き、体を抱え込むように抱き上げます。高い位置から犬を飛び降りさせたり、抱き上げた姿勢から床に落としたりしないこと。前肢の骨は細いので、骨折する場合があります。

8
体に負担をかけない抱き方を

犬を抱く際は、お尻と胸を前後からはさむように抱えるのが基本。両脇を持ってぶら下げるような抱き方をしないこと。手術後やけがをしている場合は、傷口に触れたり、痛む部位を動かしたりしないように注意します。

9
猫には逃げ出し防止のひもをつける

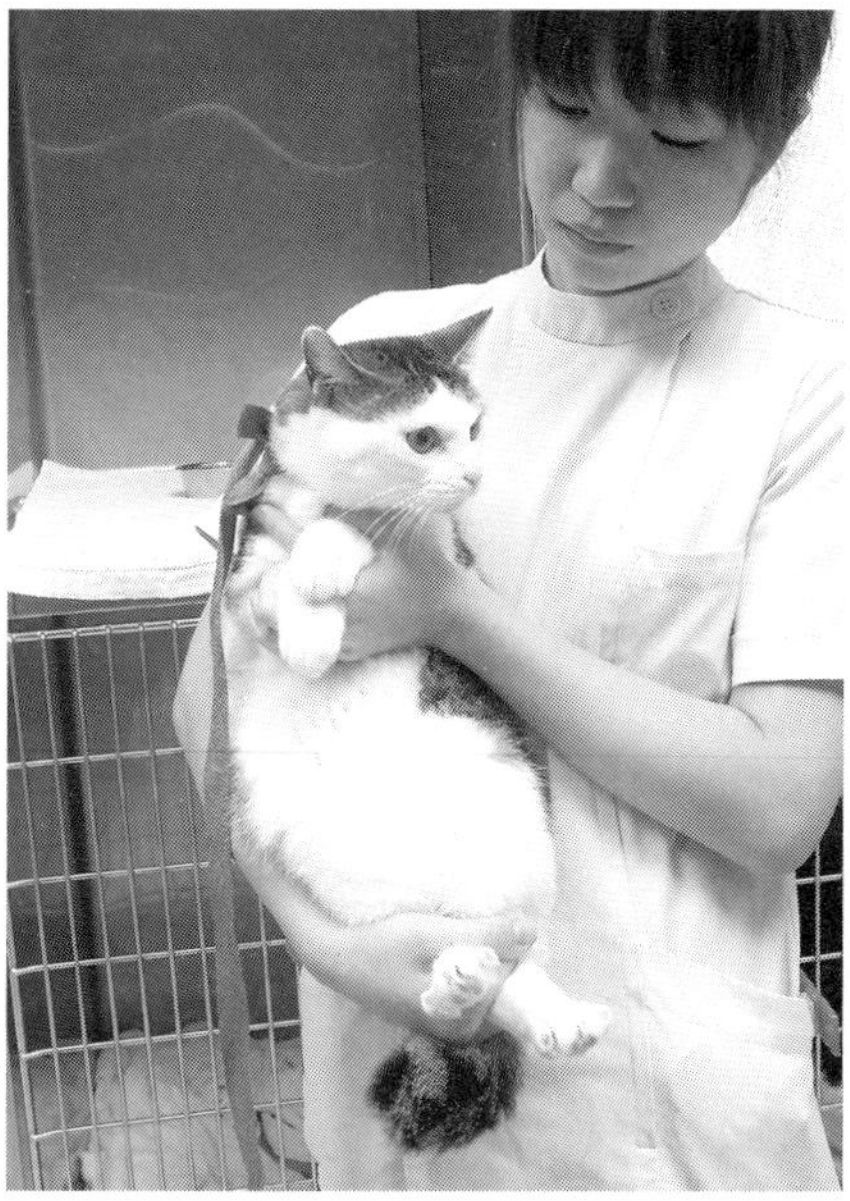

猫は逃げてしまうと捕まえるのが大変なので、万が一に備えてあらかじめ首に柔らかいひもなどをつけておきます。おとなしいものなら小型犬のように抱いて移動しますが、その際、肢を4本ともしっかり握っておくようにしましょう。

10
暴れそうな猫にはネットを使用

気が立っている猫は、体にそっとバスタオルをかぶせてやると落ち着くことがあります。どうしても暴れる場合は、ネットに入れて抱き上げます。ネットは、上から一気にかぶせるのがコツです。

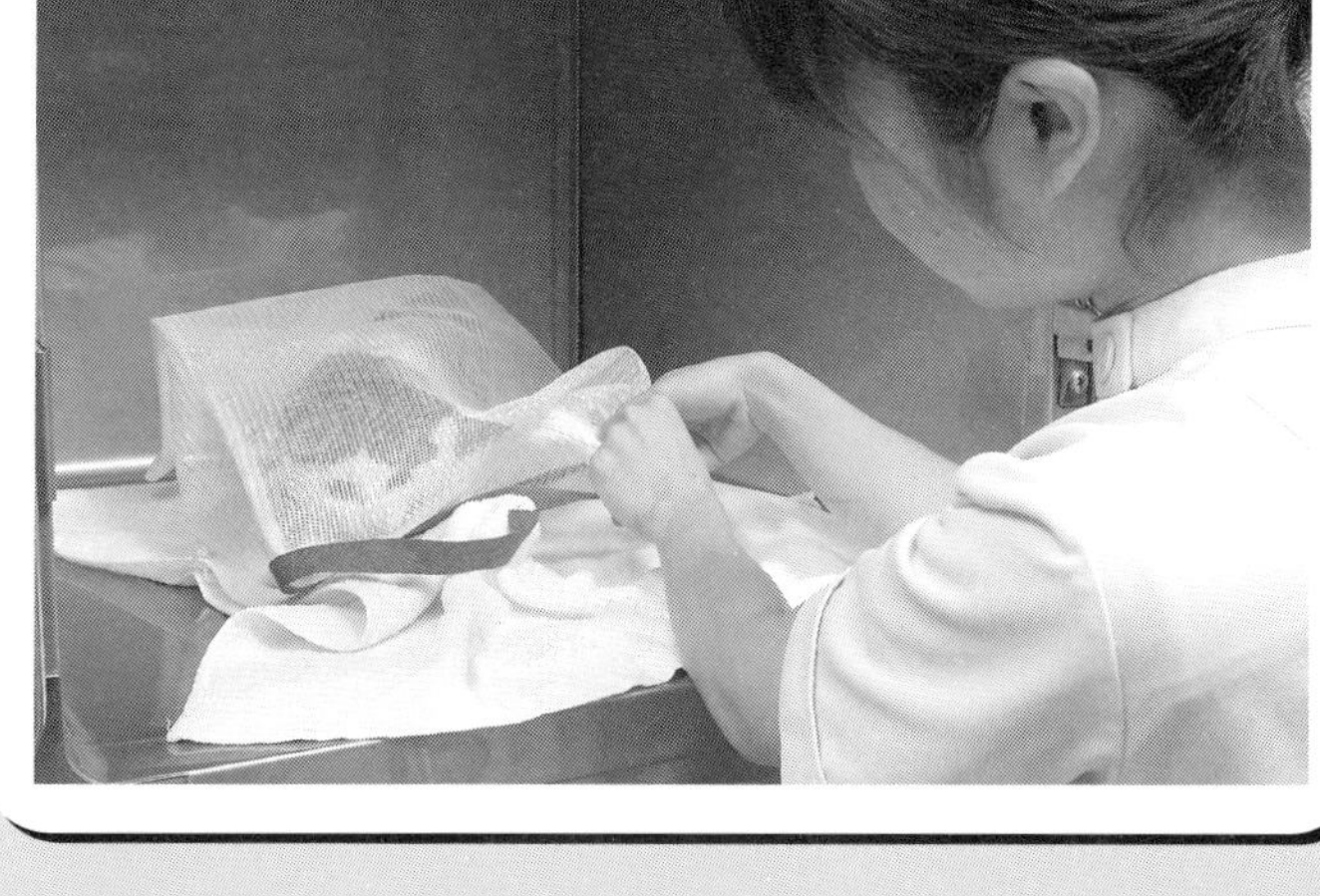

20. 入院・預かり動物の散歩

それぞれの体調に合わせて運動させる

入院したり、ペットホテルで預かったりしている犬は、基本的に毎日運動させる必要があります。犬どうしのトラブルを防ぐため、必ず1頭ずつ運動させること。また、骨折した犬なら無理な動きをしていないか、痴呆の犬なら壁にぶつかっていないかなど、それぞれの犬の病状に合わせた注意や観察も必要です。運動場で動物が尿や便をしたときは、そのつど片づけるようにします。

1 ケージ内の様子を確認する

入院動物の場合、まずはケージ内での体調をチェック。動物の様子に異常がないか、ケージ内が分泌物で汚れていないかなどを確認してから運動場に出します。便や尿の採取の必要がある場合は、排泄物の採取に使う膿盆やシリンジを用意します。

2 入院動物は無理に運動させない

病気やけがで入院している動物の場合、体調不良などから運動をしたがらないこともあります。元気がない動物は、無理に運動させる必要はありません。必要に応じて担当獣医師に様子を報告し、経過を見守りましょう。

3 運動場で自由に遊ばせる

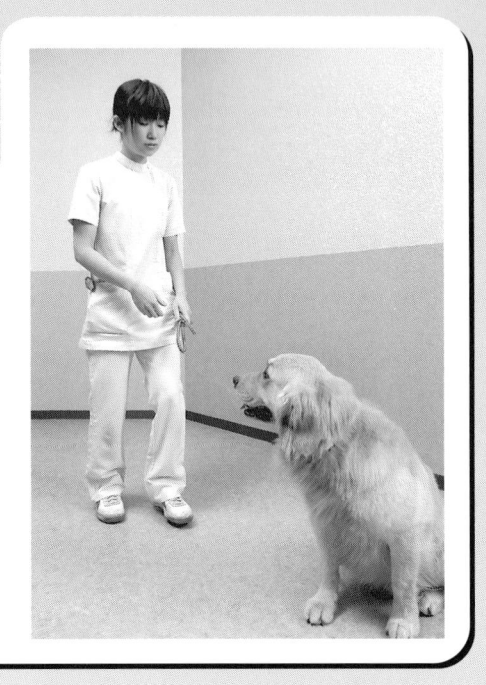

決められた運動場で自由に運動させます。事故(けんかなど)を防ぐため、運動場には一度に1頭以上の犬を出さないこと。運動量の多い犬種や大型犬は、体調をみながら少し長めに遊ばせてあげるとよいでしょう。

4 排泄物はすぐに処理

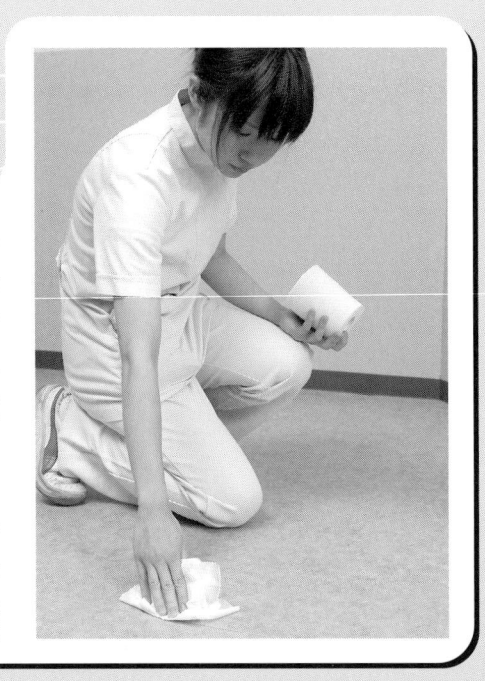

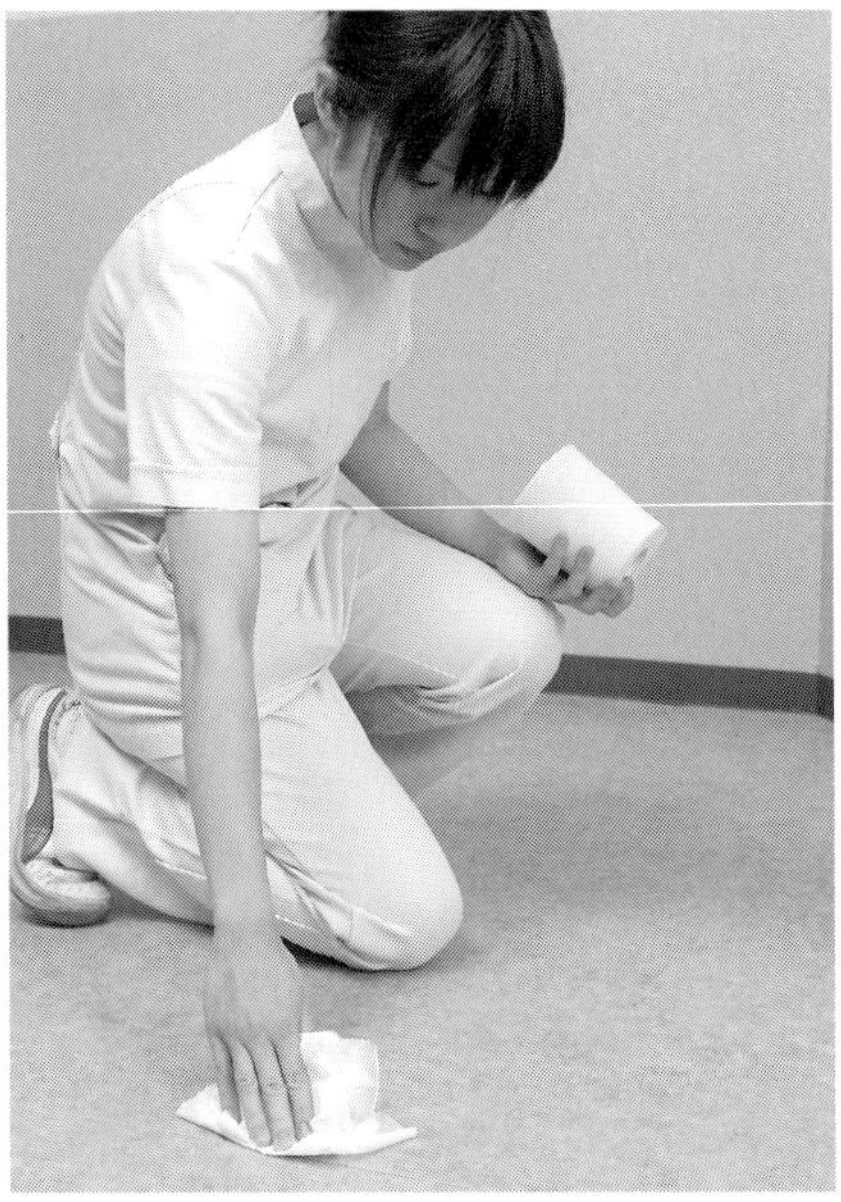

犬が運動場で尿や便をしたら色・量を確認し、そのつど片づけます。排泄物の採取が必要な場合は、床に落ちる前のものを採ること。尿の場合は膿盆で受けたものをシリンジで採っておきます。すべての犬の運動が終わったら床を清掃・消毒します。

5

外での散歩にはリードを２本

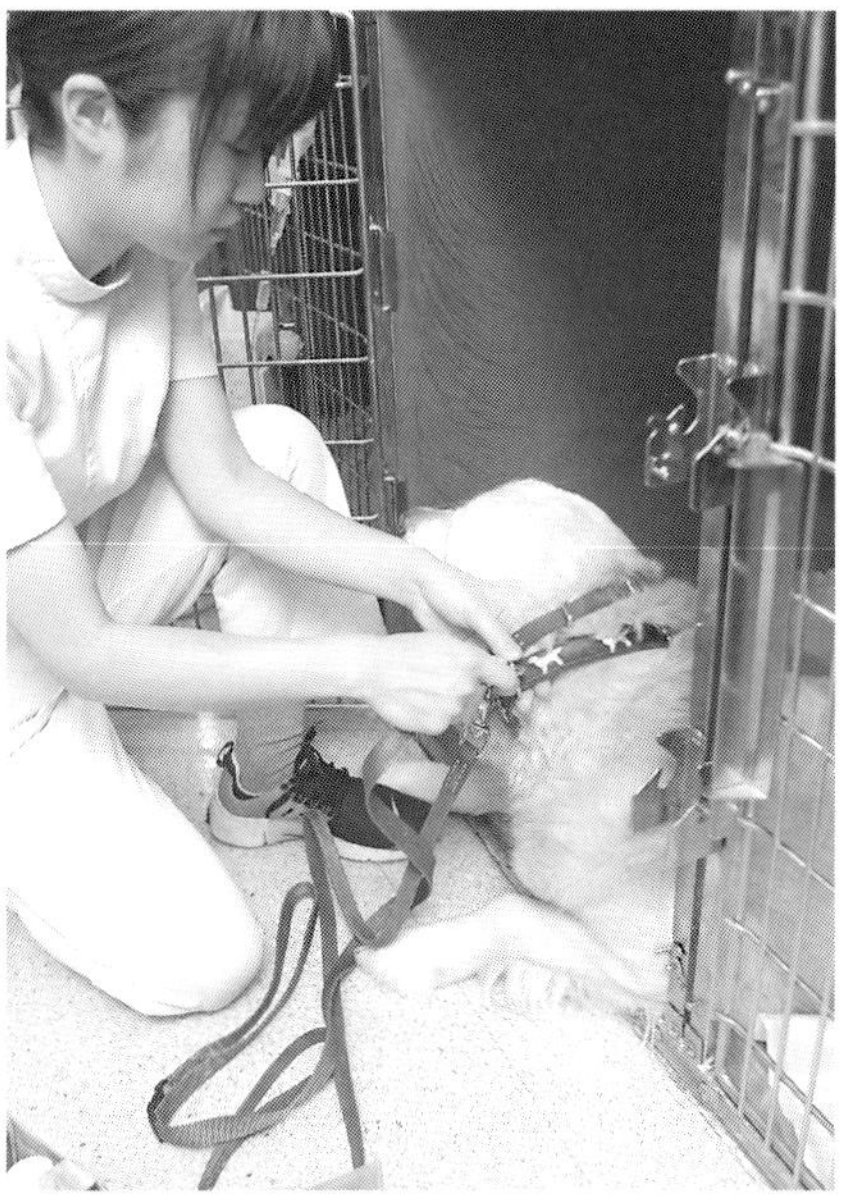

ペットホテルの預かり犬などを外で運動させる場合、逃げ出し防止のため、リードを2本つけるとよいでしょう。リードは2本まとめて、短かめにしっかりと握ります。

6

交通事故にも注意

交通量が多いところでは、車や自転車に注意しながら歩かせます。犬の安全を守るため、人間が車道側を歩くこと。健康な犬であっても、預かっている間はほかの犬と接触させないのが原則なので、散歩中に寄ってくる犬がいても遊ばせたりしてはいけません。

7

便は必ず持ち帰って処理

散歩に出かけるときは、必ずごみ袋やティッシュを持参します。外で排泄する習慣のある犬の場合、便はごみ袋に取って必ず病院まで持ち帰り、決められた方法で処理します。公共のごみ箱などに捨てないこと。

8

排尿管理が必要な場合は尿量を把握する

排尿管理が必要な犬は、排尿の様子を観察して、だいたいの尿量を把握します。同じぐらいの体格のほかの犬にくらべて、尿量が多いか少ないかを見きわめるようにします。

9

排尿した場所には水を流す

散歩に出かけるときは、水をペットボトルなどに詰めて持参します。排尿する場所は一般の人に迷惑にならない場所を選び、尿がかかったところには、水をかけておくようにするとよいでしょう。

10

運動中の様子を観察する

屋内・屋外にかかわらず、運動させている間は犬から目を離さず、歩き方や態度、排泄物の様子などをきちんと観察します。必要事項はカルテに記入し、気になる点があったら、担当獣医師に報告します。

21. 犬舎の掃除と食事の準備

衛生管理と健康チェックを徹底的に

入院動物のケアは、動物看護師の大切な仕事です。日常の世話をしながら動物の様子をよく観察し、異常がみられる場合は、すぐ獣医師に報告します。入院動物には、ウイルスを持っているものや病気によって抵抗力が落ちているものもいるので、徹底した衛生管理も必要。また、状態の悪い動物は目の届きやすいケージに入れるなどの工夫や気配りも大切です。

1 今日の処置の予定を確認

入院室の連絡用ボードをチェックし、その日の処置の予定を確認します。また、ケージのドアにつけられた入院管理カードにはこまめに目を通し、それぞれの動物の病状や治療の状況をきちんと知っておきましょう。

2 手洗いや消毒はていねいに

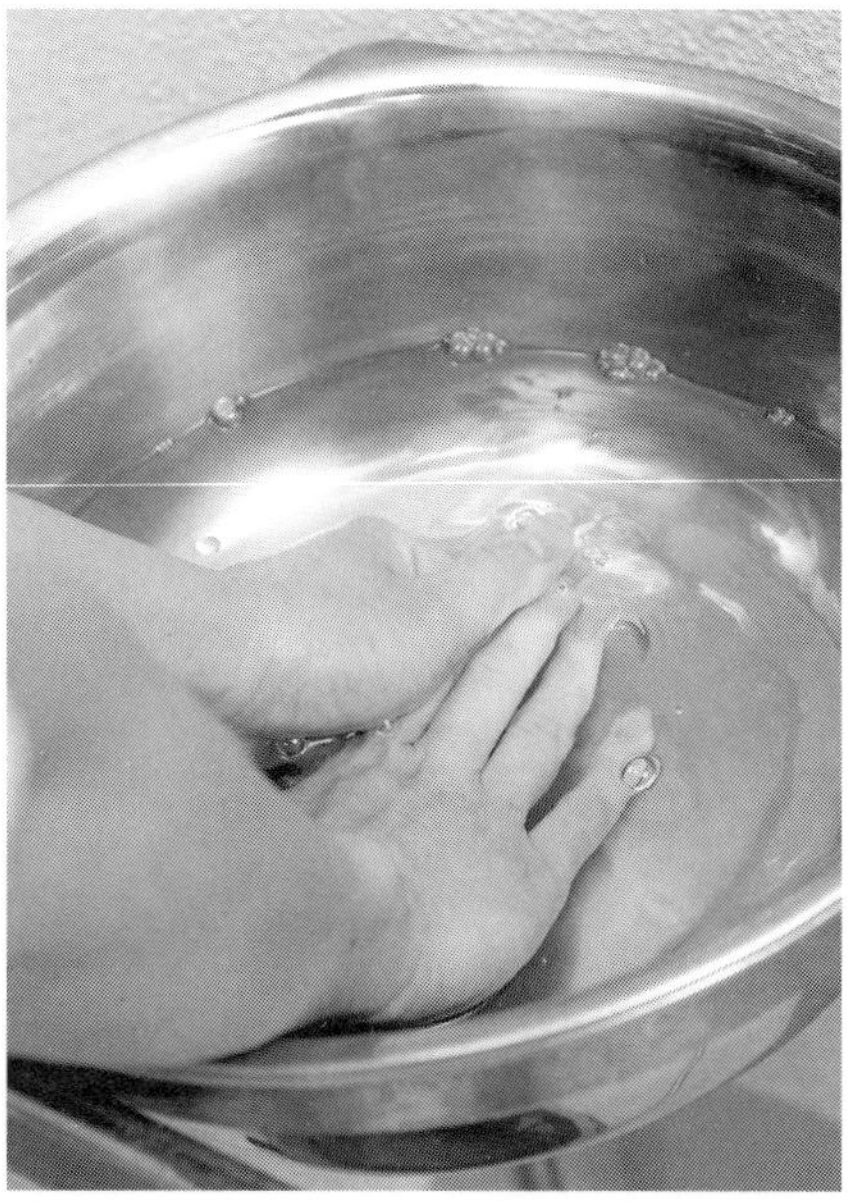

入院動物の世話をする前には、必ずきちんと手を洗い、消毒液に手を浸して清潔に。病院で決められていれば、靴底の消毒も行います。入院動物の中には病気によって抵抗力が落ちているものなどもいるので、衛生管理はしっかりと行います。

3 動物の状態を1頭ずつチェック

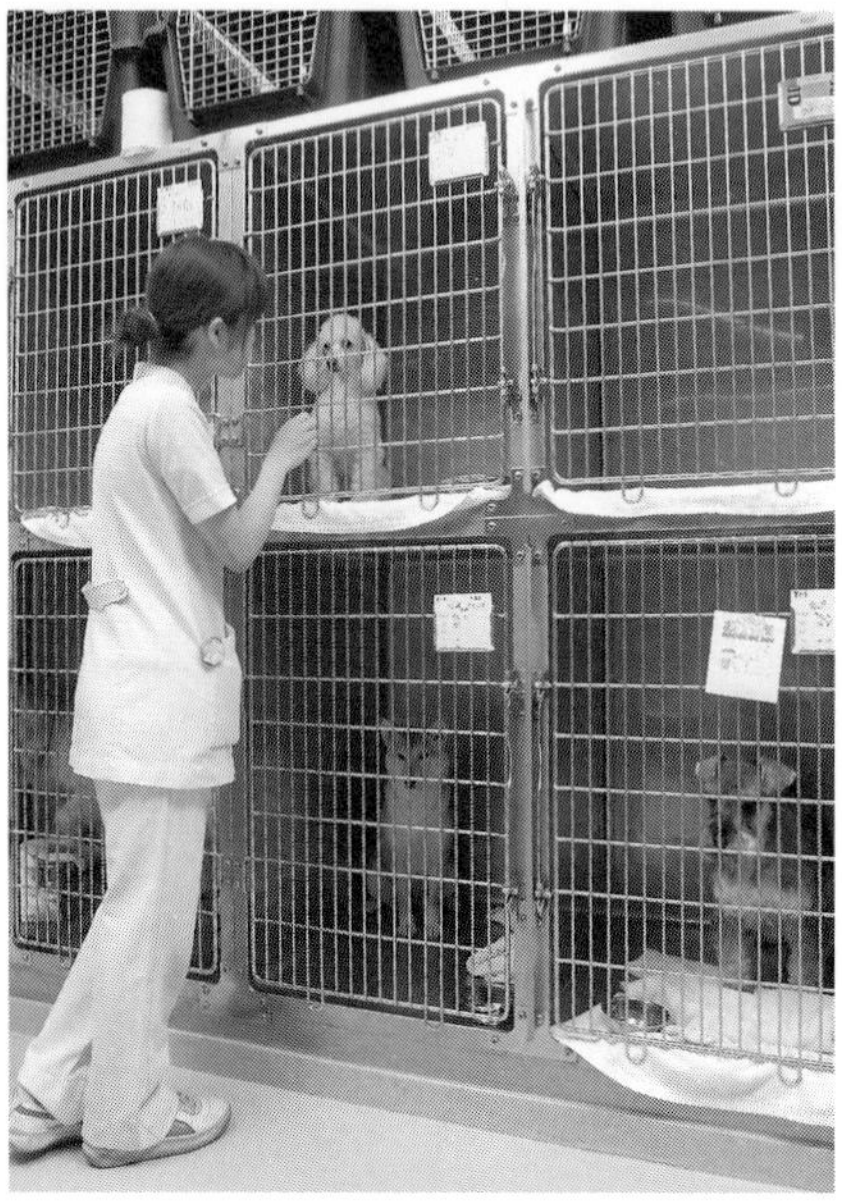

作業をしながら、動物の様子を1頭ずつ観察していきます。食事の量と水の飲み具合などは入院管理カードやカルテに記入を。特に状態が悪い動物は、スタッフの目が届きやすいよう、人の目の高さに合う位置のケージに入れるなどの工夫をするとよいでしょう。

4 気になることは先輩や獣医師に相談

入院動物は、病気やけがだけでなく、環境の変化によるストレスにもさらされています。ストレスから体調をくずすこともあるので、少しでもいつもと様子の違うことがあったら、先輩看護師や担当獣医師に相談しましょう。

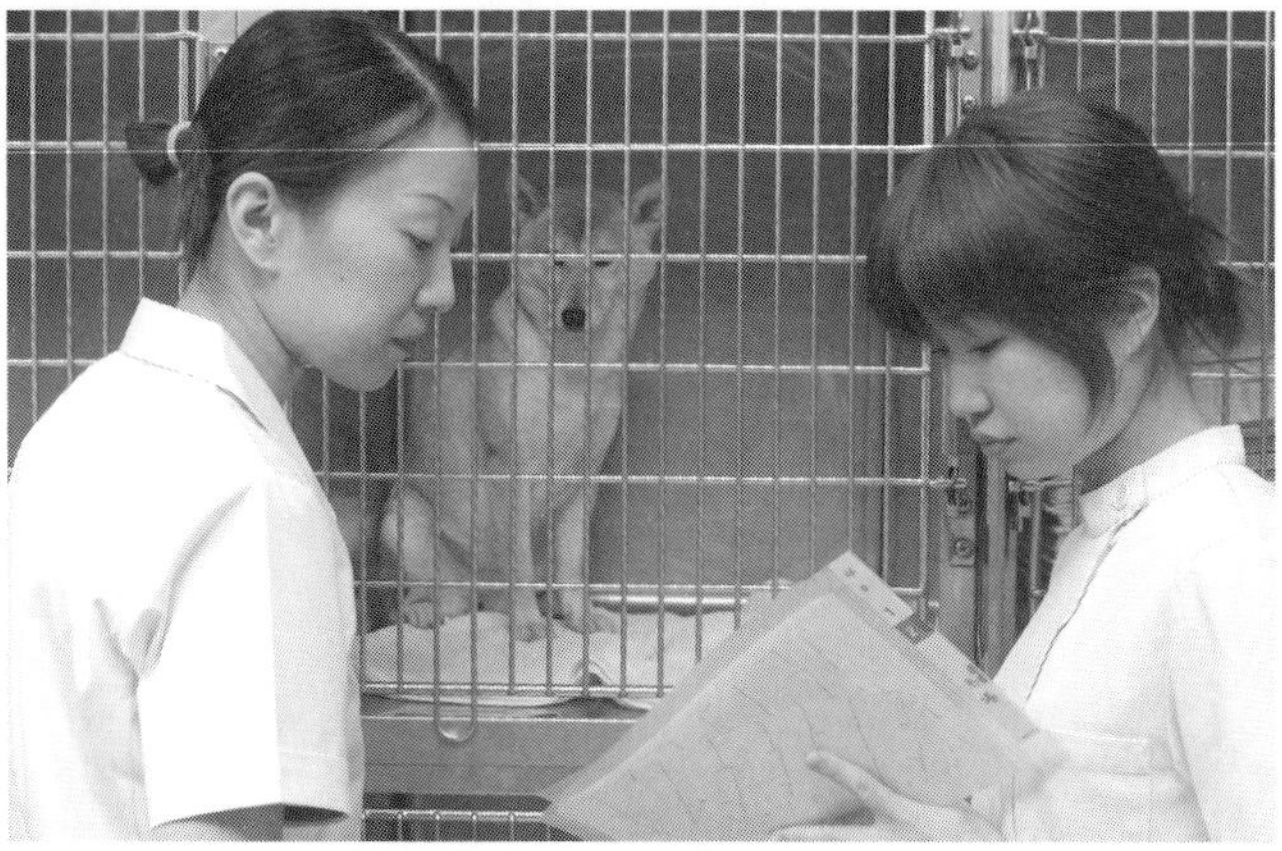

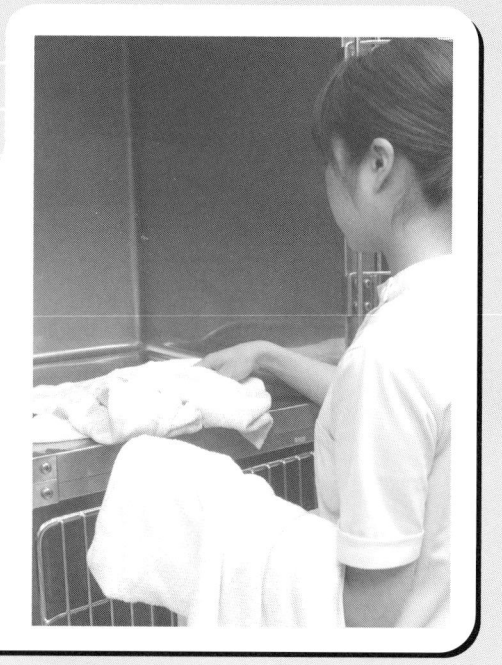

5 動物を別のケージに移す

ケージを掃除する際は、中の動物をいったん別のケージに移します。逃げ出しや、飛び降りによるけがなどの事故を防ぐため、扉の開閉や動物の扱いには十分な注意が必要です。

6 分泌物は異常のサイン

ケージ内に吐瀉物、膿、おりものなどの分泌物があったら、すぐに担当獣医師に報告します。水様下痢便と吐物など見た目が似ているものは臭いで確認するなどして、きちんと見分けて報告しましょう。獣医師が確認などを終えた後、指示に従って片づけます。

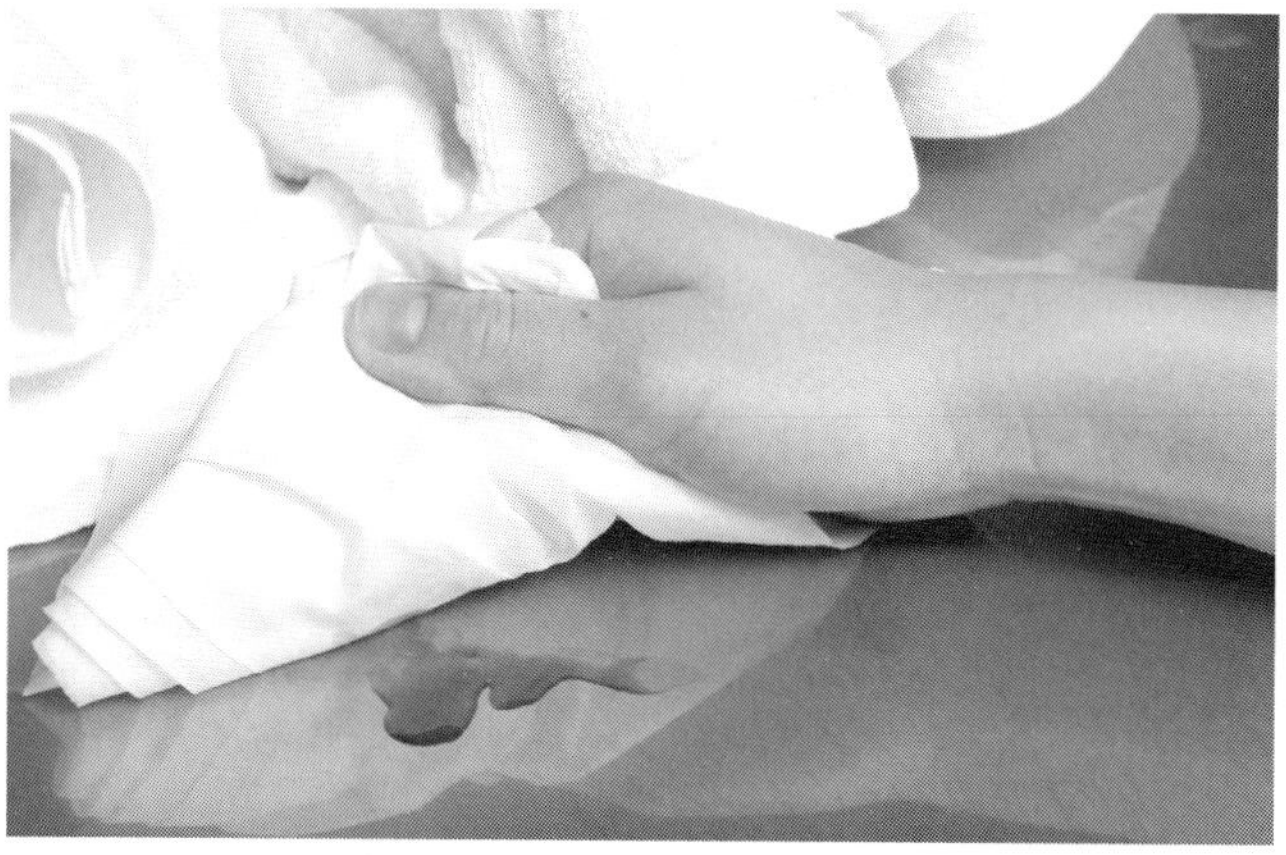

7 ケージの清掃と消毒

ケージから使用ずみの敷物を取り出し、消毒液に浸してしぼったぞうきんで拭き掃除をします。床面だけでなく、壁や天井、扉の内側の部分なども忘れずに。使用していないケージも、毎日欠かさず拭き掃除をしておきます。

8 ケージ内に新しい敷物を敷く

ケージの床面をすみずみまで覆うように、清潔な敷物を敷きます。掃除のときだけでなく、排泄物などで汚れているのに気づいたら、すぐにケージ内を掃除して敷物を取り換えるようにします。

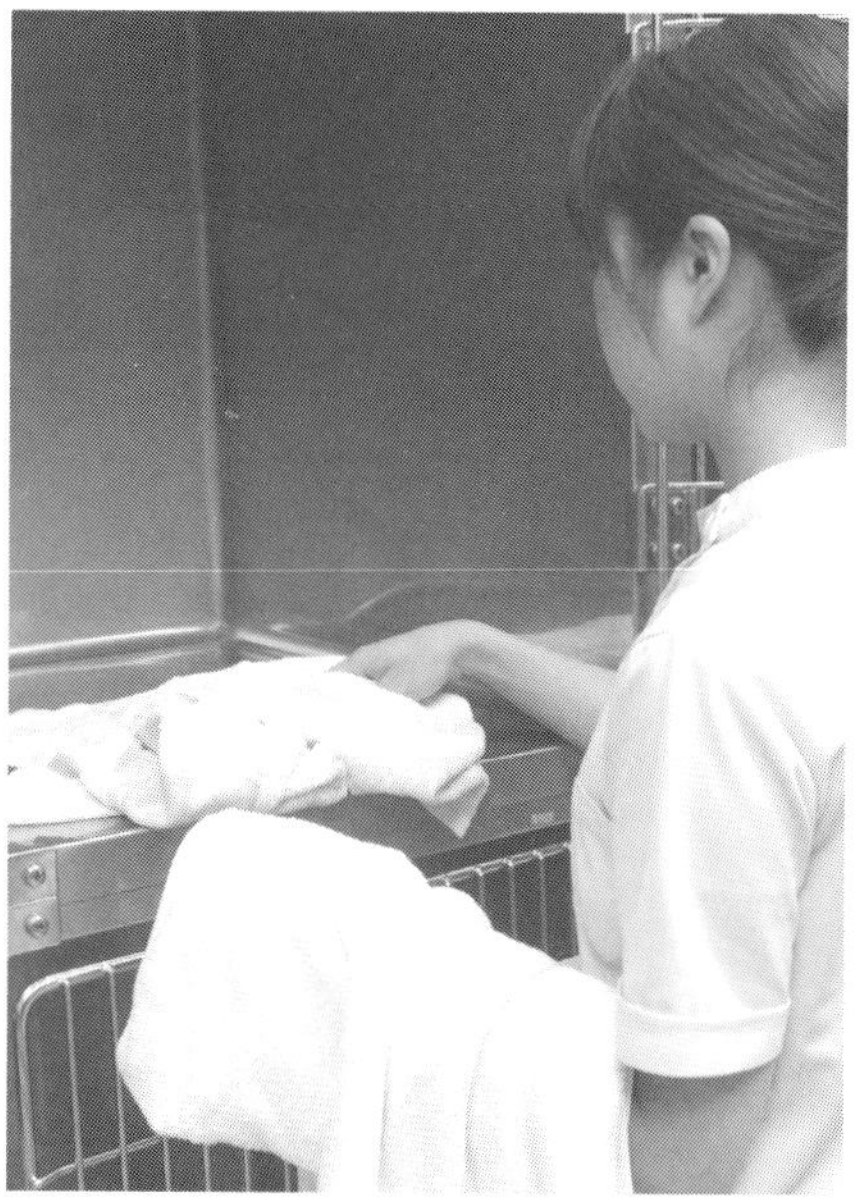

9 使用ずみの敷物の処理

使用ずみの敷物のうち、再利用するタオルなどはまとめて消毒や洗濯に回します。ペットシーツなど使い捨ての敷物は、所定のごみとして決められた方法で処分します。

10 食事の準備

動物の食事は、入院目的や病気によって内容が違います。どのフードをどれだけ与えるか、投薬の必要があるかなどを確認しながら準備をします。好き嫌いが激しい場合などには、飼い主さんにふだん食べさせている食事を持参してもらうこともあります。

11 ケージに食器を入れる

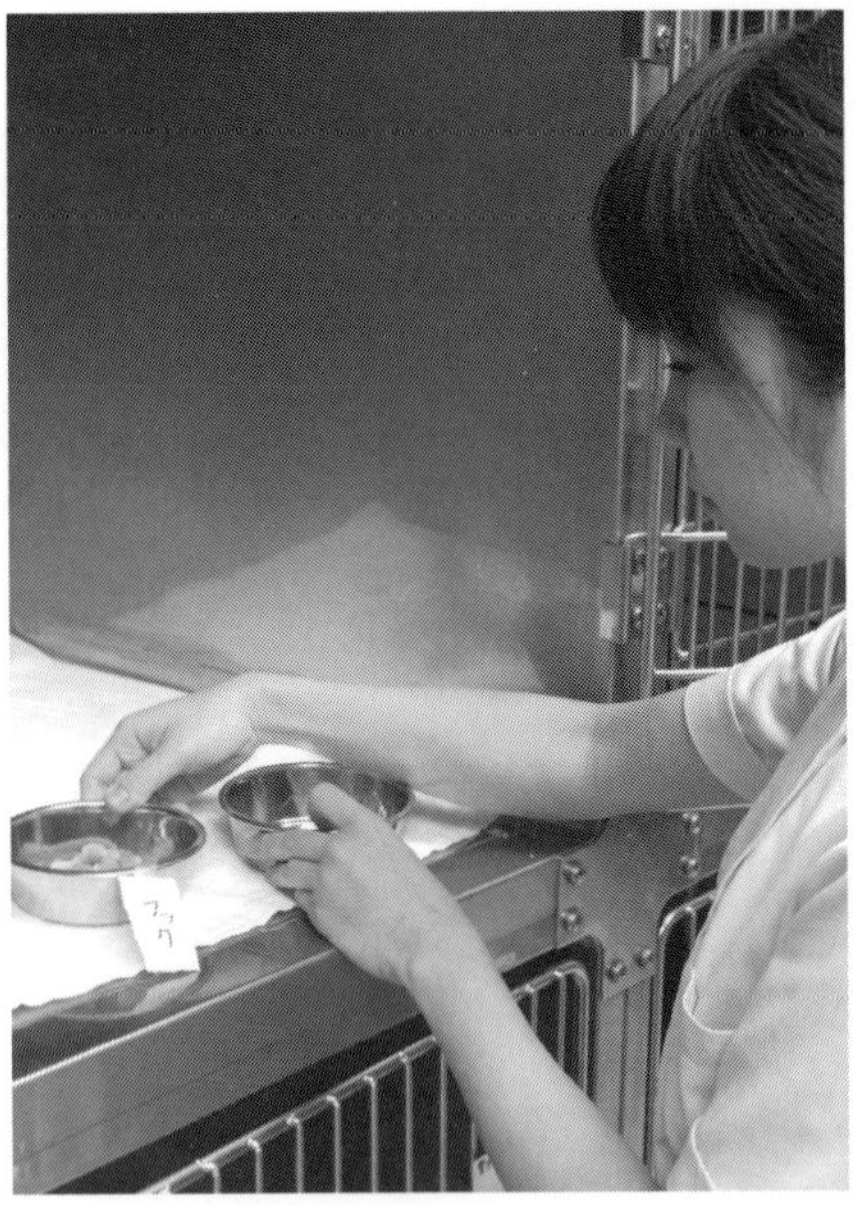

どの食事がどの動物のものか間違えないようにチェックしながら、ケージに食器を入れていきます。間違いを防ぐため、準備しながらそれぞれの食器に動物の名前を書いたメモをつけておくなどの工夫をしましょう。

12 回収した食器を洗う

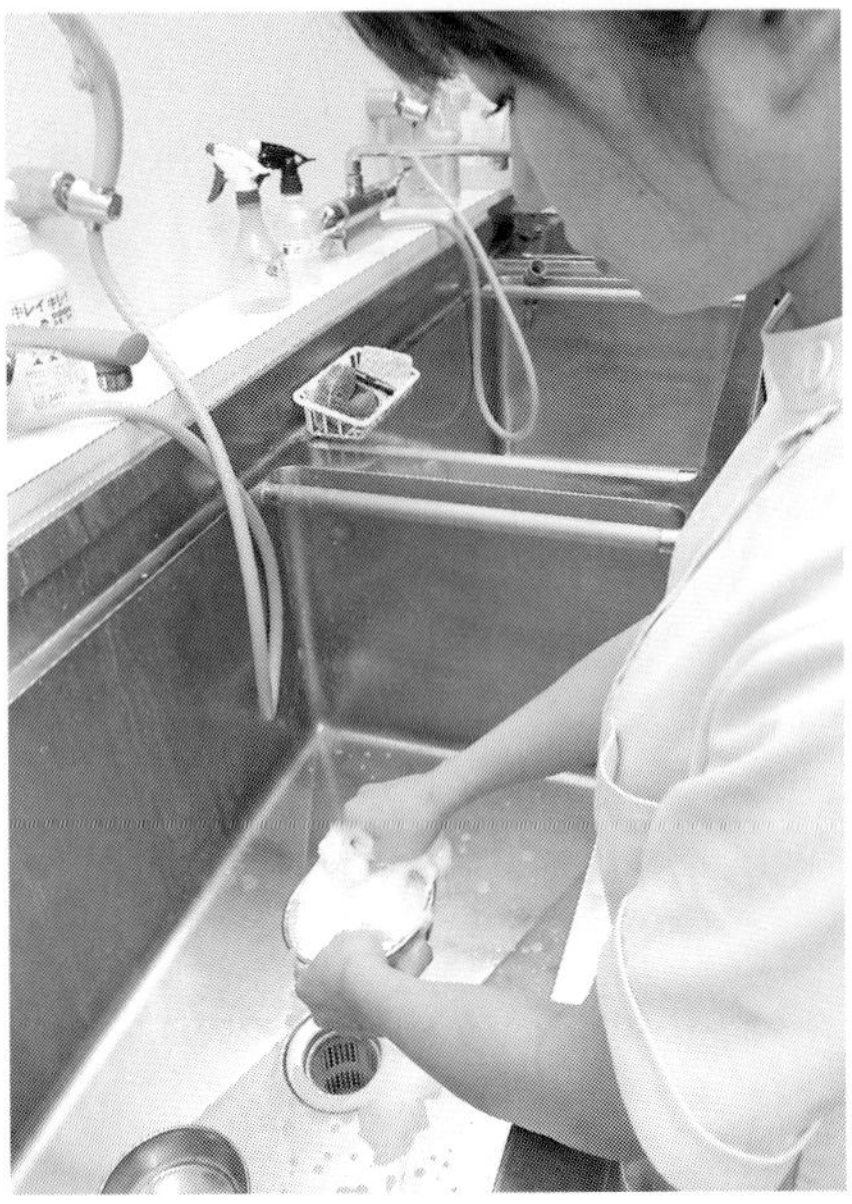

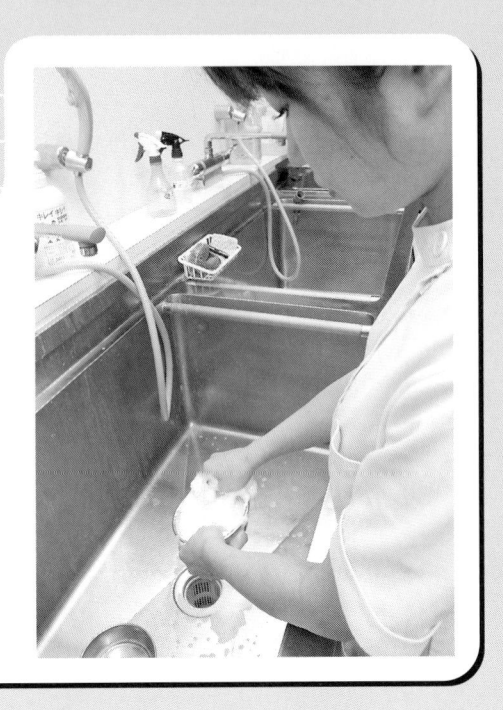

動物が食事を食べ終わったら食器を回収します。食べ終わった後の食器を、いつまでもケージ内に置きっぱなしにすることのないように注意します。回収した食器は、食器用洗剤でていねいに洗います。

13 伝染病の動物の食器は消毒する

伝染病、またはその疑いのある動物が使用した食器はほかのものと分けておき、消毒をします。食器用洗剤で洗った後で煮沸消毒する、洗剤で洗う前に所定の濃度に薄めた消毒液に浸しておく、などの方法があります。

14 入院室の床を消毒する

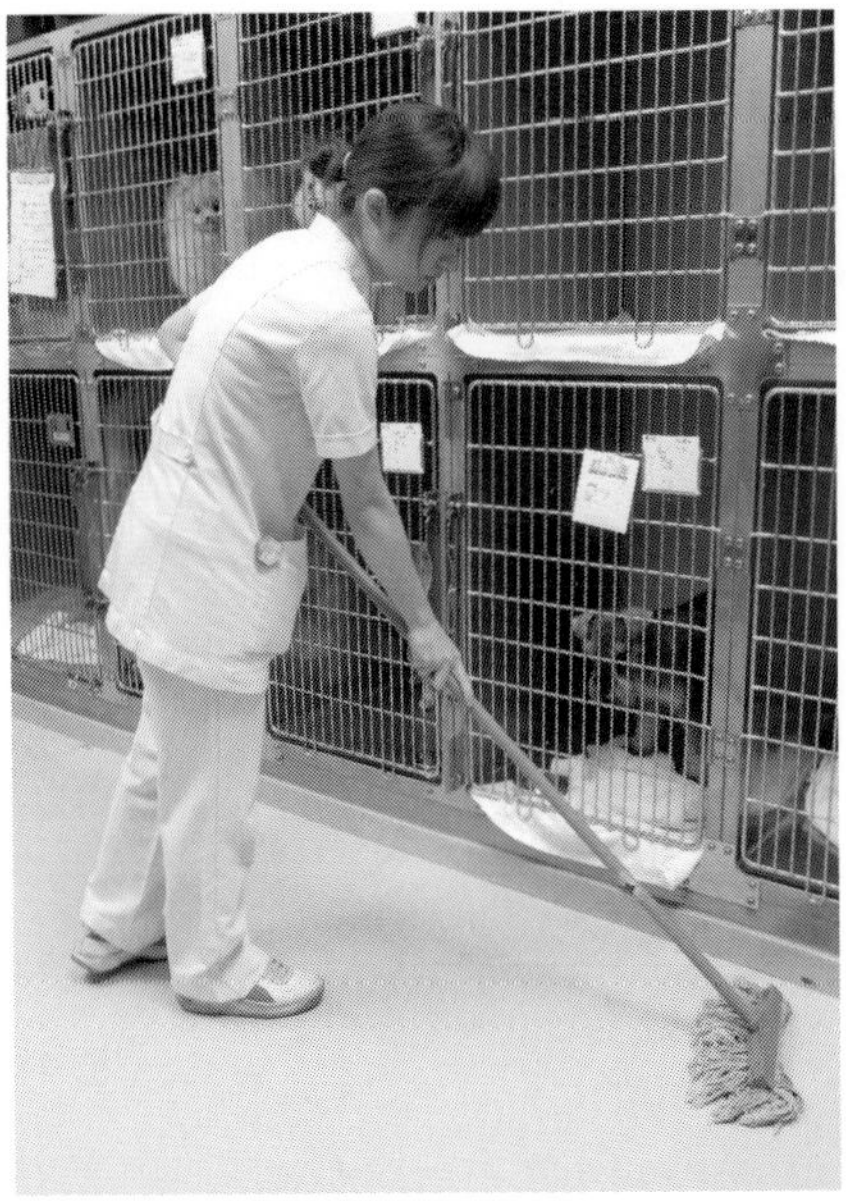

入院室の床は、動物の排泄物や食べこぼしなどで汚れていることがあります。すべての動物の移動や食事などが終わったら床の汚れを拭き取り、消毒液に浸したモップやぞうきんですみずみまで拭き掃除をしておきます。

15 温度管理や臭い対策も忘れずに

入院動物の様子をみながら、室温はこまめに調節します。一般的に、人が少し涼しく感じるぐらいが動物にとっての適温。特に暑がっている動物がいる場合は、近くで扇風機を回すなどの気配りをしましょう。不快な臭いに気づいたときは換気も必要です。

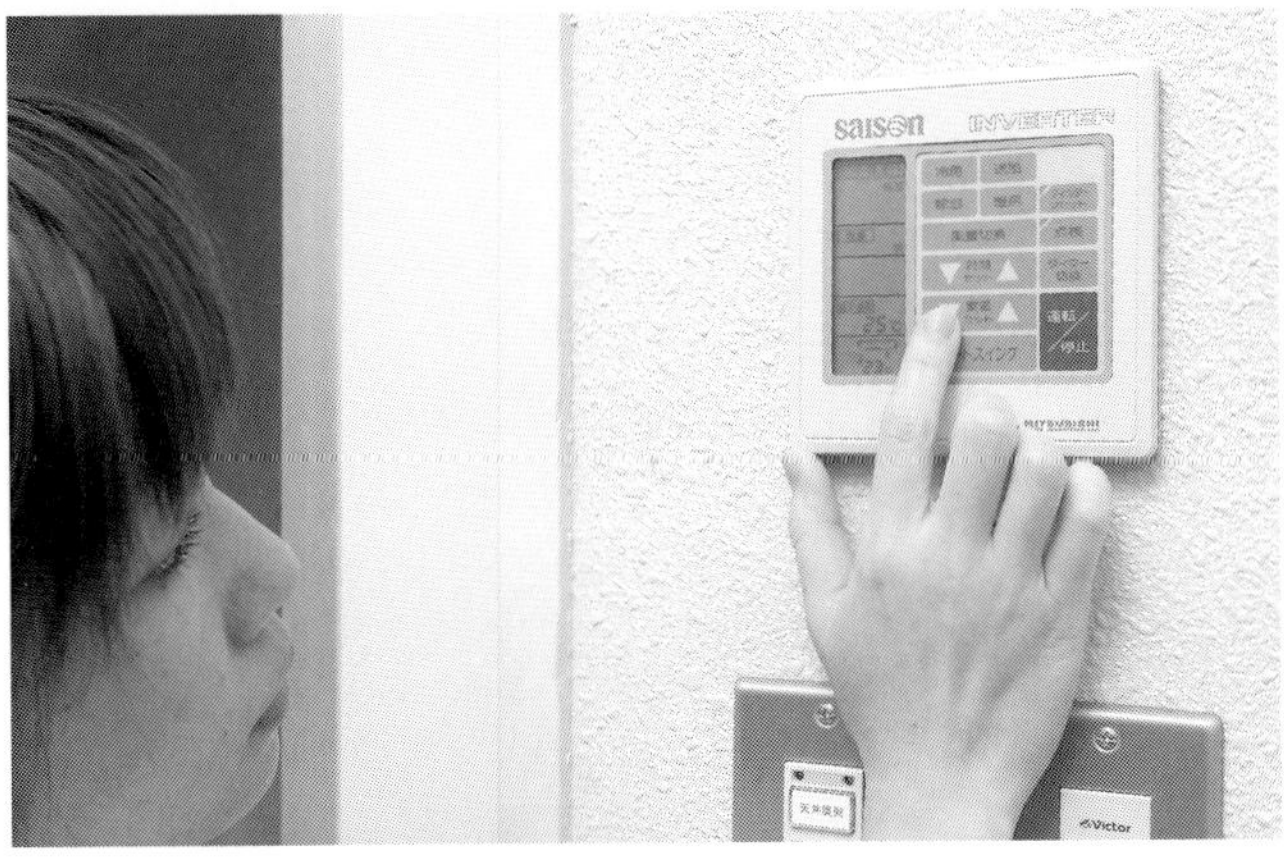

16 入院動物のグルーミング

時間があるときには、入院動物のグルーミングをしてあげましょう。長毛種の場合、ケージ内で寝ている時間が長いと毛玉もできやすくなります。体に負担をかけたり、動物を興奮させたりしないよう、静かにやさしく行います。

22. 老齢動物の管理

ストレスの少ない環境づくりを

一般に、老齢動物は環境の変化に適応するのが苦手。ストレスから体調をくずしたり、病気の場合は容態が急変したりすることもあります。入院または預かり中の老齢動物は、こまめに様子を確認し、きめ細かにケアをしていきましょう。動物のストレスを軽くするため、飼い主さんに家での生活の様子を聞いておき、はじめは食事、運動、排泄などのサイクルを各家庭に合わせるといった配慮も必要です。

1 動物が安心できる環境をつくる

老齢動物は神経質な場合も多いので、入院または預かり中は、動物が安心できるような環境づくりを心がけます。たとえば、飼い主さんに頼んで、いつも使っている敷物を持参してもらうのもよい方法です。

2 ケージ内の敷物は多めに

老齢動物は足腰が弱っていることが多いので、ケージ内には敷物を多めに敷くようにします。足を滑らせて転倒するのを防ぎ、さらに、万が一転倒した場合に体を保護するのにも役立ちます。

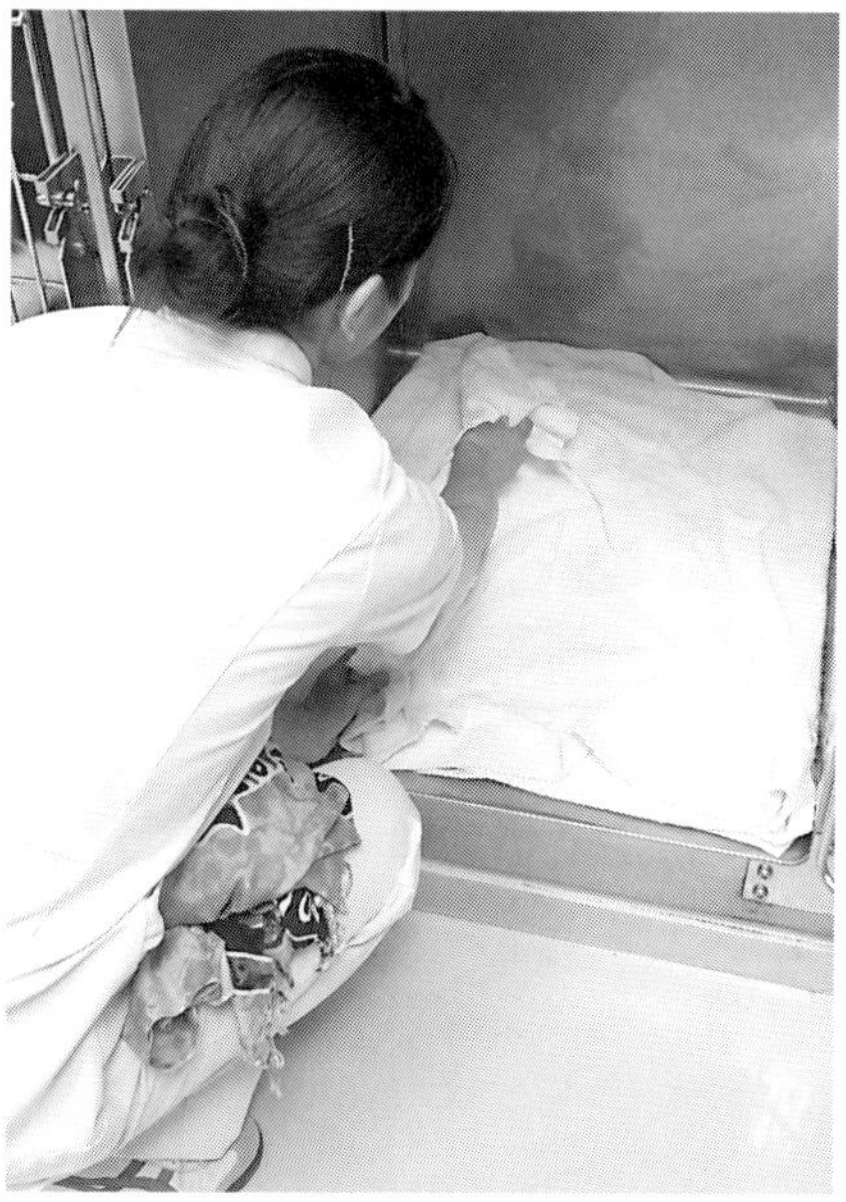

3 小さな変化でも見逃さない

年齢とともに免疫機能も低下していくことが多いので、老齢動物の場合、毎日の体調チェックを特に念入りに行います。少しでも様子がおかしいと感じたら、すぐに担当獣医師に報告しましょう。

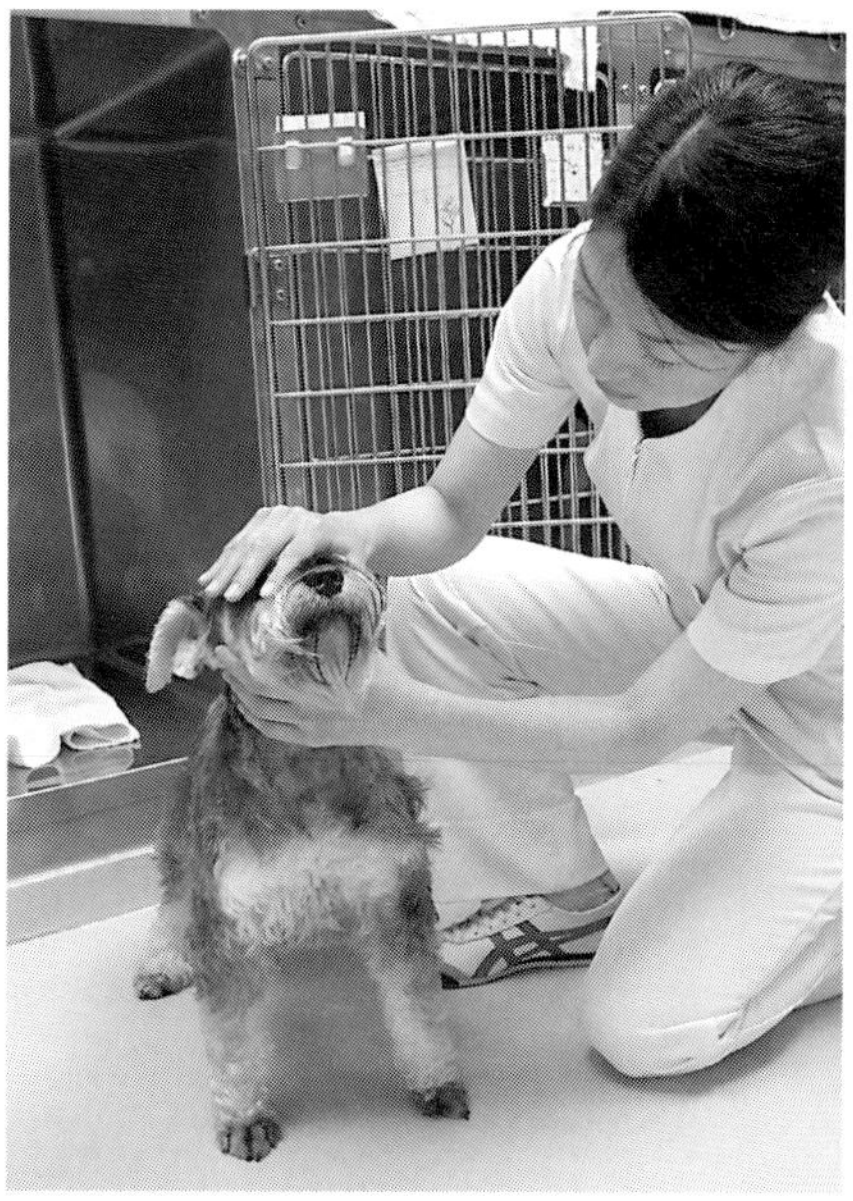

4 病院の生活リズムに徐々に慣らす

環境が急変するとストレスから体調をくずすこともあるので、はじめのうちは、その動物のふだんの生活時間に合わせて食事を与えたり、運動をさせたりします。動物が病院に慣れてきたら、少しずつ病院のサイクルに合わせていきましょう。

5 運動は無理強いしない

老齢動物の中には、肉体的・精神的な不調から、ケージの外に出たがらないものもいます。その場合は無理に外に出す必要はありません。こまめにケージ内をチェックして、排尿・排便の確認や後始末を確実に行うようにします。

6 病院内の移動にも注意

治療や運動のためにケージから出す場合も、動物の体に負担をかけないように注意します。小型犬や猫なら抱き上げて移動。大型犬の場合は自分で歩かせますが、床や通路が滑りやすい場合は滑りどめになる敷物を敷いておきます。

7 五感の衰えに配慮する

老齢動物は視力や聴力が衰えている場合が多く、そのため物音や人の気配などに過敏に反応することがあります。動物を不必要に驚かすことのないよう、体に触れる前には声をかけたり、手の甲をそっと近づけて臭いをかがせたりします。

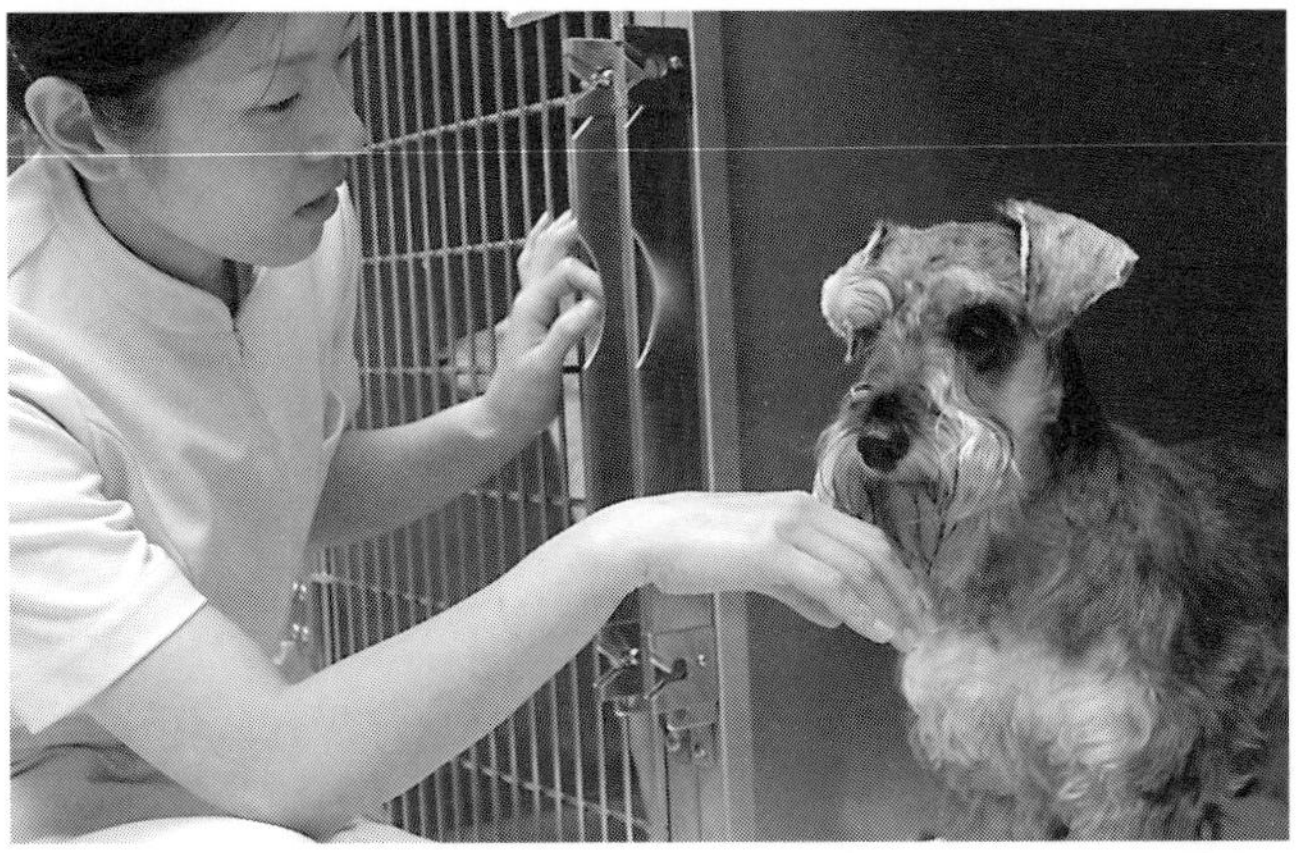

8 食欲の有無も確認する

入院や預かりの前には、飼い主さんにふだんの食事の量や食べ方についても聞いておきます。食欲がない場合は、手から与えてみるなどの工夫を。それでも食べない場合は獣医師に報告します。場合によっては強制給餌などの処置が必要になることもあります。

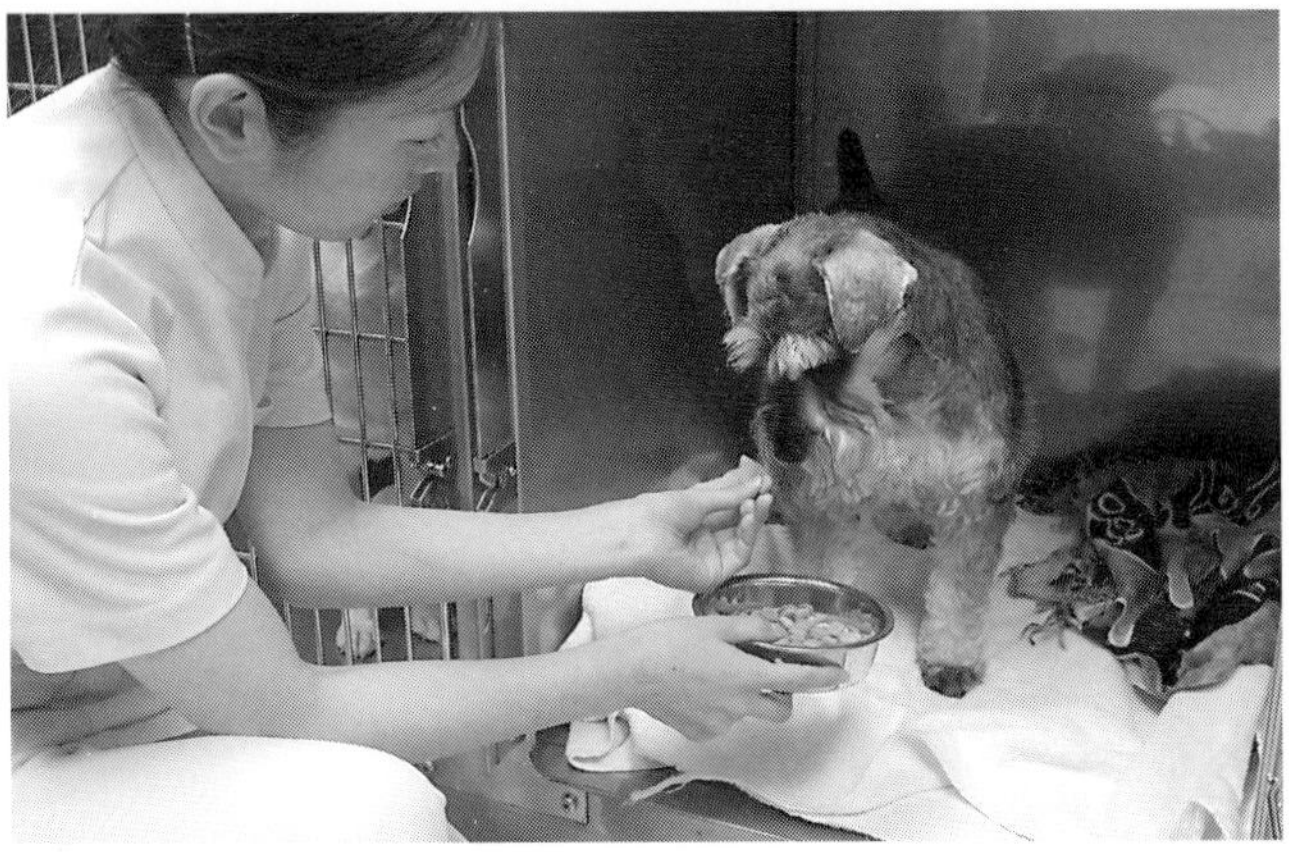

9 病気の徴候にも注意

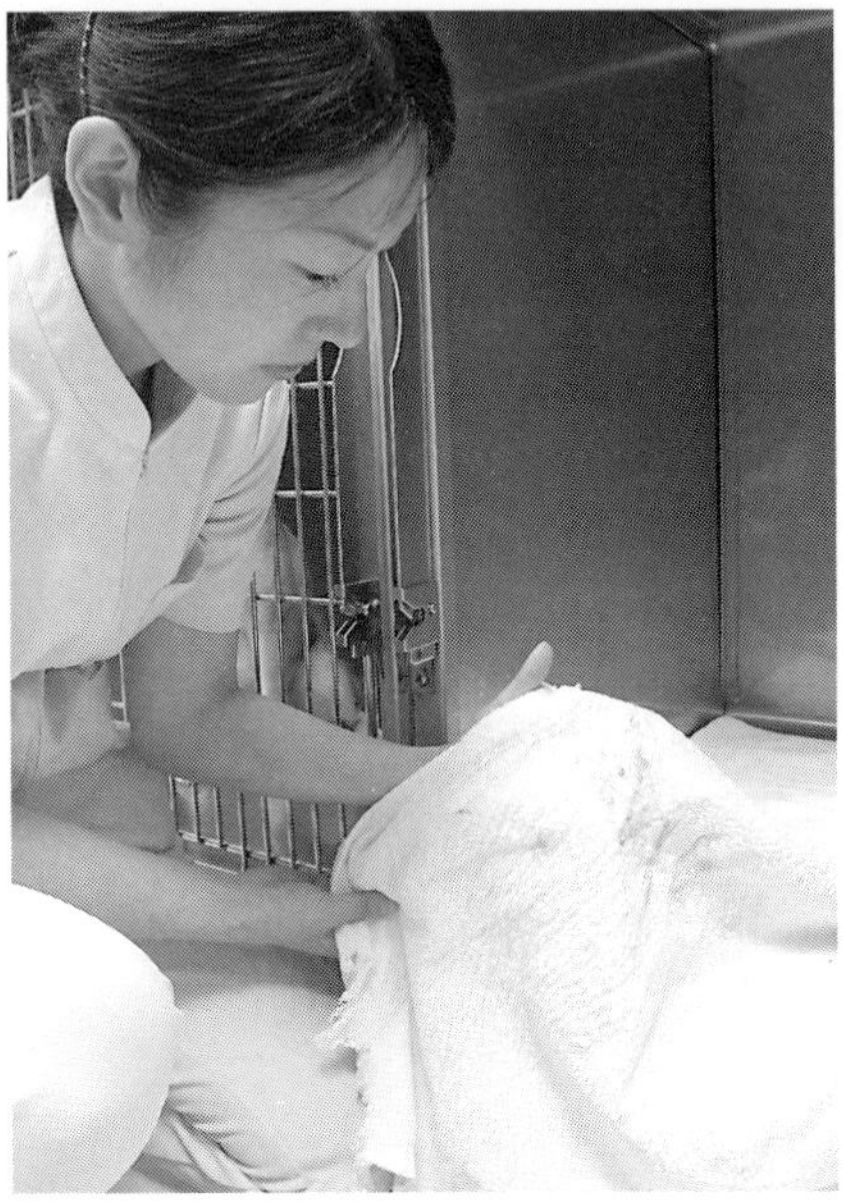

老齢動物は、飼い主さんが気づいていない病気を持っている場合もあります。ペットホテルでの預かりの際もこまめに健康状態をチェックし、多飲多尿、血尿、血便といった病気の徴候がみられないかどうか確認します。

10 常用薬は正しく与える

動物が常用している薬がある場合、紛失や投与忘れのないよう、十分に気をつけます。スタッフ全員が把握できるよう、ケージの扉に貼りつけておくなどの工夫をするとよいでしょう。

11 基礎疾患のある動物は特に注意

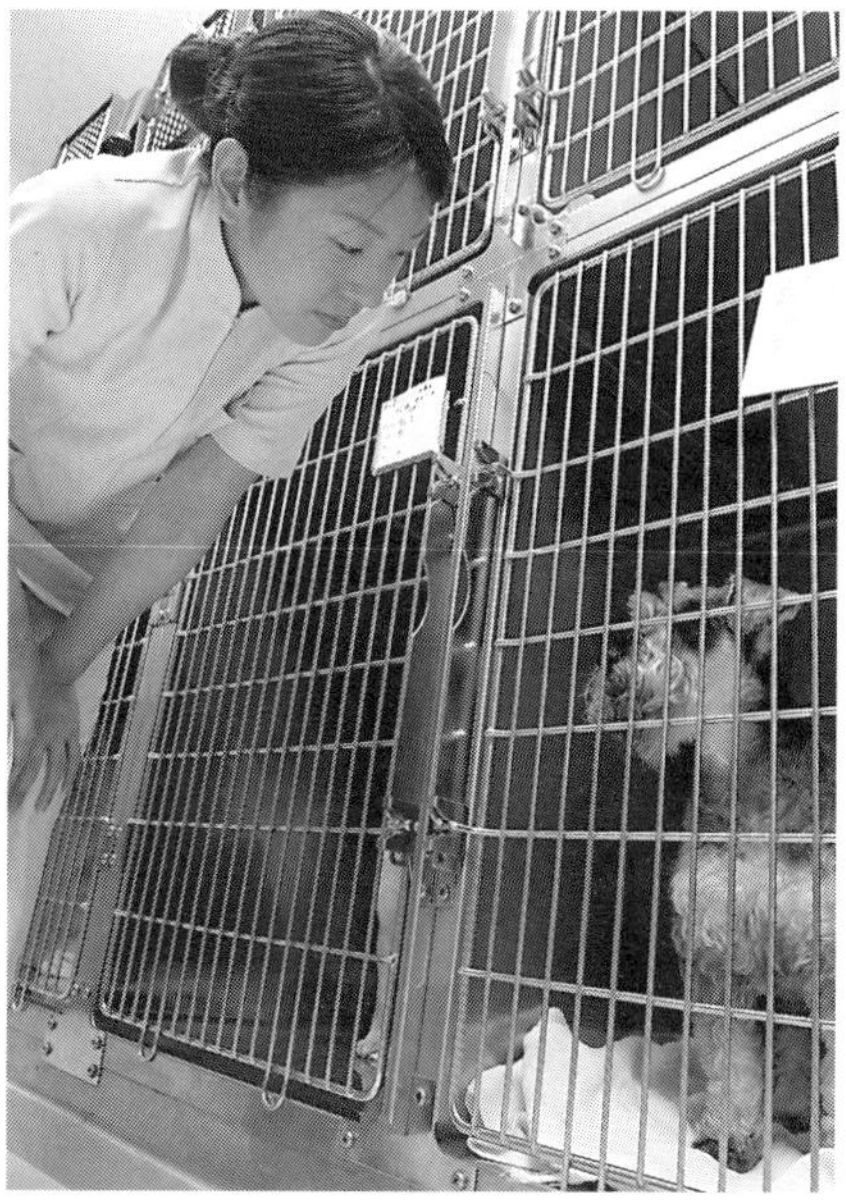

老齢で、さらに何らかの基礎疾患を持っている動物は、こまめに様子をみる必要があります。例えば糖尿病でインスリン注射をしているものは、低血糖になると命にかかわることも。痙攣、虚脱などの症状に気づいたら、すぐに獣医師に報告します。

12 動けない動物は寝返りを打たせる

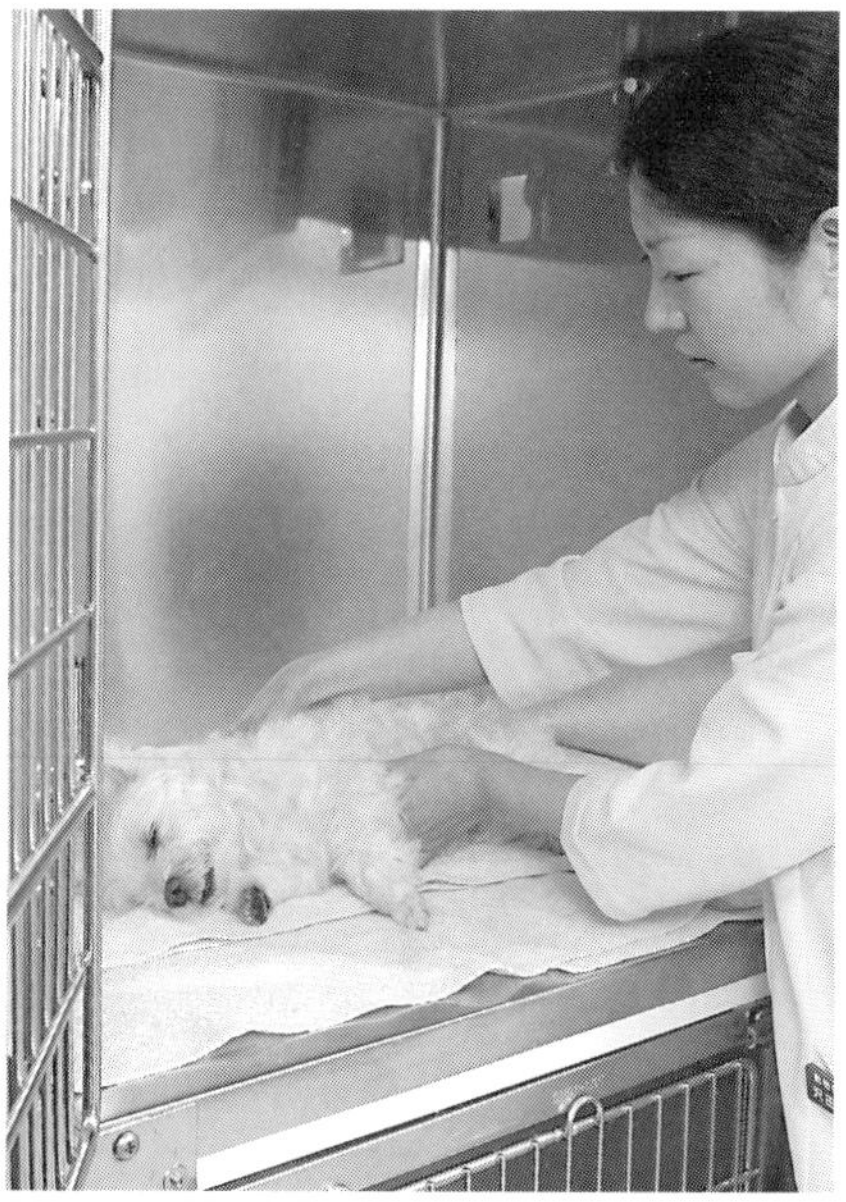

自分の力で動くことができない動物は、1日に数回、寝返りを打たせて褥瘡（床ずれ）を予防します。2〜3時間に1回ぐらいを目安に、体の位置を変えてやるようにしましょう。

13 痴呆の動物に対する工夫

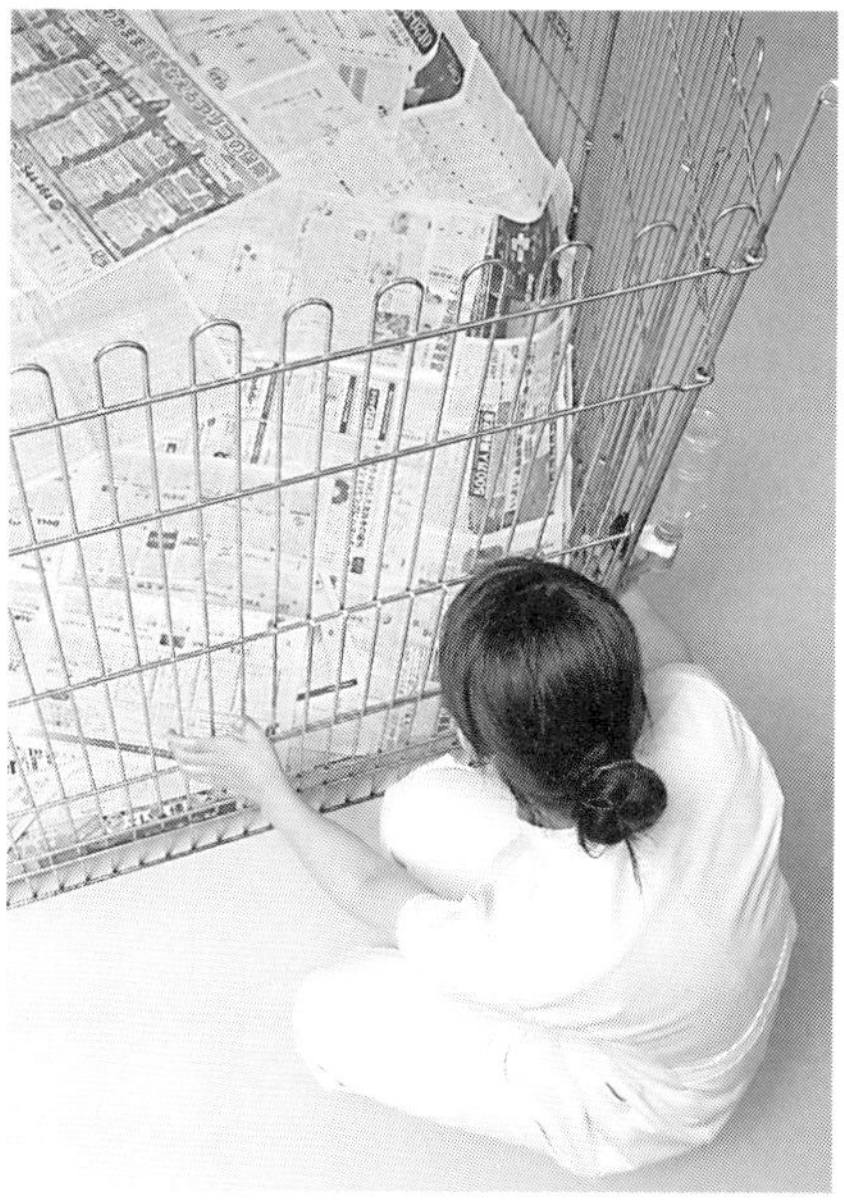

痴呆の症状がみられる動物の場合、方向転換ができずに部屋の角などで動けなくなることがよくあります。サークルはできるだけ角をなくして円に近い形に。また、ケージの中も動物の体を保護するため、エアーマットで覆うなどの工夫をしましょう。

14 尿もれや分泌物の処置

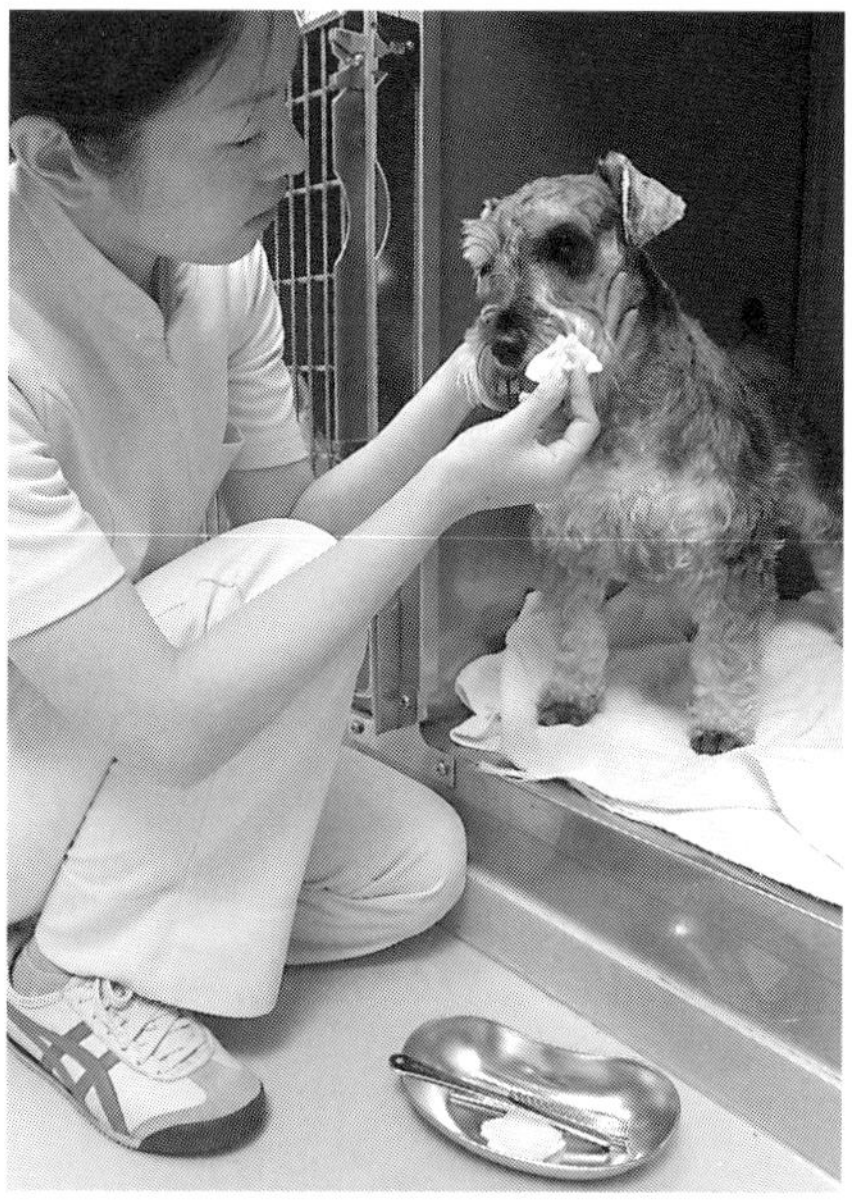

老齢になると目やに、鼻水などの分泌物が増え、さらに尿もれなどの症状がみられることもあります。分泌物は、そのつど消毒液を含ませたコットンで拭き取ります。尿をもらした場合はすぐにケージ内を清掃し、敷物を取り換えます。

15 洗体する際の工夫

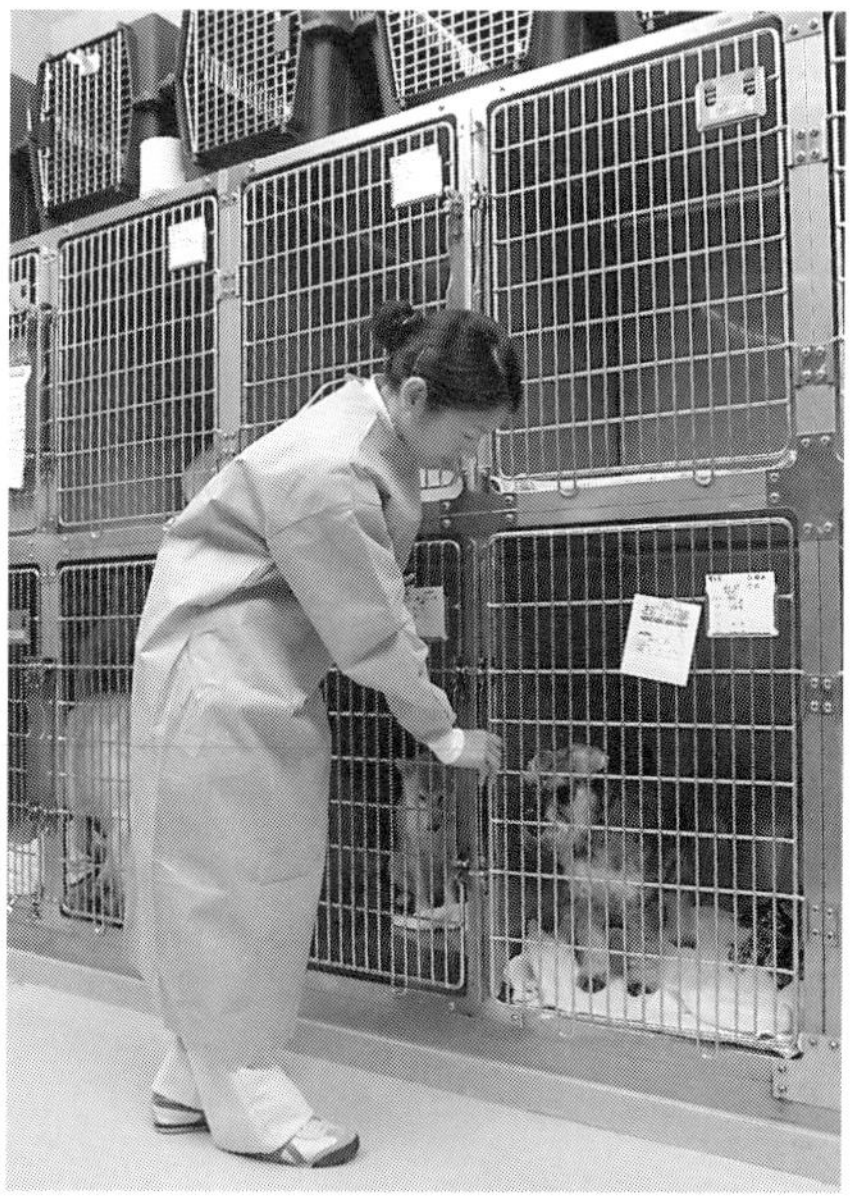

排泄物などでひどく汚れた場合は、動物の体を洗う必要があります。その際、使い捨ての手術着の使用ずみのものを羽織っておくと、自分の衣服が汚れたり濡れたりするのを防ぐことができます。

16 異常に気づいたら獣医師に報告

老齢動物は体調が急変することがあり、最悪の場合は突然死に至るケースもみられます。入院や預かり中は動物のちょっとした変化も見過ごさず、こまめに担当獣医師に報告しましょう。

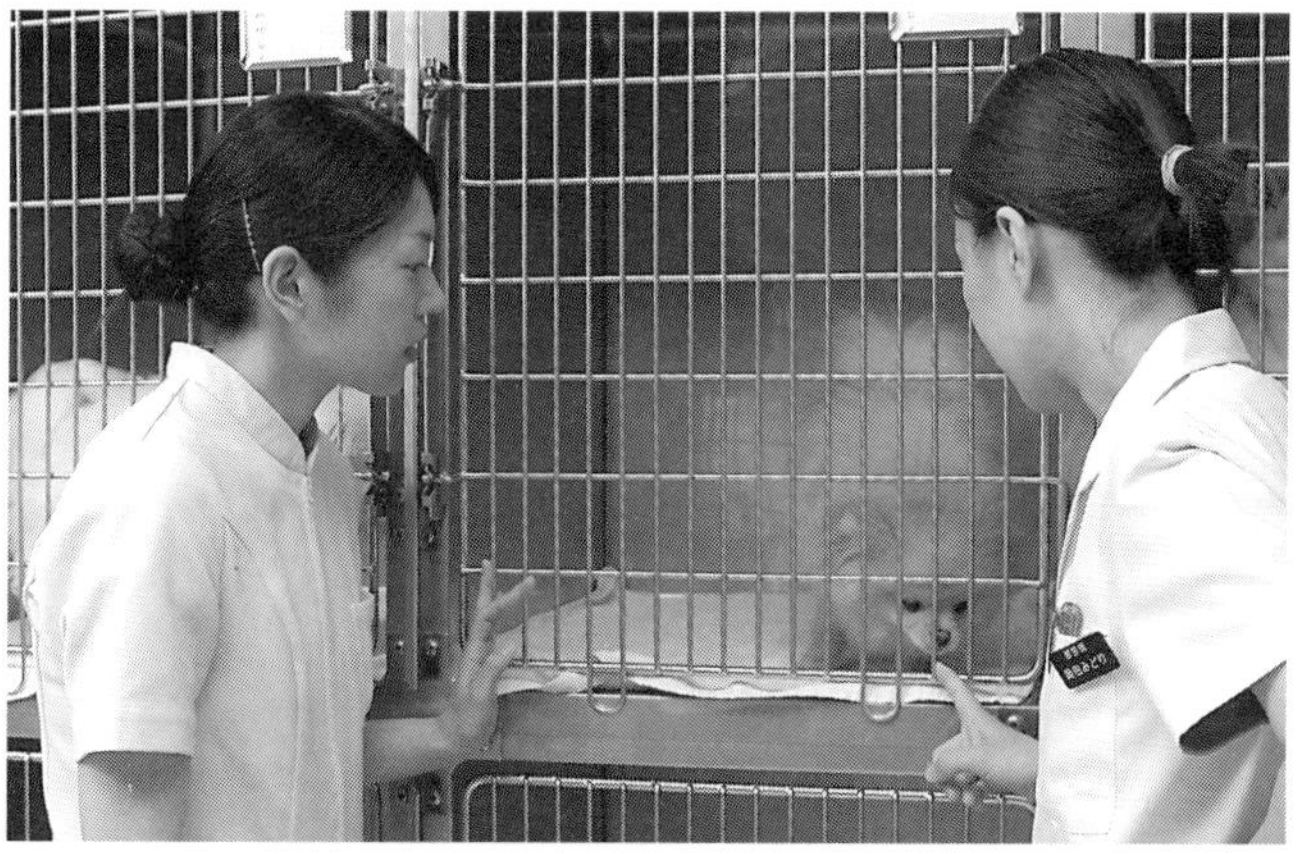

23. 動けない動物の管理

食事・運動・排泄のケアのポイント

けがや病気、老齢などのために動けなくなった動物には、特別なケアが必要です。定期的に寝返りを打たせることは、褥瘡を防ぎ、呼吸器への負担を軽くするうえで不可欠。また、筋肉の衰えを少しでも防ぐため、こまめにマッサージなども行いましょう。自力で食事や排泄ができないときは、手を添えて補助をしたり、獣医師の指示で強制給餌、圧迫排尿などの処置を行ったりします。

1 定期的に寝返りを打たせる

長時間同じ姿勢で寝ていると、皮膚に褥瘡(床ずれ)ができるほか、肺が充血して呼吸器にも悪影響を及ぼします。2～3時間に1回を目安に寝返りを打たせるようにしましょう。その際、腰、膝、肩などに褥瘡ができていないかどうか確認するのも忘れずに。

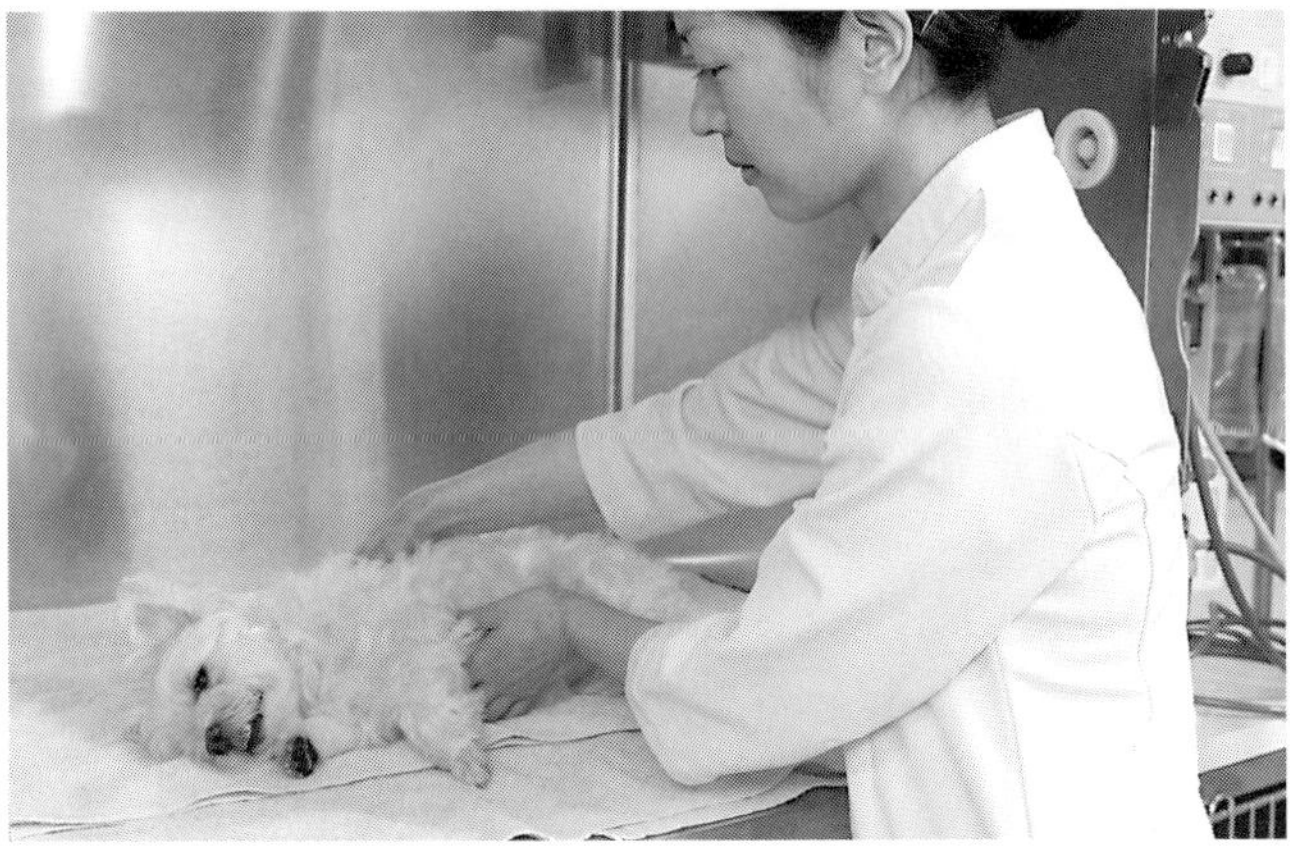

2 敷物は多めに入れる

ケージの床には柔らかい敷物やエアーマットなどを敷き、動物の体が固い床面に当たらないようにします。特に痩せ型の動物の場合、通常の4倍ぐらいの厚さになるようにタオルなどを敷き込んでおくとよいでしょう。

3 マッサージで血行を改善

筋肉は、動かさないとどんどん弱くなってしまいます。寝たきりの動物は、定期的に肢を動かしたり筋肉をマッサージしたりして、血液循環をよくしてやる必要があります。肢を動かす際は、関節を無理な方向に曲げないように注意しましょう。

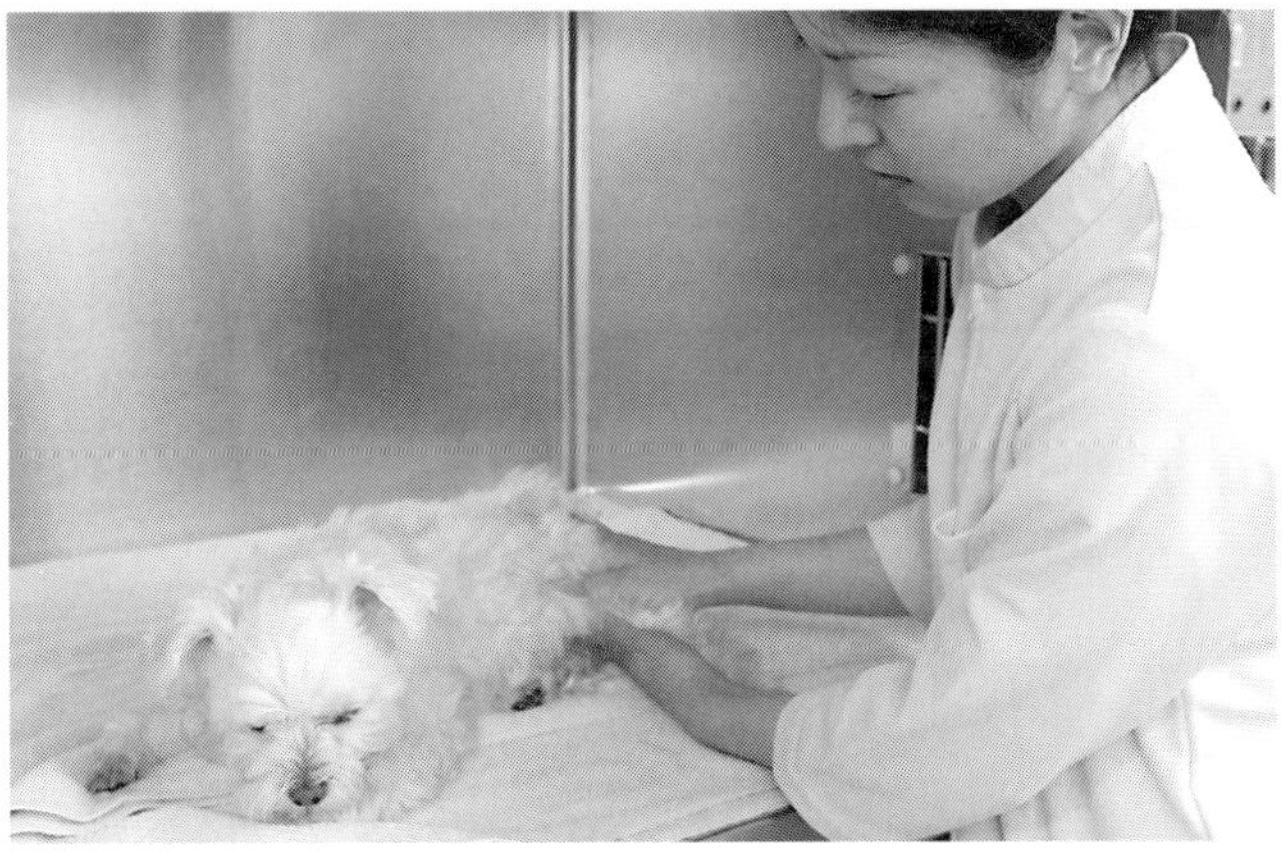

4 鳴いているときは理由を考える

動物が鳴いたり騒いだりするときは、ケージ内の様子や動物の態度をよく観察して理由を見きわめます。状況に応じて、排泄させる、水を与える、ケージを清掃するなどの対応を。動物の様子をこまめに観察し、体やケージ内を常に清潔に保つことも大切です。

5 食事はできるだけ自力で

食欲があるなら、できるだけ自力で食べさせるようにします。動物看護師は、動物の体を支えたり、食器の位置を変えたりするなど、動物が少しでも楽に食べられるよう、補助をします。

6 食事を食べやすくする工夫も

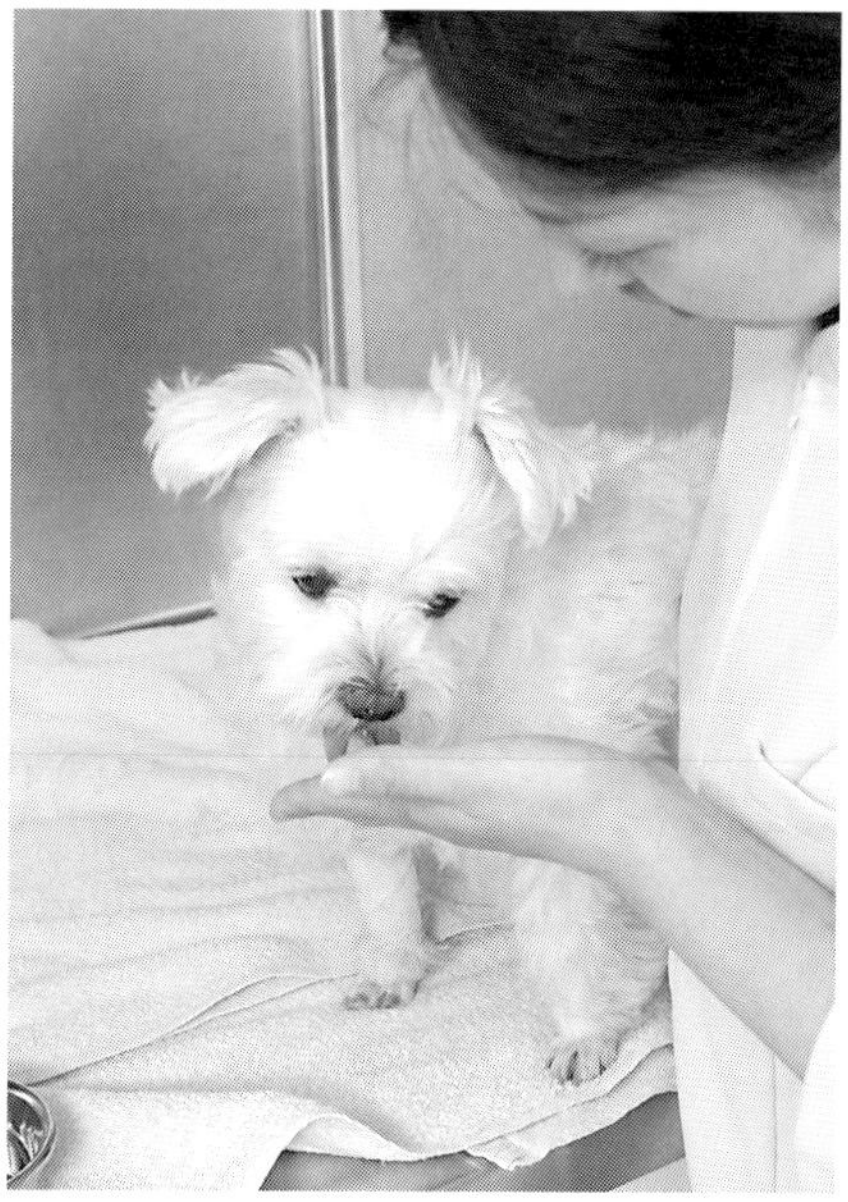

食欲はあっても、食器からうまく食べることができない場合は、食べやすくする工夫をします。食事をスプーンなどで細かくする、ぬるま湯でふやかして柔らかくする、手にのせて与えてみる、などの方法があります。

7 衰弱している場合は強制給餌

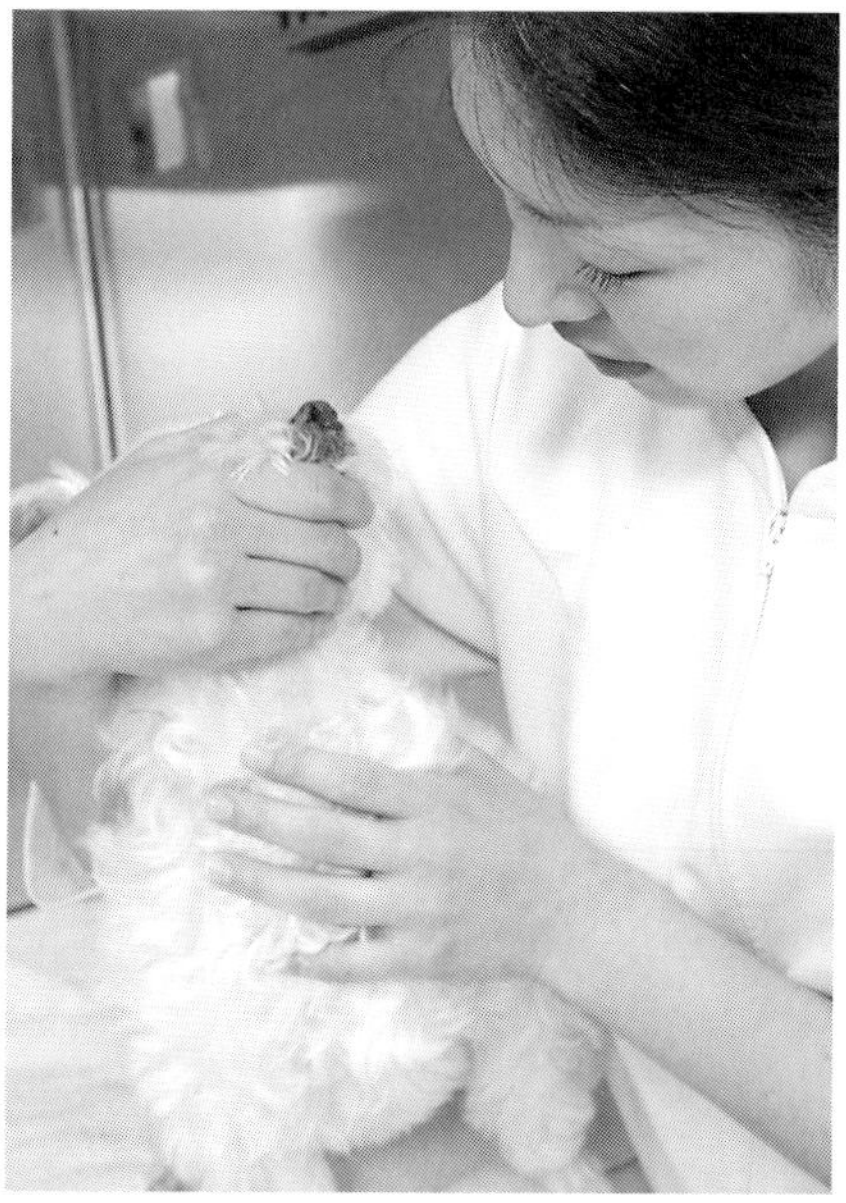

衰弱が激しく、食べる意思がみられない場合、獣医師の指示があれば強制給餌を行います。手でつまんだフードを口の奥に入れた後、口を閉じて少し上を向かせ、喉を軽くさすって飲み込ませます。フードを入れる位置が浅いと、舌で出してしまうので注意しましょう。

8 シリンジで給餌する場合

お湯で溶いたり、ミキサーにかけたりして液状にしたフードをシリンジに入れて給餌する方法もあります。シリンジのサイズは動物の大きさに合わせて選ぶこと。先端をカットした後、火であぶって切り口を丸くしたものが使いやすく、安全です。

9 誤嚥させないための注意

シリンジによる強制給餌の場合は、顔を上に向けると誤嚥しやすくなるので、その動物本来の頭の角度を保ったまま給餌します。また、一口ずつ飲み込んだことを確認し、それを何回も繰り返して目的量を与えます。

10 圧迫排尿のポイント

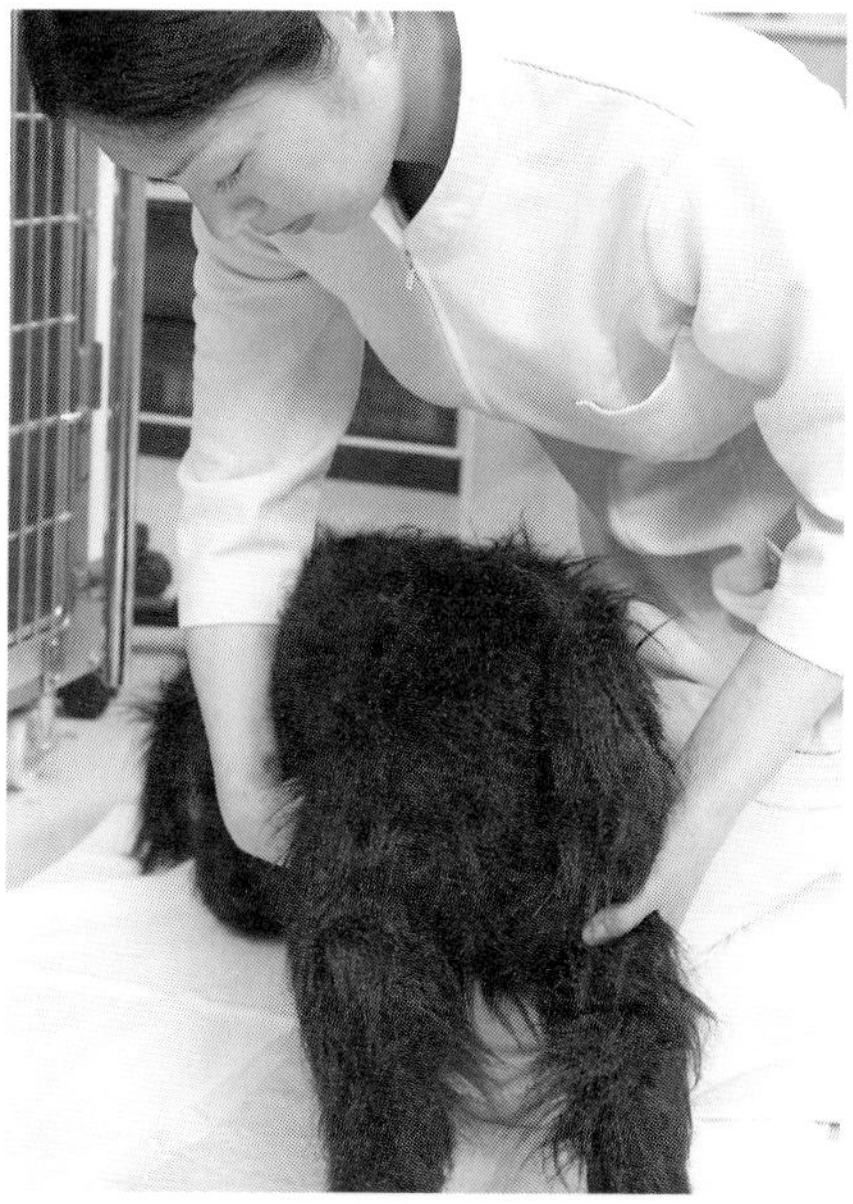

下半身不随などのために自力で排尿できない動物は、獣医師の指示で圧迫排尿を行います。体の下にタオルとペットシーツを敷き、膀胱を手で軽く押して排尿させます。手の感触で、十分に排尿したかどうか確認します。

24. 子犬の管理

衛生管理・温度管理に気を配る

犬の出産が病院で行われるのは、難産だったり、帝王切開が必要だったりする場合。出産後は、その日のうちまたは翌日には退院するのが普通です。子犬の世話は通常は母犬が行いますが、面倒をみない場合は、獣医師や動物看護師が授乳や排泄の補助をします。子犬の世話に人の手助けがいる場合は、退院時、飼い主さんに基本的な世話のしかたを説明するのも忘れずに。

1 新生子に哺乳する

帝王切開などで取り上げた新生子に哺乳をする場合は、人肌に温めた人工乳をつくり、子犬用の哺乳瓶やシリンジで少しずつ与えます。哺乳の間隔は、昼間は２時間ごと、夜は３～４時間ごとを目安にします。

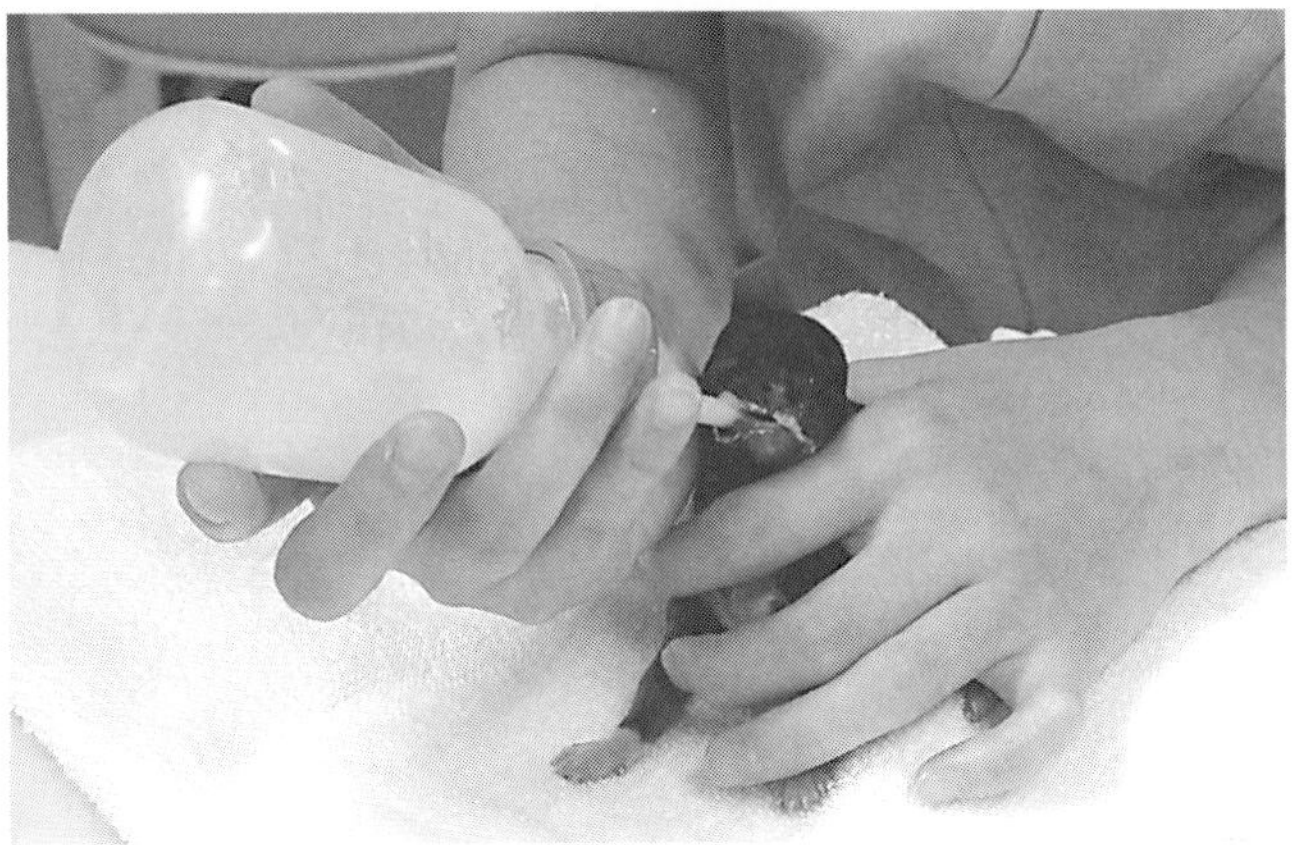

2 哺乳を嫌がるときは室温を上げる

新生子の動きが鈍かったり、哺乳を嫌がったりするのは、子犬の体温や室温の低下が原因のことがあります。子犬の様子をみながらエアコンの温度設定を調節し、室温を上げてみましょう。

3 温度管理は慎重に

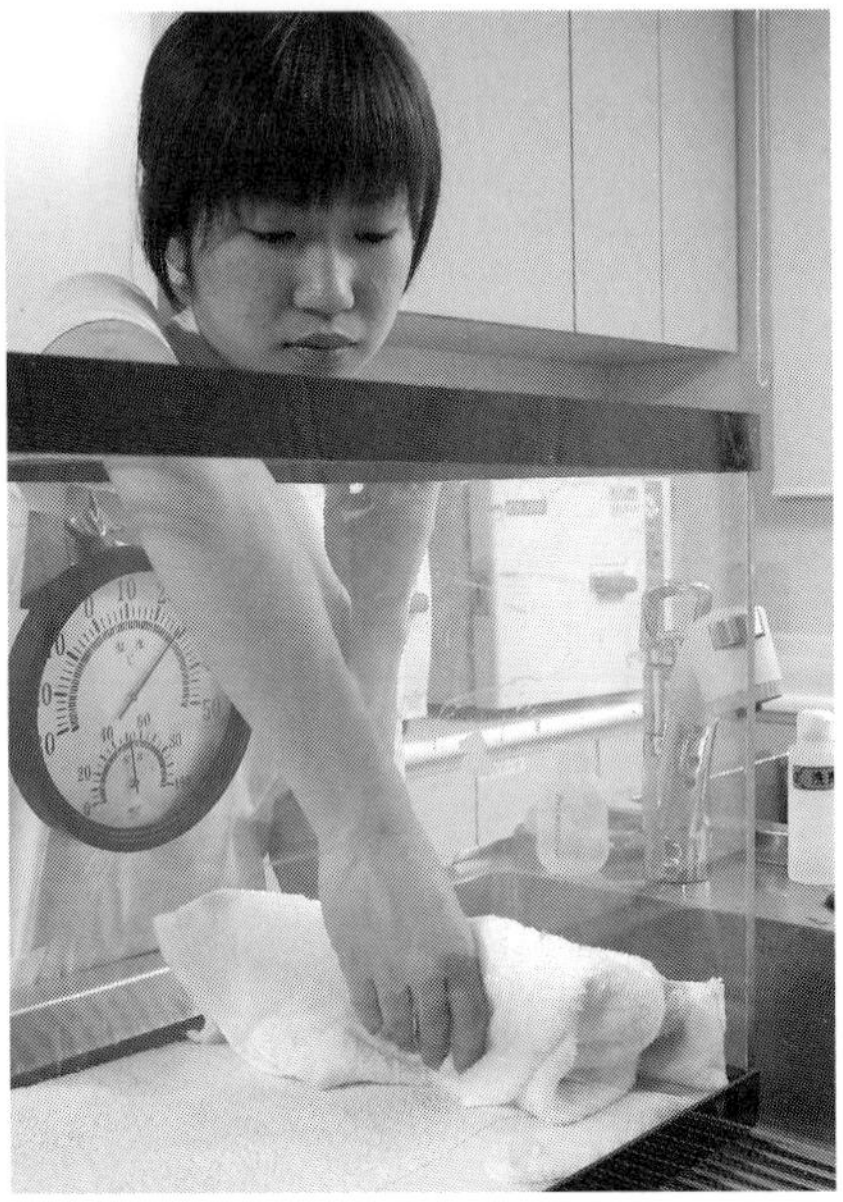

新生子にとって快適な気温は27～29度。寒いときは子犬のケージに温めた輸液バッグをタオルで包んで入れるなど、適温を保つ工夫をします。たえず動いて鳴いているようであれば暑すぎるかもしれないので、逃げられる涼しい場所もつくっておきます。

4 授乳後は口の周りを拭く

授乳後は、ガーゼやタオルなどで、口の周りについたミルクをきれいに拭き取ります。皮膚の炎症やかゆみの原因になることもあるので、そのままにしておいてはいけません。

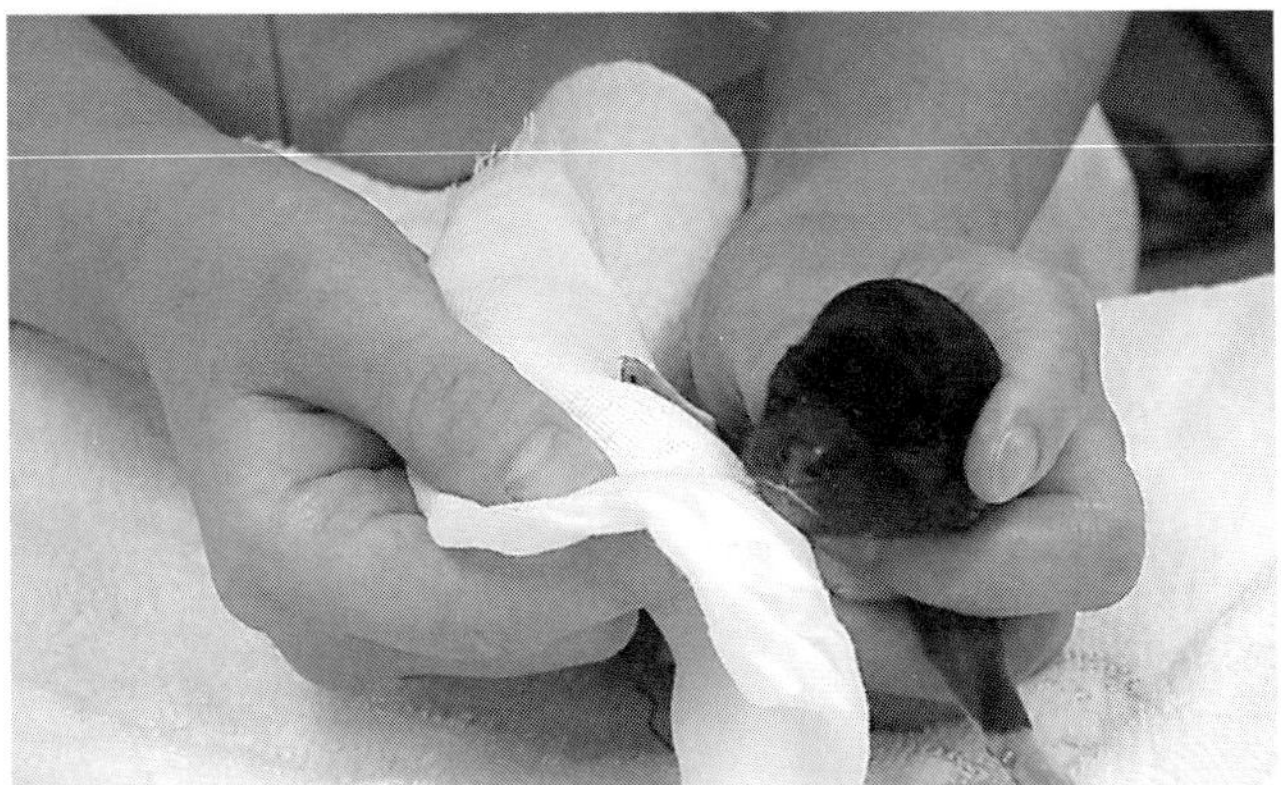

5 新生子の排泄の補助

ガーゼやぬるま湯で湿らせた脱脂綿で外陰部、包皮、肛門をそっとなでて、排尿や排便を促します。また、体をタオルで包み、グルーミングするようにやさしく全身をなでると子犬に安心感を与えることができます。

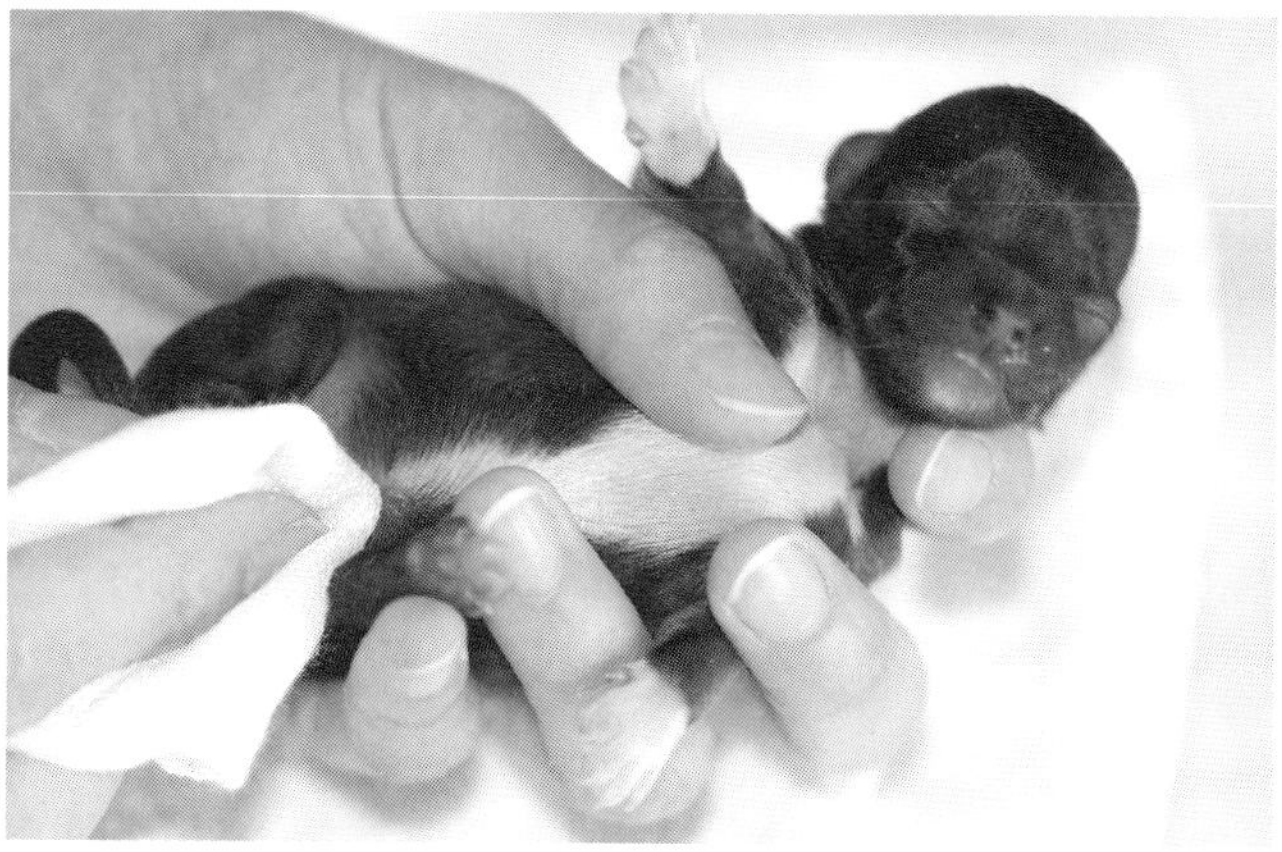

6 授乳期の子犬は衛生管理が重要

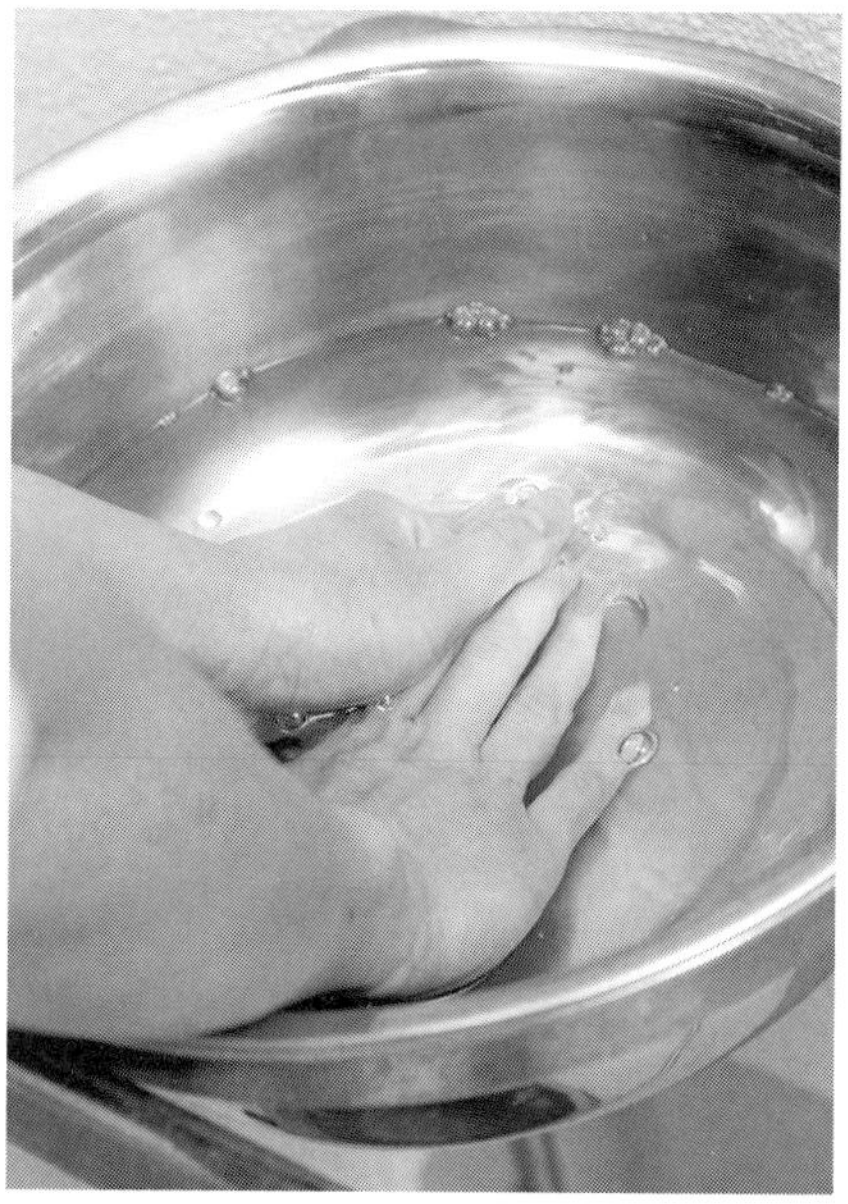

抵抗力の弱い授乳期の子犬の世話をする場合は、衛生管理を徹底することが大切です。子犬に触れる前には必ず自分の手を消毒し、使い捨てのエプロンなどをつけるようにします。

7 哺乳瓶や乳頭の扱いにも注意

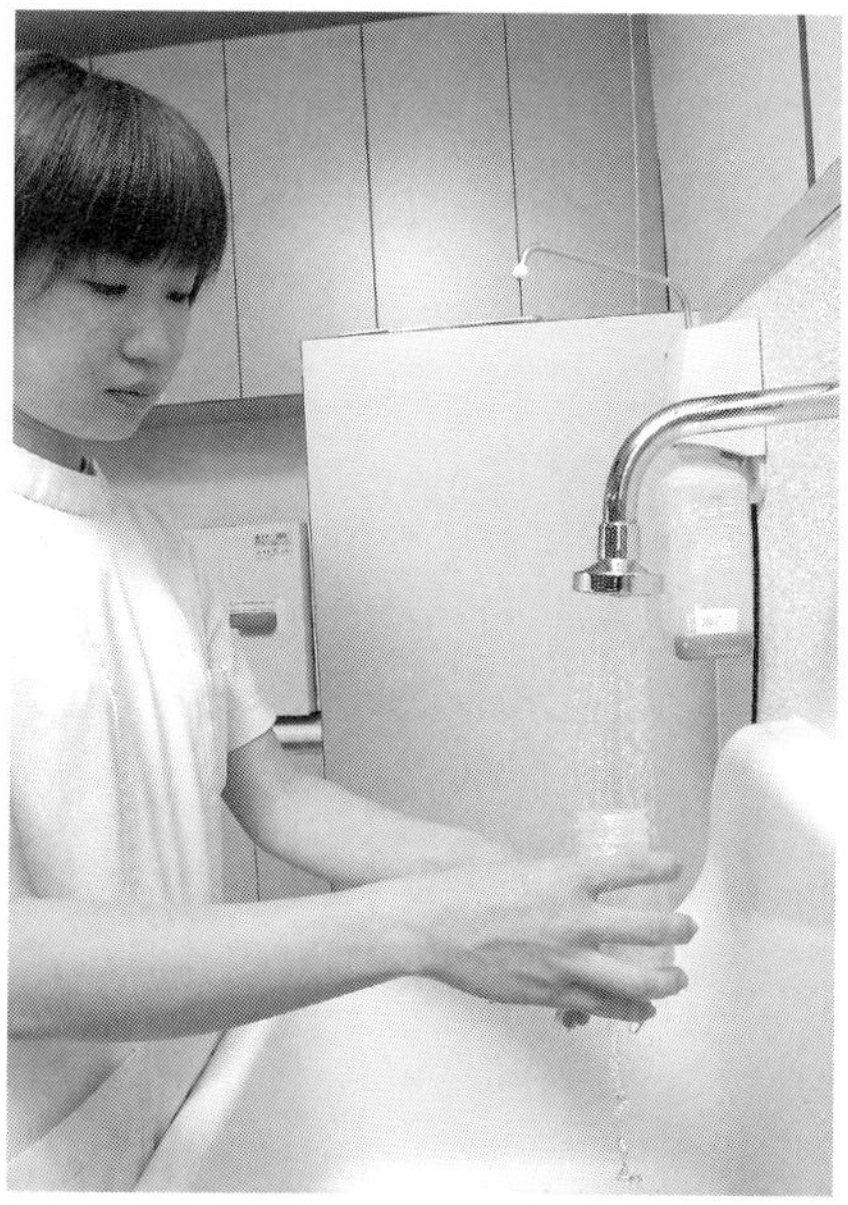

使用後の哺乳瓶や乳頭は、きれいに洗った後、煮沸消毒をしてから保管します。使用する前には、必ず滅菌水でよくすすぎましょう。

8 子犬の体調管理

子犬は毎日体重を量り、体調をチェックします。体重が減る、呼吸が荒い、耳や体に炎症があるなどの異常に気づいたら、体温をチェックし、獣医師に報告します。生後1週間ぐらいまでは、平常時の体温は37度台が普通。それを過ぎると38度台まで上昇します。

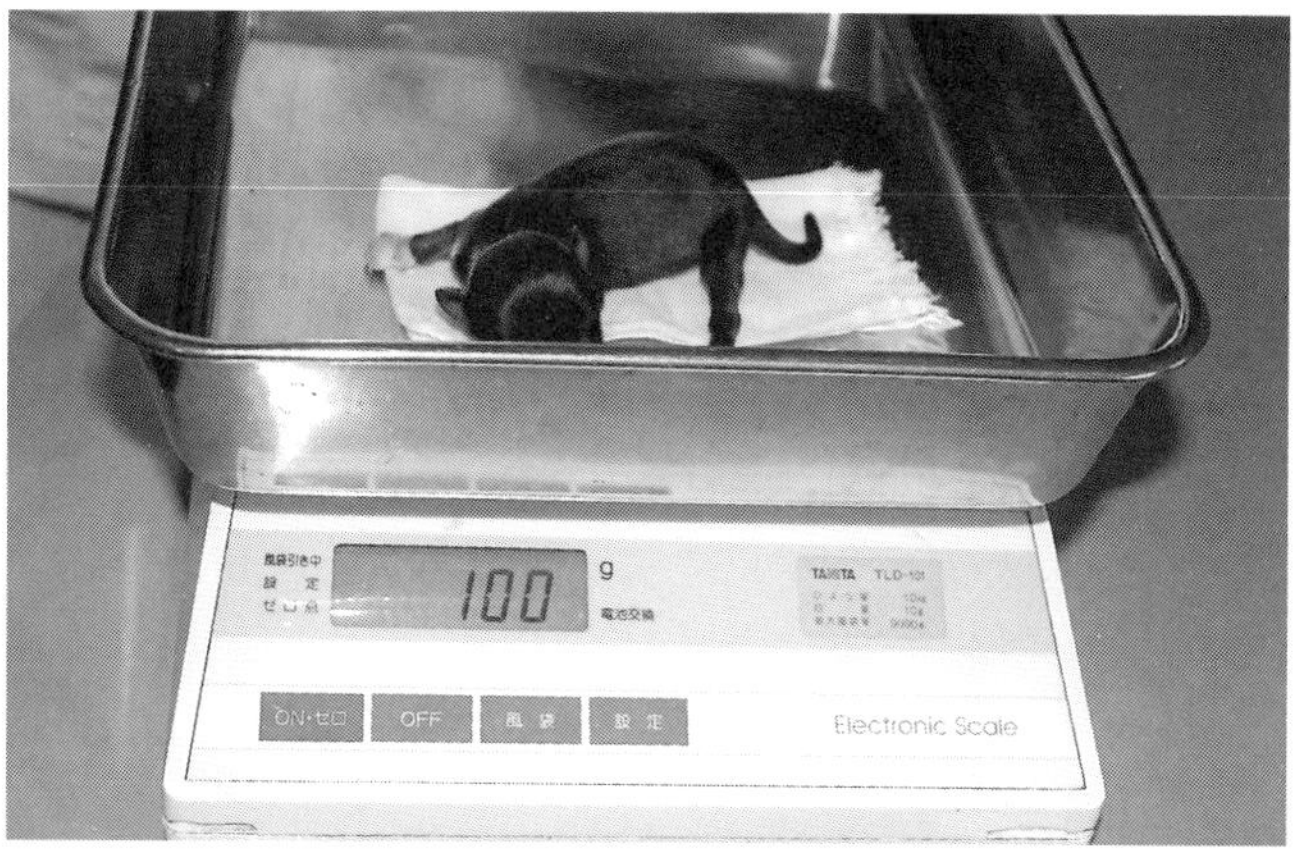

9 飼い主さんに便の検査をすすめる

子犬は、生まれつき寄生虫を持っている可能性もあります。飼い主さんには、便の検査をする必要があることを早めに伝えておくとよいでしょう。便の検査は、はじめは生後１カ月ほどの段階で行います。

10 時期が来るまで運動は室内で

感染症を防ぐため、最後のワクチン接種がすんで１週間以上たつまでは屋外を散歩させてはいけません。それまでは室内で十分に遊ばせ、徐々に首輪やリードをつける練習をしていきます。

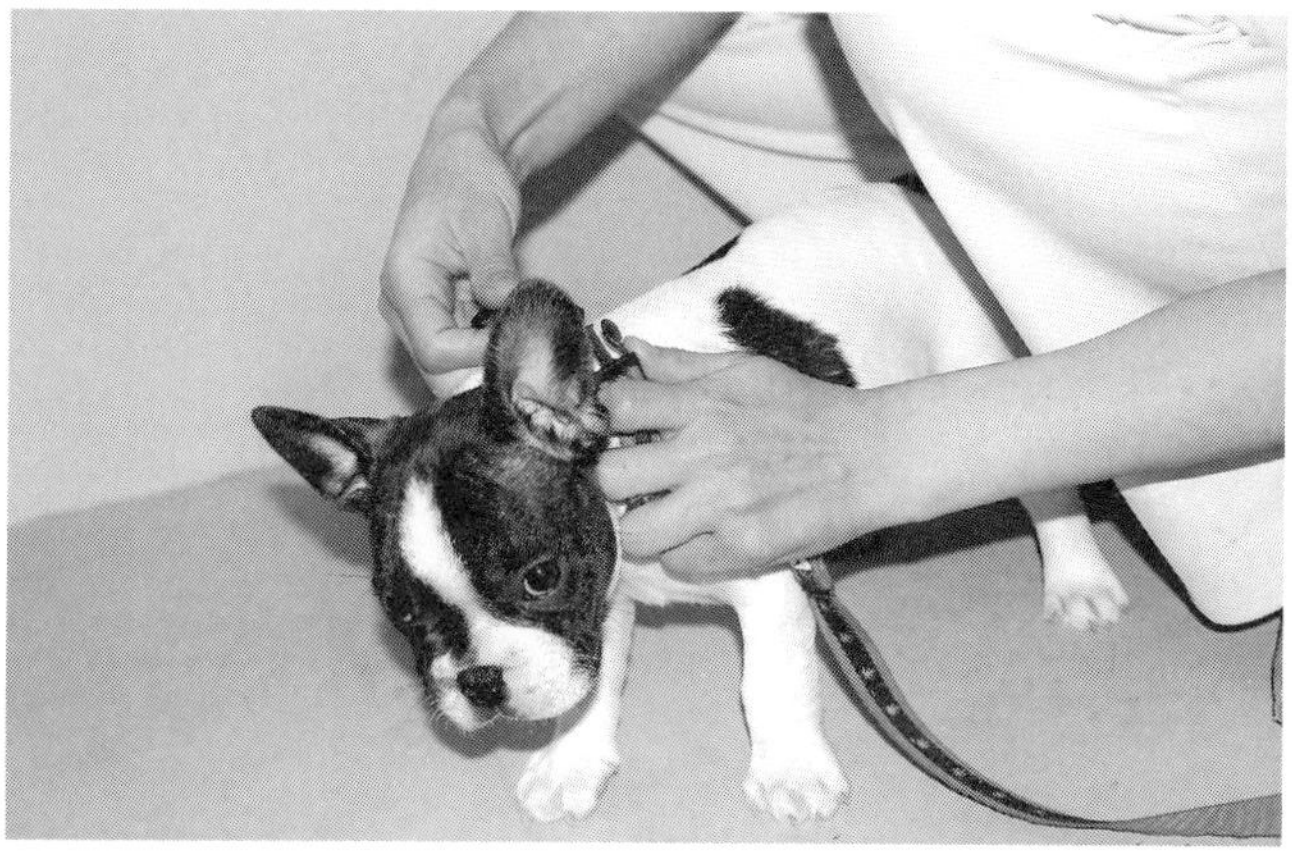

25. 退院前のチェック

きれいな状態で飼い主さんのもとへ

退院していく動物は、病気やけがが治って元気になったものばかりではありません。病院に適応できないためにやむを得ず通院に切り替える場合、残された時間を家族と過ごすために帰宅する場合など様々です。動物看護師は、それぞれの動物の事情を正確に把握したうえで飼い主さんに接するべき。帰宅後のケアについて説明する場合なども、態度や言葉づかいに配慮しましょう。

1 退院の予定を確認しておく

朝、その日に退院する予定の動物をあらかじめ確認しておきます。退院予定の動物については、食事、運動、排泄物などを含めて、健康状態のチェックを特に念入りに行うようにします。

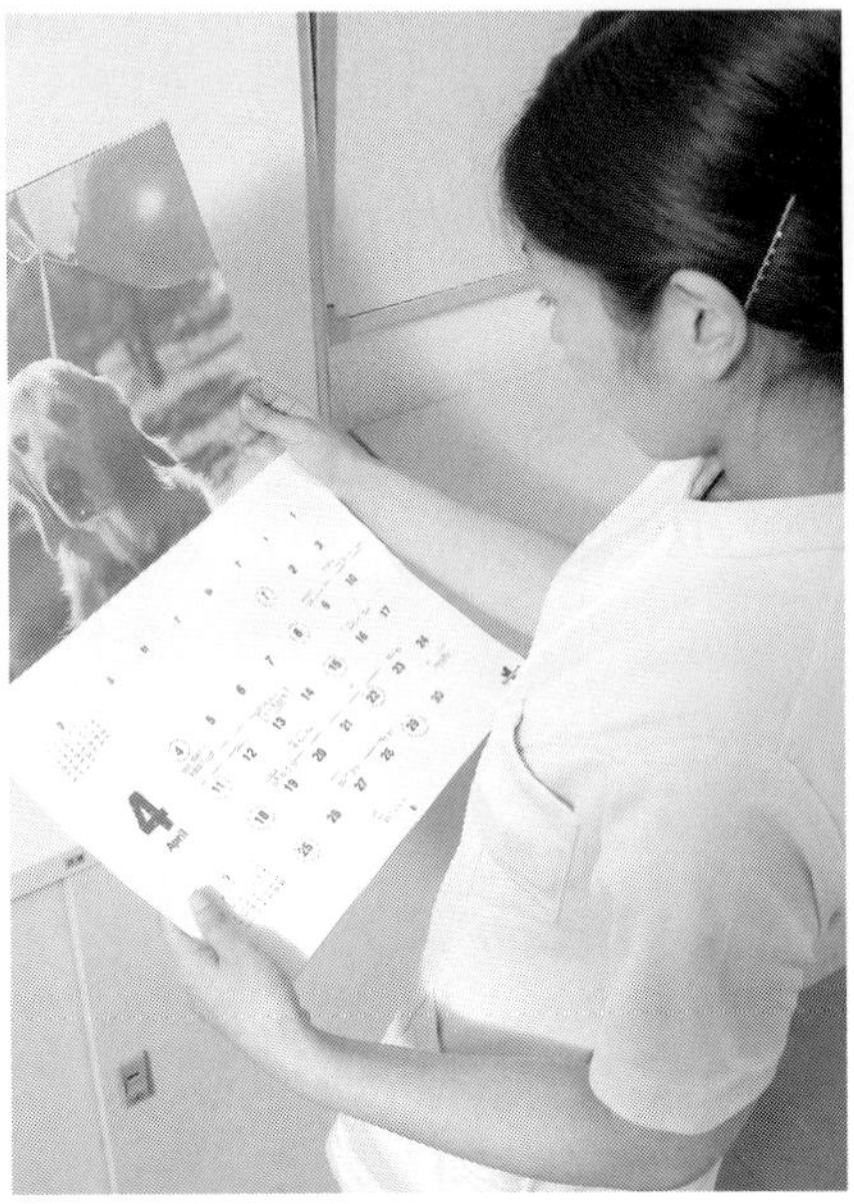

2 お迎え前に体の汚れをチェック

退院予定の動物のケージは、飼い主さんが迎えに来るまでこまめに様子をみるようにします。健康状態を確認するほか、ケージ内で排泄して体を汚していないかどうかにも注意します。

3 手術後は血液の付着に注意

手術を終えて退院する動物の場合は、排泄物による汚れのほか、血液がついていないかどうかも確認します。迎えに来た飼い主さんがショックを受けたり、嫌な思いをしたりすることのないよう、動物の体をきれいな状態にしておきます。

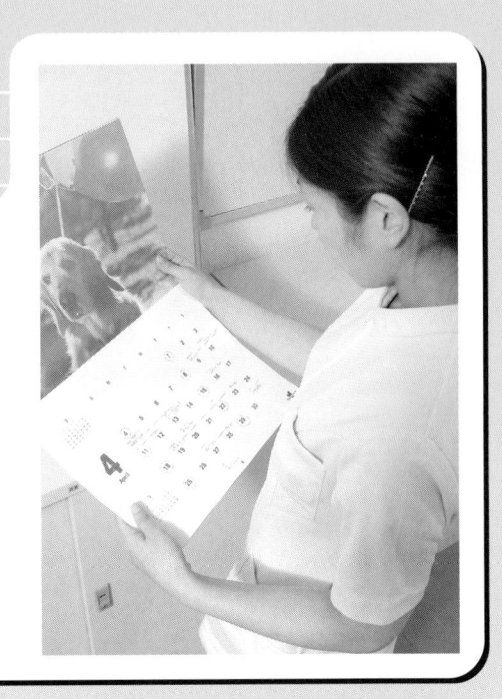

4 排泄していたら別のケージへ

ケージ内で排泄しているのに気づいたら、動物をすぐに別のケージに移し、体に汚れがついていないかどうか確認します。足裏、足先、お尻、内股などは特に汚れやすいので、念入りにチェックしましょう。

5 汚れていたら部分洗いを

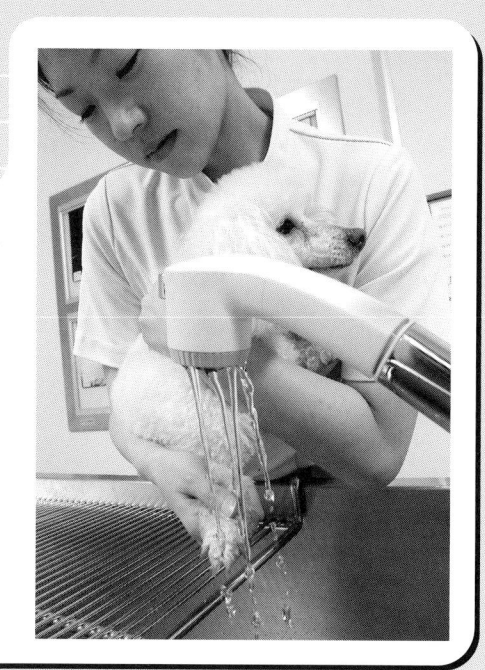

体が汚れていたら、部分洗いなどをする必要があります。ただし、動物の体調によっては体に負担をかけてしまうこともあるので、必ず事前に担当獣医師に報告し、その指示に従ってシャンプーなどのケアを行いましょう。

6 お迎えの直前にグルーミングを

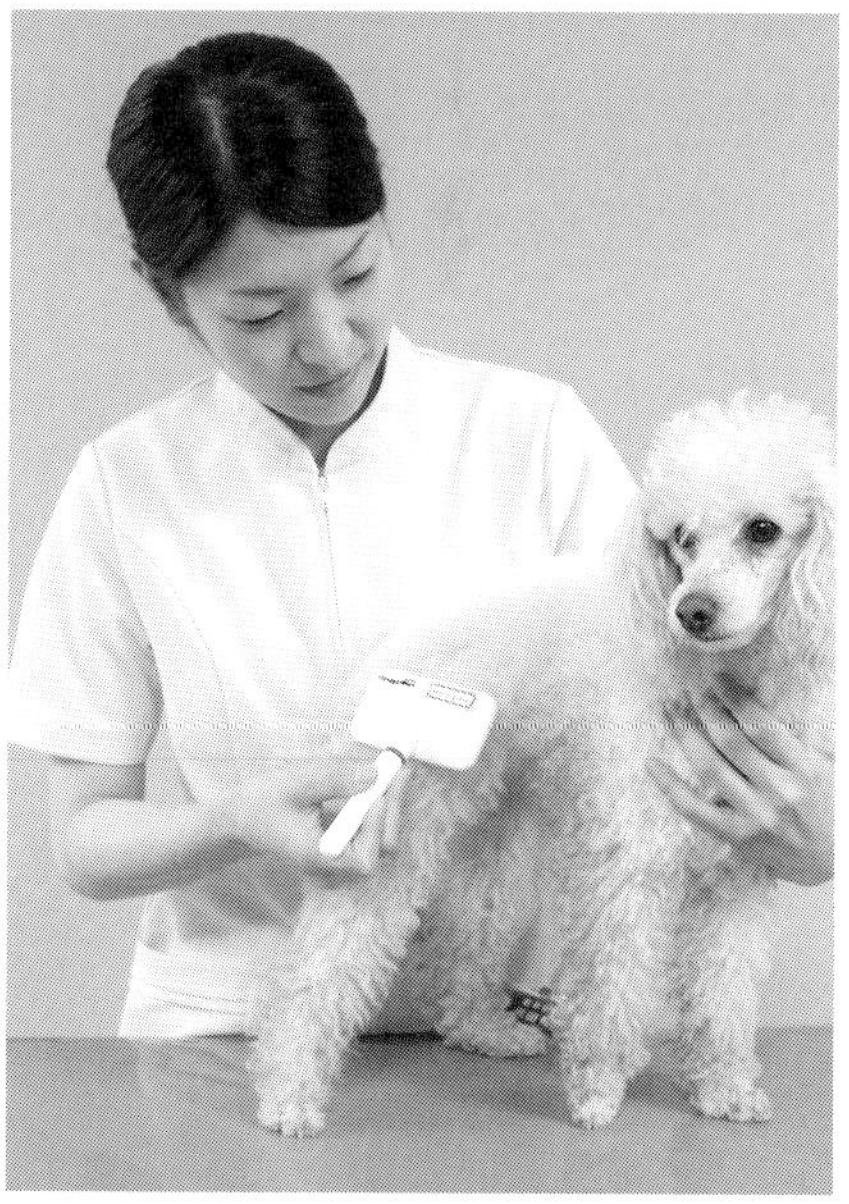

お迎えの時間が近づいたら、飼い主さんにきれいな状態で返すための仕上げをします。涙や目やにが出ていたら粘膜用の消毒液を含ませたコットンで拭き取り、無理のない範囲で体に軽くブラシをかけておきます。

7 健康状態の最終確認

その日の排便、排尿、食欲などの記録を確認し、問題がありそうなら担当獣医師に報告して指示を仰ぎます。帰宅後の日常の世話について、飼い主さんに伝えるべきこともまとめておきます。

8 入院中に気づいたことは獣医師へ

病気の治療は獣医師の仕事ですが、入院動物の日常的な管理は動物看護師の仕事です。ケージで鼻をすりむいた、体に腫瘤を見つけたなど、入院中に気づいた動物の異変や病気の徴候などがあれば、すべて担当獣医師に報告します。

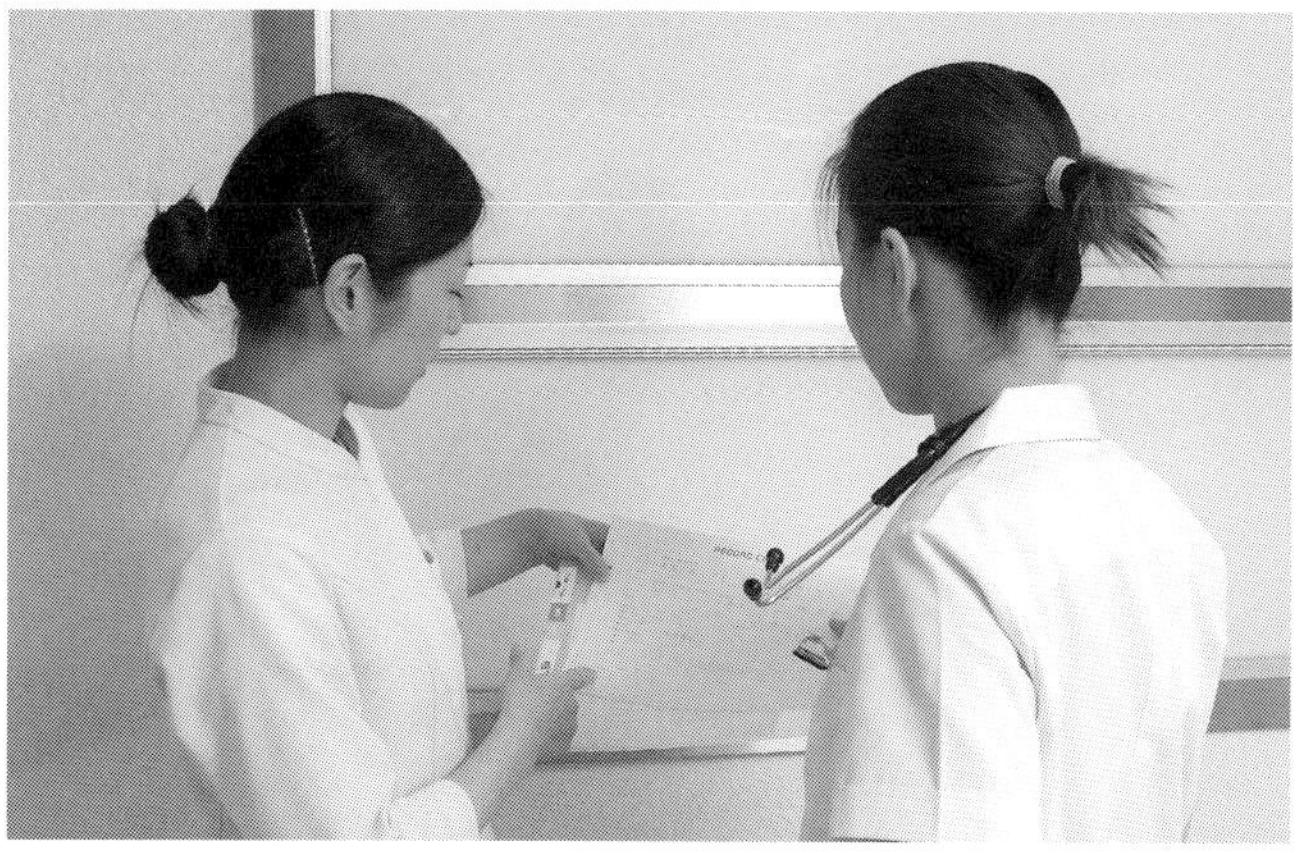

9 飼い主さんに返すものを準備

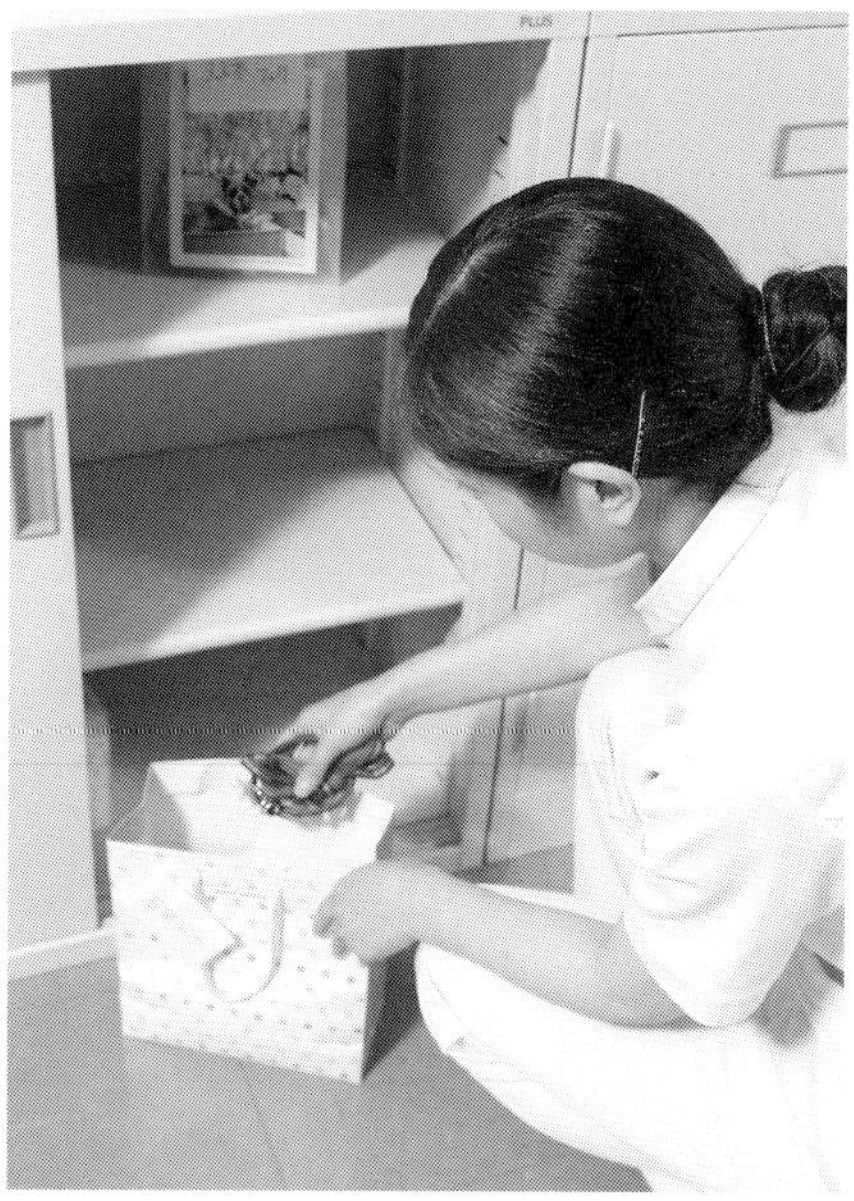

リード、敷物、おもちゃ、フードなど、飼い主さんに返却するものをまとめておきます。入院時と退院時で担当者が違うこともあるので、返し忘れのないように注意。病院で決められた記録表などがあれば、きちんと確認します。

10 動物を飼い主さんへ

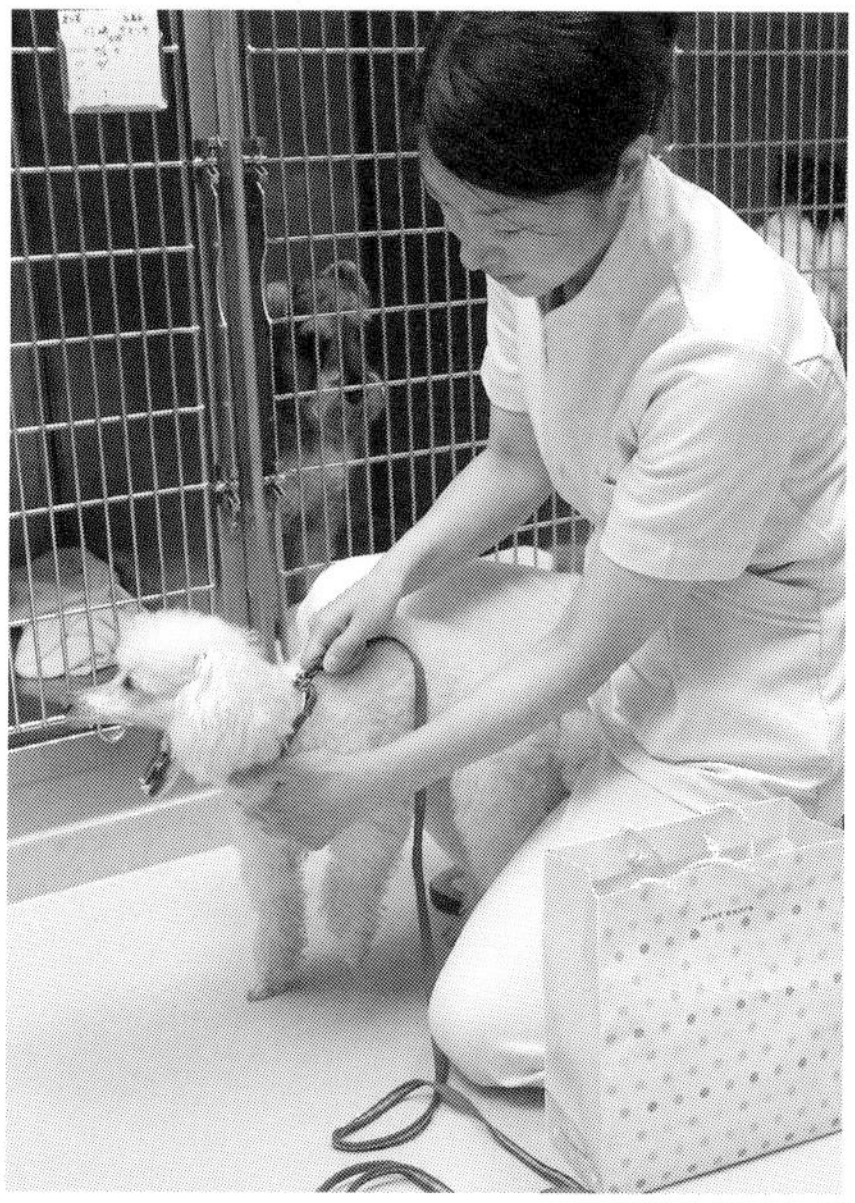

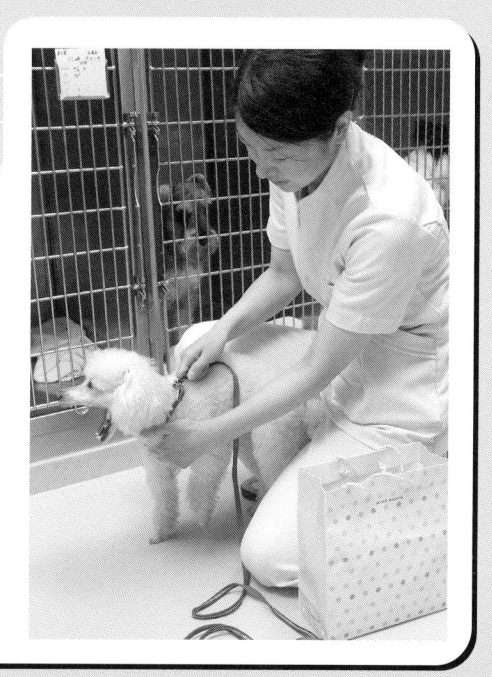

動物に首輪やリードなどをきちんとつけ、返却するものは、持ちやすいように袋などにまとめておきます。飼い主さんには「入院中よく慣れて落ち着いていましたよ」など、安心してもらえるような一言を添え、「お大事に」と送り出します。

26. 動物の死亡時

飼い主さんの気持ちを思いやることが大切

入院中の動物の容態が悪くなったら早めに飼い主さんに連絡し、最期の瞬間に立ち会ってもらえるようにします。急死の場合も、できるだけ早く報告を。大切なペットが亡くなることは、飼い主さんにとってたいへんつらい経験です。動物が死亡した際は、「できるだけのことはした」という病院側の誠意を示すとともに、飼い主さんの気持ちを第一に考えたデリケートな対応を心がけましょう。

1 飼い主さんに連絡する

動物が死亡した場合、または容態が悪くなった場合は、すぐに飼い主さんに連絡します。緊急の場合に備えて、入院時に緊急連絡先や携帯電話の番号を聞いておき、カルテに控えておくとよいでしょう。

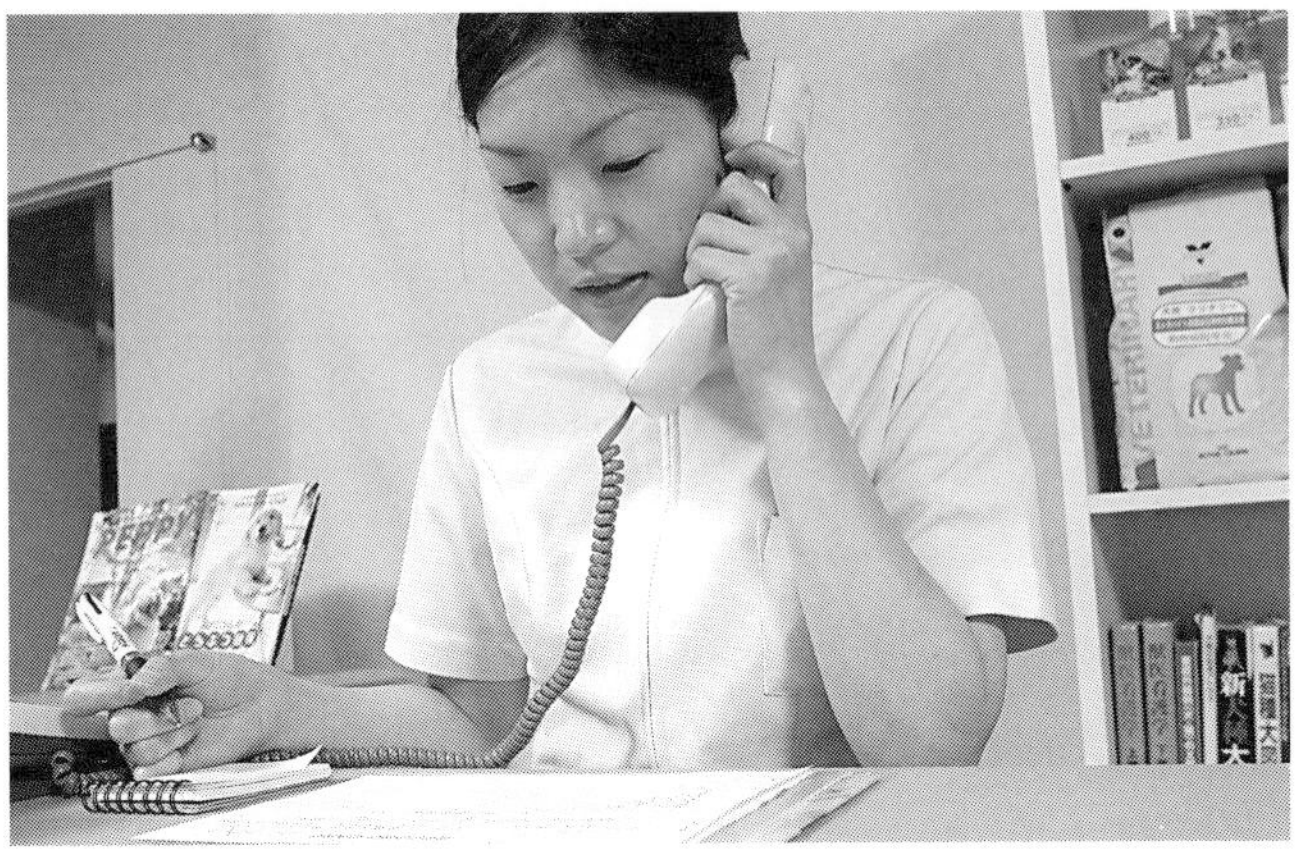

2 緊急時には電報を利用する

電話連絡が取れない場合は、電報を打ちます。動物が死亡したときは、すぐに対応することが大切。先方からの連絡を待つなどして時間をおいてしまうと、飼い主さんとのトラブルにつながることもあります。電報のよい点は「すぐに対応した」という証拠になることです。

3 会計のタイミングに気を配る

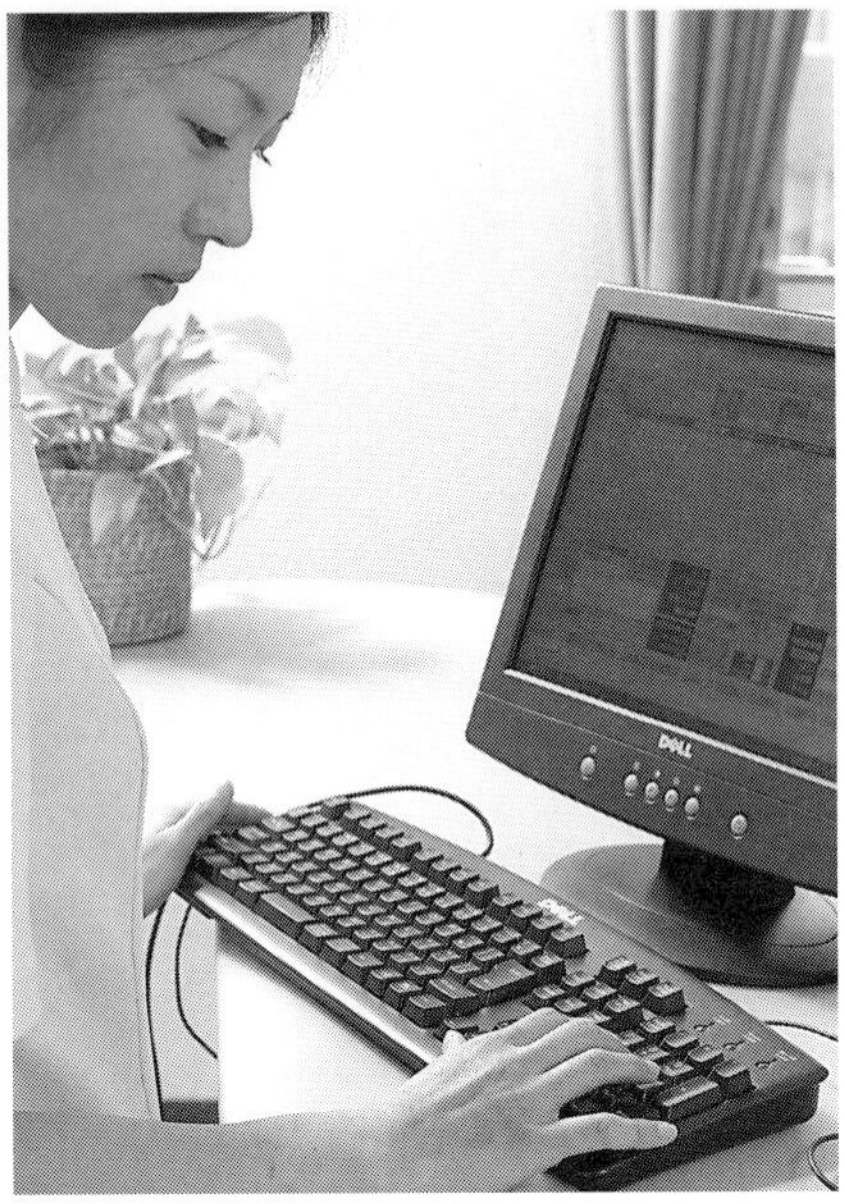

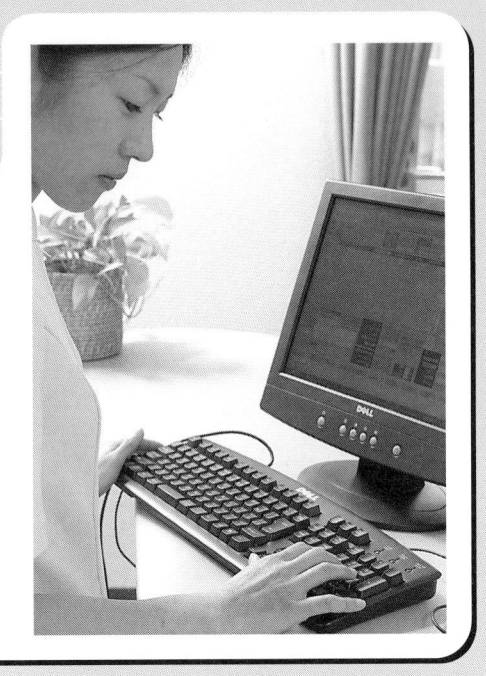

動物が死亡した場合は、飼い主さんが病院に来る前に会計をつくっておきます。病院に到着した飼い主さんの様子をみながら、相手に嫌な思いをさせないタイミングで会計をお願いしましょう。

4 動物を洗体する

死亡した動物をきれいにシャンプーします。特に長い間病気をしていた動物は、シャンプーができずに汚れていることが多いので、全身をていねいに洗いましょう。

5 ドライヤーで乾かす

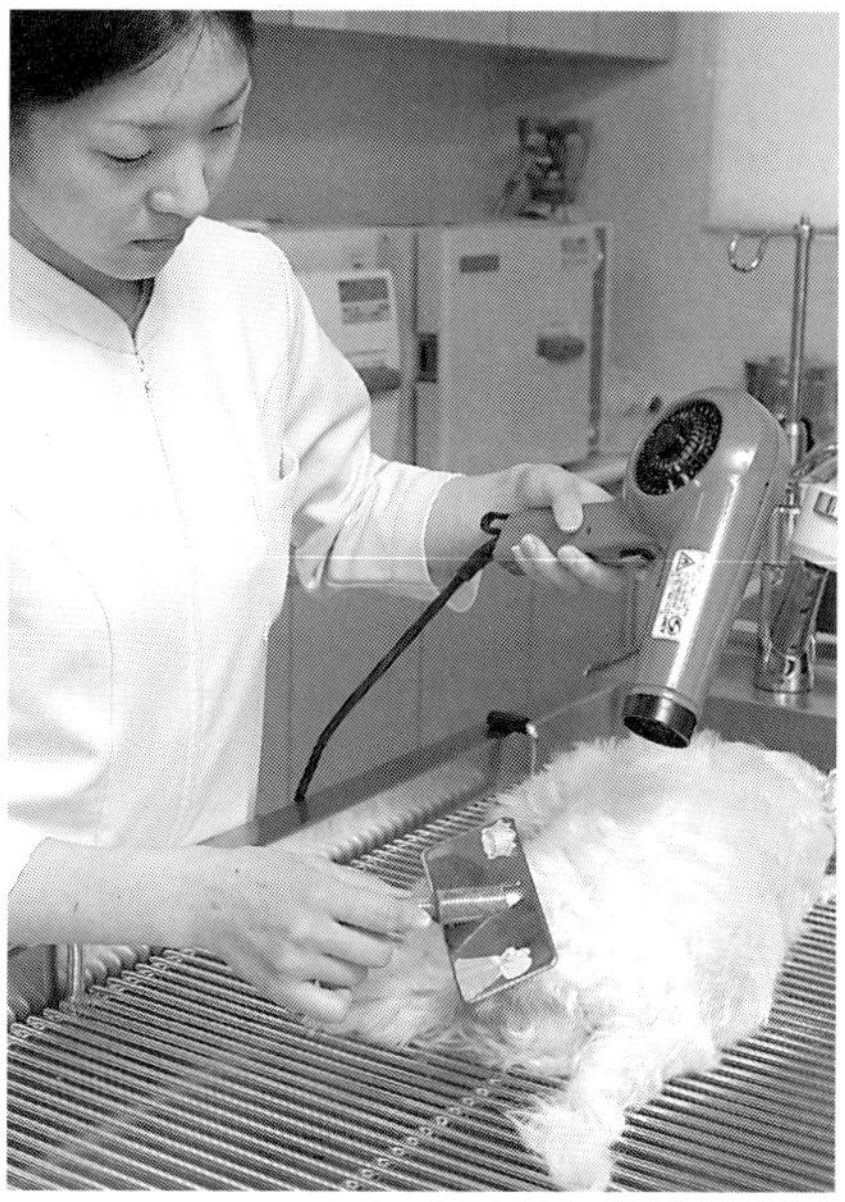

シャンプーが終わったら、ブラッシングしながらドライヤーをかけ、毛を完全に乾かします。ショックを受けている飼い主さんの気持ちをなぐさめるためにも、できるだけきれいに仕上げましょう。

6 鼻や肛門に綿を詰める

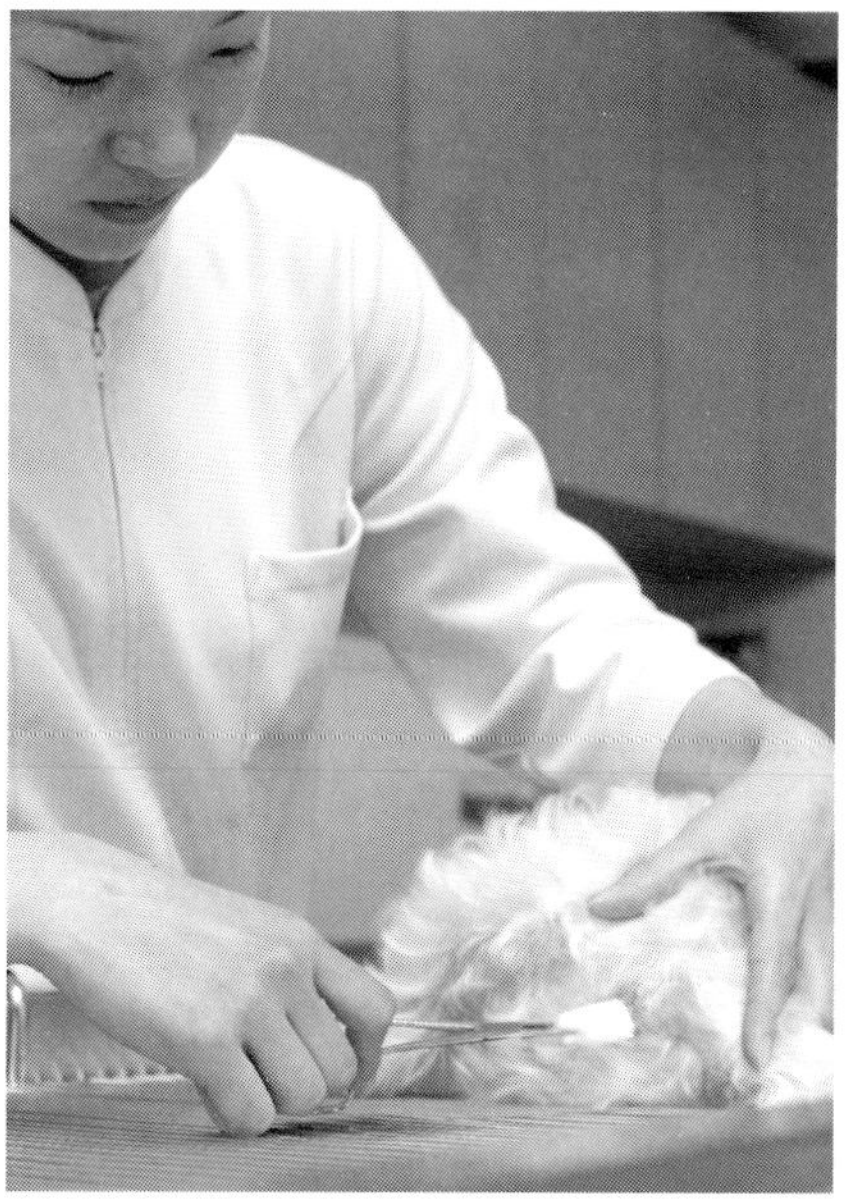

分泌物などで動物の体が汚れるのを防ぐため、適当な大きさにちぎった脱脂綿を丸めて、鉗子ではさんで鼻と肛門に詰めます。

7 遺体に添える花を用意する

遺体に添える花を準備します。大切なペットを亡くした飼い主さんの気持ちを考え、こうした心配りを忘れないようにしましょう。

8 遺体を棺に入れる

動物の遺体を棺に入れます。目や口が開いている場合は、そっと閉じておきます。遺体の周りに、用意しておいた花を添えます。

9 お悔やみの言葉を述べる

飼い主さんが病院に到着したら「お役に立てず申し訳ありません」など、お悔やみの言葉を述べます。お悔やみの言葉は非常に難しく、場合によってはトラブルにつながることもあるので、よけいなことはいわないようにします。

10 動物霊園の案内などを渡す

飼い主さんが少し落ち着いた頃を見計って、またはお帰りのときに動物霊園のパンフレットなどを渡し、その後については動物霊園と相談してもらいます。

病院での言葉づかい

職場では、適切なあいさつや言葉づかいをする必要があります。
特にあいさつは自分からすすんで行うように心がけましょう。
また、動物病院では、飼い主さんとのコミュニケーションを円滑にするため
独特の言葉づかいがあるので、覚えておくとよいでしょう。

1 飼い主さんへのあいさつ

午前中 ………………「おはようございます」

午後以降 ……………「こんにちは」

お待たせするとき …「少々お待ちください（ませ）」

お待たせした後 ……「お待たせいたしました」

お詫びするとき ……「申し訳ございません」

2 スタッフ間のあいさつ

出社したとき ………「おはようございます」

退社するとき ………「お先に失礼します」

外出から戻ったスタッフを迎えるとき

………「お帰りなさい」、「お疲れさまです」

退社するスタッフを見送るとき……「お疲れさまでした」

3 敬語の基本

敬語には**①尊敬語**、**②謙譲語**、**③ていねい語**の3種類があります。それぞれの意味を知っておき、正しく使い分けましょう。

①尊敬語

相手を高く待遇して敬意を表します。

＜例＞普通のいい方 → 尊敬語

これ、こっち、ここ → こちら
※同様に、あちら、そちら、どちら

行く、来る、いる、している → いらっしゃる

いう → おっしゃる

する → なさる
※心配する→ご心配なさるなど、「ご～なさる」の表現もあり。

調べる → お調べになる
※ほかの動詞もこのいい方でOK。

など

②謙譲語

こちらがへりくだって相手に敬意を表します。

＜例＞普通のいい方 → 謙譲語

私たち → 私ども

行く、来る → まいります、うかがいます

いる → おります

いう → 申す、申し上げる

など

③ていねい語

相手に対して敬意を持って、ていねいにいう言葉です。

＜例＞普通のいい方→ていねい語→より改まったいい方

○○だ →○○です →でございます

聞く →聞きます →うかがいます

ある →あります →ございます

する →します →いたします

など

4 知っていると良い言葉

● **クッション言葉**

飼い主さんと話すときに、よりていねいでソフトな印象を与えるために「クッション言葉」を覚えておくと便利です。「失礼ですが」、「恐れ入りますが」、「あいにくですが」、「もし、よろしければ」、「差し支えなければ」、「お手数ですが」などを話したいことの前につけてみると、表現がうんと柔らかく伝わります。

＜例＞普通のいい方→クッション言葉をプラス

「A社のフードは2種類しか扱っておりません」

→「あいにくですが、A社のフードは2種類しか扱っておりません」

● **病院特有の言い回し**

中心となるのは、飼い主さんに不快感を与えないためのいい換えです。また、飼い主さんの名前を呼ぶときに「さん」づけではなく「様」づけで呼ぶようにすると、ていねいな言葉が続きやすくなります。

＜例＞普通のいい方 →病院特有のいい方

犬、猫 →ワンちゃん、猫ちゃん、（この）子
※名前がわかるときは名前で呼ぶのがベター。

餌 →ごはん、お食事

ドライフード →カリカリ

ホテル、預かり →お泊まり

薬、注射、散歩 →お薬、お注射、お散歩
※「お」をつける

死ぬ →亡くなる

III

事務系の仕事

1. 電話での応対①

病院にかかってきた電話を受けるとき

動物病院への電話で多いのは、診察時間の確認や、常用している薬を用意しておいてほしいなどの依頼、動物の体調の相談など。カルテをみながら対応すべきことが多いので、外部からの電話はカルテに近い受付などで受けるとよいでしょう。電話の相手にはハキハキと応対し、わからないことはわかる人にかわってもらいます。正しい敬語の使い方や、適切なあいさつも覚えるようにしましょう。

1 電話の近くにメモを準備

いつ電話がかかってきてもスムーズに応対できるようにするため、電話の近くにはメモと筆記用具を常に準備しておきます。左手で受話器を持ち、右手でメモを取れるよう、電話の右側にメモなどをセットしておくと便利です。

2 早めに受話器を取る

呼び出し音が鳴ったら、すぐに受話器を取ります。ただし、鳴った瞬間に出るのは早すぎ。2コールめを目安にするとよいでしょう。3コール以上待たせてしまった場合は、「お待たせいたしました」と言葉を添えるようにします。

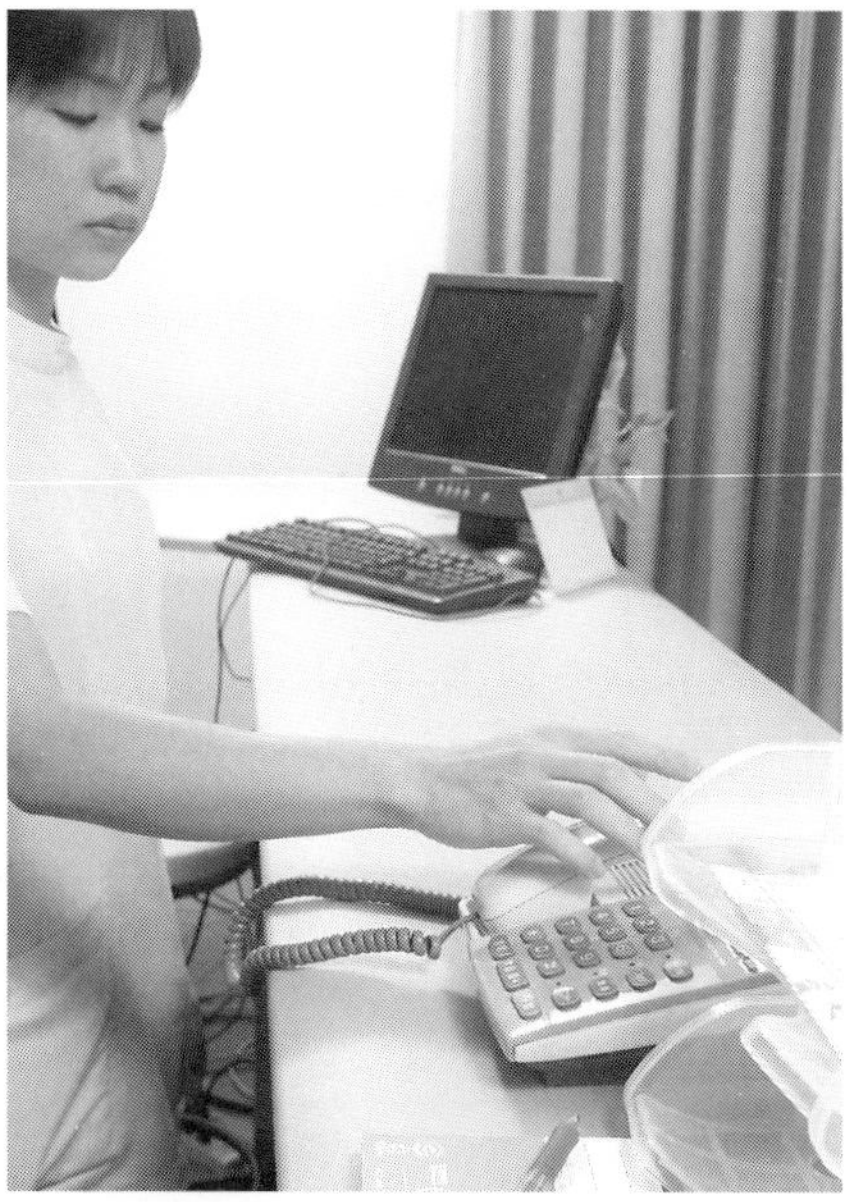

3 病院名を名乗る

受話器を取ったら、「○○動物病院、受付です」のように病院名を名乗ります。元気よく、ハキハキとした口調を心がけましょう。

4 あいさつをする

飼い主さんからの電話の場合、時間に合わせて「おはようございます」、「こんにちは」などのあいさつをします。飼い主さん以外からの電話の場合は「お世話になっております」とあいさつをしましょう。

5 相手の名前を確認

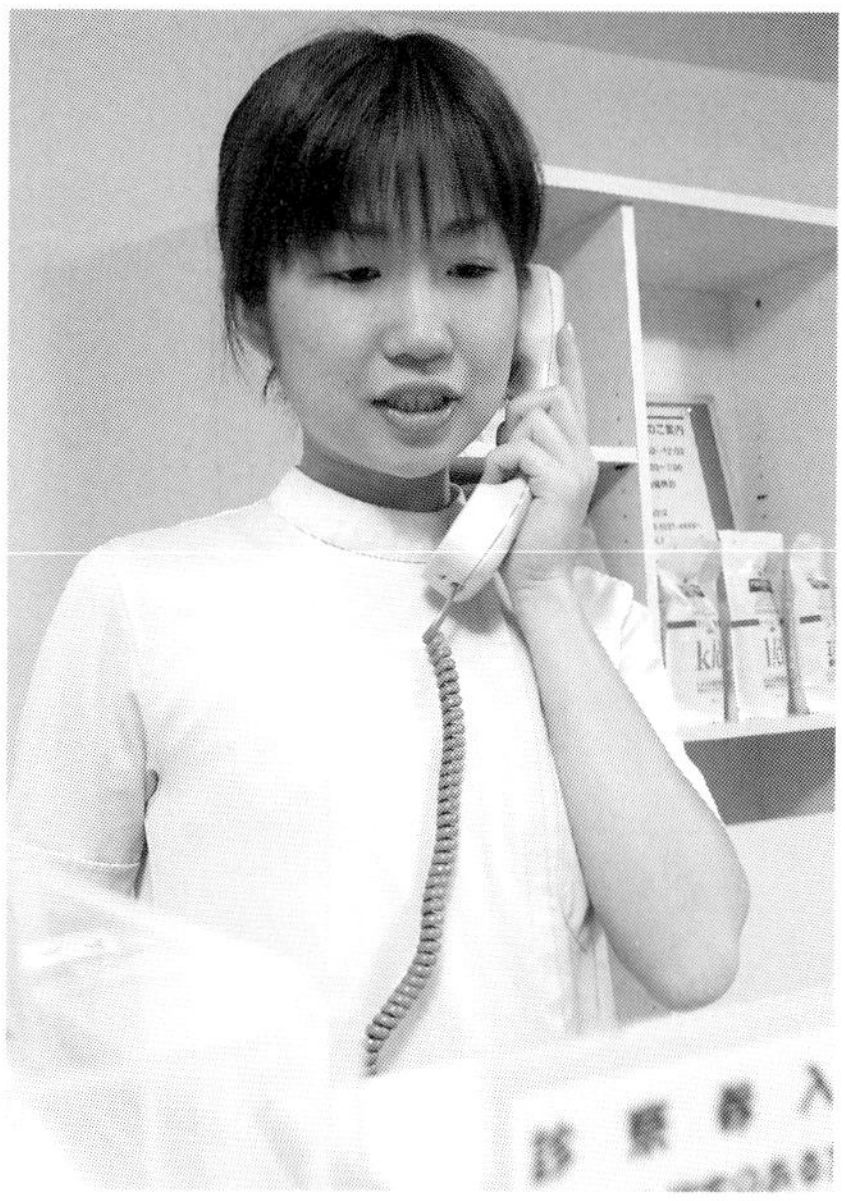

飼い主さんの名前や動物の名前、カルテ番号などの必要事項を聞き、メモしていきます。相手が自分から名乗らない場合は、「失礼ですが、どちら様でいらっしゃいますか?」または「お名前をうかがってよろしいでしょうか?」と確認しましょう。

6 初診の場合は持ち物などを指示

犬や猫の初診の問い合わせの場合、飼い主さんの名前と連絡先、動物の種類、年齢や症状など、最低限必要なことを確認し、問診票に記入しておきます。来院時の持ち物や診察時間も忘れずに伝えます。

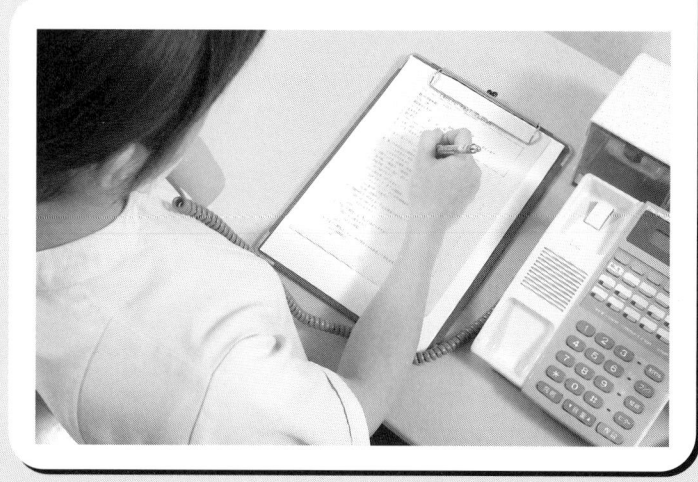

7 犬猫以外の動物の場合

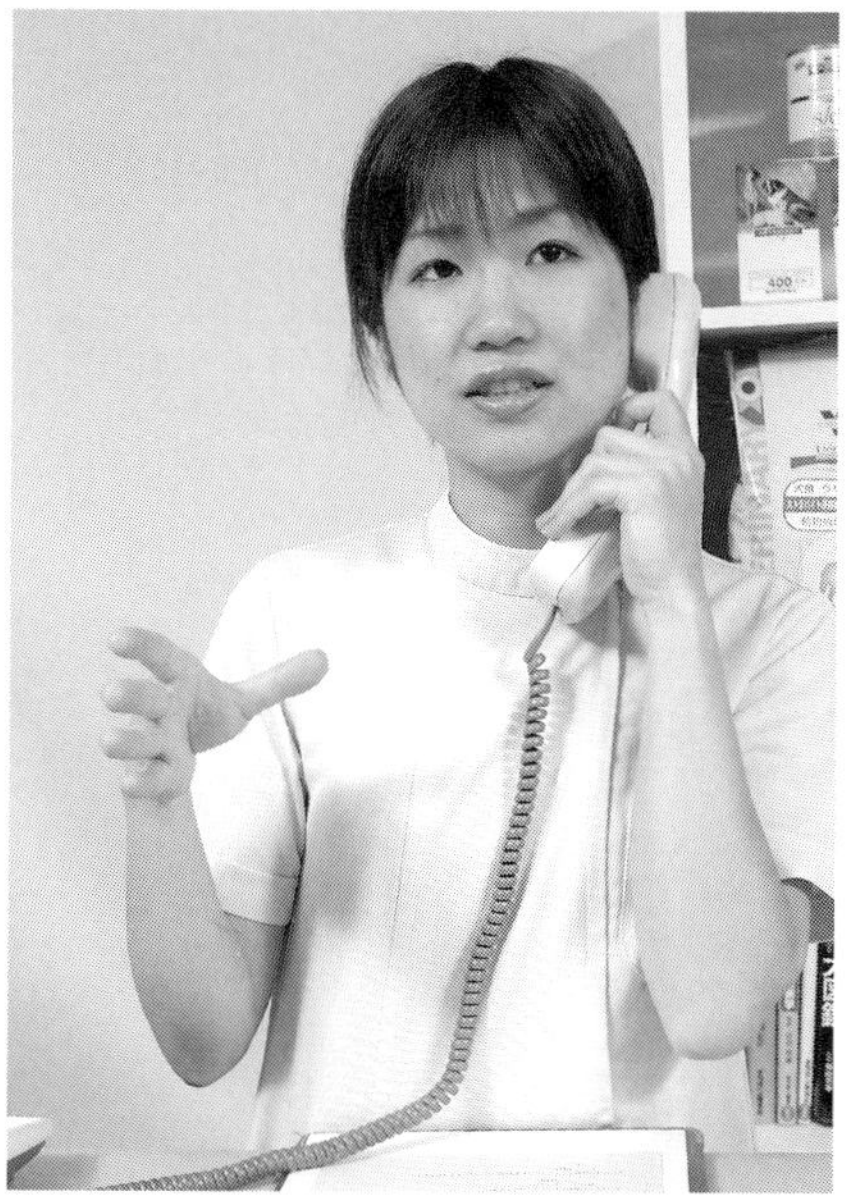

鳥やげっ歯類、は虫類などの初診の問い合わせの場合も、まず犬や猫の場合と同じ必要事項を確認します。さらに、飼育しているケージごと持ってきてほしいことや、動物にストレスを与えない方法といった注意事項も伝えておきます。

8 営業などの電話への対応

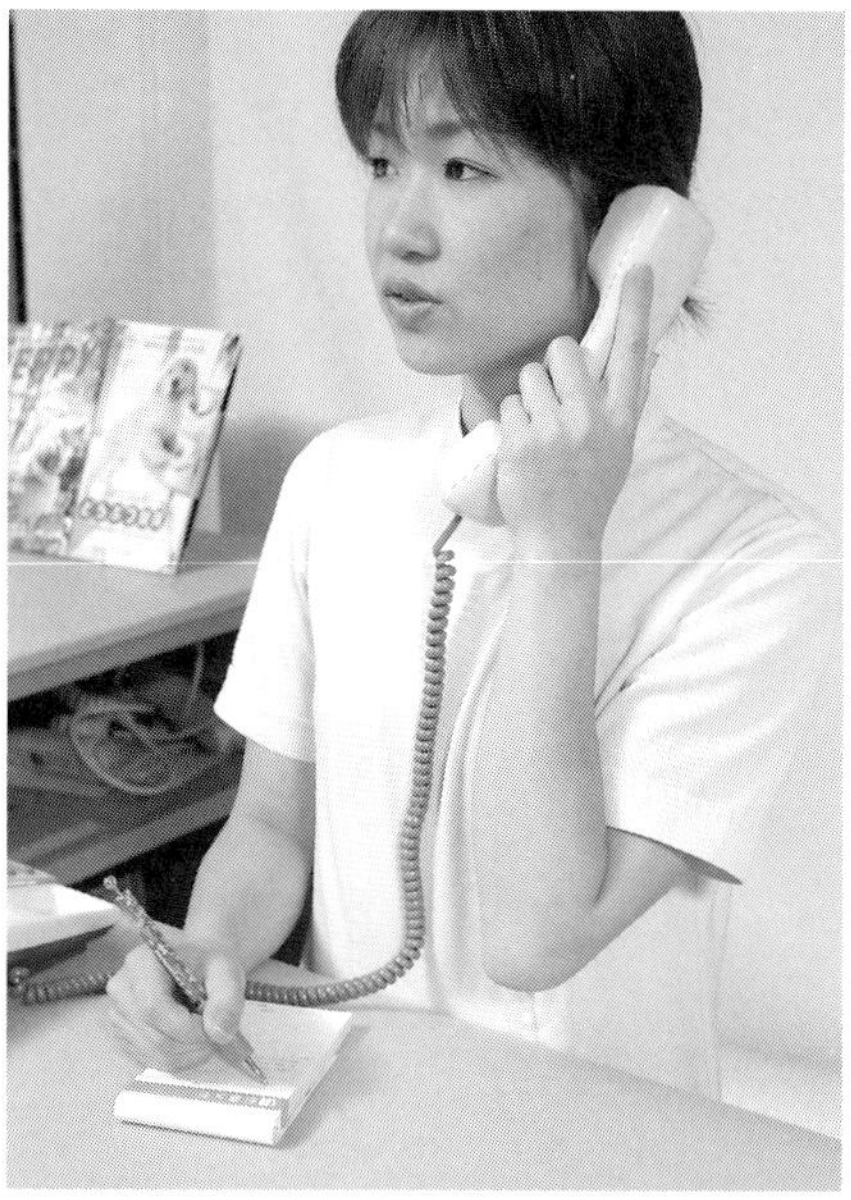

患者さんや日頃おつきあいのある会社や業者以外から、営業や勧誘の電話が入ることもあります。その場合は、病院の決まりに従って、担当者に取り次ぐ、用件を聞いて断わるなどの対処をしましょう。

9 取り次ぐときは保留に

かかってきた電話を別のスタッフに取り次ぐ場合は、「××でございますね、少々お待ちください」といって、電話の保留ボタンを押します。獣医師の場合は、院長、○○先生というようにします。ほかのスタッフの場合は敬称はつけません。

10 受話器を手でふさぐ

保留ボタンを押さなかったり、受話器を手でふさいだりした状態で、取り次ぐスタッフに声をかけるのは間違い。電話の相手にこちらの話し声が聞こえてしまう可能性があります。病院内の会話は外部の人に聞かせるべきではないので、必ず保留ボタンを押しましょう。

11 取り次ぐ相手に声をかける

取り次ぐ相手には、「××先生、△△様（○○社の□□様）からお電話です」のように、かけてきた相手の名前を伝えます。たとえ周りにスタッフしかいない場合でも、相手の名前には敬称をつけます。取り次ぐ相手が人の多いところにいる場合は、メモを渡す方法もあります。

12 担当者に取り次げない場合

指名された相手が手術中などですぐに取り次げない場合は、「ただいま手術中で手が離せませんので、後ほどこちらからお電話いたします」などと伝えます。その際、「念のため、お電話番号をお願いします」と、連絡先も聞いておきましょう。

13 伝言はメモにまとめる

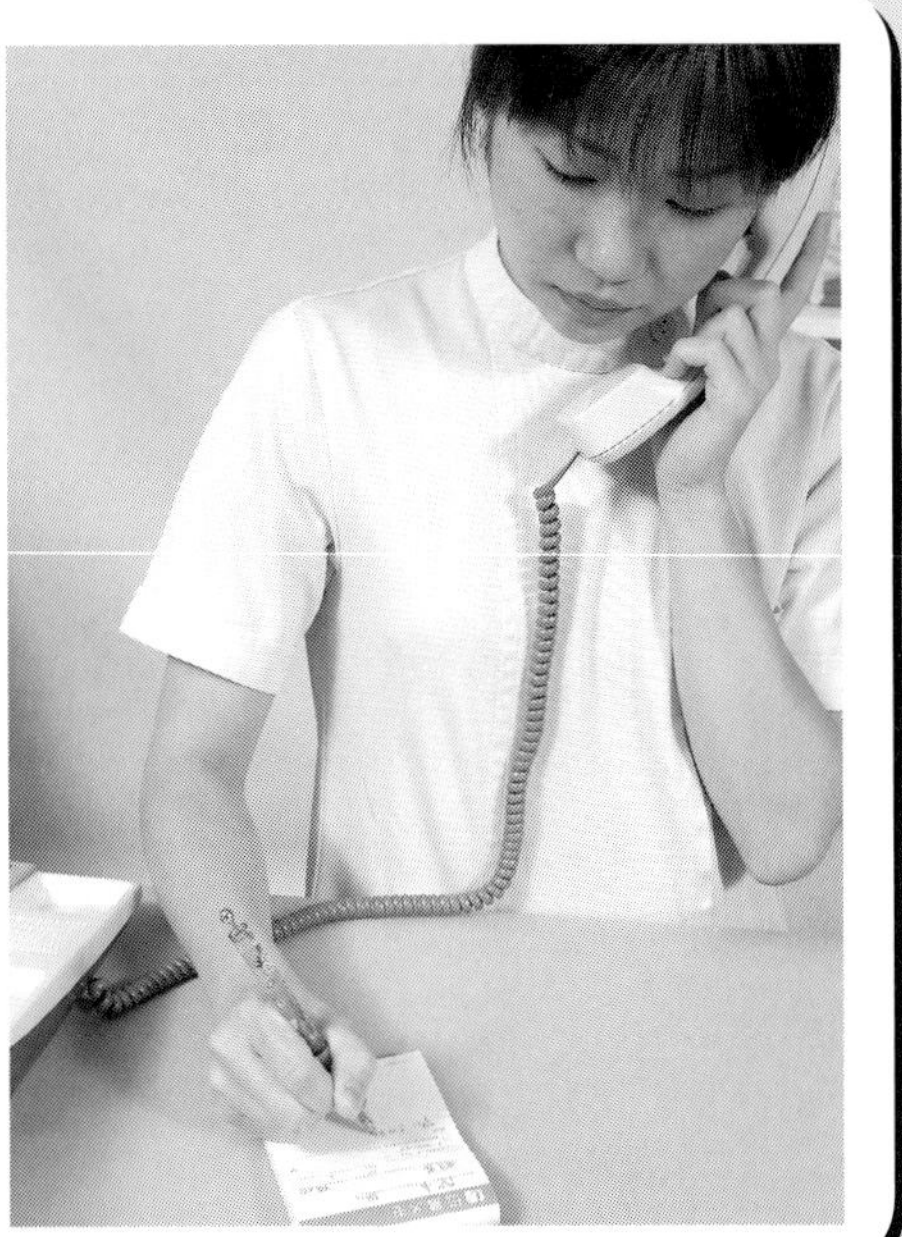

伝言を頼まれたら、相手の用件を聞き、要点をメモしておきます。相手の声が聞き取れなかった場合は、「恐れ入りますが、もう一度お願いいたします」のようにいって、内容を正確に把握するようにします。

14 伝言の内容を確認する

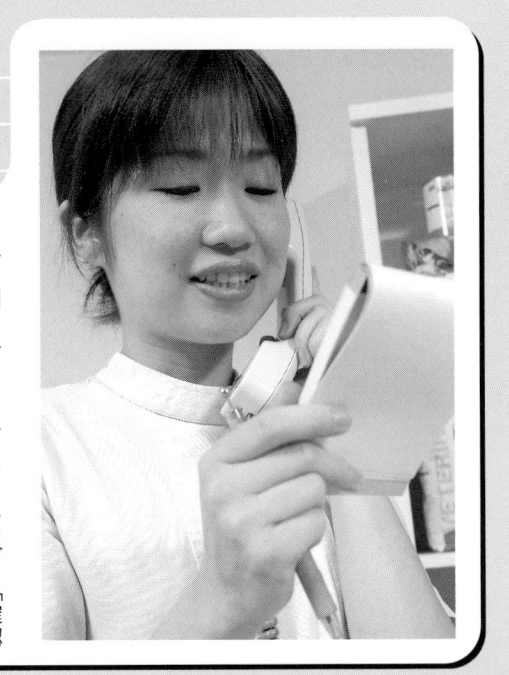

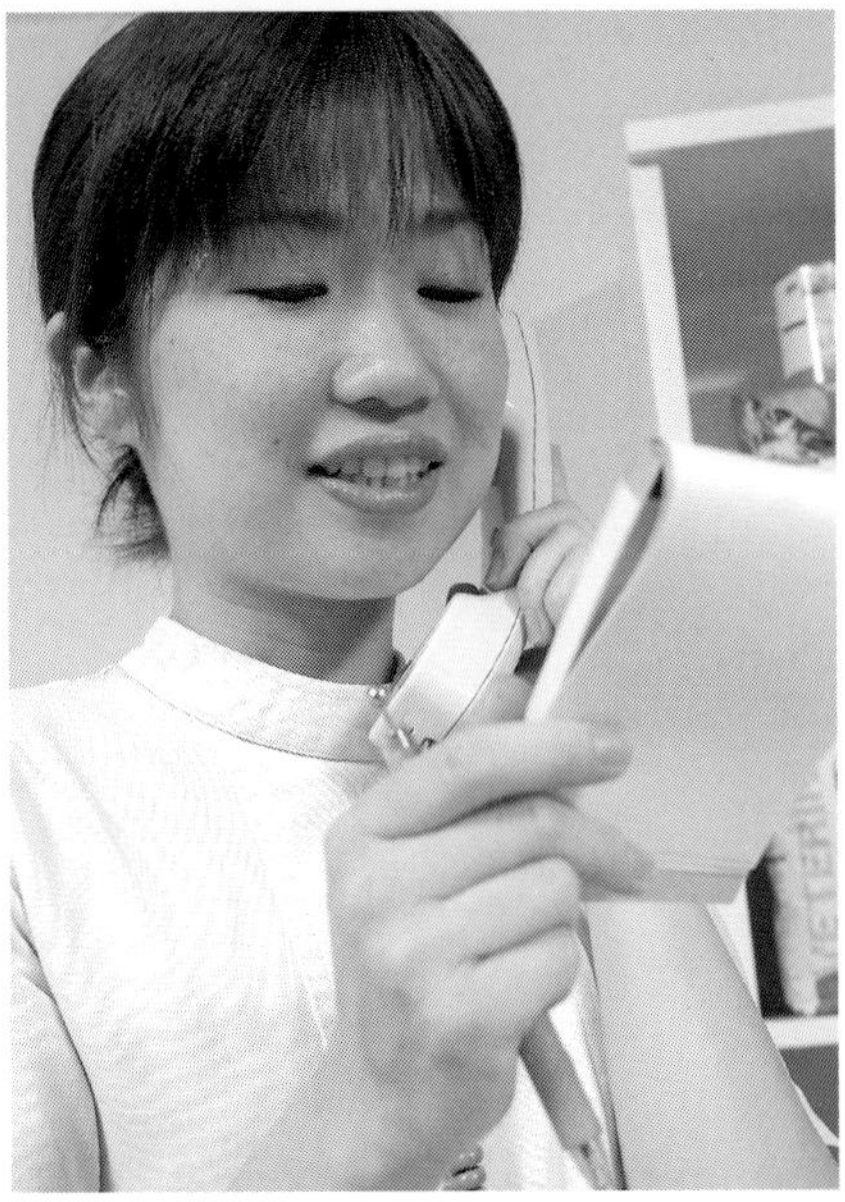

用件を聞き終えたら、メモをみながら「確認させていただきます。……でございますね」のように内容を復唱して確認します。特に人名や日時、数量などは間違えないように注意。最後に「看護師の○○が承りました」のように自分の名前を名乗ります。

15 電話を切る

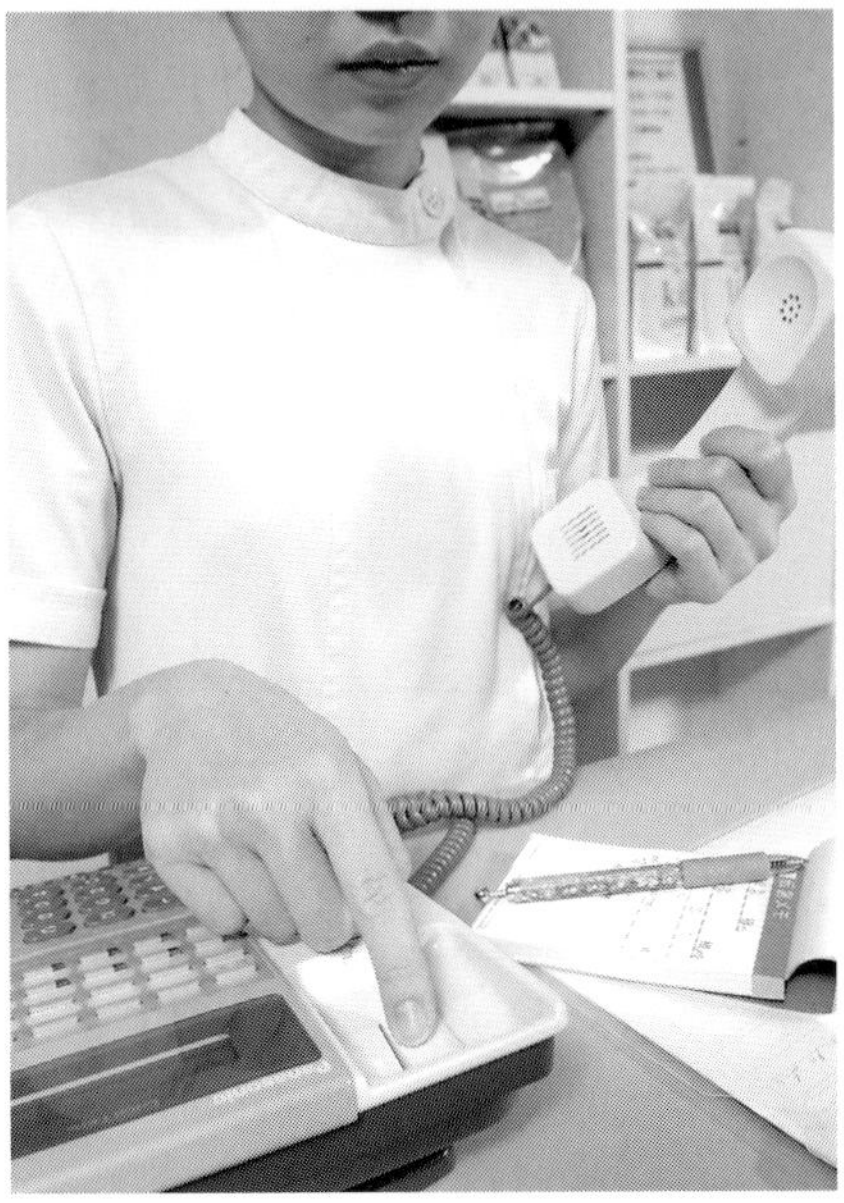

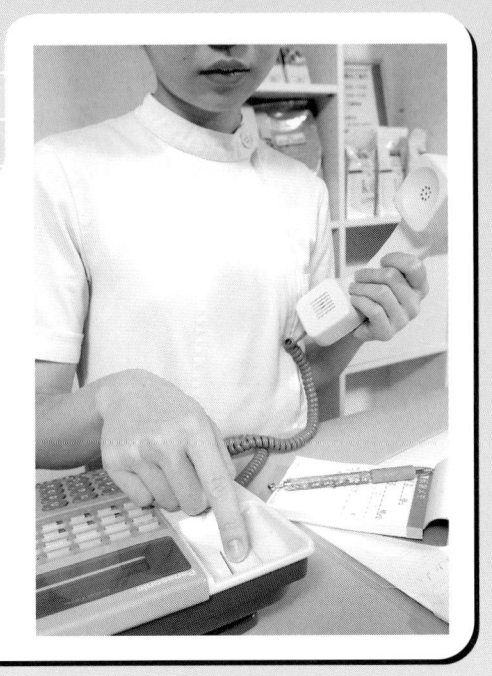

電話は、かけた方が先に切るのが基本です。用件がすんだからといってあわてて電話を切らないこと。特に飼い主さんの場合は、相手が切ったのを確認してから、指でボタンを押して静かに電話を切ります。

16 伝言メモをつくる

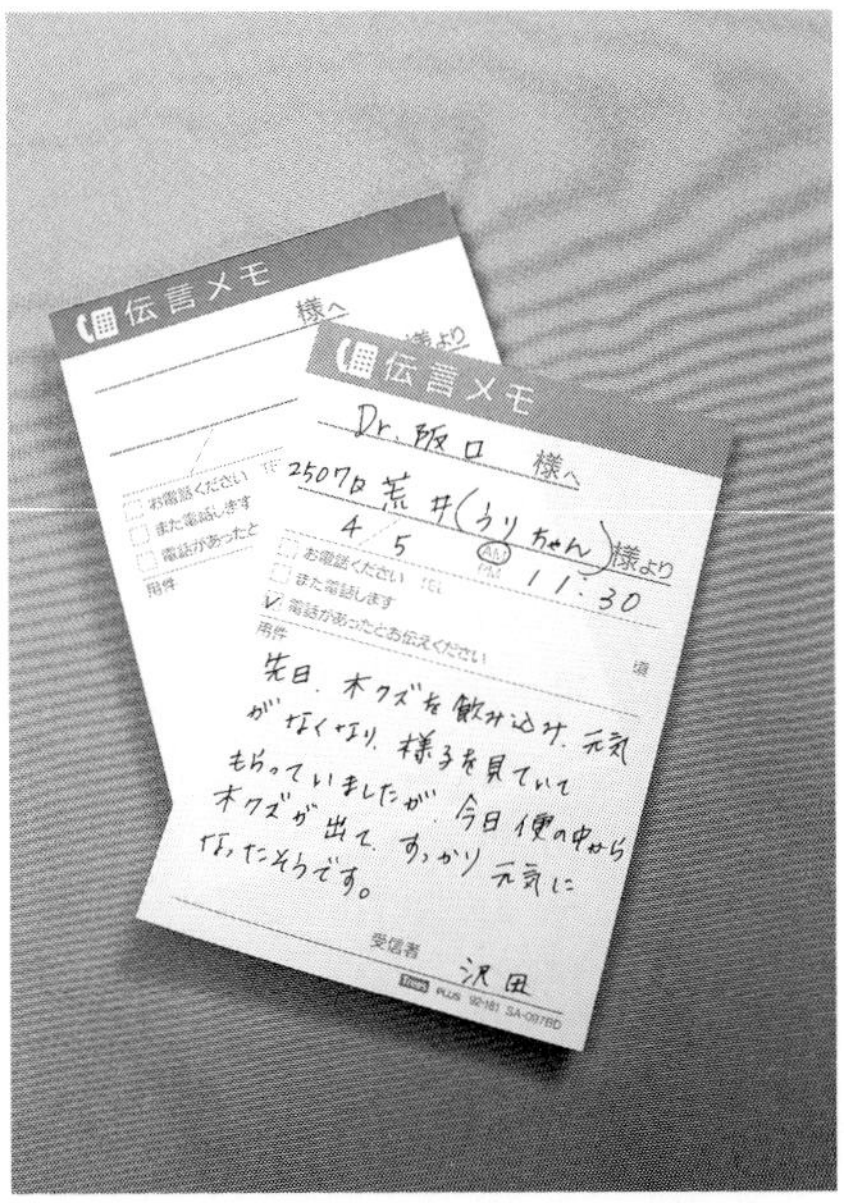

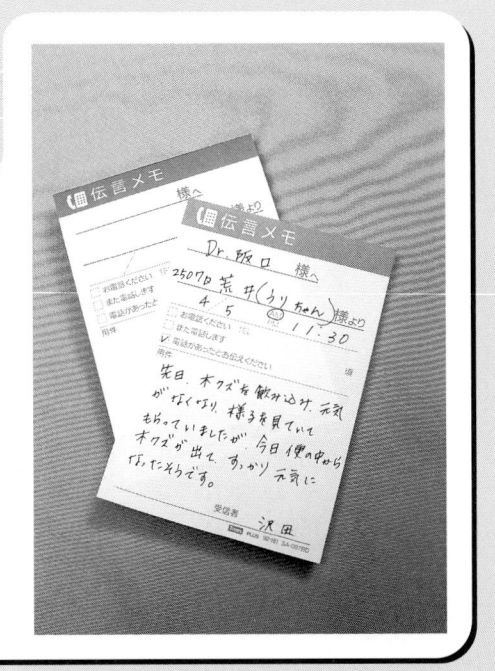

相手の名前、用件、連絡先、対応者（自分）の名前、日時などを簡潔にまとめたメモをつくります。書いたメモは、本人に手渡すか、または決められた場所に貼るなどして、確実に担当者の手に渡るようにします。

問診のポイント

問診をするときは、できるだけ飼い主さんの次の言葉を引き出すような聞き方を心がけます。

以下の項目を順番に全部聞くのではなく、来院の目的に合わせて必要なものだけを質問してください。

なかなか言葉が出ない人や話の要領を得ない人には、YesかNoで答えられるような聞き方をするとよいでしょう。

●一般状態

1）元気さは変わりないですか？
2）力強さはいままでどおりですか？
3）疲れやすい様子はありませんか？
4）運動量などに変化はありませんか？
5）いままでとくらべて眠る時間や様子はいかがですか？
6）食欲はいままでと変わりないですか？
7）水はいままでより多く飲みますか？
8）体重に変化はありましたか？
9）熱はあるようでしたか？
10）ぐったりした様子がみられましたか？
11）落ち着かない様子がみられましたか？
12）攻撃的になったことはありますか？

●皮膚

1）毛に変化はありませんか？
2）毛づや、手触りに変化はありませんか？
3）毛が多く抜けることがありませんか？
4）痒がっているようなことはありましたか？
5）皮膚に何かできていませんか？
6）皮膚が盛り上がったものがありますか？

●眼、耳鼻咽喉

1）ものをみるのに変化がありましたか？
2）眼が赤くなっていることがありましたか？
3）目やにが出ていましたか？
4）聞こえ具合に変化がありませんか？
5）耳の中が臭いことがありますか？
6）耳の中から分泌物が出ていましたか？
7）頭を左右に振ることがありましたか？
8）耳に痒みや痛みがあるようでしたか？
9）鼻水や分泌物が出ていませんでしたか？
10）くしゃみや鼻水を出していることがありませんでしたか？
11）声が変わった、いびきをかくなどの変化はありませんか？
12）咳をすることがありますか？
13）呼吸をする音が聞こえましたか？
14）呼吸が苦しそうな様子はみられましたか？
15）舌の色がいつもと違うことがありましたか？

●骨格筋系

1）前肢や後肢に痛みがあるようですか？
2）関節が腫れたことがありましたか？
3）ぎくしゃくした動きはみられましたか？

●心血管系

1）運動時にすぐ疲れますか？
2）運動時に咳をすることがありますか？
3）お腹が膨らんでいたことがありますか？
4）全身が腫れたようなことがありましたか？
5）舌が紫色や真っ白にみえるようなことがありましたか？
6）痙攣、倒れるなどのことがありましたか？

●呼吸器系

1）息苦しい様子はみられましたか？
2）呼吸の様子はいままでと変わっていますか？

●消化器系

1）ものを食べられない様子ですか？
2）ときどき吐くことはありますか？
3）吐き気はみられませんか？
4）お腹が痛いなどの様子がわかりましたか？
5）便の回数はいままで通りですか？
6）下痢便や軟便がみられたことがありますか？
7）便の中に血や粘液が混ざっていたことはありませんか？
8）便の中や肛門の周りに虫のようなものがみられたことはありませんか？
9）全身や眼が黄色くなったことはありませんか？

◆下痢のための特殊問診

1）便の量は多いですか、少ないですか？
2）便の回数はきわめて多いですか？
3）便は勢いよく出たり、肛門に圧力がかかって力む様子ですか？
4）便の色は黒いですか？　それとも血が混ざっていますか？
5）便と一緒に粘液がみられましたか？
6）便の中に異物や消化されていないものがみられましたか？
7）下痢の発生と同時に激しい嘔吐がみられましたか？
8）水を飲む量が多いようでしたか？
9）体重が減りましたか？
10）脱水状態はわかりましたか？

●泌尿生殖器系

1）尿の回数に変化がありますか？
2）夜中に尿をすることがありますか？
3）尿の量に変化がありますか？
4）尿をするときに痛みがあるようですか？
5）尿をもらすことがありますか？　特に夜など
6）尿の色が赤くみえたり、異常に黄色くなっていませんか？
7）尿の濁りがあるようなことはないですか？
8）尿の中に砂のような光るものをみたことはありませんか？
9）外陰部から分泌物が出たことはありませんか？
10）発情はいつみられましたか？

●神経系

1）意識を失ったことがありますか？
2）震えたりすることはありますか？
3）痙攣を起こしたことはありませんか？
4）歩き方に異常はありませんか？
5）麻痺がみられたことはありませんか？

2. 電話での応対②

飼い主さんに電話をかけるとき

動物看護師が飼い主さんに電話をする場合、その内容は、診療に直接かかわらない連絡などが中心。必要なことをわかりやすく、ていねいに伝えることが大切です。

たとえ複雑な用件でなくても、新人のうちは、緊張のあまり大切なことを伝え忘れたり、電話口で適切な言葉が出てこなかったりすることもありがちです。慣れるまでは、電話で話す内容のメモをつくってからかけるようにしてみましょう。

1 カルテをチェックする

電話をかける前に、カルテをチェックしておきます。電話番号をはじめ、飼い主さんの名前、動物の名前や種類など、間違えると失礼に当たるポイントを一通り確認しておきます。

2 用件をメモにまとめておく

電話で話す必要のあることを考え、要点をまとめたメモをつくります。どんな順序で話せば相手に伝わりやすいかも考えておきましょう。飼い主さんの名前、動物の名前なども書いておくと、話しながら確認することができて便利です。

3 電話をかける

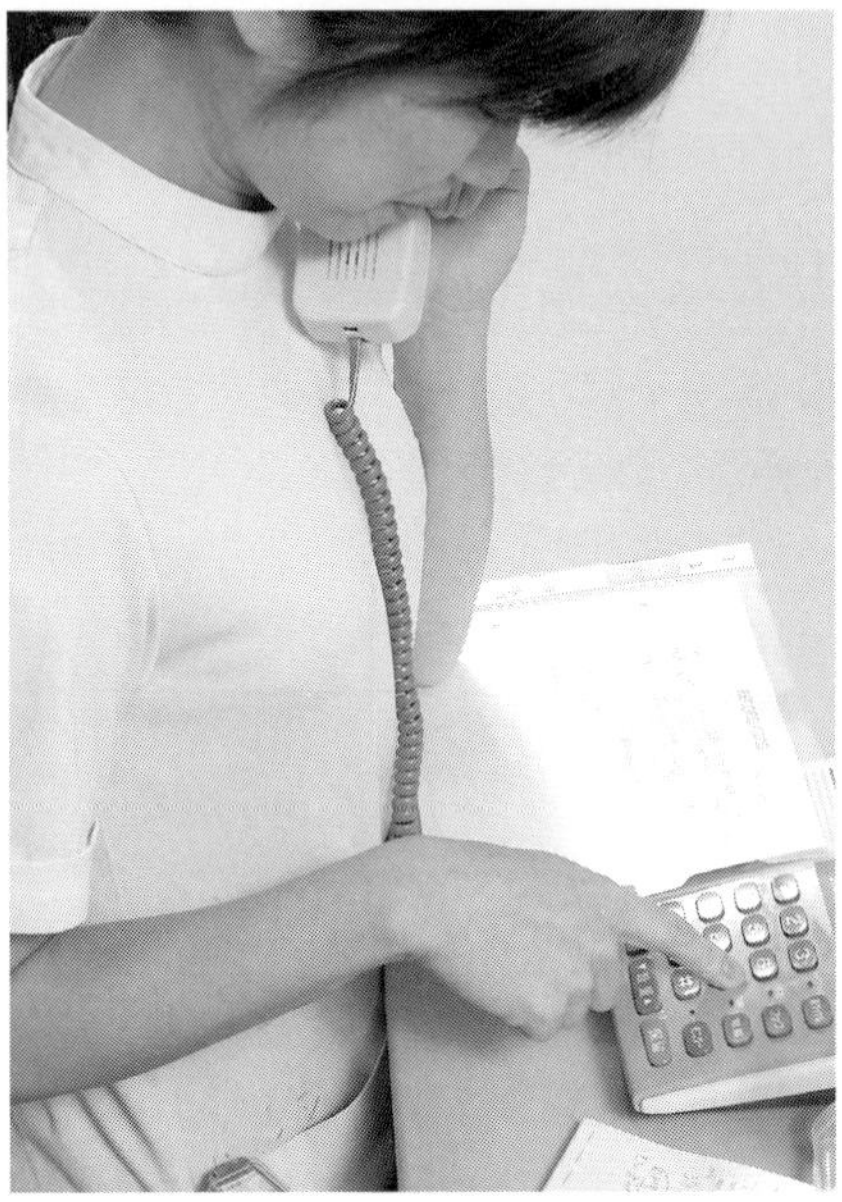

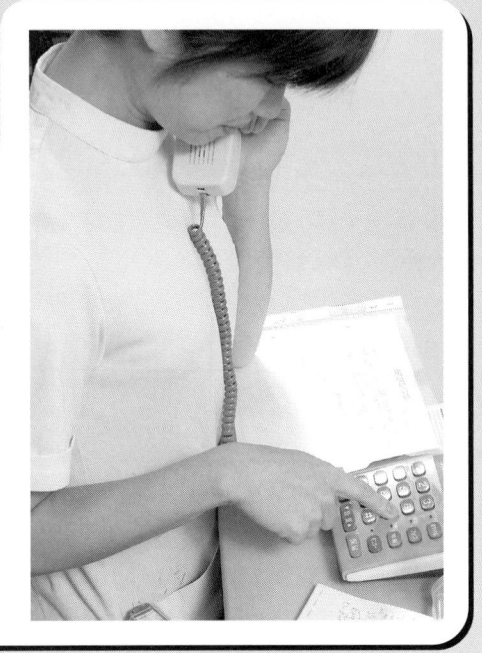

電話番号を間違えないよう、再度確認してから電話をかけます。電話をする時刻の約束がある場合は、遅すぎたり早すぎたりすることのないよう、時刻にも注意。また、周囲が騒がしいときは、できれば静かな場所に移動して電話をかけるようにします。

4 病院名と自分の名前を名乗る

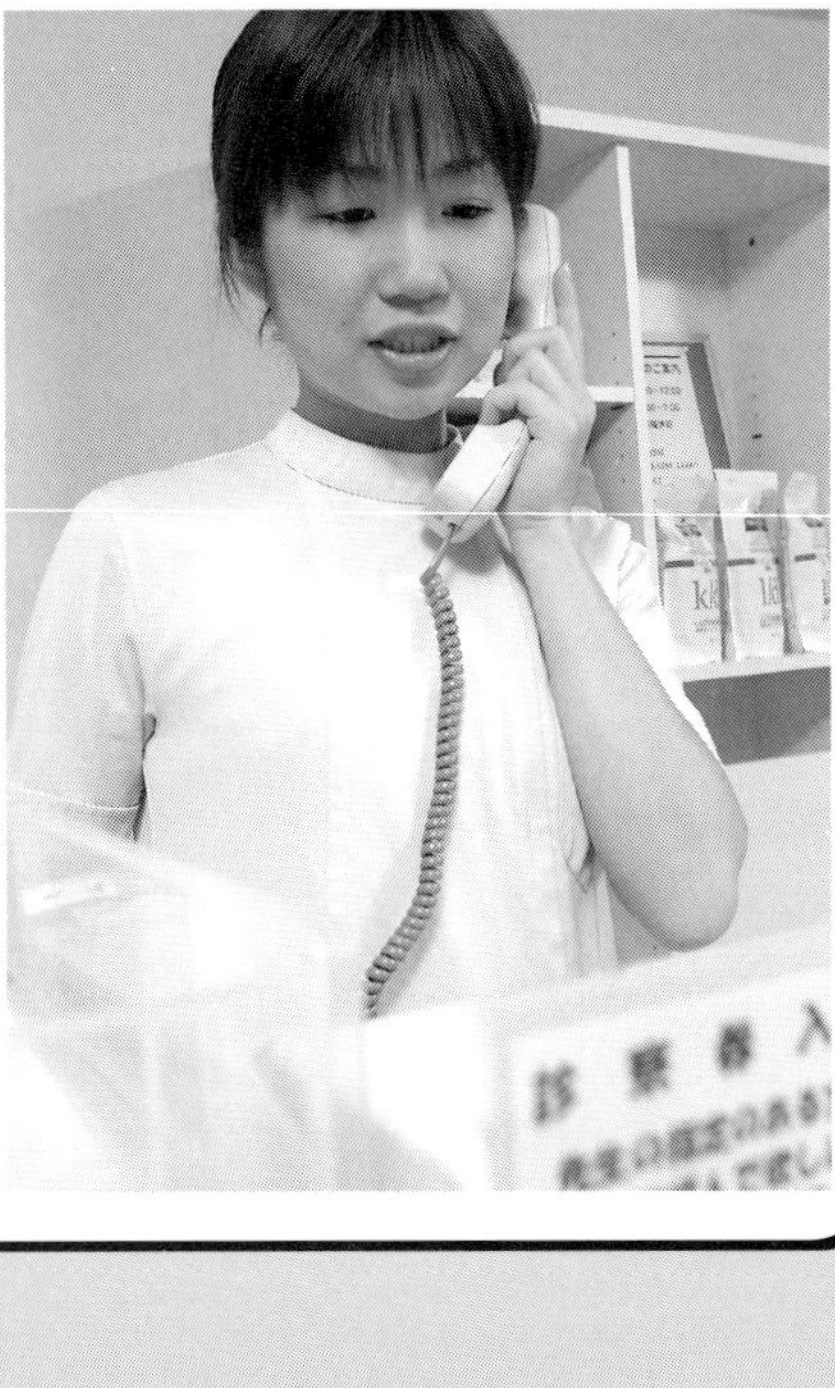

相手が出たら、「○○動物病院、看護師の□□と申します」のように病院名と名前を名乗ります。プライベートの電話ではないので「もしもし」は不用。相手が名前をいわずに電話に出た場合は、「失礼ですが、○○様でいらっしゃいますか？」のように確認します。

5 あいさつと都合の確認

相手を確認したら、「こんにちは」などのあいさつをし、「○○の件でお電話しました。いま、お時間（ご都合）はよろしいでしょうか？」と都合を尋ねます。特に連絡先が携帯電話の場合は、相手が通話しにくい状況にいることも考えられるので必ず確認を。

6 用件をわかりやすく伝える

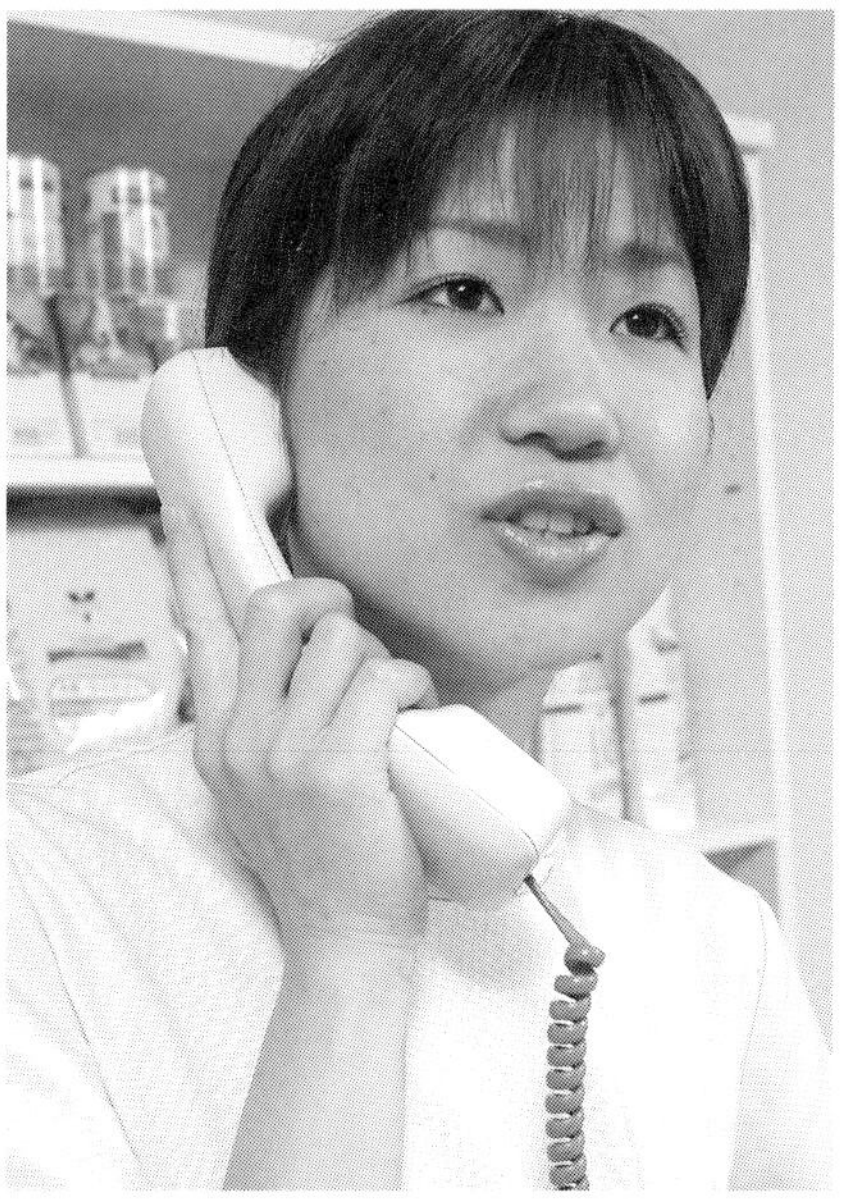

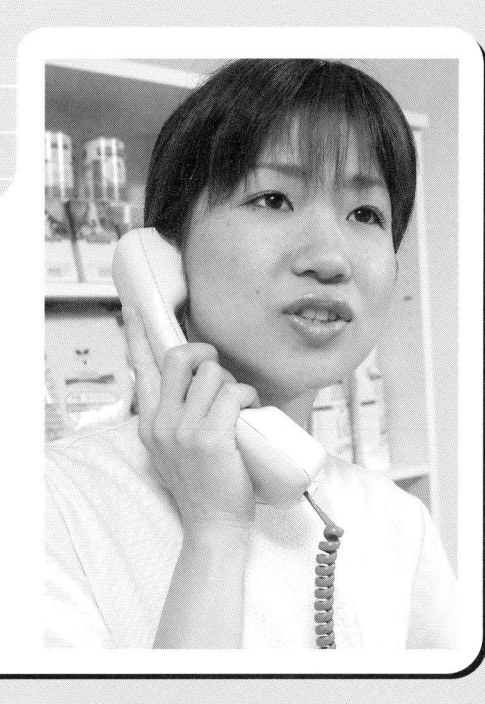

まとめておいたメモをみながら、用件を伝えます。必要事項が的確に伝わるよう、ポイントを押さえて順序よくハキハキと話します。ダラダラと長電話にならないように気をつけます。

7 必要事項はメモを取る

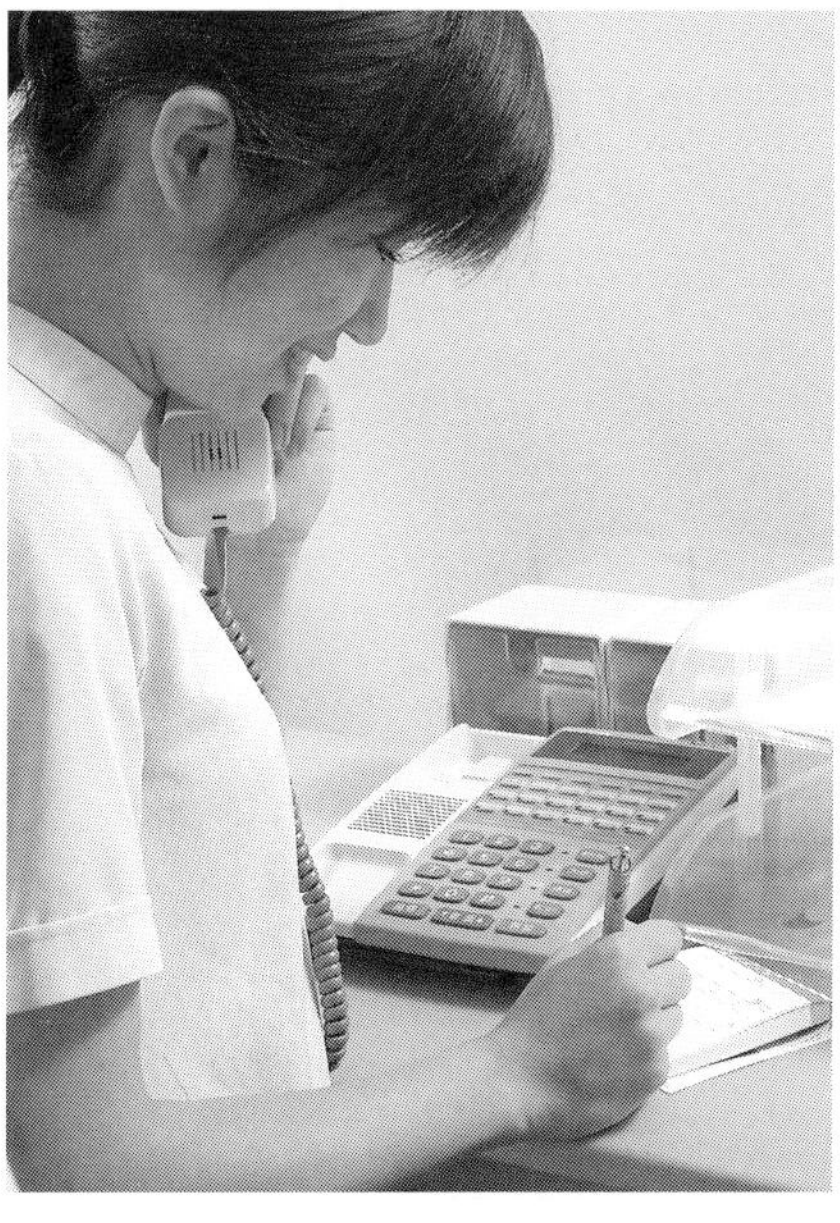

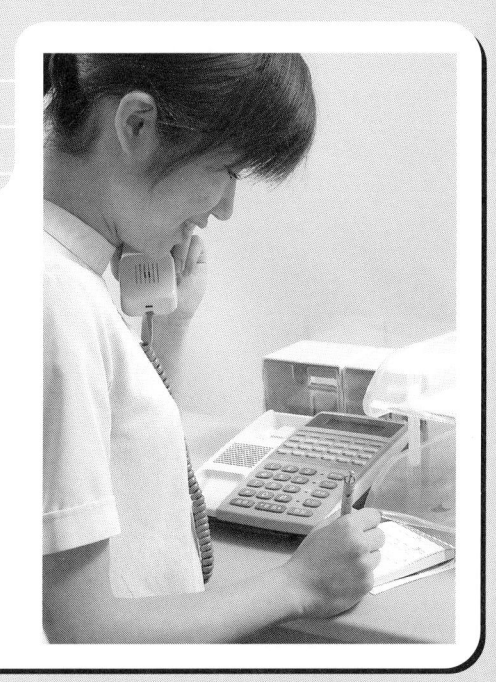

相手から質問などがあった場合は、話しながらメモを取っておきます。話が終わったら、電話を切る前にメモをみながら必要事項を復唱し、間違いのないように確認します。

8 相手が不在の場合

相手が不在で家族などが電話に出た場合、「こちらからまたお電話いたします。電話があったことをお伝えください」と頼んでおきます。留守番電話になっている場合は、病院名と自分の名前、用件、後でかけ直すことなどを簡潔に吹き込んでおきます。

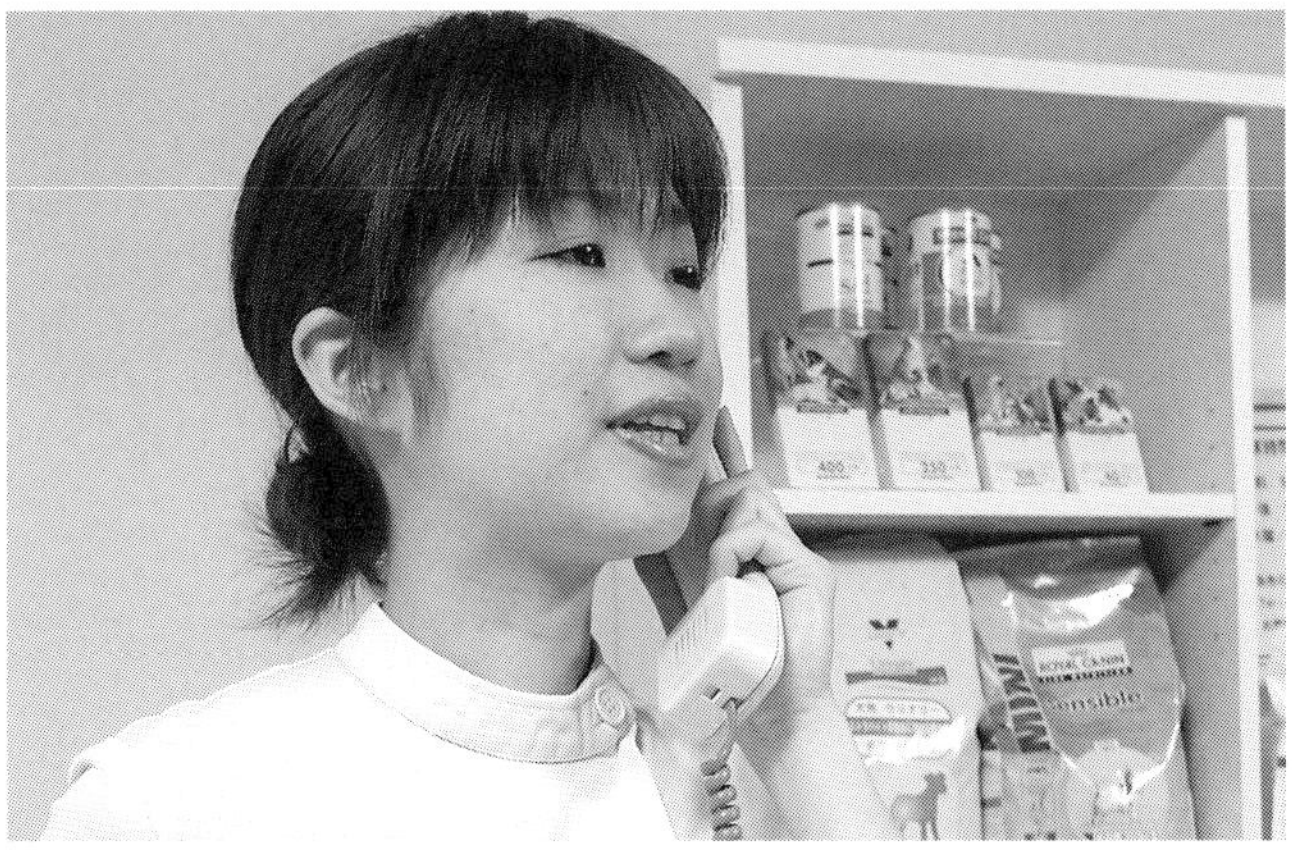

9 あいさつをして電話を切る

最後に「失礼いたします」などとあいさつをした後、先方が切ったのを確認してからボタンを押して静かに電話を切ります。自分からかけた場合でも、相手が飼い主さんのときは、先に切るのを待つようにします。

10 必要事項をカルテに記入

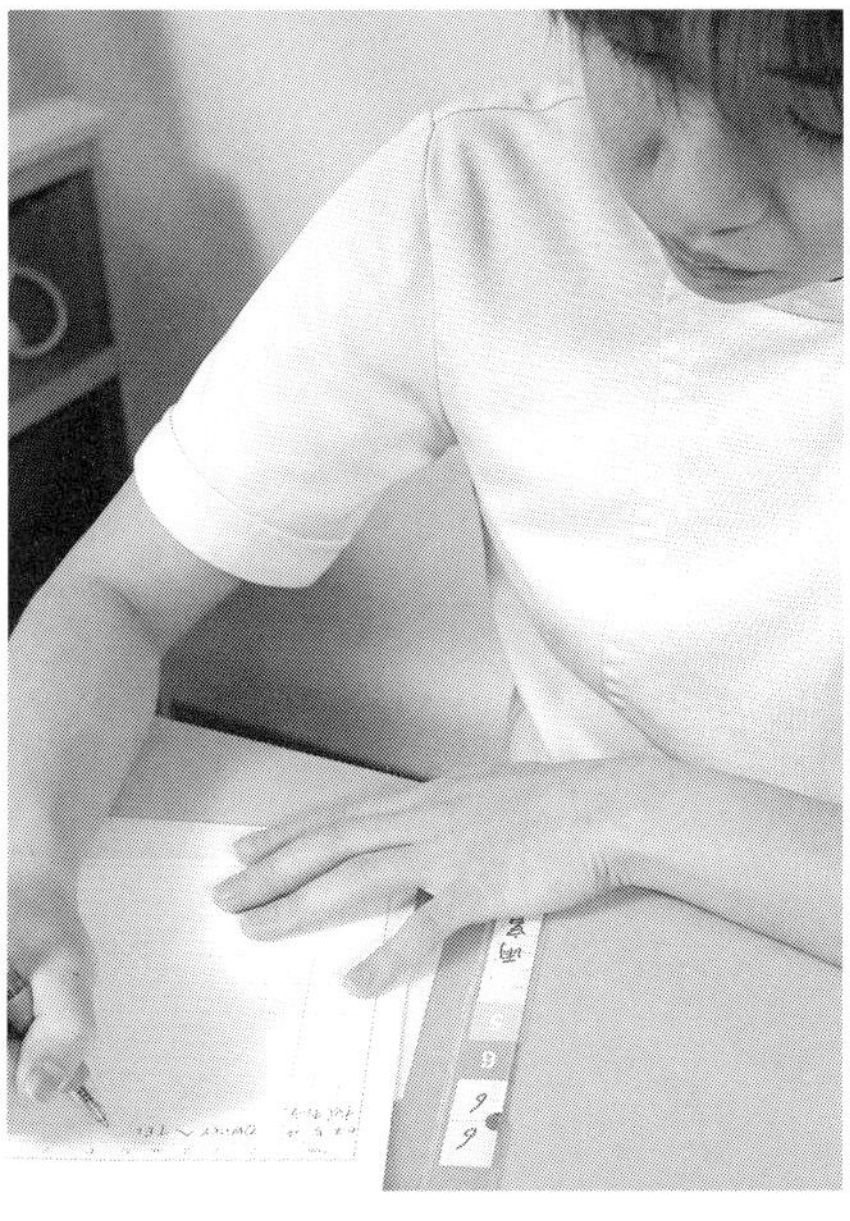

電話の内容を、カルテに詳しく記入しておきます。別のスタッフがカルテをみて不明な点があった場合などに備えて、電話をした日付と、自分の名前も忘れずに書き込んでおきましょう。

3. 受付

明るい雰囲気づくりを心がける

多くの病院では、動物看護師が受付業務も行います。受付の仕事は、来院した飼い主さんに明るくあいさつすることからはじまります。問診票の記入やカルテ出し、さらに診療後の会計などを行いながら飼い主さんとのコミュニケーションを図り、安心して診察を受けられる雰囲気づくりに努めましょう。仕事をスムーズに進めるためには、パソコンやレジの正しい操作法を身につけることも大切です。

1 飼い主さんにあいさつをする

来院した飼い主さんに、時間に合わせて「おはようございます」、「こんにちは」などのあいさつをします。できるだけ多くの飼い主さんと動物の名前を覚え、「○○ちゃん、今日はどうなさったんですか？」などと声をかけられるようにしましょう。

2 カルテ番号と名前を確認する

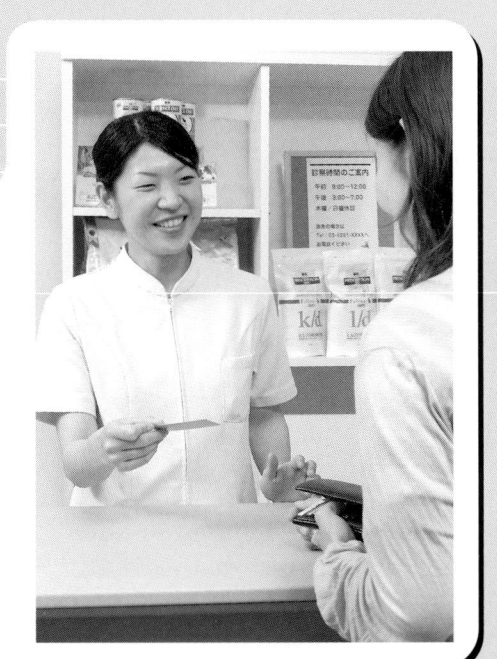

初診以外の場合、診察券を受け取り、カルテ番号と飼い主さんの名前を確認します。その後、動物の様子や病気の経過について簡単に説明してもらいます。

3 初診の場合

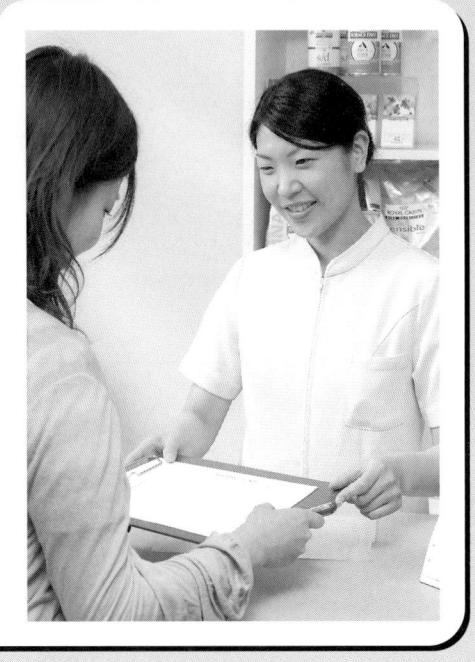

初診の場合は、問診票と初診カード、筆記用具を渡し、必要事項を書き込んでもらいます。事前に電話連絡などを受けてスタッフが書き込んだ問診票がある場合は、病院側で記入した内容を確認し、残りの空欄を埋めてもらいます。

4 待合室の椅子をすすめる

診察券の受付と病状の説明、または初診の場合の問診票の記入などが終わったら、「お名前をお呼びするまで、あちらでおかけになってお待ちください」のように待合室の椅子をすすめます。

5 カルテ出しをする

診察券に対応するカルテを準備します。間違いを防ぐため、カルテを出したら、番号や飼い主さんの名前に間違いがないか、もう一度診察券と見くらべて確認するとよいでしょう。初診の場合は、新しいカルテをつくります。

6 カルテで病歴などをチェック

カルテをみて、その動物の病歴や薬の服用歴、入院歴、ワクチンの接種状況のほか、動物や飼い主さんの性格上の注意点などが書かれていないかどうか確認。獣医師が、その患者をはじめて担当する場合などには、注意すべきポイントを簡単に伝えておくとよいでしょう。

7 基本情報の入力と診察券の発行

初診の場合、記入してもらった初診カードをみながら、飼い主さんの名前や住所、連絡先、動物の種類、性別、名前などの基本情報をパソコンに入力し、診察券を発行します。

8 カルテは受付順に並べる

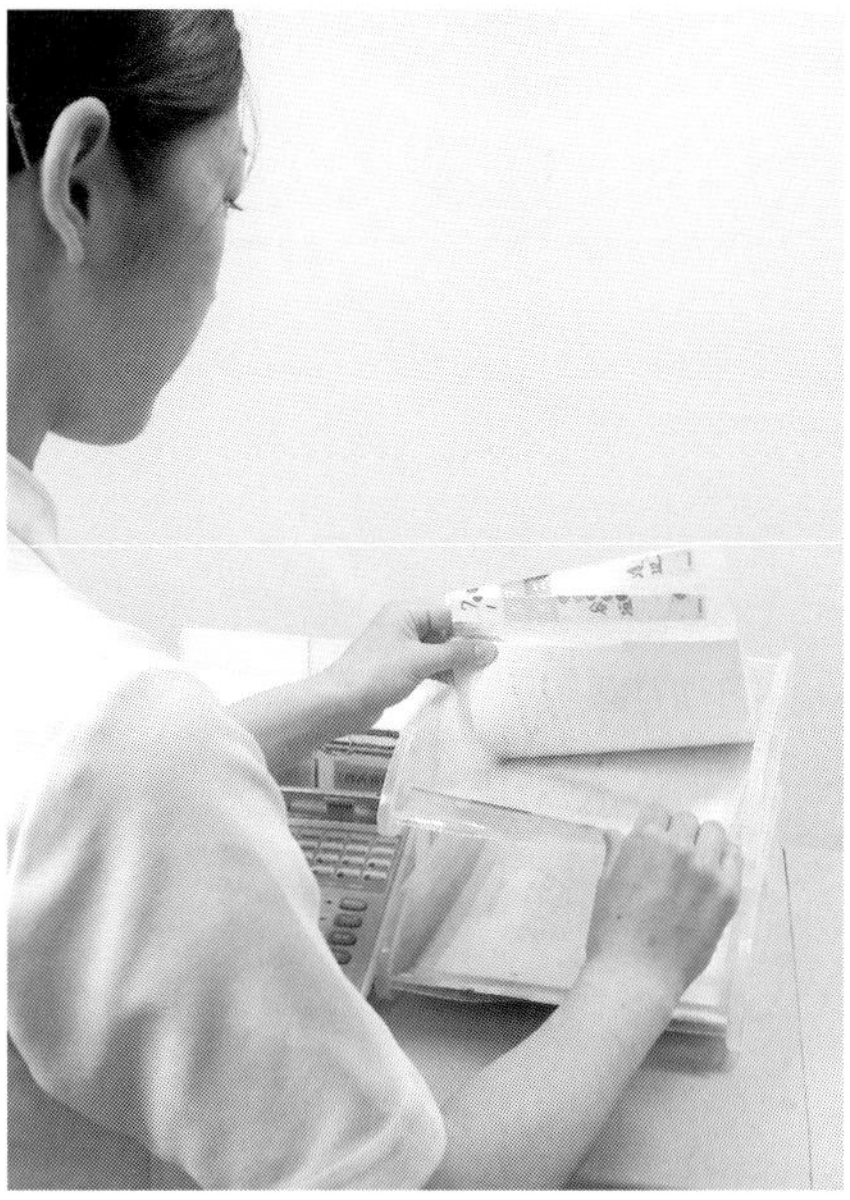

確認がすんだカルテは、病院の決まりに従って「受付ずみ」の箱などに入れます。診察の順番を間違えないよう、カルテの並べ方には一定の決まりをつくり、スタッフ全員でそれに従うようにしましょう。

9 診察を待つ飼い主さんへの対応

診察までの待ち時間が長引く場合、飼い主さんの気持ちに配慮し、タイミングを見計らって「もう少々お待ちください」、「あと○分ぐらいですよ」などと声をかける心配りも大切です。

10 待合室は清潔に保つ

たくさんの動物が出入りする待合室や受付の周りは、病院で最も汚れやすい場所のひとつ。こまめにチェックし、汚れていたらすぐに掃除をします。また、動物が病院内で粗相した場合、それを片づけるのはスタッフの仕事。飼い主さんにさせてはいけません。

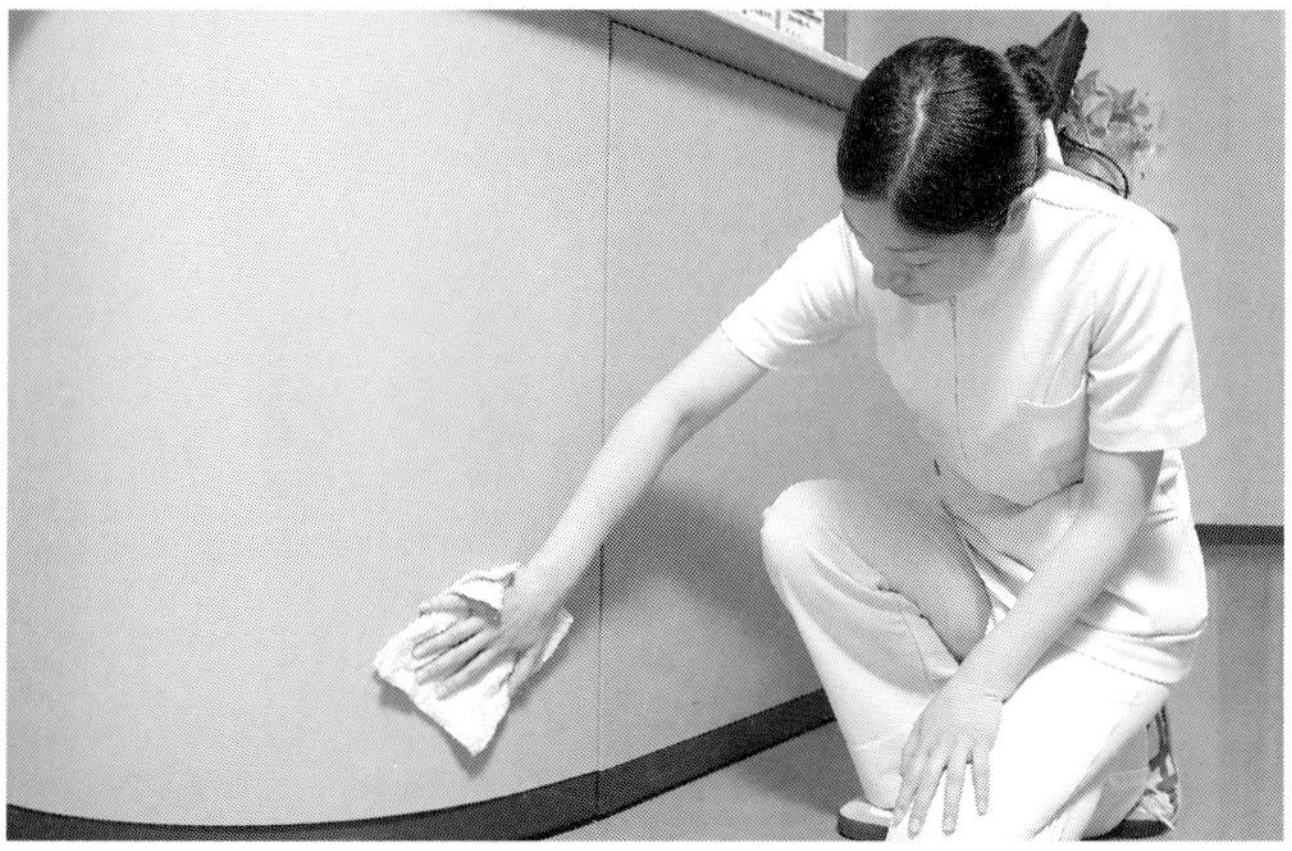

4. 会計

様々な確認を怠らず、正確に

会計をする際は、獣医師がカルテに書き込んだ項目と金額をパソコンに入力していきます。会計は、落ち着いて正確に処理することが大切。入力ミスや勘違いによるトラブルを起こさないように注意し、お金の受け渡しもていねいに行います。同時に、薬の作用や自宅での世話のしかたについて、きちんと説明することも必要です。会計を終えた飼い主さんには、「お大事に」とあいさつをして送り出しましょう。

1 会計業務の基本を覚える

カルテに書かれた項目と金額を、正確に入力していきます。動物保険に加入している飼い主さんの場合、それに合った操作をしないと、飼い主さんに請求する金額を間違えてしまうので注意が必要です。

2 薬や品物を確認する

飼い主さんに薬や処方食などを渡す場合、カルテに記載されている内容・数量と、用意されたものが一致しているか、必ず再確認します。

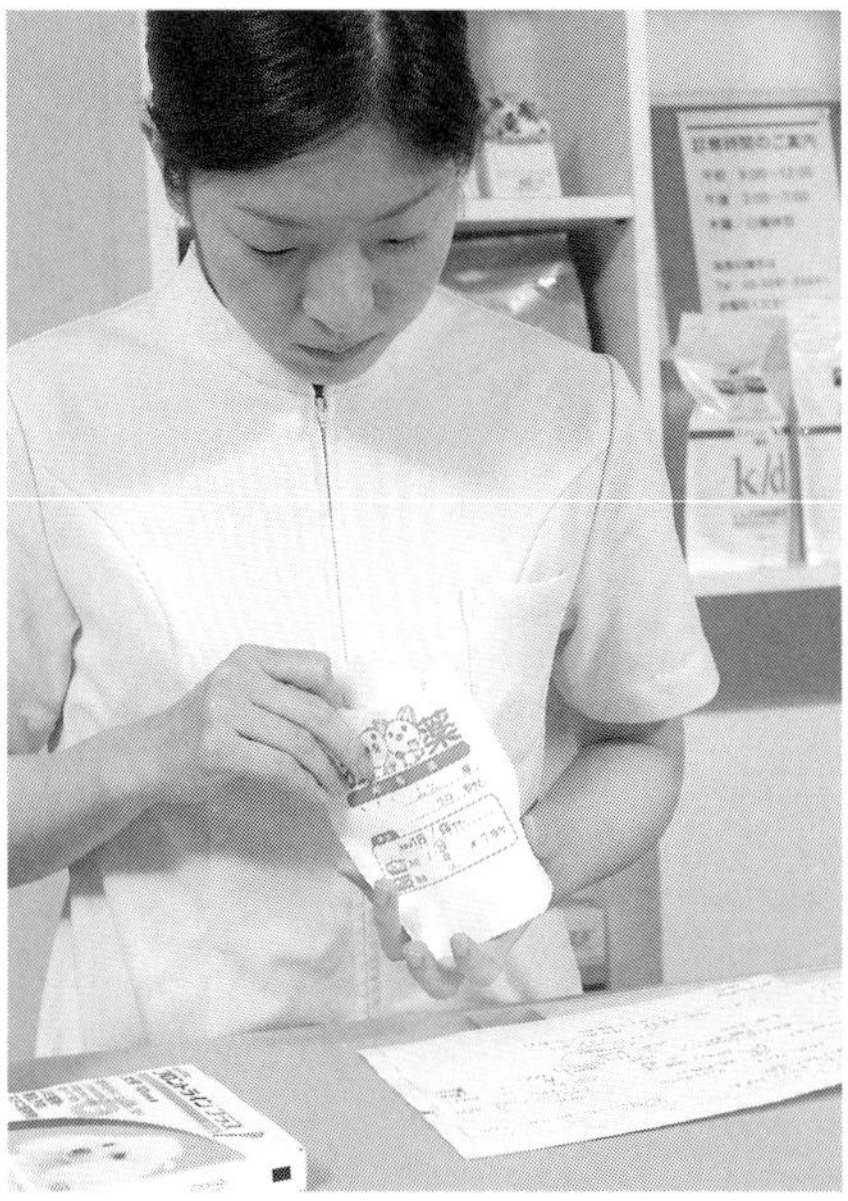

3 次回の診察日などを確認する

カルテをみて、次回の診察予定日や自宅での投薬方法、容態が悪化した際の対処法などについて確認。飼い主さんに質問された場合、適切な説明ができるように頭を整理しておきます。

4 明細書のチェックをする

パソコンのプリンターから出力される明細書と、カルテに記載されている内容を見くらべて、特に会計の間違いがないことを確認します。動物保険を利用するかどうかも再確認するとよいでしょう。

5 飼い主さんに声をかける

明細書の確認がすんだら、会計をお願いする飼い主さんを呼びます。薬の処方などのために会計の順番が入れ替わる場合は、先に待っていた飼い主さんが不愉快な思いをしないよう、事前に「お薬をつくるのに少し時間がかかります」などと声をかけておくとよいでしょう。

6 明細の内容などを説明する

飼い主さんに、明細書の内容、薬の作用や与え方について説明します。その際、薬はすべて袋から出し、説明を終えた後、数量を確認しながら袋に戻すようにします。必要な場合は、次回の診察予定日や容態が悪化した際の対処法なども伝えておきます。

7 質問にはていねいに答える

飼い主さんから質問があった場合は、相手が納得するまで、ていねいに説明します。専門用語は避け、わかりやすい言葉を使うこと。また、診療の内容や処置に関する質問の場合は、必ず担当獣医師に確認し、正確に答えるようにします。

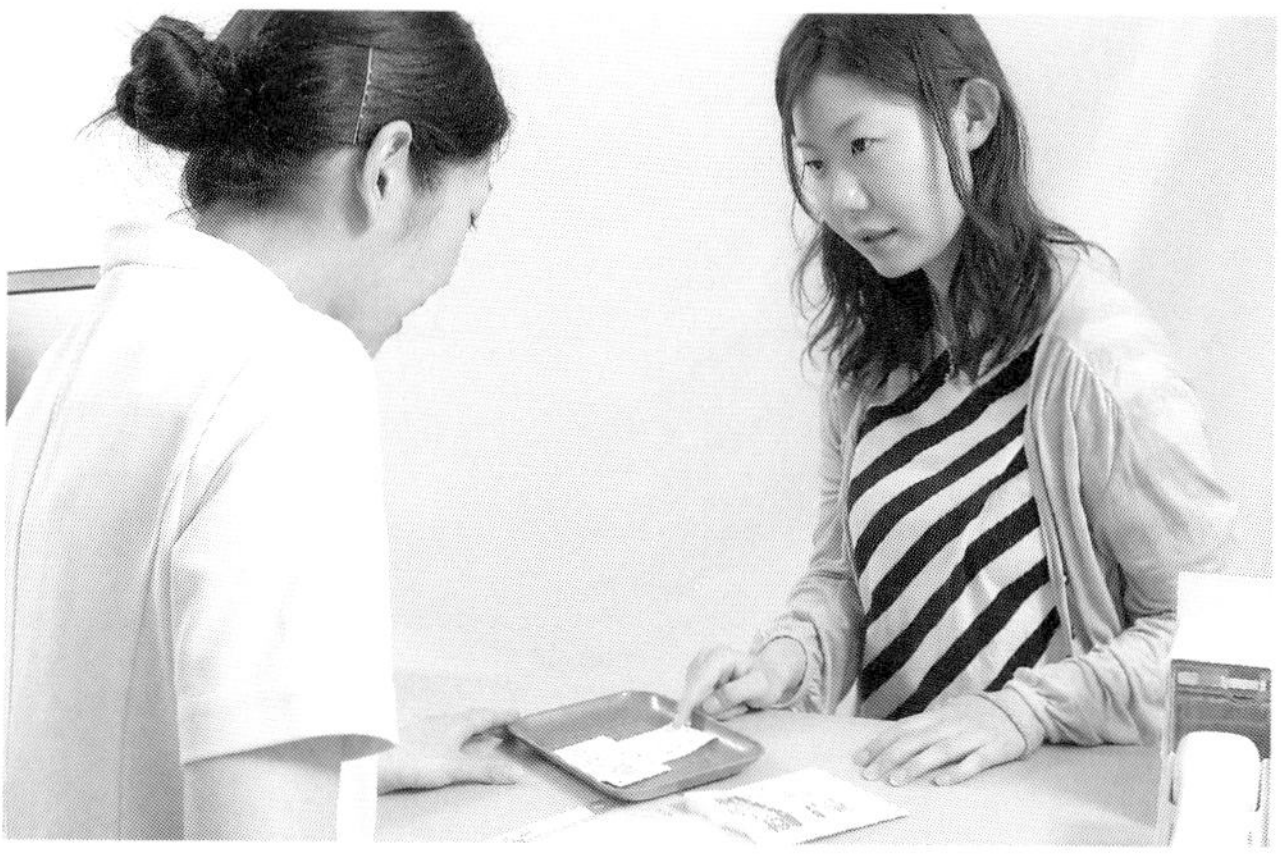

8 ワクチンの予定なども知らせる

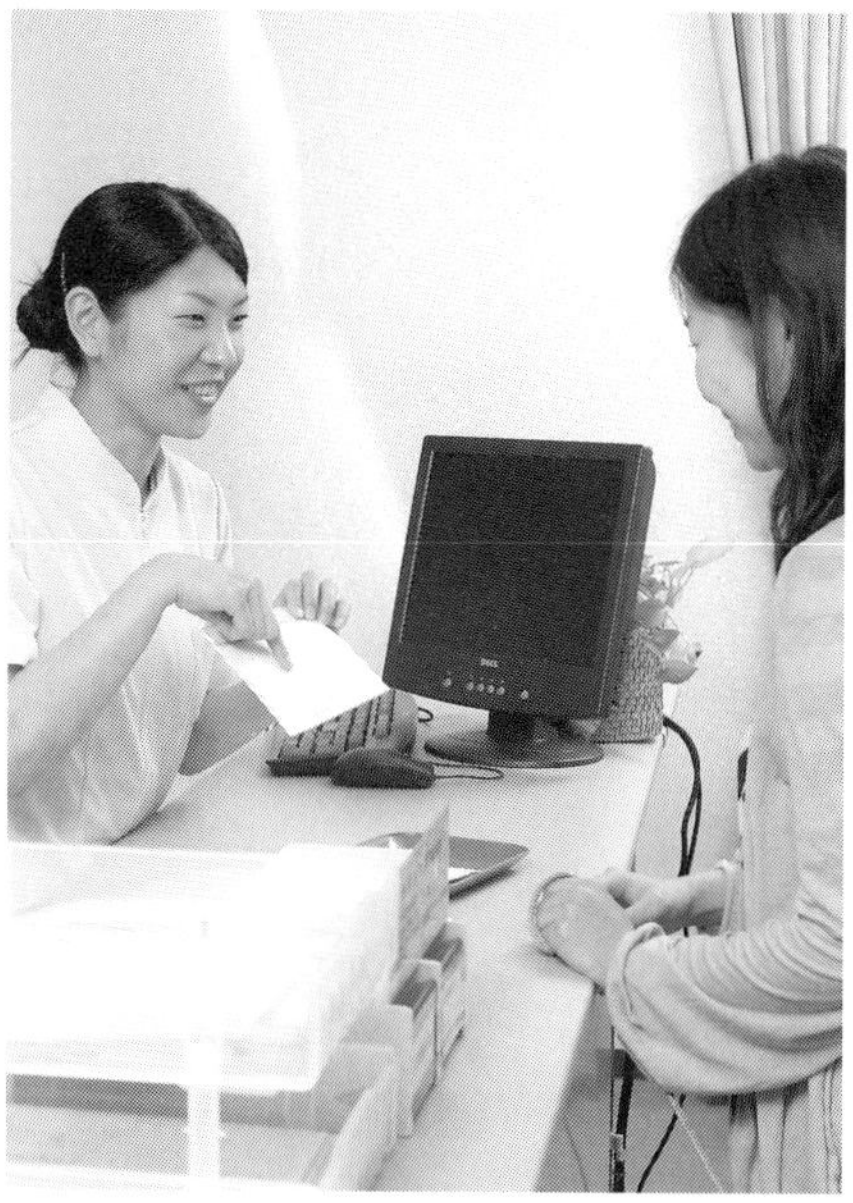

カルテをチェックし、ワクチンの接種予定日や、フィラリアなど予防薬を処方する時期が近い場合は、そのことも知らせておきます。飼い主さんの家にほかにも動物がいる場合は、その動物のカルテも調べておき、予定を一緒に伝えるようにすると親切です。

9 会計をする

合計金額を伝え、会計をします。お金は専用の受け皿または両手で受け取ります。その際、必ず「10,000円お預かりします」のように、声に出して預かり金額を確認するようにします。

10 預かり金額を入力する

レジに預かり金額を入力します。預かったお金はすぐにしまわず、飼い主さんがおつりを確認するまで、みえるところに置いておきます。

11 おつりを渡し診察券を返却する

おつりは正確に数え、「3,250円のお返しです」のように声に出して金額を確認しながら渡します。専用の受け皿に入れ、手を添えて差し出すとよいでしょう。診察券と明細書もおつりと一緒に渡します。

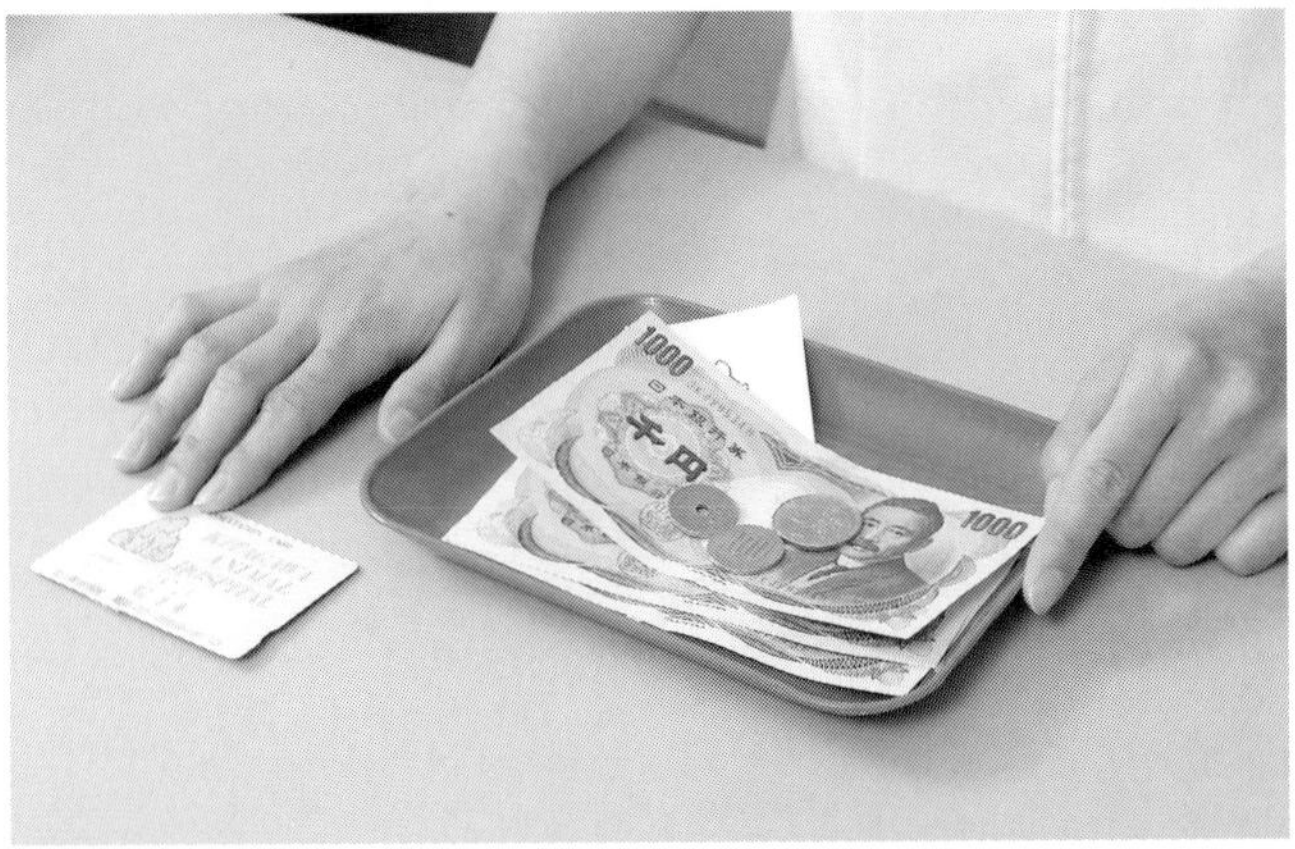

12 領収書を渡す

必要な場合は、領収書を書いて渡します。金額を正確に書き込んだ後、宛名、但し書きの内容を飼い主さんに確認してから記入し、病院または担当者の印鑑を捺印して渡します。病院の控えも確認しておきましょう。

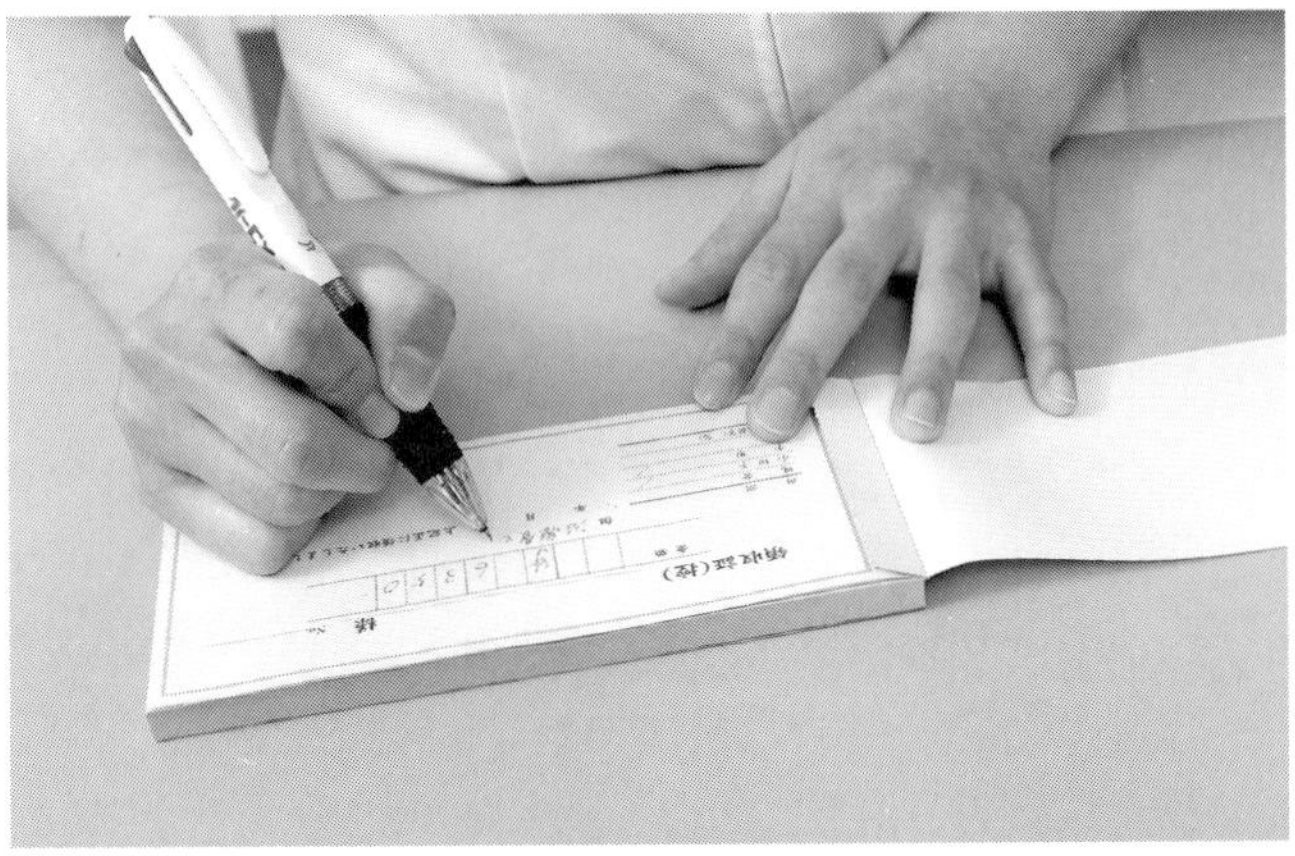

13 飼い主さんを送り出す

会計がすんだら、「お大事に」などとあいさつをして送り出します。通常はカウンター越しにあいさつをすれば十分ですが、飼い主さんが大きな荷物やケージを持っているときなどは、入り口のドアを開けて押さえるなどの心配りも必要です。

14 会計ずみのカルテの処理

会計ずみのカルテは、病院の決まりに従って処理します。その日に使ったカルテは診察終了まで決まった箱の中などにためておき、1日の収支確認などが終わってから元の位置に戻すことで会計間違いを探すことができます。

ワンポイントコラム

会計ミスを減らすために

会計のミスに多いのは、明細の入力ミスやレジの打ち間違いです。これを防ぐためには、まず獣医師にカルテをしっかり記入してもらうこと。疑問があった場合は看護師の方から確認するようにします。また、飼い主さんと話をしながらパソコンの入力（レジ打ち）をすると間違えやすいので、パソコンの入力（レジ打ち）は話が終わってからにしましょう。

このほか、同じ飼い主さんが複数の動物を連れてきたときも間違いが起こりやすくなります。飼い主さんに断って、１頭ずつ会計を済ませた方が確実です。会計の途中で追加注文があった場合なども、いったん会計をしめて、新たに追加注文分の会計をするとよいでしょう。

また、カードでの支払いなどを受けつけている場合は、操作を間違わないように十分気をつけ、飼い主さんにも金額や支払い回数などをしっかり確認してもらうよう促すことでミスを防げます。

会計のミスは病院の信用にかかわりますので、責任感を持って業務に当たることが大切です。

ケース スタディ 3

接客トラブル回避術

こんなとき、どうする？

来院する飼い主さんの中には「ちょっと困った方」がいるかもしれません。また、ゆったりと仕事ができる日もあれば、目が回りそうに忙しい日もあるはずです。でも、そんなときこそ力のみせどころです。臨機応変な対応で乗り切りましょう！

ケース5 受付回りでは何を優先させるべき？

会計待ちの方、診察券を出して症状を説明したそうな方、院長あての来客など様々な人で受付が混雑しています。さらに電話が鳴りはじめ…いったい何から対応すればいい？

対処法

基本的に、電話は待たせれば切れてしまいますから優先されるべきものですが、常に優先できるとは限らないので、「5回以上鳴り続けていたら手の空いている人（誰でも）が取る」など決まりをつくっておくとよいでしょう。

会計と受付をくらべれば基本的には会計（帰る人）が優先ですが、受付で症状を話したがっている場合は急病の可能性があります。ですから、まずカウンター越しに連れている動物の様子をみて、急病かどうかを確認します。急病でなさそうなら「こちら様のお会計を先にいたしますので、少々お待ちいただけますか？」と断り、会計を先に済ませます。急病だと判断した場合は会計待ちの方に「急病がありまして、そちら様を先に獣医師に連絡いたしますので、少々お待ちいただけますか？」と尋ねます。このとき、「急病」という言葉を入れるとスムーズに受け入れてもらえます。

来客については、開院前にその日の来客予定（名前と時間）を確認しておくとよいでしょう。お客様がいらしたときに「○○様でしょうか？ お待ちしておりましたが、ただいま取り込んでおりますので少々お待ちいただけますか？」と一言いえれば、すぐに案内できなくても相手に与える印象は違ってきます。

どの方と話すときもていねいな言葉で、「～していただけますか？」など疑問形で話すよう心がけます。また、待ってもらった方に対応するときは「お待たせいたしました。申し訳ありませんでした」などの言葉を忘れずに。

ケース6 飼い主さんがなかなか帰らない

話し好きな飼い主さんがなかなか帰ってくれません。どうしたらいい？

対処法

立ち止まらずに、動いたりほかの作業をしたりしながら話をすると忙しそうにみえます。言葉としては「○○ちゃんはまだ本調子ではないので、お家で落ち着かせてあげてください」など、その方のペットにからめたいい方が効果的でしょう。また、話の区切りや作業の途中で「ちょっと失礼します」といって、飼い主さんからみえないところへ30秒～1分程度移動してみるのもひとつの手です。

このほか、あらかじめ暗号を決めておき、ほかのスタッフに自分を呼んでもらうようにするのもよいでしょう。

どんな場合でも、決して嫌そうな表情や声にならないよう気をつけます。

5. 在庫管理

適切な管理でむだを省く

在庫管理の方法は病院によって様々。不足やダブリを防ぐため、管理担当者を決める、発注ノートをつけるなどの工夫をしているところが多いようです。動物看護師の役割は、備品や薬品の在庫に気を配り、不足してきたら担当者に報告することです。また、病院には有資格者しか扱えない劇薬もあります。こうした薬品の在庫管理には細心の注意が必要であることも覚えておきましょう。

1 適切な在庫の量を把握する

備品の在庫には常に気を配り、どこに、何が、どれぐらいあればよいのか、わかるようにしておきます。在庫が少なくなってきたら、病院の決まりに従って、管理担当者などに報告します。

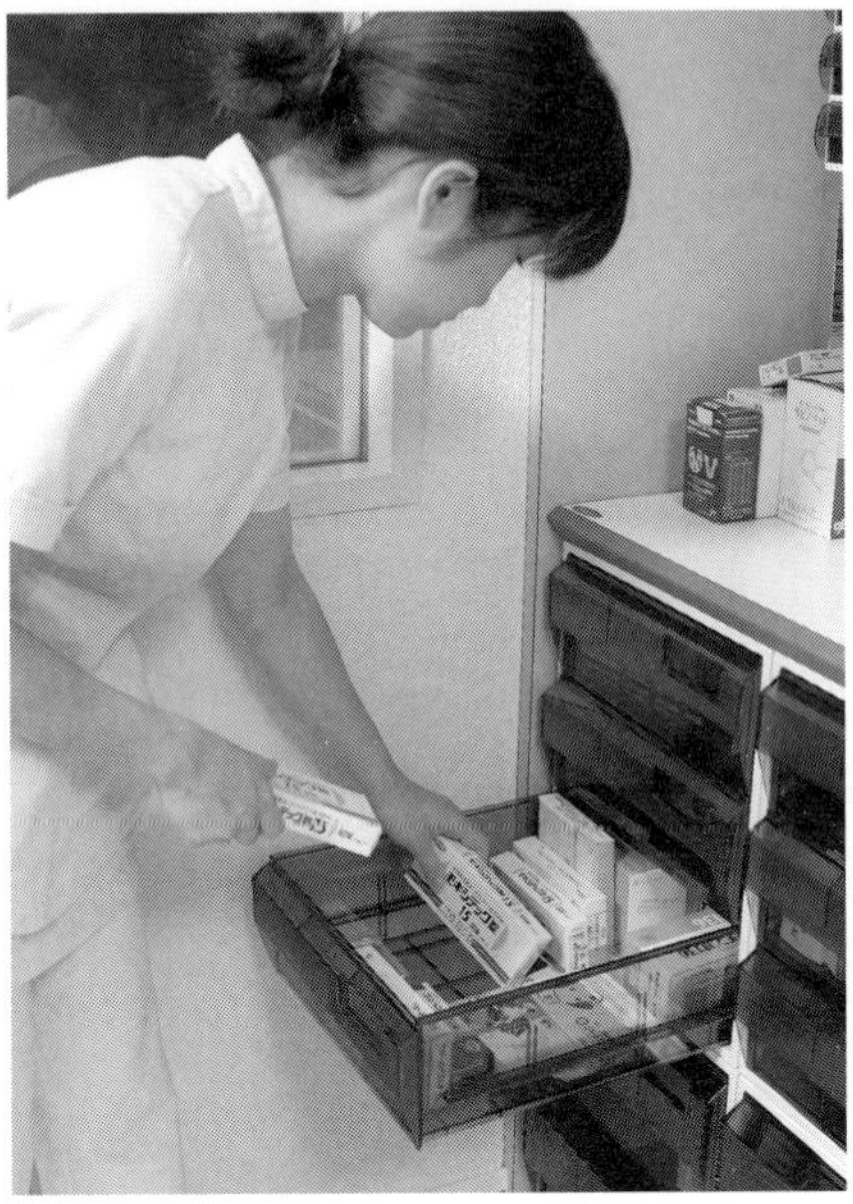

2 備品や薬品の発注先を知っておく

管理担当者の指示に従って、動物看護師が必要な品の発注作業を行うこともあります。よく使う備品や薬品に関しては、発注先を知っておくと仕事がスムーズになります。

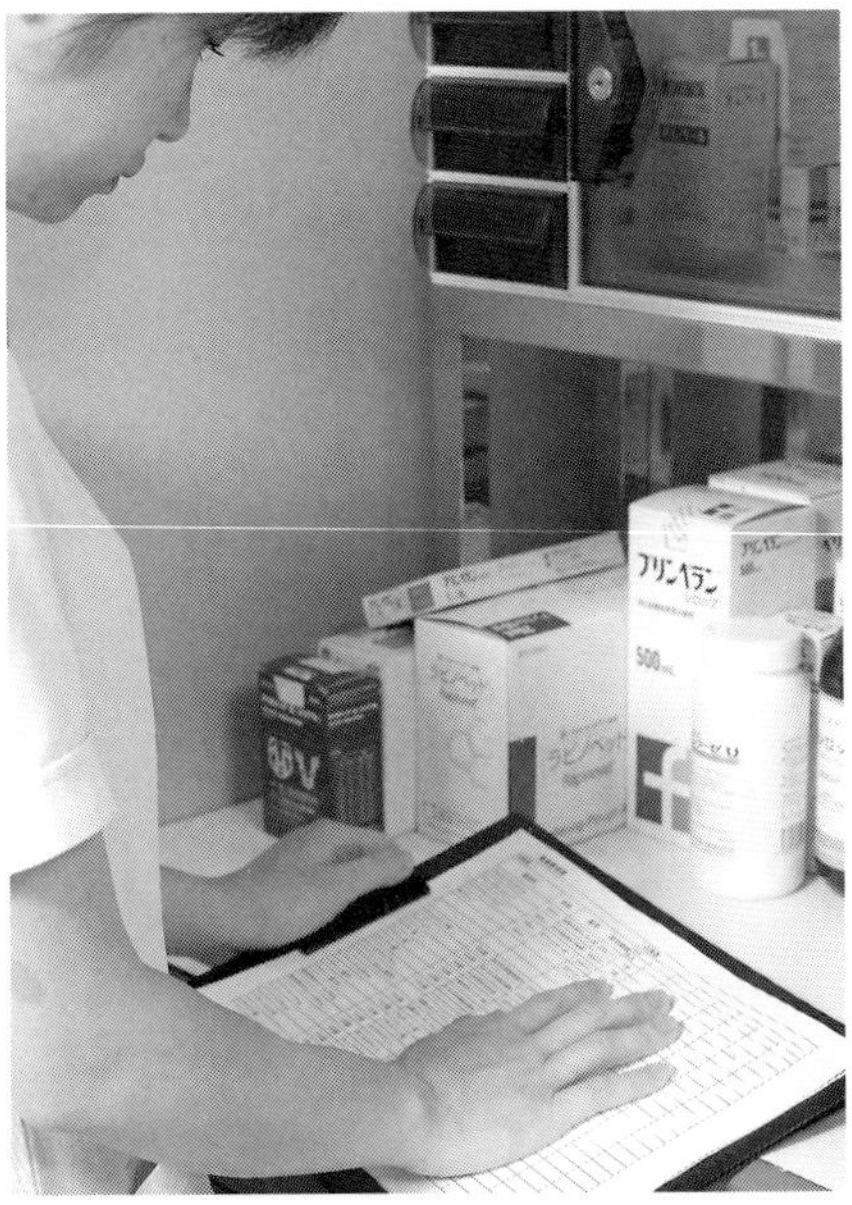

3 獣医師からの情報も大切

日頃から獣医師との連絡を密に行い、今後仕入れないものや、在庫を増やすものなどを知っておきます。こうした情報は、病院内の掲示板にメモを張り出すなどして、スタッフ全員に知らせるようにします。

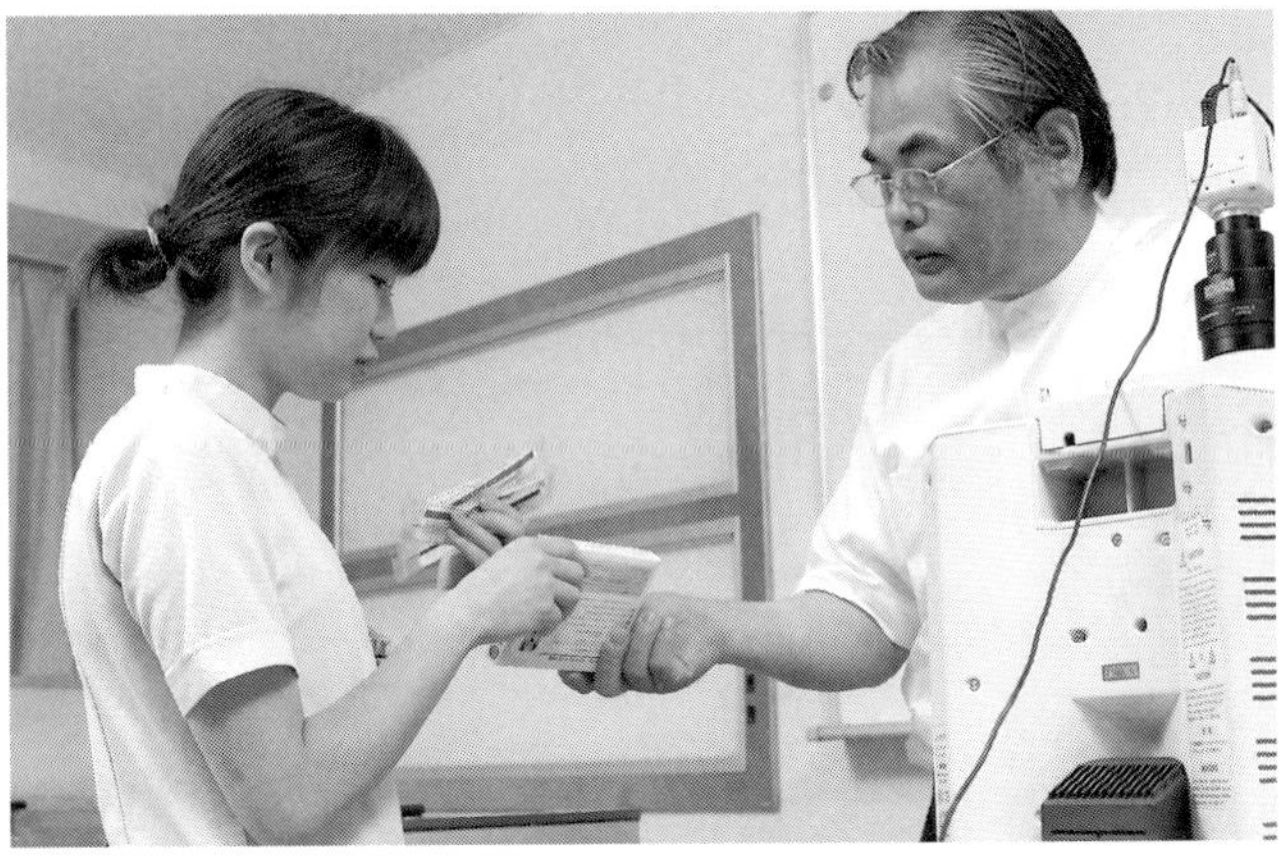

4 動物看護師が在庫に気を配りたいもの

各種処方食、各種シャンプー、ノミ・ダニ駆除薬、フィラリア予防薬、フィラリア検査キット、エリザベス・カラー、各種ワクチン証明書、新患用のカルテファイルなど。

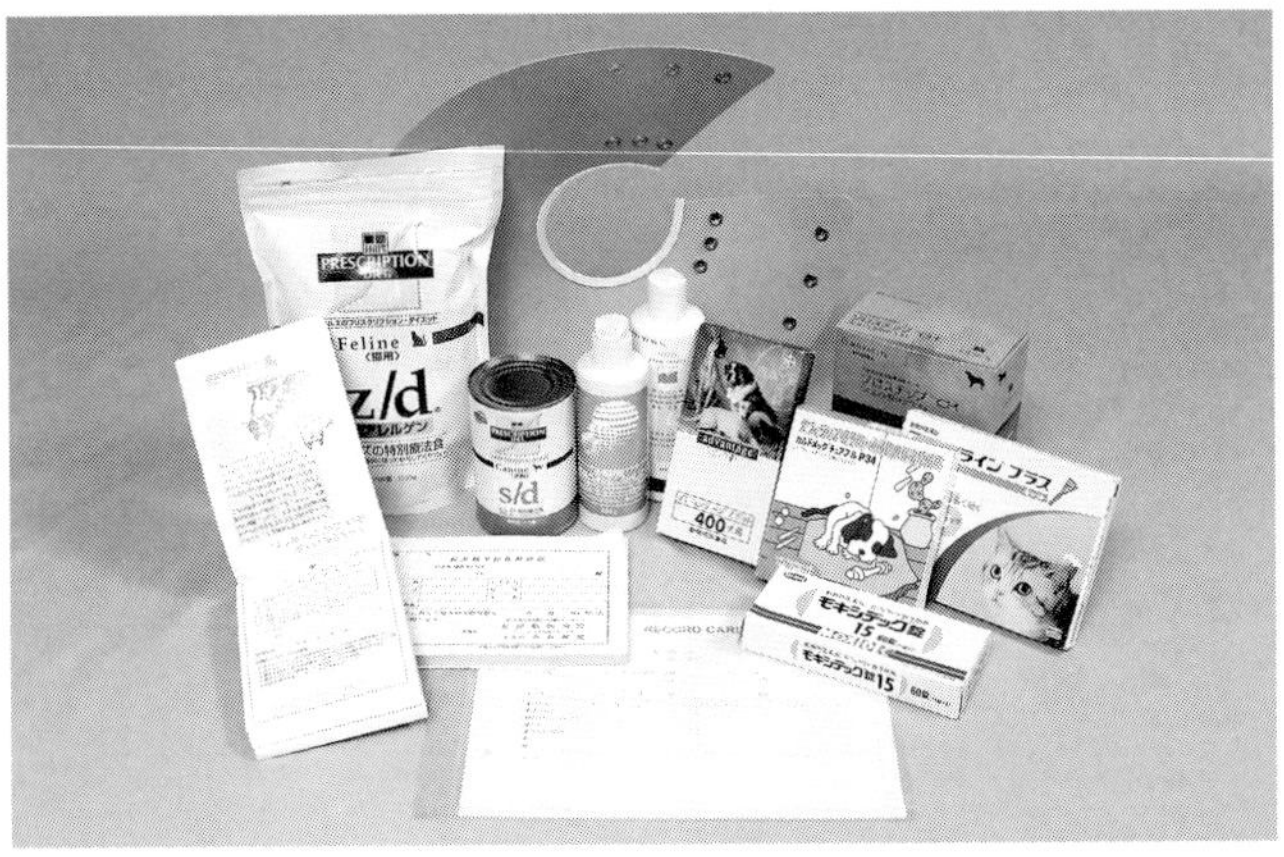

IV

裏方系の仕事

1. 滅菌処理

動物病院で主に使われる2種類の滅菌法

動物病院では、処置に使う器具や手術着などを無菌状態にするため、滅菌を行います。一般的な滅菌方法としては、高圧蒸気滅菌（オートクレーブ）とガス滅菌の2種類があります。それぞれの正しい手順や、その滅菌法に適するものは何かなどを知り、目的に合わせて効率よく行えるようにしましょう。また、手術の準備などをする際に滅菌ずみのものを取り扱う正しい方法も身につける必要があります。

1 主な滅菌法は2種類

有害な微生物だけを殺す「消毒」に対し、「滅菌」とは、すべての微生物を殺すこと。動物病院では、高圧蒸気滅菌とガス滅菌が一般的です。写真は左が高圧蒸気滅菌機、右がガス滅菌機です。

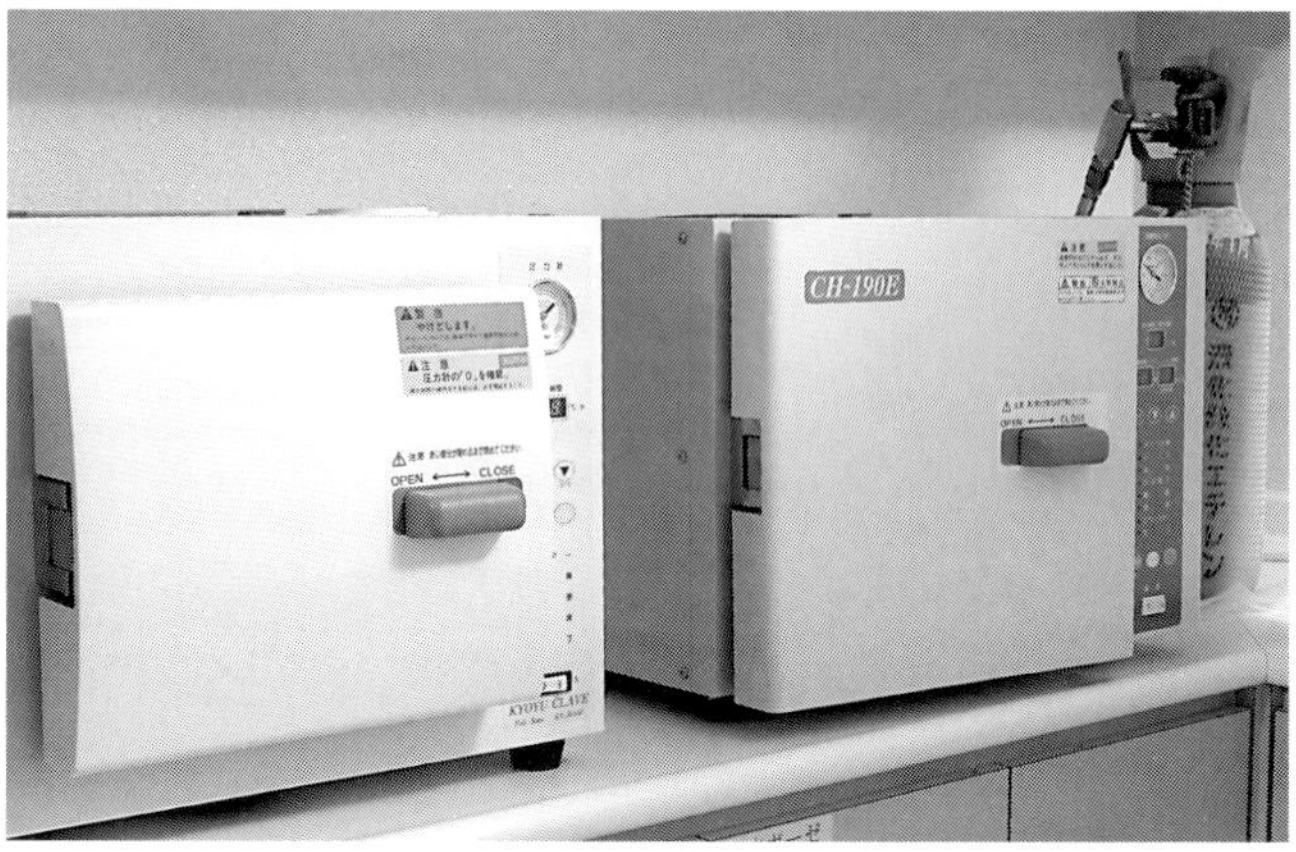

2 高圧蒸気滅菌は手術器具などに

高圧蒸気滅菌は、121度で20～25分行うもの。金属製の手術器具などの滅菌に適しています。滅菌するものは、ドレープに包んで専用の滅菌容器に収め、滅菌機に入れます。高温になるため、プラスチック製の器具などには適しません。

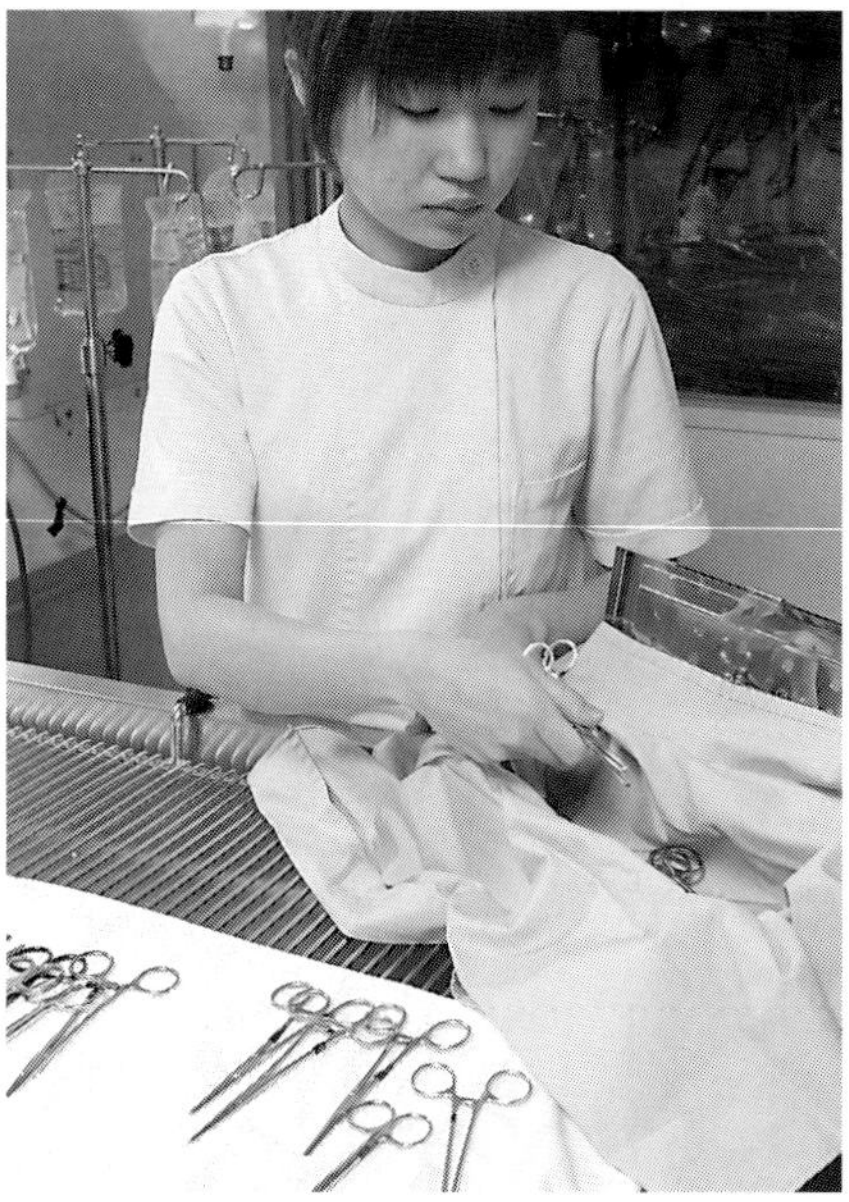

3 滅菌の確認はインジケーターで

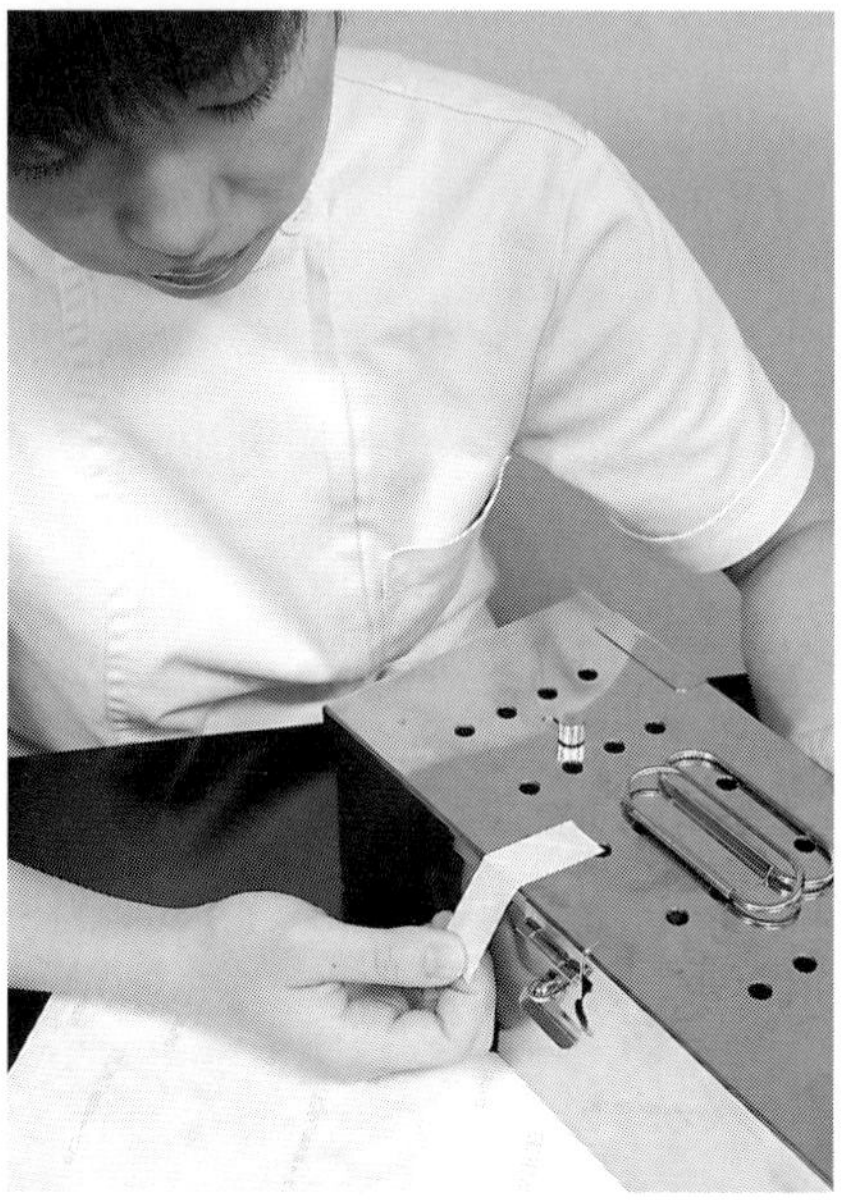

高圧蒸気滅菌をする際は、滅菌容器（カセット）に滅菌するものを入れ、ふたを閉めてからインジケーションシールを貼ります。滅菌が終了するとインジケーションシールに黒い線が浮き出してきます。

4 ガス滅菌はプラスチック製品もOK

ガス滅菌は、プラスチック製品や高熱で溶けてしまうものを滅菌することができます。ただし、使用する滅菌機の種類によっては室内の換気が必要な場合もあるので、注意が必要です。

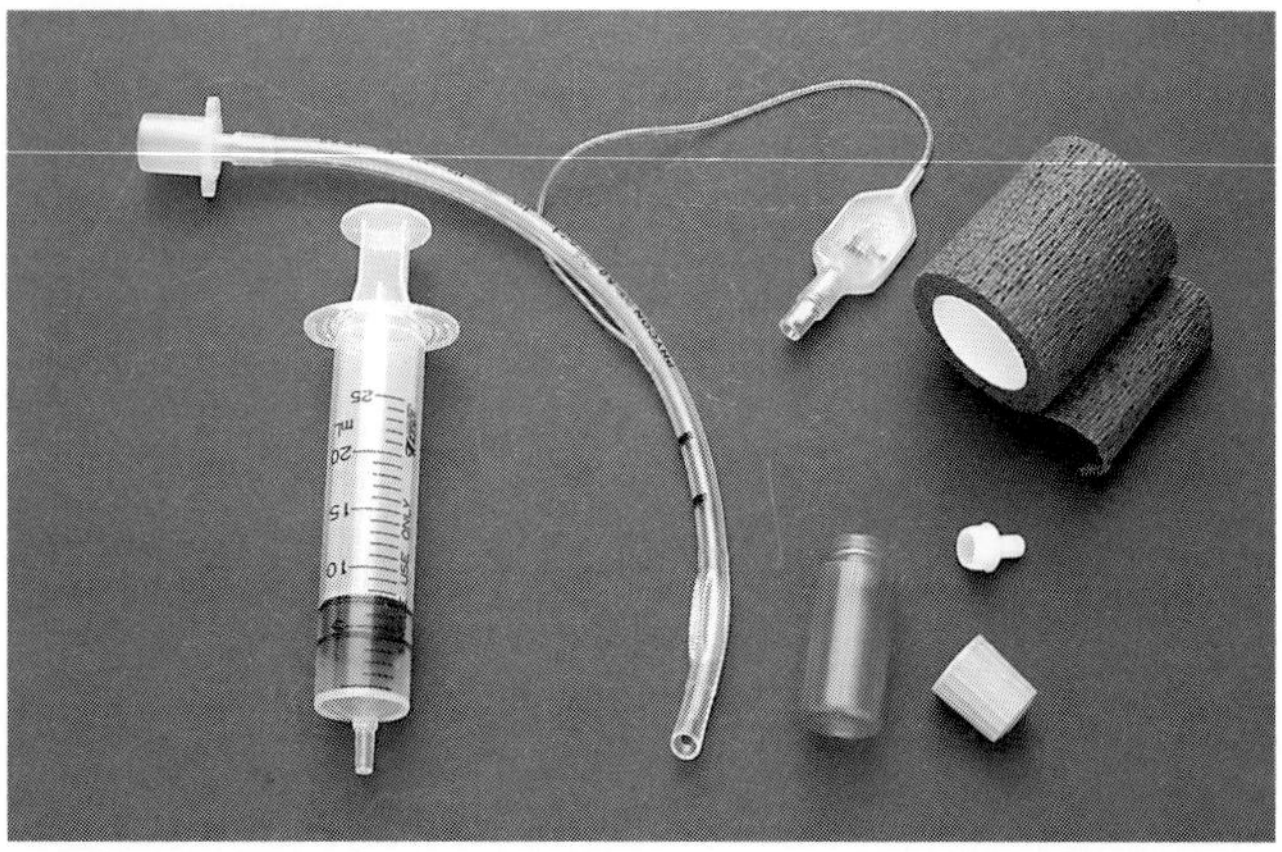

5 滅菌するものは滅菌パックに

ガス滅菌をするものは、滅菌パックをシーラーで密封してから滅菌機に入れます。シーラーでやけどをしないように気をつけましょう。滅菌パックにプリントされている文字はインジケーターを兼ねており、滅菌が終了すると色が変わります。

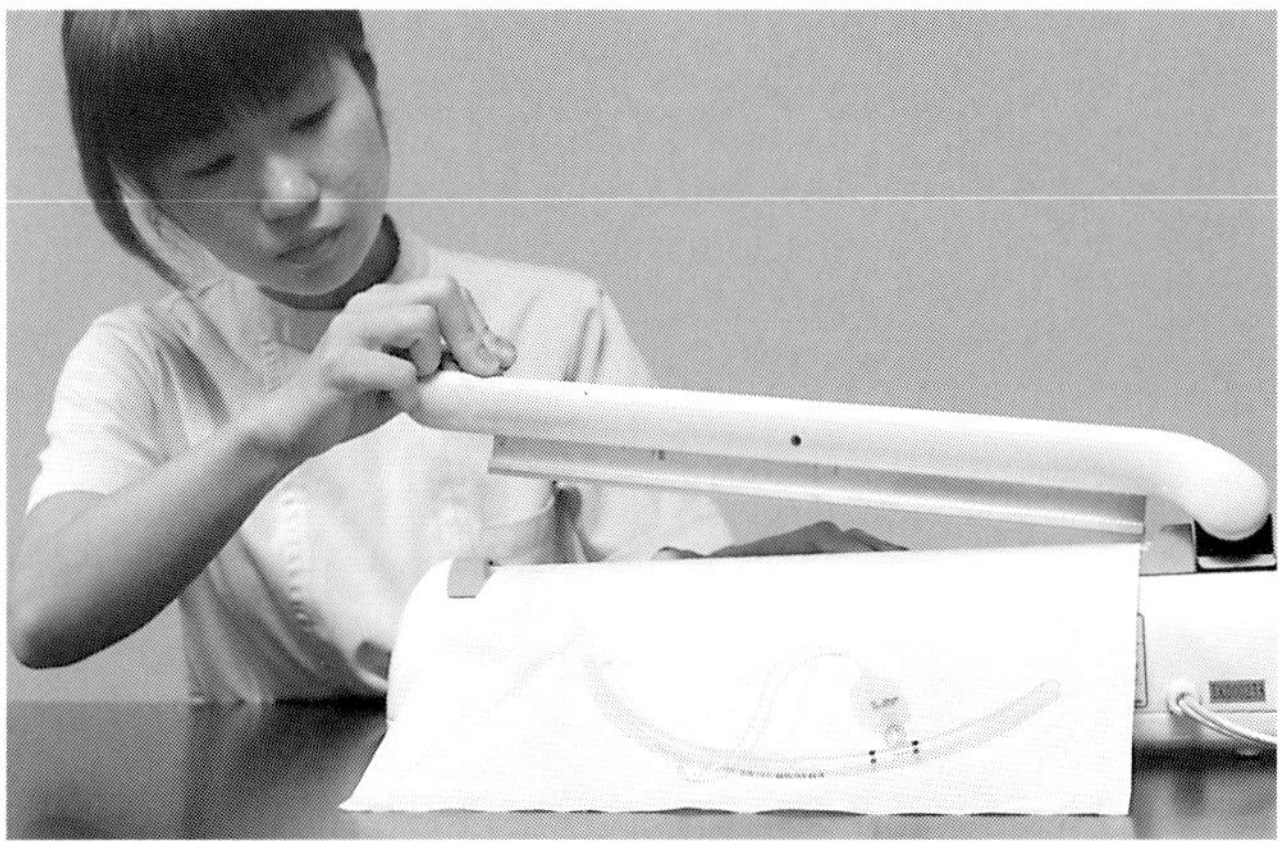

6 ガス滅菌は濡れているものには無効

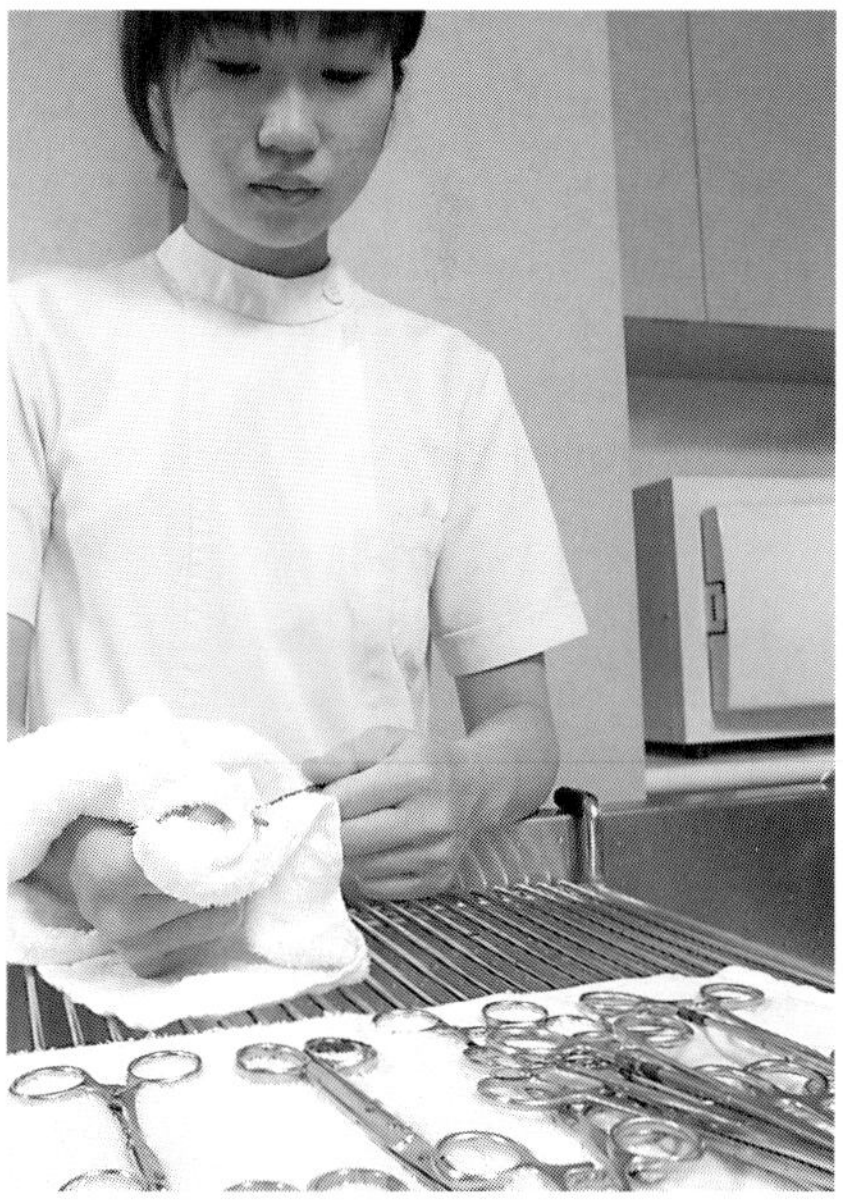

滅菌するものが濡れていると、ガス滅菌の効果がなくなってしまいます。手術器具などは使用後に洗って水気を拭き、完全に乾燥させてから次の滅菌準備をします。

7 滅菌容器の目を閉める

高圧蒸気滅菌をする際、滅菌容器は上面や側面の目を開いた状態で滅菌機に入れます。滅菌終了後は、滅菌機から出したらすぐに容器の目を閉めること。この状態で数日～1週間くらいは滅菌状態を保つことができます。

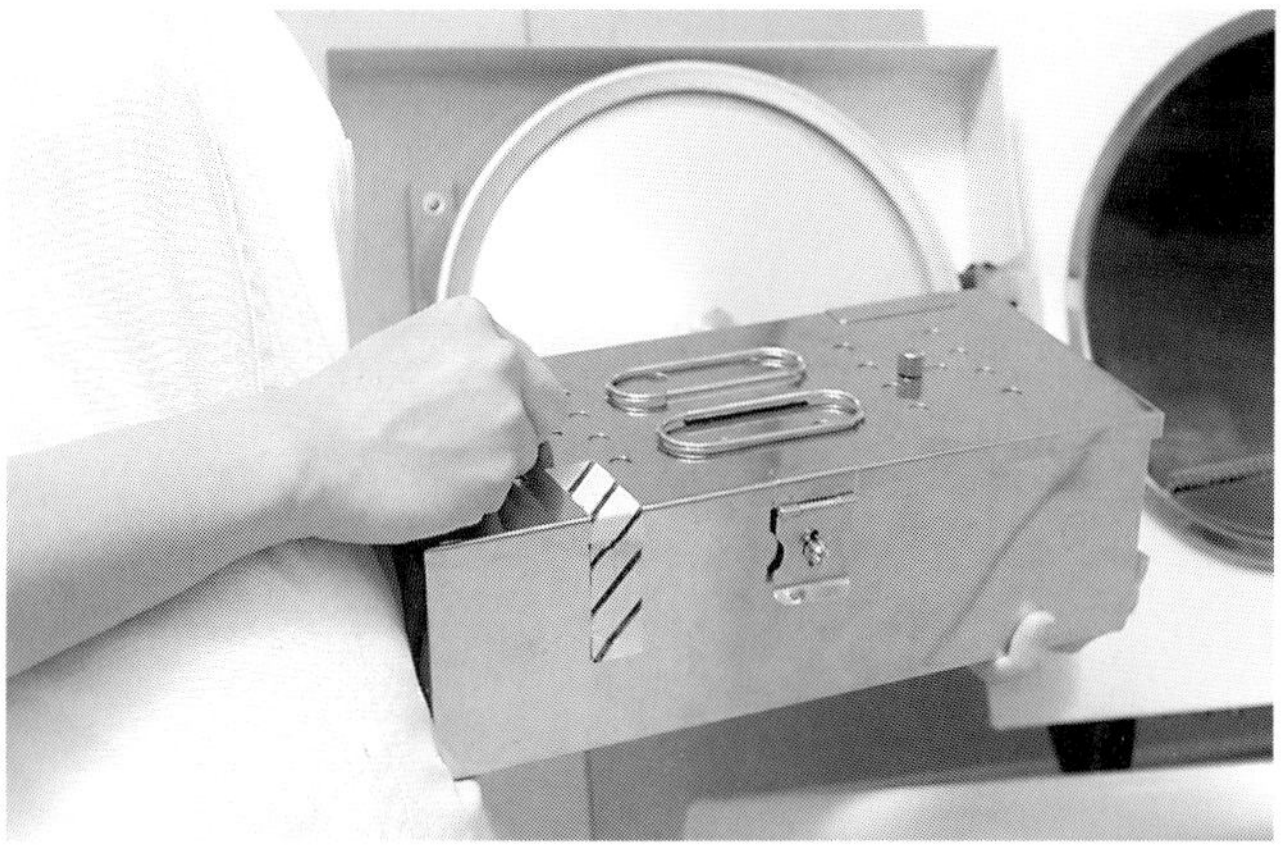

8 ガス滅菌は数カ月滅菌状態を保てる

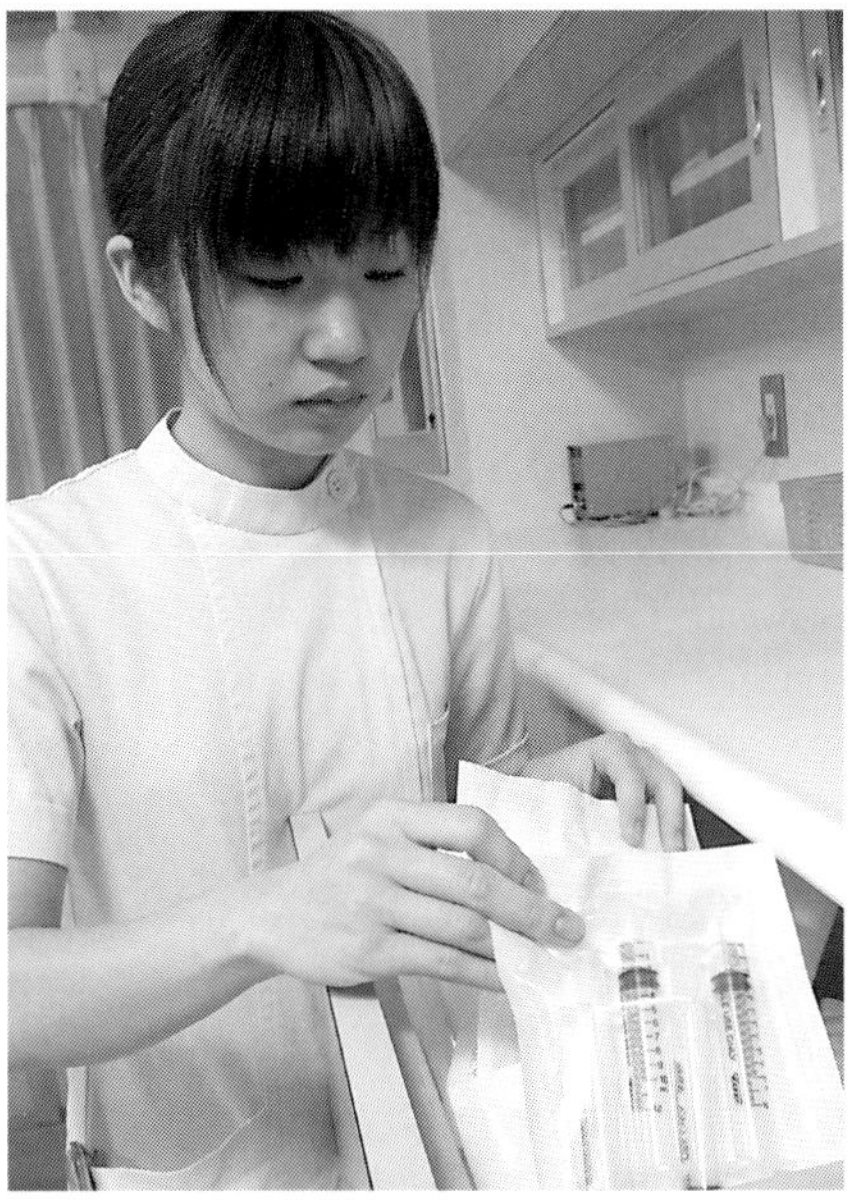

ガス滅菌をしたものは、滅菌パックを開封しなければ数カ月は滅菌状態を保つことができます。よく使う器具類は手が空いたときに滅菌し、決められたところにストックしておくとよいでしょう。

9 滅菌した器具の扱い方①

高圧蒸気滅菌したものを滅菌容器から取り出すときは、滅菌ずみのものに素手で触れないように注意します。触ってよいのは、滅菌するものを包んだドレープの外側だけです。

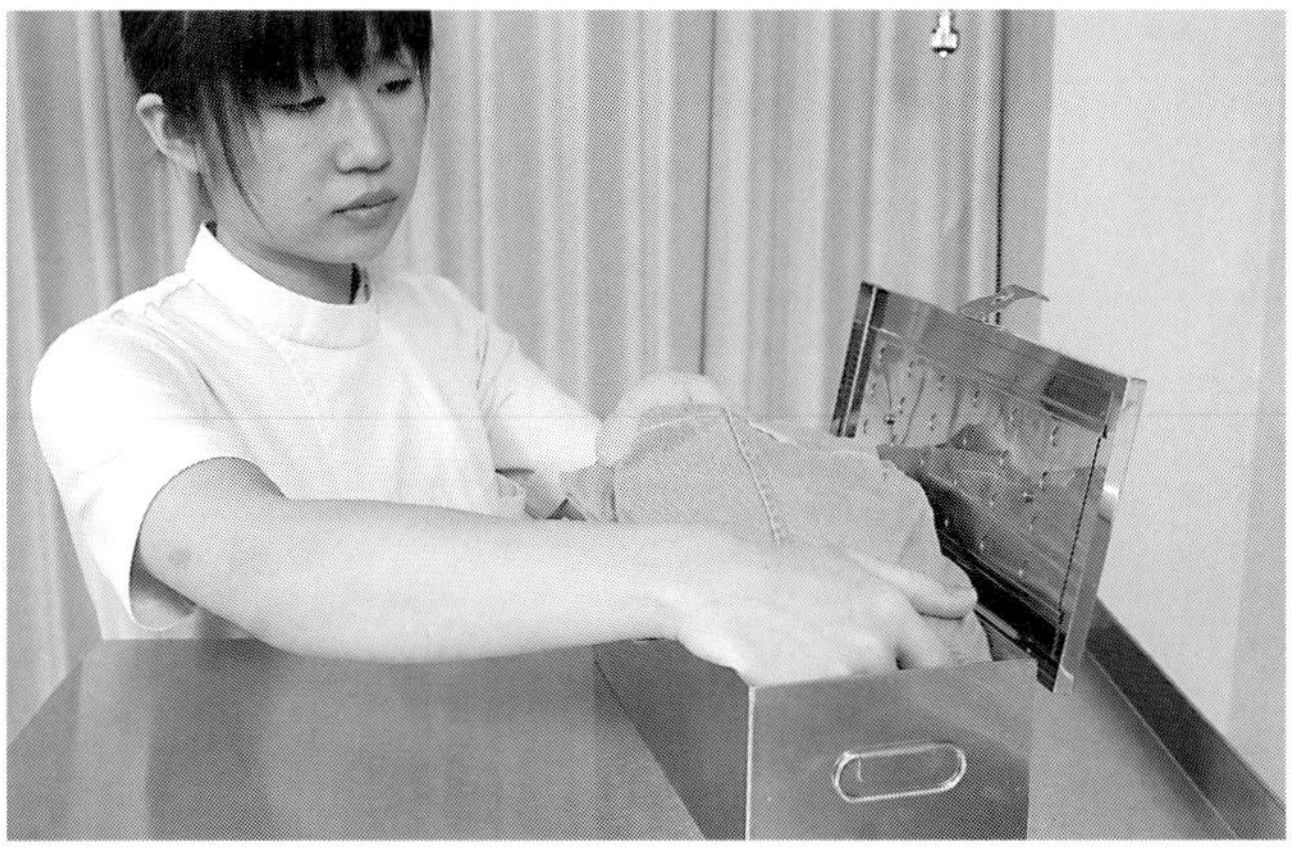

10 滅菌した器具の扱い方②

ガス滅菌したものを取り出すときは、滅菌パックの一辺を破り、滅菌ずみのドレープなどの上に中身をそっと落とします。その際、中に入っているものや滅菌パックの内側に触れないように注意します。

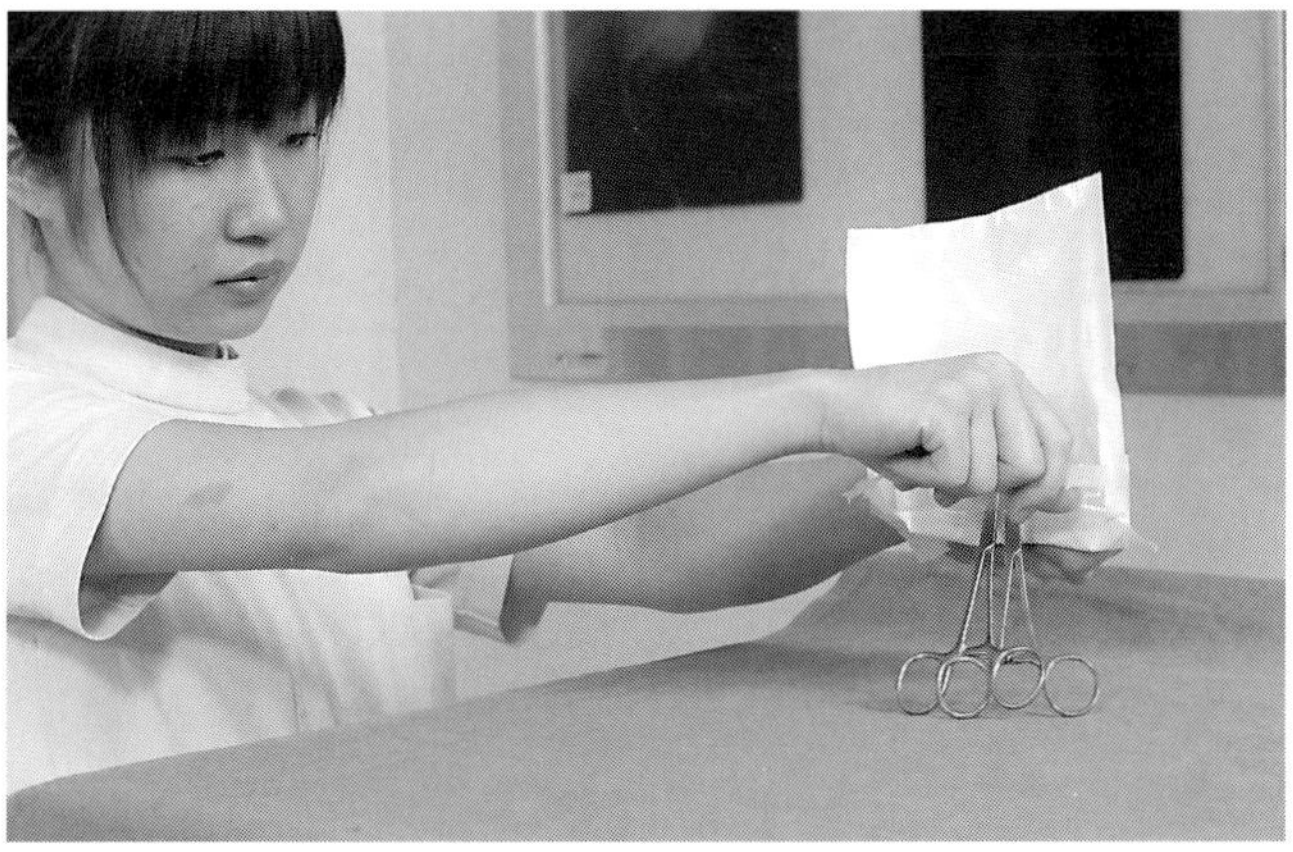

2. 汚れ物の洗濯

感染の可能性があるものの扱いは慎重に

動物病院の洗濯物には様々なものがあるので、正しい分類や洗い方を知っておくことが大切。特に、治療に使うタオルやガーゼ、術衣、ドレープなどは、ほかのものとは別に洗います。また、ウイルスや寄生虫を持っている動物に使ったものは必ず決められた方法で消毒しなければなりません。ドレープや術衣に注射針や縫合針などが混入していることもあるので、常に注意を怠らないようにしましょう。

1 洗濯物を分ける

治療に使うもの、ウイルスや寄生虫を持った動物に使ったもの、犬舎の敷物など動物の排泄物がついたもの、それ以外の4種類に大きく分けます。排泄物がついたものと治療に使うものは別の洗濯機で洗い、感染の可能性があるものは決められた方法で消毒してから洗濯します。

2 バケツに塩素系の消毒液を用意する

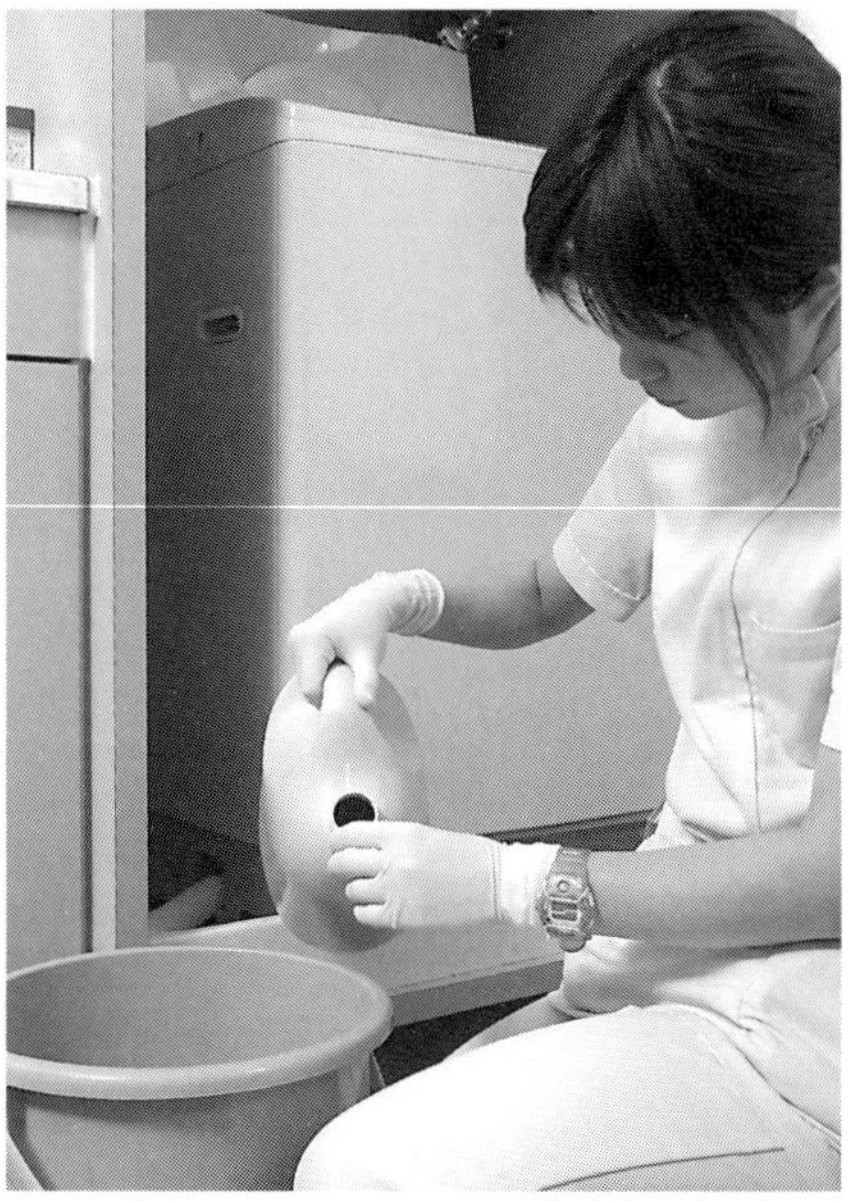

ウイルスを持った動物に使ったものは、洗濯機に入れる前に消毒します。バケツなどに正しい濃度に薄めた塩素系の消毒液を入れ、洗濯物を浸します。寄生虫を持った動物に使ったものは、煮沸消毒を行います。

3 消毒の開始時刻をメモしておく

塩素系の消毒液を使って消毒を行う際は、ある程度の時間つけおきをする必要があります。ほかのスタッフにもわかるよう、消毒開始時刻を書いた紙をバケツに貼るなどしておきましょう。

4 15分以上つけおきして洗濯機へ

消毒を開始してから15分以上たっていることを確認します。十分な時間が経過していたら、バケツの中の洗濯物を水をためた洗濯機に移し、洗剤を入れて普通に洗濯します。

5 洗濯物を乾燥機へ

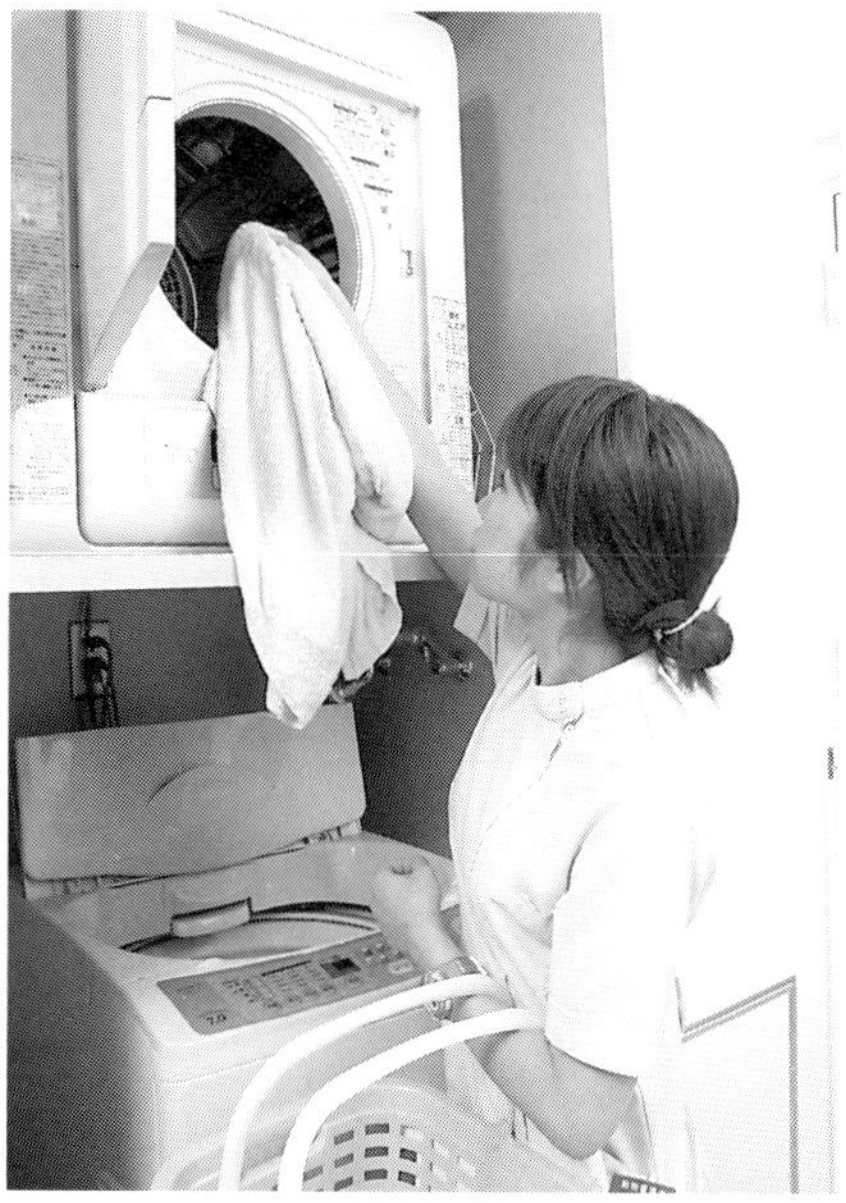

洗い終わったものを乾燥機へ移します。洗濯中はほかの作業をすることができますが、洗った後のものがいつまでも洗濯機の中に残っていることのないよう、洗濯が終わる時刻を意識しているようにしましょう。

6 洗濯機と乾燥機のチェック

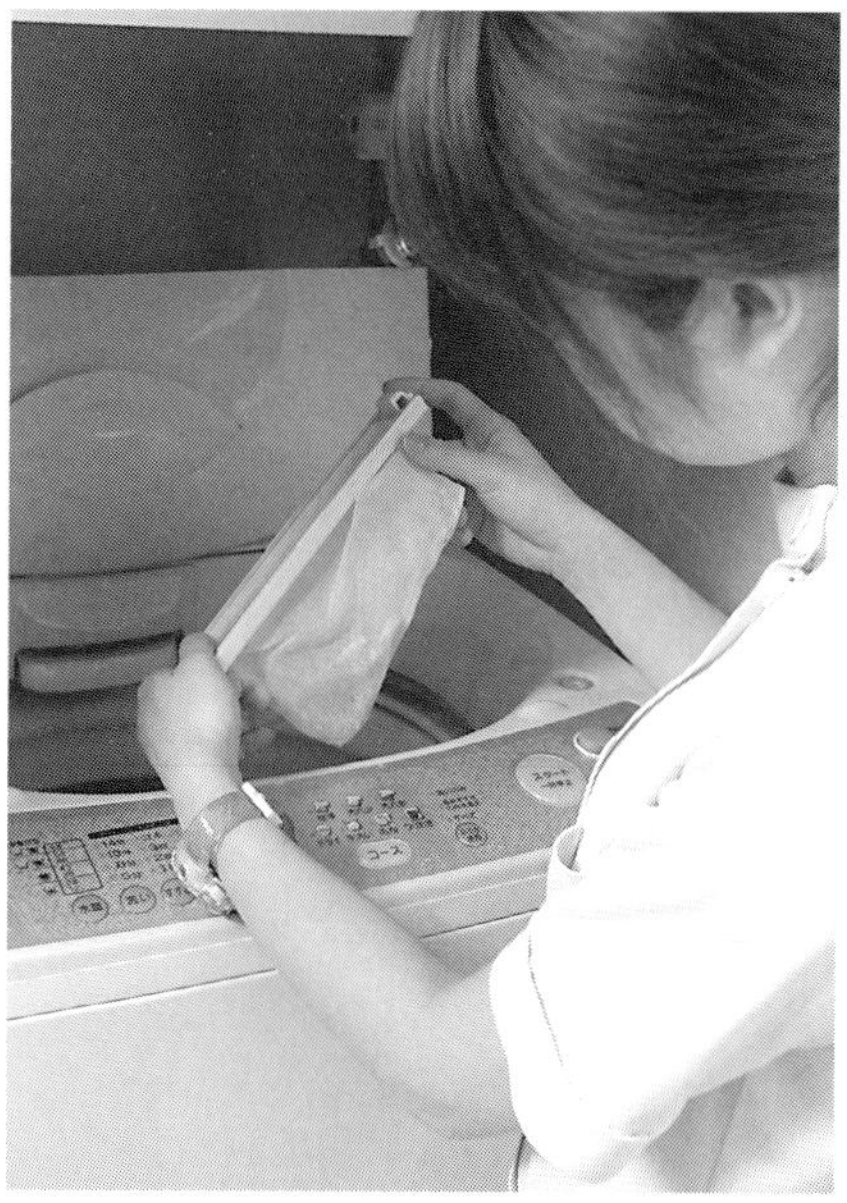

洗濯、乾燥が終わったら、洗濯機のごみ取りネットや乾燥機のフィルターについた毛くずなどを掃除します。また、洗濯機や乾燥機の中に注射針などの危険物が残っていないことも確認しておきます。

7 タオルなどをたたみ、所定の位置へ

洗濯物が完全に乾いていることを確認します。その後、タオルなどはきちんとたたんで所定の位置にしまいます。スタッフ全員の使いやすさを考えて、タオルのたたみ方などは病院の決まりに従いましょう。

8 手術着やドレープの毛くずを取る

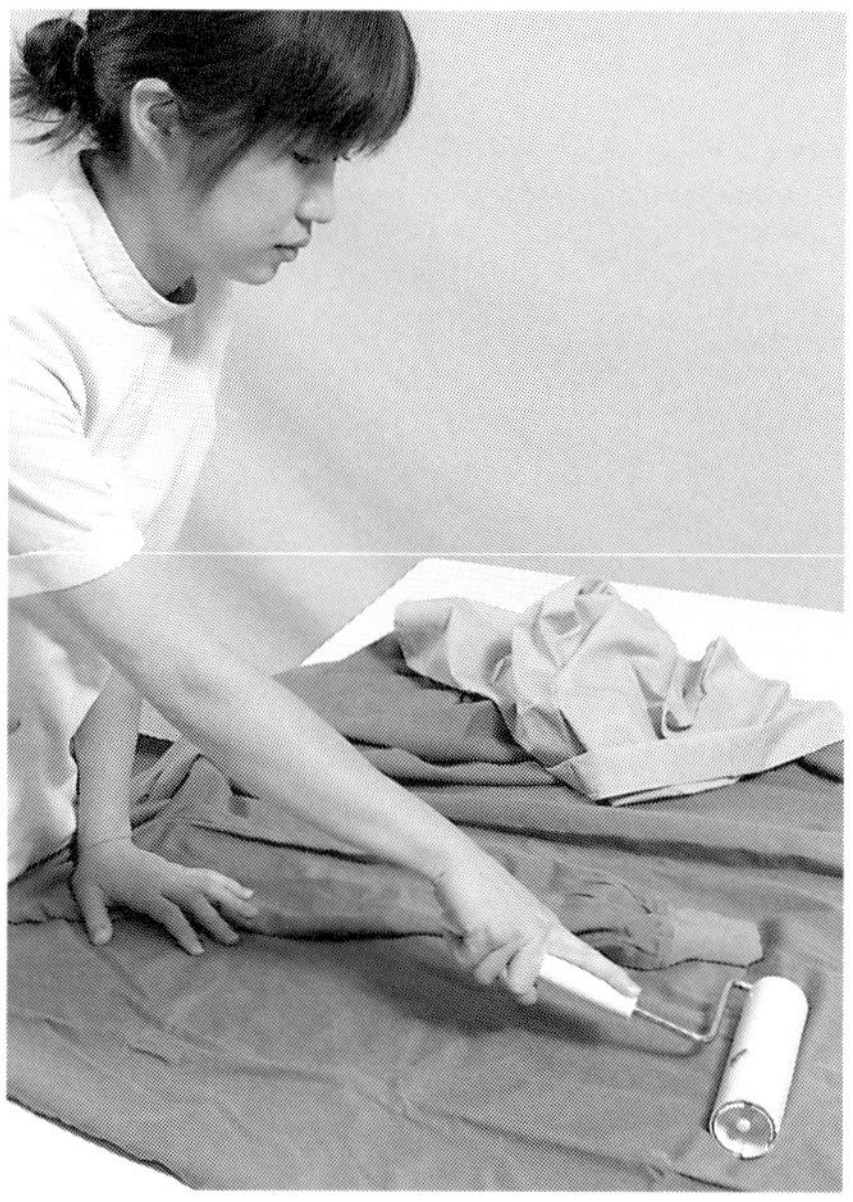

手術着やドレープは、表面についた細かい毛くずやほこりを取り除くため、粘着ローラーをかけます。手術着の袖口や裾など、すみずみまでていねいにきれいにすること。

9 手術着などを滅菌する

粘着ローラーをかけた手術着やドレープのほか、治療に使うタオルやガーゼなどは正しくたたんで滅菌をします。

10 消毒液や洗剤の補充

塩素系の消毒液や洗濯用洗剤は、残量をこまめにチェックし、少なくなっている場合は補充します。また、塩素系の消毒液は皮膚を傷めるので、扱うときは手袋をはめるなどして、原液が皮膚につかないようにしましょう。

3. 院内の大掃除

働きやすい環境づくりのために

病院内を清潔に保ち、スタッフ全員が使いやすい状態にしておくため、毎日の掃除に加えて定期的に大掃除を行いましょう。大掃除の際は、エアコンのフィルターや排水口のパイプなど、ふだんはなかなか手が回らないところまで念入りに掃除するようにします。診療に支障をきたさないよう、一度に１カ所ずつきれいにしていくつもりで上手にスケジュールを組んでみましょう。

1 予定表をつくって掃除の日程を管理

窓拭きは週に１回、倉庫の掃除は１カ月に１回など大掃除のサイクルを決め、予定表をつくっておきます。日常の仕事の中に組み込めるよう、あまり無理のないスケジュールを工夫しましょう。

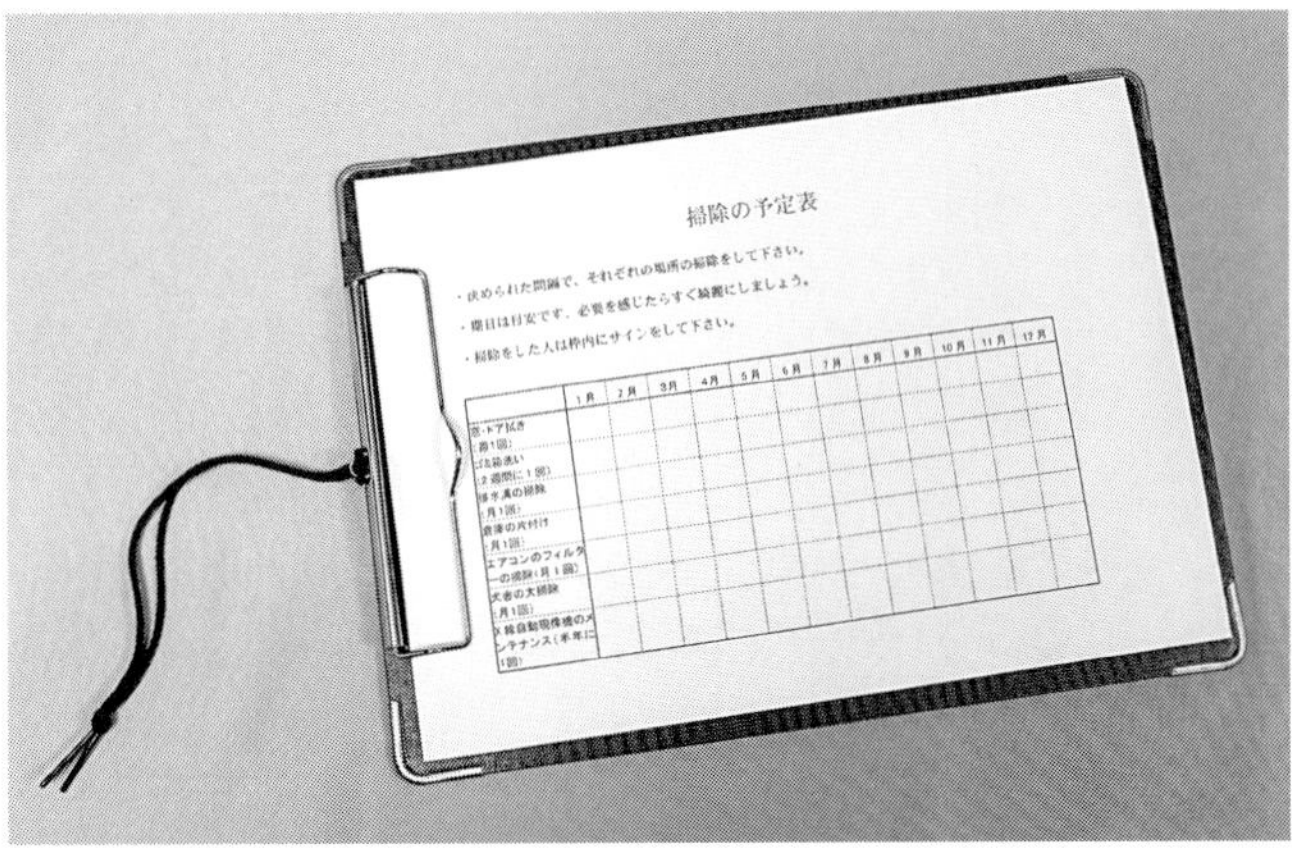

2 エアコンの掃除

病院内のエアコンは、パネルやフィルターを取り外して洗い、内部のほこりを掃除機などで取り除きます。手入れをしないままにしておくと冷暖房の効率が落ちるだけではなく内部にカビが発生し、悪臭などの原因になります。

3 自動現像機のメンテナンス

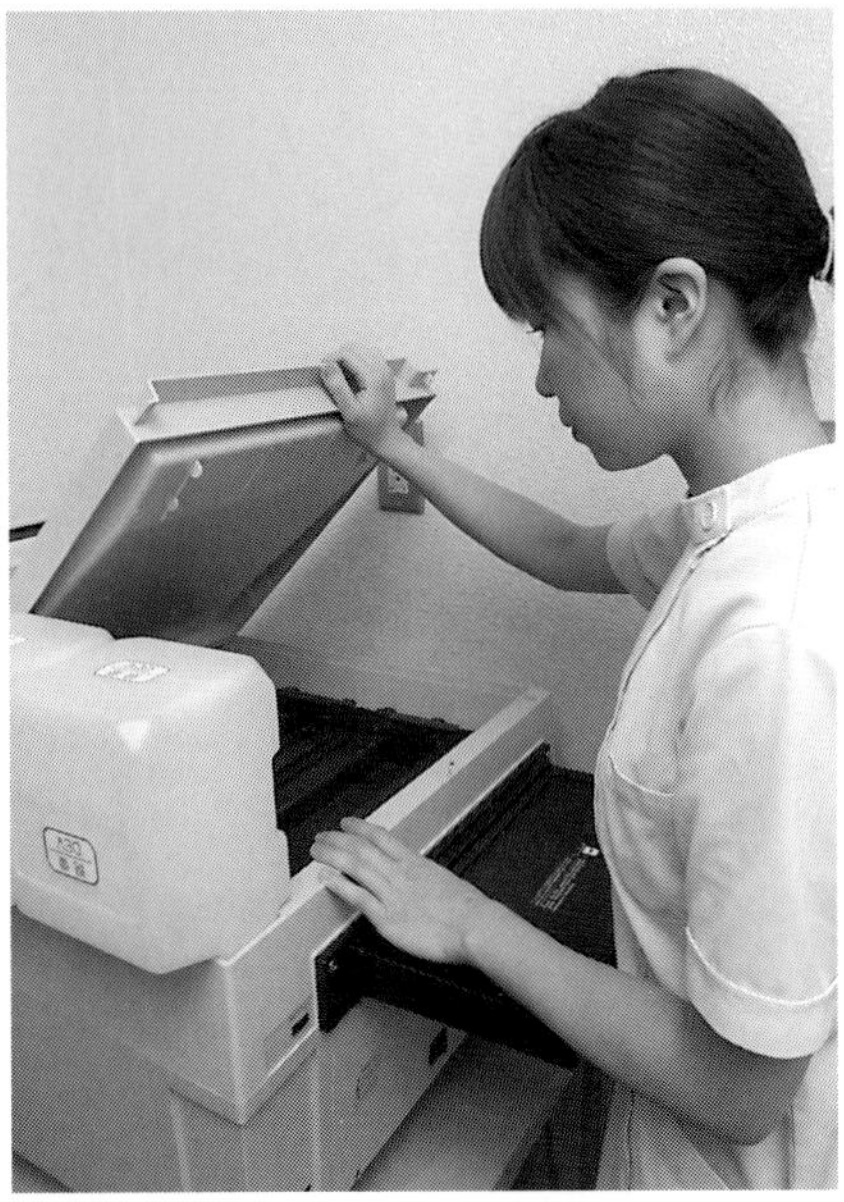

X線フィルムの自動現像機は、定期的にメンテナンスを行います。現像、定着、水洗に必要な各溶液が古くなっていないか、また汚れていないか確認し、必要な場合は交換します。分解して洗える部分は、取り外して水洗いします。

4 ケージの大掃除

ケージは、入院動物が入れ替わる際などに大掃除を行います。スノコやドアなど、分解できる部分は取り外して洗浄・消毒を。可動式のケージの場合は、いったん定位置から動かして、壁とケージのすき間にたまったごみなどを取り除きます。

5 ガラス窓の拭き掃除

病院の各所にある窓をきれいにします。市販の専用洗剤などを使い、内側と外側から皮脂や泥などの汚れを取り除きましょう。手の届きにくい高いところまで、ていねいに拭いておきます。

6 ドアの拭き掃除

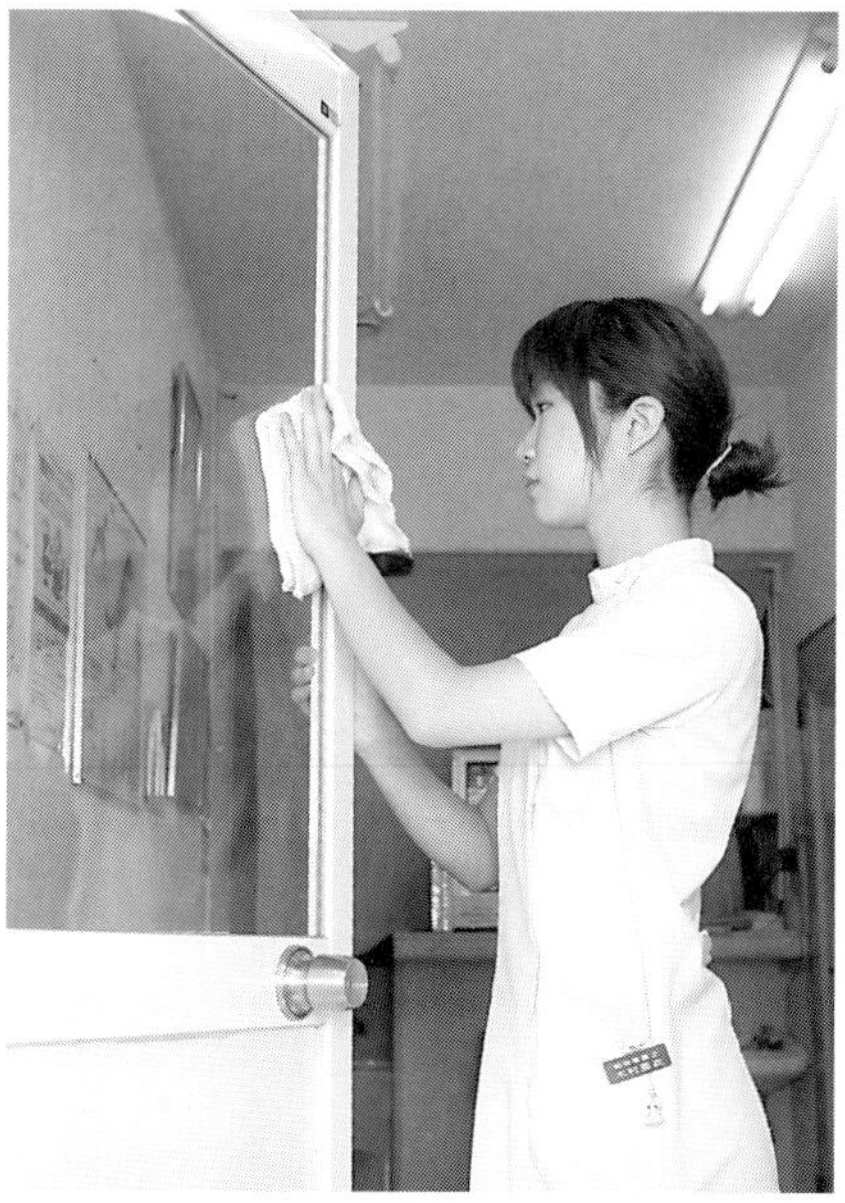

病院内の各部屋のドアとドアノブを拭き掃除します。毎日、多くの人の手が触れる部分なので、汚れていないようにみえても皮脂汚れなどがついています。出入り口のドアのほか、戸棚の戸やガラスなどもきれいに拭いておきます。

7 ごみ箱を洗う

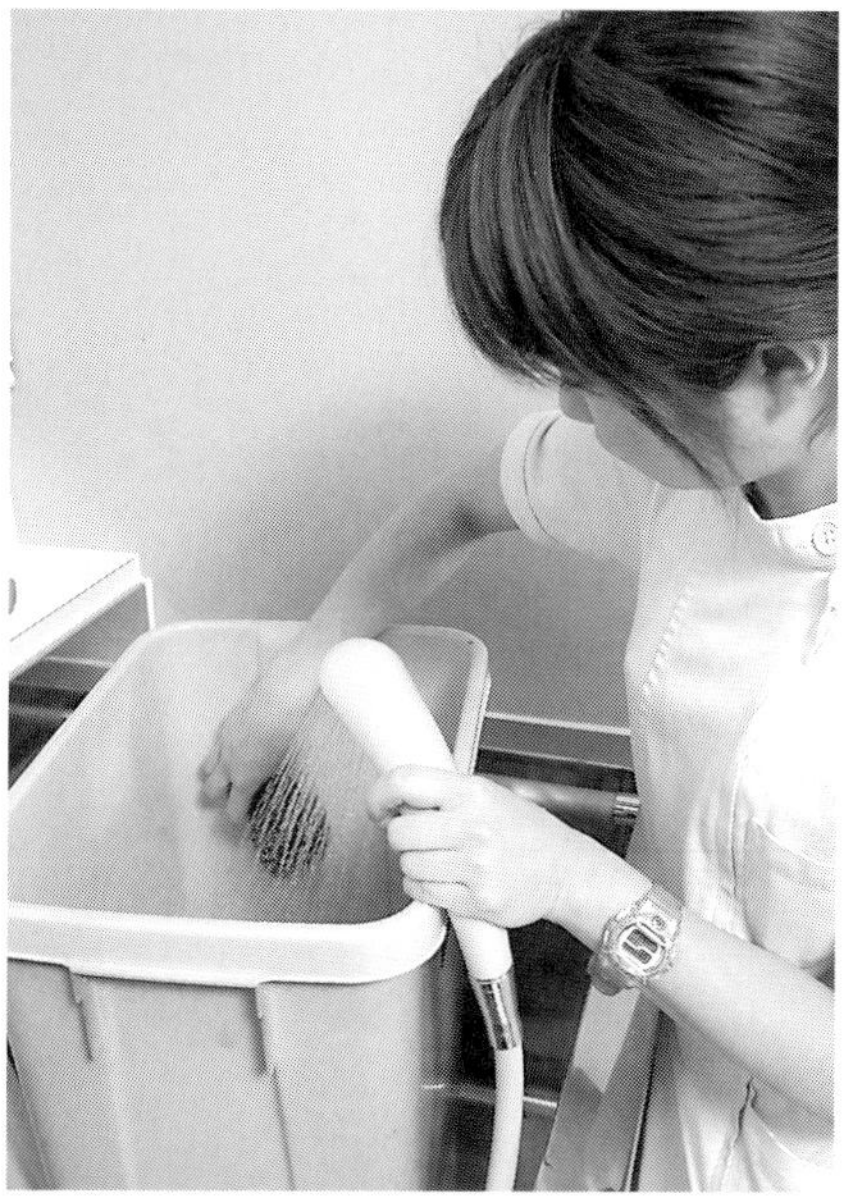

中身をすべて取り出して内側と外側をブラシなどでていねいに洗い、ぞうきんで水気を拭き取って完全に乾燥させます。悪臭などを防ぐため、大掃除の予定のない日でも、汚れているのに気づいたらすぐに洗うようにしましょう。

8 排水口の掃除

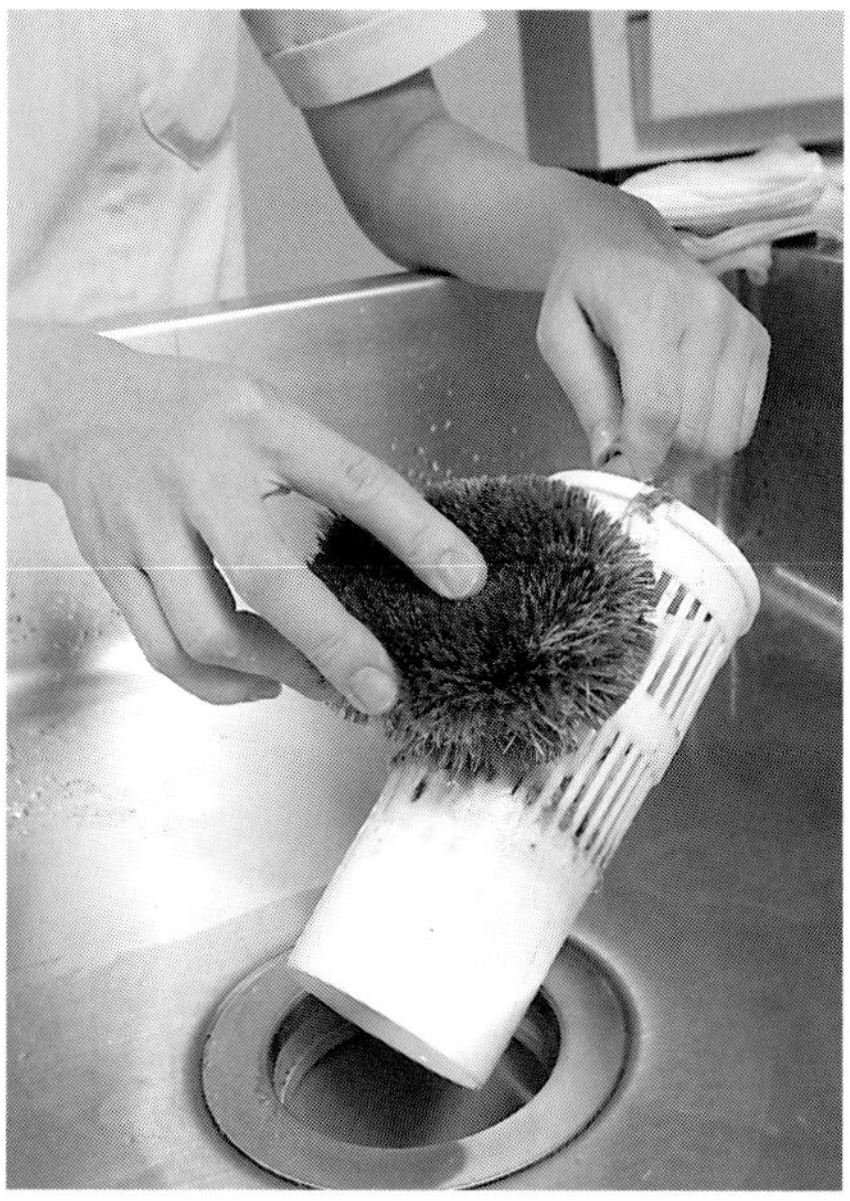

受け皿にからんだ動物の毛などを完全に取り除き、たわしやブラシなどで水あかを掃除します。悪臭を防ぐため、市販の専用洗剤などを使ったパイプの清掃も定期的に行うとよいでしょう。

9 倉庫の清掃と整とん

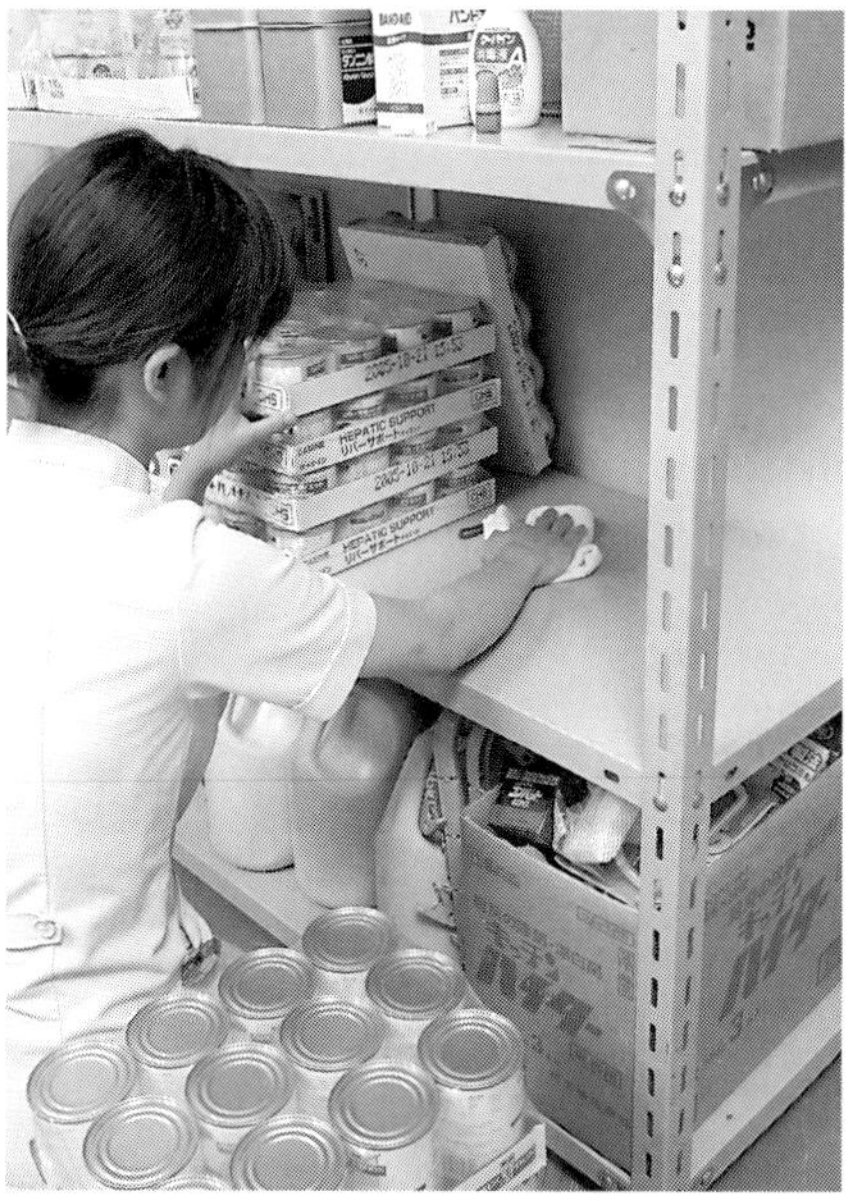

倉庫の大掃除をする際は、まず保管してある在庫の製造日などを確認し、古くなっているものは処分します。その後、動かせるものはすべて動かして、棚板や床などをすみずみまで掃除します。

10 掃除は常にていねいに

NG

毎日の掃除や大掃除は、「清潔にする」、「使いやすく整とんする」という目的意識を持って行います。慣れた作業だからと機械的に行うと、行き届かない部分も多くなってしまいます。

よくある質問にバッチリ対応！

飼い主さん対策Q&A集

Q1 犬・猫は1日に水をどれくらい飲みますか？多飲多尿ってどんな感じ？

A1 犬の1日の飲水量の参考基準値は50～60ml／kgですが、食事中の水分の含有量によっても変わります。猫は、ドライフードしか食べない子でなければ食事から効率よく水分を摂取するので、あまり水を飲みません。

犬の1日の尿量は20～40ml／kgですが、水をがぶがぶ飲むと尿量も増えます。飲水量や尿量が多いことに飼い主が気づくのは、「以前とくらべて水を飲む量が増えて、オシッコを何度もたくさんする」ということがほとんどです。

水を飲む量が増える病気としては、糖尿病、尿崩症、腎不全（特に初期～中期の慢性腎不全）、副腎皮質機能亢進症、甲状腺機能亢進症、肝不全、心因性多飲多尿などがあげられます。また、心臓の薬を飲んでいる場合や、雌犬ならば子宮蓄膿症などでも飲水量が増えることがあります。

Q2 食事は1日に何回あげればいいですか？時間を決めた方がいいですか？

A2 子犬は成長が早いので、多くの栄養を必要とします。しかし、体が小さいので一度に少量しか食べることができません。ですから、離乳してから40日くらいまでは1日4回、4～5カ月くらいまでは1日3回に分けて食事を与え、十分な量を食べられるようにしてあげましょう。その後は1日2～1回にすることもできます。ただし成犬になってからでも、消化機能が低下していると思われるときには1回の量を減らして回数を増やすなど、体調に合わせて調節することが大切です。

食事は規則正しく与え、お腹が空く時間を設けるようにすることが健康に暮らす秘訣です。おやつを食事のように多量に与えないようにします。猫はだらだら食べさせる方がよいと思う人がいますが、決められた時間に食事を与え、お腹の空く時間を設けることで尿のpHが下がり、猫下部尿路疾患（猫泌尿器症候群）といった病気を防ぐことができます。

また、子犬にお手やお座りを教える場合には、食事を与える前に教えるとよいでしょう。

Q3 雌の発情はいつ頃はじまりますか？それはどんな様子ですか？

A3 犬は、生後6～7カ月くらいで性成熟します。性成熟すると、雌犬には発情がみられ、雄犬は発情している雌犬がいれば交配が可能となります。しかし、若すぎたり高齢での出産はリスクが高いので、子どもを産ませたい場合は交配の適期である2～5歳に出産させるとよいでしょう。雌犬の発情は年1～2回のサイクルで繰り返し、膣より出血があります。出血は5～9日間ほど続き、外陰部が充血して腫脹します。交配に適した時期は発情出血がはじまってから12～14日目です。このとき、尾のつけ根に触ると尾を脇によけ許容する動作をします。妊娠期間は約63日です。

猫は生後6カ月で性成熟します。雌猫は発情期が来ても自然には排卵せず、交尾することによって排卵します。多発情なので毎月のように発情がみられ、この時期は激しく鳴いたり、異常に甘えたりします。雄猫は、雌をめぐってけんかをしたり、パートナーを求めて家出をしてしまったりすることもあります。猫の妊娠期間は63～65日で、産子数は4～5頭ということが多いようです。雌猫は多発情するので、出産後子猫が離乳してから2週間ぐらいで再発情します。

Q4 うちの子太っているかしら？ ダイエットはどうしたらいいの？

A4 まず、単に体重だけでは肥満かどうかを判断できないということを知っておきましょう。同じ種類の犬でも、骨格が太ければ体重は重くなるからです。肥満度の判定は、体に触って、骨がどの程度触知できるかなどを基準に行います。

すでに肥満している場合は関節や背骨に負担がかかっていますので、ダイエットの中心は食事のコントロールとなります。その状態での激しい運動は、関節や背骨への負担を倍加するので、しない方がよいでしょう。理想体重とくらべて15～20%程度の肥満であれば、食事を10～25%ほど減らします。理想体重の30%以上では、食事を30～40%程度減らします。通常の食事のまま量だけを減らすと、カロリーだけでなく栄養素も不足してしまうため、ダイエット用フードを利用するとよいでしょう。動物の食事の管理は飼い主さんの仕事です。好きなだけおやつをあげるなど、偏った生活をさせないことがダイエットの第一歩です。

Q5 犬や猫は1年で何歳年を取りますか？ 人間に換算すると何歳？

A5 動物の年齢を人のそれに換算した場合、はじめの1年で青年になり、その後は1年に4歳ずつ加齢していると考えられます。ただし、加齢のしかたは犬と猫、あるいは大型犬と小型犬で異なるので、あくまでも目安だということを知っておきましょう。

〈1歳未満までの健康上の注意〉

・免疫力がまだ弱いため、体調が悪そうならすぐに病院へ連れていく。
・ワクチン接種をして感染症から守る。
・生活面では、多くの人や動物とふれあう機会をつくること。6カ月を過ぎる頃から順位を意識しはじめるので、人の方が高位にあることを教える。

〈1～5歳の健康上の注意〉

・体力的にも精神的にも最も充実した期間。たくさん遊んで体力増強を。
・出産を考えているなら2歳ごろからが適期。

〈5～7歳の健康上の注意〉

・まだまだ元気なものの、子宮の病気などの発症リスクが増えてくるので注意。
・代謝が低くなりはじめるので、肥満防止のためにもシニア食に切り替える。

〈7歳以上の健康上の注意〉

・心臓病や腎臓病などの老齢性の病気に注意。
・免疫力が下がるので、感染症や腫瘍も発生しやすくなる。
・普段から様子をよく観察して、定期的に健康診断を受ける。
・できるだけストレスの少ない穏やかな生活をさせる。

犬・猫	人間
1カ月	1歳
おっ！ 歩いた	
2カ月	3歳
さあ、予防接種よ！	
3カ月	5歳
感染症に注意。お子様ランチ	
6カ月	9歳
やんちゃ盛り。そろそろ大人の食事	
9カ月	13歳
盛んに運動。反抗期	
1年	17歳
異性に興味	
2年	23歳
社会では一人前	
3年	28歳
どんどん出産。家族が増えた	
4年	32歳
盛り、中堅	
5年	36歳
充実	
6年	40歳
熟した	
7年	44歳
更年期になった。そろそろシニアの食事	
8年	48歳
老年に向けて健康診断を	
9年	52歳
老人病が出はじめるぞ	
10年	56歳
老後の心配。心臓病の検査を	
11年	60歳
人生の分岐点。カロリーを抑えよう	
12年	64歳
退職。老人病が増えてくる	
13年	68歳
がんの検診忘れずに	
14年	72歳
年が気になる	
15年	76歳
まだ遊べるぞ	
16年	80歳
散歩が楽しみ	
17年	84歳
ちょっとよぼよぼになったね	
18年	88歳
米寿のお祝い	
19年	92歳
ぼけたかな?	
20年	96歳
オムツして100までがんばれ	
21年	100歳
知事が自宅にお祝いに	

Q6 フードに飽きたようであまり食べないのですが、どうすればいいですか？

A6 動物は、脂肪の含有量が多い食べ物をおいしく感じます。したがって、食欲が落ちているときには食事を少し温めると脂肪のよい臭いが立ち、食欲をそそります。また、ペットフードに飽きたというよりも、食べなければほかにもっとおいしいものがもらえると思って食べないでいる場合があります。

病的な場合を見分けるには、元気がないなどのほか、普段と違った行動異常がないかも観察する必要があります。もし、丸1日以上食べないようであれば病気かもしれません。犬は3日、猫は1日食べないと肝リピドーシス（脂質代謝異常による脂肪肝）になる可能性があります。

Q7 なぜ、不妊・去勢手術をするのですか？

A7 雄が子孫を残す必要がない場合、年を重ねてから起こる前立腺や精巣の病気を防ぐために、精巣摘出術いわゆる去勢手術をします。雌でも同様に子孫を残す予定がなければ、乳腺腫瘍や子宮蓄膿症といった命にかかわる病気を防ぐ意味で、卵巣・子宮摘出術いわゆる不妊手術がなされます。

不妊手術や去勢手術は、生後6～10カ月のうち（初回の発情が来る前）の実施が推奨されています。特に、雌では早期の不妊手術によって乳腺腫瘍になる率が下がるというメリットがあります。また、犬では発情期の出血などのわずらわしさがなくなり、猫では雌の大きな鳴き声、雄のけんかやスプレー行動などが減り、飼い主の精神面が楽になるというメリットもあります。

不妊・去勢手術によって太るという意見もありますが、食事の管理で防ぐことが十分可能です。

Q8 不妊・去勢の手術費用はいくらですか？ どんな手術ですか？ 入院は必要ですか？

A8 不妊・去勢手術は全身麻酔で行いますが、全身麻酔は以前とくらべて安全になりましたので心配ないでしょう。雄では精巣を全部摘出しますが、腹部を切開しないのであまり大きな手術ではありません。雌では腹部を切開して子宮と卵巣を全部摘出します。

術式や入院日数、費用などは病院によって様々なので、勤務先の病院のシステムを説明できるようにしておきましょう。

※勤務先のシステムを書き込みましょう

Q9 人見知りしない犬に育てるには、どうすればいいですか？

A9 生後3～12週が子犬に社会的行動の基礎を学習させるのに重要な時期なので、様々な人や犬と出会う機会をつくり、経験や接触したことのないものに遭遇させ慣れさせましょう。特に、子どもとの接触や遊びから社会性を身につけることができるので、できるだけ機会をつくってあげましょう。また、飼い主さんが外で多くの人とあいさつしたり話をしたりして、家族以外の人も仲間であることを示すことも大切です。怖がったり、吠えたりした場合には、人と接することが楽しいことであるという社会性を学ばせましょう。

Q10 自分の便を食べてしまうのですが、どうすればいいですか？

A10 本来、イヌ族にとって食糞は、母犬が子犬の世話をする中で便をなめ取ることからもわかるように、普通の行為のひとつとも考えられていますが、家庭で飼われている犬が便を食べていたら、衛生的にも気持ち的にもよくありません。

犬の食糞にはいくつかの原因が考えられます。一般的な原因としていわれていることは、消化が悪い食材を食べている（便から食べ物の臭いがする）、栄養不足（ビタミン・ミネラル・カルシウムなど）、寄生虫がいる、しつけの失敗、飼い主の反応を期待、トイレのしつけの失敗、幼犬期特有の一過性の遊び行為、ストレス、退屈、分離不安、スキンシップ不足、要求行為、不満があるなどが考えられていますが、ときとして何らかの警報であることも考えられます。

食糞をやめさせるには、「ウンチを食べないとこんなによいことがある」ということを、ほめながら教える方法（陽性強化）がよいのですが、便に嫌な臭いや味をつけるといった方法も行われます。いずれにせよ、食糞の習慣がある犬の場合は便をしたらすぐに片づけることが重要でしょう。また、適度な運動やスキンシップを取るといったことも必要です。

Q11 犬・猫に食べさせてはいけないものって何ですか？

A11 人間の食べ物は、犬や猫にとって炭水化物と塩分が多すぎます。犬や猫は人間のように汗をかかないため、塩分が体内に蓄積しますので、あまり取る必要はありません。多すぎる塩分は、高ナトリウム血症などの病気の原因となり、心臓に負担をかけてしまいます。チーズなどの乳製品にも、塩分が多いものがあるので注意が必要です。

犬は甘いものがとても好きですが、砂糖などの糖分は骨や歯茎を弱め、ビタミンCを破壊します。また、牛乳には乳糖が含まれていて、分解酵素を十分に持っていない犬・猫では軟便や下痢を起こします。

ネギ類やチョコレートは絶対に与えてはいけません。ネギ類には硫黄化合物のn-プロピルジスルフィドが含まれており、食べた量によっては強い溶血性貧血を起こします。熱を加えても加工してもその毒性は消えません。ハンバーグやすき焼き、焼肉のたれなどでもネギを使用しているので注意が必要です。チョコレートは、ココアに含まれているテオブロミンという成分により興奮状態を引き起こし、量によっては痙攣後昏睡して死亡することもあります。

また、犬・猫は多くの植物で中毒を起こします。退屈や好奇心の結果、花、葉、茎や球根などをなめたりかじったりすることがありますが、これも危険です。もちろん摂取量や健康状態によっても違いますが、多くは嘔吐、下痢、胃腸炎などが起こり、種類によっては命を落とすこともあります。

Q12 犬や猫の平熱は何度くらいですか？

A12 体温は、体の大きさや個々の体質、犬種により微妙に違います。目安は左の表の通りですが、普段から体温を測り、平熱を知っておきましょう。また、運動をした後などは体温が高くなりますが、安静の状態で熱が高ければ異常です。心拍数は大型犬より小型犬の方が多く、体の大きさによって異なります。呼吸数は、運動や興奮により変化します。

	犬
体　温	37.5～39.1℃ 大型犬　37.5～38.6℃ 小型犬　38.3～39.1℃
心拍数	65～170
呼吸数	20～30
	猫
体　温	38.3～39.1℃
心拍数	100～170
呼吸数	20～30

Q13 子犬（子猫）の歯はいつ抜けかわるの？　手伝ってあげなくていい？

A13 生後20日頃から乳歯が生え、3～6カ月の間に徐々に永久歯に生え替わります。

特に犬では、乳歯が6カ月に入っても残っているようであれば乳歯残存の可能性があります。ぐらぐらしている乳歯はゆすって抜いてあげてもかまいません。乳歯と永久歯が二重に生えていると、その部位に食べかすなどが入り、口臭の原因となります。また、歯石もつきやすく、歯肉炎や歯槽膿漏の原因にもなりますので、抜歯をする必要があります。この場合、全身麻酔を行います。

猫では乳歯の残存はほとんどなく、いつの間にか抜け替わっていたことに気づくでしょう。

Q14 車で外出したいのですが、酔い止めの薬はありますか？

A14 車酔いの改善には、慣れと時間が必要です。小さいうちから車に慣らしておけばほとんど酔うことはありませんが、酔いやすい動物は事前に短時間の練習をしたり、なるべく安定感のあるところに乗せるようにしてあげましょう。長時間車に乗せるときは、朝食抜き（胃の中に何も入っていない状態）にすると1回くらいの嘔吐で治まり、慣れてくれることが多くあります。車の中で誰かが抱っこをしている、事前に酔い止めの薬を飲ませておくなどもひとつの方法です。酔い止め薬は動物病院で処方できます。一般に、車に酔うと嘔吐する前にはよだれを出しますので、そのようなそぶりがあったら車を止めて休憩を取ることも必要です。

Q15 すごく毛が抜けるのですが、病気かしら？

A15 正常な抜け毛と病的な抜け毛の違いは、基本的には肌がみえるかどうかです。部分的であれ、全身的であれ、毛が薄くなって肌がみえていたら皮膚病と思ってよいでしょう。また、それに伴い痒がることがよくあります。毛が抜ける以外に、痒みやぶつぶつとした湿疹などの症状があれば獣医師に診察を頼みましょう。

Q16 病院に連れてくると、注射されたり手術されたりしてかわいそう…

A16 動物にとって、動物病院は嫌なことばかりされる嫌な場所だという飼い主さんの認識からこのような発言が生まれます。しかし、獣医師は必要もなしに嫌なことをしているわけではありません。見方を変えてみれば、必要な注射や手術をしないことの方がかわいそうだともいえるのです。

ここに、動物看護師が果たす重要な役割があります。動物看護師が心やさしく接することによって、動物たちは喜んで動物病院の門をくぐってくるようになります。そうすれば、飼い主さんもかわいそうということがなくなってくるはずです。また、注射をするときなどは「痛いけどがんばろう」というのではなく、「痛くないよ」と声をかけるようにすることも重要です。

Q17 元気になったら、もう薬はあげなくていいですか？

A17 病気になって薬を飲ませる指示がある場合には、症状がなくなっても出された薬は全部飲みきってください。体内では完治していないこともあり、投薬を中止したことで再発することもあります。また、細菌感染などで薬を与えている場合に途中で投薬をやめると、その薬に抵抗力ができてしまい、次回から効果がなくなってしまうこともあります。また、心臓病などは薬を飲み出してからは一生飲ませ続けなくてはなりません。外見上、元気だからといって投薬をやめることは危険です。

Q18 犬や猫はどれくらい出血したら命にかかわりますか？

A18 血液の総量は犬では約80ml／kg、猫では70ml／kgです。体重の12分の1～13分の1量になります。全身血液量の半分量が出血してしまうと確実に死亡します。幼犬などは出血に弱いので、致死量は半分よりもさらに少ないといえます。また、ＰＣＶが10％以下になると命の危険にさらされます。

Q19 シャンプーはどのくらいの間隔ですればよいですか？　必ずしないといけませんか？

A19 通常、室内飼いの犬では皮膚病でなければ、犬臭くなったらシャンプーをする程度でよいでしょう。2週間くらいで臭くなることが多いようです。外飼いでも汚れたらシャンプーをしてあげましょう。シャンプーは、汚れを落とし、皮膚や被毛を清潔に保つために重要です。

猫はきれい好きで、自分で毛の手入れを頻繁にするので長毛種でない限りシャンプーをしなくてもかまいません。シャンプーをするときには、濡らす前に十分に被毛にクシを通し、毛玉がない状態にします。また、シャンプー後に毛を乾かすときは、内側が生乾きになって湿気がこもらないように、ドライヤーの風を当てながら毛をすくようにします。シャンプーの種類は、被毛の長さや毛質（脂性かどうか）などによって選ぶとよいでしょう。

皮膚病の場合は、病気の種類によっては薬用のシャンプーを使うことで、皮膚の状態をコントロールする薬浴も行われます。

Q20 皮をつまむとつまんだ形に残るけど、年のせいかしら？

A20 年を取った動物では少し残ることはありますが、通常、皮膚をつまんでその形が残るのは病気です。これは、脱水状態にあることを示しています。食事や水の摂取量が少ないまたはないといった場合や、下痢や嘔吐で多量に出ていってしまう場合、また、特に腎臓病では脱水状態が起こり、皮膚をつまんでも元の形に戻らなくなります。このようなときは点滴輸液を十分に行い、状態を改善させます。また、まれですが、皮膚がたるむ病気もあります。

Q21 最近お腹が大きくなってきたのですが、太っているのかしら？

A21 日常みられる単純性肥満は、「食べすぎ」と「運動不足」の生活習慣から起こります。生活で消費されるエネルギーよりも食べ物で体に入ってくるエネルギーの方が多くなると、その余った分が脂肪として体に貯金されます。太っている場合にはお腹だけではなく、体全体に肉がついています。これに対して、お腹だけが大きくなるのは、腹囲膨満といいます。以下のような場合に腹囲膨満がみられます。診断には、X線検査や超音波検査が役立ちます。

〈**妊娠・偽妊娠**〉

妊娠は交配後1カ月くらいで腹囲が膨満しはじめます。また犬は、発情後に擬似妊娠（偽妊娠）という期間があり、このとき体内のホルモンの状態が妊娠しているときと似た状態になります。そのため、中には実際の妊娠犬と同じように乳房や腹部が膨らみ、巣づくり行動や母乳を分泌するものもみられることがあります。

〈**ホルモン異常**〉

ホルモン異常による腹囲膨満もまれにあります。クッシング症候群では、腹筋が減りお腹がたれ下がるため、腹囲が膨満しているようにみえることもあります。

〈**腹水**〉

心疾患やフィラリア症、肝臓や腸疾患、そのほかの腫瘍末期などでは腹水がたまります。腹水がたまると、体はやせてきているのに徐々にお腹だけが膨らみ、体重が増加します。この場合、できれば原因を取り除くように治療しますが、腹水を抜くなどの対症療法になることが多くあります。

〈**腹膜炎**〉

腹膜炎では、炎症性の腹水がたまります。猫では、ウイルス性疾患である「猫伝染性腹膜炎」があり、ワクチンや根治療法のない不治の病です。腹水だけではなく、胸水がたまることも（またはたまらないことも）あります。

〈**子宮蓄膿症**〉

子宮蓄膿症でも重度の場合にはお腹が大きく腹囲膨満にみえます。子宮蓄膿症は発情後に起こることが多く、子宮内腔に膿汁がたまってしまう病気で、そのままにしておくと命にかかわります。食欲がなく、水をよく飲むようになります。膣から膿汁や分泌物が出てくる場合はわかりやすいですが、必ずしも出るとは限りません。5歳を過ぎる頃から多くみられますが、若齢でもみられます。不妊手術をしていない雌犬では、発情周期をチェックすることが早期発見につながる情報になります。治療は外科手術をして卵巣・子宮を取り除いてしまいます。

〈**腸内ガス貯留**〉

腸閉塞、便秘などで腸にガスや分泌物がたまり腹囲膨満になります。この場合、嘔吐などが起こります。腸閉塞の原因は異物（例：誤って飲み込んだおもちゃ）や腫瘍などいろいろありますが、内科治療で治るものと外科手術が必要なものがあります。

Q22 よく頭を振っていますが、癖でしょうか？

A22

頭を振るのは、耳や耳の中の外耳道に異常がある場合が多く、痒い、痛いなどの場合にみられます。癖で頭を振ることはないでしょう。耳の中に耳疥癬（耳ダニ）が寄生していたり、感染が起こり外耳炎を起こしている、耳の中に草の実が入ったなどの原因が考えられます。このときは頭を振る以外に耳を壁にこすりつけたり、後ろ足で耳を掻いたりします。

このほか、お腹や背中が痛いときは背中を丸めた姿勢を取ったり、特に猫に多いのですが、口の中が痛いと食事をこぼすことが多くなります。言葉を話せない動物の行動から、病気のサインを見逃さないように観察しましょう。

Q23 眼が白くなってきています。犬にも白内障ってあるのですか？

A23

犬にも白内障があります。白内障は眼の水晶体が灰白色に濁る病気で、ひどくなれば失明します。一般的には老年性で10歳くらいから多くなりますが、先天的あるいは遺伝的なものや若年性白内障といわれるものもあります。老年性白内障は老化現象のひとつです。初期に発見できれば点眼薬などで病気の進行を遅くしたり、手術をすることが可能です。末期のものは手術をしても機能回復は見込めません。

野生動物にとっては失明は死を意味しますが、家庭動物ならば失明しても飼い主さんが世話をしてあげることで生活は十分できます。

〈**世話をする際のポイント**〉

- わずかな物音に驚き、光や影の動きにびっくりしますので、何かする場合には必ず声をかけて驚かさないようにします。
- 部屋の中を自由に歩けるように家具などの配置は変えないようにします。
- 外の慣れない場所の散歩は、周りの状況がわからず不安が募るためストレスも高まりますので、避けた方がよいでしょう。

Q24 お腹にしこりがあるのですが、がんでしょうか？

A24

お腹のどこにしこりがあるかによって可能性に差はありますが、どこにできたしこりでも検査をしないとがんであるかどうかはわかりません。一般にがんといわれているのは、手術をしても再発したり転移したりして命を失う危険をもたらす悪性腫瘍のことです。動物も年齢を重ねれば、もちろん人と同じようにがん（＝悪性腫瘍）になることがありますが、腫瘍の中には良性腫瘍といって体にあまり悪さをしないものもあります。

しこりの正体を調べるには、はじめに触診やX線、超音波などの検査をします。また「細胞診」といって、注射針などでしこりの中の細胞を取る検査を行う場合もあります。

Q25 いやがらせでオシッコをするのですが、どうしたらいいですか？

A25

家の中のどこにでも尿をするのでしょうか？　縄張り意識が強いとマーキングとして、いろいろなところで尿スプレーをします。また、家族と一緒に出かけられると思っていたのに置いていかれたなどの情緒不安定、引っ越しや家具を変えたなどの環境の変化も原因のひとつと考えられます。猫では、トイレが気に入らない、汚れているなどの理由もあります。

また、膀胱炎など飲水量が増える病気では頻尿になるので、尿を我慢できなくて、トイレではない場所で排尿してしまう場合もあります。尿の色や回数に注意しましょう。

犬や猫が問題のある行動をした場合、何らかのメッセージがあるはずです。いやがらせと決めつけずに、飼育環境や健康状態についてもう一度見直してみることも大切です。

Q26 予防とはどういうことですか？

A26

「動物といつまでもともに暮らしたい」と願う飼い主にとっては、日常生活の中での予防医学が重要な関心事になります。予防には、健康の増進、疾病予防、病気の早期発見、早期処置、適切な医療と合併症対策などのほか、疾病の後遺症の回復を目的としたリハビリテーションなども含まれます。

健康とは、身体的にも社会的にも完全に良好な状態をいい、単に疾患がないとか虚弱でないということではないとWHO（世界保健機構）健康憲章でもうたわれています。ですから、定期的な健康診断、毎日の食事管理、そして環境の面からも健康を維持するように努めることが大切です。

病気になったら病院へ行くのではなく、動物がいつでも健康でいられるように、その子に合った予防法を獣医師も交えて話し合ってみてください。

Q27 子犬（子猫）のワクチンはなぜ何回も打つの？

A27

犬や猫の赤ちゃんは生まれてすぐに母犬（母猫）のお乳を飲んで「移行抗体」をもらいます。移行抗体とは、母犬（母猫）が持っている病気に対する免疫のことで「母子免疫」ともいわれますが、子犬（子猫）はこれにより伝染病に対する抗体（抵抗力）を得ることができます。しかし、このような形で得られていた免疫は時間とともに抗体価が徐々に低下していくため、やがて伝染病などの感染を防げなくなります。移行抗体が下がった状態でウイルスに感染すると病気を発症する危険性が高くなりますので、ワクチンを接種しないといけません。

しかし、母親からの移行抗体が十分に残っている状態でワクチンを接種しても移行抗体に邪魔をされ、免疫がつくれません。この母親からの移行抗体の量はわかりませんし、減っていくスピードにも個体差がありますので、子犬では間隔をあけてワクチンを数回接種するのです。移行抗体は早ければ2カ月以内に下がりますが、長ければ3カ月くらい持続することもありますので、最初のワクチンを生後2カ月を目安に接種し、その後間隔を空けて数回接種します。

また、ワクチンによって得られた抗体価は月日とともに徐々に下がり、やがてその病気を予防できなくなってしまうので、毎年追加接種をして抗体価を維持していきます。

Q28 狂犬病のワクチンはなぜ4月に打つの？　去年飼いはじめて、10月にも打ったばかりなのに…

A28

「狂犬病予防法」という法律があります。この法律は、狂犬病の発生を予防すること、蔓延を防止すること、これを撲滅することによって公衆衛生の向上および公共の福祉の増進を図ることを目的としています。犬の所有者や管理者は、その犬について厚生労働省令で定めるところにより、狂犬病の予防注射を毎年1回受けさせなければなりません。

厚生労働省令では「生後91日以上の犬の所有者は、その犬について、狂犬病の予防注射を4月1日から6月30日までの間に1回受けさせなければならない。ただし、3月2日以降においてすでに狂犬病の予防注射を受けた犬については、この限りでない」としています。したがって、7月1日生まれの犬が狂犬病予防注射を10月2日に受けた場合でも、翌年の4～6月にもう一度接種することになりますが、これは省令で定められているからです。

また、犬の所有者は、犬を取得した日、生後90日以内の犬を取得した場合にあっては、生後90日を経過した日から30日以内に、厚生労働省令の定めるところにより、その犬の所在地を管轄する市町村長に犬の登録を申請しなければなりません。

狂犬病は、犬だけの病気ではなく、人を含めたすべての哺乳類が感染します。狂犬病は治療方法がなく、発症すると悲惨な神経症状を示し100％死亡します。病原体はきわめて危険なウイルスです。先進国でも野生動物を中心に発症がみられ、世界では毎年約5万人が狂犬病にかかって死亡しています。日本では、狂犬病予防法により予防接種が義務づけられ狂犬病の発生を許していませんが、いつほかの国から侵入してきてもおかしくない状況にあるといえますので、狂犬病予防注射は国民を守るために必要です。

Q29 ワクチンで防げる病気にはどのようなものがありますか？

A29

ワクチン接種は、感染すると命にかかわる恐ろしい感染症に対する抗体（抵抗力）をつくり感染症にかからないようにするための手段です。

「狂犬病ワクチン」

狂犬病はすべての哺乳類が感染します。中でも犬は人のそばにいるので犬から人へ感染する可能性が高いと考えられます。そのため、狂犬病予防法という法律で犬に年1回予防注射をさせることが義務づけられていますので、犬を飼育している人は狂犬病予防注射と飼い犬の登録を必ずしなければなりません。

「混合ワクチン」

混合ワクチンは、1回の用量の中に複数の感染症に有効なワクチンが混ぜ合わせてあります。狂犬病ワクチンと違って、その接種は任意ですがペットの健康を守るために接種してあげましょう。

※**犬の混合ワクチン**には、次のような5～8種類が混ぜ合わせてあります。

①「**犬ジステンパー**」
主な症状：発熱、食欲不振、鼻炎、目やに、下痢、頑固な咳

空気感染もする感染力の非常に強いウイルス病で、死亡率も非常に高く怖い病気です。感染犬の鼻水、目やに、尿などにウイルスが含まれます。子犬に多くみられ、呼吸器や消化器、神経系などに障害を示し、進行すると脳炎を起こして痙攣を起こしたりもします。回復しても、チックなど後遺症が残るケースが多くあります。

②「**犬パルボウイルス感染症**」
主な症状：下痢、嘔吐、食欲不振（腸炎型）、突然死（心筋炎型）

感染力が非常に強いウイルスで、感染犬の便中や一般環境（土、アスファルトなど）の中では数カ月生存する力を持っています。ひどい下痢や嘔吐を起こす腸炎型がほとんどです。特に子犬では死亡率の高い病気でしたが、糞便から手軽に検査診断ができるようになり、初期症状のうちに処置を施せることから助かる率が上がりました。

③「**犬アデノウイルスⅠ型感染症**」
（**犬伝染性肝炎**）
主な症状：発熱、下痢、嘔吐、鼻水、食欲不振

ウイルスは感染犬の鼻水、便、尿や唾液などから感染します。子犬は突然に死亡することが多く、中には一晩で死亡することもあります。また、目がブルーに濁ることもあります。

④「**犬アデノウイルスⅡ型感染症**」
（**犬伝染性喉頭気管炎**）
主な症状：頑固な咳、扁桃腺のはれ

比較的食欲や元気はあるものの、咳を主な症状とするウイルス性の病気です。犬の多くいるところに発症していることから、「ケンネルコフ」と呼ばれています。咳だけでなく、肺炎や扁桃炎を起こすこともあります。

⑤「**犬パラインフルエンザ**」
主な症状：激しい咳

犬の"風邪"のようにみられることがありますが、ウイルスは単独での感染だけでなく、様々なウイルスや細菌と混合感染して気管支炎や肺炎、ケンネルコフ様症状などを起こします。伝染力が強く、感染犬の咳やくしゃみなどからうつります。

⑥「**犬レプトスピラ病**」（**黄疸出血型**）
主な症状：嘔吐、下痢、歯茎からの出血、口内炎、血便、黄疸、脱水症状

人獣共通感染症のひとつで、人に感染する可能性がある伝染病です。病原のレプトスピラはスピロヘータ科のグラム陰性細菌の一種です。感染犬の尿との接触はもちろん、ドブネズミからも感染して黄疸を起こすのを特徴としています。届出伝染病に指定されていますので、診断されたら家畜保健所に届け出をすることになっています。

⑦「**犬レプトスピラ病**」（**カニコーラ型**）
主な症状：嘔吐、下痢、脱水症状、体温低下、尿毒症

原因菌や感染経路、届出伝染病であることは黄疸出血型と同様です。治療が遅れると尿毒症から腎不全を起こし死亡します。

⑧「**犬コロナウイルス感染症**」
主な症状：嘔吐、水様下痢

ウイルスは感染犬の便や尿から経口感染します。便の色が緑や黄、オレンジなどの色を帯びてくるのが特徴です。嘔吐、水様下痢などを伴う胃腸炎を起こした後に多くは回復しますが、脱水症状のコントロールが重要です。

※勤務先で扱っているワクチンの種類と価格を書き込みましょう

※**猫の混合ワクチン**には、次のような3～5種類が混ぜ合わせてあります。

①「**猫汎白血球減少症**」
主な症状：発熱、嘔吐、中には下痢、

血便、脱水

猫パルボウイルスが原因で、極度に白血球が減少してしまいます。特に子猫がかかりやすく、短時間で死亡する場合があります。犬のパルボウイルスと同様に感染力が強く、「猫伝染性腸炎」ともいわれています。

②「猫カリシウイルス感染症」
主な症状：流涎（よだれ）、くしゃみ、鼻水、発熱、口内炎

猫のインフルエンザのようなものです。口内炎などで口が痛くなり、よだれをたらしたり半分口を開いたようになったりします。症状が進むと舌に潰瘍ができ、痛みでものを食べることができなくなります。二次感染が起こることも多く、肺炎を起こすこともあります。

③「猫ウイルス性鼻気管炎」
主な症状：咳、発作的なくしゃみ、発熱

ヘルペスウイルスの感染で風邪のような症状が出ます。はじめは結膜炎によって涙目になりますが、進行すると鼻水や目やにで顔が汚れて〝ぐしゃぐしゃ〟という感じになります。食欲がなくなり、脱水症状を起こします。カルシウイルスと複合感染することも多くあります。感染猫との直接的な接触や、くしゃみなどによる飛沫によっても感染します。

④「猫白血病」
主な症状：貧血、免疫力低下、食欲低下

けんかによる傷が治りにくい、発熱が治まらないなどの症状から、血液検査で猫白血病ウイルス感染が発覚することが多くあります。感染している猫の体液（唾液、涙、尿、血液）、特に唾液中に大量にウイルスが分泌されていますので、けんかによるかみ傷や猫同士のグルーミングによって感染します。また、母猫から子猫へ胎内で感染すること（垂直感染）もあります。

感染猫は、自分の免疫力で回復するか潜伏感染（体内にウイルスはいるが悪さをしない状態）となり、生涯ウイルスを持ち続けるキャリアとしてウイルスを排泄します。発症すると、まず貧血や免疫力低下が起こり、細菌感染や腫瘍になりやすくなります。食欲低下ややせてくるなどだんだんに弱っていき、予後はよくありません。

⑤「猫クラミジア感染症」
主な症状：結膜炎、鼻炎、気管支炎、慢性肺炎

クラミジアは、細菌より小さくウイルスより大きい中間型の微生物です。感染猫との接触で感染しますが、野良猫の20%以上が感染しているといわれています。「ウイルス性鼻気管炎」と併発すると死亡することもあります。また、人に感染すると結膜炎が起こることがあります。

※勤務先で扱っているワクチンの種類と価格を書き込みましょう

Q30 予防のできない「猫免疫不全ウイルス感染症」から猫を守るにはどうすればいいですか？

A30 「猫免疫不全ウイルス感染症」は、通称「猫エイズ」とも呼ばれています。
主な症状：発熱、下痢、リンパの腫れ、その後無症状～数年後に免疫低下

原因となるウイルスはレンチウイルスです。感染猫とのけんかなどによるかみ傷やグルーミング、交配からうつります。外に出ている健康にみえる猫の約12%、体調の悪そうな猫の約44%が感染しているといわれています。猫免疫不全ウイルスに感染すると、ウイルスは生涯体内に潜みキャリアとなります。多くは、感染後数カ月～数年してから免疫が低くなるなどの理由から、このウイルスに関連した様々な病気を発病することになります。

猫エイズを予防するにはまだワクチンがありませんので、感染する機会をつくらないことが重要です。けんかや交配をさせないためには、不妊・去勢手術を若い時期（6～10カ月）に行うことでしょう。

Q31 猫エイズは人間にはうつらないんですか？

A31 猫エイズウイルス（FIV）は、人間のエイズウイルス（HIV）と同類のレンチウイルスです。しかし、同類のウイルスだからといって、猫の病気が人間にうつることはありません。猫は猫どうしのみで感染します。

通常、動物がかかる病気は人間にうつりませんが、狂犬病やレプトスピラ病など人間と動物の両方に感染する人と動物の共通感染症もありますので、注意は必要です。

Q32 ノミ・ダニの予防は必要ですか？

A32

動物にノミが寄生すると、ノミを室内に持ち込むことになります。そして、畳のすき間や家具の裏にノミが卵を産み、増え続けます。ノミに刺されると、犬は激しい痒みのために体を掻いたり尻尾をかんだりするほか、ノミが吸血するときに出す唾液に反応してアレルギー性の皮膚炎（いわゆるノミアレルギー）を起こすこともあります。特に背中から尾にかけて、赤くぶつぶつになり、毛が抜けて湿疹ができます。たくさんのノミに吸血されることによって、貧血状態となることもあります。

また、ノミは「条虫（サナダムシ）」を媒介します。条虫症の犬ではよく、肛門周囲に米粒のようなものがついているのがみられます。

犬や猫は、草むらや山、庭、公園、道路脇の草の茂っているところなどを散歩しているときにダニに寄生されます。中でもマダニは「バベシア」という原虫を媒介します。バベシアは赤血球に寄生しそれを破壊するため、犬は重度の貧血を引き起こし、やがて死に至ります。このマダニは皮膚に食いついて血を吸い続け、体いっぱい血を吸うと、何倍もの大きさになります。やがて犬や猫の体を離れ、近くの草むらなどで卵を産みます。家の中でも卵を産むといわれています。また、犬に寄生しているマダニを見つけて無理に引っぱって取ろうとすると皮膚に食いついている頭部が残ってしまいます。マダニは、人間にも感染する「野兎病」の原因菌（粘膜や皮膚から侵入する）を持っていることもあるので、血を吸って膨らんだマダニはつぶさずに処分してください。

いうまでもないことですが、室内でノミ・ダニが発生すれば人間も被害を受けます。動物に対するノミ・ダニの駆除や予防は、動物だけでなく人間の健康のためにも大切なことです。

※勤務先で扱っている予防薬の種類と価格、推奨期間を書き込みましょう

Q33 フィラリアは予防しないとどうなりますか？

A33

フィラリアは、犬が（まれに猫でも）犬糸状虫ともいわれるソーメンのような虫の寄生を受ける病気で、蚊によって媒介されます。フィラリア成虫は15～30㎝の長さがあり、犬の心臓に寄生します。少数の寄生では数年無症状のままだんだんに悪くなっていきますが、多数の成虫が寄生すると心臓に負担がかかり、循環不全が起こります。

心臓が悪くなると、持続的にゼーゼーと咳をして最後に痰を吐く、運動を嫌がる、やせてくる、貧血などの症状が出ます。さらに症状が進むと突然に倒れ失神したり、腹水がたまり四肢がむくんだりしてきますが、こうなると助けることができません。ときには血尿がみられたり、呼吸困難で死亡してしまうこともあります。

感染経路は、まずフィラリア成虫が犬の体内で子ども（ミクロフィラリア＝子虫）を産みます。ミクロファイラリアは血液中をくまなく流れ、感染犬の血を吸った蚊の体内に入ります。その蚊が別の犬の血を吸うことでミクロフィラリアを運び、新たな感染犬を生み出します。このミクロフィラリアを感染子虫といいます。感染子虫は約2カ月後に成虫になり心臓に寄生しますが、ミクロフィラリアは一度蚊の体内を通らないと成虫になれません。ですから、感染子虫を殺滅させる予防薬を毎月投与するのです。ただし、すでにフィラリアに感染していて血中に大量のミクロフィラリアがいる場合は薬の副作用が生じる可能性があるので、投与前には必ず検査を受けなくてはなりません。

通常、フィラリア症はだんだん心臓が悪くなり症状が出てきますが、中には急激に症状を示すものもあります。症状のないうちであれば、フィラリア成虫を手術や薬で駆除することもできますが、心臓への負担を考えれば予防が大切です。

※勤務先で扱っている予防薬の種類と価格、推奨期間を書き込みましょう

用語集

圧迫排尿（あっぱくはいにょう）
自力で排尿（自然排尿）ができない場合に、腹壁を通して膀胱を外から手で圧迫して排尿させる方法。

イソジンスクラブ（いそじんすくらぶ）
殺菌・消毒作用のあるポピドンヨードに泡立つ成分を加えた消毒薬の商品名。手指、皮膚の消毒や、動物の手術部位の消毒に使用する。

咽頭反射（いんとうはんしゃ）
喉に異物が入らないように、喉の奥に刺激を受けると吐こうとする反射。意識がなくなるとこの反射がなくなる。麻酔から覚めてきたときに、気管内チューブの刺激によって吐くような動作をするのもこれに当たる。

ウイルス（ういるす）
生物と無生物の中間形とされる非常に小さな病原体で、大きさは20～３００nm（１nmは1億分の１ｍ）。生きた細胞に寄生して生活・増殖し、いろいろな病気を起こす。

エクステンションチューブ（えくすてんしょんちゅーぶ）
点滴輸液をする際に使用する延長チューブのこと。輸液チューブと翼状針をつなぐ。

エリザベス・カラー（えりざべすからー）
プラスチックや厚紙でできており、動物の首の周りに漏斗状につけられるようになっているもの。動物が自分の体をかんだりなめたりするのを防ぐほか、処置の際のかみつき防止にも用いる。

遠心分離器（えんしんぶんりき）
高速で回転させ、遠心力によって比重の異なる2種類以上の物質を分離させる装置。主に血液や尿の分離に使用する。

外側伏在静脈（がいそくふくざいじょうみゃく）
外側サフェナ静脈ともいわれる、後肢の外側、膝の後ろから踵あたりにかけて流れる血管。特に犬の後肢からの採血時に使用する。

ガス滅菌（がすめっきん）
ホルムアルデヒドガス（ホルマリン）やエチレンオキサイドガスを用いて滅菌すること。細菌、真菌、ウイルスのすべてに効果がある。

カセッテ（かせって）
X線撮影用のフィルムを入れるケース。カセットともいう。

割面（かつめん）
切り口のこと。採った組織のスタンプ標本（組織の切り口をスタンプのように押してつくる標本）をつくったり、組織をホルマリンで固定するときに、ホルマリンがよく浸透するように組織や臓器に入れる切り込みのこと。

カテーテル（かてーてる）
生体から液体を排出させたり、薬剤を注入したりするために使われる管状の器具。太さや用途により、尿道カテーテル、食道カテーテル、胃カテーテル、経鼻カテーテル、血管カテーテルなどそれぞれ名前がついている。

下半身不随（かはんしんふずい）
脊髄の損傷などにより下半身が麻痺した状態。肢だけでなく、膀胱や、肛門にかかわる神経も障害を受けている場合も多く、排便、排尿の介護が必要なこともある。

眼瞼反射（がんけんはんしゃ）
まぶたに刺激を受けると、まばたきをするという反射。意識がなくなるとこの反射がなくなる。

鉗子（かんし）
はさみに似た形の金属性の医療器具。外科手術や処置の際、器官や組織などをはさんで引っぱったり、圧迫したりするのに使う。タオルやドレープをとめるためのタオル鉗子、血管をはさんで止血するための止血鉗子など、使用部位や目的によって様々なものがある。

感染（かんせん）
微生物が生体内に入り、増えること。入った微生物の病原性によっていろいろな病気になる。

感染症（かんせんしょう）
微生物の感染によって引き起こされる病気。伝染病も感染症のひとつ。

気管内挿管（きかんないそうかん）
ガス麻酔や人工呼吸をするために気管内チューブを気管内に入れ、気道を確保すること。

気管内チューブ（きかんないちゅーぶ）
ガス麻酔や人工呼吸時に使用するチューブ。口から気管内に入れて酵素や麻酔ガスを流したり人工的に呼吸をさせたりする。

寄生虫（きせいちゅう）
ほかの生物に寄生して、その生物から養分を吸収し生活する虫のこと。サナダムシ（条虫）、回虫、鉤虫、鞭虫、フィラリア、ノミ、ダニ、シラミなど。

基礎疾患（きそしっかん）
もともと持っている、または存在する病気のこと。

強制給餌（きょうせいきゅうじ）
自分で食事を取らない動物に、人為的に食事を取らせること。先端を加工したシリンジなどに軟らかいフードを詰め、動物の口の脇に押し込む方法や、手で動物の口を開け反対の手でフードを口の奥に押し込んで飲み込ませる方法などがある。

虚脱（きょだつ）
心臓が衰弱して脱力し瀕死の状態。意識障害を起こし、ぐったりして何もできない状態。

駆血（くけつ）
血液の流れを止めること。駆血することによって静脈を膨らませ、採血がしやすくなる。また、手術の際は出血を止めるために行う。

屈折計（くっせつけい）
光に対する物質の屈折率を利用して物質の濃度を測定する器具。尿の濃度（比重）や血清（血漿）に含まれる蛋白質の量などを測る。

頸静脈（けいじょうみゃく）
頸部皮下に流れる太い血管。通常の採血でも使用するが、特に前肢や後肢の血管がわかりにくかったり、大量の採血が必要なときによく使用される。保定する際には、動物の首と体が、ねじれずにまっすぐになるように気をつける。

痙攣（けいれん）
全身的なものと部分的なものとがある。筋肉が発作的に収縮することが、持続的または間を空けて繰り返すこと。全身の筋肉が痙攣した場合は、体が震えながら硬直したようになる。

血液生化学検査（けつえきせいかがくけんさ）
血液の液体成分に含まれる物質の種類や量の増減を測ることによって、体内の状態を化学的にみる検査。項目により、内臓（肝臓、腎臓、膵臓など）やホルモンなどの機能の状態を知ることができる。

血漿（けっしょう）
抗血液凝固剤を混和した全血から赤血球と白血球を除いた液体成分のこと。

血清（けっせい）
抗血液凝固剤を混和していない全血から、凝固成分と赤血球と白血球を除いた液体成分のこと。血漿からフィブリノーゲンを除いた成分と同じものを含んでいる。

検体（けんたい）
検査・分析に使用する材料のこと。血液、尿、便、組織の一部など。

高圧蒸気滅菌（こうあつじょうきめっきん）
オートクレーブ（高圧蒸気釜）を用い、121度、2気圧の高温・高圧の条件をつくりだして滅菌すること。すべての微生物が死滅する。

肛門腺（こうもんせん）
肛門の両脇にある一対の臭腺（分泌腺）。肛門腺が詰まった袋状の肛門嚢の中に、臭いの強い分泌物がたまる。肛門括約筋の左右に排出する穴があるので、肛門の左右を押してやると貯留物が絞り出せる。定期的に絞らないと分泌物が詰まり、化膿したり炎症を起こしたりする個体もいる。

誤嚥（ごえん）
食べたり飲んだりしたものが、喉頭や気管の方へ流れ込むこと。反射の低下している麻酔中や虚脱状態のときに嘔吐すると起こりやすい。

固定（こてい）
動物の体から採取した組織や細胞を生体内にあったときと近い状態で保つために、またスライドグラスに定着させるために、組織や細胞の蛋白質を凝固させること。通常は、アルコールやホルマリンといった薬剤を用いる。

細菌（さいきん）
主に分裂によって繁殖する単細胞の微生物の一種。球状・桿状・らせん状などの形がある。病原体となるものも多い。

細菌（真菌）培養（さいきん・しんきん・ばいよう）
細菌（真菌）を栄養、温度などの適した条件下で人工的に育て増やすこと。それにより、病気の原因になっている病原菌を推定したり特定したりする。

CBC（しーびーしー）
Complete Blood Cell Countの略。赤血球数（RBC）、白血球数（WBC）、血球容積（＝ヘマトクリット：Ht、PCV）、平均赤血球容積（MCV）、平均赤血球ヘモグロビン量（MCH）、平均赤血球ヘモグロビン濃度（MCHC）白血球百分比率、血小板数（Plat）などの測定をひとまとめにしたもの。完全血球算定ともいう。

疾患（しっかん）
病気のこと。

シャーレ（しゃーれ）
化学実験や採取した検体をのせるための、ガラスやプラスチックまたは金属などでできた皿状の容器。ペトリ皿ともいう。

試薬（しやく）
分析・実験などに用いる、化学反応を起こさせるための純度の高い化学物質。

術者（じゅつしゃ）
手術のとき、メスや鉗子などの器具を使って実際に手術をする人。動物病院では獣医師が術者となる。術者以外の人は、術者が手術をしやすいように器具を出したり照明の方向などに気を配る。

腫瘍（しゅよう）
体の細胞が過剰に増殖する病変で、多くは臓器や組織中に結節（かたまり）をつくる。腫瘍の中には、体にあまり悪さをしない「良性腫瘍」と転移や再発の可能性があり命にかかわる「悪性腫瘍」がある。

腫瘤（しゅりゅう）
身体の一部の組織や細胞が増殖した、はれものやこぶのこと。

潤滑剤（じゅんかつざい）
接する面の摩擦を減少または防止するような性質を持っている物質。液状、ゼリー状または固形のものがあり、体温計や尿道カテーテル使用時に用いると動物の苦痛を軽減できる。

条虫片節（じょうちゅうへんせつ）
条虫の体の一部。乾燥すると米粒のようにみえる。動物の体内に条虫がいると、片節が肛門から排出され、肛門周囲に付着したり便に混じったりしていることから条虫寄生が発見される。

消毒（しょうどく）
人や動物に対して有害な病原菌（微生物）を殺滅し、感染を防止すること。

褥瘡（じょくそう）
重症動物（動けない動物）が長期間病床にある場合に起こり、床ずれともいわれる。一定の体位で寝ていると、骨の出っぱった部分の皮膚や組織が体の重みで圧迫され、血液の流れが悪くなって細胞や組織が死んでしまった状態となる。

処方（しょほう）
動物の疾患に応じた薬品の種類、量、形状、投与期間、投与方法などの指示を示したもの。

シリンジ（しりんじ）
注射器や洗浄器、浣腸器など、目盛りのついた注入器のこと。使い捨てのプラスチック製のものが一般的。

真菌（しんきん）
光合成を行わない植物。皮膚糸状菌、酵母、カビやキノコなどがある。

スタイレット（すたいれっと）
気管内挿管をする際、挿入しやすくするために気管内チューブの中に入れて使用する器具。

スピッツ管（すぴっつかん）
管の先が尖った試験管。血液や尿、その他の液体を遠心分離するなどの検査に使われる。

生理食塩水（せいりしょくえんすい）
濃度が約0・9％の食塩水。体内の血液に非常に近い浸透圧に調整されており、点滴液や注射液を薄めたり、溶かすためにも使われる。

脊髄損傷（せきずいそんしょう）
背骨の中にある太い神経の機能が障害されること。交通事故などのけがや椎間板ヘルニア、腫瘍などで脊髄が傷ついたり圧迫されることにより起こる。障害された場所により前肢や後肢などに運動障害や麻痺が起こる。

切開（せっかい）
手術や処置で、皮膚や臓器を切り開くこと。

全血（ぜんけつ）
すべての血液成分を含んだ血液のこと。

洗浄（せんじょう）
表面に付着したもの（目にみえないものも含む）を、化学的・物理的にきれいに洗って除去すること。

線量計（せんりょうけい）
X線の被曝線量を測る器具。X線撮影時に必ず衣服につけX線の被曝量を測定することで、被曝線量を知ることができる。測定結果は専門機関へ依頼するもの（フィルムバッチなど）と自分で出すもの（ポケット線量計など）がある。

痴呆（ちほう）
老齢や脳の病気、脳への血液循環障害などのため、知的・精神的能力が失われてもとに戻らない状態。

調剤（ちょうざい）
処方に従って薬剤を調合すること。

低血糖（ていけっとう）
血液中の血糖値が正常より低い状態。脱力や震えなどの症状や、痙攣、昏睡などを引き起こすこともある。

剃毛（ていもう）
処置のために被毛を刈った後に、かみそりなどで剃ること。

伝染病（でんせんびょう）
病原体の伝染（感染）で起こる病気。感染症のうち、接触、呼吸、寄生虫などを介して、ほかの生き物へと広がっていくものをいう。ワクチンの接種により、多くが予防できる。

橈側皮静脈（とうそくひじょうみゃく）
前肢の静脈のひとつ。肩関節あたりからはじまり、前肢の前側を流れる血管。採血や静脈留置によく使用する。

ドレープ（どれーぷ）
手術などの際に動物の体を覆ったり、器具敷として使ったりする布。洗濯して再利用できる布製のもののほか、使い捨ての紙製のものもある。

内側伏在静脈（ないそくふくざいじょうみゃく）
内側サフェナ静脈ともいわれる。後肢の内側、内股から肢の先端にかけて流れる血管。特に猫はここからの採血が行いやすい。

尿沈渣（にょうちんさ）
尿を遠心分離し、固形成分（細胞、細菌、結晶など）を集めたもの。染色したものや染色していないそのままのものを顕微鏡でみる。みえた固形成分の種類や量によって膀胱や腎臓の病気を調べる。

膿盆（のうぼん）
深さのある、大きなそらまめのような形のステンレス製の皿。手術や処置の際、使用ずみの医療器具や摘出臓器を受けたり、尿などの検体を入れたりする。

培地（ばいち）
微生物（細菌や真菌）、あるいは組織や細胞を、人工的に育て増やすために使用する液体や固体の物質。育てるのに必要な水分と栄養が含まれている。通常、シャーレや試験管に入っている。

抜管（ばっかん）
気管内チューブやカテーテルなど管状の器具を体から抜くこと。

PCV（ぴーしーぶい）
Packed Cell Volumeの略。全血と赤血球の容積比のこと。血球容積ともいう。％で表し、貧血であるかどうかを調べる。

比重（ひじゅう）
蒸留水を標準物とし、その密度と比較したある物質の密度。溶液の場合は濃度を表す基準となる。

微生物（びせいぶつ）
肉眼ではみることができない小さな生物の総称。顕微鏡で拡大して観察する。通常、細菌、酵母、真菌、原生動物、菌類の一部（クラミジア・リケッチア）などのことを指す。

被曝（ひばく）
X線などの放射線にさらされること。

ヒビスクラブ（ひびすくらぶ）
殺菌・消毒作用のあるヒビテンに泡立つ成分を加えた消毒薬の商品名。手指、皮膚の消毒や、動物の手術部位の消毒に使用する。

表面麻酔（ひょうめんますい）
粘膜や皮膚に麻酔作用のある薬剤を塗り（または噴霧し）、その部分の神経の働きを阻害して痛みと感覚をなくさせること。気管内挿管や導尿のときに使用する。キシロカインスプレーやキシロカインゼリーがこれに当たる。

分泌物（ぶんぴつぶつ）
細胞や腺などから出される物質。消化液、ホルモン、傷口からの代謝産物や目やに、鼻汁など。悪臭があったり黄色っぽかったりする場合は感染の疑いがある。

ベトラップ（べとらっぷ）
伸縮性があり包帯同士だけがくっつきあう性質を持つ包帯の商品名。ベタベタしていないので、動物の毛にはくっつかず、巻き終わりをとめるときにもピンやテープがいらない。

ヘパリン（へぱりん）
抗血液凝固剤の一種。血液１００mlに対して１mgと、少量で凝固を防ぐことができる。

ヘパリン加生理食塩水（へぱりんかせいりしょくえんすい）
滅菌生理食塩水にヘパリンを一定の割合で加えたもの。静脈留置をしたときに注入し、留置針が血液凝固により詰まるのを防ぐ。

扁平上皮細胞（へんぺいじょうひさいぼう）
外部と接触する組織（例：膀胱の内側、皮膚、口の中、肺など）の表面を覆っている細胞を「上皮細胞」といい、膀胱の内側では最も表に存在する細胞が「扁平上皮細胞」である。そのため、尿検査では正常でも少数みられることがある。扁平上皮細胞を顕微鏡でみると、大きく、薄く、平たく、中央に丸い核があるのがわかる。

保定（ほてい）
診察や治療などを行う際、動物の全身または体の一部が動かないように、自分の体や道具（マズルカラーやひもなど）を使って強制的に一定の体位に押さえること。

ホルマリン（ほるまりん）
ホルムアルデヒドの水溶液の商標名。殺菌・消毒・防腐剤などとして用途の広い薬品。病院では主に、臓器の固定のために10％ホルマリンを用いる。

麻酔導入（ますいどうにゅう）
ガス麻酔薬で全身麻酔を持続させるときに気管内チューブを挿入するために一時的に意識をなくさせる麻酔。短時間しか効かない麻酔薬の注射やマスクを口に当ててガス麻酔薬を吸入させるなどの方法がある。

マズルカラー（まずるからー）
口を閉じた状態で犬のマズルに取りつけるもの。本来は犬の動きをコントロールするためのものだが、病院での処置の際のかみつきを防ぐために使われる。

滅菌（めっきん）
すべての微生物を殺滅・除去して無菌状態をつくりだすこと。

滅菌インジケーター（めっきんいんじけーたー）
滅菌時に使用し、正しい滅菌条件が満たされたことを確認するもの。滅菌が完了すると色が変わる（白や青→黒など）。シール状やテープ状のもの、あらかじめインジケーターがプリントされた滅菌用パックなどがあり、ガス滅菌用、高圧蒸気滅菌用など、滅菌方法ごとに対応するものが異なる。

免疫（めんえき）
生体（動物）が病気、特に感染症に対して抵抗力を獲得する現象。体内への病原体の侵入に対して免疫を担当する細胞が働き、病原体の力を抑制したり排除したりする。

毛細管（もうさいかん）
血液検査などに用いる細い管。または、毛細管現象（液体中に細い管を立てると、管内の液面が管外よりも高くなるか低くなる現象）を起こすような細い管のこと。

輸液（ゆえき）
水分・電解質や栄養素の補給、脱水症状の治療の目的で、液体を皮下（皮膚と筋肉の間）や静脈内、腹腔（腹部の臓器のある部分）内に入れること。通常は静脈内に行う。点滴は輸液方法のひとつで、一定の速度で静脈内に液体を入れることを指す。

輸液セット（ゆえきせっと）
輸液を、輸液バッグから留置針まで誘導するために必要な器具のセット。瓶針、点滴筒、チューブ、ローラークランプ、ゴム管からなる。

輸液ポンプ（ゆえきぽんぷ）
静脈内に点滴輸液をするときに、正確な輸液速度や量などを保つための機器。

翼状針（よくじょうしん）
鳥が羽を広げたような形で、静脈注射や採血、点滴輸液に使うチューブつきの翼のある注射針。刺すときに指先で翼の部分をつまんで使用する。

リスホルムブレンデ（りすほるむぶれんで）
通常、X線はまっすぐ進むが、物体（動物の体など）を透過する（通り抜ける）とき、物体にぶつかることで一部の進行方向が変わり、周りに散乱してしまう（散乱線）。この散乱線によって写真がぼやける。これを防ぐために用いる鉛の格子の入った板のこと。略してブレンデといったり、グリッドともいう。

留置（りゅうち）
留置針やカテーテルなどのチューブを体内に入れたままの状態にしておくこと（静脈留置や尿道カテーテルなど）。これにより、入院動物などに毎日行う静脈注射や採尿といった処置が簡単にできる。

留置針（りゅうちしん）
金属製の内針と樹脂性の外針が組み合わさった器具。静脈留置針は静脈に刺した後、内針を抜くと外針だけが残る仕組みになっている。外針は軟らかいので動物が多少動いても血管を傷つけたり破いたりしない。

ローラークランプ（ろーらーくらんぷ）
輸液チューブの中間にあるローラー。点滴輸液の速度を早くしたり遅くしたり調節する。輸液ポンプを使用する場合には開放にしておくこと。

さくいん

あ

か

監修者紹介

山村穂積（やまむら ほづみ）

1943年、東京都生まれ。獣医師、医学博士。
株式会社ホズミ(Pet Clinic アニホス)代表取締役、財団法人鳥取県動物臨床医学研究所顧問、日本大学動物病院（ANMEC）非常勤講師などを兼務。監訳書として『獣医看護学（上・下巻）』、『動物看護ハンドブック』（以上チクサン出版社）など多数。大地のエネルギーが感じられる場所への旅（ちょっとした冒険）を趣味とし、自宅では犬1頭、猫2頭と暮らす。

2004年11月現在

撮影協力

学校法人　中央工学校
中央動物専門学校
〒114-0013　東京都北区東田端１丁目８番11号
TEL 03-3819-1111
http://www.chuo-a.ac.jp
E-mail info@chuo-a.ac.jp

Pet Clinic アニホス
〒174-0072　東京都板橋区南常盤台１丁目14番９号
http://www.anihos.com
E-mail info@anihos.com

モデル協力

岡田みどり

木村亜衣

沢田有香

後藤いくみ

みねぎし動物病院

写真でわかる
動物看護師実践マニュアル

Midori Shobo Co.,Ltd

2004年11月20日　第1刷発行
2018年 3月20日　第3刷発行©

監　修／山村穂積

発行者／森田　猛
発　行／ペットライフ社
発　売／株式会社 緑書房
〒103-0004
東京都中央区東日本橋２丁目８番３号
TEL　03-6833-0560
http://www.pet-honpo.com
印刷・製本／株式会社カシヨ

ISBN978-4-938396-78-7　Printed in Japan

編　　集／月刊「CAP」編集部
取材・文／野口久美子
写　　真／北原　薫
イラスト／磯村仁穂、長尾まる
デザイン／ダイエイクリエイト
撮影協力／中央動物専門学校、Pet Clinic アニホス